数字素养文库·高等学校系列教材

数字素养基础 1

理论篇

主　编　王　强　李　娟
副主编　田祥宏　胡　勇
　　　　徐永华　施卫娟

南京大学出版社

图书在版编目(CIP)数据

数字素养基础. 1，理论篇 / 王强，李娟主编. 南京 ：南京大学出版社，2024. 9. - - ISBN 978 - 7 - 305 - 28455 - 7

Ⅰ. TP3

中国国家版本馆 CIP 数据核字第 2024R873C0 号

出版发行 南京大学出版社
社　　址 南京市汉口路 22 号　　邮　　编 210093

书　　名 数字素养基础(1):理论篇
SHUZI SUYANG JICHU(1)：LILUNPIAN
主　　编 王　强　李　娟
责任编辑 苗庆松　　编辑热线 025 - 83592655

照　　排 南京开卷文化传媒有限公司
印　　刷 南京新世纪联盟印务有限公司
开　　本 787 mm×1092 mm　1/16　印张 39　字数 970 千
版　　次 2024 年 9 月第 1 版　2024 年 9 月第 1 次印刷
ISBN 978 - 7 - 305 - 28455 - 7
定　　价 99.80 元(全 3 册)

网　　址:http://www.njupco.com
官方微博:http://weibo.com/njupco
微信服务号:njuyuexue
销售咨询热线:(025)83594756

前　言

在当今数字化浪潮席卷全球的时代，数字技术正以前所未有的速度改变着我们的生活。《数字素养基础》这本教材旨在引导读者深入学习计算机基础知识，了解数字世界的奥秘，提升对数字技术的认知和应用能力，培养学生利用计算机解决问题的能力与素质，为将来应用计算机知识与技术解决专业与生活中的实际问题打下基础。

本书按照高等学校大学生培养目标，围绕2023年版全国计算机等级考试一级和二级公共基础知识考试大纲要求编写。

本书共分为三大模块，第一大模块为理论篇，其中第一章绪论将为读者揭开本课程的序幕，阐述课程的定位、目标、基本结构及内容要求，让大家对数字技术的学习有一个清晰的方向。第二章计算机基础知识将带领读者回顾计算机的发展历程，深入了解信息的表示与存储、多媒体技术以及计算机病毒等重要内容，为后续学习奠定坚实基础。第三章计算机系统聚焦计算机系统的硬件方面知识，让读者熟悉计算机硬件的组成和工作原理，为进一步探索数字技术的内部运作机制做好准备。第四章因特网基础与网络安全将帮助读者了解网络世界的运行规则和安全防范措施，确保在数字化环境中安全畅游。第五章数据结构与算法是数字技术的核心理论之一，帮助读者提升逻辑思维和解决问题的能力。第六章软件工程基础将为读者介绍软件开发的流程和方法，培养系统设计与开发的能力。第七章数据库设计基础将教会读者如何构建和管理有效的数据存储体系，为数据应用提供坚实支撑。第八章新兴技术基础将展现当前数字技术的前沿动态，讲述了人机对话系统、专家系统、机器学习、人工神经网络与深度学习、数据挖掘、虚拟现实与增强现实等，让读者紧跟时代步伐。第九章数字化转型发展将探讨数字技术在各个领域的应用和转型，帮助读者理解数字技术对社会发展的重要影响。第十章数字化应用介绍数字化应用于金融、教育、政务及农业四大领域的案例，展现了智能化、网络化、高效化的未来趋势。

第二大模块为实验篇，本书实验以Windows7和Microsoft Office2016为平台，主要内容有Windows7操作系统的基本操作、文字处理软件Word2016、表格处理软件Excel2016、文稿演示Power Point2016、计算机网络基础、数字新技术等，帮助读者提高信息技术的应用能力。

第三大模块为学习指导篇，精心设计了丰富的测试题，旨在引导读者深入理解数字素养基本概念、原理和方法。通过习题，读者可以发现自己的不足之处，进而有针对性地进行学习和提升。

本书由王强、李娟、陈爱萍、苏敏、沈维燕主编，田祥宏、胡勇、古秋婷、仓基云、陈月霞、郭海凤、胡宁、田海梅、董赟、徐永华、施卫娟、张颖等参与编写，编写过程中我们还得到了校内外相关领导和专家的支持与帮助，在此表示衷心的感谢。同时，我们也期待读者的反馈和建议，以便我们不断改进和完善本教材。

编　者

2024 年 7 月

目录 MU LU

第一章 绪论

随着科技的飞速发展和广泛应用，我们的生活、工作、学习等各个方面都与数字紧密相连，在当今数字化时代，数字素养已成为一项至关重要的能力。具备良好的数字素养意味着能够有效地理解、获取、评估数字信息，创造和运用数字价值。本章将为我们开启探索这一关键领域的大门。

数字素养包括掌握基本的数字认知和数字技能，如了解计算机系统、数据库、信息的表示与存储等信息技术；熟练使用多种智能设备和软件，具备信息检索与分析能力，能从海量的数字资源中筛选出有价值的内容；还涵盖数字安全意识，懂得如何保护个人隐私和信息安全。

数字素养不仅仅是关于技术的运用，更是一种思维方式和适应能力。它能帮助我们更好地融入数字社会，充分利用数字化带来的机遇和便利。在教育领域，它助力个性化学习和知识拓展；在经济领域，推动创新和竞争力提升；在社会层面，促进信息共享和交流沟通。

然而，数字素养的培养并非一蹴而就，需要持续的学习和实践。它需要个人、教育机构、企业和社会各方共同努力，提供丰富的学习资源和环境，以促进全民数字素养的不断提升。

1.1 数字化、数字时代与数字素养

数字化是技术发展、经济结构变革、社会生活变化和政策支持等多种因素相互交织、相互促进、共同作用的结果。伴随着信息技术飞速发展、数据量爆炸式增长、数字化转型和科技进步，我们进入了数字时代。随着数字化时代的到来，学生需要掌握数字技能来适应数字化学习环境，并具备批判性思维和创新能力；许多职业需要员工具备数字素养，如数据分析、项目管理、社交媒体营销等，企业也期望员工能够熟练运用数字技术来提高工作效率；在日常生活中，人们需要具备数字素养来处理各种数字信息，如在线购物、支付账单、管理个人数据等。

1.1.1 数字化

数字化是一个广泛而重要的概念，它涉及将传统的非数字形式的信息、过程和业务转化为数字形式，并应用数字技术进行处理、存储、传输和管理的过程。

1. 数字化的概念

数字化是指将物理事物、信息、过程等转化为数字形式的过程。它通过数字技术的手段，将现实世界中的事物、信息等转化为计算机可以处理的数字形式，从而实现信息的存储、传输和处理。

2. 数字化的目的

数字化的目的是更好地管理和利用信息，提高信息的效率和价值。它通过数字技术的应用来改进效率、提高可靠性、增强创新能力和便利性。

3. 数字化的范围

数字化的范围非常广泛，它涵盖了许多领域，如数字化生产、数字化服务、数字化文化等。数字化生产涉及将生产过程数字化，通过数字化技术实现生产过程的自动化和智能化。数字化服务涉及将服务过程数字化，通过数字化技术实现服务过程的便捷和高效。数字化文化涉及将文化资源数字化，通过数字化技术实现文化资源的保存和传承。

4. 数字化的特征

一是信息的可复制性。数字化信息可以无限复制，不会损失质量。二是信息的可运算性。数字化信息可以被计算机程序进行各种复杂的运算和处理。三是传播速度快。数字化信息的传播速度远超过传统媒介，可以实现即时通信。

5. 数字化相关的概念

(1) 数字化转型(Digital Transformation)：将传统业务模式、流程和组织结构整体转变为数字化的方式，以应对快速发展的数字技术和市场需求。

(2) 数字化技术(Digital Technologies)：用于处理和管理数字化信息、实现数字化转型和创新，包括人工智能、大数据分析、云计算、物联网等技术。

(3) 数字化内容(Digital Content)：将传统的文字、图片、音频、视频等信息转化为数字形式，在数字平台上存储、传播和使用的内容。

6. 数字化的应用

(1) 数字化办公平台：通过在线化提高信息同步和传播效率，提升公司内部协同效率，加快对外反应速度。

(2) 数字化营销：通过数字渠道和工具推广、销售产品和服务，提高营销效率。

(3) 数字化教育：利用数字技术来支持教育过程，如在线学习平台、虚拟实验室等。

数字化是一个将现实世界中的事物、信息等转化为数字形式，并通过数字技术进行处理、存储、传输和管理的过程。它涵盖了多个领域，具有许多优势，对个人、组织和社会产生了深远的影响。

1.1.2 数字时代

数字时代，又称数字化时代或电子信息时代，是指在现代社会中，随着数字技术的迅猛发展，通过“互联网+”赋能，产生的社会经济文化发展新模式。它标志着人类社会进入了一个全新的发展阶段，其中数字技术广泛应用于社会的各个领域，推动了社会的深刻变革和发展。它有以下主要特征：

1. 技术驱动

数字时代以数字技术为核心，包括互联网、大数据、云计算、人工智能等。这些技术的快速发展和应用，极大地推动了社会生产力的提高，改善了人们的生产生活，促进了社会经济文化的全面发展。

2. 信息高速便捷

在数字时代，信息以数字化的形式存在和传输，实现了信息的高速便捷。信息的获取、处理、存储和传输都变得更加高效，人们可以随时随地获取所需的信息，实现了信息的全球共享和快速流通。

3. 数字化生活

数字时代深刻改变了人们的生活方式。数字技术的广泛应用，使得人们的衣食住行等各个方面都发生了深刻的变化。例如，电子商务、在线教育、远程医疗等数字化服务的兴起，使得人们的生活更加便捷和高效。

4. 数字经济

数字时代推动了数字经济的崛起。数字经济以数字技术为基础，以数据为关键生产要素，以创新驱动为主要发展方式。数字经济的兴起，为全球经济增长提供了新的动力，也为传统产业的转型升级提供了新的机遇。

5. 挑战与机遇并存

数字时代虽然带来了诸多机遇，但也面临着诸多挑战。例如，数据安全问题、网络安全问题、隐私保护问题等都需要我们认真对待和解决。同时，数字时代的快速发展也对人们的素质和能力提出了更高的要求，需要我们不断提高自己的数字素养和技能水平。

数字时代是一个以数字技术为核心、以信息高速便捷为特点，深刻改变人们生活方式和社会经济发展形态的新时代。它为我们带来了诸多机遇，也提出了诸多挑战。我们需要积极应对这些挑战，抓住机遇，推动数字时代的健康发展。

1.1.3 数字素养

在数字环境中，如何运用一定的信息技术手段和方法，快速有效地发现并获取信息、评价信息、整合信息、交流信息。它不仅仅是对技术的掌握，更强调在数字时代如何有效地利用这些技术来解决实际问题，包括如何批判性地思考、如何创造性地表达等。

1. 定义

数字素养是个体在数字世界中获取、理解、评估、创造、交流信息的能力，以及利用数字技术解决问题的能力。它涵盖了从基本的计算机操作技能到高级的信息分析和创新思维能力等多个方面。

2. 主要内容

(1) 技术能力：掌握计算机和互联网的基本操作技能，如文字处理、表格制作、图片编辑、网络搜索等。

(2) 信息素养：能够辨别信息的真伪、价值，有效地搜索、筛选、整合信息，以及理解信息的来源和背景。

(3) 创新思维：在数字环境中，能够运用创新思维解决问题，包括创造性地表达、设计、编程等。

(4) 批判性思维：对数字信息保持批判性态度，能够分析信息的可靠性、相关性、有效性和完整性。

(5) 社交能力：利用数字工具进行有效的沟通和协作，包括在线讨论、虚拟团队合作等。

3. 重要性

(1) 对个人而言，可以帮助个人更高效地获取和处理信息，提高学习和工作效率。在数字化时代，许多职业都需要具备一定的数字素养，掌握数字技能可以增强个人的职业竞争力。通过数字工具，个人可以接触到更广泛的信息和知识，拓宽自己的视野和知识面。

(2) 对组织而言，通过培养员工的数字素养，组织可以更有效地利用数字技术，提高工作效率和创新能力。数字工具可以促进组织内部的沟通和协作，提高团队的合作效率。

(3) 对社会而言，数字素养的普及可以提高整个社会的数字化水平，推动社会进步和发展。通过提供数字素养教育，可以帮助弱势群体更好地融入数字社会，促进社会公平和包容。

在实际应用中，数字素养的价值体现在多个方面。例如，在教育领域，数字素养可以帮助学生更好地利用数字工具进行学习，提高学习效果；在职场领域，数字素养可以帮助员工更高效地完成工作任务，提高职业竞争力；在社交领域，数字素养可以帮助人们更好地利用数字工具进行沟通和交流，扩大社交圈子。总之，数字素养已经成为现代社会中不可或缺的一项基本能力。

1.2 数字中国

在数字化成为当今时代重要发展特征的背景下，中共中央、国务院在 2023 年印发了《数字中国建设整体布局规划》，为我国数字化发展做出最全面谋划，从顶层设计的高度对数字中国建设做出了整体布局，提出了一系列目标任务和战略部署，标志着数字中国建设进入了整体推进的新阶段。

《规划》明确,数字中国建设按照“2522”的整体框架进行布局,即夯实数字基础设施和数据资源体系“两大基础”,推进数字技术与经济、政治、文化、社会、生态文明建设“五位一体”深度融合,强化数字技术创新体系和数字安全屏障“两大能力”,优化数字化发展国内国际“两个环境”。到 2025 年,基本形成横向打通、纵向贯通、协调有力的一体化推进格局,数字中国建设取得重要进展。到 2035 年,数字化发展水平进入世界前列,数字中国建设取得重大成就。

1.2.1 夯实数字中国建设基础

1. 打通数字基础设施大动脉

加快 5G 网络与千兆光网协同建设,深入推进 IPv6 规模部署和应用,推进移动物联网全面发展,大力推进北斗规模应用。系统优化算力基础设施布局,促进东西部算力高效互补和协同联动,引导通用数据中心、超算中心、智能计算中心、边缘数据中心等合理梯次布局。整体提升应用基础设施水平,加强传统基础设施数字化、智能化改造。

2. 畅通数据资源大循环

构建国家数据管理体制机制,健全各级数据统筹管理机构。推动公共数据汇聚利用,建设公共卫生、科技、教育等重要领域国家数据资源库。释放商业数据价值潜能,加快建立数据产权制度,开展数据资产计价研究,建立数据要素按价值贡献参与分配机制。

1.2.2 全面赋能经济社会发展

1. 做强做优做大数字经济

培育壮大数字经济核心产业,研究制定推动数字产业高质量发展的措施,打造具有国际竞争力的数字产业集群。推动数字技术和实体经济深度融合,在农业、工业、金融、教育、医疗、交通、能源等重点领域,加快数字技术创新应用。支持数字企业发展壮大,健全大中小企业融通创新工作机制,发挥“绿灯”投资案例引导作用,推动平台企业规范健康发展。

2. 发展高效协同的数字政务

加快制度规则创新,完善与数字政务建设相适应的规章制度。强化数字化能力建设,促进信息系统网络互联互通、数据按需共享、业务高效协同。提升数字化服务水平,加快推进“一件事一次办”,推进线上线下融合,加强和规范政务移动互联网应用程序管理。

3. 打造自信繁荣的数字文化

大力发展网络文化,加强优质网络文化产品供给,引导各类平台和广大网民创作生产积极健康、向上向善的网络文化产品。推进文化数字化发展,深入实施国家文化数字化战略,建设国家文化大数据体系,形成中华文化数据库。提升数字文化服务能力,打造若干综合性数字文化展示平台,加快发展新型文化企业、文化业态、文化消费模式。

4. 构建普惠便捷的数字社会

促进数字公共服务普惠化,大力实施国家教育数字化战略行动,完善国家智慧教育平台,发展数字健康,规范互联网诊疗和互联网医院发展。推进数字社会治理精准化,深入实施数字乡村发展行动，以数字化赋能乡村产业发展、乡村建设和乡村治理。普及数字生活智能化，打造智慧便民生活圈、新型数字消费业态、面向未来的智能化沉浸式服务体验。

5. 建设绿色智慧的数字生态文明

推动生态环境智慧治理，加快构建智慧高效的生态环境信息化体系，运用数字技术推动山水林田湖草沙一体化保护和系统治理，完善自然资源三维立体"一张图"和国土空间基础信息平台，构建以数字孪生流域为核心的智慧水利体系。加快数字化绿色化协同转型。倡导绿色智慧生活方式。

1.2.3 强化数字中国关键能力

1. 构筑自立自强的数字技术创新体系

健全社会主义市场经济条件下关键核心技术攻关新型举国体制，加强企业主导的产学研深度融合。强化企业科技创新主体地位，发挥科技型骨干企业引领支撑作用。加强知识产权保护，健全知识产权转化收益分配机制。

2. 筑牢可信可控的数字安全屏障

切实维护网络安全，完善网络安全法律法规和政策体系。增强数据安全保障能力，建立数据分类分级保护基础制度，健全网络数据监测预警和应急处置工作体系。

1.2.4 优化数字化发展环境

1. 建设公平规范的数字治理生态

完善法律法规体系，加强立法统筹协调，研究制定数字领域立法规划，及时按程序调整不适应数字化发展的法律制度。构建技术标准体系，编制数字化标准工作指南，加快制定修订各行业数字化转型、产业交叉融合发展等应用标准。提升治理水平，健全网络综合治理体系，提升全方位多维度综合治理能力，构建科学、高效、有序的管网治网格局。净化网络空间，深入开展网络生态治理工作，推进"清朗""净网"系列专项行动，创新推进网络文明建设。

2. 构建开放共赢的数字领域国际合作格局

统筹谋划数字领域国际合作，建立多层面协同、多平台支撑、多主体参与的数字领域国际交流合作体系，高质量共建"数字丝绸之路"，积极发展"丝路电商"。拓展数字领域国际合作空间，积极参与联合国、世界贸易组织、二十国集团、亚太经合组织、金砖国家、上合组织等多边框架下的数字领域合作平台，高质量搭建数字领域开放合作新平台，积极参与数据跨境流动等相关国际规则构建。

1.2.5 加强整体谋划、统筹推进

1. 加强组织领导

坚持和加强党对数字中国建设的全面领导，在党中央集中统一领导下，中央网络安全和

信息化委员会加强对数字中国建设的统筹协调、整体推进、督促落实。充分发挥地方党委网络安全和信息化委员会作用，健全议事协调机制，将数字化发展摆在本地区工作重要位置，切实落实责任。各有关部门按照职责分工，完善政策措施，强化资源整合和力量协同，形成工作合力。

2. 健全体制机制

建立健全数字中国建设统筹协调机制，及时研究解决数字化发展重大问题，推动跨部门协同和上下联动，抓好重大任务和重大工程的督促落实。开展数字中国发展监测评估。将数字中国建设工作情况作为对有关党政领导干部考核评价的参考。

3. 保障资金投入

创新资金扶持方式，加强对各类资金的统筹引导。发挥国家产融合作平台等作用，引导金融资源支持数字化发展。鼓励引导资本规范参与数字中国建设，构建社会资本有效参与的投融资体系。

4. 强化人才支撑

增强领导干部和公务员数字思维、数字认知、数字技能。统筹布局一批数字领域学科专业点，培养创新型、应用型、复合型人才。构建覆盖全民、城乡融合的数字素养与技能发展培育体系。

5. 营造良好氛围

推动高等学校、研究机构、企业等共同参与数字中国建设，建立一批数字中国研究基地。统筹开展数字中国建设综合试点工作，综合集成推进改革试验。办好数字中国建设峰会等重大活动，举办数字领域高规格国内国际系列赛事，推动数字化理念深入人心，营造全社会共同关注、积极参与数字中国建设的良好氛围。

1.3 相关法律法规

数字化在为我们带来便利的同时，也会给我们带来一系列的道德伦理和法律法规的问题。如何确保在数字时代，人们的个人隐私和合法权益不受侵犯、如何保护网络环境的安全将成为我们每一个人都需要认真对待的问题。那么在数字时代我们有哪些需要特别注意和遵守的数字化法律法规？当我们遭遇侵权的时候，我们能拿起什么样的法律武器来维护自己？

1.3.1 《中华人民共和国数据安全法》

1. 立法背景与目的

《中华人民共和国数据安全法》于 2021 年 6 月 10 日由中华人民共和国第十三届全国人

民代表大会常务委员会第二十九次会议通过，并于2021年9月1日起施行。该法的制定旨在规范数据处理活动，保障数据安全，促进数据开发利用，保护个人、组织的合法权益，维护国家主权、安全和发展利益。

2. 法律适用范围

本法适用于在中华人民共和国境内开展的数据处理活动及其安全监管。在中华人民共和国境外开展数据处理活动，损害中华人民共和国国家安全、公共利益或者公民、组织合法权益的，依法追究法律责任。

3. 法律定义

（1）数据：本法所称数据，是指任何以电子或者其他方式对信息的记录。

（2）数据处理：包括数据的收集、存储、使用、加工、传输、提供、公开等。

（3）数据安全：指通过采取必要措施，确保数据处于有效保护和合法利用的状态，以及具备保障持续安全状态的能力。

4. 法律原则与要求

（1）总体国家安全观：维护数据安全应当坚持总体国家安全观，建立健全数据安全治理体系，提高数据安全保障能力。

（2）监管职责：中央国家安全领导机构负责国家数据安全工作的决策和议事协调，各地区、各部门对本地区、本部门工作中收集和产生的数据及数据安全负责。工业、电信、交通、金融、自然资源、卫生健康、教育、科技等主管部门承担本行业、本领域数据安全监管职责。

（3）数据权益保护：国家保护个人、组织与数据有关的权益，鼓励数据依法合理有效利用，保障数据依法有序自由流动，促进以数据为关键要素的数字经济发展。

（4）社会责任：开展数据处理活动应当遵守法律、法规，尊重社会公德和伦理，遵守商业道德和职业道德，诚实守信，履行数据安全保护义务，承担社会责任。

5. 法律责任

本法第六章明确了违反数据安全法的法律责任，包括行政责任、民事责任和刑事责任等。对于危害国家安全、公共利益或者损害个人、组织合法权益的数据处理活动，将依法追究法律责任。

《中华人民共和国数据安全法》是我国数据安全领域的重要法律，为数据的安全保护、合理利用和监管提供了明确的法律依据。该法的实施将有助于规范数据处理活动，保障数据安全，促进数据开发利用，保护个人、组织的合法权益，维护国家主权、安全和发展利益。

1.3.2 《中华人民共和国个人信息保护法》

《中华人民共和国个人信息保护法》为个人信息保护提供了明确的法律依据和保障措施，旨在保护自然人的个人信息权益，规范个人信息处理活动，促进个人信息的合理利用。

1. 立法背景

《中华人民共和国个人信息保护法》于2021年8月20日由中华人民共和国第十三届全国人民代表大会常务委员会第三十次会议通过，自2021年11月1日起施行。

2. 适用范围

本法适用于在中华人民共和国境内处理自然人个人信息的活动。在中华人民共和国境外处理中华人民共和国境内自然人个人信息的活动，如果满足以下条件之一，也适用本法：以向境内自然人提供产品或者服务为目的；分析、评估境内自然人的行为；法律、行政法规规定的其他情形。

3. 处理原则

个人信息是以电子或者其他方式记录的与已识别或者可识别的自然人有关的各种信息，不包括匿名化处理后的信息。处理原则如下：

(1) 合法、正当、必要和诚信原则：处理个人信息应当遵循这些原则，不得通过误导、欺诈、胁迫等方式处理个人信息。

(2) 明确、合理目的原则：处理个人信息应当具有明确、合理的目的，并应当与处理目的直接相关，采取对个人权益影响最小的方式。

(3) 公开、透明原则：处理个人信息应当遵循公开、透明原则，公开个人信息处理规则，明示处理的目的、方式和范围。

(4) 质量原则：处理个人信息应当保证个人信息的质量，避免因个人信息不准确、不完整对个人权益造成不利影响。

4. 个人信息处理者的义务

个人信息处理者应当对其个人信息处理活动负责，并采取必要措施保障所处理的个人信息的安全。这包括但不限于：

(1) 建立健全个人信息保护制度，加强内部管理和培训，确保个人信息处理活动符合法律、行政法规的规定。

(2) 制定个人信息处理规则并公开，明确处理的目的、方式和范围。

(3) 遵循合法、正当、必要和诚信原则，不得过度收集、使用个人信息。

(4) 采取技术措施和其他必要措施，确保个人信息安全，防止个人信息泄露、篡改、丢失。

5. 个人在个人信息处理活动中的权利

(1) 知情权：有权知道其个人信息被收集、使用的情况。

(2) 决定权：有权自主决定是否允许他人处理其个人信息。

(3) 查阅、复制权：有权查阅、复制其个人信息。

(4) 更正、补充权：发现个人信息有误时，有权提出更正或补充。

(5) 删除权：在符合法律规定的条件下，有权要求删除其个人信息。

6. 法律责任

对于违反《中华人民共和国个人信息保护法》的行为，将依法追究法律责任，包括行政责任、民事责任和刑事责任等。

1.3.3 《中华人民共和国网络安全法》

《中华人民共和国网络安全法》是我国网络安全领域的基础性法律，为网络安全提供了明确的法律保障。

1. 立法背景与目的

《中华人民共和国网络安全法》于2016年11月7日由第十二届全国人民代表大会常务委员会第二十四次会议通过，并于2017年6月1日起正式施行；其立法目的在于保障网络安全，维护网络空间主权和国家安全、社会公共利益，保护公民、法人和其他组织的合法权益，促进经济社会信息化健康发展。

2. 适用范围

本法适用于在中华人民共和国境内建设、运营、维护和使用网络，以及网络安全的监督管理活动。这涵盖了网络基础设施、网络信息系统、网络数据、网络应用等各个方面。

3. 主要内容与原则

(1) 网络安全与信息化发展并重：国家坚持网络安全与信息化发展并重，遵循积极利用、科学发展、依法管理、确保安全的方针。

(2) 建立健全网络安全保障体系：国家鼓励网络技术创新和应用，支持培养网络安全人才，建立健全网络安全保障体系，提高网络安全保护能力。

(3) 监测、防御、处置风险：国家采取措施，监测、防御、处置来源于中华人民共和国境内外的网络安全风险和威胁，保护关键信息基础设施免受攻击、侵入、干扰和破坏。

(4) 倡导诚信文明网络行为：国家倡导诚实守信、健康文明的网络行为，推动传播社会主义核心价值观，提高全社会的网络安全意识和水平。

(5) 开展国际合作：国家积极开展网络空间治理、网络技术研发和标准制定、打击网络违法犯罪等方面的国际交流与合作，推动构建和平、安全、开放、合作的网络空间。

4. 主要制度与规定

(1) 网络运营者责任：网络运营者开展经营和服务活动，必须遵守法律、行政法规，尊重社会公德，遵守商业道德，诚实信用，履行网络安全保护义务，接受政府和社会的监督，承担社会责任。

(2) 关键信息基础设施保护：国家采取措施保护关键信息基础设施免受攻击、侵入、干扰和破坏，确保其安全稳定运行。

(3) 数据保护：网络运营者收集、使用个人信息，应当遵循合法、正当、必要的原则，公开收集、使用规则，明示收集、使用信息的目的、方式和范围，并经被收集者同意。

(4) 监测预警与应急处置：国家建立健全网络安全监测预警和信息通报制度，加强网络安全事件应急处置工作。

5. 法律责任

对于违反《中华人民共和国网络安全法》的行为，将依法追究法律责任，包括行政责任、民事责任和刑事责任等。

该法明确了网络安全的基本原则、主要制度和法律责任，对保障网络安全、维护网络空间主权和国家安全具有重要意义。同时，该法也鼓励网络技术创新和应用，支持培养网络安全人才，推动网络信息技术健康发展。

第二章 计算机基础知识

计算机是人类历史上伟大的发明之一，虽说迄今为止只有将近70年的历程，但在人类科学发展的历史上，还没有哪门学科像计算机科学这样发展得如此迅速，并对人类的生活、生产、学习和工作产生如此巨大的影响。

计算机是一门科学，也是一种自动、高速、精确地对信息进行存储、传送与加工处理的电子工具。掌握以计算机为核心的信息技术的基础知识和应用能力，是信息社会中必备的基本素质。本章从计算机的基础知识讲起，为进一步学习和使用计算机打下必要的基础。通过本章的学习，应掌握以下内容：

（1）计算机的发展简史、特点、分类及其应用领域；

（2）计算机中数据、字符和汉字的编码；

（3）多媒体技术的基本知识；

（4）计算机病毒的概念和防治。

2.1 计算机的发展

在人类文明发展的历史长河中，计算机工具经历了从简单到复杂、从低级到高级的发展过程。如绳结、算筹、算盘、计算尺、手摇机械计算机、电动机械计算机、电子计算机等，它们在不同的历史时期发挥了各自的作用，而且也孕育了电子计算机的设计思想和雏形。本节介绍计算机的发展历程、特点、应用、分类和发展趋势。

2.1.1 电子计算机简介

第二次世界大战爆发带来了强大的计算需求。宾夕法尼亚大学电子工程系的教授莫克利和他的研究生埃克特计划采用真空管建造一台通用电子计算机,帮助军方计算弹道轨迹。1943 年,这个计划被军方采纳,莫克利和艾克特开始研制电子数字积分计算机(Electronic Numerical and Calculator, ENIAC),并于 1946 年研制成功。ENIAC 如图 2.1 所示。

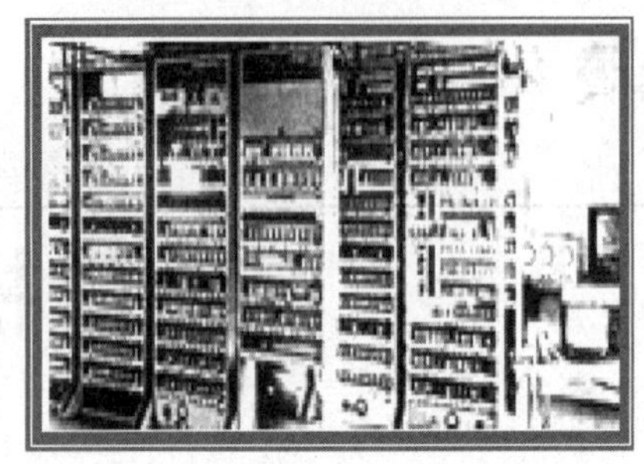

图 2.1　第一台电子数字计算机 ENIAC

ENIAC 的主要元件是电子管,每秒钟能完成 5000 次加法运算、300 多次乘法运算,比当时最快的计算工具快了 300 倍。该机器使用了 1500 个继电器、18800 个电子管,占地 170 平方米,重达 30 多吨,耗电 150 千瓦,耗资 40 万美元,真可谓"庞然大物"。用 ENIAC 计算题目时,首先要根据题目的计算步骤预先编好一条条指令,再按指令连接好外部线路,然后启动它自动运行并输出结果。当要计算另一个题目时,必须重复进行上述工作,所以只有少数专家才能使用。尽管这是 ENIAC 的明显弱点,但它使过去要借助机械分析机用 7 到 20 小时才能计算一条弹道的工作时间缩短到 30 秒,使科学家们从奴隶般的计算中解放出来。至今人们仍然公认,ENIAC 的问世标志了计算机时代的到来,它的出现具有划时代的伟大意义。

ENIAC 被广泛认为是世界上第一台现代意义上的计算机,美国人也一直为这一点而骄傲。不过直到现在,英国人仍然认为,由著名的英国数学家图灵帮助设计的,于 1943 年投入使用的一台帮助英国政府破译截获密电的电子计算机 COLOSSUS 才是世界上的第一台电子计算机。英国人认为,之所以 COLOSSUS 没有获得"世界第一"的殊荣,是因为英国政府将它作为军事机密,多年来一直守口如瓶的缘故。究竟谁是"世界第一"对于我们并不重要,重要的是他们卓越的研究改变了这个世界。

ENIAC 证明电子真空管技术可以大大提高计算速度,但 ENIAC 本身存在两大缺点:一是没有存储器;二是用布线接板进行控制,电路连线烦琐耗时,要花几个小时甚至几天时间,在很大程度上抵消了 ENIAC 的计算速度。为此,莫克利和埃克特不久后开始研制新的机型——电子离散变量自动计算机(Electronic Discrete Variable Automatic Computer, EDVAC)。几乎与此同时,ENIAC 项目组的一个研究人员冯·诺依曼来到了普林斯顿高级研究院(Institute for Advanced Study, IAS),开始研制他自己的 EDVAC,即 IAS(是当时最快的计算机)。这位美籍匈牙利数学家归纳了 EDVAC 的主要特点如下:

(1) 计算机的程序和程序运行所需要的数据以二进制形式存放在计算机的存储器中。

(2) 程序和数据存放在存储器中,即程序存储的概念。计算机执行程序时,无须人工干预,能自动、连续地执行程序,并得到预期的结果,即存储程序控制原理。

根据冯·诺依曼的原理和思想,决定了计算机必须有输入、存储、运算、控制和输出五个组成部分。

IAS 计算机对 EDVAC 进行了重大的改进，成为现代计算机的基本雏形。今天计算机的基本结构仍采用冯·诺依曼的原理和思想，所以人们称符合这种设计的计算机为冯·诺依曼机，冯·诺依曼也被誉为“现代电子计算机之父”。

从第一台电子计算机诞生至今的近 70 年中，计算机技术以前所未有的速度迅猛发展。一般根据计算机所采用的物理器件，将计算机的发展分为如下几个阶段，如表 2.1 所示。

表 2.1　计算机发展的四个阶段

部件＼年代	第一阶段（1946—1958）	第二阶段（1959—1964）	第三阶段（1965—1972）	第四阶段（1973 至今）
主机电子器件	电子管	晶体管	中小规模集成电路	大规模、超大规模集成电路
内存	汞延迟线	磁芯存储器	半导体存储器	半导体存储器
外存储器	穿孔卡片、磁带	磁带	磁带、磁盘	磁盘、磁带、光盘等大容量存储器
处理速度（每秒指令数）	几千条	几万至几十万条	几十万至几百万条	上千亿至万亿条

第一代计算机是电子管计算机（1946—1958 年），硬件方面，逻辑元件采用的是真空电子管，主存储器采用汞延迟线电子管数字计算机、阴极射线示波管静电存储器、磁鼓、磁芯；外存储器采用的是磁带。软件方面采用的是机器语言、汇编语言。特点是体积庞大、功耗高、可靠性差、速度慢（一般为每秒几千次至几万次）、成本高、内存容量小，主要用于军事和科学研究工作。UNIVAC-Ⅰ(UNIVersal Automatic Computer，通用自动计算机）是第一代计算机的代表。第一台产品于 1951 年交付美国人口统计局使用。它的交付使用标志着计算机从实验室进入了市场，从军事应用领域转入了数据处理领域。

第二代晶体管计算机（1959—1964 年）采用晶体管作为基本物理器件。与第一代计算机相比，晶体管计算机体积小、成本低、功能强、可靠性高。与此同时，计算机软件也有了较大的发展，出现了监控程序并发展成为后来的操作系统，高级程序设计语言 Basic、FORTRAN 和 COBOL 的推出使编写程序的工作变得更为方便并实现了程序兼容，同时使计算机工作的效率大大提高。除了科学计算机外，计算机还用于数据处理和事务处理。IBM - 7000 系列机是第二代计算机的代表。

第三代计算机的主要元件是小规模集成电路（Small Scale Integrated circuits, SSI）和中规模集成电路（Medium Scale Integrated circuits, MSI）（1965—1972 年）。所谓集成电路（Integrated Circuit，IC），是用特殊的工艺将完整的电子线路制作在一个半导体硅片上形成的电路。与晶体管计算机相比，集成电路计算机的体积、重量、功耗都进一步减小，运算速度、逻辑运算功能和可靠性都进一步提高。硬件方面，逻辑元件采用中、小规模集成电路（MSI、SSI），主存储器仍采用磁芯。软件方面，操作系统进一步完善，高级语言种类增多，提出了结构化、模块化的程序设计思想，出现了结构化的程序设计语言 Pascal，并出现了并行处理、多处理机、虚拟存储系统以及面向用户的应用软件。计算机的可靠性和存储容量进一步提高，外部设备种类繁多，使计算机和通信技术密切结合起来，广泛地应用到科学计算、数据处理、事务管理、工业控制等领域。这一时期的计算机同时向标准化、多样化、通用化、机种系列化方向发展。IBM - 360 系列是最早采用集成电路的通用计算机，也是影响最大的第三代计算机。

第四代计算机的特征是采用大规模集成电路(Large Scale Integrated circuits, LSI)和超大规模集成电路(Very Large Scale Integrated circuits, VLSI)(1973年至今)。计算机重量和耗电量进一步减小,计算机性能价格比基本上以每18个月翻一番的速度上升,符合著名的摩尔定律。操作系统向虚拟操作系统发展,各种应用软件产品丰富多彩,大大扩展了计算机的应用领域。IBM4300系列、3080系列、3090系列和9000系列是这一时期的主流产品。

随着集成度更高的特大规模集成电路(Super Large Scale Integrated circuits, SLSI)技术的出现,使计算机朝着微型化和巨型化两个方向发展。尤其是微处理器的发明使计算机在外观、处理能力、价格以及实用性等方面发生了深刻的变化。20世纪70年代后期出现的微型计算机体积小、重量轻、性能高、功耗低、价格便宜,使得计算机异军突起,以迅猛的态势渗透到工业、教育、生活等各个领域。

由于集成技术的发展,半导体芯片的集成度更高,每块芯片可容纳数万乃至数百万个晶体管,并且可以把运算器和控制器都集中在一个芯片上,从而出现了微处理器,并且可以用微处理器和大规模、超大规模集成电路组装成微型计算机,就是人们常说的微电脑或PC机。微型计算机体积小,价格便宜,使用方便,但它的功能和运算速度已经达到甚至超过了过去的大型计算机。另一方面,利用大规模、超大规模集成电路制造的各种逻辑芯片,已经制成了体积并不很大,但运算速度可达一亿甚至几十亿次的巨型计算机。

我国在1956年,由周恩来总理亲自提议、主持、制定我国《十二年科学技术发展规划》,选定了"计算机、电子学、半导体、自动化"作为"发展规划"的四项内容,并制订了计算机科研、生产、教育发展计划。我国由此开始了计算机研制的起步。

1958年研制出第一台电子计算机。

1965年研制出第二代晶体管计算机。

1974年研制出第三代集成电路计算机。

1977年研制出第一台微机DJS-050。

1983年研制成功"银河-Ⅰ"超级计算机,运行速度超过1亿次/秒。

2001年成功制造出首枚高性能通用CPU——龙芯一号。

2003年12月,我国自主研发出百万亿次曙光4 000 L超级服务器。

2009年,国防科大研制出"天河一号",其峰值运算速度达到千万亿次/秒。

2013年,国防科大研制出"天河二号",其峰值运算速度达到亿亿次/秒,成为第41届世界超级计算机500强中第一名。

2016年6月,由国家并行计算机工程技术研究中心研制的"神威·太湖之光"称为世界上第一台突破10亿亿次/秒的超级计算机,创造了速度、持续性、功耗比三项指标世界第一,至此中国已连续4年占据全球超算排行榜的最高席位。2017年再次斩获世界超级计算机排名榜单TOP500第一名。到2020年6月,全球超级计算机TOP500榜单公布,"神威·太湖之光"排名第四。

2.1.2 计算机的特点、应用和分类

计算机能够按照程序确定的步骤，对输入的数据进行加工处理、存储或传送，以获得期望的输出信息，从而利用这些信息来提高工作效率和社会生产率以及改善人们的生活质量。计算机之所以具有如此强大的功能，能够应用于各个领域，这是由它的特点决定的。

1. 计算机的特点

计算机主要具有以下一些特点。

1）高速、精确的运算能力

目前世界上已经有超过每秒10亿亿次运算速度的计算机。2016年6月公布的全球超级计算机500强排名显示，我国的“神威·太湖之光”以最快的速度排名世界第一，其实测运算速度最快可以达到每秒12.54亿亿次，是排名第二的“天河二号”超级计算机速度的2.28倍。

2）准确的逻辑判断能力

计算机能够进行逻辑处理，也就是说它能够“思考”。这是计算机科学界一直为之努力实现的，虽然它现在的“思考”只局限在某一个专门的方面，还不具备人类思考的能力，但在信息查询等方面，已能够根据要求进行匹配检索，这已经是计算机的一个常规应用。

3）强大的存储能力

计算机能储存大量数字、文字、图像、视频、声音等各种信息，“记忆力”大得惊人，如它可以轻易地“记住”一个大型图书馆的所有资料。计算机强大的储存能力不但表现在容量大，还表现在“长久”。对于需要长期保存的数据和资料，无论是以文字形式还是以图像的形式，计算机都可以长期保存。

4）自动功能

计算机可以将预先编好的一组指令（称为程序）先“记”下来，然后自动地逐条取出这些指令并执行，工作过程完全自动化，不需要人的干预，而且可以反复进行。

5）网络与通信功能

计算机技术发展到今天，不仅可将一个个城市的计算机连成一个网络，而且能将一个个国家的计算机连在一个计算机网上。目前最大、应用范围最广的“国际互联网”（Internet）连接了全世界200多个国家和地区数亿台的各种计算机。在网上的所有计算机用户可共享网上资料、交流信息、互相学习，将世界变成地球村。

计算机网络功能的重要意义是：改变了人类交流的方式和信息获取的途径。

2. 计算机的应用

计算机问世之初，主要用于数值计算，“计算机”也因此而得名。而今的计算机几乎和所有学科相结合，在经济社会各方面起着越来越重要的作用。我国的计算机工业虽然起步较晚，但在改革开放后取得了很大的发展，缩短了与世界的距离。现在，计算机网络在交通、金融、企业管理、教育、邮电、商业等各个领域得到了广泛的应用。

1）科学计算

科学计算主要是使用计算机进行数学方法的实现和应用。今天，计算机“计算”能力的

提高推进了许多科学研究的进展，如著名的人类基因序列分析计划、人造卫星的轨道测算等。国家气象中心使用计算机，不但能够快速及时地对气象卫星云图数据进行处理，而且可以根据对大量历史气象数据的计算进行天气预测。在网络应用越来越深入的今天，“云计算”也将发挥越来越重要的作用。所以，这些在没有使用计算机之前是根本不可能实现的。

2）数据/信息处理

数据/信息处理也称为非数值计算。随着计算机科学技术的发展，计算机的数据不仅包括“数”，而且包括更多的其他数据形式，如文字、图像、声音等。计算机在文字处理方面已经改变了纸和笔的传统应用，它所产生的数据不但可以被存储、打印，还可以进行编辑、复制等。这是目前计算机应用最多的一个领域。

当今社会已从工业社会进入信息社会，信息已经成为赢得竞争的重要资源。计算机也广泛应用于政府机关、企业、商业、服务业等行业中，利用计算机进行数据、信息处理不仅能使人们从繁重的事务性工作中解脱出来，去做更多创造性的工作，而且能够满足信息利用与分析的高频度、及时的、复杂性要求，从而使得人们能够通过以获取的信息去生产更多更有价值的信息。

3）过程控制

过程控制是指利用计算机对生产过程、制造过程或运行过程进行检测与控制，即通过实时监控目标对象的状态，及时调整被控对象，使被控对象能够正确地完成生产、制造或运行。

过程控制广泛应用在各种工业环境中，这不只是控制手段的改变，而且拥有众多优点。第一，能够替代人在危险、有害的环境中作业；第二，能在保证同样质量的前提下连续作业，不受疲劳、情感等因素的影响；第三，能够完成人所不能完成的有高精度、高速度、时间性、空间性等要求的操作。

4）计算机辅助

计算机辅助是计算机应用的一个非常广泛的领域。几乎所有过去由人进行的具有设计性质的过程都可以让计算机帮助实现部分或全部工作。计算机辅助（或称为计算机辅助工程）主要有：计算机辅助设计（Computer Aided Design，CAD）、计算机辅助制造（Computer Aided Manufacturing，CAM）、计算机辅助教育（Computer-Assisted（Aided）Instruction，CAI）、计算机辅助技术（Computer Aided Technology /Test/Translation/Typesetting，CAT）、计算机仿真模拟（Simulation）等。

计算机模拟和仿真是计算机辅助的重要方面。在计算机中起着重要作用的集成电路，如今它的设计、测试之复杂是人工难以完成的，只有计算机才能做到。再如，核爆炸和地震灾害的模拟，都可以通过计算机来实现，它能够帮助科学家进一步认识被模拟对象的特征。对一般应用，如设计一个电路，使用计算机模拟就不需要电源、示波器、万用表等工具进行传统的预实验，只需要把电路图和使用的元器件通过软件输入计算机中，就可以得到所需的结果，并可以根据这个结果修改设计。

5）网络通信

计算机技术和数字通信技术发展并相融合产生计算机网络。通过计算机网络，把多个独立的计算机系统联系在一起，把不同地域、不同国家、不同行业、不同组织的人们联系在一起，缩短了人们之间的距离，改变了人们的生活和工作方式。通过网络，人们坐在家里通过计算机便可以预订机票、车票，可以购物，从而改变了传统服务业、商业单一的经营方式。通过网络,人们还可以与远在异国他乡的亲人、朋友实时地传递消息。

6）人工智能

人工智能(Artificial Intelligence, AI)是用计算机模拟人类的某些智力活动。利用计算机可以进行图像和物体的识别,模拟人类的学习过程和探索过程。人工智能研究期望赋予计算机以更多人的智能,如机器翻译、智能机器人等,都是利用计算机模拟人类的智力活动。人工智能是计算机科学发展以来一直处于前沿的研究领域,其主要研究内容包括自然语言理解、专家系统、机器人以及定理自动证明等。目前,人工智能已应用于机器人、医疗诊断、故障诊断、计算机辅助教育、案件侦破、经营管理等诸多方面。

7）多媒体应用

多媒体是包括文本(Text)、图形(Graphics)、图像(Image)、音频(Audio)、视频(Video)、动画(Animation)等多种信息类型的综合。多媒体技术是指人和计算机交互的进行上述多种媒介信息的捕捉、传输、转换、编辑、存储、管理,并由计算机综合处理成表格、文字、图形、动画、音频、视频等视听信息有机结合的表现形式。多媒体技术拓宽了计算机的应用领域,使计算机广泛应用于商业、服务业、教育、广告宣传、文化娱乐、家庭等方面。同时,多媒体技术与人工智能技术的有机结合还促进了虚拟现实(Virtual Reality)、虚拟制造(Virtual Manufacturing)技术的发展,使人们可以在计算机迷你的环境中,感受真实的场景,通过计算机仿真制造零件和产品,感受产品各方面的功能与性能。

8）嵌入式系统

并不是所有计算机都是通用的。有许多特殊的计算机用于不同的设备中,包括大量的消费电子产品和工业制造系统,都是把处理器芯片嵌入其中,完成特定的处理任务。这些系统称为嵌入式系统,如数码相机、数码摄像机以及高档电动玩具等都使用了不同功能的处理器。

3. 计算机的分类

随着计算机技术和应用的发展,计算机的家族庞大,种类繁多,可以按照不同的方法对其进行分类。

按计算机处理数据的类型可以分为模拟计算机、数字计算机、数字和模拟计算机。模拟计算机的主要特点是:参与运算的数值由不间断的连续量表示,其运算过程是连续的。模拟计算机由于受元器件质量影响,其计算精度较低,应用范围较窄,目前已很少生产。数字计算机的主要特点是:参与运算的数值用离散的数字量表示,其运算过程按数字位进行计算。数字计算机由于具有逻辑判断等功能,以近似人类大脑的"思维"方式进行工作,所以又被称为"电脑"。

按计算机的用途可分为通用计算机和专用计算机。通用计算机能解决多种类型的问题,通用性强,如PC(Personal Computer,个人计算机);专用计算机则配备有解决特定问题的软件和硬件,能够高速、可靠地解决特定问题,如在导弹和火箭上使用的计算机大部分都是专用计算机。

按计算机的性能、规模和处理能力,如体积、字长、运算速度、存储容量、外部设备和软件配置等,可将计算机分为巨型机、大型通用机、微型计算机、工作站、服务器等。

1）巨型机

巨型机是指速度快、处理能力最强的计算机,现在称其为高性能计算机。目前,IBM公司的“红杉”超级计算机是世界上运算速度最快的高性能计算机。高性能计算机数量不多，但有着重要和特殊的途径。运用这些超级计算机之后，复杂计算得以实现。在军事上，可用于战略防御系统、大型预警系统、航天测控系统。在民用方面，可用于大区域中长期天气预报、大面积物探信息处理系统、大型科学计算和模拟系统等。

中国的巨型机事业的开拓者之一、2002年国家最高科学技术奖获得者金怡濂院士在20世纪90年代初提出了一个我国超大规模巨型计算机研制的全新的、跨越式的方案，这一方案把我国巨型机的峰值运算速度从每秒10亿次提升到每秒3 000亿次以上，跨越了两个数量级，闯出了一条中国巨型机赶超世界先进水平的发展道路。

2）大型通用机

大型通用机是对一类计算机的习惯称呼，其特点是通用性强，具有较高的运算速度、极强的处理能力和极大的性能覆盖，运算速度为一百万次至几千万次，主要应用在科研、商业和管理部门。通常人们称大型机为“企业级”计算机，其通用性强，但价格比较贵。

大型机系统可以是单处理机、多处理机或多个子系统的复合体。

在信息化社会里，随着信息资源的剧增，带来了信息通信、控制和管理等一系列问题，而这正是大型机的特长。未来将赋予大型机更多的使命，它将覆盖“企业”所有的应用领域，如大型事务处理、企业内部的信息管理与安全保护、大型科学与工程计算等。

3）微型计算机

在第四代计算机中，微型计算机的发展是最迅猛的，以微处理器为中央处理单元而组成的计算机成为个人计算机（PC），PC的出现使计算机真正面向了个人。由于微型计算机具有体积小、性价比高的优势，它使计算机进入人们生活的方方面面，成为大众化的信息处理工具，进而引发计算机网络的蓬勃发展。

微型计算机是微电子技术飞速发展的产物。微型计算机的发展最早追溯到第一代微处理器芯片Intel 4004。1974年12月，美国人爱德华·罗伯茨利用Intel 8080组装了一台很小的计算机，命名为牛郎星（Altair）。人们普遍认为，这就是世界上第一台用微处理器装配的微型计算机。1976年，美国硅谷“家酿计算机俱乐部”的两位青年，史蒂夫·乔布斯（Steve Jobs）和斯蒂夫·沃兹尼亚克（Stephen Wozniak），在汽车库里用较便宜的6502微处理器装配了一台计算机，有8 KB存储器，能显示高分辨率图形。为了纪念乔布斯当年在苹果园打工的历史，这台计算机被命名为“苹果Ⅰ”（Apple Ⅰ），这是第一次应客户要求成批生产的真正的微型计算机产品，为领导时代潮流的个人计算机的发展铺平了道路。

自IBM公司于1981年采用Intel的微处理器推出IBM PC以来，微型计算机因其小、巧、轻、使用方便、价格便宜等优点在过去30年里得到了迅速的发展，成为计算机的主流。自此，人类社会从此跨入了个人计算机的新纪元。此后，IBM PC历经了PC/XT、IBM－PC/AT、386、486、586（奔腾机）的发展，至今，绝大多数人使用的微型计算机仍是IBM PC系列。微型计算机技术在近10年内发展速度迅猛，平均每2年芯片的集成度可提高一倍，性能提高一倍，价格降低一半。今天，微型计算机涉及的应用已经遍及社会各个领域：从工厂生产控制到政府的办公自动化，从商店数据处理到家庭的信息管理，几乎无处不在。

随着社会信息化进程的加快，强大的计算机性能对每一个用户必不可少，移动办公必将成为一种重要的办公方式。因此，一种可随身携带的“便携机”应运而生，笔记本电脑就是其中的典型产品之一，它适用于移动和外出使用的特长深受人们的欢迎。

PC 机的出现使得计算机真正面向个人，真正成为大众化的信息处理工具。现在，人们手持一部“便携机”，便可通过网络随时随地与世界上任何一个地方实现信息交流与通信。原来保存在桌面和书柜里的部分信息将存入随身携带的电脑里。人走到哪里，以个人机（特别是便携机）为核心的移动信息系统就跟到哪里，人类向着信息化的自由王国又迈进了一大步。

如果以公元 2000 年作为科技史的一个分水岭，那么公元 2000 年之前可以称为“PC”时代；而公元 2000 年之后则可以称为“后 PC”（Post-Personal Computer）时代。

简单地说，后 PC 时代是指将计算机、通信和消费产品的技术结合起来，以网络应用为主，各种电子设备具备上网功能。后 PC 时代的网络通信的两大特色为“无限”和“无线”。“无限”指的是上网的工具与应用将无所限制，“无线”则指的是人们将慢慢远离有线传输。

在后 PC 时代，网络在人们的生活中扮演着重要角色。网络使用者不仅可以通过个人计算机上网，而且可以通过数字机顶盒（Set Top Box，STB）、掌上电脑、移动电话等电子产品上网，这是个人计算机功能被取代的例证之一。用无线传输的方式，人们无论走到哪里，都可上网并传输资料。

如今，对于网络产品和专用设备，如用户边缘设备（Customer Edge，CE）、手持计算机、网络计算机、专用计算机等，其易用性和可靠性深得用户的好评，不仅适合处理文档、玩游戏、浏览或收发电子邮件，也适合商务活动的要求。尽管它们属于 PC 普及之后产生的产品，但这也可以看出“后 PC 时代”不是 PC 消亡的时代，而是包括 PC 在内的信息技术多元化的时代。

目前流行的苹果公司生产的电子产品如图 2.2 所示。

图 2.2　苹果电子产品

根据微型计算机是否由最终用户使用，微型计算机又可分为独立式微机（即人们日常使用的微机）和嵌入式微机（或称嵌入式系统）。嵌入式微机作为一个信息处理部件安装在应用设备里，最终用户不直接使用计算机，使用的是该应用设备，例如包含有微机的医疗设备及电冰箱、洗衣机、微波炉等家用电器等。嵌入式微机一般是单片机或单板机。

单片机是将中央处理器、存储器和输入输出接口采用超大规模集成电路技术集成到一块硅芯片上。单片机本身的集成度相当高，所以 ROM、RAM 容量有限，接口电路也不多，适用于小系统中。单板机就是在一块电路板上把 CPU、一定容量的 ROM/RAM 以及 I/O 接口电路等大规模集成电路芯片组装在一起而成的微机，并配备有简单外设如键盘和显示器，通常电路板上固化有 ROM 或者 EPROM 的小规模监控程序。

微型计算机的结构有:单片机、单板机、多芯片机和多板机。

4）工作站

工作站是一种高档的微型计算机,比微型机有更大的储存容量和更快的运算速度,通常配有高分辨率的大屏幕显示器及容量很大的内部存储器和外部存储器,具有较强的信息、图形、图像处理功能以及联网功能。工作站主要用于图像处理和计算机辅助设计等领域,具有很强的图形交互与处理能力,因此在工程领域,特别是在计算机辅助设计领域得到了广泛的应用,无怪乎人们称工作站是专为工程师设计的计算机。工作站一般采用开放式系统结构,即将机器的软、硬件接口公开,并尽量遵守国际工业界的流行标准,以鼓励其他厂商和用户围绕工作站开发软、硬件产品。目前,多媒体等各种新技术已普遍集成到工作站中,使其更具特色。而它的应用领域也已从最初的计算机辅助设计扩展到商业、金融、办公领域,并频频充当网络服务器的角色。

5）服务器

服务器一词描述了计算机在应用中的角色,而不是反应机器的档次。服务器作为网络的结点,存储、处理网络上 80%的数据、信息,因此也被称为网络的灵魂。

近年来,随着 Internet 的普及,各种档次的计算机在网络中发挥着各自不同的作用,而服务器在网络中扮演着最主要的角色。服务器可以是大型机、小型机、工作机或高档微机。服务器可以提供信息浏览、电子邮件、文字传送、数据库等多种业务服务。

服务器主要有以下特点:

(1) 只有在客户机的请求下才为其提供服务。

(2) 服务器对客户透明。一个与服务器通信的用户面对的是具体的服务,完全不必知道服务器采用的是什么机型及运行的是什么操作系统。

(3) 服务器严格地说是一种软件的概念。一台作为服务器使用的计算机通过安装不同的服务器软件,可以同时扮演几种服务器的角色。

2.1.3 计算科学研究与应用

最初的计算机,只是为了军事上大数据量计算的需要,而今的计算机可听、说、看,远远超出了“计算的机器”这样狭义的概念。在本节中介绍目前计算科学研究比较热门的网格计算、量子通信与量子计算机和区块链技术的知识,其他内容将在第八章中阐述。

1. 网格计算

随着计算机的普及,个人计算机进入家庭,由此产生了计算机的利用率问题。越来越多的计算机处于闲置状态。互联网的出现使得连接、调用所有这些拥有闲置计算资源的计算机系统成为现实。

一个非常复杂的大型计算任务通常需要用大量的计算机或巨型计算机来完成。网格计算研究如何把一个需要非常巨大的计算能力才能解决的问题分成许多小的部分,然后把它们分配给多台计算机进行处理,最后把这些计算结果综合起来得到最终结果,从而圆满完成一个大型计算任务。对于用户来讲,关心的是任务完成的结果,并不需要知道任务是如何切分以及哪台计算机执行了哪些小任务。这样,从用户的角度看,就好像拥有一台功能强大的虚拟计算机,这就是网格计算的思想。

网格计算是专门针对复杂科学计算的新型计算模式。这种计算模式利用互联网把分散在不同地理位置的电脑组织成一个“虚拟的超级计算机”，其中每一台参与计算的计算机就是一个“结点”，而整个计算是由成千上万个“结点”组成的“一张网格”，所以这种计算方式称为网格计算。这样组织起来的“虚拟的超级计算机”有两个优势：一是数据处理能力超前，二是能充分利用网上的闲置处理能力。

网格计算包括任务管理、任务调度和资源管理，它们是网格计算的三要素。用户通过任务管理向网格提交任务，为任务制定所需的资源，删除任务，检测任务的运行状态；任务调度根据任务的类型、所需的资源、用户的可用资源等情况安排运行日程和策略；资源管理则负责检测网格中资源的状况。

网格计算技术的特点是：

（1）能够提供资源共享，实现应用程序的互联互通。网格与计算机网络不同，计算机网络实现的是一种硬件的联通，而网格能实现应用层面的联通。

（2）协同工作。很多网格结点可以共同处理一个项目。

（3）基于国际的开放技术标准。

（4）网格可以提供动态的服务，能够适应变化。

网格计算机技术是一场计算的革命，它将全世界的计算机联合起来协同工作，它被人们视为21世纪的新型网络基础架构。

2. 量子通信与量子计算机

（1）量子通信

量子通信是指利用量子纠缠效应进行信息传递的一种通信方式，是近20年发展起来的新型交叉学科，是量子论和信息论相结合的新的研究领域。量子通信主要涉及量子密码通信、量子远程传态和量子密集编码等，近年来这门学科已逐步从理论走向实验，并向实用化发展。高效安全的信息传输日益受到人们的关注，量子通信基于量子力学的基本原理，并以此成为国际上量子物理和信息科学的研究热点。

单个光量子不可分割和量子不可克隆原理的奇特性质，为我们提供了一种新型的安全通信方式，称为量子密钥分发、量子保密通信，简称量子通信。

在量子通信的过程中，发送方和接收方采用单光子的状态作为信息载体来建立密钥，可能遇到的窃听方法有以下三种。

第一种可能遇到的窃听方法是将信息载体分割成两部分，让其中一部分继续传递，而对另一部分进行状态测量以获取密钥信息。但由于信息载体是单光子，不可分割，因此这种方法不可行。

第二种可能遇到的窃听方法是窃听者截取单光子后，测量其状态，然后根据测量结果发送一个相同状态的光子给接收方，以使其窃听行为不被察觉。但由于窃听者的测量行为会对光子的状态产生扰动，其发送给接收方的光子的状态与其原始状态会存在偏差。这样，发送方和接收方可以利用这个偏差来探测到窃听行为。

第三种可能遇到的窃听方法是窃听者截取单光子后，通过复制单光子的状态窃取信息，但按前面所讲的量子不可克隆原理，未知的量子态不可能被精确复制。

因此，量子通信的安全性受到量子力学基本原理的充分保障。无论破译者掌握了多么先进的窃听技术、多强大的破译能力，只要量子力学规律成立，量子通信就无法被破译。

(2) 量子通信的作用与意义

由于通信终端、传输信道、服务器等多个环节均存在着安全性隐患，网络信息安全面临着严重的威胁。通常，人们可以采用身份认证（确保是授权用户）、传输加密（确保传输过程中的安全）、数字签名（确保数据不被篡改）等手段来确保信息安全。在传统信息安全体系中，这些手段都是依赖于计算复杂度的加密算法来实现的。然而，一旦拥有足够强大的计算能力，所有依赖于计算复杂度的加密算法都可能会被破解。

量子通信克服了经典加密技术内在的安全隐患，能够确保身份认证、传输加密以及数字签名等技术手段的无条件安全，可以从根本上解决国防、金融、政务、商业等领域的信息安全问题。量子通信是最早走向实用化和产业化的量子信息技术，普遍被国际上认为是事关国家信息安全的战略性必争领域。

(3) 量子计算机

简单地说，量子计算机是一种可以实现量子计算的机器，是一种通过量子力学规律实现数学和逻辑运算，以及处理和存储信息的系统，如图 2.3 所示。它以量子态为记忆单元和信息存储形式，以量子动力学演化为信息传递与加工基础的量子通信与量子计算，在量子计算机中其各种硬件的尺寸达到原子或分子的量级。量子计算机是一种物理系统，它能存储和处理量子力学变量的信息。

图 2.3　量子计算机

经典计算机从物理上可以被描述为对输入信号序列按一定算法进行变换的机器，其算法由计算机的内部逻辑电路来实现。

在量子计算机中，基本信息单元叫作量子位(Qubit)、昆比特或量子比特，不同于传统计算机，这种计算机并不是二进制原理，而是按照性质 4 个一组组成的单元。量子计算机是以量子态作为信息的载体，运算对象是量子比特序列。量子比特是两个正交量子态的任意叠加态，从而实现了信息的量子化。

与现有计算机类似，量子计算机同样主要由存储元件和逻辑门构成，但是它们又与现在计算机上使用的这两类元件大不一样。现有计算机上，数据用二进制位存储，每位只能存储一个数据，非 0 即 1。而在量子计算机中采用量子位存储，由于量子叠加效应，一个量子位可以是 0 或 1，也可以既存储 0 又存储 1，这就是说量子位存储的内容可以是 0 和 1 的叠加。由于一个二进制位只能存储一个数据，所以几个二进制位就只能存储几个数据。而一个量子位可以存储4个数据，所以 n 个量子位就可以存储 2^n 个数据。这样，便大大提高了量子计算机的存储能力。

量子计算机突出的优点有两个，一是能够实现量子并行计算，可加快解题速度；二是存储能力大大提高。它的弱点也有两个，一是受环境影响大；二是纠错不太容易。

(4) 量子计算机的基本原理

量子计算机是一种基于量子理论而工作的计算机。追本溯源，对可逆机的不断探索促进了量子计算机的发展。量子计算机装置遵循量子计算的基本理论，处理和计算的是量子信息，运行的是量子算法。1981年，美国阿拉贡国家实验室(ANL)最早提出了量子计算的基本理论。

1) 量子比特

经典计算机信息的基本单元是比特，比特是一种有两个状态的物理系统，用0与1表示。在量子计算机中，基本信息单位是量子比特，用两个量子态“|0>”和“|1>”代替经典比特状态0和1。量子比特相较于比特来说，有着独一无二的存在特点，它以两个逻辑态的叠加态的形式存在，这表示的是两个状态，是0和1的相应量子态叠加。

2) 态叠加原理

现代量子计算机模型的核心技术便是态叠加原理，属于量子力学的一个基本原理。一个体系中，每种可能的运动方式就被称作态。在微观体系中，量子的运动状态无法确定，呈现统计性，与宏观体系确定的运动状态相反，量子态就是微观体系的态。

3) 量子纠缠

当两个粒子相互纠缠时，一个粒子的行为会影响另一个粒子的状态，此现象与距离无关，理论上即使相隔足够远，量子纠缠现象依旧能被检测到。因此，当两个粒子中的一个粒子的状态发生变化时，即此粒子被操作时，另一个粒子的状态也会相应随之改变。

4) 量子并行原理

量子并行计算是量子计算机能够超越经典计算机的最引人注目的先进技术。量子计算机以指数形式存储数字，通过将量子位增至300个就能存储比宇宙中所有原子还多的数字，并能同时进行运算。函数计算不通过经典循环方法，可直接通过幺正变换得到，大大缩短工作损耗能量，真正实现可逆计算。

3. 区块链技术

区块链技术作为近年来信息技术体系的一个重要组成部分，已经成为金融科技的底层支持技术，它会成为未来信息技术发展的主要趋势之一。国内外学者对区块链技术的生产力功能、社会影响、人文价值等方面，进行了有益的哲学或社会学层面的反思。区块链技术发展的过程与结果的非线性特点越来越明显，引发了学界对该技术价值可控性与不可控性这一内在矛盾的深刻反思。总体上，区块链技术作为信息技术体系的新生事物，需要合理的价值规范，在一定的价值框架下健康发展。

(1) 什么是区块链技术

1) 区块链

从数据的角度来看，区块链是一种几乎不可能被更改的分布式数据库，或称为分布式共享总账(Distributed Shared General Ledger)，这里的“分布式”不仅体现为数据的分布式存储，也体现为数据的分布式记录(由系统参与者来集体维护)。区块链能实现全球数据信息的分布式记录(可以由系统参与者集体记录,而非由一个中心化的机构集中记录)与分布式存储(可以存储在所有参与记录数据的节点中,而非集中存储于中心化的机构节点中)。从效果的角度来看,区块链可以生成一套记录时间先后的、不可篡改的、可信任的数据库,这套数据库是去中心化存储且数据安全能够得到有效保证的。

区块链是一种把区块以链的方式组合在一起的数据结构。它适合存储简单的、有先后关系的、能在系统内验证的数据,用密码学保证了数据的不可篡改和不可伪造。它能够使参与者对全网交易记录的事件顺序和当前状态建立共识。

2) 区块链技术

区块链技术是一种去中心化、去信任的集体维护数据库技术,其本质是一种互联网协议。区块链技术拥有显著的应用优势:去中心化的分布式结构应用于现实中可节省大量的中介成本,不可篡改的时间戳特征可解决数据追踪与信息防伪问题,安全的信任机制可解决现今物联网技术的核心缺陷,灵活的可编程特性可规范现有市场秩序。

如今的区块链技术概括起来是指通过去中心化和去信任的方式集体维护一个可靠的数据库。其实,区块链技术并不是一种单一的、全新的技术,而是多种现有技术(如加密算法、P2P 文件传输等)整合的结果,这些技术与数据库巧妙地组合在一起,形成了一种新的数据记录、传递、存储与呈现的方式。过去,人们将数据记录、存储的工作交给中心化的机构来完成,而区块链技术则让系统中的每个人都可以参与数据的记录、存储。区块链技术在没有中央控制点的分布式对等网络下,使用分布式集体运作的方法,构建了一个点对点的自组织网络。通过复杂的校验机制,区块链数据库能够保持完整性、连续性和一致性,即使部分参与人作假也无法改变区块链的完整性,更无法篡改区块链中的数据。

(2) 区块链技术的特征

区块链技术的主要特征如下。

1) 去中心化

区块链技术不依赖额外的第三方管理机构或硬件设施,没有中心管制,除了自成一体的区块链本身,通过分布式核算和存储,各个节点实现了信息的自我验证、传递和管理。去中心化是区块链最突出、最本质的特征。

2) 开放性

区块链技术的基础是开源的,除了交易各方的私有信息被加密外,区块链的数据对所有人开放,任何人都可以通过公开的接口查询区块链数据和开发相关应用,因此整个系统信息高度透明。

3) 独立性

基于协商一致的规范和协议(类似散列算法等各种数学算法),整个区块链系统不依赖其他第三方,所有节点能够在系统内自动安全地验证、交换数据,不需要任何人为的干预。

4) 安全性

只要不能掌握超过一半的数据节点,就无法肆意操控修改网络数据,这使区块链本身变得相对安全,避免了主观人为的数据变更。

5) 匿名性

除非有法律规范要求,单从技术上来讲,各区块节点的身份信息不需要公开或验证,信息传递可以匿名进行。

(3) 区块链核心技术

1) 分布式账本

分布式账本指的是交易记账由分布在不同地方的多个节点共同完成，而且每个节点记录的都是完整的账目，因此它们都可以参与监督交易的合法性，同时也可以共同为其作证。

跟传统的分布式存储有所不同，区块链的分布式存储的独特性主要体现在两个方面：一是区块链每个节点都按照块链式结构存储完整的数据，传统分布式存储一般是将数据按照一定的规则分成多份进行存储；二是区块链每个节点的存储都是独立的、地位等同的，依靠共识机制保证存储的一致性，而传统分布式存储一般通过中心节点往其他备份节点同步数据。区块链没有任何一个节点可以单独记录账本数据，从而避免了单一记账人被控制或者被贿赂而记假账的可能性。也由于其记账节点足够多，理论上讲除非所有的节点被破坏，否则账目就不会丢失，从而保证了账目数据的安全性。

2) 非对称加密

存储在区块链上的交易信息是公开的，但是账户身份信息是高度加密的，只有在数据拥有者授权的情况下才能访问到，从而保证了数据的安全和个人的隐私。

3) 共识机制

共识机制就是所有记账节点之间怎么达成共识，去认定一个记录的有效性，这既是认定的手段，也是防止篡改的手段。区块链提出了 4 种不同的共识机制，适用于不同的应用场景，在效率和安全性之间取得平衡。这 4 种共识机制是工作量证明机制、权益证明机制、委托权益证明机制和容量证明机制。

区块链的共识机制具备“少数服从多数”以及“人人平等”的特点，其中“少数服从多数”并不完全指节点个数，也可以是计算能力、股权数或者其他计算机可以比较的特征量。“人人平等”是当节点满足条件时，所有节点都有权优先提出共识结果、直接被其他节点认同后并最后有可能成为最终共识结果。

4) 智能合约

智能合约基于这些可信的不可篡改的数据，自动执行一些预先定义好的规则和条款。以保险为例，如果说每个人的信息(包括医疗信息和风险发生的信息)都是真实可信的，那就很容易在一些标准化的保险产品中进行自动化理赔。在保险公司的日常业务中，虽然交易不像银行和证券行业那样频繁，但是对可信数据的依赖却是有增无减的。因此，笔者认为利用区块链技术，从数据管理的角度切入，能够有效地帮助保险公司提高风险管理能力。具体来讲，主要分为投保人的风险管理和保险公司的风险监督。

(4) 区块链技术的应用

区块链技术主要应用在以下几个方面。

1) 区块链技术在金融领域的应用

区块链在国际汇兑、信用证、股权登记和证券交易所等金融领域有着潜在的巨大应用价值。将区块链技术应用在金融行业中，能够省去第三方中介环节，实现点对点的直接对接，从而在大大降低成本的同时，快速完成交易支付。

2) 区块链技术在物联网和物流领域的应用

区块链在物联网和物流领域也可以天然结合。通过区块链可以降低物流成本，追溯物品的生产和运送过程，并且提高供应链管理的效率。该领域被认为是区块链一个很有前景的应用方向。

区块链通过节点连接的散状网络分层结构，能够在整个网络中实现信息的全面传递，并能够检验信息的准确程度。这种特性在一定程度上提高了物联网交易的便利性和智能化。区块链+大数据的解决方案就利用了大数据的自动筛选过滤模式，在区块链中建立信用资源，可双重提高交易的安全性，并提高物联网交易的便利程度，为智能物流模式的应用节约时间成本。区块链节点具有十分自由的进出能力，可独立地参与或离开区块链体系，而对整个区块链体系没有任何干扰。区块链+大数据解决方案就是利用了大数据的整合能力，促使对物联网基础用户的拓展更具有方向性，便于在智能物流的分散用户之间实现用户拓展。

3）区块链技术在数字版权领域的应用

区块链技术在公共管理、能源、交通等领域的应用与民众的生产、生活息息相关，可以用区块链技术来改造这些领域的中心化特质。区块链提供的去中心化的完全分布式 DNS 服务，通过网络中各个节点之间的点对点数据传输服务就能实现域名的查询和解析，可用于确保某个重要的基础设施的操作系统和固件没有被篡改，可以监控软件的状态和完整性，发现不良的篡改，并确保使用物联网技术的系统所传输的数据没有经过篡改。

4）区块链技术在数字版权领域的应用

通过区块链技术，可以对作品进行鉴权，证明文字、视频、音频等作品的存在，保证权属的真实性、唯一性。作品在区块链上被确权后，后续交易都会进行实时记录，实现数字版权的全生命周期管理，也可作为司法取证中的技术性保障。例如，美国纽约一家创业公司 Mine Labs 开发了一个基于区块链的元数据协议，这个名为媒体链（Mediachain）的系统利用星际文件系统（InterPlanetary File System，IPFS）实现对数字作品版权的保护，主要是面向数字图片的版权保护应用。

5）区块链技术在保险领域的应用

在保险理赔方面，保险机构负责资金归集、投资、理赔，往往管理和运营成本较高。通过智能合约的应用，既无须投保人申请，也无须保险公司批准，只要触发理赔条件，就可以实现保单自动理赔。一个典型的应用案例就是 LenderBot，它允许人们通过 Facebook Messenger 的聊天功能，注册定制化的微保险产品，为个人之间交换的高价值物品进行投保，而区块链在保险合同中替代了第三方角色。

6）区块链技术在公益领域的应用

区块链上存储的数据，高可靠且不可篡改，天然适合用在社会公益领域。公益流程中的相关信息，如捐赠项目、募集明细、资金流向、受助人反馈等，均可以存放于区块链上，并且有条件进行透明公开公示，方便社会监督。

2.1.4 未来计算机的发展趋势

在计算机诞生之初，很少有人能深刻地预见计算机技术对人类产生的巨大的潜在影响，甚至没有人能预见计算机的发展速度是如此迅猛，超出了人们的想象。计算机已广泛应用于科研、国防、工业、交通、通信以及人们日常工作生活等各个领域。计算机应用的广泛和深入对计算机的发展提出了多样化的要求。展望未来，计算机技术的发展又会沿着一条什么样的轨道前行呢？计算机的发展表现为两个方面：一是朝着巨型化、微型化、网络化和智能化的趋势发展;二是朝着非冯·诺依曼结构的模式发展。

1. 电子计算机的发展方向

从类型上来看,电子计算机技术正在向巨型化、微型化、网络化和智能化方向发展。

1) 巨型化

巨型化是指计算机的计算速度更快、存储容量更大、功能完善、可靠性更高,其运算速度可达每秒万万亿次,存储容量超过几百T字节。巨型机的应用范围如今已日趋广泛,在航空航天、军事工业、气象、电子、人工智能等几十个学科领域发挥着巨大作用,特别是在尖端科学技术和军事国防系统的研究开发中,体现了计算机科学技术的发展水平。

巨型机(超级计算机)的研制是国家综合国力、科技竞争力和信息化建设能力的重要体现,已经成为世界各国争夺的战略制高点。1993年,德国曼海姆大学(University of Mannheim)的汉斯、埃里克等人发起并创建了全球超级计算机TOP500排名榜。TOP500目前由德国曼海姆大学、美国田纳西大学、美国能源研究科学计算中心以及劳伦斯伯克利国家实验室联合举办,每年排名两次,已发展成为全世界极具影响的超级计算机排名榜,是衡量各国超级计算机水平的最重要的参考依据。美、英、法、德、日是超级计算机研发和应用的传统强国,其中美国具有优势地位。

2019年11月的全球超级计算机TOP500排行榜中,入选榜单的全部超级计算机的浮点运算速度都已突破每秒千万亿次。我国的计算机上榜数量位列第一,美国位列第二,日本排名第三。

本次超级计算机TOP500的前5名如下。

第1名:Summit(美国),即"顶点",是IBM公司和美国能源部橡树岭国家实验室推出的超级计算机。它创下了每秒14.86亿亿次的浮点运算的纪录。

第2名:Sierra(美国),即"山脊",位于美国加利福尼亚州劳伦斯利弗莫尔国家实验室,速度为每秒9.46亿亿次浮点运算。

第3名:Sunway TaihuLight(中国),即"神威·太湖之光",由中国国家并行计算机工程技术研究中心开发,安装在无锡国家超级计算机中心,它由超过1 000万个SW26010处理器内核提供支持,如图2.4所示。

第4名:Tianhe-2A(中国),即"天河二号",由国防科技大学开发,部署在广州国家超级计算机中心。它结合使用Intel Xeon和Matrix-2000处理器,实现了每秒6.14亿亿次浮点运算的速度结果,如图2.5所示。

图2.4 神威·太湖之光

图2.5 天河二号

第 5 名：Frontera（美国），是前 10 名中唯一的新超级计算机，采用 Intel Xeon Platinum 8280 处理器的 Dell C6420 系统，安装在美国得克萨斯大学。

2）微型化

微型计算机从过去的台式机迅速向便携机、掌上机、膝上机发展，其低廉的价格、方便的使用、丰富的软件，受到人们的青睐。因为微型计算机可渗透到诸如仪表、家用电器、导弹弹头等中小型计算机无法进入的领域，所以也是工业控制过程的心脏，使仪器设备实现"智能化"。随着微电子技术的进一步发展，微型计算机必将以更优的性价比受到人们的欢迎。

3）网络化

网络化指利用现代通信技术和计算机技术，把分布在不同地点的计算机互联起来，按照网络协议互相通信，以共享软件、硬件和数据资源。计算机网络是计算机技术发展中崛起的又一重要分支，是现代通信技术与计算机技术结合的产物。目前，计算机网络在交通、金融、企业管理、教育、电信、商业、娱乐等各行各业中得到了广泛的应用，网络化已经在人们的生活中无处不在了。

4）智能化

智能化指计算机模拟人的感觉和思维过程的能力。智能化是计算机发展的一个重要方向。智能计算机具有解决问题和逻辑推理的功能以及知识处理和知识库管理的功能等。它是让计算机来模拟人的感觉、行为、思维过程的机理，使计算机具备视觉、听觉、语言、行为、思维、逻辑推理、学习、证明等能力，形成智能型、超智能型计算机。未来的计算机将能接受自然语言的命令，有视觉、听觉和触觉，但可能不再有现在计算机的外形，体系结构也会不同。

目前已研制出的机器人有的可以替代人从事危险环境中的劳动，有的能与人下棋等，这都从本质上扩充了计算机的能力，使计算机成为可以越来越多地替代人的思维活动和脑力劳动的电脑。

5）发展非冯·诺依曼结构模式

从第一台计算机诞生到现在，各种类型的计算机都以存储程序原理和二进制编码方式进行工作，仍然属于冯·诺依曼型计算机。

"冯·诺依曼瓶颈"这个词是由约翰·巴克斯（John Backus）1997 年获得图灵奖时首次提出来的。由于冯·诺依曼结构体系采用单数据单控制流，在 CPU 以摩尔定律高速发展的时代，数据的输入、输出（即流量），相对 CPU 的运算速率来说远远不够。当 CPU 需要在一些巨大数据上进行些简单指令操作时，数据输入、输出时 CPU 处于闲置状态，这就限制了计算机运算速度的提高。

自 20 世纪 60 年代开始，人们提出了制造非冯·诺依曼型计算机的想法，并朝着两个大方向努力，一是创建新的程序设计语言，即所谓的"非冯·诺依曼语言"，主要有 Lisp、Prolog 等；二是从计算机元器件方面，例如提出了量子器件等方面的探索。

2. 未来新一代的计算机

计算机中最重要的核心部件是芯片，芯片制造技术的不断进步是推动计算机技术发展的动力。目前的芯片主要采用光蚀刻技术制造，即让光线透过刻有线路图的掩膜照射在硅片表面以进行线路蚀刻。当前主要是用紫外光进行光刻操作，随着紫外光波长的缩短，芯片上的线宽将会继续大幅度缩小,同样大小的芯片上可以容纳更多的晶体管,从而推动半导体工业继续前进。但是,当紫外光线波长缩短到小于 193 nm 时(蚀刻线宽 0.18 nm),传统的石英透镜组会吸收光线而不是将其折射或弯曲。因此,研究人员正在研究下一代光刻技术(Next Generation Lithography, NGL),包括极紫外(EUV)光刻技术、离子束投影光刻技术(Ion Projection Lithography,IPL)、角度限制投影电子束光刻技术(SCALPEL)以及 X 射线光刻技术。然而,以硅为基础的芯片制造技术的发展不是无限的。专家预言,随着晶体管的尺寸接近纳米级,不仅芯片发热等副作用逐渐显现,电子的运行也难以控制,晶体管将不再可靠。下一代计算机无论是从体系结构、工作原理,还是器件及制造技术,都应该进行颠覆性的变革了。

随着计算机技术的发展,PC 成为我们工作上的工具、生活中的控制中心是必然的事情。计算机的未来充满了变数。性能的大幅度提高是毋庸置疑的,而实现性能的飞跃却有多种途径。不过性能的大幅提升并不是计算机发展的唯一路线,计算机的发展还应当变得越来越人性化,同时也要注重环保等。

基于集成电路的计算机短期内还不会退出历史舞台,一些新型计算机正在被加紧研究,包括能识别自然语言的计算机、高速超导计算机、激光计算机、分子计算机、DNA 计算机、神经元计算机和生物计算机等。

未来计算机将人从重复、枯燥的信息处理中解脱出来,从而改变我们的工作、生活和学习方式,给人类拓展了更大的生存和发展空间。随着计算机技术朝着巨型化、微型化、网络化、智能化的方向不断发展,未来将出现各种各样的新型计算机。

1) 模糊计算机

1956 年,英国人查德创立了模糊信息的理论。依照模糊理论,判断问题不是以是和非两种绝对的值或 0 和 1 两种数字来表示,而是取许多值,如接近、几乎、差不多及差得远等模糊值来表示。用这种模糊的、不确切的判断进行工程处理的计算机就是模糊计算机。模糊计算机是建立在模糊数学基础上的计算机。模糊计算机除具有一般计算机的功能外,还具有学习、思考、判断和对话的能力,可以立即辨识外界物体的形状和特征,甚至可帮助人从事复杂的脑力劳动。日本科学家把模糊计算机应用在地铁管理上。日本东京以北 320 km 的仙台市的地铁列车在模糊计算机的控制下,自 1986 年以来一直安全、平稳地行驶着,车上的乘客可以不必攀扶拉手吊带,这是因为,在列车行进中模糊逻辑"司机"判断行车情况的错误几乎比人类司机要少 70%。1990 年,松下公司把模糊计算机装在洗衣机里,能根据衣服的肮脏程度、衣服的质料调节洗衣机程序。我国有些品牌的洗衣机也装上了模糊逻辑芯片。此外,人们还把模糊计算机装在吸尘器里,可以根据灰尘量以及地毯的厚实程度调节吸尘器的功率。模糊计算机还能用于地震灾情判断、疾病医疗诊断、发酵工程控制、海空导航巡视等多个方面。

未来的计算机将在模式识别、语言处理、句式分析和语义分析等综合处理能力上获得重大突破。它可以识别孤立单词、连续单词、连续语言和特定或非特定对象的自然语言(包括口语)。今后,人类将越来越多地同机器对话,人们将向个人计算机"口授"信件,同洗衣机"讨论"保护衣物的程序,或者用语言"制服"不听话的录音机。键盘和鼠标的时代将渐渐结束。

2) 生物计算机

微电子技术和生物工程这两项高科技的互相渗透,为研制生物计算机提供了可能。20

世纪70年代以来,人们发现脱氧核糖核酸(Deoxyribonucleic Acid, DNA)处在不同的状态下可产生有信息和无信息的变化。联想到逻辑电路中的0与1、晶体管的导通或截止、电压的高或低、脉冲信号的有或无等,激发了科学家们研制生物元件的灵感。1995年,来自各国的200多位有关专家共同探讨了DNA计算机的可行性,认为生物计算机是以生物电子元件构建的计算机,而不是模仿生物大脑和神经系统中信息传递、处理等相关原理来设计的计算机,其生物电子元件是利用蛋白质具有的开关特性,用蛋白质分子制成集成电路,形成蛋白质芯片、红血素芯片等。利用DNA化学反应,通过和酶的相互作用可以使某基因代码通过生物化学的反应转变为另一种基因代码,转变前的基因代码可以作为输入数据,反应后的基因代码可以作为运算结果。利用这一过程可以制成新型的生物计算机,其性能是由元件与元件之间电流启闭的开关速度来决定的。用蛋白质制成的计算机芯片,它的一个存储点只有一个分子大小,但它的存储容量可以达到普通计算机的十亿倍。由蛋白质构成的集成电路,其大小只相当于硅片集成电路的十万分之一,而且它的运算速度更快。这种DNA计算机的工作原理是以瞬间发生的化学反应为基础,通过和酶的相互作用,将发生过程进行分子编码,把二进制数翻译成遗传密码的片段,每个片段就是著名的双螺旋的一个链,然后对问题以新的DNA编码形式加以解答。和普通的计算机相比,DNA计算机的优点是体积小,但存储的信息量却超过现在世界上所有的计算机。

3) 光子计算机

光子计算机是一种用光信号进行数字运算、信息存储和处理的新型计算机,运用集成光路技术,把光开关、光存储器等集成在一块芯片上,再用光导纤维连接成计算机。1990年1月底,贝尔实验室研制成世界上第一台光子计算机,尽管它的装置很粗糙,由激光器、透镜、棱镜等组成,只能用来计算。但是,它毕竟是光子计算机领域中的一大突破。正像电子计算机的发展依赖于电子器件,尤其是集成电路一样,光子计算机的发展也主要取决于光逻辑元件和光存储元件,即集成光路的突破。近30年来只读光盘(Compact Disc Read-Only Memory, CD-ROM)、可视光盘(Video Compact Disc, VCD)和数字通用光盘(Digital Versatile Disc,DVD)的接踵出现,是光存储研究的巨大进展。网络技术中的光纤信道和光转换器技术已相当成熟。光子计算机的关键技术,即光存储技术、光互联技术、光集成器件等方面的研究都已取得突破性的进展,为光子计算机的研制、开发和应用奠定了基础。现在,全世界除了贝尔实验室外,日本和德国的其他公司都投入巨资研制光子计算机,未来将会出现更加先进的光子计算机。

光子计算机是利用激光作为载体进行信息处理的计算机,又叫光脑,其运行速度将比普通的电子计算机快至少1 000倍。它依靠激光束进入由反射镜和透镜组成的阵列中来对信息进行处理。与电子计算机的相似之处是,光子计算机也靠一系列逻辑操作来处理和解决问题。光束具有在一般条件下互不干扰的特性,这使得光子计算机能够在极小的空间内开辟很多平行的信息通道,密度大得惊人。

4) 超导计算机

1911年,昂尼斯发现纯汞在4.2 K低温下电阻变为零的超导现象,超导线圈中的电流可以无损耗地流动。在计算机诞生之后,超导技术的发展使科学家们想到用超导材料来替代半导体制造计算机。早期的工作主要是延续传统半导体计算机的设计思路,只不过是将半导体材料制备的逻辑门电路改为用超导体材料制备。从本质上讲,并没有突破传统计算机的设计架构。而且,在20世纪80年代中期以前,超导材料的超导临界温度仅在液氦温区,实施超导计算机的计划费用昂贵。然而,在1986年左右出现重大转机,高温超导体的发现使人们可以在液氦温区外获得新型超导材料,于是超导计算机的研究又获得了各方面的广泛重视。超导计算机具有超导逻辑电路和超导存储器,其能耗小,运算速度是传统计算机无法比拟的。高速超导计算机的耗电仅为半导体器件计算机的几千分之一,它执行一条指令只需10^{-9}秒,比半导体元件快十几倍。以目前的技术制造出的超导计算机的集成电路芯片的大小只有3～5 mm^2。

5）量子计算机

量子计算机的目的是解决计算机中的能耗问题,其概念源于对可逆计算机的研究。

传统计算机与量子计算机之间的区别是传统计算机遵循着众所周知的经典物理规律,而量子计算机则是遵循着独一无二的量子动力学规律,是一种信息处理的新模式。在量子计算机中,用“量子位”来替代传统电子计算机的二进制位。二进制位只能用0和1两个状态表示信息,而量子位则用粒子的量子力学状态来表示信息,两个状态可以在一个“量子位”中并存。量子位既可以用于表示二进制位的0和1,也可以用这两个状态的组合来表示信息。正因为如此,量子计算机被认为可以进行传统电子计算机无法完成的复杂计算,其运算速度将是传统电子计算机无法比拟的。

由年轻的华裔科学家艾萨克·庄领衔的IBM公司科研小组向公众展示了迄今最尖端的“5比特量子计算机”。研究量子计算机的目的不是要用它来取代现有的计算机,而是要使计算的概念焕然一新,这是量子计算机与其他计算机,如光子计算机和生物计算机等的不同之处。目前关于量子计算机的应用材料研究仍然是其中的一个基础研究问题。

6）分子计算机

分子计算机正在酝酿和研制中。美国惠普公司和加州大学于1999年宣布,他们成功研制出了分子计算机中的逻辑门电路,其线宽只有几个原子的直径之和。预计分子计算机的运算速度将是目前计算机的1 000亿倍,最终将取代硅芯片计算机。

7）神经元计算机

人类神经网络的强大与神奇是人们所共知的。将来,人们将制造出能够完成类似人脑功能的计算机系统,即人造神经元网络。神经元计算机最有前途的应用领域是国防:它可以识别物体和目标,处理复杂的雷达信号,决定要击毁的目标。神经元计算机具有联想式信息存储、对学习的自然适应性、数据处理中的平行重复现象等性能。

2.1.5 信息技术

1. 信息化社会与计算机文化

(1) 信息化社会与信息技术

信息化社会也称信息社会,是指以信息技术为基础,以信息产业为支柱,以信息价值的生产为中心,以信息产品为标志的社会。信息化社会的基本特征就是“万事万物皆成智力信息”,就连人本身也会被信息化,如身份证编码、证件编码等。

人类社会发展至今,已经历过狩猎技术、农业技术、工业技术三种社会技术,今天正面临着第四种社会技术——信息技术的发展。

狩猎技术的核心是石器和语言，其本质是人类从被动地适应环境（觅食活动）转变为能动地改造环境（劳动），这是人类社会发展过程中发生的质的变化。

农业技术的核心是以锄、犁等为代表的农具和文字。文字的产生，有助于人类智慧的记忆、保存和交流，使得智慧的保存和交流冲破了时间和空间的限制。

工业技术的核心是以蒸汽机为代表的动力机械，人以机器生产来代替手工劳动。利用蒸汽机，人类第一次实现了热能到机械能的转换，成为人类征服和改造自然的强大的物质力量。产业革命的实质是能源的利用。

信息技术的核心是计算机、微电子和通信技术的结合。以往我们把能源和物质材料看成人类赖以生存的两大要素，而今组成物质社会文明的要素除了能源和材料，还有信息。信息技术从生产力变革和智力开发这两个方面推动着社会文明的进步，成为社会发展更为重要的动力源泉。在信息化社会中信息将起主要作用。

（2）人类面临的第六次信息革命

人类在认识世界的过程中，逐步认识到信息、物质材料和能源是构成世界的三大要素。信息交流在人类社会文明发展过程中发挥着重要的作用。

人类经历了数次信息革命，其中第一次是语言的使用，第二次是文字的使用，第三次是印刷术的发明，第四次是电话、广播和电视的使用。从20世纪60年代开始第五次信息革命产生的信息技术，则是计算机、微电子与通信技术相结合的技术，即计算机及其网络的应用。而第六次信息革命则是智能互联网的出现。

经过几十年发展，传统互联网已经失去了发展的空间，在一定程度上走到了瓶颈，未来将是全新的智能互联网时代。毫无疑问，智能互联网依然需要和传统互联网一样的网络，这个网络不仅需要高速度，它还应该是广覆盖的，在社会生活任何一个地方都存在，即实时和泛在的。

传统的网络还只是信息传输，我们只关注信息的流动，而很少关注信息的存储和分析。在智能互联网世界里，越来越多的用户在使用网络，甚至生活的所有事情都在这个网络中进行，云存储记录了我们每一次网络活动，包括访问的网站、电子商务的交易、玩了什么游戏、导航去了何地、看了什么影片等，所有的这些信息，都不再像传统世界那样发生过就消失了。因此，对这些数据进行整理、挖掘和分析，就具有巨大的价值。所以，智能互联网具有由高速移动网络大数据分析和挖掘、智能感应能力综合形成的能力。互联网和移动互联网是基础，但是必须要用数据挖掘、数据分析来整合，而智能感应能力让传统的信息传输增加了感应能力，这些能力整合起来，形成的力量是传统互联网无法比拟的。

（3）计算机文化

文化离不开语言，所以当技术触动了语言，也就动摇了文化本身。计算机技术已经创造了并且还在继续创造着不同于传统自然语言的计算机语言。这种计算机语言已从简单的应用发展到多种复杂的对话，并逐步发展到能像传统自然语言一样表达和传递信息。可以说，计算技术引起了计算机语言的重构和再生。

数据库的诞生使知识和信息的存储在数量与性质上都发生了质的变化，这引起了人类社会记忆系统的更新。

计算机技术使语言和知识的相互交流发生了根本性变化。也就是说，计算机技术冲击着人类的思维和信息交流方式，冲击着人类社会各个领域，改变着人类的观念和社会结构，这就导致了一种全新的文化模式——计算机文化素养的出现，也就是信息时代文化的出现。

计算机具有逻辑思维功能，这样计算机就可以独立进行加工，产生进一步的思维活动，最后产生思维成果。于是造就智能计算机战胜围棋世界冠军的奇迹。可以认为，计算机思路活动是一种物化思维，是人脑思维的一种延伸，克服了人脑思维和自然语言方面的许多局限性，其高速、大容量、长时间自动运行等特性大大提高了人类的思维能力。可以说，现代人类文化创造活动中，越来越离不开计算机的辅助。

计算机已不是单纯的一门科学技术，它还是进行国际交流、推动全球经济与社会发展的重要手段。虽然计算机也是人脑创造的，但是它具有一定的逻辑思维和判断能力，有着部分人脑的功能，能完成某些人脑才能完成甚至是人脑完成不了的任务。计算机应用介入人类社会的方方面面，从而让其创造和形成的科学思想、科学方法、科学精神、价值标准等成为一种崭新的文化观念。所以，计算机文化也被称为人类在书本世界之外的第二文化。这是信息时代的特征文化，它不是属于某一国家、某一民族的一种地域文化，而是一种时域文化，是人类社会发展到一定阶段的时代文化。

计算机作为当今信息处理的工具，在信息获取、存储、处理、交流传播方面充当着核心的角色。个人计算机(Personal Computer，PC)的出现只有 40 多年，在人类文明发展的历史长河中仅仅是一瞬。但在人类现代文明史中，还没有任何一个产业能够像 PC 这样在如此短的时间内取得如此辉煌的成就，也没有任何一种产品能够在人们生活和工作中发挥如此重要的作用。随着 PC 的出现，计算机的应用渗透到人类生活的各个方面。计算机信息技术使人类智慧得以充分发挥，在人类历史上创造了真正的奇迹。

2. 信息技术

信息技术(Information Technology，IT)的飞速发展促进了信息社会的到来。半个多世纪以来，人类社会正由工业社会全面进入信息社会，其主要动力就是以计算机技术、通信技术和控制技术为核心的现代信息技术的飞速发展和广泛应用。纵观人类社会发展史和科学技术史，信息技术在众多的科学技术群体中越来越显示出强大的生命力。随着科学技术的飞速发展，各种高新技术层出不穷，日新月异，但是最主要、发展最快的仍然是信息技术。

(1) 信息技术的定义

随着信息技术的发展，信息技术的内涵也在不断变化，因此至今仍没有统一的定义。一般来说，信息的采集、加工、存储和利用过程中的每一种技术都是信息技术，这是一种狭义的定义。在现代信息社会中，技术发展能够导致虚拟现实的产生，信息技术本质也被改写，一切可以用二进制进行编码的东西都被称为信息。因此，联合国教科文组织对信息技术的定义是：应用在信息加工和处理中的科学、技术与工程的训练方法和管理技巧；上述方面的技巧和应用；计算机及其与人、机的相互作用；与之相应的社会、经济和文化等诸种事物。在这个目前世界范围内较为统一的定义中，信息技术一般是指一系列与计算机相关的技术。该定义侧重于信息技术的应用，对信息技术可能对社会、科技、人们的日常生活产生的影响及其相互作用进行了广泛的研究。

信息技术不仅包括现代信息技术，还包括现代文明之前的原始时代和古代社会中与那个时代相对应的信息技术。不能把信息技术等同为现代信息技术。现代信息技术是借助以微电子学为基础的计算机技术和电信技术的结合而形成的手段，对声音的、图像的、文字的、数字的和各种传感信号的信息进行获取、加工、处理、储存、传播和使用的能动技术。

(2) 现代信息技术的内容

一般来说，信息技术包含三个层次的内容：信息基础技术、信息系统技术和信息应用技术。

1) 信息基础技术

信息基础技术是信息技术的基础，包括新材料、新能源、新器件的开发和制造技术。近几十年来，发展最快、应用最广泛、对信息技术以及整个高科技领域的发展影响最大的是微电子技术和光电子技术。

微电子技术是随着集成电路，尤其是超大规模集成电路而发展起来的一门新的技术。微电子技术包括系统电路设计、器件物理、工艺技术、材料制备、自动测试以及封装、组装等一系列专门的技术，微电子技术是微电子学中各项工艺技术的总和。

光电子技术是由光子技术和电子技术结合而成的新技术，涉及光显示、光存储、激光等领域，是未来信息产业的核心技术。

2) 信息系统技术

信息系统技术是指有关信息的获取、传输、处理、控制的设备和系统的技术。感测技术、通信技术、计算机与智能技术和控制技术是它的核心和支撑技术。

感测技术就是获取信息的技术，主要是对信息进行提取、识别或检测并能通过一定的计算方式显示计算结果。

通信技术，一般是指电信技术，国际上称为远程通信技术。

计算机与智能技术是以人工智能理论和方法为核心，研究如何用计算机去模拟、延伸和扩展人的智能；如何设计和建造具有高智能水平的计算机应用系统；如何设计和制造更聪明的计算机。一个完整的智能行为周期为：从机器感知，到知识表达；从机器学习，到知识发现；从搜索推理，到规划决策；从智能交互，到机器行为，到人工生命等，构成了智能科学与技术学科特有的认识对象。

控制技术是指对组织行为进行控制的技术。控制技术是多种多样的，常用的控制技术有信息控制技术和网络控制技术两种。

3) 信息应用技术

信息应用技术是针对种种实用目的，如信息管理、信息控制、信息决策而发展起来的具体的技术群类。如工业自动化、办公自动化、家庭自动化、人工智能和互联通信技术等，它们是信息技术开发的根本目的所在。

信息技术在社会的各个领域得到了广泛的应用，显示出了强大的生命力。纵观人类科技发展的历程，还没有一项技术像信息技术一样对人类社会产生如此巨大的影响。

(3) 现代信息技术的发展趋势

展望未来，在社会生产力发展、人类认识和实践活动的推动下，信息技术将得到更深、更广、更快的发展，其发展趋势可以概括为数字化，多媒体化，高速度、网络化、宽频带，智能化等。

1) 数字化

当信息被数字化并经由数字网络流通时，一个拥有无数可能性的全新世界便由此揭开序幕。大量信息可以被压缩，并以光速进行传输，数字传输的品质又比模拟传输的品质要好得多。许多种信息形态能够被结合、被创造，例如多媒体文件。无论在世界的任何地方，都可以立即存储和取用信息，这是即时存取了大部分人类文明进化的记录。新的数字产品也将被制造出来，有些小巧得可以放进你的口袋里，有些则足以对商业和个人生活的各层面都造成重大影响。

2）多媒体化

随着未来信息技术的发展，多媒体技术将文字、声音、图形、图像、视频等信息媒体与计算机集成在一起，使计算机的应用由单纯的文字处理进入文、图、声、影集成处理。随着数字化技术的发展和成熟，以上每一种媒体都将被数字化并容纳进多媒体的集合里，系统将信息整合在人们的日常生活中，已接近于人类的工作方法和思维方式来设计与操作。

3）高速度、网络化、宽频带

目前，几乎所有的国家都在进行最新一代的信息基础设施建设，即建设宽频信息高速公路。尽管今日的 Internet 已经能够传输多媒体信息，但仍然被认为是一条频带宽度低的网络路径，被形象地称为一条花园小径。下一代的 Internet 技术（Internet 2）的传输速率将可以达到 2.4 GB/s。实现宽频的多媒体网络是未来信息技术的发展趋势之一。

4）智能化

直到今日，不仅是信息处理装置本身几乎没有智慧，作为传输信息的网络也几乎没有智能。对于大多数人而言，只是为了找寻有限的信息，却要在网络上耗费许多时间。随着未来信息技术向着智能化的方向发展，在超媒体的世界里，“软件代理”可以替人们在网络上漫游。“软件代理”不再需要浏览器，它本身就是信息的寻找器，它能够收集任何可能想要在网络上获取的信息。

2.2 信息的表示与存储

计算机科学的研究主要包括信息的采集、存储、处理和传输，而这些多与信息的量化和表示密切相关。本节从信息的定义出发，对数据的表示、转换、处理、存储方法进行论述，从而得出计算机对信息的处理方法。

2.2.1 数据与信息

数据是对客观事物的符号表示。数值、文字、语言、图形、图像等都是不同形式的数据。

信息（Information）是现代生活和计算机科学中一个非常流行的词汇。一般来说，信息既是对各种事物变化和特征的反映，又是事物之间相互作用、相互联系的表征。人通过接收信息来认识事物，从这个意义上来说，信息是一种知识，是接受者原来不了解的知识。

计算机科学中的信息通常被认为是能够用计算机处理的有意义的内容或消息，它们以数据的形式出现，如数值、文字、语言、图形、图像等。数据是信息的载体。

数据与信息的区别是：数据处理之后产生的结果为信息，信息具有针对性、时效性。尽管这是两种不同的概念，但人们在许多场合把这两个词互换使用。信息有意义，而数据没有。例如，当测量一个病人的体温时，假定病人的体温是 39 ℃，则写在病历上的 39 ℃实际上是数据。39 ℃这个数据本身是没有意义的：39 ℃是什么意思？什么物质是 39 ℃？但是，当数据以某种形式经过处理、描述或与其他数据比较时，便赋予了意义。例如，这个病人的体温是 39 ℃，这才是信息，这个信息是有意义的——39 ℃表示病人发烧了。

信息同物质、能源一样重要，是人类生存和社会发展的三大基本资源之一。可以说信息不仅维系着社会的生存和发展，而且在不断地推动着社会和经济的发展。

2.2.2 计算机中的数据

ENIAC 是一台十进制的计算机，它采用十个真空管来表示一位十进制数。冯・诺依曼在研制 IAS 时，感觉这种十进制的表示和实现方式十分麻烦，故提出了二进制的表示方法，从此改变了整个计算机的发展历史。

二进制只用“0”和“1”两个数码。相对十进制而言，采用二进制表示不但运算简单、易于物理实现、通用性强，更重要的优点是所占的空间和所消耗的能量小得多，机器可靠性高。

计算机内部均用二进制来表示各种信息，但计算机及外部交互仍采用人们熟悉和便于阅读的形式，如十进制数据、文字显示以及图形描述等，其间的转换，则由计算机系统的硬件和软件来实现。转换过程如图 2.6 所示。例如，各种声音被麦克风接收，生成的电信号为模拟信号（在时间和幅值上连续变化的信号），必须经过一种被称为模/数（A/D）转换器的器件将其转换为数字信号，再送入计算机中进行处理和储存；然后将处理结果通过一种被称为数/模（D/A）转换器的器件将数字信号转换为模拟信号，我们通过扬声器听到的才是连续的正常的声音。

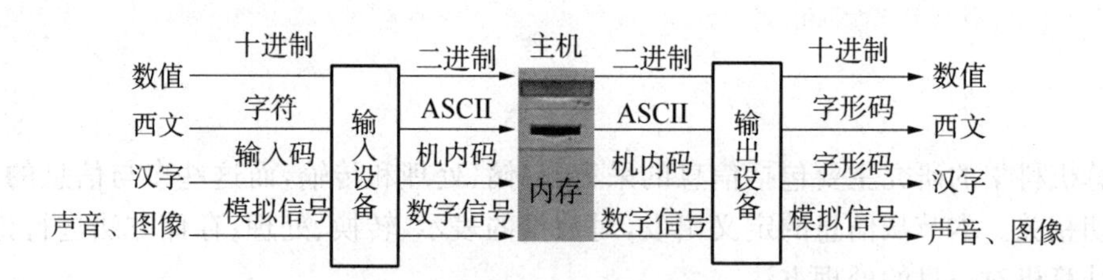

图 2.6 各类数据在计算机中的转换过程

2.2.3 计算机中数据的单位

1. 位（bit）

位是度量计算机中数据的最小单位。在数字电路和计算机技术中采用二进制表示数据，代码只有 0 和 1，比特 0 和比特 1 无大小之分。采用多个数码（0 和 1 的组合）来表示一个数，其中的每一个数码称为 1 位。

2. 字节(Byte)

一个字节由 8 位二进制数字组成(1 Byte = 8 bit)。字节是信息组织和存储的基本单位,也是计算机体系结构的基本单位。

早期的计算机并无字节的概念。20 世纪 50 年代中期,随着计算机逐渐从单纯用于科学计算扩展到数据处理领域,为了体系结构上兼顾表示“数”和“字符”,就出现了“字节”。IBM 公司在设计其第一台超级计算机 STRETCH 时,根据数值运算的需要,定义机器字长为 64 位。对于字符而言,STRETCH 的打印机只有 120 个字符,本来每个字符用 7 位二进制位数表示即可(因为 $2^7 = 128$,所以最多可表示 128 个字符),但其设计人员考虑到以后字符集扩充的可能,决定用 8 位来表示一个字符。这样 64 位字长可容纳 8 个字符,设计人员把它叫作 8 个“字节”,这就是字节的来历。

为了便于衡量存储器的大小,统一以字节(Byte,B)为单位。

千字节 1 KB = 1 024 B = 2^{10} B

兆字节 1 MB = 1 024 KB = 2^{20} B

吉字节 1 GB = 1 024 MB = 2^{30} B

太字节 1 TB = 1 024 GB = 2^{40} B

3. 字长

在计算机诞生初期,受各种因素限制,计算机一次能够同时(并行)处理 8 个二进制位。人们将计算机一次能够并行处理的二进制位称为该机器的字长,也称为计算机的一个“字”。随着电子技术的发展,计算机的并行能力越来越强,计算机的字长通常是字节的整倍数,如 8 位、16 位、32 位,发展到今天微型机的 64 位,大型机已达 128 位。

字长是计算机的一个重要指标,直接反映一台计算机的计算能力和计算精度。字长越长,计算机的数据处理速度越快。

2.2.4 进位计数制及其转换

日常生活中,人们使用的数据一般是十进制表示的,而计算机中所有的数据都是使用二进制表示的。但为了书写方便,也采用八进制或十六进制形式表示。下面介绍数制的基本概念及不同数制之间的转换方法。

1. 进位计数制

多位数码中每一位的构成方法以及从低位到高位的进位规则称为进位计数制(简称数制)。

如果采用 R 个基本符号(例如 $0,1,2,\cdots,R-1$)表示数值,则称 R 数制,R 称该数制的基数(Radix),而数制中固定的基本符号称为“数码”。处于不同位置的数码代表的值不同,与它所在位置的“权”值有关。任意一个 R 进制数 D 均可展开为:

$$(D)_R = \sum_{i=-m}^{n-1} k_i \times R^i$$

其中:R 为计数的基数;k_i 为第 i 位的系数,可以为 $0,1,2,\cdots,R-1$ 中的任何一个;R^i 称为

第 i 位的权。表 2.2 给出了计算机中常用的几种进位计数制。

表 2.2　计算机中常用的几种进位计数制的表示

进制位	基数	基本符号	权	形式表示
二进制	2	0,1	2^i	B
八进制	8	0,1,2,3,4,5,6,7	8^i	O
十进制	10	0,1,2,3,4,5,6,7,8,9	10^i	D
十六进制	16	0,1,2,3,4,5,6,7,8,9,A,B,C,D,E,F	16^i	H

表 2.2 中,十六进制的数字符号除了十进制中的 10 个字符,还使用了 6 个英文字母:A,B,C,D,E,F,它们分别等于十进制的 10,11,12,13,14,15。

在数字电路和计算机中,可以用括号加数制基数下标的方法表示不同数制的数,如 $(25)_{10}$、$(1101.101)_2$、$(37F.5B9)_{16}$,或者表示为 $(25)_D$、$(1101.101)_B$、$(37F.5B9)_H$。

表 2.3 是十进制数 0～15 与等值二进制、八进制、十六进制数的对照表。

表 2.3　不同进制数的对照表

十进制	二进制	八进制	十六进制
0	0000	00	0
1	0001	01	1
2	0010	02	2
3	0011	03	3
4	0100	04	4
5	0101	05	5
6	0110	06	6
7	0111	07	7
8	1000	10	8
9	1001	11	9
10	1010	12	A
11	1011	13	B
12	1100	14	C
13	1101	15	D
14	1110	16	E
15	1111	17	F

可以看出,采用不同的数制表示同一个数时,基数越大,则使用的位数越少。比如十进制数 15,需要 4 位二进制数来表示,只需要 2 位八进制来表示,只需要 1 位十六进制数来表示——这也是为什么在程序的书写中一般采用八进制或十六进制表示数据的原因。在数制

中有一个规则，就是 N 进制一定遵循“逢 N 进一”的进位规则，如十进制就是“逢十进一”，二进制就是“逢二进一”。

2. *R* 进制转换为十进制

在人们熟悉的十进制系统中，9658 还可以表示成如下的多项形式：

$$(9658)_D = 9\times10^3 + 6\times10^2 + 5\times10^1 + 8\times10^0$$

式中的 10^3、10^2、10^1、10^0 是各位数码的权。可以看出，个位、十位、百位和千位上的数字只有乘上它们的权值，才能真正表示它的实际数值。

将 R 进制数按权展开求和即可得到相应的十进制数，这就实现了 R 进制对十进制的转换。例如：

$$\begin{aligned}(234)_H &= (2\times16^2 + 3\times16^1 + 4\times16^0)_D\\ &= (512 + 48 + 4)_D\\ &= (564)_D\end{aligned}$$

$$\begin{aligned}(234)_O &= (2\times8^2 + 3\times8^1 + 4\times8^0)_D\\ &= (128 + 24 + 4)_D\\ &= (156)_D\end{aligned}$$

$$\begin{aligned}(10110)_B &= (1\times2^4 + 0\times2^3 + 1\times2^2 + 1\times2^1 + 0\times2^2)_D\\ &= (16 + 4 + 2)_D\\ &= (22)_D\end{aligned}$$

表 2.4 给出了部分二进制的权值。

表 2.4 部分二进制的权值

权	$(值)_2$	$(值)_{10}$
2^0	1	1
2^1	10	2
2^2	100	4
2^3	1 000	8
2^4	10 000	16
2^5	100 000	32
2^6	1 000 000	64
2^7	10 000 000	128
2^8	100 000 000	256
2^9	1 000 000 000	512
2^{10}	1 000 000 0000	1024

3. 十进制转换为 R 进制

将十进制数转换为 R 进制数时，可将此数分成整数与小数两部分分别进行转换，然后再拼接起来即可。

下面分析整数部分的转换方法。一个十进制数 D 可以写成如下形式：

$$(\mathrm{D})_{10} = k_{n-1} \times 2^{n-1} + k_{n-2} \times 2^{n-2} + \cdots + k_1 \times 2^1 + k_0 \times 2^0$$
$$= 2 \times (k_{n-1} \times 2^{n-2} + k_{n-2} \times 2^{n-3} + \cdots + k_1) + k_0 \tag{2.1}$$

若将$(\mathrm{D})_{10}$除以 2，则得到商为 $k_{n-1} \times 2^{n-2} + k_{n-2} \times 2^{n-3} + \cdots + k_1$，余数为 k_0——二进制数的最低位(Least Significant Bit，LSB，最低有效位)。再将商写成如下形式：

$$k_{n-1} \times 2^{n-2} + k_{n-2} \times 2^{n-3} + \cdots + k_1 = 2 \times (k_{n-1} \times 2^{n-3} + k_{n-2} \times 2^{n-4} + \cdots + k_2) + k_1 \tag{2.2}$$

若将式(2.2)再除以 2，则得到余数为 k_1——二进制数的次低位……

根据上面的分析可知，将整数部分除以 2，得到的余数为二进制数的最低位；每次将得到的商除以 2，得到二进制数的其余各位。当商为 0 时，得到余数 k_{n-1}——二进制数的最高有效位(Most Significant Bit，MSB)。

因此，将一个十进制整数转换成 R 进制数可以采用“除 R 逆序取余”法，即将十进制整数连续地除以 R 取余数，直到商为 0，余数从右到左排列，首次取得的余数排在最右边。

小数部分转换成 R 进制数采用“乘 R 顺序取整”法，即将十进制小数不断乘以 R 取整数，直到小数部分为 0 或达到要求的精度为止(当小数部分永远不会达到 0 时)；所得的整数从小数点之后自左往右排列，取有效精度，首次取得的整数排在最左边。

【例 2-1】 将十进制数 225.8125 转换成二进制数。

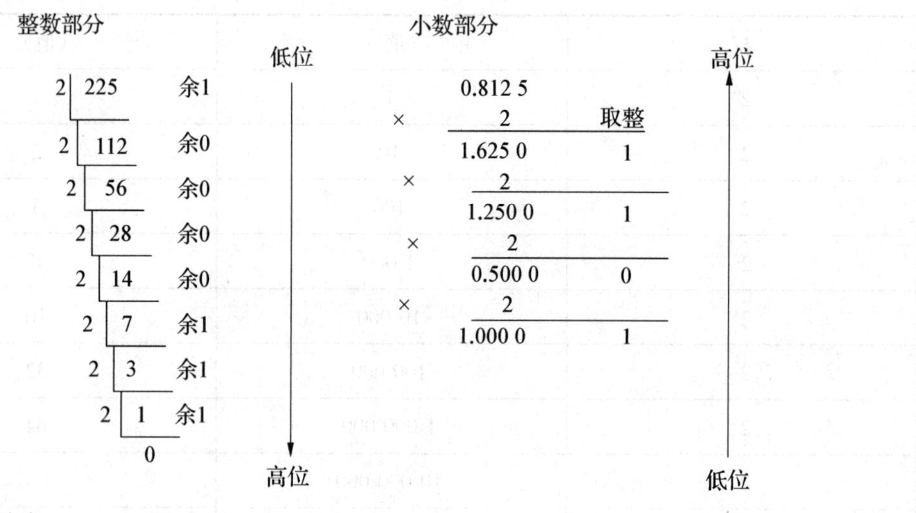

转换结果为：$(225.8125)_D = (11100001.1101)_B$。

【例 2-2】 将十进制数 225.15 转化成八进制数，要求结果精确到小数点后 5 位。

```
8| 225   余1              0.15
 8| 28   余4         ×       8   取整数
   | 3   余3         ─────────
     0                    1.20   1
                     ×       8
                     ─────────
                          1.60   1
                     ×       8
                     ─────────
                          4.80   4
                     ×       8
                     ─────────
                          6.40   6
                     ×       8
                     ─────────
                          3.20   3 三舍四入
```

转换结果为：$(225.15)_D \approx (341.114\,63)_O$

4. 二进制与八进制、十六进制之间的转换

二进制数非常适合计算机内部数据的表示和运算，但书写起来位数比较长，如表示一个十进制数 1 024，写成等值的二进制就需 11 位，很不方便，也不直观。而八进制和十六进制数比等值的二进制数的长度短得多，而且它们之间转换也非常方便。因此，在书写程序和数据到二进制数的地方，往往采用八进制数或十六进制数的形式。

由于二进制数、八进制和十六进制之间存在特殊关系：$8^1 = 2^3$、$16^1 = 2^4$，即 1 位八进制数相当于 3 位二进制数，1 位十六进制数相当于 4 位二进制数，因此转换方法就比较容易。八进制数与二进制数，十六进制数之间的关系如表 2.5 所示。

表 2.5　八进制数与二进制数、十六进制数之间的关系

八进制数	对应二进制数	十六进制数	对应二进制数	十六进制数	对应二进制数
0	000	0	0000	8	1000
1	001	1	0001	9	1001
2	010	2	0010	A	1010
3	011	3	0011	B	1011
4	100	4	0100	C	1100
5	101	5	0101	D	1101
6	110	6	0110	E	1110
7	111	7	0111	F	1111

根据这种对应关系，二进制数转换成八进制数时，以小数点为中心向左右两边分组，每 3 位为一组，两头不足 3 位补 0 即可。同样，二进制数转换成十六进制数只需要每 4 位为一组进行分组分别进行转换即可。例如：将二进制数$(10101011.110101)_B$ 转换成八进制数：

$(\underline{010}\ \underline{101}\ \underline{011}.\ \underline{110}\ \underline{101})_B = (253.65)_O$（整数高位补 0）

2　5　3　6　5

又如：将二进制数$(10101011.110101)_B$ 转换成十六进制数：

$(\underline{1010}\ \underline{1011}.\underline{1101}\ \underline{0100}\ )_B = (AB.D4)_H$（小数低位补 0）

A　B　D　4

同样，将八（十六）进制数转换成二进制数，只要将 1 位转换为 3(4)位即可。例如：

$(2\,731.62)_O = (\underline{010}\ \underline{111}\ \underline{011}\ \underline{001}.\ \underline{110}\ \underline{010})_B$

2　7　3　1　6　2

$(2D5C.74)_H = (\underline{0010}\ \ \underline{1101}\ \ \underline{0101}\ \ \underline{1100}.\underline{0111}\ \ \underline{0100})_B$

2　D　5　C　7　4

注意：整数前的高位 0 和小数后的低位 0 可以不写，例如$(\underline{010}\ \underline{111}\ \underline{011}\ \underline{001}.\ \underline{110}\ \underline{010})_B$可以写为$(\underline{10}\ \underline{111}\ \underline{011}\ \underline{001}.\ \underline{110}\ \underline{01})_B$。

2.2.5　字符的编码

字符包括西文字符（字母、数字、各种符号）和中文字符，即所有不可做算术运算的数据。由于计算机是以二进制的形式存储和处理数据的，因此字符也必须按特定的规则进行二进制编码才能进入计算机。字符编码的方法很简单，首先确定需要编码的字符总数，然后将每一个字符按顺序确定序号，序号的大小无意义，仅作为识别与使用这些字符的依据。字符形式的多少涉及编码的位数。对西文与中文字符，由于形式的不同，使用不同的编码。

1. 西文字符的编码

计算机中的数据都是用二进制编码表示的，用以表示字符的二进制编码称为字符编码。计算机中最常用的字符编码是 ASCII（American Standard Code for Information Interchange，美国信息交换标准代码），被国际标准化组织指定为国际标准。ASCII 码有 7 位码和 8 位码两种版本。国际通用的是 7 位 ASCII 码，用 7 位码二进制数表示一个字符的编码，共有 $2^7 = 128$ 个不同的编码值，相应可以表示 128 个不同字符的编码，如表 2.6 所示。

表 2.6 中对大小写英文字母、阿拉伯数字、标点符号及控制符等特殊符号规定了编码，表中每个字符都对应一个数值，称为该字符的 ASCII 码值，其排列次序为 $b_6 b_5 b_4 b_3 b_2 b_1 b_0$，$b_6$ 为最高位，b_0 为最低位。

表 2.6　7 位 ASCII 码表

符号 $b_5 b_5 b_4$ / $b_3 b_2 b_1 b_0$	000	001	010	011	100	101	110	111
0000	NUL	DEL	SP	0	@	P	.	p
0001	SOH	DC1	!	1	A	Q	a	q
0010	STX	DC2	"	2	B	R	b	r
0011	EXT	DC3	#	3	C	S	c	s
0100	EOT	DC4	S	4	D	T	d	t
0101	ENQ	NAK	%	5	E	U	e	u
0110	ACK	SYN	&	6	F	V	f	v
0111	BEL	ETB	'	7	G	W	g	w
1000	BS	CAN	(	8	H	X	h	x
1001	HT	EM	)	9	I	Y	i	y
1010	LF	SUB	*	:	J	Z	j	z
1011	VI	ESC	+	;	K	[	k	{

续 表

符号 $b_5 b_5 b_4$ / $b_3 b_2 b_1 b_0$	000	001	010	011	100	101	110	111
1100	FF	FS	,		L	\	l	|
1101	CR	GS	-		M	]	m	}
1110	SO	RS	.		N	↑	n	~
1111	SI	US	/		O	↓	o	DEL

从 ASCII 码表中看出，有 34 个非图形字符(又称为控制字符)。例如：

SP(Space)编码是 0100000　　空格

CR(Carriage Return)编码是 0001101　　回车

DEL(Delete)编码是 1111111　　删除

BS(Back Space)编码是 0001000　　退格

其余 94 个可打印字符，也称为图形字符。在这些字符中，从小到大排列有 0～9、A～Z、a～z，且小写比大写字母的码值大 32，即位 b_5 为 0 或 1，有利于大、小写字母之间的编码转换。有些特殊的字符编码是容易记忆的，例如：

“a”字符的编码为 1100001，对应的十进制数是 97，则“b”的编码值是 98。

“A”字符的编码为 1000001，对应的十进制数是 65，则“B”的编码值是 66。

“0”数字字符的编码为 0110000，对应的十进制数是 48，则“1”的编码值是 49。

计算机的内部用一个字节(8 个二进制位)存放一个 7 位 ASCII 码，最高位置为 0。

2. 汉字的编码

ASCII 码只对英文字母、数字和标点符号进行了编码。为了使计算机能够处理、显示、打印、交换汉字字符，同样也需要对汉字进行编码。我国于 1980 年发布了国家汉字编码标准 GB 2312—80，全称是《信息交换用汉字编码字符集——基本集》(简称 GB 码或国际标码)。根据统计，把最常用的 6763 个汉字分成两级：一级汉字有 3755 个，按汉语拼音字母的次序排列；二级汉字有 3008 个，按偏旁部首排列。由于一个字节只能表示 256 种编码，是不足以表示 6763 个汉字的，所以一个国标码用两个字节表示一个汉字，每个字节的最高位为 0。

为避开 ASCII 码表中的控制码，将 GB 2312—80 中的 6763 个汉字分为 94 行、94 列，代码表分 94 个区(行)和 94 个位(列)。由区号(行号)和位号(列号)构成了区位码。区位码最多可以表示 94×94＝8836 个汉字。区位码有 4 位十进制数字组成，前两位为区号，后两位为位号。在区位码中，01～09 区为特殊字符，10～55 区为一级汉字，56～87 区为二级汉字。例如汉字“中”的区位码位 5448，即它位于第 54 行、第 48 列。

区位码是一个 4 位十进制数，国标码是一个 4 位十六进制数。为了与 ASCII 码兼容，汉字输入区位码与国标码之间有一个简单的转换关系。具体方法是：将一个汉字的十进制区号和十进制位号分别转换成十六进制；然后再分别加上 20H(十进制就是 32)，就成为汉字的国标码。例如，汉字“中”的区位码与国标码及转换如下：

区位码　　5448D　3630H

国标码　8680D　3630H + 2020H = 5650H

二进制表示为：$(00110110\quad 00110000)_B + (00100000\quad 00100000)_B$

$= (01010110\quad 01010000)_B$

世界上使用汉字的地方除了中国大陆，还有中国台湾及港澳地区、日本和韩国，这些地区和国家使用了与中国大陆不同的汉字字符集。中国台湾、香港等地区使用的汉字是繁体字即 BIG5 码。

1992 年通过的国际标准 ISO 10646，定义了一个用于世界范围各种文字及各种语言的书面形式的图形字符集，基本上收全了上面国家和地区使用的汉字。Unicode 编码标准对汉字集的处理与 ISO 10646 相似。

GB 2312—80 中因有许多汉字没有包括在内，为此有了 GBK 编码（扩展汉字编码），它是对 GB 2312—80 的扩展，共收录了 21 003 个汉字，支持国际标准 ISO 10646 中的全部中日韩汉字，也包含了 BIG5（台、港、澳）编码中的所有汉字。GBK 编码于 1995 年 12 月发布。目前 Windows 95 以上的版本都支持 GBK 编码，只要计算机安装了多语言支持功能，几乎不需要任何操作就可以在不同的汉字系统之间自由变换。"微软拼音""拼音""紫光"等几种输入法都支持 GBK 字符集。2001 年我国发布了 GB 18030 编码标准，它是 GBK 的升级，GB 18030 编码空间约为 160 万码位，目前已经纳入编码的汉字约为 2.6 万个。

3. 汉字的处理过程

我们知道，计算机内部只能识别二进制数，任何信息（包括字符、汉字、声音、图像等）在计算机中都是以二进制形式存放的。那么，汉字究竟是怎样被输入计算机中，在计算机中又是怎样存储，然后又经过何种转换，才在屏幕上显示或在打印机上打印出汉字的？

从汉字编码的角度看，计算机对汉字的信息的处理过程实际上是各种汉字编码间的转换过程。这些编码主要包括：汉字输入码、汉字内码、汉字地址码、汉字字形码等。这一系列的汉字编码及转换、汉字信息处理中的各编码及流程如图 2.7 所示。

从图 2.7 中可以看出：通过键盘对每个汉字输入规定的代码，即汉字的输入码（例如拼音输入码）。不论哪一种汉字输入方法，计算机都将每个汉字的汉字输入码转换为相应的国标码，然后再转换为机内码，就可以在计算机内存储和处理了。输出汉字时，先将汉字的机内码通过简单的对应关系转换为相应的汉字地址码，然后通过汉字地址码对汉字库进行访问，从字库中提取汉字的字形码，最后根据字形数据显示和打印出汉字。

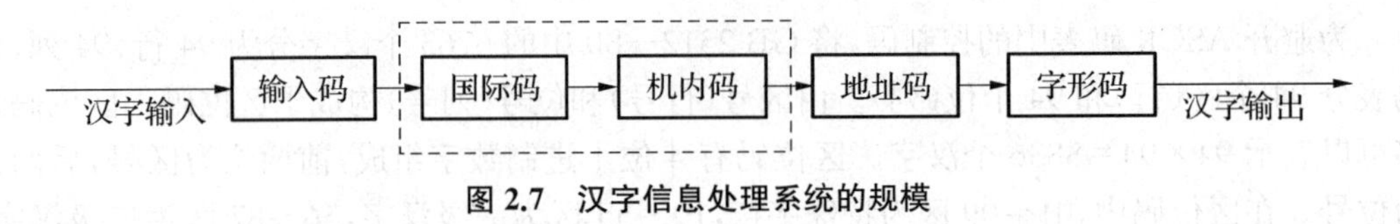

图 2.7　汉字信息处理系统的规模

（1）汉字输入码

为将汉字输入计算机而编制的代码称为汉字输入码，也叫外码。汉字输入码是利用计算机标准键盘上按键的不同排列组合来对汉字的输入进行编码。目前汉字输入编码法的开发研究种类繁多，已多达数百种。一个好的输入码应是：编码短，可以减少按键的次数；重码少，可以实现盲打；好学好记，便于学习和掌握。但目前还没有一种全部符合上述要求的汉字输入法编码方法。目前常用的输入法类别有：音码、形码、语音输入、手写输入或扫描输入等。实际上,区位码也是一种输入法,其最大优点是一字一码的无重码输入,最大的缺点是代码难以记忆。

可以想象,对于同一个汉字,不同的输入法有不同的输入码。例如:"中"的全拼音输入码是"zhong",其双拼输入码是"vs",而五笔的输入是"kh"。这种不同的输入码通过输入字典转换统一到标准的国标码。

(2) 汉字内码

汉字内码是为在计算机内部对汉字进行存储、处理的汉字编码,它应满足汉字的存储、处理和传输的要求。当一个汉字输入计算机后转换为内码,才能在机器内传输、处理。汉字内码的形式也有多种多样。目前,对应于国标码,汉字的内码用 2 个字节存储,并把每个字节的最高二进制位置"1"作为汉字内码的标识,以免与单字节的 ASCII 码产生歧义。如果用十六进制来表述,就是把汉字国标码的每个字节上加一个$(80)_H$(即二进制数 10000000)。所以,汉字的国标码与其内码存在下列关系:

汉字的内码 = 汉字的国标码 + $(8080)_H$

例如,在前面已知"中"的国标码$(5650)_H$,则根据上述关系式得:

"中"的内码 = "中"的国标码$(5650)_H + (8080)_H = (D6D0)_H$

二进制表示为:$(01010110\quad 01010000)_B + (10000000\quad 10000000)_B$

$= (11010110\quad 11010000)_B$

由此看出:西文字符的内码是 7 位 ASCII 码,一个字节的最高位为 0。每个西文字符的 ASCII 码值均小于 128。为了与 ASCII 码兼容,汉字用两个字节来存储,区位码再分别加上 20H,就成为汉字的国标码。计算机内部为了能够区分是汉字还是 ASCII 码,将国标码每个字节的最高位由 0 变为 1(也就是说汉字内码的每个字节都大于 128),变换后的国标码称为汉字内码。

4. 汉字字形码

经过计算机处理的汉字信息,如果要显示或打印出来供阅读,则必须将汉字内码转换成人们可读方块汉字。汉字字形码又称汉字字模,用于汉字在显示屏或打印机输出。汉字字形码通常有两种表示方式:点阵和矢量表示方式。

用点阵表示字形时,汉字字形码指的就是这个汉字字形点阵的代码。根据输出汉字的要求不同,点阵的多少也不同。简易型汉字为 16×16 点阵,普通型汉字为 24×24 点阵,提高型汉字为 32×32 点阵、48×48 点阵等。图 2.8 显示了"次"的 16×16 字形点阵和代码。

在一个 16×16 的网格中用点描出一个汉字,如"次",整个网格分为 16 行 16 列,每个小格用 1 位二进制编码表示,有点的用"1"表示,没有点的用"0"表示。这样,从上到下,每一行需要 16 个二进制位,占两个字节,如第一行的点阵编码是$(0080)_H$。描述整个汉字的字形需要 32 个字节存储空间。汉字的点阵字形编码仅用于构造汉字的字库。一般对应不同的字体(如宋体、楷体、黑体)有不同的字库,字库中存储了每个汉字的点阵代码。字模点阵只能用来构成字库,而不能用于机内存储。输出汉字时,先根据汉字内码从字库中提取汉字的字形数据,然后根据字形数据显示和打印出汉字。

点阵规模愈大,字形愈清晰美观,所占存储空间也愈大。两级汉字大约占用 256 KB。

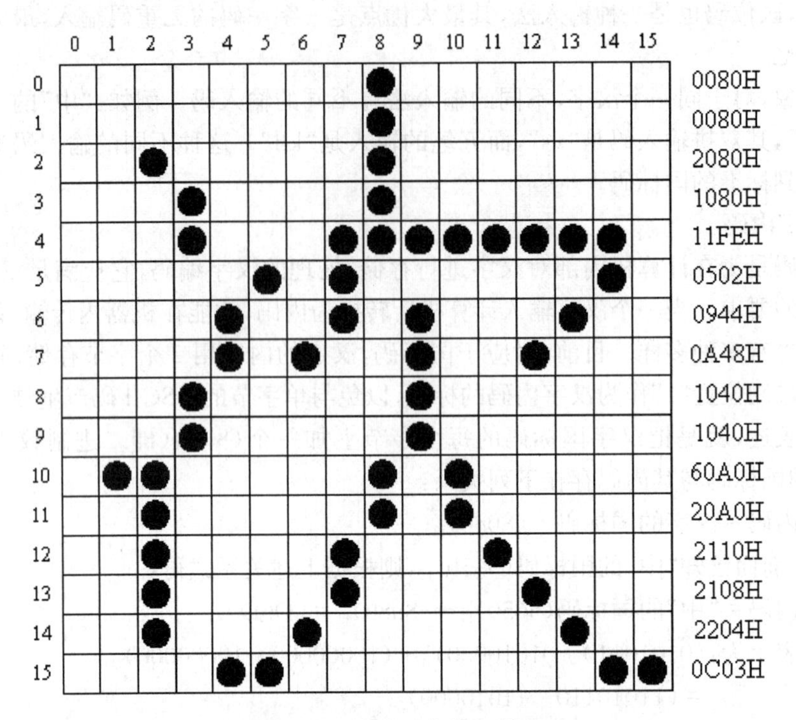

图 2.8　汉字字形点阵机器编码

点阵表示方式的缺点是字形放大后产生的效果差。

矢量表示方式存储的是描述汉字字形的轮廓特征。当要输出汉字时，通过计算机的计算，由汉字字形描述生成所需大小和形状的汉字点阵。矢量化字形描述与最终文字显示的大小、分辨率无关，因此可产生高质量的汉字输出。Windows 中使用的 TrueType 技术就是汉字的矢量表示方式，它解决了汉字点阵字形放大后出现锯齿现象的问题。

5. 汉字地址码

汉字地址码是指汉字字库（这里主要指整字形的点阵式字模库）中存储汉字字形信息的逻辑地址码。需要向输出设备输出汉字时，必须通过地址码对汉字库进行访问。汉字库中，字形信息都是按一定顺序（大多是按标准汉字交换码中汉字的排列顺序）连续存放在存储介质中，所以汉字地址码也大多是连续有序的，而且与汉字内码间有着简单的对应关系，以简化汉字内码到汉字地址码的转换。

6. 其他汉字内码

GB 2312—80 国标码只能表示和处理 6 763 个汉字，为了统一表示世界各国、各地区的文字，便于全球范围的信息交流，各级组织公布了各种汉字内码。

(1) GBK 码（扩充汉字内码规范）是我国制定，对多达 2 万多的简、繁汉字进行了编码，是 GB 2312—80 码的扩充。这种内码仍以 2 字节表示一个汉字，第一个字节为$(81)_H$～$(FE)_H$，第二个字节为$(40)_H$～$(FE)_H$。虽然第二个字节的最左边不一定是 1，但因为汉字内码总是 2 字节连续出现的，所以即使与 ASCII 码混合在一起，计算机也能够加以正确区别。简体版中文 Windows 95/98/2000/XP 使用的是 GBK 内码。

(2) UCS码(通过多八位编码字符集)是国际标准化组织(ISO)为各种语言字符制定的编码标准。ISO/IEC 10646字符集中的每个字符用4字节(组号、平面号、行号和字位号)唯一地表示,第一平面(00组中的00平面)称为基本多文种平面(Basic Multilingual Plane,BMP),包含字母文字、音节文字以及中日韩(CJK)的表意文字等。

(3) Unicode编码是另一个国际编码标准,它最初是由Apple公司发起制定的通用多文种字符集,后来被多家计算机厂商组成Unicode协会进行开发,并得到计算机界的支持,成为能用双字节编码统一地表示几乎世界上所有书写语言的字符编码标准。

目前,Unicode编码可容纳65 536个字符编码,主要用来解决多语言的计算问题,如不同国家的字符标准,允许交换、处理和显示多语言文本以及公用的专业符号和数学符号。随着Internet的迅速发展,不同国家之间的人们进行数据交换的需求越来越大,Unicode编码因此成为当今最为重要的交换和显示的通用字符编码标准,它适用于当前所有已知的编码,覆盖了美国、欧洲、中东、非洲、印度、亚洲和太平洋地区的语言以及专业符号。目前,Unicode编码在网络、Windows系统和很多大型软件中得到应用。

(4) BIG5码是目前中国台湾、香港地区普遍适用的一种繁体汉字的编码标准。中文繁体版Windows 95/98/2000/XP使用的是BIG5内码。

2.3 多媒体技术简介

多媒体技术是一门跨学科的综合技术,它使得高效而方便地处理文字、声音、图像和视频等多种媒体信息成为可能。不断发展的网络技术又促进了多媒体技术在教育培训、多媒体通信、游戏娱乐等领域的应用。在本节中将介绍多媒体的特征、多媒体的数字化和多媒体数据的压缩。

2.3.1 多媒体的特征

在日常生活中媒体(Medium)是指文字、声音、图像、动画和视频等内容。多媒体(Multimedia)技术是指能够同时对两种或两种以上的媒体进行采集、操作、编辑、存储等综合处理的技术。多媒体技术集声音、图像、文字于一体,集电视录像、光盘存储、电子印刷和计算机通信技术之大成,将人类引入更直观、更加自然、更加广阔的信息领域。

按照一些国际组织如国际电话电报咨询委员会(CCITT,现ITU)制定的媒体分类标准,可以将媒体分为感觉媒体、表示媒体、表现媒体、存储媒体和传输媒体五大类。

多媒体技术具有交互性、集成性、多样性、实时性等特征,这也是它区分于传统计算机系统的显著特征。

1. 交互性

人们日常通过看电视、读报纸等形式单向地、被动地接受信息,而不能双向地、主动地编辑、处理这些媒体的信息。在多媒体系统中用户可以主动地编辑、处理各种信息，具有人—机交互功能。交互性是多媒体技术的关键特征，没有交互性的系统就不是多媒体系统。交互性是指多媒体系统向用户提供交互式使用、加工和控制信息的手段，从而为应用开辟了更加广阔的领域，也为用户提供更加自然的信息存取手段。交互可以增加对信息的注意力和理解力，延长信息的保留时间。

2. 集成性

多媒体技术集成了许多单一的技术，如图像处理技术、声音处理技术等。多媒体能够同时表示和处理多种信息，但对用户而言，它们是集成一体的。这种集成包括信息的统一获取、存储、组织和合成等方面。

3. 多样性

多媒体信息是多样化的，同时也指媒体输入、传播、再现和展示手段的多样化。多媒体技术使人们的思维不再局限于顺序、单调和狭小的范围。这些信息媒体包括文字、声音、图像、动画等，它扩大了计算机所能处理的信息空间，使计算机不再局限于处理数值、文本等，使人们能得心应手地处理更多信息。

4. 实时性

实时性是指在多媒体系统中声音及活动的视频图像是强实时的(Hard Realtime)。多媒体系统提供了对这些媒体实时处理和控制的能力。多媒体系统除了像一般计算机一样能够处理离散媒体，如文本、图像外，它的一个基本特征就是能够综合地处理带有时间关系的媒体，如音频、视频和动画，甚至是实况信息媒体。这就意味着多媒体系统在处理信息时有着严格的时序要求和很高的速度要求。当系统应用扩大到网络范围之后，这个问题将会更加突出，会对系统结构、媒体同步、多媒体操作系统及应用服务提出相应的实时化要求。在许多方面，实时性确实已经成为多媒体系统的关键技术。

2.3.2 媒体的数字化

多媒体信息可以从计算机输出界面向人们展示丰富多彩的文、图、声信息，而在计算机内部都是转换成 0 和 1 后进行处理和存储的。

1. 声音

(1) 声音的概述

声音是一种重要的媒体，其种类繁多，如人的语言、动物的声音、乐器声、机器声等。声音是通过一定介质(如空气、水等)传播的连续波，在物理学中称为声波。声波是连续变化的模拟量，它有振幅、周期和频率三个重要指标。

1) 振幅

声音的振幅通常是指音量，它是声波波形的高低幅度，表示声音信号的强弱程度。

2) 周期

声音信号的周期是指两个相邻声波之间的时间长度，即重复出现的时间间隔，以秒(s)为单位。

3）频率

声音信号的频率是指每秒信号变化的次数，即周期的倒数，以赫兹(Hz)为单位。

音频信号是一种连续变化的模拟信号，而计算机只能处理和记录数字信号，所以音频信号要经过一定的处理变成二进制数据后才能交给计算机进行编辑与保存。模拟音频与数字音频在录制、保存和播放的过程中区别都很大。模拟音频的录制是声音波形的记录，将波形所对应的电信号存储在不同的介质上，如磁带、唱片等。播放的时候将介质上的信号还原为声音波形，然后放大输出。数字音频是将模拟的声音信号变换为计算机能够识别的二进制数据进行加工处理，播放时将数字信号还原为模拟信号，然后放大输出。

(2) 声音的基本特点

声音有以下几个特点：

1）声音的传播方式

声音的传播必须依靠介质(如空气、水等)的振动进行传播。声源依靠自身的振动，带动周围的介质进行振动，并以波的形式进行传播。人耳通过耳膜感觉到传播过来的振动，再反映到大脑，就听到了声音。声音在不同介质中的传播速度和衰减率都是不一样的，这两个因素导致了声音在不同介质中传播的距离不同。

2）声音的频率范围

声音按频率可分为三种：次声波、可听声波和超声波。人类听觉能听到的声音频率范围为 20 Hz～20 kHz。声音频率低于 20 Hz 的为次声波，高于 20 kHz 的为超声波。人的发声器官发出的声音频率是 80～3 400 Hz，但是人说话的声音频率通常为 300～30 000 Hz，在这种频率范围内的信号称为语音信号。频率范围又叫“频域”或“频带”，不同种类的声源的频带宽度差异很大。一般情况下，声源的频带越宽，表现力越好，层次也越丰富。例如，调频广播的声音比调幅广播好、宽带音频设备的重放声音质量比高级音响设备的重放声音质量好。尽管宽带音频设备的频带已经超出人耳可听范围，但正是因为这一点，它把人们的感觉和听觉充分地调动起来，产生了极佳的声音效果。

3）声音的传播方向

声音以振动波的形式从声源向四周传播，人类在辨别声源的位置时，首先依靠声音到达左、右耳的微小时间差和强度差异进行辨别，然后经过大脑综合分析，判断出声音来自哪个方位。从声源直接达到人类听觉器官的声音叫“直达声”；直达声的方位最容易辨别。但是，在现实生活中，我们周围存在森林、建筑等各种障碍物，声音多是从声源出发后，经过多次反射才到达人的耳朵，被人们所听到，这种声音被称为“反射声”。

4）声音的三要素

声音的三要素是音调、音强和音色。

① 音调

音调即声音的高低，与声音的频率有关，频率越高，音调越高，通过调整声音的频率能够改变音调。不同的声源有它自己特定的音调，如果改变了声音的音调，则声音会发生质的转变，使人们无法辨别声源本来的样子。

② 音强

音强即声音的响度，又可称为音量。音强与声波的振幅成正比，振幅越大，音强越大。唱片、CD 盘以及其他形式的声音载体中的音强是一定的，通过播放设备的音量控制，可以改变聆听时的响度。如果要改变原始声音的音强，可以在声音数字化以后，使用音频控制软件提高音强。

③ 音色

音色指声音的感觉特性，与波形相关。声音分纯音和复音两种类型。所谓纯音，是指振幅和周期均为常数的声音；复音则是具有不同频率和不同振幅的混合声音，自然声中大部分声音是复音。在复音中，最低频率的声音是“基音”，它是声音的基调；其他频率的声音称为“谐音”。

(3) 声音的数字化

声音用电表示时，声音信号是在时间和幅度上都连续的模拟信号。而计算机只能存储和处理离散的数字信号。将连续的模拟信号变成离散的数字信号就是数字化。数字化的基本技术是脉冲编码调制(Pulse Code Modulation，PCM)，主要包括采样、量化、编码 3 个基本过程。

为了记录声音信号，需要每隔一定的时间间隔获取声音信号的幅度值，并记录下来——这个过程称为采样。采样即是以固定的时间间隔对模拟波形的幅度值进行抽取，把时间上连续的信号变成时间上离散的信号。该时间间隔称为采样周期，其倒数称为采样频率。显而易见，获取幅度值的时间间隔越短，记录的信息就越精确，由此带来的问题是：需要更多的存储空间。因此，需要确定一个合适的时间间隔，既能记录足够复现原始声音信号的信息，又不浪费过多的存储空间。

根据奈奎斯特采样定理，当采样频率大于或等于声音信号最高频率的两倍时，就可以将采集到的样本还原成原声音信号。例如：人的语音频率一般是 80～3 400 Hz，则采样频率选为 8 kHz 就能基本上还原人的语音信号。

获取到的样本幅度值用数字量来表示——这个过程称为量化。量化就是将一定范围内的模拟量变成某一最小数量单位的整数倍。表示采样点幅值的二进制数称为量化位数，它是决定数字音频质量的另一重要参数，一般为 8 位、16 位。量化位数越大，采集到的样本精度就越高，声音的质量就越高。当量化位数越多，需要的存储空间也就越多。

记录声音时，每次只产生一组声波数据，称单声道；每次产生两组声波数据，称双声道。双声道具有空间立体效果，但所有占空间比单声道多一倍。

经过采样、量化后，还需要进行编码，即将量化后的数值转换成二进制码组。编码是将量化的结果用二进制数的形式表示。有时也将量化和编码过程统称为量化。

最终产生的音频数据量按照下面公式计算：

音频数据量(B)＝采样时间(s)×采样频率(Hz)×量化位数(b)×声道数/8

例如，计算 3 min 双声道，16 位量化位数，44.1 kHz 采样频率声音的不压缩的数据量为：

音频数据量＝180×44 100×16×2/8＝31 752 000 B≈30.28 MB

(4) 声音文件格式

数字音频以文件的形式保存在计算机里。数字音频文件的保存格式常用的主要有 WAV、MP3、WMA、MIDI、RA、CDA 等。专业数字音乐工作者一般使用非压缩的 WAV 格式进行操作，而普通用户更乐于接受压缩比高、文件量相对较小的 MP3 或 WMA 格式。

1) WAV 文件

WAV 是微软采用的波形声音文件存储格式，它是以“.wav”作为文件的扩展名，是

Windows 操作系统专用的数字音频文件格式，是微软公司和 IBM 公司共同开发的 PC 标准声音格式，是最早的数字音频格式。主要针对外部音源（麦克风、录音机）录制，然后经声卡转换成数字化信息，播放时还原成模拟信号由扬声器输出。WAV 文件直接记录了真实声音的二进制采样数据，没有采用压缩算法，通常文件较大，多用于存储简短的声音片段。它是对声音信号进行采样、量化后生成的声音文件。

在 Windows 平台下，WAV 格式是被支持得最好的音频格式，所有音频软件都能完美支持。由于本身可以达到较高的音质的要求，因此，WAV 也是音乐编辑创作的首选格式，适合保存音乐素材。

2）MP3 文件

MPEG 是指采用 MPEG(.mp1/.mp2/.mp3）音频压缩标准进行压缩的文件。MPEG 音频文件的压缩是一种有损压缩，根据压缩质量和编码复杂程度的不同可分为 3 层（MPEG-1 Audio Player1/2/3），分别对应 MP1、MP2、MP3 这三种音频文件，压缩比分别为 4∶1、6∶1～8∶1、10∶1～12∶1。其中 MP3 文件因为其压缩比高、音质接近 CD、制作简单、便于交换等优点，非常适合在网上传播，是目前使用最多的音频格式文件。

动态影像专家压缩标准音频层 3（Moving Picture Experts Group Audio Layer Ⅲ，MP3）距今已有将近 30 年的历史，诞生于德国。MP3 是指 MPEG 标准中的声音部分的压缩方式。MP3 通过记录未压缩的数字音频文件的音高、音色和音量信息，在它们相对变化不大时，用同一信息代替，并且用一定的算法对原始的声音文件进行代码替换处理，这样就可以将原始数字音频文件压缩，得到相对于压缩前很小的 MP3 文件。该格式的文件的特点是压缩比高、文件数据量小、音质好，能够通过多种播放器进行播放，压缩比在 10∶1 左右。如未压缩的 10 MB 左右的 CD 音质的音乐，经过 MP3 压缩以后只有 1 MB 左右，且音质能够保证基本不失真，但是同 CD 音质相比，MP3 要差很多。

3）WMA 文件

WMA（Windows Media Audio）是微软公司力推的一种音频格式，是一种压缩的离散文件或流式文件。这种格式是以减少数据流量但保持音频的方法来达到更高的压缩比，其压缩比一般可以达到 18∶1，生成的文件大小只有相应 MP3 文件的一半。MP3 播放器通常都支持 WMA 文件的播放。

与以往的编码方式不同，WMA 支持防复制功能，它支持通过 Windows Media Rights Manager 加入保护，可以限制播放时间和播放次数甚至播放的机器等。WMA 支持流技术，即支持一边读一边播放，因此 WMA 可以很轻松地实现在线广播。

4）RA 文件

RealAudio 文件是由 Real Network 公司推出的一种网络音频压缩文件格式，采用了“音频流”技术，它的压缩比可以达到 96∶1，其最大的特点就是可以实时传输音频信息，尤其是在网速较慢的情况下，仍然可以较为流畅地传送数据，因此 RealAudio 主要适用于网络上的在线播放。现在的 RealAudio 文件格式主要有 RA（RealAudio）、RM（RealMedia，RealAudio G2）、RMX（RealAudio Secured）3 种，这些文件的共性在于随着网络带宽的不同而改变声音的质量，在保证大多数人听到流畅声音的前提下，使带宽较宽的听众获得较好的音质。与 WMA 一样，RA 不但支持边读边播放，还支持使用特殊协议来隐匿文件的真实网络地址，从而实现只在线播放而不提供下载的欣赏方式。它最大的特点是充分利用宽频资源发挥音质潜力，适用于线上收听。

5）MIDI 文件

乐器数字接口（Musical Instrument Digital Interface，MIDI）不是数字化的声音，它是规定了乐器、计算机、音乐合成器以及其他电子设备之间交换音乐信息的一组标准规定。MIDI 文件中的数据记录的是一些关于乐曲演奏的内容，而不是实际的声音。因此，MIDI 文件要比 WAV 文件小很多，而且易于编辑、处理。MIDI 文件的缺点是播放声音的效果依赖于播放 MIDI 的硬件质量，但整体效果都不如 WAV 文件。产生 MIDI 音乐的方法有很多种，常用的有 FM 合成法和波表合成法。MIDI 文件记录的是一系列指令而不是数字化后的波形数据，其 MIDI 文件的扩展名有“.mid”“.rmi”等。

6）VOC 文件

VOC 文件是声霸卡使用的音频文件格式，它以“.voc”作为文件的扩展名。

7）APE 文件

APE 是一种无失真压缩格式。这种格式的压缩比远低于其他格式，能够做到真正无损，因此获得了不少用户的青睐。在现有的不少无失真压缩方案中，APE 文件的特点是音质非常好，适用于高品质的音乐欣赏及收藏。APE 是一种有着突出性能的格式，有令人满意的压缩比和压缩速度，成为不少用户交流发烧音乐的一个选择。

其他的音频文件格式还有很多，例如，AU 文件主要用在 Unix 工作站上，它以“.au”作为文件的扩展名；AIF 文件是苹果机的音频文件格式，它以“.aif”作为文件的扩展名；等等。

2. 图像

图像是多媒体中最基本、最重要的数据，图像有黑白图像、灰度图像、彩色图像、摄影图像等。计算机能够记录和处理的只能是数字信息，而我们通常所接触的自然景象或图像是模拟信号，在交于计算机进行处理前需要通过一些设备进行的必要的数字转换。例如，通过数码相机、扫描仪等将模拟信号转换成数字图像。

所谓图像，一般是指自然界中的客观景物通过某种系统的映射，使人们产生的视觉感受，例如照片、图片和印刷品等。在自然界中，景和物有两种形态，即动和静。静止的图像称为静态图像；活动的图像称为动态图像。静态图像根据其在计算机中生成的原理不同，分为矢量图形和位图图像两种。动态图像又分为视频和动画。习惯上将通过摄像机拍摄得到的动态图像称为视频，而用计算机或绘画的方法生成的动态图像称为动画。

（1）图像与图形

表达或生成图像通常有两种方法：点位图法和矢量图法。点位图法就是将一幅图像分成很多小像素，每个像素用若干二进制位表示像素的颜色、属性等信息。矢量图法就是用一些指令来表示一幅图，如画一条 100 像素长的红色直线、画一个半径为 50 个像素的圆等。

1）位图图像

一幅图像可以近似地看成是由许许多多的点组成的，因此它的数字化通过采样和量化就可以得到。图像的采样就是采集组成一幅图像的点。量化就是将采集到的信息转换成相应的数值。组成一幅图像的每个点被称为是一个像素，像素是能够独立赋予颜色和亮度的最小单位。每个像素的值表示其颜色、属性等信息。存储图像颜色的二进制数的位数，称为颜色深度。如 3 位二进制数可以表示 8 种不同的颜色，因此 8 色图的颜色深度是 3。真彩色图的颜色深度是 24，可以表示 16 777 412 种颜色。

通常情况下，位图图像可以通过扫描仪或者数码相机得到图像。由于位图图像是由多个像素组成的，所以它不是独立的图形对象，如果要编辑其中部分区域的图像，必须精确选取需要编辑的像素，再进行编辑处理。能够处理位图图像的软件有 Photoshop、PhotoDraw 等。

2）图像的数字化

① 图像的获取

图像的获取方式有很多，按采集途径的不同可以分为外部采集和内部采集。外部采集主要通过数码相机、扫描仪等获取计算机外部的图像信息；内部采集主要是用存储设备、网络视频抓图等方式获取图像信息。图像的获取途径主要有以下几种：

◇ 绘图软件

图像编辑软件一般都具备图像的绘制、编辑加工处理的功能，同时能够进行色彩、纹理、图案等的填充和加工处理。对于一些常用的小型图标或徽标等绘制或处理起来很方便。

◇ 扫描仪

扫描仪是一种可以将静态图像输入计算机中的图像输入设备，是快速获取全彩色数字图像最简单的工具。各种漂亮的图片、照片以及各类报纸杂志资料等都可以通过扫描仪扫描后输入计算机中，以实现对这些图像的编辑处理以及输出。相对于手工录入文本，扫描文本效率要高很多。扫描仪扫描图片时，受分辨率的影响很大，扫描仪的分辨率越高，获得的数字图像中像素就越多，对原始图像中的细节部分表现就越强，数据量也会越大。色彩位数是评价扫描仪性能的另一个重要参数，色彩位数越高，所能得到色彩的范围越大，对颜色的区分越细腻。一般的扫描仪至少是 30 位色，好一点的能够达到 36 位色。另外还有灰度、扫描速度以及能够支持的幅面类型也都是评价扫描仪的指标。

◇ 数码相机

数码相机是一种光、电、机一体化的产品，与胶片相机相比，数码相机可以通过拍摄景物很轻易地得到数字图像，无论是专业的摄影人员还是普通百姓都能够使用它拍摄出精美的照片。而且数码相机均有标准接口，可以很容易地将拍摄的照片转到计算机中，应用相当广泛。

◇ 从屏幕上获取图像

用户可以利用键盘上的“Print Screen”键或者屏幕图像捕捉软件对屏幕上的图像进行截取并保存，成为可以利用的图像资源。常用的一些视频播放器通常都具备抓图的功能，能够从当前播放的视频中捕捉图像。

◇ 网络获取图像

Internet 日益普及，且资源相当丰富，通过网络能够获取我们想要的大部分信息资源，图像也不例外。我们可以在网络上找到自己想要的图像资源，通过下载工具下载到本地计算机即可进行再利用。

◇ 从存储设备中获取图像

磁盘、光盘等是重要的存储设备，这些设备上可以存放大量的图片资源，我们可以通过复制的方式从这些设备上获取想要的图片资源，并进行编辑利用。

② 图像的采样

图像的采样就是将连续的图像转换成离散的数字信号的过程。通常情况下，一幅图像可以由若干行与若干列的像素构成，如水平方向上有 M 行像素，竖直方向上有 N 列像素，这样整幅图片就由 $M \times N$ 个像素构成，$M \times N$ 也被称为图像的分辨率。描述图像的像素越多，图像越清晰，存储量也越大。

③ 图像的量化

采样得到的亮度值在空间上是连续的，把采样后所得到的这些连续表示的像素值离散化为整数值的过程被称为量化。在量化时，所确定的离散整数值的个数称为量化级数，表示量化的亮度值所需要的二进制位数被称为量化字长，也称为图像的深度。一般用 8 位、16 位、24 位和 32 位来表示图像的颜色，用 24 位来表示的颜色被称为真彩色。通常情况下，黑白图的颜色深度为 1 位，灰度图的颜色深度为 8 位，占用 1 字节，灰度级别为 256 级。

④ 图像的编码与压缩

图像的编码就是按照一定的格式将图像采样、量化以后所得的离散数据记录下来。分辨率和像素位的颜色深度决定了图像文件的大小，分辨率越高，颜色深度值越大，图像数据量也就越大。图像数字化后最主要的特征之一就是数据量比较大，如一幅 640×480 像素的“24 位真彩色”图像的数据量可达到 1 MB。这样的数据量给网络传输以及数据存储带来了较大的压力。因此，对于数字图像的存储和传输都要对数据进行压缩处理。一般情况是将原始数据压缩后存放在磁盘上或者传输，当用到它时才把数据解压缩以还原。

3）图像的特征

现实中的图像是一种模拟信号，而计算机能够存储、编辑、处理的只能是经过数字化处理的图像。所以计算机处理图像之前必须进行图像的数字化处理，使之成为计算机能够接受的显示和存储格式。

① 分辨率

分辨率是影响图像显示质量的重要因素，它分为图像分辨率和显示分辨率。

◇ 图像分辨率是用来确定组成一幅图像的像素数目，图像分辨率用每英寸点数（Dots Per Inch，DPI）表示，是图像像素密度的度量方法。图像分辨率越高，组成该图像的像素数目越多，看起来就越逼真。

◇ 显示分辨率是确定屏幕上显示图像的区域的大小，即构成全屏显示的像素的个数。显示分辨率用每英寸像素（Pixels Per Inch，PPI）表示。例如，通常使用的计算机屏幕分辨率设置为 1024×768 像素，它分为当前显示分辨率和最大显示分辨率，当前显示分辨率由当前设置的参数决定，最大显示分辨率由物理硬件性能决定，如显示器、显卡性能等。对于同样大小的显示器，显示分辨率越高，像素的密度就越大，在字号相同的情况下字体显示就越小。

② 颜色深度

颜色深度是指记录每个像素所使用的二进制位数，颜色深度值越大，显示的图像色彩越丰富，组成的画面越好看，但是数据量也越大。实际应用中，彩色图像和灰度图像的颜色分别用 4 位、8 位、16 位、24 位、32 位二进制表示，如 8 位的颜色深度能够表示 256 种颜色。

③ 颜色类型

颜色分为真彩色、伪彩色和调配色三种类型。

① 真彩色是指图像中的每个像素值都分成 R、G、B 三个基色。每个基色分量决定其基色的强度，这样产生的颜色称为真彩色。如一幅图像的像素深度为 24 位，分 3 个 8 位来表

示R、G、B三个基色分量，可以表示的颜色为 $2^8 \times 2^8 \times 2^8 = 2^{24}$ 种，也称为24位颜色，即真彩色或全彩色。

② 伪彩色图像中，图像的每个像素值不代表颜色，而是颜色索引值或代码值，该值是色彩查找表中某一项的入口地址。根据这个索引值可以查找出包含实际的R、G、B的强度值，通过这种索引映射的方法产生的色彩称为伪彩色。

③ 调配色是通过每个像素的R、G、B分量分别作为单独的索引值进行变换，经相应的色彩变换表找出各自的基色强度，用变换后的R、G、B强度值产生的色彩。调配色的效果一般比伪彩色要好。

4）图像的数据量

图像的数据量与图像的分辨率、图像的颜色深度均有关系。图像的分辨率越高、颜色深度值越大，图像效果越逼真，数据量也越大。图像的数据量按如下公式计算：

图像数据量(Byte)＝图像的总像素×颜色深度/8(B)

当一幅图像是分辨率为640×480像素的"24位真彩色"图像，则其文件大小为：640×480×24/8≈1 MB。

5）图像文件格式

① BMP格式

BMP是一种与硬件设备无关的图像文件格式，使用范围非常广。它采用位映射存储格式，除了颜色深度可选以外，不采用其他任何压缩，因此，BMP文件所占用的空间很大。BMP文件的颜色深度可选1位、4位、8位及24位。BMP文件存储数据时，图像的扫描方式是按从左到右、从下到上的顺序。

由于BMP文件格式是Windows环境中交换与图有关的数据的一种标准，因此在Windows环境中运行的图形图像软件都支持BMP图像格式。

② JPEG格式

JPEG是由联合图像专家组(Joint Photographic Experts Group)指定的压缩标准，是一种有损压缩算法。他能够用有损压缩的方式去除图像的冗余数据，虽然压缩比较高，但仍然能生动形象地展示图像。JPEG格式适合处理各种连续色调的彩色或灰度图像(如风景、人物照片)，目前的浏览器也都支持JPEG图像格式，因为此格式的文件下载速度快，所以其也广泛应用于Web网页。目前绝大多数数码相机和扫描仪可直接生成JPEG格式的图像文件。

③ GIF格式

GIF(Graphics Interchange Format，图像交换格式)是美国CompuServe公司开发的图像文件格式。GIF格式属于无损压缩算法，并支持透明背景，同时支持线图、灰度图和索引图像，支持最大的颜色数为256色。GIF格式压缩比高、磁盘空间占用少、下载速度快、可以存储简单的动画。GIF格式的图像还采用了累进显示方式，即在图像传输过程中，用户可以先看到图像的轮廓，随着传输过程的继续而逐步看到图像的细节，所以它被广泛应用于Internet。

④ TIFF格式

TIFF(Tag Image File Format)称为标记图像文件格式，一般是二进制文件格式。支持多种压缩方法，大量应用于图像的扫描和桌面出版方面。它的特点是图像格式复杂、存储细微层次的信息较多，有利于原稿的复制，但占用的存储空间也非常大。

⑤ PSD格式

PSD格式是图像处理软件Photoshop的专用格式(Photoshop Document)。PSD格式包含Photoshop软件在设计图像过程中的各种图层通道等设计记录,以便于对所设计图像进行修改。在各种图像格式中,PSD的存取速度比其他格式快很多,但是只有很少的几种图像处理软件能够读取此格式。

⑥ PNG格式

PNG(Portable Network Graphic,便携式网络图像)是网上较新的图像文件格式。它是目前保证最不失真的格式,采用无损压缩方式来减小文件,它吸取了GIF和JPEG两种图像格式的优点,存储形式丰富。用PNG来储存灰度图像时颜色深度可达16位,存储彩色图像时颜色深度可达48位。PNG格式具有很快的显示速度,但不支持动画。

⑦ ICO格式

格式的图像称为图标(Icon)文件,用来定义程序、文档和快捷方式的图标。同一个ICO文件中可以包含16×16像素、32×32像素、48×48像素等多种分辨率和多种颜色的图标,用于不同的场合。这种格式的图像数据量一般比较小。

6) 矢量图形

矢量图形即我们通常所说的图形,它主要是由计算机软件绘制得到的。它是用一个集合指令来描述构成一幅图形所要包含的所有信息,如直线、矩形、圆、圆弧、曲线等的形状、位置、颜色等各种属性和参数,然后通过数学公式计算得到图形。显示图形时需要相应的软件读取和解释这些指令,再通过数学公式计算最终转换成屏幕上所能显示的颜色和形状,当数据量较大的时候,显示的速度也会变慢。

通常所用的AutoCAD、3ds MAX等软件处理的就是图形,图形只保存算法和特征点的信息,无论是处理还是再现均需要通过重新计算得到,相对于数据量偏大的图像来说,矢量图形占用的存储空间较小,但是相对来说,矢量图所表达的图片信息效果不如位图图像所表达的信息。如果制作一些标志性的简单内容或者一些真实感不是很强的内容时可以选用矢量图形,如徽标、动画等。矢量图形放大或缩小都不失真。

7) 矢量图形与位图图像的区别

矢量图形与位图图像最大的区别是,矢量图形不受分辨率的影响,可以在屏幕上任意地放大、缩小、改变比例和扭曲等,图形不会因为上述操作而影响清晰度和质量。位图图像中,每个像素所占用的二进制位数与整个图像所能表达的颜色数目有很大的关系。颜色数目越多,占用的二进制位数越多,位图图像的数据量也会随之迅速增加。例如,一幅256种颜色的位图图像,每个像素需要占用1字节;而一幅真彩色的位图图像,每个像素需要占用3字节,是256色图像的3倍。

(2) 视频与动画

1) 视频概述

① 视频的特点

视频的图像是运动的,内容随时间的变化而变化,伴随的声音与运动图像同步。信息容量较大,集成了影像、声音、文本等多种信息。

② 模拟视频

模拟视频信号的图像和声音信息在时间和幅度上都是连续的。早期视频的获取、存储和传输都采用模拟方式。人们在电视上所见到的视频图像就是以模拟电信号的形式进行记录,并以模拟调幅的方式在空间进行传播,再用磁带录像机将其模拟信号记录在磁盘上。模拟信号在处理和传输的过程中有一定的衰减,不适于网络传输,不便于分类检索和编辑,且无论记录的视频画面多么清晰,经过长时间存放后,其质量都会有显著的下降,经过多次复制后,画面会有明显失真,影响观看效果。

③ 数字视频

模拟视频转换为数字视频的过程也称为视频的数字化,模拟视频通过采样、量化、编码可以得到数字视频,数字视频是基于数字技术记录视频信息的,它在时间和幅度上都是离散的,它克服了模拟视频的许多不足,降低了视频信号传输和存储的成本,可以无限次地复制而不会产生失真,便于计算机编辑处理或者二次创作。

④ 扫描

电视图像是电子束在荧光屏上扫描产生的,扫描分为隔行扫描和逐行扫描。在逐行扫描中,电子束从显示屏的左上角一行接一行地扫到右小角,扫描一遍显示一帧完整的图像。隔行扫描中,电子束先扫描奇数行,再扫描偶数行,因此一帧图像由两次扫描得到,分别称为奇数场和偶数场。

与隔行扫描相比,逐行扫描的显示图像更稳定,被计算机显示器和电视机广泛采用。

⑤ 电视制式

世界各国采用的电视制式主要有以下三种,它们具有不同的扫描特性。

◇ PAL 制式

PAL 是德国 1962 年研制的一种电视制式。它的特点是每秒 25 帧,每帧 625 行。水平分辨率为 240～400 像素,隔行扫描,扫描频率为 50 Hz,宽高比例为 4∶3。本制式主要应用于中国、澳大利亚、南非以及欧洲、南美洲等国家。

◇ NTSC 制式

NTSC 是 1953 年美国研制的一种兼容的彩色电视制式。它的特点是每秒 30 帧,每帧 526 行,水平分辨率为 240～400 像素,隔行扫描,扫描频率为 60 Hz,宽高比例为 4∶3。本制式主要被美国、加拿大、墨西哥、日本等国家采用。

◇ SECAM 制式

SECAM 是法国于 1965 年提出的一种标准。它的特点是每秒 25 帧,每帧 625 行,隔行扫描,扫描频率为 50 Hz,宽高比例为 4∶3。扫描特性与 PAL 制式类似,差别在于 SECAM 中的色度信号是由频率调制的,两个色差信号是按行的顺序传输的。本制式主要应用于法国、俄罗斯、东欧和中东等国家。

2) 动态图像的数字化

人眼看到的一幅图像消失后,还将在视网膜上滞留几毫秒,动态图像正是根据这样的原理而产生的。动态图像是将静态图像以每秒钟 n 幅的速度播放,当 $n \geqslant 25$ 时,显示在人眼中的就是连续的画面。

模拟视频进入计算机前需要进行数字化处理,即模数转换和色彩空间变换等。视频数字化是指在一段时间内以一定的速度对视频信号进行捕捉并加以采样后,形成数字化数据的处理过程。获取数字视频信息主要有两种方式:一种是将模拟视频信号数字化,即在一段时间内以一定的速度对连续的视频信号进行采集。所谓采集,是将模拟的视频信号经硬件设备数字化，然后将数据存储起来。在编辑和播放视频信息时，再将数据从存储介质中读出，经过硬件设备还原成模拟信号输出。这种方法需要用录像机、摄像机及视频捕捉卡。录像机和摄像机负责采集实际景物，视频采集卡将模拟的视频信号数字化；另一种是利用数字摄像机拍摄实际景物，从而直接获得无失真的数字视频信号。

3）视频文件数据压缩

视频的数据压缩实际上就是对视频图像信号的数据压缩，它是根据一帧画面的图像内容特点和相邻画面的图像内容特点进行压缩的。

动态图像实际上是由一幅幅静态图像组成的。由于人眼存在时间错觉，将相邻间隔的图像连续地播放出来便形成了活动的图像，这是形成动态图像的根本。

对于连续变化的相邻图像，相邻图像画面越接近，错觉感越高；画面变化越多，错觉感越低。相邻的图像实际上是时间上的感觉，因而时间错觉感越高，压缩处理也就越容易；时间错觉感越低，压缩处理也就越难。

4）视频文件格式

视频的文件格式一般与其使用的标准有关，常见的有 AVI 文件格式、MOV 文件格式、MPEG 文件格式等。

① AVI 文件格式

音频视频交错格式（Audio Video Interleaved，AVI）是 Video for Windows 的标准格式，是一种将视频信息与同步音频信号结合在一起存储的多媒体文件格式。它以帧为存储动态视频的基本单位，在每一帧中，都是先存储音频数据，再存储视频数据。整体看起来，音频数据和视频数据相互交叉存储。播放时，音频流和视频流交叉使用处理器的存取时间，保持同期同步。这种格式不仅解决了音频和视频的同步问题，而且具有通用和开放的特点。它可以在任何版本的 Windows 环境下工作，且具有扩展功能。AVI 的优点是兼容性好、调用方便、图像质量好，缺点是文件的数据量大、所需的存储空间大。

② MOV 文件格式

MOV 文件是 Quick Time 视频处理软件所选用的视频文件格式，用于保存音视频信息，其文件的扩展名为.mov，MOV 格式的视频文件可以采用不压缩或压缩方式。它具有先进的视频和音频功能，多种操作系统都支持它的运行，其图像画面的质量比 AVI 文件要好。

③ MPEG 文件格式

动态图像专家组（Moving Picture Expert Group，MPEG）由国际标准化组织（International Organization for Standardization，ISO）与国际电工委员会（International Electrotechnical Commission，IEC）于 1988 年联合成立，专门致力于运动图像（MPEG 视频）及其伴音编码（MPEG 音频）的标准化工作。MPEG 是运动图像压缩算法的国际标准，现已被绝大多数的计算机平台支持。它包括 MPEG－1，MPEG－2 和 MPEG－4。MPEG－1 被广泛地应用于视频压缩盘片（Video Compact Disk，VCD）的制作，绝大多数的 VCD 采用 MPEG－1 格式压缩。MPEG－2 应用在数字视频光盘（Digital Video/Versatile Disk，DVD）的制作方面以及高清晰电视广播（High Definition Television，HDTV）和一些高要求的视频剪辑、处理方面。MPEG－4 是一种新的压缩算法，使用这种算法的高级流格式（Advanced Streaming Format，ASF）可以把一部 120 分钟长的电影压缩为 300 MB 左右的视频流，可供用户在网上观看。MPEG 格式视频的文件扩展名通常是“.mpeg”或“.mpg”。

④ WMV 文件格式

WMV(Windows Media Video，Windows 媒体视频)是微软公司推出的一种数字流媒体格式，是 Windows Media 的核心，是一种在 Internet 上实时传播多媒体数据的技术标准，使用 Windows Media Player 可播放 ASF 和 WMV 两种格式的文件。在同等视频质量下，WMV 格式的体积非常小，因此很适合在网上播放和传输。

⑤ RM 文件格式

RM(RealMedia)是 RealNetworks 公司所定制的音频视频压缩规范，是目前在 Internet 上跨平台的客户/服务器结构的多媒体应用标准。用户可以使用播放器对符合 RealMedia 技术规范的网络音频/视频资源进行实况转播，并且 RealMedia 可以根据不同的网络传输速率制定出不同的压缩比率，从而实现在低速率的网络上进行影像数据实时传送和播放，满足人们边下载边播放的需要。RealMedia 标准的多媒体文件又称为流媒体格式文件，其扩展名为“.rm”“.ram”或“.ra”。

⑥ MKV 文件格式

MKV 是一种新的多媒体封装格式，这个封装格式可以把多种不同编码的视频及不同格式的音频和语言不同的字母封装到一个文件中。它也是一种开放源代码的多媒体封装格式。MKV 同时还可以提供非常好的交互功能，而且比 MPEG 文件更方便、强大。

⑦ ASF 文件格式

ASF(Advanced Streaming Format)是高级流格式，主要优点包括本地或网络回访、可扩充的媒体类型、部件下载以及扩展性好等。

5）计算机动画概述

① 计算机动画的概念

计算机动画是在传统动画的基础上发展起来的，传统动画实际上是采用连续播放静止图像的方法产生物体运动的效果。计算机动画是指利用人的视觉暂留的生理特性采用图形与图像的处理技术，借助于编程或动画制作软件生成一系列的可以实时播放的景物画面，其中当前帧是前一帧的部分修改。

② 动画的视觉原理

人的视觉系统具有“视觉暂留”的特性，即人观察过物体后，物体的影像在人的视网膜上会有短暂的停留。如果一系列的每次变化很小的图像连续播放，就容易使人误认为物体是运动的，而视频以及动画均是利用这一特性实现的。实验证明，如果动画或电影的画面刷新频率为每秒 24 帧左右，则人眼能够看到连续的画面效果。每秒 24 帧的速率是电影放映的标准，它能够有效地使运动的画面连续流畅。但是每秒 24 帧的刷新频率会使人眼感觉到画面的闪烁，要消除闪烁感画面，刷新频率还要提高一倍，因此电影画面的刷新频率实际上是每秒 48 帧。

③ 计算机动画的特点

计算机动画的原理与传统动画的原理基本相同，只是在传统动画的基础上把计算机技术用在动画的处理和应用中。使用动画可以清晰地表现出一个事件的过程，或是展现出一个活灵活现的画面。计算机动画的关键技术体现在计算机动画制作的软件及硬件上。动画制作软件是由计算机专业人员开发的制作动画的工具，而动画设计制作人员只需要简单交互操作或简单的脚本编写就能够实现复杂的动画效果。目前的计算机动画制作软件很多，不同的动画软件、硬件,制作出的动画效果也不同。虽然制作的复杂程度不同,但是动画制作的基本原理是一样的。运动是动画的本质要素,计算机动画是采用连续播放静止图像的方法产生景物运动的效果。运动泛指使画面发生改变的动作,不仅包括景物的运动,还包括虚拟摄像机的运动、纹理、色彩的变化等,输出的方式也有很多种。

④ 计算机动画的分类

根据研究角度的不同,计算机动画可以有多种分类方法。根据运动的控制方式可将计算机动画分为实时动画和逐帧动画两种。根据画面景物的透视效果及真实感程度,计算机动画分为二维动画和三维动画两种。根据计算机处理动画的方式不同,计算机动画分为造型动画、帧动画和算法动画三种。根据动画的表现效果分,计算机动画又可分为路径动画、调色板动画和变形动画三种。

⑤ 动画与视频的区别

动画与视频主要从产生画面的形式进行区分,动画的画面是通过设计人员进行设计创作后由计算机生成的画面,并不存在于自然界或者是对自然界的模拟,而视频的每一帧画面为实时获得的景物图像,一般由摄像机摄制而成。

6) 动画文件的格式

计算机动画现在应用得比较广泛,由于应用领域不同,其动画文件也存在着不同类型的存储格式。计算机动画可分为传统的位图动画和矢量动画。位图和矢量也不是绝对对立的,在很多动画制作软件中,两种格式能够被同时使用。目前比较流行的动画文件形式是GIF动画和Flash动画,它们也是互联网上使用最为广泛的动画形式。

① GIF格式

GIF采用无损数据压缩方法中的压缩比较高的LZW算法,文件较小。它不仅是图像文件格式,还可以在一个文件中存放多幅彩色图像,如果把存在于一个文件中的多幅图像数据逐幅读出并显示到屏幕上,就可以构成一种最简单的动画。

② SWF格式

SWF格式是Macromedia公司的产品Flash的矢量动画格式,它采用曲线方程描述其内容,而不是由点阵组成内容,因此这种格式的动画在缩放时不会失真,非常适合描述由几何图形组成的动画,如教学演示等。这种格式的动画可以与HTML文件充分结合,并能添加MP3音乐,因此被广泛地应用于网页上,成为一种"准流式媒体文件"。

2.3.3 多媒体数据压缩

多媒体信息数字化之后,其数据量往往非常庞大。为了存储、处理和传输多媒体信息,人们考虑采用压缩的方法来减少数据量。通常是将原始数据压缩后存放在磁盘上或是以压缩形式来传输,仅当用到它时才把数据解压缩以还原,以此来满足实际的需求。

1. 无损压缩

数据压缩可以分为两种类型:无损压缩和有损压缩。无损压缩是利用数据的统计冗余进行压缩,又称可逆编码,其原理是统计被压缩数据中重复数据的出现次数来进行编码。解压缩是对压缩的数据进行重构,重构后的数据与原来的数据完全相同。无损压缩能够确保解压后的数据不失真,是对原始对象的完整复制。

无损压缩的主要特点是压缩比较低,一般为2∶1～5∶1,通常广泛应用于文本数据、程序以及重要图形和图像(如指纹图像、医学图像)的压缩。如压缩软件WinZip、WinRAR就是基于无损压缩原理设计的,因此可用来压缩任何类型的文件。但由于压缩比的限制,所以仅使用无损压缩技术不可能解决多媒体信息存储和传输的所有问题。常用的无损压缩算法包括行程编码、霍夫曼编码(Huffman)、算术编码、LZW(Lempel Ziv Welch)编码等。

1) 行程编码

行程编码(Run-Length Encoding,RLE)简单直观,编码和解码速度快。它的压缩比与压缩数据本身有关,行程长度大,压缩比就高,适用于计算机绘制的图像,如BMP、AVI格式文件。对于彩色照片,由于色彩丰富,采用行程编码压缩比会较小。

2) 熵编码

根据信源符号出现的概率的分布特性进行码率压缩的编码方式称为熵编码,也叫统计编码。它的目的在于在信源符号和码字之间建立明确的一一对应关系,以便在恢复时能准确地再现原信号,同时要使平均码长或码率尽量小。熵编码包括霍夫曼编码和算术编码。

3) 算术编码

算术编码的优点是每个传输符号不需要被编码成整数"比特"。虽然算术编码实现方法复杂一些,但通常算术编码的性能优于霍夫曼编码。

JPEG标准:第一个针对静止图像压缩的国际标准。JPEG标准制定了两种基本的压缩编码方案:以离散余弦变换为基础的有损压缩编码方案和以预测技术为基础的无损压缩编码方案。JPEG成员对多幅图像的测试结果表明,算术编码比霍夫曼编码提高了5%左右的效率,因此在JPEG扩展系统中用算术编码取代了霍夫曼编码。JPEG 2000与JPEG最大的不同之处在于,它放弃了JPEG所采用的以离散余弦变换为主的区块编码方式,而采用以离散小波变换为主的多解析编码方式。此外,JPEG 2000还将彩色静态画面采用的JPEG编码方式与二值图像采用的JBIG编码方式统一起来,成为适应各种图像的通用编码方式。

MPEG标准:规定了声音数据和电视图像数据的编码和解码过程、声音和数据之间的同步等问题。MPEG-1和MPEG-2是数字电视标准,其内容包括MPEG电视图像、MPEG声音及MPEG系统等内容。MPEG-4是1999年发布的多媒体应用标准,其目标是在异种结构网络中能够具有很强的交互功能并且能够高度可靠地工作。MPEG-7是多媒体内容描述接口标准,其应用领域包括数字图书馆、多媒体创作等。

2. 有损压缩

有损压缩又称不可能编码,有损压缩是指压缩后的数据不能够完全还原成压缩前的数据,与原始数据不同但是非常接近压缩方法。有损压缩也称破坏性压缩,以损失文件中某些信息为代价来换取较高的压缩比,其损失的信息多是对视觉和听觉感知不重要的信息,但压缩比通常较高,一般为几十到几百,常用于音频、图像和视频的压缩。

典型的有损压缩编码方法有预测编码、变换编码、基于模型编码、分形编码及矢量量化编码等。

1) 预测编码

预测编码是根据离散信号之间存在着一定相关性的特点,利用前面一个或多个信号对下一个信号进行预测，然后对实际值和预测值之差进行编码和传输。在接收端把差值与实际值相加，恢复原始值。在同等精度下，就可以用比较少的“比特”进行编码，达到压缩的目的。

预测编码中典型的压缩方法有脉冲编码调制（Pulse Code Modulation，PCM）、差分脉冲编码调制（Differential Pulse Code Modulation，DPCM）、自适应差分脉冲编码调制（Adaptive Differential Pulse Code Modulation，ADPCM）等，它们较适合于声音、图像数据的压缩，因为这些数据由采样得到，相邻采样值之间相差不会很大，可以用较少位来表示。

2）变换编码

变换编码是指先对信号进行某种函数变换，从一种信号空间变换到另一种信号空间，然后再对信号进行编码。如将时域信号变换到频域，因为声音、图像信号在频域中其能量相对集中在直流及低频部分，高频部分则只包含少量的细节，如果去除这些细节，并不影响人类对声音或图像的感知效果，所以对变换后的信号进行编码，能够大大压缩数据。

变换编码包括四个步骤：变换、变换域采样、量化和编码。变换本身并不进行数据压缩，它只把信号映射到另一个域，使信号在变换域里容易进行压缩，变换后的样值更独立和有序。典型的变换有离散余弦变换 DCT、离散傅里叶变换（Discrete Fourier Transform，DFT）、沃尔什—哈达码变换（Walsh-Hadamard Translation，WHT）和小波变换等。量化将处于取值范围 X 的信号映射到一个较小的取值范围 Y 中，压缩后的信号比原信号所需的比特数减少了。

3）基于模型编码

如果把以预测编码和变换编码为核心的基于波形的编码称作第一代编码技术，则基于模型的编码就是第二代编码技术。

基于模型编码的基本思想是：在发送端，利用图像分析模块对输入图像提取紧凑和必要的描述信息，得到一些数据量不大的模型参数；在接收端，利用图像综合模块重建原图像，是对图像信息的合成过程。

4）分形编码

分形编码法的目的是发掘自然物体（如天空、云雾、森林等）在结构上的自相似形，这种自相似形是图像整体与局部相关性的表现。分形编码正是利用了分形几何中的自相似的原理来实现的。首先对图像进行分块，然后寻找各块之间的相似形，这里相似形的描述主要是依靠仿射变换确定的。一旦找到了每块的仿射变换，就保存这个仿射的系数。由于每块的数据量远大于仿射变换的系数，因而图像得以大幅度的压缩。

分形编码以其独特新颖的思想，成为目前数据压缩领域的研究热点之一。分形编码以及基于模型编码与经典图像编码方法相比，在思想和思维上有了很大的突破，理论上的压缩比可超出经典编码方法两三个数量级。

5）矢量量化编码

矢量量化编码也是在图像、语音信号编码技术中研究得较多的新型量化编码方法之一。在传统的预测和变换编码中，首先将信号经某种映射变换成一个数的序列，然后对其逐个进行标量量化编码。而在矢量量化编码中，则是把输入数据几个一组地分成多组，成组地量化编码，即：将这些数看成一个 k 维矢量，然后以矢量为单位逐个进行量化。矢量量化是一种限失真编码，其原理仍可用信息论中信息率失真函数理论来分析。

2.4 计算机病毒及其防治

20世纪60年代，被称为计算机之父的数学家冯·诺依曼在其遗著《计算机与人脑》中，详细论述了程序能够在内存中进行繁殖活动的理论。计算机病毒的出现和发展是计算机软件技术发展的必然结果。本节介绍计算机病毒的特征、原理及分类，并对典型病毒与其他破坏型程序，如宏病毒、木马程序、蠕虫等进行了分析，最后给出计算机病毒的诊断与预防措施。

2.4.1 计算机病毒的特征和分类

要真正地识别病毒，及时地查杀病毒，就有必要对病毒有较详细的了解，知道计算机病毒到底是什么，又是怎样分类的。

1. 计算机病毒

当前，计算机安全的最大威胁是计算机病毒（Computer Virus）。计算机病毒实质上是一种特殊的计算机程序。这种程序具有自我复制能力，可非法入侵而隐藏在存储媒体中的引导部分、可执行程序或数据文件中。当病毒被激活时，源病毒能把自身复制到其他程序体内，影响和破坏程序的正常执行和数据的正确性。有些恶性病毒对计算机系统具有极大的破坏性。计算机一旦感染病毒，病毒就可能迅速扩散，这种现象和生物病毒入侵生物体并在生物体内传染一样。

在《中华人民共和国计算机信息系统安全保护条例》中，计算机病毒被明确定义为："计算机病毒，是指编制或者在计算机程序中插入的破坏计算机功能或者破坏数据，影响计算机使用并且能够自我复制的一组计算机指令或者程序代码。"

计算机病毒一般具有寄生性、破坏性、传染性、潜伏性和隐蔽性的特征。

1）寄生性

它是一种特殊的寄生程序，不是一个通常意义下的完整的计算机程序，而是寄生在其他可执行的程序中，因此，它能享有被寄生的程序所能得到的一切权利。

2）破坏性

破坏是广义的，不仅仅是指破坏系统、删除或修改数据甚至格式化整个磁盘，它们或是破坏系统，或是破坏性数据并使之无法恢复，从而给用户带来极大的损失。

3）传染性

传染性是病毒的基本特征。计算机病毒往往能够主动地将自身的复制品或变种传染到其他未染毒的程序上。计算机病毒只有在运行时才具有传染性。此时，病毒寻找符合传染条件的程序或文件，然后将病毒代码嵌入其中，达到不断传染的目的。判断一个程序是不是计算机病毒的最重要因素就是其是否具有传染性。

4）潜伏性

病毒程序通常短小精悍，寄生在别的程序上使得其难以被发现，在外界激发条件出现之前，病毒可以在计算机内的程序中潜伏、传播。

5）隐蔽性

计算机病毒是一段寄生在其他程序中的可执行程序，具有很强的隐蔽性。当运行受感染的程序时，病毒程序能首先获得计算机系统的监控权，进而能监视计算机的运行，并传染其他程序。但不到发作时机，整个计算机系统看上去一切如常，很难被察觉，其隐蔽性使广大计算机用户对病毒失去应有的警戒性。

计算机病毒是计算机科学发展过程中出现的“污染”，是一种新的高科技类型犯罪。它可以造成重大的政治、经济危害。因此，舆论谴责计算机病毒是“射向文明的黑色子弹”。

2. 计算机病毒的分类

计算机病毒的分类方法很多，按计算机病毒的感染方式，分为如下五类：

（1）引导区型病毒

通过读U盘、光盘及各种移动存储介质感染引导区型病毒，感染硬盘的主引导记录，当硬盘主引导记录感染病毒后，病毒就企图感染每个插入计算机进行读写的移动盘的引导区。这类病毒常常将其病毒程序替代主引导区中的系统程序。引导区病毒总是先于系统文件装入内存储器，获得控制权并进行传染和破坏。

（2）文件型病毒

这类病毒主要感染扩展名为.COM、.EXE、.DRV、.BIN、.SYS等可执行文件，通常寄生在文件的首部或尾部，并修改程序的第一条指令。当染毒程序执行时就先跳转去执行病毒程序，进行传染和破坏。这类病毒只有当带毒程序执行时才能进入内存，一旦符合激发条件就发作。

（3）混合型病毒

这类病毒既传染磁盘的引导区，也传染可执行文件，兼有上述两类病毒的特点。混合型病毒综合系统型和文件型病毒的特性，它的“性情”也就比系统型和文件型病毒更为“凶残”。这种病毒通过这两种方式来传染，更增加了病毒的传染性以及存活率。不管以哪种方式传染，只要中毒就会经开机或执行程序而感染其他的磁盘或文件，此种病毒也是最难杀灭的。

（4）宏病毒

开发宏可以让工作变得简单、高效。然而，黑客利用了宏具有的良好扩展性编制寄存在Microsoft Office文档或模板的宏中的病毒。它只感染Microsoft Word文档（DOC）和模板文件（DOT），与操作系统没有特别的关联。它们大多以Visual Basic或Word提供的宏程序语言编写，比较容易制造。它能通过E-mail下载Word文档附件等途径蔓延。当对感染宏病毒的Word文档操作时（如打开文档、保存文档、关闭文档等操作）它就进行破坏和传播。宏病毒还可衍生出各种变形病毒，这种“父生子子生孙”的传播方式实在让许多系统防不胜防，这也使宏病毒称为威胁计算机系统的“第一杀手”。Word宏病毒破坏造成的结果是：不能正常打印；封闭或改变文件名称或存储路径，删除或随意复制文件；封闭有关菜单，最终导致无法正常编辑文件。

（5）Internet 病毒（网络病毒）

Internet 病毒大多是通过 E-mail 传播的。“黑客”是危害计算机系统的源头之一，“黑客”利用通信软件，通过网络非法进入他人的计算机系统，截取或篡改数据，危害信息安全。

如果网络用户收到来历不明的 E-mail，不小心执行了附带的“黑客程序”，该用户的计算机系统就会被偷偷修改注册表信息，“黑客程序”也会悄悄地隐藏在系统中。当用户运行 Windows 时，“黑客程序”会驻留在内存，一旦该计算机联入网络，外界的“黑客”就可以监控该计算机“为所欲为”。已经发现的“黑客程序”有 BO(Back Orifice)、Netbus、Netspy、Backdoor 等。

3. 计算机感染病毒的常见症状

计算机病毒虽然很难检测，但是，只要细心留意计算机的运行状况，还是可以发现计算机感染病毒的一些异常情况。例如：

（1）磁盘文件数目无故增多；

（2）系统的内存空间明显变小；

（3）文件的日期/时间值被修改成最近的日期或时间（用户自己并没有修改）；

（4）感染病毒后的可执行文件的长度通常会明显增加；

（5）正常情况下可以运行的程序突然因内存不足而不能装入；

（6）程序加载时间或程序执行时间比正常时明显变长；

（7）计算机经常出现死机现象或不能正常启动；

（8）显示器上经常出现一些莫名其妙的信息或异常现象。

我国计算机病毒应急处理中心通过对互联网监测发现新型后门程序 Backdoor_Undef.CDR，该后门程序利用一些常用的应用软件信息，诱骗计算机用户点击下载运行。一旦点击运行，恶意攻击者就会通过该后门远程控制计算机用户的操作系统，下载其他病毒或是恶意木马程序，进而盗取用户的个人私密数据信息，甚至控制监控摄像头等。该后门程序运行后，会在受感染的操作系统中释放一个伪装成图片的动态链接库 DLL 文件，之后将其添加成系统服务，实现后门程序随操作系统开机而自动启动运行。

另外，该后门程序一旦开启后门功能，就会收集操作系统中用户的个人私密数据信息，并且远程接受并执行恶意攻击者的代码指令。如果恶意攻击者远程控制了操作系统，那么用户的计算机名与 IP 地址就会被窃取。随后，操作系统会主动访问恶意攻击者指定的 Web 网址，同时下载其他病毒或是恶意木马程序，更改计算机用户操作系统中的注册表、截获键盘与鼠标的操作、对屏幕进行截图等，给计算机用户的隐私和其操作系统的安全带来较大的危害。

还有“代理木马”新变种 Trojan_Agent.DDFC。专家说，该变种是远程控制的恶意程序，自身为可执行文件，在文件资源中捆绑动态链接库资源，运行后鼠标没有任何反应，以此来迷惑计算机用户，且不会进行自我删除。

变种运行后，将自身复制到系统目录中重命名为一个可执行文件，随即替换受感染操作系统的系统文件；用同样的手法替换掉系统中即时聊天工具的可执行程序文件，并设置成开机自动运行。在计算机用户毫不知情的情况下，恶意程序就可以自动运行加载。

该变种还会在受感染操作系统的后台自动记录键盘按键信息，然后保存在系统目录下的指定文件中。迫使操作系统与远程服务器进行连接，发送被感染机器的用户名、操作系统、CPU 型号等信息。除此之外，变种还会迫使受感染的操作系统主动连接访问互联网中指定的 Web 服务器，下载其他木马、病毒等恶意程序。

随着制造病毒和反病毒双方较量的不断深入，病毒制造者的技术越来越高，病毒的欺骗性、隐蔽性也越来越好。用户要在实践中细心观察，发现计算机的异常现象。

4. 计算机病毒的清除

如果计算机染上了病毒，文件被破坏了，最好立即关闭系统。如果继续使用，会使更多的文件遭受破坏。针对已经感染病毒的计算机，专家建议立即升级系统中的防病毒软件，进行全面杀毒。一般的杀毒软件都具有清除/删除病毒的功能。清除病毒是指把病毒从原有的文件中清除掉，恢复原有文件的内容；删除是指把整个文件删除掉。经过杀毒后，被破坏的文件有可能恢复成正常文件。对未感染病毒的计算机，建议打开系统中防病毒软件的"系统监控"功能，从注册表、系统进程、内存、网络等多方面对各种操作进行主动防御。

用反病毒软件消除病毒是当前比较流行的做法。它既方便，又安全，一般不会破坏系统中的正常数据。特别是优秀的反病毒软件都有较好的界面和提示，使用相当方便。通常，反病毒软件只能检测出已知的病毒并消除它们，不能检测出新的病毒或病毒的变种。所以，各种反病毒软件的开发都不是一劳永逸的，而要随着新病毒的出现而不断升级。目前较著名的反病毒软件都具有实时检测进程驻留在系统的后台中，随时检测是否有病毒入侵。

目前较流行的杀毒软件有诺顿、卡巴斯基、金山毒霸及 360 杀毒软件等。

2.4.2 计算机病毒的预防

计算机感染病毒后，用反病毒软件检测和消除病毒是被迫的处理措施。况且已经发现相当多的病毒在感染之后会永久性地破坏被感染程序，如果没有备份将不易恢复。所以，我们要有针对性的防范。所谓防范，是指通过合理、有效的防范体系及时发现计算机病毒的侵入，并能采取有效的手段阻止病毒的破坏和传播，保护系统和数据安全。

计算机病毒主要通过移动存储介质（如 U 盘、移动硬盘）和计算机网络两大途径进行传播。人们从工作实践中总结出一些预防计算机病毒的简易可行的措施，这些措施实际上是要求用户养成良好的使用计算机的习惯，具体归纳如下。

① 安装有效的杀毒软件并根据实际需求进行安全设置。同时，定期升级杀毒软件并经全盘查毒、杀毒。

② 扫描系统漏洞，及时更新系统补丁。

③ 未经检测过是否感染病毒的文件、光盘、U 盘及移动硬盘等移动存储设备在使用前应首先用杀毒软件查毒后再使用。

④ 分类管理数据。对各类数据、文档和程序应分类备份保存。

⑤ 尽量使用具有查毒功能的电子邮箱，尽量不要打开陌生的可疑邮件。

⑥ 浏览网页、下载文件时要选择正规的网站。

⑦ 关注目前流行病毒的感染途径、发作形式及防范方法，做到预先防范，感染后及时查毒，以避免遭受更大损失。

⑧ 有效管理系统内建的 Administrator 账户、Guest 账户以及用户创建的账户，包括密码管理、权限管理等。

⑨ 禁用远程功能，关闭不需要的服务。

⑩ 修改 IE 浏览器中与安全相关的设置。

计算机病毒的防治宏观上讲是一系统工程，除了技术手段之外还涉及诸多因素，如法律、教育、管理制度等。从教育着手，是防止计算机病毒的重要策略。通过教育，使广大用户认识到病毒的严重危害，了解病毒的防治常识，提高尊重知识产权的意识，增强法律、法规意识，最大限度地减少病毒的产生与传播。

2.5 小结

在第一台电子计算机 ENIAC 诞生后，美籍匈牙利科学家冯・诺依曼提出了存储程序和计算机采用二进制的思想，至今计算机采用的基本结构仍是冯・诺依曼型，其基本工作原理仍是存储程序和程序控制。

根据计算机所采用的物理元器件的不同，将计算机的发展划分为四大阶段，第一代计算机～第四代计算机分别采用电子管、晶体管、中小规模集成电路、大规模和超大规模集成电路作为基本物理元器件。

计算机在科学计算、数据/信息处理、过程控制、计算机辅助、网络通信、人工智能、多媒体应用等领域得到了广泛的应用。计算机有不同的分类方法，可以按计算机处理数据的类型、用途、性能、规模和处理等来分。随着计算机科学的飞速发展，人工智能、网络计算、中间件技术和云计算等诸多新技术都在研究与应用中。

计算机中的数据都是以二进制形式存储、传输和加工处理的。数据的最小单位是 b，存储容量的基本单位是 B，数据单位还有 KB、MB、GB、TB、PB、EB 等。常用的数制表示有二进制、八进制、十进制和十六进制。

计算机中最常见的字符编码是 ASCII 码，它用 7 位二进制数来表示一个字符，共有 128 个英文字母、数字、标点符号和控制符。汉字的编码是用两个字节来表示一个汉字，每个字节的最高位为 0。为了与 ASCII 码兼容，区位码与国际码之间的转换方法是：一个汉字的十进制区号、位号分别转换成十六进制，再分别加上 20H（十进制是 32），就成为汉字的国标码。国标码的每个字节加上 80H（即每个字节的最高二进制位置“1”）就是汉字机内码，这样汉字就可以在计算机内存储和处理了。机内码通过简单的对应关系转换为相应的汉字地址码，从字库中提取汉字的字形码，便可以显示和打印汉字。

数据与信息的采集、加工、存储、传输和利用过程中的每一种技术都是信息技术。信息技术包含信息基础技术、信息系统技术和信息应用技术。信息技术的发展趋势可以概括为数字化、多媒体化、高速度、网络化、宽频带、智能化等。

多媒体技术是一门跨学科的综合技术，是指利用计算机综合处理文字、声音、图像、视频等多种媒体，并将这些媒体有机结合的技术，具体包括数据存储技术、数据压缩技术、多媒体数据库技术、多媒体通信技术等。

多媒体技术的显著特征包括交互性、集成性、多样性、实时性等。交互性是多媒体的关键特征，它向用户提供了交互式使用、加工和控制多媒体信息的手段。

原始多媒体信号首先经过采样、量化及编码进行数字化，视频信息处理技术主要包括视频信息的获取、编辑、处理与显示技术。视频数据采用不同方法压缩后存储成不同格式的文件。多媒体信息的数据压缩可以分为两种类型：无损压缩和有损压缩。

计算机病毒是人为编写的一段程序代码或指令集合，能够通过复制自身而不断传播病毒，并在病毒发作时影响计算机功能或毁坏数据。计算机病毒一般具有可执行性、传染性、可触发性、破坏性、隐蔽性和针对性等特征。为了确保计算机系统和数据安全，应安装有效的杀毒软件，并定期升级杀毒软件；同时采取防范措施，阻止计算机病毒的破坏和传播。

2.6 课程思政

曾经在中国最受欢迎、使用最普遍的计算工具——算筹与珠算

全世界都公认，在世界计算工具的早期发展史上，东方所做出的贡献尤为突出。早在商代，中国就开始使用十进制计数法了，领先世界长达一千余年。周朝，算筹问世了。

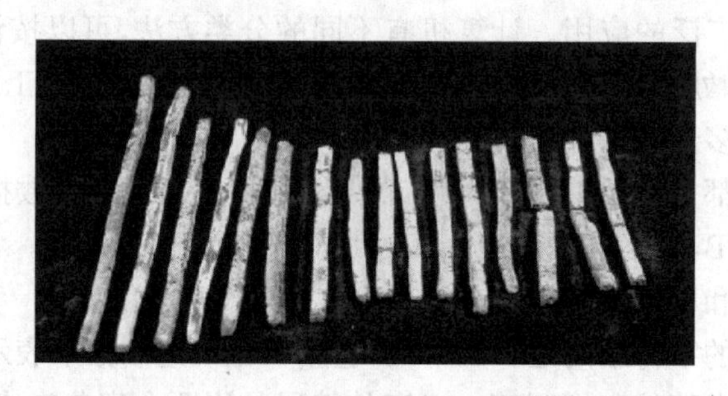

算筹是中国独特的一种计算工具。算筹是一种竹制、木制或骨制的小棍，在棍上刻有数字。把算筹放在地面或盘中，就可以一边摆弄小棍，一边进行运算，“运筹帷幄”中的“运筹”就是指移动筹棍，当然运筹还含有筹划的意思。用筹进行计算（筹算）很方便，在古代中国使用得也很普遍，秦始皇及张良等政治家都亲自进行过布筹计算。

算筹是当时世界上最先进的一种计算工具。筹算使我国数学家创造出了卓越的数学成果，使我国古代数学曾长期处于世界领先地位。筹算的规则得到了发展，同时算筹本身的缺点也暴露了出来。为了便于使用，人们尽管对算筹做了改进，把它从圆柱形变为方形，但形式上的一些改良，仍不能适应运算

步骤的发展，念歌诀摆弄算筹时，往往能“得心”但不“应手”，特别是当计算较为复杂时，算筹摆弄既不方便又会弄得十分繁乱，因此这种计算工具到非改革不可的时候了。算筹最终被新一代计算工具——珠算盘取代了。

在人类以往所用过的计算工具中，珠算盘是一种既古老又仍充满青春活力的计算装置。在世界文明的四大发源地，即黄河流域、印度河流域、尼罗河流域及幼发拉底河流域，都曾经出现过形式各异的“算盘”。但沿用至今的，只有这一种“珠算盘”了，这种计算工具目前在我国及亚洲一些国家仍然较为流行。

珠算盘是计算工具史上的第一项重大变革。它可能萌芽于汉代，到南北朝时已定型。珠算是由算筹演变而来的。在筹算时，上面每一根筹当五，下面每一根筹当一，这与珠算盘上档一珠当五，下档每一珠当一完全一致，由于在打算盘时，会遇到某位数字等于或超过十的情况，所以珠算盘采用上二珠下五珠的形式。珠算利用进位制计数，通过拨动算珠进行运算，而且算盘本身能存贮数字，因此可以边算边记录结果。打算盘的人，只要熟记运算口诀，就能迅速算出结果，进行加减时比用电子计算器还快。由于珠算盘结构简单，操作方便迅速，价格低廉又便于携带，在我国的经济生活中长期发挥着重要作用，并盛行不衰，在电子计算器出现以前，是我国最受欢迎、使用最普遍的一种计算工具。

这些计算工具不仅带动了计算器的发展，也为现代计算器发展奠定了良好的基础，进而成为现代社会应用广泛的计算工具。在人类文明发展的历史长河中，计算机工具经历了从简单到复杂、从低级到高级的发展过程。它们在不同的历史时期发挥了各自的作用，而且也孕育了电子计算机的设计思想和雏形。

中国超级计算机逆袭之路

超级计算机的概念

超级计算机就是具有超量级计算能力的机器，简单打个比方，就拿我们的个人电脑而言，它的性能已经很强大了，可以完成很多人力无法完成的工作，但是如果这个使用者是国家，要处理很庞大的计算，像这样的个人电脑就完全不够用了，最简单的解决办法就是将成千上万台电脑连接在一起，让它们一起用功，将性能发挥到最大，而这些计算机叠加在一起的集群，就是超级计算机。

超级计算机的用途

那超级计算机主要是用来做什么呢？超级计算机的地位，不亚于卫星，同样是国之重器。它广泛应用于模拟核试验、生物医药、新材料研究、天气预报、太空探索、人类基因测序等领域，还有最主要的一项是有利于建立联合作战的战争模拟系统，可以通过虚拟现实技术，搭建起士兵训练的模拟环境。模拟计算机系统可以模拟敌方的地理数据、战机性能、军舰性能、坦克性能等，对士兵进行有针对性的训练，从而节约大量成本。

不过，超级计算机最早是被美国发明出来的，而且美国曾经一度做到了全球的垄断，那中国是什么时候拥有自己的超级计算机的呢？

中国在超算领域的探索

这就不得不说在20世纪80年代，中国石油工业部为了更好地进行地质勘探，斥巨资向美国购买了一台IBM大型计算机，然而，东西虽然买过来了，但是美国为了封锁超级计算机的核心技术，并没有将使用的自由权交给中国。

美国在这件事上做得很过分，他们为了不让核心技术泄密，让这台超级计算机安置在一个透明的玻璃房中，要求中国的科研人员在使用超级计算机的时候，被美国全程监控，不仅这样，中国的科研人员研究出来的内容，也要交给美国审查，摆明了就是想要得到中国的研究成果，看中国发展到什么地步，要研究什么内容，而且连计算机的启动密码和机房钥匙也在美国手中。

这就是中国在超级计算机领域的“玻璃房”事件，也是中国在超级计算机领域受到的巨

大侮辱之一，这成为每一个中国科研工作者永远的伤疤。

中国在超算领域的发展

于是，在1986年863计划实施之后，中国开始了超级计算机的研发之路。

从1986年到2016年这三十年的时间里，无数的超级计算机工作者投入这项伟大的工程中，中国也在超级计算机领域全面开花，前后有国防科技大学的银河系列、天河系列，中科院的曙光系列，联想的深腾系列，无锡江南计算机研究所的神威系列，都曾一度霸榜世界第一的位置，让世界惊叹中国在超算领域的弯道超车表现。

以下是一些标志性的时间节点：

2004年，中科院成功研制"曙光4000"十万亿次计算，进入世界超算500强前十。

2008年，中科院成功研制"曙光5000"百亿次计算机，同样进入世界超算500强前十。

2009年，国防科技大学成功研制"天河一号"千万亿次计算机，我国也成为第二个可以成功研制千万亿次计算机的国家。

2010年6月，中科院成功研制"星云"千万亿次计算机，成为世界超算500强第二名。

同年11月，国防科技大学升级的"天河-1A"系统，成为世界超算500强第一名。

2010年底，江南计算机研究所的"神威·蓝光"成为第一个全部采用国产CPU、同时实现千万亿次计算的超级计算机。

2013年6月开始，国防科技大学的“天河二号”，连续六次位居世界超算500强第一名。

2016年底，第一次由全国产CPU制造的“神威·太湖之光”取代第一的位置，并连续四年霸占世界超算500强榜首。

从没有技术到掌握核心技术，从世界小白变为世界超级计算机天花板的存在，中国再次向世界证明了中国的实力。三十多年的时间，无数的科研工作者用血和汗水换来了中国超级计算机技术的进步和响当当的荣誉。

中国超级计算机的竞争

蝉联四年世界超级计算机500强第一名的“神威·太湖之光”在2020年被反超。日本的富岳超级计算机异军突起，成功夺得榜首，而中国的“神威·太湖之光”也滑落至第四名。一夜之间，“日本超级计算机为什么会超越中国超级计算机”的话题铺天盖地地袭来，逐渐有质疑声传来：中国还能否重回榜首？中国的超级计算机真的比不上日美吗？

这里就来告诉大家，为什么中国“神威·太湖之光”会跌落至第四名。首先，排名之间的更替是很正常的现象，毕竟中国的“神威·太湖之光”已经连续霸占榜首四年。其次，每个国家超级计算机的实力如何，并不是只看排名，看得更多的是在这个榜单中，一个国家能排进前五百的超级计算机数目。

以中国与美国为例：

2016 年，在全球超级计算机 500 强中，中国占有 167 个席位，美国占有 165 个席位。

2020 年，在全球超级计算机 500 强中，中国占有的席位上升至 226 个席位，美国占有的席位下降至 109 个席位。孰强孰弱，一眼便知。

中国超算的未来

这个新项目，就是中国的压轴大作：E 级超级计算机——天河三号。

E 级超级计算机“天河三号”的计算速度，可以达到每秒百亿亿次，这将彻底打破超级计算机千万亿次计算速度的格局。而且这一次的“天河三号”，在芯片方面采用的是我国自主研发的飞腾 FT2000 芯片。在架构方面，同样采用的是我国自主研发的天河高速互联通信，真正实现了超算的全国产。如此惊人的超级计算机一旦出现，中国超算重回全球第一，又有何难呢?

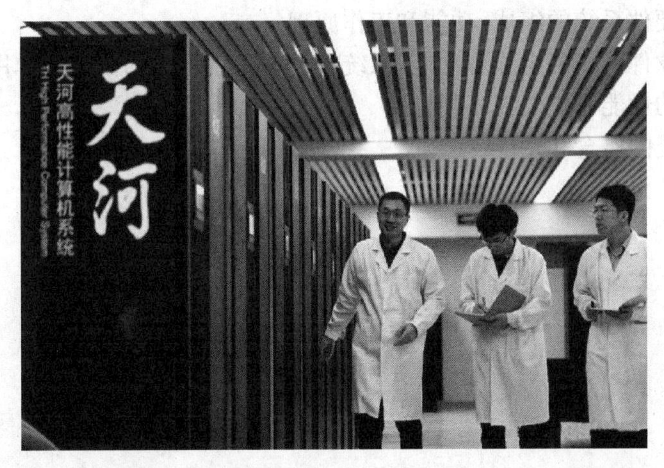

2022 年 5 月 31 日，今年上半年的全球超级计算机 500 强榜单揭晓，首次入榜的美国超级计算机“前沿”位列榜首，这是全球首台运算能力达每秒 100 亿亿次浮点运算的超算。中国共有 173 台超算上榜，上榜总数蝉联第一。

第三章

计算机系统

首先要搞清楚什么是计算机。计算机是能按照人的要求接受和存储信息，自动进行数据处理和计算，并输出结果的机器系统。计算机由硬件和软件两部分组成，它们共同协作运行应用程序，处理和解决实际问题。其中，硬件是计算机赖以工作的实体，是各种物理部件的有机结合。软件是控制计算机运行的灵魂，是由各种程序以及程序所处理的数据组成。计算机系统通过软件协调各硬件部件，并按照指定要求和顺序进行工作。

通过本章的学习，应掌握以下内容：

（1）计算机硬件系统的组成、功能和工作原理；

（2）计算机软件系统的组成和功能，系统软件与应用软件的概念和作用；

（3）计算机的性能和主要技术指标；

（4）操作系统的概念和功能。

3.1　计算机的硬件系统

硬件是计算机的物质基础，没有硬件就不能称其为计算机。尽管各种计算机在性能、用途和规模上有所不同，但其基本结构都遵循冯·诺依曼型体系结构，人们称符合这种设计的计算机是冯·诺依曼计算机。冯·诺依曼计算机由输入、存储、运算、控制和输出五个部分组成。

3.1.1　运算器

运算器（Arithmetic Unit，AU）是计算机处理数据、形成信息的加工厂，它的主要功能是对二进制数进行算术运算或逻辑运算，所以，也称其为算术逻辑部件（Arithmetic and Logic

Unit，ALU）。所谓算术运算，就是数的加、减、乘、除以及乘方、开方等数学运算。而逻辑运算则是指逻辑变量之间的运算，即通过与、或、非等基本操作对二进制数进行逻辑判断。

计算机之所以能完成各种复杂操作，最根本的原因是运算器的运行。参加运算的数全部是在控制器的统一指挥下从内存储器中取到运算器，由运算器完成运算任务。

由于在计算机内各种运算均可归结为相加和移位这两个基本操作，所以运算器的核心是加法器。为了能将操作数暂时存放，能将每次运算的中间结果暂时保留，运算器还需要若干个寄存数据的寄存器（Register）。若一个寄存器既保存本次运算的结果而又参与下次的运算，它的内容就是多次累加的和，这样的寄存器又叫作累加器。

运算器的处理对象是数据，处理的数据来自存储器，处理后的结果通常送回存储器或暂存在运算器中。数据长度和表示方法对运算器的性能影响极大。字长的大小决定了计算机的运算精度，字长越大，所能处理的数的范围越大，运算精度越高，处理速度越快。

以“1+2=?”为例，看看计算机工作的全过程。在控制器的作用下，计算机分别从内存中读取操作数$(01)_2$和$(10)_2$，并将其暂存在寄存器A和寄存器B中。运算时，两个操作数同时传送至运算单元电路（ALU），在ALU中完成加法操作。执行后的结果根据需要被传送至存储器的指定单元或运算器的某个寄存器中，如图3.1所示。

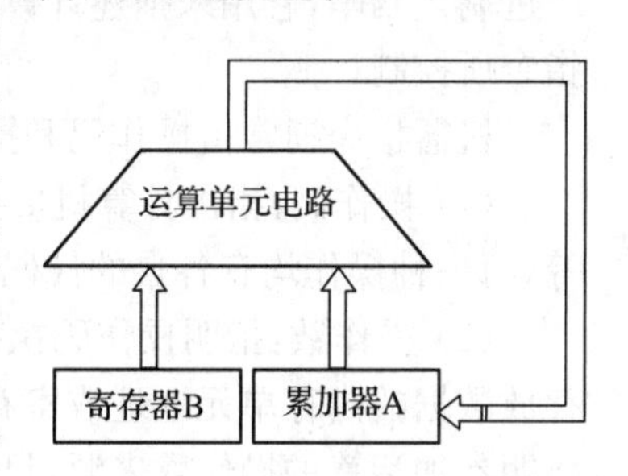

图 3.1　运算器的结构示意图

运算器的性能指标是衡量整个计算机性能的重要因素之一，与运算器相关的性能指标包括计算机的字长和运算速度。

◇ 字长：是指计算机运算部件一次能同时处理的二进制数据的位数（见2.2.3节）。作为存储数据，字长越长，则计算机的运算精度就越高；作为存储数据指令，则计算机的处理能力就越强。目前普遍使用的Intel和AMD微处理器大多是32位和64位的，意味着该类型的微处理器可以并行处理32位或64位二进制数的算术运算和逻辑运算。

◇ 运算速度：计算机的运算速度通常是指每秒钟所能执行加法指令的数目，常用百万次/秒（Million Instructions Per Second，MIPS）来表示。这个指标更能直观地反映机器的性能。

3.1.2　控制器

控制器（Control Unit，CU）是计算机的心脏，由它指挥全机各个部件自动、协调地工作。控制器的基本功能是根据指令计数器中指定的地址从内存取出一条指令，对指令进行译码，再由操作控制部件有序地控制各部件完成操作码规定的功能。控制器也记录操作中各部件的状态，使计算机能有条不紊地自动完成程序规定的任务。

从宏观上看，控制器的作用是控制计算机各部件协调工作。从微观上看，控制器的作用是按一定顺序产生机器指令以获得执行过程中所需要的全部控制信号，这些控制信号作用于计算机的各个部件以使其完成某种功能，从而达到执行指令的目的。所以，对控制器而言，真正的作用是对机器指令执行过程的控制。

控制器由指令寄存器（IR）、指令译码器（ID）、程序计数器（PC）和操作控制器（OC）4个部件组成。IR 用以保存当前执行或即将执行的指令代码;ID 用来解析和识别 IR 中所存放指令的性质和操作方法;OC 则根据 ID 的译码结果,产生该指令执行过程中所需的全部控制信号和时序信号;PC 总是保存下一条要执行的指令地址,从而使程序可以自动、持续地运行。控制器的一般模型如图 3.2 所示。

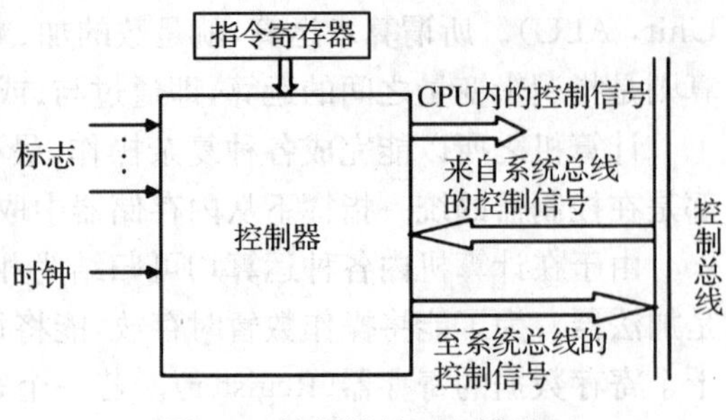

图 3.2 控制器的一般模型

1. 机器指令

为了让计算机按照人的意识和思维正确运行,必须设计一系列计算机可以真正识别和执行的语言——机器指令,指令是构成程序的基本单位。机器指令是按照一定格式构成的二进制代码串,它用来描述计算机可以理解并执行的基本操作。计算机只能执行指令,并被指令所控制。

机器指令通常由操作码和操作数两部分组成。

(1) 操作码:指出计算机应执行何种操作的一个命令词,例如加、减、乘、除、取数、存数等,每一种操作均有各自的代码,称为操作码。

(2) 操作数:指明操作码执行时的操作对象。操作数的形式可以是数据本身,也可以是存放数据的内存单元地址或寄存器名称。操作数又分为源操作数和目的操作数,源操作数指明参加运算的操作数来源,目的操作数地址指明保存运算结果的存储单元地址或寄存器名称。

指令的基本格式如图 3.3 所示。

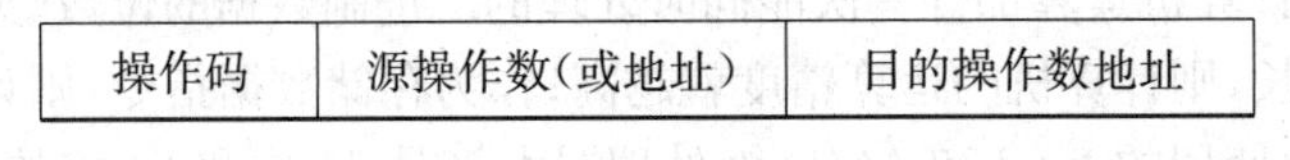

图 3.3 指令的基本格式

2. 指令的执行过程

计算机的工作过程就是按照控制器的控制信号自动、有序地执行指令的过程。指令是计算机正常工作的前提。所有程序都是由一条条指令序列组成的。一条机器指令的执行需要获得指令、分析指令、生成控制信号、执行指令,大致过程如下:

(1) 取指令:从存储单元地址等于当前程序计数器的内容的那个存储单元中读取当前要执行的指令,并把它存放到指令寄存器中。

(2) 分析指令:指令译码器分析该指令(称为译码)。

(3) 生成控制信号:操作控制器根据指令译码器的输出(译码结果),按一定的顺序产生执行该指令所需的所有控制信号。

(4) 执行指令:在控制信号的作用下,计算机各部分完成相应的操作,实现数据的处理和结果的保存。

(5) 重复执行:计算机根据指令计数器中新的指令地址,重复执行上述 4 个过程,直至执行到指令结束。

控制器和运算器是计算机的核心部件,这两部分合称中央处理器(Central Processing Unit),简称 CPU,在微型计算机中通常也称作微处理器(MPU)。微型计算机的发展与微处理器的发展是同步的。

时钟主频是指 CPU 的时钟频率，是微型计算机性能的一个重要指标，它的高低一定程度上决定了计算机速度的快慢。主频以吉赫兹(GHz)为单位。一般地说，主频越高，速度越快。由于微处理器发展迅速，微型计算机的主频也在不断地提高。目前酷睿处理器的主频在 3.2 GHz 左右。

3.1.3　存储器

存储器(Memory)是存储程序和数据的部件。它可以自动完成程序或数据的存取，是计算机系统中的记忆设备。存储器分为内存(又称主存)和外存(又称辅存)两大类。内存是主板上的存储部件，用来存储当前正在执行的数据、程序和结果；内存容量小，存取速度快，但断电后其中的信息全部丢失。外存是磁性介质或光盘等部件，用来存放各种数据文件和程序文件等需要长期保存的信息；外存容量大，存取速度慢，但断电后所保存的内容不会丢失。计算机之所以能够反复执行程序或数据，就是由于存储器的存在。

CPU 不能像访问内存那样直接访问外存，当需要某一程序或数据时，首先应将其调入内存，然后再运行。一般的微型计算机中都配置了高速缓冲存储器(Cache)，这时内存包括主存和高速缓存两部分。

1. 内存

存储器是用来存储数据和程序的“记忆”装置，相当于存放资料的仓库。计算机中的全部信息，包括数据、程序、指令以及运算的中间数据和最后的结果都要存放在存储器中。

存储器分内存储器和外存储器两种。内存储器按功能又可分为随机存取存储器(RAM)和只读存储器(ROM)。

1) 随机存取存储器

通常所说的计算机内存容量均指 RAM 容量，即计算机的主存。RAM 有两个特点，第一个特点是可读/写性，说的是对 RAM 既可以进行读操作，又可以进行写操作。读操作时不破坏内存已有的内容，写操作时才改变原来已有的内容。第二个特点是易失性，即电源断开(关机或异常断电)时，RAM 中的内容立即丢失。因此，微型计算机每次启动时都要对 RAM 进行重新装配。

RAM 又可分为静态随机存储器(SRAM)和动态随机存储器(DRAM)两种。计算机内存条采用的是 DRAM，如图 3.4 所示。DRAM 中“动态”的含义是指每隔一个固定的时间必须对存储信息刷新一次。因为 DRAM 是用电容来存储信息的，由于电容存在漏电现象，存储的信息不可能永远保持不变，为了解决这个问题，需要设计一个额外电路对内存不断地进行刷新。DRAM 的功耗低，集成度高，成本低。SRAM 是用触发器的状态来存储信息的，只要电源正常供电，触发器就能稳定地存储信息，无须刷新，所以 SRAM 的存取速度比 DRAM 快。但 SRAM 具有集成度低、功耗大、价格高的缺陷。

几种常用 RAM 简介如下：

① 同步动态随机存储器(SDRAM)是奔腾计算机系统普遍使用的内存形式，它的刷新周期与系统时钟保持同步，使 RAM 和 CPU 以相同的速度同步工作，减少了数据存取时间。

图 3.4　内存条

② 双倍速率 SDRAM(DDRRAM)使用了更多、更先进的同步电路,它的速度是标准 SDRAM 的两倍。

③ 存储器总线式动态随机存储器(RDRAM)被广泛地应用于多媒体领域。

2）只读存储器

CPU 对只读存储器(ROM)只取不存,ROM 里面存放的信息一般由计算机制造厂写入并经过固化处理,用户是无法修改的,即使断电,ROM 中的信息也不会丢失。因此,ROM 中一般存放计算机系统管理程序,如监控程序、基本输入/输出系统模块 BIOS 等。

几种常用 ROM 简介如下:

① 可编程只读存储器(PROM)可实现对 ROM 的写操作,但只能写一次,其内部有行列式的镕丝,视需要利用电流将其烧断,写入所需信息。

② 可擦除可编程只读存储器(EPROM)可实现数据的反复擦写。使用时,利用高电压将信息编程写入,擦除时将线路曝光于紫外线下,即可将信息清空。EPROM 通常在封装外壳上会预留一个石英透明窗,以方便曝光。

③ 电可擦可编程只读存储器(EEPROM)可实现数据的反复擦写,其使用原理类似 EPROM,只是擦除方式是使用高电场完成,因此不需要透明窗曝光。

3）高速缓冲存储器

高速缓冲存储器(Cache)主要是为了解决 CPU 和主存速度不匹配,为提高存储器速度而设计的。Cache 一般用 SRAM 存储芯片实现,因为 SRAM 比 DRAM 存取速度快而容量有限。

Cache 产生的理论依据——局部性原理。局部性原理是指计算机程序从时间和空间都表现出“局部性”:① 时间的局部性,最近被访问的内存内容(指令或数据)很快还会被访问;② 空间的局部性,靠近当前正在被访问内存的内存内容很快也会被访问。

内存读写速度制约了 CPU 执行指令的效率,那么,如何能既缓解速度间的矛盾又节约成本?——设计一款小型存储器即 Cache,使其存取速度接近 CPU,存储容量小于内存。Cache 中存放什么?——CPU 最经常访问的指令和数据。根据局部性原理,当 CPU 存取某一内存单元时,计算机硬件自动地将包括该单元在内的临近单元内容都调入 Cache。这样,当 CPU 存取信息时,可先从 Cache 中进行查找。若有,则将信息直接传送给 CPU;若无,则再从内存中查找,同时把含有该信息的整个数据块从内存复制到 Cache 中。Cache 中内容命中率越高,CPU 执行效率越高。可以采用各种 Cache 替换算法(Cache 内容和内存内容的替换算法)来提高 Cache 的命中率。

Cache 按功能通常分为两类:CPU 内部的 Cache 和 CPU 外部的 Cache。CPU 内部的

Cache称为一级Cache，它是CPU内核的一部分，负责在CPU内部的寄存器与外部的Cache之间的缓冲。CPU外部的Cache称为二级Cache，它相对CPU是独立的部件，主要用于弥补CPU内部Cache容量过小的缺陷，负责整个CPU与内存之间的缓冲。少数高端处理器还集成了三级Cache，三级Cache是为读取二级缓存中的数据而设计的一种缓存。具有三级缓存的CPU中，只有很少的数据从内存中调用，这样大大地提高了CPU的效率。

4）内存储器的性能指标

内存储器的主要性能指标有两个：容量和速度。

- 存储容量：指一个存储器包含的存储单元总数。这一概念反映了存储空间的大小。目前常用的DDR3内存条存储容量一般为2 GB和4 GB。好的主板可以到8 GB，服务器主板可以到32 GB。
- 存取速度：一般用存储周期（也称读写周期）来表示。存取周期就是CPU从内存储器中存取数据所需的时间（读出或写入）。半导体存储器的存取周期一般为60～100 ns。

2. 外存

随着信息技术的发展，信息处理的数据量越来越大。但内存容量毕竟有限，这就需要配置另一类存储器——外部存储器（简称外存）。外存可存放大量程序和数据，且断电后数据不会丢失。常见的外部储存器有硬盘、U盘和光盘等。

1）硬盘

硬盘是微型计算机上主要的外部存储设备。它是由磁盘片、读写控制电路和驱动机构组成。硬盘具有容量大、存取速度快等优点，操作系统、可运行的程序文件和用户的数据文件一般都保存在硬盘上。

内部结构：一个硬盘内部包含多个盘片，这些盘片被安装在一个同心轴上，每个盘片有上下两个盘面，每个盘面被划分为磁道和扇区。磁盘的读写物理单位是按扇区进行读写。硬盘的每个盘面有一个读写磁头，所有磁头保持同步工作状态，即在任何时刻所有的磁头都保持在不同盘面的同一磁道。硬盘读写数据时，磁头与磁盘表面始终保持一个很小的间隙，实现非接触式读写。维持这种微小的间隙，靠的不是驱动器的控制电路，而是硬盘高速旋转时带动的气流。由于磁头很轻，硬盘旋转时，气流使磁头漂浮在磁盘表面。硬盘内部结构如图3.5所示，其主要特点是将盘片、磁头、电机驱动部件乃至读/写电路等做成一个不可随意拆卸的整体并密封起来，所以，防尘性能好、可靠性高，对环境要求不高。

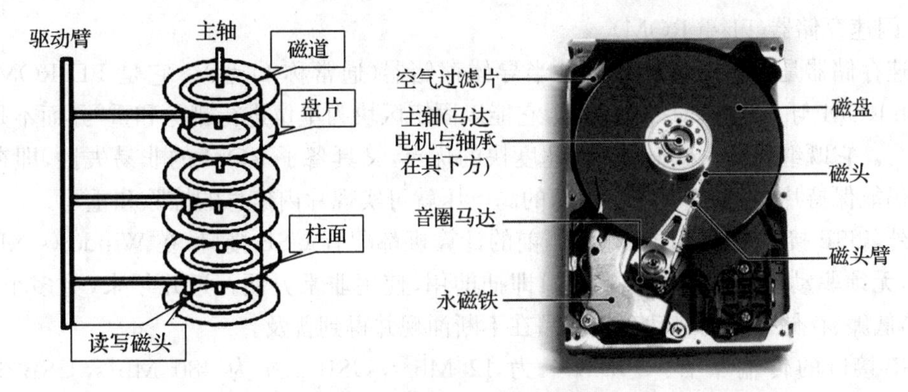

图3.5 硬盘及其结构示意图

硬盘容量:一个硬盘的容量是由以下几个参数决定的,即磁头数 H、柱面数 C、每个磁道的扇区数 S 和每个扇区的字节数 B。将以上几个参数相乘,乘积就是硬盘容量,即:

硬盘总容量 = 磁头数(H)×柱面数(C)×磁道扇区数(S)×每扇区字节数(B)

硬盘接口:硬盘与主板的连接部分就是硬盘接口,常见的有 ATA(高级技术附件)、SATA(串行高级技术附件)和 SCSI(小型计算机系统接口)。ATA 和 SATA 接口的硬盘主要应用在个人电脑上,如图 3.6 所示,SCSI 接口的硬盘主要应用于中、高端服务器和高档工作站中。硬盘接口的性能指标主要是传输率,也就是硬盘支持的外部传输速率。以前常用的 ATA 接口采用传统的 40 引脚并口数据线连接主板和硬盘,外部接口速度最大为 133 MB/s。ATA 并口线的抗干扰性太差,且排线占空间,不利计算机散热,故其逐渐被 SATA 取代。SATA 又称串口硬盘,它采用串行连接方式,传输率为150 MB/s。SATA 总线使用嵌入式时钟信号,具备更强的纠错能力,而且还具有结构简单、支持热插拔等优点。目前最新的 SATA 标准是 SATA 3.0,传输率为6 Gb/s。SCSI 是一种广泛应用于小型机上的高速数据传输技术。SCSI 接口具有应用范围广、带宽大、CPU 占用率低以及支持热插拔等优点。

图 3.6 ATA 接口和 SCSI 接口

硬盘转速:指硬盘电机主轴的旋转速度,也就是硬盘盘片在一分钟内旋转的最大转数。转速快慢是标志硬盘档次的重要参数之一,也是决定硬盘内部传输率的关键因素之一,在很大程度上直接影响硬盘的传输速度。硬盘转速单位为 r/min,即转/分钟。

普通硬盘转速一般有 5 400 r/min 和 7 200 r/min 两种。其中,7 200 r/min 高转速硬盘是台式机的首选,笔记本则以 4 200 r/min 和 5 400 r/min 为主。虽然已经发布了 7 200 r/min 的笔记本硬盘,但由于噪声和散热等问题,尚未广泛使用。服务器中使用的 SCSI 硬盘转速大多为 10 000 r/min,最快为 15 000 r/min,性能远超普通硬盘。

硬盘的容量有 320 GB、500 GB、750 GB、1 TB、2 TB、3 TB 等。目前市场上能买到的硬盘最大容量为 4 TB。主流硬盘各参数为 SATA 接口、500 GB 容量、7 200 r/min 转速和 150 MB/s传输率。

2) 闪速存储器(Flash ROM)

闪速存储器是一种新型非易失性半导体存储器(通常称 U 盘)。它是 EEPROM 的变种,Flash ROM 与 EEPROM 不同的是,它能以固定区块为单位进行删除和重写,而不是整个芯片擦写。它既继承了 RAM 存储器速度快的优点,又具备了 ROM 的非易失性,即在无电源状态仍能保持片内信息,不需要特殊的高电压就可实现片内信息的擦除和重写。

另外,USB 接口支持即插即用。当前的计算机都配有 USB 接口,在 Windows XP 操作系统下,无须驱动程序,通过 USB 接口即插即用,使用非常方便。近几年来,更多小巧、轻便、价格低廉、存储量大的移动存储产品在不断涌现并得到普及。

USB 接口的传输率有:USB 1.1 为 12 Mb/s,USB 2.0 为 480 Mb/s,USB 3.0 为 5.0 Gb/s。

3）光盘(Optical Disc)

光盘是以光信息作为存储信息的载体来存储数据的一种物品。

类型划分：光盘通常分为两类，一类是只读型光盘，包括 CD-ROM 和 DVD-ROM(Digital Versatile Disk-ROM)等；一类是可记录型光盘，它包括 CD-R、CD-RW(CD-Rewritable)、DVD-R、DVD+R、DVD+RW 等各种类型。

• 只读型光盘 CD-ROM 是用一张母盘压制而成，上面的数据只能被读取而不能被写入或修改。记录在母盘上的数据呈螺旋状，由中心向外散开，盘中的信息存储在螺旋形光道中。光道内部排列着一个个蚀刻的“凹坑”，这些“凹坑”和“平地”用来记录二进制 0 和 1。读 CD-ROM 上的数据时，利用激光束扫描光盘，根据激光在小坑上的反射变化得到数字信息。

• 一次写入型光盘 CD-R 的特点是只能写一次，写完后的数据无法被改写，但可以被多次读取，可用于重要数据的长期保存。在刻录 CD-R 盘片时，使用大功率激光照射 CD-R 盘片的染料层，通过染料层发生的化学变化产生“凹坑”和“平地”两种状态，用来记录二进制 0 和 1。由于这种变化是一次性的，不能恢复，所以 CD-R 只允许写入一次。

• 可擦写型光盘 CD-RW 的盘片上镀有银、铟、硒或碲材质以形成记录层，这种材质能够呈现出结晶和非结晶两种状态，用来表示数字信息 0 和 1。CD-RW 的刻录原理与 CD-R 大致相同，通过激光束的照射，材质可以在结晶和非结晶两种状态之间相互转换，这种晶体材料状态的互转换，形成了信息的写入和擦除，从而达到可重复擦除的目的。

• CD-ROM 的后继产品为 DVD-ROM。DVD 采用波长更短的红色激光、更有效的调制方式和更强的纠错方法，具有更高的密度，并支持双面双层结构。在与 CD 大小相同的盘片上，DVD 可提供相当于普通 CD 片 8～25 倍的存储容量及 9 倍以上的读取速度。DVD 与 CD 光盘片一样，也分为只读型光盘(DVD-ROM)、一次写入型光盘(DVD-R、DVD+R)和可擦写型光盘(DVD-RAM、DVD-RW、DVD+RW)。

• 蓝光光盘(BD)是 DVD 之后的下一代光盘格式之一，用以存储高品质的影音以及高容量的数据存储。蓝光的命名是由于其采用波长为 405 nm 的蓝色激光光束来进行读写操作。通常来说，波长越短的激光能够在单位面积上记录或读取的信息越多。因此，蓝光极大地提高了光盘的存储容量。

光盘容量：CD 光盘的最大容量大约是 700 MB。DVD 光盘单面最大容量为 4.7 GB、双面为 8.5 GB。蓝光光盘单面单层为 25 GB、双面为 50 GB。

倍速：衡量光盘驱动器传输速率的指标是倍速。光驱的读取速度以 150 kb/s 的单倍速为基准。后来驱动器的传输速率越来越快，就出现了倍速、四倍速直至现在的 32 倍速、40 倍速甚至更高。

3. 层次结构

上面介绍的各种存储器各有优劣，但都不能同时满足存取速度快、存储容量大和存储位价(存储每一位的价格)低的要求。为了解决这三个相互制约的矛盾，在计算机系统中通常采用多级存储器结构，即将速度、容量和价格上各不相同的多种存储器按照一定体系结构连接起来，构成存储器系统。若只单独使用一种或孤立使用若干种存储器，会大大影响计算机的性能。如图 3.7 所示，存储器层次结构由上至下，速度越来越慢，容量越来越大，价位越来越低。

现代计算机系统基本采用Cache、主存和辅存三级存储系统。该系统分为“Cache——主存”层次和“主存—辅存”层次。前者主要解决CPU和主存速度不匹配问题，后者主要解决存储器系统容量问题。在存储系统中，CPU可直接访问Cache和主存；辅存则通过主存与CPU交换信息。

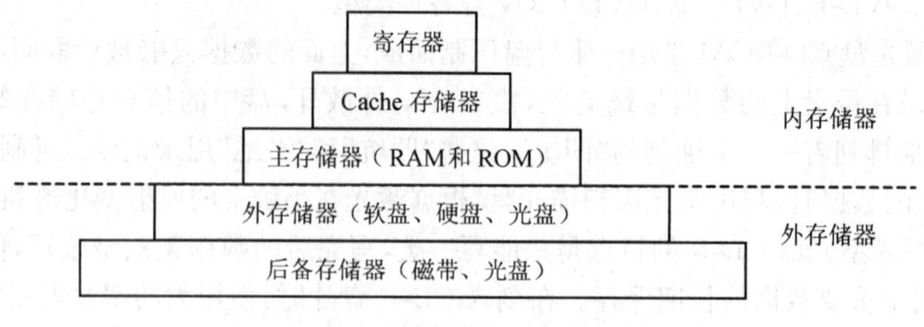

图 3.7　存储器的层次结构

3.1.4　输入设备

输入设备用来向计算机输入数据和信息，其主要作用是把人们可读的信息(命令、程序、数据、文本、图形、图像、音频和视频等)转换为计算机能识别的二进制代码输入计算机，供计算机处理，是人与计算机系统之间进行信息交换的主要装置之一。例如，用键盘输入信息，敲击键盘上的每个键都能产生相应的电信号，再由电路板转换成相应的二进制代码送入计算机。目前常用的输入设备有键盘、鼠标器、摄像头、扫描仪、光笔、手写输入板、游戏杆、语音输入装置等，还有脚踏鼠标、手触输入、传感，其姿态越来越自然，使用越来越方便。

1. 键盘

键盘是迄今为止最常用、最普通的输入设备，它是人与计算机之间进行联系和对话的工具，主要用于输入字符信息。自 IBM PC 推出以来，键盘有了很大的发展。键盘的种类繁多，目前常见的键盘有101键、102键、104键、多媒体键盘、手写键盘、人体工程学键盘、红外线遥感键盘、光标跟踪球的多功能键盘和无线键盘等。键盘接口规格有两种：PS/2和USB。

传统的键盘是机械式的，通过导线连接到计算机。每个按键为独立的微动开关，每个开关产生一个信号，由键盘电路进行编码输入计算机进行处理。虽然键盘在计算机发展过程中的变化不大，看似平凡，但是它在操作计算机中所扮演的角色是功不可没的！现在不论在外形、接口、内部构造和外形区分上均有不同的新设计。

键盘上的字符分布是根据字符的使用频率确定的。人的十根手指的灵活程度是不一样的，灵活一点的手指分管使用频率较高的键位，反之，不太灵活的手指分管使用频率较低的键位。将键盘一分为二，左右手分管两边，分别先按在基本键上，键位的指法分布如图 3.8 所示。

2. 鼠标器

鼠标器(Mouse)简称鼠标，通常有两个按键和一个滚轮，当它在平板上滑动时，屏幕上的鼠标指针也跟着移动，“鼠标器”正是由此得名。它不仅可用于光标定位，还可用来选择菜单、命令和文件，是多窗口环境下必不可少的输入设备。

图 3.8 键盘键位分布图

IBM 公司的专利产品 TrackPoint 是专门使用在 IBM 笔记本电脑上的点击设备。它在键盘的 B 键和 G 键之间安装了一个指点杆，上面套以红色的橡胶帽。它的优点是操作键盘时手指不必离开键盘去操作鼠标，而且少了鼠标器占用桌面上的位置。

常用的鼠标有：机械鼠标、光学鼠标、光学机械鼠标、无线鼠标。鼠标接口规格有两种：PS/2 和 USB。

3. 其他输入设备

输入设备除了最常用的键盘、鼠标外，现在输入设备已有很多种类，而且越来越接近人类的器官，如扫描仪、条形码阅读器、光学字符阅读器、触摸屏、手写笔、语音输入设备（麦克风）和图像输入设备（数码相机、数码摄像机）等都属于输入设备。参见图 3.9 所示。

图 3.9 其他输入设备

• 图形扫描仪（Scanner）是一种图形、图像输入设备，它可以直接将图形、图像、照片或文本输入计算机中。如果是文本文件，扫描后经文字识别软件进行识别，便可保存文字。利用扫描仪输入图片在多媒体计算机中广泛使用，现已进入家庭。扫描仪通常采用 USB 接口，支持热插拔，使用便利。

• 条形码阅读器是一种能够识别条形码的扫描装置，连接在计算机上使用。当阅读器从左向右扫描条形码时，就把不同宽窄的黑白条纹翻译成相应的编码供计算机使用。许多自选商场和图书馆里都用它来帮助管理商品和图书。

• 光学字符阅读器（OCR）是一种快速字符阅读装置。它用许许多多的光电管排成一个矩阵，当光源照射被扫描的一页文件时，文件中空白的白色部分会反射光线，使光电管产生一定的电压；而有字的黑色部分则把光线吸收，光电管不产生电压。这些有、无电压的信息组合形成一个图案，并与 OCR 系统中预先存储的模板匹配，若匹配成功就可确认该图案是何字符。有些机器一次可阅读一整页的文件，称为读页机，有的则一次只能读一行。

• 触摸屏由安装在显示器屏幕前面的检测部件和触摸屏控制器组成。当手指或其他物体触摸安装在显示器前端的触摸屏时，所触摸的位置由触摸屏控制器检测，并通过接口（RS-232 串行接口或 USB 接口）送到主机。触摸屏将输入和输出集中到一个设备上，简化了交互过程。与传统的键盘和鼠标输入方式相比，触摸屏输入更直观。配合识别软件，触摸屏还可以实现手写输入。它在公共场所或展示、查询等场合应用比较广泛。缺点：一是价格因素，一个性能较好的触摸屏比一台主机的价格还要昂贵；二是对环境有一定要求，抗干扰的能力受限制；三是由于用户一般使用手指点击，所以显示的分辨率不高。

触摸屏有很多种类，按安装方式可分为外挂式、内置式、整体式、投影仪式；按结构和技术分类可分为红外技术触摸屏、电容技术触摸屏、电阻技术触摸屏、表面声波触摸屏、压感触摸屏、电磁感应触摸屏。

• 语音输入设备和手写笔输入设备使汉字输入变得更为方便、容易，免去了计算机用户学习键盘汉字输入法的烦恼，语音或手写汉字输入设备在经过训练后，系统的语言输入正确率在 90%以上。但语音或手写笔汉字输入设备的输入速度还有待提高。

• 光笔是专门用来在显示屏幕上作图的输入设备。配合相应的软件和硬件，可以实现在屏幕上作图、改图和图形放大等操作。

将数字处理和摄影、摄像技术结合的数码相机、数码摄像机能够将所拍摄的照片、视频图像以数字文件的形式传送给计算机，通过专门的处理软件进行编辑、保存、浏览和输出。

3.1.5 输出设备

输出设备把各种计算结果数据或信息以数字、字符、图像、声音等形式表示出来。

输出设备的主要功能是将计算机处理后的各种内部格式的信息转换为人们能够识别的形式（如文字、图形、图像和声音等）表达出来。例如，在纸上打印出印刷符号或在屏幕上显示字符、图形等。输出设备是人与计算机交互的部件，除常用的输出设备显示器、打印机外，还有绘图仪、影像输出、语音输出、磁记录设备等。

1. 显示器

显示器也称监视器，是微型计算机中最重要的输出设备之一，也是人机交互必不可少的设备。显示器用于显示的信息不再是单一的文本和数字，可显示图形、图像和视频等多种不同类型的信息。

1）显示器的分类

可用于计算机的显示器有许多种，常用的有阴极射线管显示器（CRT）和液晶显示器（LCD）。CRT 显示器又有球面和纯平之分。纯平显示器大大改善了视觉效果，之后取代球面 CRT 显示器。液晶显示器为平板式，体积小、重量轻、功耗少、辐射少，现在用于移动 PC 和笔记本电脑中，已经成为 PC 主流显示器。

CRT 显示器的扫描方式有两种，即逐行扫描和隔行扫描。逐行扫描指的是拾取图像信号或在重现图像时，一行紧接一行扫描，其优点是图像细腻、无行间闪烁。隔行扫描指的是先扫 1、3、5、7 等奇数行信号，后扫描 2、4、6、8 等偶数行信号，存在行间闪烁。隔行扫描的优点是可以用一半的数据量实现较高的刷新率。但采用逐行扫描技术的图像更清晰、稳定，相比之下，长时间观看眼睛不易产生疲劳感。

2）显示器的主要性能

在选择和使用显示器时，应了解显示器的主要特性。

(1) 像素(Pixel)与点距：屏幕上图像的分辨率或清晰度取决于能在屏幕上独立显示点的直径，这种独立显示的点称作像素，屏幕上两个像素之间的距离叫点距，点距直接影响显示效果。像素越小，在同一个字符面积下像素数就越多，则显示的字符就越清晰。目前微型计算机常见的点距有 0.31 mm、0.28 mm、0.25 mm 等。点距越小，分辨率就越高，显示器清晰度越高。

(2) 分辨率：每帧的线数和每线的点数的乘积[整个屏幕上像素的数目(列×行)]就是显示器的分辨率，这个乘积数越大，分辨率就越高，是衡量显示器的一个常用指标。常用的分辨率是：640×480(256 种颜色)、1 024×768、1 280×1 024 等。如 640×480 的分辨率是指在水平方向上有 640 个像素，在垂直方向上有 480 个像素。

(3) 显示存储器(简称显存)：显存与系统内存一样，显存越大，可以储存的图像数据就越多，支持的分辨率与颜色数也就越高。以下是计算显存容量与分辨率关系的公式：

所需显存 = 图形分辨率 × 色彩精度/8

每个像素需要 8 位(一个字节)，当显示真彩色时，每个像素要用 3 个字节。能达到较高分辨率的显示器的性能较好，显示的图像质量更高。

(4) 显示器的尺寸：它以显示屏的对角线长度来度量。目前主流产品的屏幕尺寸主要以 17 英寸和 19 英寸为主。传统的显示屏的宽度与高度之比一般为 4∶3，现在多数液晶显示器的宽高比为 16∶9 或 16∶10，它与人眼视野区域的形状更为相符。

3）显示卡

微型计算机的显示系统由显示器和显示卡组成，如图 3.10 历示。显示卡简称显卡或显示适配器。显示器是通过显示器接口(即显示卡)与主机连接的，所以显示器必须与显示卡匹配。不同类型的显示器要配用不同的显示卡。显示卡主要由显示控制器、显示存储器和接口电路组成。显示卡的作用是在显示驱动程序的控制下，负责接收 CPU 输出的显示数据、按照显示格式进行变换并存储在显存中，再把显存中的数据以显示器所要求的方式输出到显示器。

图 3.10　CRT、LCD 显示器和显示卡

根据采用的总线标准不同，显示卡有 ISA、VESA、PCI、VGA 兼容卡(SVGA 和 TVGA 是两种较流行的 VGA 兼容卡)、AGP(加速图形接口卡)和 PCI-Express 等类型，插在扩展槽上。早期微型计算机中使用的 ISA、VESA 显示卡除了在原机器上使用外，在市场上已经很少能见到了。AGP 在保持了 SVGA 的显示特性的基础上，采用了全新设计的 AGP 高速显示接口，显示性能更加优良。AGP 按传输能力有 AGP 2X、AGP 4X、AGP 8X。目前 PCI-Express 接口的显卡成为替代 AGP 的主流。

2. 打印机

打印机是把文字或图形在纸上输出以供阅读和保存的计算机外部设备，如图 3.11 所示。一般微型计算机使用的打印机有点阵式打印机、激光打印机和喷墨式打印机三种。

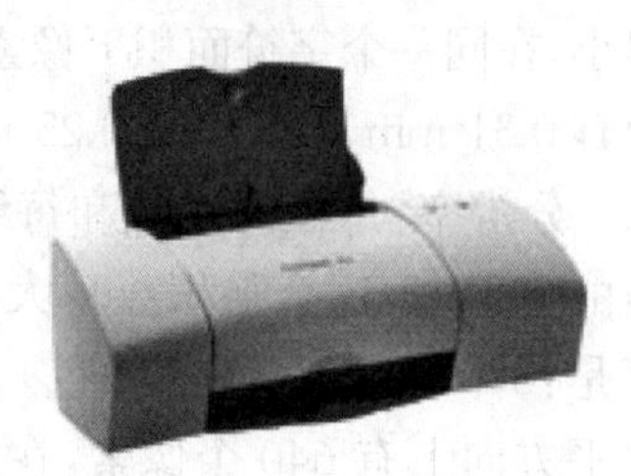

图 3.11　点阵式、激光和喷墨打印机

1）点阵式打印机

点阵式打印机主要由打印头、运载打印头的小车机构、色带机构、输纸机构和控制电路等几部分组成。打印头是点阵式打印机的核心部分。点阵式打印机有 9 针、24 针之分，24 针打印机可以打印出质量较高的汉字，是使用较多的点阵式打印机。

点阵式打印机在脉冲电流信号的控制下，由打印针击打的针点形成字符或汉字的点阵。这类打印机的最大优点是耗材（包括色带和打印纸）便宜，能多层套打，特别是平推打印机，因其独特的平推式进纸技术，在打印存折和票据方面，具有其他种类打印机所不具有的优势，在银行、证券、邮电、商业等领域中还在继续使用；缺点是依靠机械动作实现印字，打印速度慢，噪声大，打印质量差，字符的轮廓不光滑，有锯齿形，现已淘汰出办公和家用打印机市场。

2）激光打印机

激光打印机是激光技术与复印技术相结合的产物，激光打印机属非击打式打印机，其工作原理与复印机相似，涉及光学、电磁、化学等。简单地说，它将来自计算机的数据转换成光，射向一个充有正电的旋转的鼓上。鼓上被照射的部分便带上负电，并能吸引带色粉末。鼓与纸接触，再把粉末印在纸上，按着在一定压力和温度的作用下熔结在纸的表面。激光打印机的优点是无噪声，打印速度快，打印质量最好，常用来打印正式公文及图表；缺点是设备价格高、耗材贵，彩色打印成本是三种打印机中最高的。

激光打印机与主机的接口过去以并行接口为主，现在多数使用 USB 接口。

3）喷墨打印机

喷墨打印机属非击打式打印机，其工作原理是，喷嘴朝着打印纸不断喷出极细小的带电的墨水雾点，当它们穿过两个带电的偏转板时接受控制，然后落在打印纸的指定位置上，形成正确的字符，无机械击打动作。喷墨打印机的优点是设备价格低廉，打印质量高于点阵式打印机，还能彩色打印，无噪声；缺点是打印速度慢，耗材（墨盒）贵。

打印机是计算机目前最常用的输出设备之一，也是品种、型号最多的输出设备之一。

4）打印机的性能指标

打印机的性能指标主要是打印精度、打印速度、色彩数目和打印成本等。

(1) 打印精度:打印精度也就是打印机的分辨率,它用 dpi(每英寸可打印的点数)来表示,是衡量图像清晰程度最重要的指标。

(2) 打印速度:针式打印机的打印速度通常使用每秒可打印的字符个数或行数来度量。激光打印机和喷墨打印机是一种页式打印机,它们的速度单位是每分钟打印多少页纸(PPM)。

(3) 色彩表现能力:指打印机可打印的不同颜色的总数。喷墨打印机一般采用 CMYK 颜色空间。

3. 其他输出设备

在微型计算机上使用的其他输出设备有绘图仪、音频输出设备、视频投影仪等。

绘图仪有平板绘图仪和滚动绘图仪两类,通常采用“增量法”在 x 和 y 方向产生位移来绘制图形。视频投影仪是微型计算机输出视频的重要设备,目前有 CRT 和 LCD 投影仪。LCD 投影仪具有体积小、重量轻、价格低且色彩丰富的特点。

4. 其他输入/输出设备

目前,不少设备同时集成了输入/输出两种功能。例如调制解调器(Modem),它是数字信号和模拟信号之间的桥梁。一台调制解调器能将计算机的数字信号转换成模拟信号,通过电话线传送到另一台调制解调器上,经过解调,再将模拟信号转换成数字信号送入计算机,实现两台计算机之间的数据通信。又如,光盘刻录机可作为输入设备,将光盘上的数据读入计算机内存,也可作为输入设备将数据刻录到 CD-R 或 CD-RW 光盘。

计算机的输入/输出系统实际上包含输入/输出设备和输入/输出接口两部分。

输入/输出设备简称 I/O 设备,也称为外部设备,是计算机系统不可缺少的组成部分,是计算机与外部世界进行信息交换的中介,是人与计算机联系的桥梁。

3.1.6 计算机的结构

计算机硬件系统的五大部件并不是孤立存在的,它们在处理信息的过程中需要相互连接和传输。计算机的结构反映了计算机各个部件之间的连接方式。

1. 直接连接

最早的计算机基本上采用直接连接的方式,运算器、存储器、控制器和外部设备等组成部件相互之间基本上都有单独的连接线路。这样的结构可以获得最高的连接速度,但不易扩展。如由冯·诺依曼在 1952 年研制的计算机 IAS 基本上就采用了直接连接的结构。IAS 的结构如图 3.12 所示。

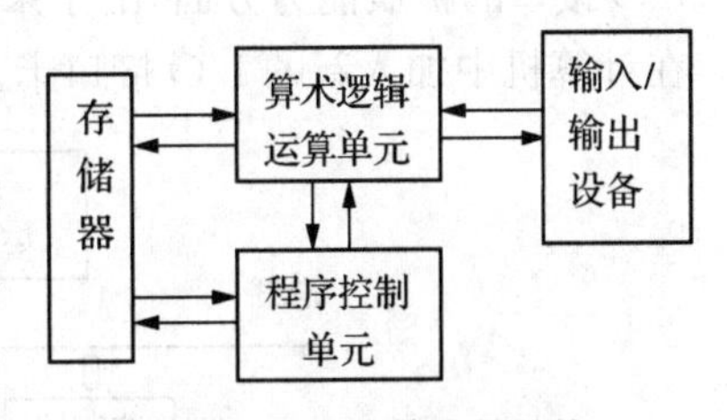

图 3.12 IAS 计算机的结构

IAS 是计算机发展史上最重要的发明之一,它是世界上第一台采用二进制的存储程序计算机,也是第一台将计算机分成运算器、控制器、存储器、输入设备和输出设备等组成部分的计算机,后来把符合这种设计的计算机称为冯·诺依曼机。IAS 是现代计算机的原型,大多数现代计算机仍采用这样的设计,遵循冯·诺依曼提出的“存储程序控制原理”。

2. 总线结构

现代计算机普遍采用总线结构。所谓总线(Bus),就是系统部件之间传送信息的公共通道,各部件由总线连接并通过它传递数据和控制信号。总线经常被比喻为“高速公路”,它包含了运算器、控制器、存储器和I/O部件之间进行信息交换和控制传递所需要的全部信号。按照转输信号的性质划分,总线一般又分为如下三类。

(1) 数据总线:一组用来在存储器、运算器、控制器和I/O部件之间传输数据信号的公共通路。一方面用于CPU向主存储器和I/O接口传送数据,另一方面用于主存储器和I/O接口向CPU传送数据。它是双向的总线。数据总线的位数是计算机的一个重要指标,它体现了传输数据的能力,通常与CPU的位数相对应。

(2) 地址总线:地址总线是CPU向主存储器和I/O接口传送地址信息的公共通路。地址总线传送地址信息,地址是识别信息存放位置的编号,地址信息可能是存储器的地址,也可能是I/O接口的地址。它是自CPU向外传输的单向总线。由于地址总线传输地址信息,所以地址总线的位数决定了CPU可以直接寻址的内存范围。

(3) 控制总线:一直用来在存储器、控制器、运算器和I/O部件之间传输控制信号的公共通路。控制总线是CPU向主存储器和I/O接口发出命令信号的通道,又是外界向CPU传送状态信息的通道。

总线在发展过程中已逐步标准化,常见的总线标准有ISA总线、PCI总线、AGP总线和EISA总线等,分别简要介绍如下:

(1) ISA是采用16位的总线结构,适用范围广,有一些接口卡就是根据ISA标准生产的。

(2) PCI是采用32位的高性能总线结构,可扩展到64位,与ISA总线兼容。高性能微型计算机主板上都设有PCI总线。该总线标准性能先进、成本较低、可扩充性好,现已成为奔腾级以上计算机普遍采用的外设接插总线。

(3) AGP总线是随着三维图形的应用而发展起来的一种总线标准。AGP总线在图形显示卡与内存之间提供了一条直接的访问途径。

(4) EISA总线是对ISA总线的扩展。

总线结构是当今计算机普遍采用的结构,其特点是结构简单清晰、易于扩展,尤其是在I/O接口的扩展能力方面,由于采用了总线结构和I/O接口标准,用户几乎可以随心所欲地在计算机中加入新的I/O接口卡。图3.13是一个基于总线结构的计算机的结构示意图。

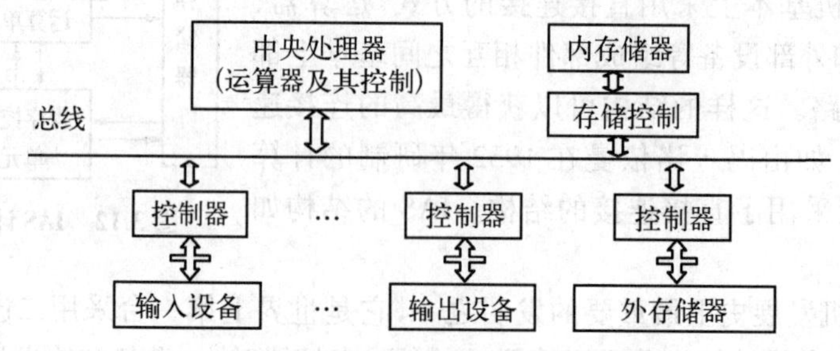

图3.13 基于总线结构的计算机的示意图

为什么外设一定要通过设备接口与CPU相连,而不是如同内存那样直接挂在总线上呢?这主要有以下几点原因:

(1) 由于 CPU 只能处理数字信号，而外设的输入/输出信号有数字的，也有模拟的，所以需要由接口设备进行转换。

(2) 由于 CPU 只能接收/发送并行数据，而外设的数据有些是并行的，有些是串行的，所以存在串/并信息转换的问题，这也需要接口来实现。

(3) 外设的工作速度远低于 CPU，需要接口在 CPU 和外设之间起到缓冲和联络作用。外设的工作速度大多是机械级的，而不是电子级的。

所以，每个外设都要通过接口与主机系统相连。接口技术就是专门研究 CPU 与外部设备之间的数据传递方式的技术。

总线体现在硬件上就是计算机主板，它也是配置计算机时的主要硬件之一。主板上配有 CPU、内存条、显示卡、声卡、网卡、鼠标器和键盘等各类扩展槽或接口，而光盘驱动器和硬盘驱动器则通过扁缆与主板相连。主板的主要指标是：所用芯片组工作的稳定性和速度、提供插槽的种类和数量等。

为了便于不同 PC 机主板的互换，主板的物理尺寸已经标准化。现在使用的主要是 ATX 和 BTX 规格的主板。

(1) 芯片组是 PC 机各组成部分相互连接和通信的枢纽，存储器控制、I/O 控制功能几乎都集成在芯片组内，它既实现了 PC 机总线的功能，又提供各种 I/O 接口及相关的控制。没有芯片组，CPU 就无法与内存、扩充卡、外设等交换信息。

芯片组一般由 2 块超大规模集成电路组成：北桥芯片和南桥芯片。北桥芯片是存储控制中心，用于高速连接 CPU、内存条、显卡，并与南桥芯片互连；南桥芯片是 I/O 控制中心，主要与 PCI 总线槽、USB 接口、硬盘接口、音频编解码器、BIOS 和 CMOS 存储器等连接，并借助 Super I/O 芯片提供对键盘、鼠标、串行口和并行口等的控制。CPU 的时钟信号也由芯片组提供。

需要注意的是，有什么样功能和速度的 CPU，就需要使用什么样的芯片组(特别是北桥芯片)。芯片组还决定了主板上所能安装的内存最大容量、速度及可使用的内存条的类型。此外，显卡、硬盘等设备性能的提高，芯片组中的控制接口电路也要相应变化。所以，芯片组是与 CPU 芯片及外设同步发展的。

(2) 主板上还有两块特别有用的集成电路：一块是 Flash 存储器，其中存放的是基本输入/输出系统(BIOS)，它是 PC 机软件中最基础的部分，没有它机器就无法启动；另一个集成电路芯片是 CMOS 存储器，其中存放着与计算机系统相关的一些参数(称为“配置信息”)，包括当前的日期和时间、开机口令、已安装的硬件的个数及类型等。CMOS 芯片是一种易失性存储器，它由主板上的电池供电，即使计算机关机后也不会丢失所存储的信息。

BIOS 的中文名叫基本输入/输出系统，它是存放在主板上 Flash 存储器中的一组机器语言程序。由于存放在闪存，即使关机，它的内容也不会改变。每次机器加电时，CPU 总是首先执行 BIOS 程序，它具有诊断计算机故障及启动计算机工作的功能。

BIOS 主要包含四个部分的程序：加电自检程序，系统主引导记录的装入程序(简称“引导装入程序”)，CMOS 设置程序和基本外围设备的驱动程序。

在计算机维修中，人们把 CPU、主板、内存、显卡加上电源所组成的系统叫最小化系统。在检修中，经常用到最小化系统，一台计算机性能的好坏就是由最小化系统加上硬盘所决定的。最小化系统工作正常后，就可以在显示器上看到一些提示信息，然后就可以对以后的工作进行操作。

3.2 计算机的软件系统

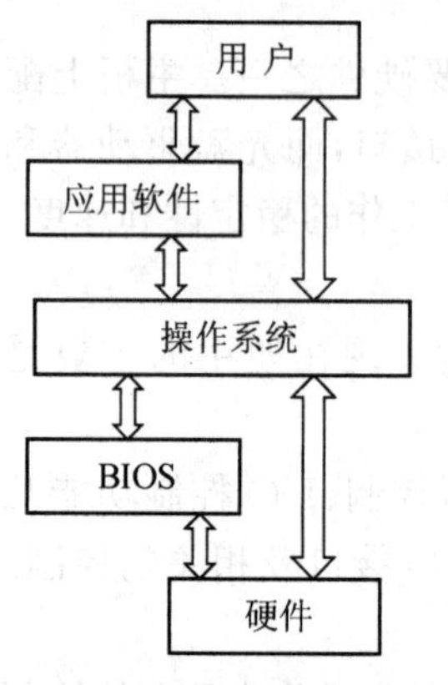

图 3.14 计算机系统层次结构

软件系统是为运行、管理和维护计算机而编制的各种程序、数据和文档的总称。

计算机系统由硬件系统和软件系统组成。硬件系统也称为裸机，裸机只能识别由 0 和 1 组成的机器代码。没有软件系统的计算机是无法工作的，它只是一台机器而已。实际上，用户所面对的是经过若干层软件"包装"的计算机，计算机的功能不仅仅取决于硬件系统，更大程度上是由所安装的软件系统决定的。硬件系统和软件系统互相依赖，不可分割。图3.14示出了计算机硬件、软件与用户之间的关系，是一种层次结构，其中硬件处于最底层，用户在最外层，而软件则是在硬件与用户之间，用户通过软件使用计算机的硬件。本节介绍软件系统的相关概念和组成。

3.2.1 软件概念

软件是计算机的灵魂，没有软件的计算机毫无用处。软件是用户与硬件之间的接口，用户通过软件使用计算机硬件资源。

1. 程序

程序是按照一定顺序执行的、能够完成某一任务的指令集合。计算机的运行要有时有序、按部就班，需要程序控制计算机的工作流程，实现一定的逻辑功能，完成特定的设计任务。Pascal 之父、结构化程序设计的先驱 Niklaus Wirth 对程序有更深层的剖析，他认为"程序 = 算法 + 数据结构"。其中，算法是解决问题的方法，数据结构是数据的组织形式。人在解决问题时一般分为分析问题、设计方法和求出结果三个步骤。相应地，计算机解题也要完成模型抽象、算法分析和程序编写三个过程。不同的是，计算机所研究的对象仅限于它能识别和处理的数据。因此，算法和数据的结构直接影响计算机解决问题的正确性和高效性。

2. 程序设计语言

在日常生活中，人与人之间交流思想一般是通过语言进行的，人类使用的语言一般称为自然语言，自然语言是由字、词、句、段、篇等组成。而人与计算机之间的"沟通"，或者说人们让计算机完成某项任务，也需要一种语言，这就是计算机语言，也称为程序设计语言，它由单词、语句、函数和程序文件等组成。程序设计语言是软件的基础和组成。随着计算机技术的不断发展，计算机所使用的"语言"也在快速地发展，并形成了体系。

1）机器语言

在计算机中，指挥计算机完成某个基本操作的命令称为指令。所有指令的集合称为指令系统，直接用二进制代码表示指令系统的语言称为机器语言。

机器语言是直接用二进制代码指令表达的计算机语言。机器语言是唯一能被计算机硬件系统理解和执行的语言。因此，它的处理效率最高，执行速度最快，且无须“翻译”。但机器语言的编写、调试、修改、移植和维护都非常烦琐，程序员要记忆几百条二进制指令，这限制了计算机软件的发展。

2）汇编语言

为了克服机器语言的缺点，人们想到了直接使用英文单词或缩写代替晦涩难懂的二进制代码进行编程，从而出现了汇编语言。

汇编语言是一种把机器语言“符号化”的语言。它和机器语言的实质相同，都直接对硬件操作，但汇编语言使用助记符描述程序，例如，ADD 表示加法指令、MOV 表示传递指令等。汇编语言指令和机器语言指令基本上是一一对应。

相对机器语言，汇编指令更容易掌握。但计算机无法自动识别和执行汇编语言，必须进行翻译，即使用语言处理软件将汇编语言编译成机器语言（目标程序），再链接成可执行程序在计算机中执行。汇编语言的翻译过程如图 3.15 所示。

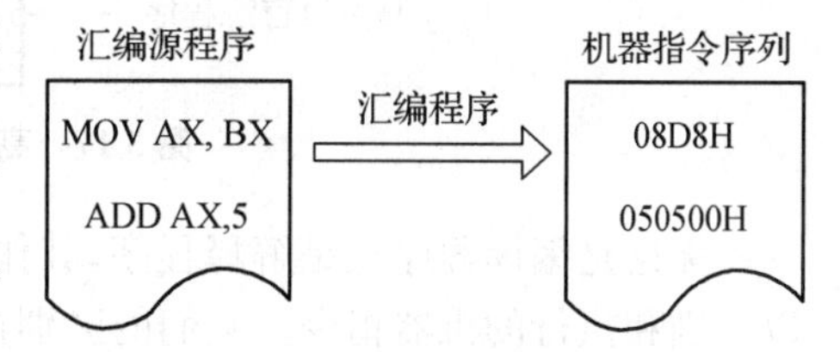

图 3.15　汇编语言的翻译过程

3）高级语言

汇编语言虽然比机器语言前进了一步，但是用起来仍然很不方便，编程仍然是一种极其烦琐的工作，而且汇编语言的通用性差。人们在继续寻找一种更加方便的编程语言，于是出现了高级语言。

高级语言是最接近人类自然语言和数学公式的程序设计语言，它基本脱离了硬件系统，如 Pascal 语言中采用“Write”和“Read”表示写入和读出操作，采用“+”“-”“*”“÷”表示加、减、乘和除。目前常用的高级语言有 C++、C、Java、Visual Basic 等。

下面是一个简单的 C 语言程序。该程序提示用户从键盘输入一个整数，然后在屏幕上将用户输入的数字显示出来。这样的程序比汇编语言好理解：

```
#include <stdio.h>
main()
{
int Number;
printf("input a Number");
scanf(&Number);
printf("The number is %d\n", Number);
}
```

很显然，用高级语言编写的源程序在计算机中是不能直接执行的，必须翻译成机器语言程序。通常有两种翻译方式：编译方式和解释方式。

编译方式是将高级语言源程序整个编译成目标程序，然后通过链接程序将目标程序链接成可执行程序的方式。将高级语言源程序翻译成目标程序的软件称为编译程序，这种翻译过程称为编译。编译过程经过词法分析、语法分析、语义分析、中间代码生成、代码优化、目标代码生成六个环节,才能生成对应的目标程序,目标程序还不能直接执行,还须经过链接和定位生成可执行程序后才能执行。编译过程如图 3.16 所示。

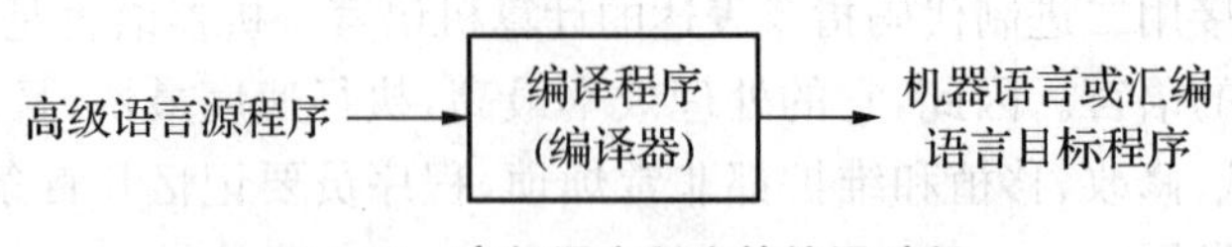

图 3.16　高级语言程序的编译过程

解释方式是将源程序逐句翻译、逐句执行的方式,解释过程不产生目标程序,基本上是翻译一行执行一行,边翻译边执行。如果在解释过程中发现错误就给出错误信息,并停止解释和执行,如果没有错误就解释执行到最后。常见的解释型语言有 Basic 语言。解释过程如图 3.17 所示。

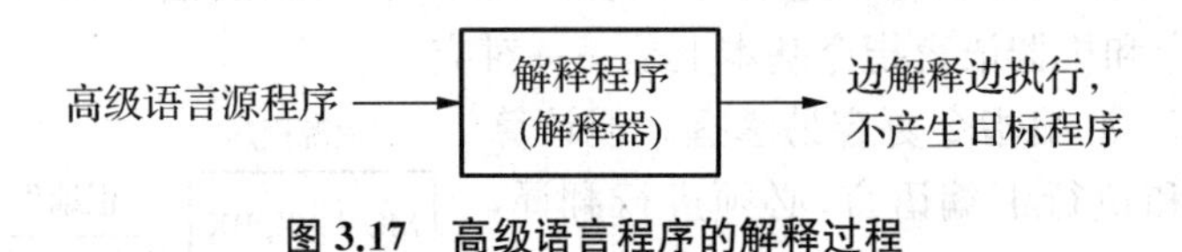

图 3.17　高级语言程序的解释过程

无论是编译程序还是解释程序,其作用都是将高级语言编写的源程序翻译成计算机可以识别和执行的机器指令。它们的区别在于:编译方式是将源程序经编译、链接得到可执行程序文件后,就可脱离源程序和编译程序而单独执行,所以编译方式的效率高,执行速度快。而解释方式在执行时,源程序和解释程序必须同时参与才能运行,由于不产生目标文件和可执行程序文件,解释方式的效率相对较低,执行速度慢。

3.2.2　软件系统及其组成

计算机软件分为系统软件和应用软件两大类,如图 3.18 所示。

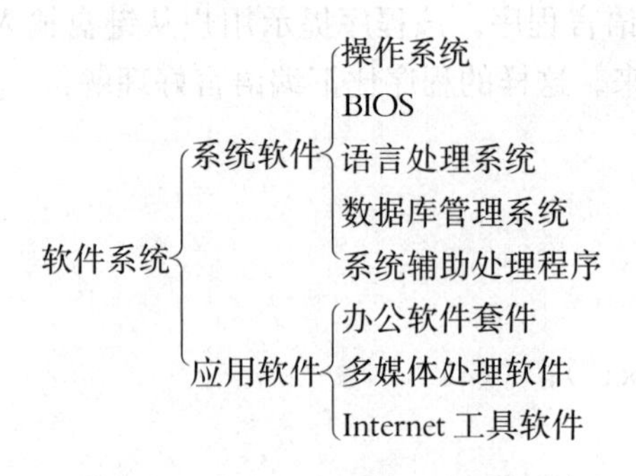

图 3.18　计算机软件系统的组成

1. 系统软件

系统软件是指控制和协调计算机及外部设备,支持应用软件开发和运行的软件。系统软件的主要功能是调度、监控和维护计算机系统;负责管理计算机系统中独立硬件,使得它们协调工作。系统软件使得底层硬件对计算机用户是透明的,用户在使用计算机时无须了解硬件的工作过程。

系统软件主要包括操作系统(OS)、BIOS、语言处理系统、数据库管理系统(如ORACLE、Access等)和系统辅助处理程序等。其中最主要的是操作系统,它提供了一个软件运行的环境,如在微型计算机中使用最为广泛的微软公司的Windows系统。图3.14所示的操作系统处在计算机系统中的核心位置,它可以直接支持用户使用计算机硬件,也支持用户通过应用软件使用计算机。如果用户需要使用系统软件,如语言处理系统和工具软件,也要通过操作系统提供支持。

系统软件是软件的基础,所有应用软件都是在系统软件上运行。系统软件主要分为以下几类:

1) 操作系统

系统软件中最重要且最基本的是操作系统。它是最底层的软件,它控制所有计算机上运行的程序并管理整个计算机的软硬件资源,是计算机裸机与应用程序及用户之间的桥梁。没有它,用户无法使用其他软件或程序。常用的操作系统有Windows、Linux、DOS、Unix、MacOS等。

操作系统作为掌控一切的控制和管理中心,其自身必须是稳定和安全的,即操作系统自己不能出现故障。操作系统要确保自身的正常运行,还要防止非法操作和入侵。

2) 语言处理系统

语言处理系统是系统软件的另一大类型。早期的第一代和第二代计算机所使用的编程语言一般是由计算机硬件厂家随机器配置的。随着编程语言发展到高级语言,IBM公司宣布不再捆绑语言软件,因此语言系统就开始成为用户可选择的一种产品化的软件,它也是最早开始商品化和系统化的软件。

3) 数据库管理系统

数据库(Database)管理系统是应用最广泛的软件,用于建立、使用和维护数据库,把各种不同性质的数据进行组织,以便能够有效地查询、检索并管理这些数据,这是运用数据库的主要目的。各种信息系统,包括从一个提供图书查询的书店销售软件,到银行、保险公司这样的大企业的信息系统,都需要使用数据库。需要说明的是,有观点认为数据库是属于系统软件,尤其是在数据库中起关键作用的数据库管理系统(DBMS)属于系统软件。也有观点认为,数据库是构成应用系统的基础,它应当被归类到应用软件中。其实这种分类并没有实质性的意义。

4) 系统辅助处理程序

系统辅助处理程序主要是指一些为计算机系统提供服务的工具软件和支撑软件,如编辑程序、调试程序、系统诊断程序等,这些程序主要是为了维护计算机系统正常运行,方便用户在软件开发和实施过程中的应用,如Windows中的磁盘整理工具程序等。还有一些著名的工具软件如Norton Utility,它集成了对计算机维护的各种工具程序。实际上,Windows和其他操作系统都有附加的实用工具程序。因而随着操作系统功能的延伸,已很难严格划分系统软件和系统服务软件,这种对系统软件的分类方法也在变化之中。

2. 应用软件

应用软件是用户可以使用的各种程序设计语言,以及用各种程序设计语言编制的应用程序的集合，分为应用软件包和用户程序。应用软件包是利用计算机解决某类问题而设计的程序的集合，供多用户使用。

在计算机软件中，应用软件种类最多。它们包括从一般的文字处理到大型的科学计算和各种控制系统的实现，有成千上万种。这类为解决特定问题而与计算机本身关联不多的软件统称为应用软件。常用的应用软件有：

1）办公软件套件

办公软件是日常办公需要的一些软件，它一般包括文字处理软件、电子表格处理软件、演示文稿制作软件、个人数据库、个人信息管理软件等。常见的办公软件套件有微软公司的Microsoft Office和金山公司的WPS等。

2）多媒体处理软件

多媒体技术已经成为计算机技术的一个重要方面，因此多媒体处理软件是应用软件领域中一个重要的分支。多媒体处理软件主要包括图形处理软件、图像处理软件、动画制作软件、音频视频处理软件、桌面排版软件等。如Adobe公司的Illustrator、Photoshop、Flash、Premiere和PageMaker，Ulead Systems公司的绘声绘影，Quark公司的Quark X-press，等等。

3）Internet工具软件

随着计算机网络技术的发展和Internet的普及，涌现了许许多多基于Internet环境的应用软件，如Web服务器软件、Web浏览器、文件传送工具FTP、远程访问工具Telnet、下载工具Flash Get，等等。

3.3 操作系统

很多人认为将程序输入计算机中运行并得出结果是一个很简单的过程，其实整个执行情况错综复杂、各种因素相互影响。比如，如何确定你的程序运行正确、如何保证你的程序性能最优、如何控制程序执行的全过程，这其中操作系统起了关键性的作用。

3.3.1 操作系统的概念

操作系统是介于硬件和应用软件之间的一个系统软件，它直接运行在裸机上，是对计算机硬件系统的第一次扩充；操作系统负责管理计算机中各种软硬件资源并控制各类软件运行；操作系统是人与计算机之间通信的桥梁，为用户提供了一个清晰、简洁、友好、易用的工作界面。用户通过使用操作系统提供的命令和交互功能实现对计算机的操作。图3.19

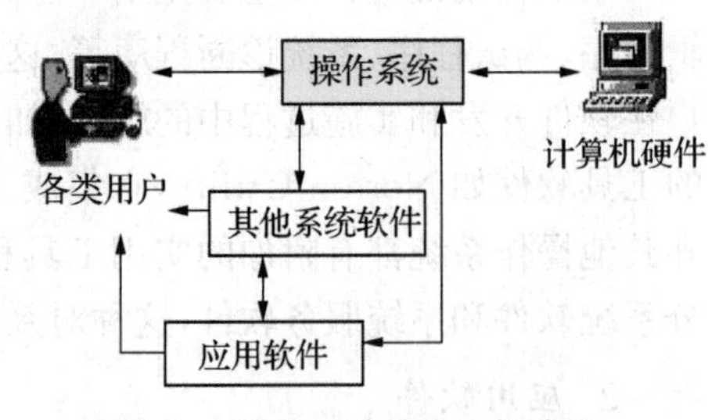

图3.19 操作系统的作用与地位

描述了程序执行过程中操作系统的作用和地位。

操作系统中的重要概念有进程、线程、内核态和用户态。

1）进程

进程是操作系统中的一个核心概念。进程(Process)，顾名思义，是指进行中的程序，即进程 = 程序 + 执行。

进程是程序的一次执行过程，是系统进行调度和资源分配的一个独立单位。或者说，进程是一个程序与其数据一道在计算机上顺利执行时所发生的活动，简单地说，就是一个正在执行的程序。一个程序被加载到内存，系统就创建了一个进程，程序执行结束后，该进程也就消亡了。进程和程序的关系犹如演出和剧本的关系。其中，进程是动态的，而程序是静态的；进程有一定的生命期，而程序可以长期保存；一个程序可以对应多个进程，而一个进程只能对应一个程序。

为什么使用进程？在冯·诺伊曼体系结构中，程序常驻外存，当执行时才被加载到内存中。为了提高 CPU 的利用率，为了控制程序在内存中的执行过程，就引进了“进程”的概念。

在 Windows、Unix、Linux 等操作系统中，用户可以查看到当前正在执行的进程。有时“进程”又称“任务”。例如，图 3.20 所示是 Windows 系统的任务管理器界面(按 Ctrl + Alt + Del 键)，从图中可以看到共有 25 个进程正在运行。利用任务管理器可以快速查看进程信息，或者强行终止某个进程。当然，结束一个应用程序的最好方式是在应用程序的界面中正常退出，而不是在进程管理器中删除一个进程，除非应用程序出现异常而不能正常退出时才这样做。

现代操作系统把进程管理归纳为：“程序”成为“作业”进而成为“进程”，并被按照一定规则进行调度。

程序是为了完成特定的任务而编制的代码，被存放在外存(硬盘或其他存储设备)上。根据用户使用计算机的需要，它可能会成为一个作业，也可能不会成为一个作业。

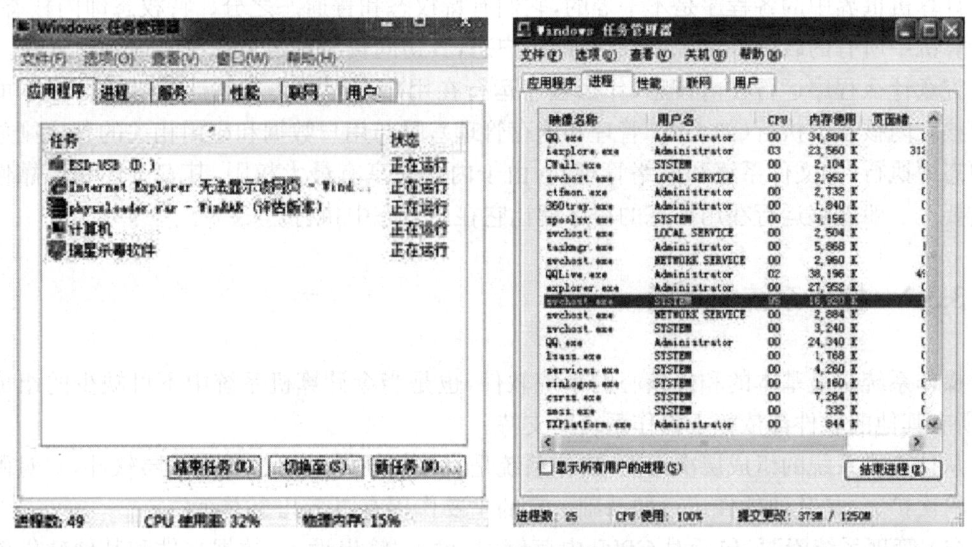

图 3.20 Windows 任务管理器

作业是程序被选中到运行结束并再次成为程序的整个过程。显然，所有作业都是程序，但不是所有程序都是作业。

进程是正在内存中被运行的程序，当一个作业被选中后进入内存运行，这个作业就成为进程。等待运行的作业不是进程。同样，所有的进程都是作业，但不是所有的作业都是进程。

2）线程

随着硬件和软件技术的发展，为了更好地实现并发处理和共享资源，提高CPU的利用率，目前许多操作系统把进程再“细分”成线程（Threads）。这并不是一个新的概念，实际上它是进程概念的延伸。线程是进程的一个实体，是CPU调度和分派的基本单位，它是比进程更小的能独立运行的基本单位。线程基本不拥有系统资源，只拥有在运行中必不可少的资源（如程序计数器，一组寄存器和栈），但是它可与同属一个进程的其他的线程共享进程所拥有的全部资源。一个线程可以创建和撤销另一个线程，同一个进程中的多个线程之间可以并发执行。

使用线程可以更好地实现并发处理和共享资源，提高CPU的利用率。CPU是以时间片轮询的方式为进程分配处理时间的。如果CPU有10个时间片，需要处理2个进程，则CPU利用率为20%。为了提高运行效率，现将每个进程又细分为若干个线程（如当前每个线程都要完成3件事情），则CPU会分别用20%的时间来同时处理3件事情，从而CPU的使用率达到了60%。举例说明，一家餐厅拥有一个厨师、两个服务员和两个顾客，每个顾客点了三道不同的菜肴，则厨师可视为CPU、服务员可理解为两个线程、餐厅即为一个程序。厨师同一时刻只能做一道菜，但他可以在两个顾客的菜肴间进行切换，使得两顾客都有菜吃而误认为他们的菜是同时做出来的。计算机的多线程也是如此，CPU会分配给每一个线程极少的运行时间，时间一到当前线程就交出所有权，所有线程被快速地切换执行，因为CPU的执行速度非常快，所以在执行的过程中用户认为这些线程是“并发”执行的。

3）内核态和用户态

计算机世界中的各程序是不平等的，它们有特权态和普通态之分。特权态即内核态，拥有计算机中所有的软硬件资源；普通态即用户态，其访问资源的数量和权限均受到限制。

究竟什么程序运行在内核态，什么程序运行在用户态呢？关系到计算机运行根本的程序应该在内核态下执行（如CPU管理和内存管理），只与用户数据和应用相关的程序则放在用户态中执行（如文件系统和网络管理）。由于内核态享有最大权限，其安全性和可靠性尤为重要。一般能够运行在用户态的程序就让它在用户态中执行。

3.3.2 操作系统的功能

操作系统是最基本的和最核心的系统软件，也是当今计算机系统中不可缺少的组成部分，所有其他的软件都依赖于操作系统的支持。

从计算机系统的组成层次出发，操作系统是直接与硬件层相邻的第一层软件，它对硬件进行首次扩充，是其他软件运行的基础。它的主要作用有以下几个方面：

（1）管理系统资源，包括对CPU、内存储器、输入/输出设备、数据文件和其他软件资源的管理。

（2）为用户提供资源共享的条件和环境，并对资源的使用进行合理调度。

(3) 提供输入/输出的方便环境,简化用户的输入/输出工作,提供良好的用户界面。

由此可以看出,操作系统既是计算机系统资源的控制和管理者,又是用户和计算机系统之间的接口,当然它本身也是计算机系统的一部分。因此,概略地说,操作系统是用以控制和管理系统资源、方便用户使用计算机的程序的集合。

如果把操作系统看成是计算机系统资源的管理者,则操作系统的功能和任务主要有以下5个方面。

(1) 处理机管理。处理机(即CPU)是整个计算机硬件的核心。处理机管理的主要任务是:充分发挥处理机的作用,提高它的使用效率。

(2) 存储器管理。计算机的内存储器是计算机硬件系统中的重要资源,它的容量总是有限的。存储器管理的主要任务是:对有限的内存储器进行合理的分配,以满足多个用户程序运行的需要。

(3) 设备管理。通常,用户在使用计算机时或多或少地用到输入/输出操作,而这些操作都要涉及各种外部设备。设备管理的主要任务是:有效地管理各种外部设备,使这些设备充分发挥效率;并且还要给用户提供简单而易于使用的接口,以便在用户不了解设备性能的情况下,也能很方便地使用它们。

(4) 文件管理。由于内存储器是有限的,因此,大部分的用户程序和数据,甚至是操作系统本身的部分以及其他系统程序的大部分,都要存放在外存储器上。文件管理的主要任务是:实现唯一地标识计算机系统中的每一组信息,以便能够对它们进行合理的访问和控制;以及有条理地组织这些信息,使用户能够方便且安全地使用它们。

(5) 用户接口。为了使用户能灵活、方便地使用计算机和操作系统,有效地组织自己的工作流程,操作系统还提供了一组友好的用户接口,使整个系统能高效的运行。这也是操作系统的一个重要功能。

对于实际的操作系统,可能由于其性能、使用方式各不相同,使系统功能、基本结构、支持硬件和应用环境等方面也有所不同。因此,操作系统所要完成的任务也各不相同。

3.3.3 进程管理

1. 并发程序设计

操作系统的主要目标是提高计算机系统的处理效率,增强系统中各种硬件的并行操作能力。为了达到这个目标,必须要求程序结构适应并发处理的需要,使计算机系统中能够同时存在两个或两个以上正在执行的程序。为此引出了多道程序设计的问题。

而在多道程序系统中,因为在系统中同时有多个程序在执行,这些程序具有并发性、共享性、异步性、制约性和动态性等特点,因此,传统的程序设计方法中所用的程序概念已难以刻画、反映系统中的各种复杂情况,顺序程序的结构已不能适应系统的需要。

许多问题的处理过程有着特定的顺序,用以处理这些问题的相应程序,其执行也必然有一定的先后次序。也就是说,在这种情况下,程序中与各个操作相对应的程序段的执行一定是顺序的。这样的程序称为顺序程序。具体地说,所谓顺序程序设计,是指所设计的程序具有以下3个特点。

(1) 程序所规定的动作严格地按顺序执行，即每个动作都必须在上一个动作执行完成以后才开始。或者说，每个动作都必须在下一个操作开始执行之前结束。这就是程序的顺序性。

(2) 程序一旦开始执行，其计算结果不受外界因素的影响。也就是说，顺序程序的静态文本与其计算过程有着一一对应的关系。这就是顺序程序的封闭性。

(3) 在程序运行过程中，任何两个动作之间的停顿，对程序的计算结果不发生任何影响，即程序的计算结果与它的运行速度无关。只要给定相同的初始条件，并给以同样的输入，重复执行同一个程序一定会得到相同的结果。这就是顺序程序的可再现性。

顺序程序所具有的顺序性、封闭性和可再现性的特点，使得程序设计者能够控制程序执行的过程(包括执行顺序、执行时间)，对程序执行的中间结果和状态可以预先估计，这样就可以方便地进行程序的测试和调试。

为了充分利用系统资源，提高系统的效率，除了在硬件上采用通道技术、中断技术等措施，使设备间实现并行操作外，还要从软件上采取相应的措施，使多个程序能并发执行。

所谓多个程序并发执行(concurrent execution)，是指一组在逻辑上互相独立的程序或程序段在执行过程中，其执行时间在客观上互相重叠，即一个程序段的执行尚未结束，另一个程序段的执行已经开始的这种执行方式。只有在多处理机系统中才可能做到物理上的真正并行，而在单处理机的系统中，这些程序只能在逻辑上或在宏观上做到并行执行。也就是说，在单处理机的情况下，并发执行是指多个程序的运行在时间上是重叠的，而并不是说这些程序在某一时刻同时占用处理机在运行。

多个程序并发执行是多道程序系统的特点。显然，并发程序的执行情况与顺序程序的执行情况是很不相同的，它比顺序程序的执行情况要复杂得多，程序设计时要考虑的因素也多得多。考虑各种并行性的程序设计方法称为并发程序设计。

并发程序在执行过程中有以下几个特点。

(1) 并发程序没有封闭性

顺序程序具有封闭性，程序执行后的输出结果与时间无关。但是，在并发程序的执行过程中，某个程序中的变量可能被另外程序的执行所改变；或者某个程序中的变量在用另外一个程序输出时，不同时刻其输出值可能是不一样的。也就是说，并发程序的输出结果与各程序执行的相对速度有关，失去了程序的封闭性这个特点。

【例 3-1】 设有两个并发程序 A 和 B 互相独立地运行，如图 3.21 所示。当程序 A 执行到 I_1 时，由于某个原因，将控制转到执行程序 B，由程序 B 打印 n 的值为 0，而后当程序 B 运行到 I_2 时，又将控制转到执行程序 A，接着 I_1 之后继续执行。

现假设程序 B 运行的速度慢一些，如果在程序 A 运行到 I_3 时，才将控制转到执行程序 B(如图中虚线所示)，此时由程序 B 打印的 n 值为 1，而不是 0。

从这个例子可以看出，程序 B 的运行结果与它们的相对运行速度有关，这就说明程序没有封闭性。因为程序的执行结果与时间有关，因此，结果是不可再现的，即使输入相同的初始条件，也可能得到不同的结果，这称为“结果的不确定性”。

(2) 程序与其执行过程不是一一对应的关系

在顺序程序设计中，程序的封闭性决定了程序与其执行过程是完全对应的，程序的执行路径、执行时间和所执行的操作都可以从程序中反映出来。但在多道程序并发执行的情况下，程序的执行过程由当时的系统环境与条件所决定，程序与其执行过程就不再有一一对应的关系。当多个执行过程共享某个程序时,它们都可以调用这个程序,调用一次即对应一个执行过程,也就是说,这个共享的程序对应多个执行过程。

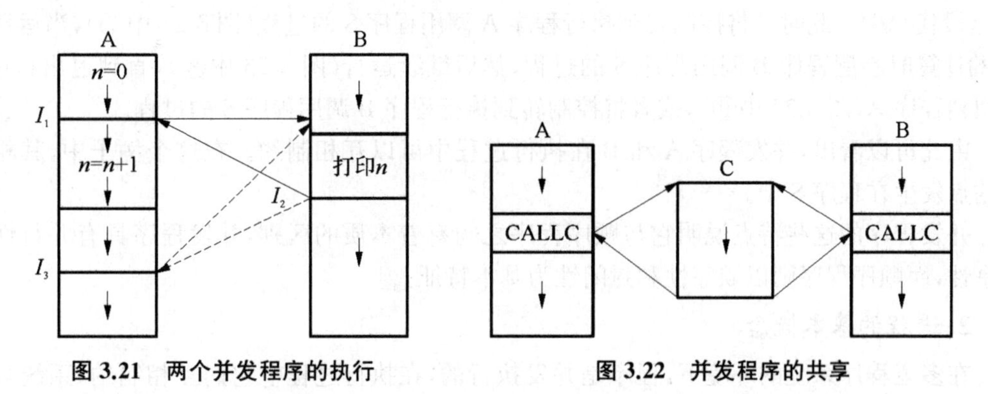

图 3.21　两个并发程序的执行　　　　**图 3.22　并发程序的共享**

【例 3-2】 设有两个并发程序 A 和 B,它们在执行过程中都要调用程序 C,如图 3.22 所示。

在这种情况下,程序 C 包含在来自程序 A 和程序 B 的两个不同执行过程中。显然,程序 C 与它的执行过程并不是一一对应的。在此特别要指出,这里的程序 C 要能够为不同的程序所共享,因此,在其执行过程中本身不能有任何修改。这种可共享的过程称为纯过程或可重入过程(reentrant procedures)。例如,在多道程序环境下,两个用户作业都需要用 C 编译程序,为了减少编译程序副本,它们共享一个编译程序,这样,一个编译程序能同时为两个作业服务,即这个编译程序对应两个执行过程。在这种情况下,C 编译程序必须是可重入程序。

(3) 程序并发执行可以互相制约

并发程序的执行过程是复杂的,这是因为它们之间不但可能有互为因果的直接制约关系,而且还可能由于共享某些资源或过程而具有间接的互相制约关系。

【例 3-3】 设有两个并发程序 A 和 B,它们不仅共享程序 S,并且它们在分别执行 S 时还要发生相互作用,如图 3.23 所示。

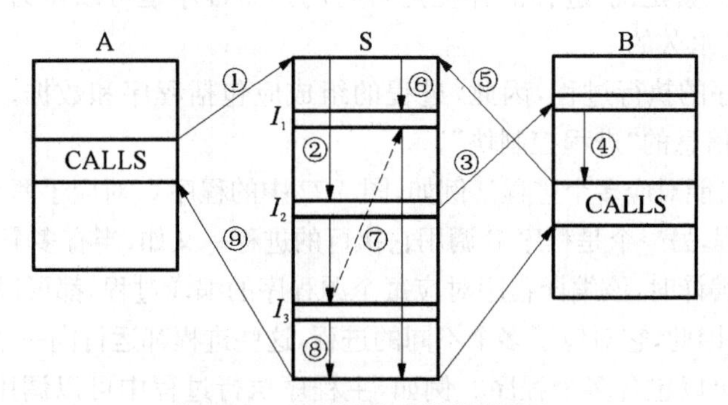

图 3.23　有制约关系的并发程序

在程序 S 中,如果规定 I_1 到 I_3 这段代码只能属于一个计算过程,则当某个执行过程到达 I_1 处,都要检查一下是否有其他计算在这段代码中运行,如果已有一个计算正在这段代码中运行,则要在此等待,直到已有的计算退出 I_3 时才唤醒在 I_1 处等待的计算。

现假定程序 A 先调用了程序 S(图 3.23 中①),并且在穿过 I_1 之后到达 I_2 时(图 3.23 中

②),由于某种原因将控制转到执行程序 B(图 3.23 中③与④),而程序 B 又调用程序 S(图 3.23 中⑤),并在 I 处等待(图 3.23 中⑥),这是因为已有程序 A 调用程序 S 的计算在 I_1 到 I_3 这段代码中。此时又将控制转到执行程序 A 调用程序 S 的过程(图 3.23 中⑦),当运行到 I_3 的计算时唤醒程序 B 调用程序 S 的过程,然后继续运行(图 3.23 中⑧),直到退出程序 S 返回到程序 A(图 3.23 中⑨),或者将控制转到执行程序 B 调用程序 S 的过程。

由此可以看出,并发程序 A 和 B 在执行过程中可以互相制约。在这个例子中,其相互制约点发生在程序 S 中。

并发程序的这些特点说明它与顺序程序之间有着本质的区别,并发程序具有并行性和共享性,而顺序程序则以顺序性和封闭性为基本特征。

2. 进程的基本概念

在多道程序系统的环境下,程序是并发执行的,在执行过程中它们互相制约,系统与其中各程序的状态在不断地变化,因此,系统的状态和各程序在其中活动的描述一定是动态的。程序是一个静态的概念。因此,程序本身不能刻画多道程序并发执行时的动态特性和并行特性,也就不能深刻地反映并发程序的活动规律和状态变化。为此,需要引进一个能够从变化的角度,反映并发程序活动的新概念,这就是进程。

所谓进程(process),是指一个具有一定独立功能的程序关于某个数据集合的一次运行活动。前单地说,进程是可以并发执行的程序的执行过程,它是在控制程序管理下的基本的多道程序单位。

由此可以看出,进程与程序有关,但它与程序又有本质的区别。主要反映在以下几个方面。

(1) 进程是程序在处理机上的一次执行过程,它是动态的概念。而程序只是一组指令的有序集合,其本身没有任何运行的含义,它是一个静态的概念。

(2) 进程是程序的执行过程,是一次运行活动。因此,进程具有一定的生命期,它能够动态地产生和消亡,即进程可以由创建而产生,由调度而执行,因得不到资源而暂停,以致最后由撤销而消亡。也就是说,进程的存在是暂时的。而程序是可以作为一种软件资源长期保存的,它的存在是永久的。

(3) 进程是程序的执行过程,因此,进程的组成应包括程序和数据。除此之外,进程还包括记录进程相关信息的“进程控制块”。

(4) 一个程序可能对应多个进程。例如,图 3.22 中的程序 C 对应了两个进程,一个是程序 A 调用它执行的进程,另一个是程序 B 调用它执行的进程。又如,当有多个 C 源程序共享一个编译程序同时进行编译时,该编译程序对应每个源程序的编译过程,都可以看作是编译程序在不同数据上的运行,因此,它对应了多个不同的进程,这些进程都运行同一个编译程序。

(5) 一个进程可以包含多个程序。例如,主程序执行过程中可以调用其他程序,共同组成一个运行活动。

3. 进程的状态及其转化

进程是程序的执行过程,它具有一定的生命期,并且,在进程的存在过程中,由于系统中各进程并发执行以及相互制约的关系,使各进程的状态会不断发生变化。一般情况下,一个进程并不是自始至终都处于运行状态,而是时而处在运行状态,时而又由于某种原因暂停运行而处于等待状态，当使它暂停的原因消失后，它又处于准备运行的状态。这就是说，进程有着“走走停停”的活动规律，而它从“走”到“停”和从“停”到“走”的变化是由系统中不同事件引起的。一般来说，一个进程的活动情况至少可以划分为以下 5 种基本状态。

(1) 运行状态

处于运行状态下的进程实际上正占据着 CPU。显然，处于这种状态的进程数目不能多于 CPU 的数目。在单 CPU 的情况下，处于运行状态的进程只能有一个。

(2) 就绪状态

这种状态下的进程已获得了除 CPU 以外的一切所需的资源，只是因为缺少 CPU 而不能运行，一旦获得 CPU，它就立即投入运行。这种状态下的进程也称为逻辑上可以运行的进程。在一个系统中处于就绪状态的进程可以有多个，通过称为就绪队列的结构进行管理。在多处理器系统中，每个 CPU 都有自己的就绪队列，而每个活动进程某一时刻只会在一个就绪队列中。

(3) 等待状态

一个进程正在等待某一事件(如等待输入输出操作的完成、等待某系统资源、等待其他进程来的信息等)的发生而暂时停止执行。在这种状态下，即使把 CPU 分配给它，该进程也不能运行，即处于等待状态，又称为阻塞状态或封闭状态。处于等待状态的进程有时也称为逻辑上是不可执行的。

(4) 创建状态

进程正在创建过程中，尚不能运行。

(5) 终止状态

进程运行结束。

一个作业(程序)一旦被调入内存，系统就为它建立一个或若干个进程。而每个进程的创建者以建立进程控制块为标志。一个进程被创建后，并不是固定地、静止地处于某个状态，而是随着进程自身的推进和外界条件的变化其状态在不断地变化。也就是说，进程的 3 种基本状态之间在一定的条件下是可以互相转化的。图 3.24 表示了进程的 3 种基本状态之间在一定条件下的转化。进程 3 种状态之间的转换条件如下：

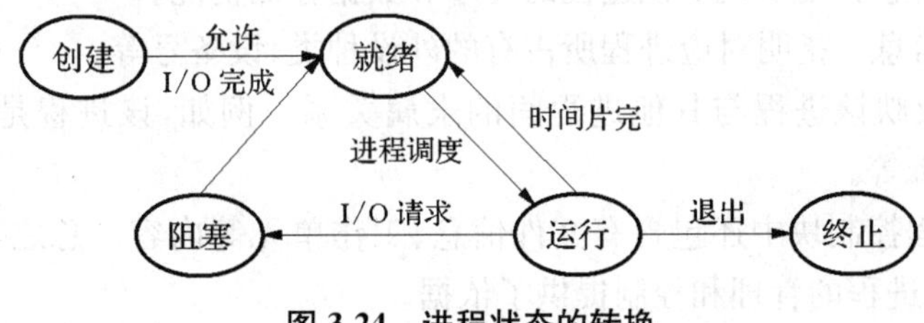

图 3.24 进程状态的转换

① 处于就绪状态的进程，一旦分配到 CPU，就转为运行状态。

② 处于运行状态的进程，当需要等待某个事件发生才能继续运行时，则转为等待状态；或者由于分配给它的时间片用完，就让出 CPU 而转为就绪状态。

③ 处于等待状态的进程，如果它等待的事件已经发生，即条件得到满足，就转为就绪状态。通常，进程创建完成后会进入就绪状态，在运行、阻塞和就绪间迁移，进行相关的任务执行；完成相关任务后，由运行状态进入终止状态，结束进程并释放相关资源。

4. 进程控制块及其组织

一个进程的存在，除了要有程序和操作的数据这个实体外，更重要的是，在创建一个进程时，还要建立一个能够描述该进程执行情况，能够反映该进程和其他进程以及系统资源的关系，能够刻画该进程在各个不同时期所处的状态的数据块，即进程控制块（Process Control Block，PCB）。

（1）进程控制块 PCB

PCB 是由系统为每个进程分别建立的，用以记录对应进程的程序和数据的存储情况，记录进程的动态信息。系统根据 PCB 而感知进程的存在，根据 PCB 中的信息对进程实施控制管理。当进程结束时，系统即收回它的 PCB，进程也随之消亡。因此可以说，PCB 是一个进程存在的标志。

为了能够充分地描述一个进程，PCB 中通常应包括以下一些基本内容：

① 进程名。它是唯一标识对应进程的一个标识符或数字，系统根据该标识符来识别一个进程。

② 特征信息。它反映了该进程是不是系统进程等信息。

③ 执行状态信息。说明对应进程当前的状态。

④ 通信信息。反映该进程与其他进程之间的通信关系。例如，当进程处于等待状态、说明等待的理由等。

⑤ 调度优先数。用于分配 CPU 时参考的一种信息，它决定在所有就绪的进程中，究竟哪一个进程先得到 CPU。

⑥ 现场信息。在对应进程放弃 CPU（由运行状态转换为就绪或等待状态）时，将处理机的一些现场信息（如指令计数器值、各寄存器值等）保留在该进程的 PCB 中，当下次再恢复运行时，只要按保存值重新装配即可继续运行。

⑦ 系统栈。这是在对应进程进入操作系统时，实现子程序嵌套调用时用的栈，主要用于保留每次调用时的程序现场。系统栈的内容主要反映了对应进程在执行时的一条嵌套调用路径上的历史。

⑧ 进程映象信息。用以说明该进程的程序和数据存储情况。

⑨ 资源占有信息。指明对应进程所占有的外设种类、设备号等。

⑩ 族关系。反映该进程与其他进程间的隶属关系。例如，该进程是由哪个进程建立的、它的子进程是谁等。

除此之外，进程控制块中还包含有文件信息、工作单元等内容。总之，进程控制块中的这些信息为系统对进程的管理和控制提供了依据。

（2）进程的组织

系统中有许多进程，它们所处的状态各不相同，有的处于就绪状态，有的处于等待状态（等待的原因又各不相同），还有正在运行的进程。对这些处于不同状态的进程的物理组织形式将直接影响系统的效率。对进程的物理组织方式通常有线性表和链接表两种。

在线性表组织方式中，一种方法是将所有不同状态进程的 PCB 组织在一个表中。这种方法最为简单，适用于系统中进程数目不多的情况。它的缺点是管理不方便，经常要扫描整个表，影响了整个系统的效率。

线性表形式的另一种组织方法是，分别把具有相同状态进程的 PCB 组织在同一个表中，这样就分别构成就绪进程表、各种等待事件的等待进程表以及运行进程表（多处理机系统中）。

链接表组织形式是按照进程的不同状态将相应的 PCB 放入不同的带链队列中。特别要指出的是，等待队列有多个，它们分别等待在不同的事件上，当某个事件发生后，则要把相应的等待队列中的所有 PCB 送到就绪队列中。采用链接表的优点在于使系统的进程数目不受限制，可以动态地申请；又由于各种等待状态的队列是分开的，管理起来比较方便。

5. 进程调度

进程调度（process scheduling）就是按一定策略动态地把 CPU 分配给处于就绪队列中的某一进程并使之执行的过程。进程调度亦可称为处理器调度或低级调度，相应的进程调度程序可称为分配程序或低级调度程序。高级调度是作业调度，作业调度负责对 CPU 之外的系统资源进行调度，其中包含不可抢占资源（如打印机）的分配。进程调度仅负责对 CPU 进行分配，而 CPU 属于可抢占的资源。

有两种基本的进程调度方式，即抢占方式和非抢占方式。前者指就绪队列中一旦有优先级高于当前正在运行的进程出现时，系统便立即把 CPU 分配给高优先级的进程，并保存被抢占了 CPU 的进程的有关状态信息，以便以后恢复。而对于非抢占方式，一旦 CPU 分给了某进程，即使就绪队列中出现了优先级比它高的进程，高优先级进程也不能抢占现行进程的 CPU。在任意时刻，处于运行状态的进程数最多等于计算机系统 CPU 的个数。

最基本的进程调度算法有以下几种：

（1）先来先服务调度算法

先来先服务（First-Come First-Served, FCFS）调度算法按照进程就绪的先后顺序来调度进程，到达得越早，就越先执行。获得 CPU 的进程，未遇到其他情况时，一直运行下去，系统只需设置一个先进先出的队列。在管理相同优先级的就绪队列时，这种方法是一种最常见策略，并且在没有其他信息时，也是一种最合理的策略。

（2）时间片轮转调度算法

时间片转轮（Round-Robin Algorithm, RR）调度算法是系统把所有就绪进程按先后次序排队，CPU 总是优先分配给就绪队列中的第一个就绪进程，并分配给它一个固定的时间片（如 50 ms）。当该运行进程用完规定的时间片时，被迫释放 CPU 给处于就绪队列中的下一个进程，并分配给这个进程相同的时间片。每个运行完时间片的进程，当未遇到阻塞时，就被放回到就绪队列的尾部，并等待下次轮到它时再投入运行。

（3）优先级调度算法

进程调度最常用的一种简单方法，是把 CPU 分配给就绪队列中具有最高优先级的就绪进程，即优先级调度算法（priority-scheduling algorithm）。根据 CPU 是否可被抢占，优先级调度分为抢占式（preemptive）和非抢占式（non-preemptive）优先级调度算法两种。

进程的优先级通常根据以下因素确定：进程类型（比如系统进程比用户进程具有较高的优先级）、运行时间（通常规定进程优先级与进程所需运行时间成反比）及作业的优先级（根据作业的优先级来决定其所属进程的优先级）。上面是静态优先级法，每个进程的优先级在其生存周期内是一直不变的。进程也可以有动态优先级，其优先级在该进程的运行生命周期内可以改变。这样就能更精确地控制 CPU 的响应时间，在分时系统中，其意义尤为重要。

比如多级反馈队列轮转法就是动态优先级调度算法。

除上面算法外还有其他一些进程调度算法。实际操作系统的调度相当复杂,都不是孤立地采用某一种算法,而是将几种算法结合起来使用并进行优化,这样可以得到效率更高的算法。

20 世纪 80 年代中期,人们提出了比进程更小的能独立运行的基本单位——线程(thread),用它来提高程序的并行程度,减少系统开销,从而可进一步提高系统的吞吐量。许多现代操作系统都在内核级提供了对线程的支持。

操作系统的主要目标之一就是充分利用系统资源,为此,它允许多个进程并发执行,并且共享系统的软硬件资源。由于各进程互相独立地动态获得,不断消耗和释放系统中的软硬件资源,这就有可能使系统出现这样一种状态:其中若干个进程均因互相"无知地"等待对方所占有的资源而无限地等待。这种状态称为死锁。因此,操作系统中还要建立相应的机制来处理进程之间的通信和同步等问题,以便解决并发程序运行时可能会由于资源不能满足而产生的死锁的检测及其预防、避免和恢复等问题。在此不再详述了。

3.3.4 存储管理

内存储器是计算机系统的重要资源之一,它为多道程序所共享,也是各程序的竞争对象,因此,对存储器(注:本节所说的存储器均指内存储器)这个资源进行有效的组织、管理和分配,也是操作系统的主要任务之一。

(1) 存储管理的功能

在多道程序系统中,存储管理一般应包括以下一些功能。

① 地址变换。要把用户程序中的相对地址转换成实际内存空间的绝对地址。

② 内存分配。根据各用户程序的需要以及内存空间的实际大小,按照一定的策略划分内存,以便分配给各个程序使用。

③ 存储共享与保护。由于各用户程序与操作系统同在内存,因此,一方面允许各用户程序能够共享系统或用户的程序和数据,另一方面又要求各程序之间互不干扰或破坏对方。

④ 存储器扩充。由于多道程序共享内存,使内存资源尤为紧张,这就要求操作系统根据各时刻用户程序允许的情况合理地利用内存,以便确保当前需要的程序和数据在内存,而其余部分可以暂时放在外存中,等确实需要时再调入内存。

(2) 地址重定位

一般来说,用户在编写程序时并不知道自己的程序在执行时放在内存空间的什么区域,因此不可能用内存中的实际地址(称为物理地址)来编写程序,只能相对于某个基准地址(通常为 0 地址)来编写程序、安排指令和数据的位置,这种在用户程序中所用的地址通常称为相对地址(或逻辑地址)。当用户程序进入内存执行时,又必须要把用户程序中的所有相对地址(逻辑地址)转换成内存中的实际地址(物理地址),否则用户程序无法执行。这就是所谓的地址变换(又称地址映射)。在进行地址变换时,必须修改程序中所有与地址有关的项,也就是说,要对程序中的指令地址以及指令中有关地址的部分(称为有效地址)进行调整,这个调整过程称为地址重定位。

地址重定位建立用户程序的逻辑地址与物理地址之间的对应关系,实现方式包括静态地址重定位和动态地址重定位。静态地址重定位是在程序执行之前由操作系统的重定位装入程序完成，程序必须占用连续的内存空间，且一旦装入内存后，程序不便于移动。动态地址重定位则在程序执行期间进行，由专门的硬件机构来完成，通常采用一个重定位寄存器（relocation register，其内容是程序装入内存的起始地址），在每次进行存储访问时，将取出的逻辑地址加上重定位寄存器的内容形成物理地址。动态地址重定位的优点是不要求程序装入固定的内存空间，在内存中允许程序再次移动位置，而且可以部分地装入程序运行，同时也便于多个作业共享同一程序的副本。因此，动态地址重定位技术被广泛采用。

下面简单介绍几种基本的存储管理技术。

1. 连续存储管理

这种存储管理也称为界限地址存储管理，其基本特点是，内存空间被划分成一个个分区，即系统和用户作业都以分区为单位享用内存。

在这种内存分配方式中，地址重定位采用静态地址重定位方法，分区的存储保护可采用上、下界寄存器保护方式。为了实现地址的转换，需要设置一个基址寄存器（也称重定位寄存器）BR 与限长寄存器（也称界限寄存器）LR。具体的地址变换过程如下：

当一个作业被调入内存运行时，首先给这个作业分配一个内存分区，同时将该分区的首地址送到 BR，该分区的长度送到 LR。在该作业运行过程中，将指令中的有效地址转换成实际的内存，其转换的关系为

$$\text{实际内存地址 } D = BR + \text{指令中的有效地址}$$

如果 $BR \leqslant D < BR + LR$，则按地址 D 进行访问；如果 $D < BR$ 或 $D \geqslant BR + LR$，则说明地址越界。在分区分配方式中，分区的大小可以是固定的（称为固定分区），也可以是可变的（称为可变分区或动态分区）。

在固定分区分配方式中，系统把内存划分成若干大小固定的分区，一个分区可以分给一个作业使用，直到某个作业完成后，才把其所用的分区归还系统。固定分区的大小是根据系统要处理的作业的一般规模来确定，如果分区太大，会造成内存空间的浪费，但如果分区太小，则对于稍大一些的作业就无法调入内存运行。固定分区存储管理的最大优点是简单，要求的硬件支持少；缺点是容易产生内部碎片。分配给某作业的分区中，未被使用的空闲部分称为分区的内部碎片（internal fragments）。如图 3.25（a）所示，假定每个作业分区大小为 32 KB，但作业 1 实际只需要 20 KB，这样会产生 12 KB 的内部碎片。

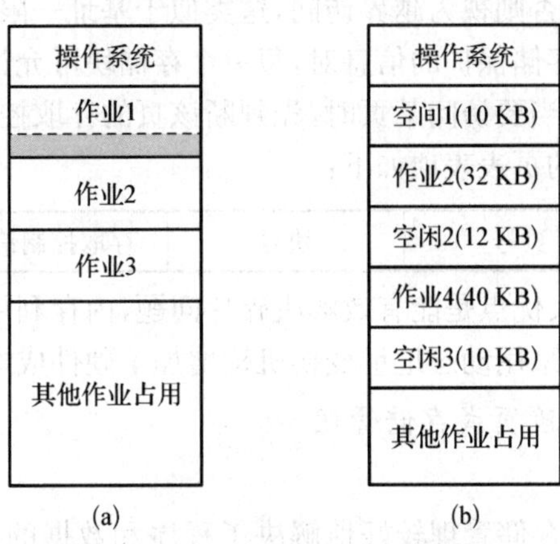

图 3.25 内部和外部碎片例

在可变分区分配方式中，在作业调入内存时建立一个大小恰好与作业匹配的分区，这样就避免了每个分区对存储空间利用不充分的问题。可变分区虽然避免了固定分区中每个分区都可能有剩余空间的情况，但由于它的空闲区域仍是离散的，可变式分区会出现外部碎片(external fragments)。系统运行某个时刻内存分配如图 3.25(b)所示，有 3 个空闲区 1、2 和 3，大小分别为 10 KB、12 KB 和 10 KB，合计 32 KB。如果当前有一个大小为 30 KB 的进程要运行，则该进程无法装入进来，因为没有大于或等于 30 KB 的连续内存。

2. 分页式存储管理

在分页式存储管理中，作业空间被划分为页，实际的内存空间被划分为块，其中页的大小与块的大小相等。当某个作业被调入内存运行时，由重定位机构将作业中的页映射到内存空间对应的块上，从而实现地址的转换。

为了具体实现地址转换，在分页系统中，用户程序指令中的有效地址的结构如下：

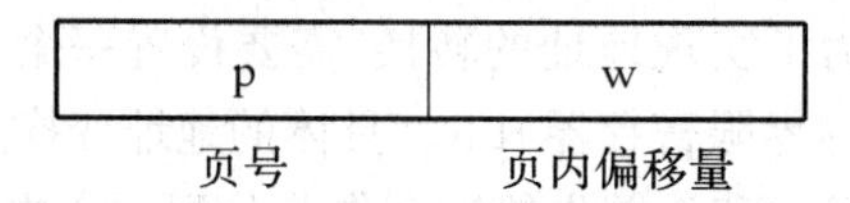

当作业提出存储分配请求时，系统首先根据存储块大小把作业分成若干页。每一页可存储在内存的任意一个空白块内。这样，只要建立起程序的逻辑页和内存的存储块之间的对应关系，借助动态地址重定位技术，分散在不连续物理存储块中的用户作业就能够正常运行。

(1) 分页式存储管理的地址重定位

分页式存储管理通常会在内存中为每个作业开辟一块特定区域，建立起作业的逻辑页与存储块之间的对应关系表，称为页面映象表或简称页表(page table)。最简单的页表只包含页号、块号两个内容。页表的起始地址和长度放在该作业的进程控制块中。当前运行作业的页表由一个专用的控制寄存器(页表始址寄存器)来指定。当要运行一个新作业时，就将该作业的页表始址、长度从进程控制块中取出。

在作业执行过程中，由硬件地址分页机构自动将每条程序指令中的逻辑地址解释成两部分——页号 p 和页内地址 w。通过页号查页表得到存储块号 b，与页内地址 w 组合在一起形成物理地址，访问内存后得到操作数据。

(2) 分页式存储保护

分页式存储管理中的存储信息保护可从两个方面实现，一方面是在进行地址变换时，产生的页号应小于页表长度，否则视为越界访问，这类似于基址—限长存储保护；另一方面，可在页表中增加存取控制和存储保护的信息对，每一个存储块可允许 4 种保护方式：禁止做任何操作、只能读、能读/写。当要访问某页时，先判断该页的存取控制和存储保护信息是否允许。添加了存取控制信息的页表表项如下：

页号	块号	存取控制信息

分页式存储管理的最大优点是能有效解决碎片问题，内存利用率高，内存分配与回收算法也一般比较简单；缺点是采用动态地址变换机构增加了硬件成本，也降低了处理机速度。

3. 分段式存储管理及段页式存储管理

(1) 分段式存储管理

分段式(segmentation)存储管理较好地解决了程序和数据的共享以及程序动态链接等

问题。在分段式存储管理中,作业的地址空间由若干个逻辑分段组成,每一分段是一组逻辑意义完整的信息集合,并有自己的名字(段名)。每一段都是以0开始的连续的一维地址空间,整个作业则构成了二维地址空间。

分段式存储管理是以段为基本单位分配内存的,且每一段必须分配连续的内存空间,但各段之间不要求连续。由于各段的长度不一样,所以分配的内存空间大小也不一样。分段式存储管理的逻辑地址结构如下:

段号 s	段内位移 w

分段式存储管理由若干段组成的作业,并且按段来进行存储分配。分段式存储管理的关键在于如何把分段地址结构变成一维的地址结构。与分页式存储管理一样,分段式存储管理采用动态重定位技术来进行地址转换。分页的优点体现在内存空间的管理上,而分段的优点体现在地址空间的管理上。

(2) 段页式存储管理

分页存储管理能有效地提高内存的利用率,而分段存储管理能够反映程序的逻辑结构以满足用户的需要,并且可以实现段的共享。段页式存储(segmentation with paging)管理则是分页和分段两种存储管理方式的结合,它同时具备两者的优点。

段页式存储管理是目前使用较多的一种存储管理方式,它有如下特点。

① 作业地址空间进行段式管理,即将作业地址空间分成若干个逻辑分段,每段都有自己的段名。

② 每段内再分成若干大小固定的页,每段都从零开始为自己的各页依次编写连续的页号。

③ 对内存空间的管理仍然和分页存储管理一样,将其分成若干个与页面大小相同的物理块,对内存空间的分配是以物理块为单位的。

④ 作业的逻辑地址包括3个部分:段号、段内页号和页内位移,其结构如下:

	段内位移(w)	
段号(s)	段内页号(p)	页内位移(d)

对上述3个部分的逻辑地址来说,用户可见的仍是段号 s 和段内位移 w,由地址变换机构将段内位移 w 的高几位作为段内页号 p,低几位作为页内位移 d。

为实现地址变换,段页式系统设立了段表和页表。系统为每个作业建立一张段表,并为每个段建立一 张页表。段表表项中至少包含段号、页表起始地址和页表长度等信息。其中,页表起始地址指出了该段的页表在内存中的起始存放地址。页表表项中至少要包括页号和块号等信息。此外,为了指出运行作业的段表起始地址和段表的长度,硬件需要有一个段表控制寄存器。

4. 虚拟存储器管理

一般来说,一个作业的大小不能超过实际内存空间的大小,实际内存空间是用户进行程序设计时可以利用的最大空间。前面所讨论的分区(固定分区和可变式分区)存储管理和分页、分段式存储管理技术，都要求作业在执行之前必须一次性地全部装入内存，这就要求作业的逻辑地址空间不能比实际的内存空间大，否则无法装入内存运行。但在实际上，根据程序的时间局部性和空间局部性，在作业运行过程中可以只让当前用到的信息进入内存，其他当前未用的信息留在外存；而当作业进一步运行需要用到外存中的信息时，再把已经用过但暂时还不会用到的信息换到外存，把当前要用的信息换到已空出的内存区中，从而给用户提供一个比实际内存空间大得多的地址空间。对于用户来说，这个特别大的地址空间就好像是可以自由使用的内存空间一样。这种大容量的地址空间并不是真实的存储空间，而是虚拟的，因此，称这样的存储器为虚拟存储器(virtual memory)。用于支持虚拟存储器的外存称为后备存储器。虚拟存储器是对主存的逻辑扩展。从程序员的角度看，外存被看作逻辑存储空间，访问的地址是一个逻辑地址(虚地址)。虚拟存储器使存储系统既具有相当于外存的容量又有接近于主存的访问速度。

(1) 请求页式存储管理

与分页式存储管理不同，如果作业的所有页面并不是一次全部装入，而是根据作业运行时的实际要求只装入目前运行所要用到的一些页，其余的页仍保存在外存，等到需要时再请求系统调入，这种分页管理称为请求页式存储管理。

请求页式存储管理与分页式存储管理在内存块的分配与回收、存储保护等方面都十分相似，不同之处在于地址重定位问题：在请求页式存储管理的地址重定位时，可能会出现所需页面不在内存的情况。此时，可以在页表表项中增加个状态位，状态位用以表示当前页是否在内存中。比如，状态位为 N 表示该页不在内存中，状态位为 Y 表示该页已在内存中。

按照分页式管理的处理，程序中的逻辑地址变换时，根据页号可查页表，如该页在内存，查找得到相应块号，转换成物理地址，执行程序指令；如该页不在内存，则会引起缺页中断(page fault)。发生缺页中断后，系统处理中断，将该页由从外存读入，并修改页表项中的状态位，填入实际内存块号，之后再转换成物理地址，继续运行程序指令。

在请求分页系统中，为了实现地址转换，需要建立一些表，它们既可以由硬件寄存器实现，也可以借助内存单元来实现。

① 作业表 JT。记录每个作业的状态与资源使用的信息，主要包括作业号、页表大小、页表地址等。

② 每一个作业要有一个页表 PMT。记录该作业每一页的页号(从第 0 页开始)以及该页是否在内存的标志，如果某页已进入内存，则还记录该页在内存中的块号。

③ 存储分块表 MBT。记录内存空间中每一块的使用情况，系统实际上就是按照这个表的内容来具体分配或释放内存块。

图 3.26 表示了请求分页系统中页表、存储分块表与作业表三者之间的关系。由图中可以看出，系统中共有 4 个作业，开始时，作业 1、2、3 的所有页面以及作业 4 的第 0、1 页已经在内存，而作业 4 的第 2、3 页不在内存。

在需要将页面从外存调入时，内存中如果没有空闲块，就需要进行页面置换：选定某个页面(被置换的页)，有时可能要把该页面写到外存中，修改相应的标志，把需要调入的页面写到这个页面上，并修改相应的页标志。发生页面置换时，如果被置换的页面在进入内存后未被修改过，则不必写回外存；如果已被修改，则必须把该页面写回外存。因此，请求页式管

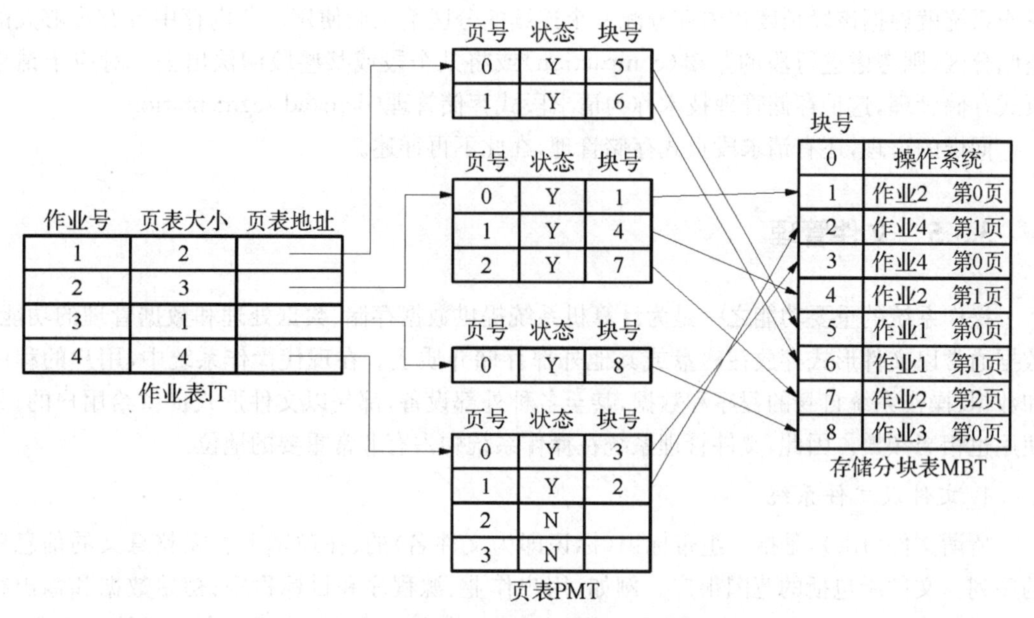

图 3.26 请求分页系统管理机构示意图

理在页表中一般还有修改位，以标志该页在内存中是否被修改过。

当发生缺页中断时，如果内存中已无空闲块，就要把已在内存的一些页面置换出去。页面置换算法即确定淘汰内存中的某些页所采用的策略。常用的页面置换算法包括以下几种。

① 最优算法(Optimal Algorithm，OPT)。最优算法是最理想的页面置换算法：从内存中移出以后不再使用的页面；如果没有这样的页面，则选择以后最长时间内不再需要访问的页面。由于页面访问后续的顺序一般难以预知，所以最优算法只具有理论上的意义。

② 先进先出(First In First Out，FIFO)算法。先进先出算法总是先淘汰那些驻留在内存时间最长的页面，即先进入内存的页面会先被置换掉，因为最先进入内存的页面不再被访问的可能性最大。这种算法实现起来比较简单。

③ 最近最久未使用(Least Recently Used，LRU)算法。如果某一页被访问了，那么它很可能马上又会被访问；反之，如果某一页很长时间没有被访问，那么最近也不太可能会被访问。最近最久未使用算法考虑了程序的局部性原理，当需要置换一页时，选择最近一段时间最久未使用的页面予以淘汰。LRU 算法能够比较普遍地适用于各种类型的程序，但是实现起来比较困难。在实际中得到广泛应用的是一种近似 LRU 的简单而有效的算法。

请求页式存储管理具有以下一些优点：由于提供了大容量的虚拟存储器，用户的地址空间不再受内存大小的限制，大大方便了用户的程序设计；可以容纳更多的作业进入系统，更有利于多道程序的运行。另外，由于作业地址空间中的各页面都是按照需要调入内存的，不用的信息不会调入内存，很少用的信息也只是短时间驻留在内存，因此更有效地利用了内存。

(2) 请求段式存储管理

与请求页式存储管理相似，基于程序局部性原理，段式逻辑地址空间中的程序段在运行时也并不需要全部装入内存，而是在需要时再调入内存。这样，在程序运行时，首先调入一个或若干个程序段运行，在运行过程中调用到其他段时，会产生段错误(segmentation fault)，操作系统就根据该段长度在内存分配一个连续的分区给该段使用。若内存中没有足够大的空闲分区，则考虑进行段的紧凑(compaction)或将某个段或某些段淘汰出去。对应于请求页式存储管理，这种存储管理技术称为请求段式存储管理(demand segmentation)。

同样的道理，还有请求段页式存储管理，在此不再详述。

3.3.5 文件管理

操作系统的重要功能之一是为计算机系统提供数据存储、数据处理和数据管理的功能。数据通常以文件形式存放在磁盘或其他外部存储介质上。在现代操作系统中，用户的程序和数据、操作系统自身的程序和数据，甚至各种外部设备，都是以文件形式提供给用户的，其使用也相当频繁。因此，文件管理系统在操作系统中占有非常重要的地位。

1. 文件及文件系统

所谓文件(file)，是指一组带标识(标识即为文件名)的、在逻辑上有完整意义的信息项的序列。文件所包括的范围很广。例如，用户作业、源程序和目标程序、初始数据和输出结果等，都是以文件的形式存在的；系统软件的资源，如汇编程序、编译程序和连接装配程序，以及编辑程序、调试程序和诊断程序等实用程序，也都是以文件的形式存在的。各类文件都是由文件系统来统一管理的。

所谓文件系统(file system)，是指负责存取和管理文件信息的软件机构。借助于文件系统，可以简单、方便地使用文件，而不必考虑文件存储空间的分配，也无须知道文件的具体存放位置，文件的存储和访问均由文件系统自动处理。同时，在文件系统中，通过文件的存取权限，对文件提供保护措施，并提供转储功能，为文件复制后备副本等。总之，文件系统一方面要方便用户，实现对文件的“按名存取”；另一方面要实现对文件存储空间的组织、分配和文件信息的存储，并且要对文件提供保护和有效的检索等功能。

随着操作系统的不断发展，越来越多的功能强大的文件系统不断涌现。这里列出一些常用的具有代表性的文件系统。

① EXT2/4：Linux 最为常用的文件系统。

② NFS：网络文件系统，允许多台计算机之间共享文件系统，易于从网络中的计算机上存取文件。

③ HPFS：高性能文件系统，是 IBM OS/2 的文件系统。

④ FAT：经过了 MS-DOS 及后来的 Windows 3.x、Windows 9x、Windows NT、Windows 2000/XP 和 OS/2 等操作系统的不断改进，它已经发展出包含 FAT12、FAT16 和 FAT32 的庞大家族。

⑤ NTFS：NTFS 是微软为了配合 Windows NT 的推出而设计的文件系统，为系统提供了极大的安全性和可靠性保障。

(1) 文件类型

为了有效、方便地组织和管理文件，常对文件进行分类，以提高文件的处理速度以及更好地实现文件的保护和共享。文件依不同标准可以有多种分类方式，按用途分为系统文件、库文件(由标准的和非标准的子程序库构成的文件)和用户文件；按性质分为普通文件、目录文件和特殊文件(比如在 UNIX 系统中,所有的输入/输出设备都被看作是特殊的文件);按保护级别分为只读文件、读写文件、可执行文件和不保护文件(用户具有一切权限);按文件数据的形式分为源文件、目标文件和可执行文件。

(2) 文件系统模型

文件系统的传统模型为层次模型,该模型由许多不同的层组成。每一层都会使用下一层的功能特性来创建新的功能,为上一层服务。模型的每一层都在下层的基础上向上层提供更多的功能,由下至上逐层扩展,从而形成一个功能完备、层次清晰的文件系统。

文件系统层次模型对支持单个文件系统比较合适。现代操作系统一般可同时支持多个文件系统,采用了如 Sun 公司的虚拟文件系统(Virtual File System,VFS)类技术,可以支持多种文件系统,如 EXT2、FAT 和 NTFS 等。

2. 文件的组织结构

(1) 文件的逻辑结构

文件的逻辑结构就是从用户观点出发所见到的文件结构,通常分为两种:记录式文件和流式文件。记录式文件在逻辑上总是被看成一组顺序记录的集合,是一种有结构的文件组织,并且根据记录长度可分为定长记录文件和变长记录文件。流式文件又称无结构文件,是由一组相关信息组合成的有序字符流。这种文件的长度直接按字节计算。

(2) 文件的物理结构

文件的物理结构是指文件在外部存储介质上的存放形式,也叫文件存储结构。它对文件的存取方法有较大的影响。文件在逻辑上看都是连续的,但在物理介质上存放时却不一定连续。基本的文件物理存储组织形式包括顺序结构、链接结构和索引结构。顺序结构把一个逻辑上连续的文件信息存放在连续编号的物理块中,只需给出首块块号和文件长度;链接结构把逻辑上连续的文件分散地存放在不同的物理块中,在各物理块中设立一个指针(称为链接字),它指示该文件的下一个物理块,最后一个块连接字为 NULL,表示该块是文件结尾;索引结构实现中,系统为每个文件建立一个索引表,其中的表项指出存放该文件的各个物理块号,索引表在文件属性说明项中指出。索引方式可以方便地进行随机存取。当文件很大时,单一索引表结构无法满足灵活性和节省内存的需要,这时可使用多重索引结构(又称多级索引结构)。

3. 文件目录管理

(1) 文件目录概念

为了根据文件名存取文件,必须建立文件名与文件在外存空间中的物理地址的对应,表示这种对应关系的数据结构称为文件目录(directory)。把若干文件目录组织在一起,以文件的形式保存在外存上,就形成了目录文件。

每一个文件在文件目录中登记为一项,作为文件系统建立和维护文件的清单。每个文件的文件目录项又称文件控制块(File Control Block,FCB)。FCB 一般应该包括以下内容:

① 有关文件存取控制的信息。如文件名、用户名、文件主存取权限、授权者存取权限、文件类型和文件属性,即可读写文件、执行文件、只读文件等。

② 有关文件结构的信息。文件的逻辑结构,如记录类型、记录个数、记录长度等;文件的物理结构,如文件所在设备名、文件物理结构类型、记录存放在外存的相对位置或文件第一块的物理块号,也可指出文件索引的所在位置等。

③ 有关文件使用的信息。已打开该文件的进程数、文件被修改的情况、文件最大长度和当前大小等。

④ 有关文件管理的信息。如文件建立日期、最近修改日期和最后访问日期，以及记账信息等。

每当创建一个新文件时，系统就要为它建立一个 FCB，多个文件的 FCB 便组成了文件目录。当用户要求存取某个文件时，系统查找目录文件，先找到对应的文件目录，然后比较文件名就可找到相应文件的 FCB（文件目录项），再通过 FCB 中的文件信息就能存取文件。在文件目录实现中，为了减少检索文件访问的物理块数，会把文件目录项中的文件名和其他管理信息分开，后者单独组成称为索引节点（i-node 或 inode，也称 i 节点）的一个数据结构。这样不仅加快了目录检索速度，而且也便于实现文件的共享，有利于系统的控制和管理。

（2）文件目录结构

为了便于对文件进行存取和管理，系统要建立一个用于存放每个文件的有关信息的文件目录。文件系统的基本功能之一，就是负责文件目录的编排、维护和检索。

根据文件目录的组织结构，可以将目录分为单级目录、二级目录、多级层次目录、无环图结构目录和图状结构目录等。

① 单级目录。单级目录（single-level directory）又称简单文件目录，它是一个线性表，在这个线性表的每一个目录项中包含以下一些信息：文件名、有关文件结构的信息（包括逻辑结构和物理结构）、有关存取控制的信息、有关管理的信息等。

目录项中究竟包括哪些内容，这要根据系统的要求而定。由于各个用户使用同一个目录表，因此，要防止不同用户对各自的文件取相同的名字。一旦文件名重复，就无法“按名存取”所需要的文件。这是简单文件目录的一个缺点。

② 二级目录。二级目录（two-level directory）结构允许每个用户建立各自的名字空间，并通过建立相应的总文件目录来管理这些名字空间。各个用户的名字空间构成了各个用户文件目录（User File Directory，UFD），而管理这些用户目录的总文件目录为主目录（Master File Directory，MFD）。通常，在主目录中的各项说明了用户目录的名字、目录大小以及所在物理位置等信息，而各用户目录中的各项说明了各文件的具体位置和其他一些属性。二级目录结构如图 3.27 所示。

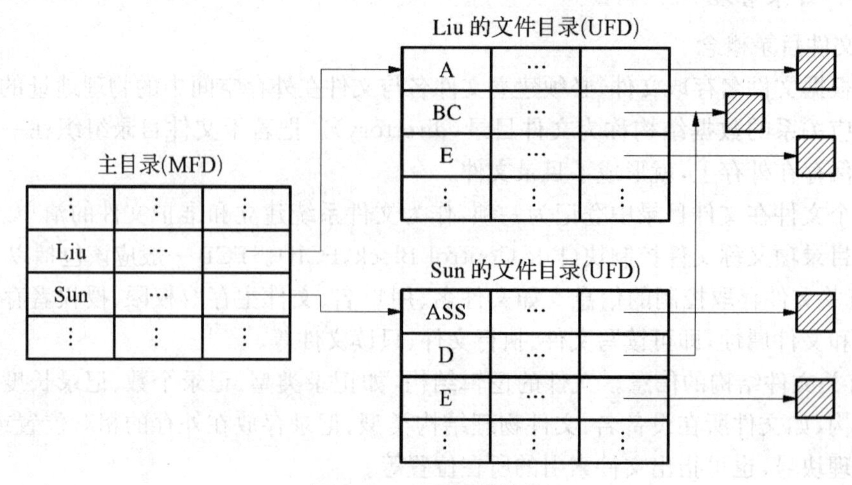

图 3.27　二级目录结构

在多用户情况下，采用二级目录结构是比较方便的。当一个新用户要建立文件时，系统为其在主目录中分配一个表目，并为其分配一个存放二级目录的存储空间，同时要为新建立的文件在二级目录中分配一个表目，并分配文件存储空间。当用户要访问一个文件时，先按用户名在主目录中找到该用户的二级目录，然后在二级目录中按文件名找出该文件的起始地址并进行访问。

显然，二级目录结构解决了文件重名的问题，也可以解决文件的连接问题。实际上，只要把目录指针指向要连接的文件登记项即可实现文件共享。例如，在图 3.27 中，用户 Sun 用名字 D 连接了用户 Liu 的文件 BC。

二级目录具有以下特点：提高了文件检索速度（用户名大大缩小了需要检索的文件数量），不同用户允许文件名重名。但对同一用户，也不能有两个同名的文件存在。

③ 多级层次目录。多级层次目录也叫树结构目录（tree-structured directories），是二级目录的推广。在多级层次目录中，有一个根目录和许多分目录。分目录不但可以包含文件，还可以包含下一级的分目录。这样推广就形成了多级层次目录。

相比二级目录，多级层次目录具有以下优点：既可方便用户查找文件，又可以把不同类型和不同用途的文件分类；允许文件重名：不但不同用户可以使用相同名称的文件，同一用户也可使用相同名称的文件；利用多级层次结构关系，可以更方便地制定保护文件的存取权限，有利于文件的保护。

多级层次目录也有其缺点，比如不能直接支持文件或目录的共享。为了使文件或目录可以被不同的目录所共享，进一步形成了结构更复杂的无环结构目录和图状结构目录等。

(3) 存取权限

存取权限可以通过建立访问控制表（Access Control List，ACL）和存取权限表（Capability List，CL）来实现。访问控制表是以文件为单位建立的，存取权限表是以用户或用户组为单位建立的。存取权限表将一个用户或用户组所要存取的文件集中起来存入一张表中，其中每个表目指明用户（用户组）对相应文件的存取权限：读（r），写（w）和执行（x）。

大型文件系统主要采用两个措施来进行安全性保护：一是对文件和目录的权限设置；二是可对文件和目录进行加密。对文件和目录的权限进行设置，就能使用户可以共享相应权限的文件数据，不仅可以为不同用户完成共同任务提供基础，而且还节省了大量的磁盘空间。

4. 文件空闲区的组织

一个大容量的文件存储器要为系统和许多用户所共享。能自动地为用户文件分配存储空间，这是文件系统的又一重要功能。下面介绍几种文件存储空间管理的方案：

(1) 空闲文件项和空闲区表

空闲文件项是一种最简单的空闲区管理方法。在这种方法中，空闲区与其他文件目录放在一张表中。在分配时，系统依次扫描这个目录表，从标记为空闲的项中寻找长度满足要求的项，然后把相应项的空闲标记去掉，填上文件名。在删除文件时，只要把文件名栏标记为空闲即可。

在这种空闲区管理方案中，由于空闲区与真正的目录混在一起，因此，无论是分配空间还是查找目录，效率都不高。另外，如果空闲区比所申请的区要大，则多余的部分有可能被浪费。为解决这些问题,可以采用空闲区表的方法,即将空闲区项抽出来单独构成一张表,这样可以减少目录管理的复杂性,提高文件查找和空闲区查找的速度。

(2) 空闲块链

所谓空闲块链,是指将所有空闲块链接在一起。当需要空闲块时,从链头依次摘取一(些)块,且将链头指针依次指向后面的空闲块。当文件被删除而释放空闲块时,只需将被释放的空闲块挂到空闲块链的链头即可。

(3) 位示图

位示图的方法是用若干字节构成一张表,表中的每一个二进制位对应一个物理块,并依次顺序编号。如果位标记为"1",则表示对应的物理块已分配;位标记为"0",则表示对应物理块为空闲。在存储分配时,只要把找到的空闲块位标记改为"1";释放时,只要把相应的位标记改为"0"即可。

(4) 空闲块成组链接法

在 UNIX 操作系统中,采用改进空闲块链方法来组织管理文件存储空间。它的方法是,将所有的空闲块进行分组,再通过指针将组与组之间链接起来。这种空闲块的管理方法称为成组链接法。在此就不再详述了。

3.3.6 I/O 设备管理

计算机系统中外部设备种类众多,速度差异极大,接口方式也有很大不同,这使设备管理成为操作系统中最为庞杂和琐碎的部分。为了方便用户使用各种外部设备,设备管理要能为不同设备提供统一界面、发挥系统并行性且方便使用,从而使 I/O 设备被高效使用。为此,设备管理通常应具有以下基本功能:外围设备中断处理,缓冲区管理,外围设备的分配,外围设备驱动调度等。而且,为了进一步提高系统效率,操作系统还有虚拟设备及其实现等功能。

1. 输入/输出软件的层次结构

输入/输出软件的设计目标就是将软件组织成一种层次结构,底层的软件用来屏蔽输入/输出硬件的细节,从而实现上层的设备无关性(即设备独立性),高层软件则要为用户提供一个统一、规范、方便的接口。操作系统实现时把输入/输出软件分成以下层次:中断处理程序、设备驱动程序、与设备无关的 I/O 软件、用户层的输入/输出软件,如图 3.28 所示,图中的箭头表示控制流的方向。

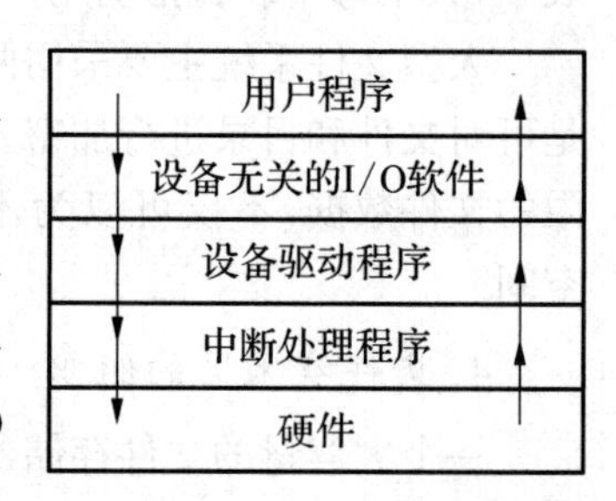

图 3.28 I/O 系统的层次结构

当用户程序从文件中读一个数据块时,需要通过操作系统的系统调用来执行此操作。与设备无关的 I/O 软件首先在数据块缓冲区中查找此数据块。若未找到,则调用设备驱动程序向硬件提出相应的请求。用户进程随即堵塞,直至数据块读出。当磁盘操作结束时,硬件发一个中断给 CPU,操作系统响应中断而执行中断处理程序。中断处理程序从设备获得返回状态值,并唤醒被阻塞的用户进程来结束此次 I/O 请求处理。随后用户进程将继续进行。

2. 中断处理过程

外部设备完成了I/O操作后,设备控制器便向CPU发出一个中断请求,CPU响应后便转向中断处理程序。在单CPU机器上的中断处理过程如下:

(1) 检查CPU响应中断的条件是否满足;

(2) 如果满足,CPU响应中断,立即关中断(避免中断被打断);

(3) 保存被中断进程的CPU环境,比如当前处理机的状态字PSW和程序计数器PC等的内容及其他寄存器,如段寄存器和通用寄存器等(因在中断处理时可能会用到这些寄存器);

(4) 分析产生中断的原因,转入相应设备的中断处理程序;

(5) 执行中断处理程序;

(6) 恢复被中断进程的CPU现场,信息返回被中断的程序;

(7) 开中断,CPU继续执行。

I/O操作完成后,驱动程序必须检查本次I/O操作中是否发生了错误,以便向上层软件报告。

3. 设备驱动程序

不同类型的设备甚至同一类型的不同品牌或型号的设备都可能有不同的设备驱动程序。设备驱动程序(device driver)是指驱动物理设备和DMA控制器或I/O控制等直接进行I/O操作的子程序集合。设备驱动程序主要负责启动对应设备进行I/O操作。设备驱动程序有如下功能:

(1) 可将接收到的抽象要求(如打开或关闭)转换为具体要求;

(2) 接受用户的I/O请求,即设备驱动程序将用户的I/O请求排列在请求队列的队尾,检查I/O请求的合法性,了解I/O设备的状态,传递有关参数等;

(3) 取出请求队列中的队首请求,将相应设备分配给它,然后启动该设备工作,完成指定的I/O操作;

(4) 处理来自设备的中断,即及时响应由控制器或通道发来的中断请求,并根据其中断类型调用相应的中断程序进行处理。

4. 与设备无关的I/O软件

为了实现设备独立性,就必须在与硬件紧密相关的驱动程序之上设置一层与设备无关的软件。与设备无关的软件提供适用于所有设备的常用I/O功能,并向用户层软件提供一个统一的接口,其主要功能如下:

(1) 向用户层软件提供统一接口。无论哪种设备,它们向用户所提供的接口相同,例如对各种设备的读操作,在应用程序中都用read,而写操作则都用write。

(2) 设备命名。与设备无关程序负责将设备名映射到相应的设备驱动程序上。

(3) 设备保护。操作系统为各个用户赋予不同的设备访问权限,以实现对设备的保护。

(4) 提供一个独立于设备的块。与设备无关软件屏蔽了不同设备使用的数据块大小可能不同的特点,向用户软件提供了统一的逻辑块大小。

此外,与设备无关的软件还负责对独占设备的分配与回收、设备使用缓冲区的管理及设备的差错控制(设备驱动程序无法处理的错误)等。

5. 用户层的I/O软件

用户层的I/O软件是I/O系统软件分层中的最上层，它面向程序员，负责与用户和设备无关的I/O软件通信。当接收到用户的I/O指令后，该层会把具体的请求发送到与设备无关的I/O软件进行进一步的处理。它主要包含用于I/O操作的库例程和SPOOLing系统(Simultaneous Pe-ripheral Operations On-Line，即在联机情况下实现的同时外围操作)。用户层的输入/输出软件完全屏蔽了具体的硬件细节，向用户提供统一的接口。

在多道程序设计中，SPOOLing系统是将一台独占设备改造为共享设备的一种行之有效的技术。例如，在打印一个文件之前，进程首先产生完整的待打印文件并将其放在SPOOLing目录下。当进程把该文件放到SPOOLing系统中之后，就可以认为打印过程已经完成。实际的打印作业由SPOOLing系统守护进程(daemon)进行处理，只有该守护进程能够真正使用打印机设备文件。

用户层I/O软件还会使用到缓冲技术。尽管随着计算机技术的发展，外设的速度也在不断提高，但很多设备与CPU的速度相差甚远。使用缓冲技术有几个方面的好处：首先，引入缓冲技术可以改善CPU和I/O设备之间速度不匹配的情况，比如上面打印中设置了缓冲区，则程序输出的数据先送到缓冲区，然后由打印机慢慢输出，使CPU和打印机得以并行工作；其次，虽然通道技术和中断技术可为计算机系统的并行活动提供支持，但往往会由于通道数量不足而产生“瓶颈”现象，缓冲技术的引入可以减少占用通道的时间，明显提高CPU、通道和I/O设备的并行程度；最后，缓冲技术的引入还可以减少外设对CPU的中断次数，放宽CPU对中断响应时间的限制。缓冲技术的引入提高了系统的处理能力和设备的利用率。

缓冲技术的实现主要是设置合适的缓冲区。缓冲区可以用硬件寄存器来实现硬缓冲，另外较经济的方式是在内存中设置软缓冲，缓冲区的大小一般与盘块的大小一样。缓冲区的个数可根据数据输入/输出的速率和加工处理的速率之间的差异情况来确定。

6. 设备的分配与回收

为了方便系统的管理，进程在使用资源时必须首先向设备管理程序提出资源申请，只要是可能和安全的，便由设备分配程序根据相应的分配算法为进程分配资源。如果申请进程得不到它所申请的资源，将被放入相应资源的等待队列中，直到所需要的资源被释放后才会分配给某个等待的进程。如果进程得到了它所需要的资源，就使用该资源完成相关的操作，使用完之后通知系统，系统将及时回收这些资源，以便其他进程使用。

3.3.7 操作系统的发展

(1) 手工操作(无操作系统)

计算机发明之初，用户直接面对硬件，程序设计全部采用机器语言。人们先把程序纸带(或卡片)装上计算机，然后启动输入机把程序和数据送入计算机，接着通过控制台(console)开关启动程序运行。计算完毕，打印机输出计算结果，用户卸下并取走纸带(或卡片)。它的特点是：CPU等待手工操作，CPU利用不充分。

(2) 批处理系统

加载一个监督软件到计算机上，在监督程序的控制下，计算机能够自动地、成批地处理一个或多个用户的作业(包括程序、数据、命令)。批处理系统又分为联机批处理系统和脱机批处理系统。联机批处理系统中作业的输入/输出由 CPU 来处理,在主机和输入机之间增加一个存储设备——磁带机。联机批处理系统在输入作业和输出结果时,CPU 还是会处于空闲状态。

在脱机批处理系统中,输入/输出设备脱离主机控制,增加一台不与主机直接相连,而专门用来与输入/输出设备打交道的卫星机。这样,主机不再与慢速的输入/输出设备连接,并且主机与卫星机两者并行工作,主机的计算能力得以充分发挥。

在 1950 年代末至 1960 年代初,计算机硬件中出现中断机构和通道技术,硬件具有了较强的并行工作能力,驻留内存的管理程序(resident monitor)被研制出来,提高了 CPU 和 I/O 设备的利用率,缩短作业的准备和建立时间,减少了人工干预和操作失误。这些系统都配备专门的计算机操作员。

(3) 多道程序系统

多道程序(multiprogramming)设计技术是指允许多个程序同时进入内存并运行,即同时把多个程序放入内存,并允许它们交替在 CPU 中运行,多个程序可共享系统中的各种硬、软件资源。当一个程序因 I/O 请求而暂停运行时,CPU 便立即转去运行另一个程序。

多道程序设计技术不仅使 CPU 得到充分利用,同时也改善了输入/输出设备和内存的利用率,从而提高了整个系统的资源利用率和系统吞吐量(单位时间内处理作业/程序的个数)。

(4) 分时系统

操作系统进一步发展就出现了分时操作系统。分时操作系统中对后来计算机科学和技术发展有巨大影响的是 UNIX 系统,它被称为计算机/互联网行业的基石。1969 年,Ken Thompson 在 PDP-7 上写了一个作业系统和一些常用的工具程序,称之为 Unics。之后他把这一系统移植到更多的平台上,并更名为 UNIX。他和 Ritchie 共同对其进行了改造,并于 1971 年共同发明了影响深远的 C 语言。1973 年他们用 C 语言重写了 UNIX,UNIX 的正式版本发行了。这之后出现了大量不同版本的 UNIX。

UNIX 在理论上和实践上都对整个操作系统的发展产生了广泛而深远的影响,其许多设计思想被后来的操作系统所采纳。

(5) 个人计算机操作系统

20 世纪 70 年代末期出现了个人计算机(Personal Computer, PC),同时出现了个人计算机操作系统,其中微软公司的 MS-DOS 和苹果公司的 CPM 是最有影响的。1984 年苹果公司的图形操作系统诞生,1992 年微软的 Windows 3.1 也面世,之后这两大系统一直在演进,伴随硬件的飞速发展发布了很多市场占有率极高的版本。1991 年 Linus 在 Internet 上发布了 Linux 操作系统,在众多爱好者的参与下,系统不断丰富完善,支持众多 CPU 和不同架构,作为开源软件的 Linux 在很多方面已经接近商用操作系统的品质和性能,极其健壮。

2007 年苹果公司在 Macworld 大会上发布了 iOS 操作系统,应用于其移动设备 iPad 和 iPhone 等。2007 年 11 月,Google 与 84 家硬件制造商、软件开发商及电信运营商组建"开放手机联盟",共同研发改良 Android 系统。Android 是一种基于 Linux 的自由及开放源代码的操作系统,主要应用于移动设备,如智能手机和平板电脑,并逐渐扩展到其他领域中,如数字电视、数码相机、游戏机、智能手表等。

3.3.8 操作系统的种类

对操作系统进行分类的方法有很多。例如，按照计算机硬件规模的大小，可以分为大型机操作系统、小型机操作系统和微型机操作系统；按照操作系统在用户面前的应用环境以及访问方式，可以将操作系统分为多道批处理操作系统、分时操作系统和实时操作系统等。

(1) 多道批处理操作系统

多道批处理操作系统包含“多道”和“批处理”两层意思。所谓“多道”，是指在计算机内存中存入多个用户作业。所谓“批处理”，是指这样一种操作方式，在外存中存入大量的后备作业，作业的运行完全由系统控制，用户与其作业之间没有交互作用，用户不能直接控制其作业的运行，通常称这种方式为批操作或脱机操作。

在多道批处理操作系统中，系统资源利用率高，作业的吞吐量大，但用户不能干预自己程序的运行，对程序的调试和纠错不利。

(2) 分时操作系统

允许多个联机用户同时使用一台计算机系统进行计算的操作系统称为分时操作系统(Time Sharing Operating System，TSOS)。分时操作系统把中央处理器的时间划分成时间片，轮流分配给每个联机终端用户，每个用户只能在极短时间内执行，若程序未执行完，则等待分到下次时间片时再执行。这样，系统的每个用户的每次要求都能得到快速响应，且用户感觉好像自己独占计算机。

分时操作系统具有以下特点：多路性(又称同时性，终端用户感觉上好像独占计算机)、交互性、独立性(终端用户彼此独立，互不干扰)和及时性(快速得到响应)。

(3) 实时操作系统

实时操作系统(Real Time Operating System，RTOS)是指当外界事件或数据产生时，系统能够接收并以足够快的速度予以处理和响应，能够控制所有任务协调一致运行。目前有3种典型的实时系统：过程控制系统(如工业生产自动控制、航空器飞行控制和航天器发射控制)、信息查询系统(如仓库管理系统、图书资料查询系统)和事务处理系统(如飞机或铁路订票系统、银行管理系统)。

实时操作系统分为硬实时(hard real-time)操作系统及软实时(soft real-time)操作系统。硬实时操作系统必须使任务在确定的时间内完成，而软实时操作系统能让绝大多数任务在确定时间内完成。实时操作系统一般会采用基于优先级的抢占调度方式。

(4) 网络操作系统

为了使计算机能方便地传送信息和共享网络资源，将计算机加入网络中，这样的计算机上的操作系统称网络操作系统(network operating system)。网络操作系统应该具备以下几项功能：网络通信(源和目标之间无差错数据传输)、资源管理、网络管理(包括安全控制、性能监视、故障处理等)、网络服务和通信透明性(提供对多种通信协议支持等)。

(5) 分布式操作系统

分布式计算机系统是指由多台分散的计算机经网络互联而成的系统。联网的每台计算机高度自治又相互协同，能在分布式系统范围内实现资源管理、任务分配及并行地运行分布式程序。系统中的资源为所有用户共享，多台机器可以通过互相协作来完成同一个任务（一个程序可以分布于多台计算机上并行运行）。分布式系统中的一个节点出错不影响其他节点运行。分布式计算机系统的主要优点是健壮性强、扩充容易、可靠性高、维护方便和效率较高。

用于管理分布式计算机系统的操作系统称为分布式操作系统（distributed operating system）。它与单机的集中式操作系统的主要区别在于资源管理、进程通信和系统结构 3 个方面。

（6）嵌入式操作系统

运行于嵌入式系统之上的操作系统称为嵌入式操作系统（embedded operating system）。由于资源受限，微型化是嵌入式系统的重要特点；而多种多样的硬件平台使其表现出专业化的特点；由于嵌入式系统广泛应用于过程控制、数据采集、通信、信息家电等要求迅速响应的场合，实时性也是其重要特点。

嵌入式操作系统一般要求占用内存小，需要根据系统的实际硬件资源对操作系统进行裁减定制。

3.3.9　典型操作系统

典型操作系统主要包括 Windows 、Linux、DOS 和 VxWorks 等。下面按照功能特征将操作系统分为四大类。

1. 服务器操作系统

服务器操作系统是指安装在大型计算机上的操作系统，比如 Web 服务器、应用服务器和数据库服务器等。服务器操作系统主要分为四大流派：Windows、UNIX、Linux、Netware。

Windows 是由美国微软公司设计的基于图形用户界面的操作系统，因其生动友好的用户界面、简便的操作方法，吸引着成千上万的用户，成为目前装机普及率最高的一种操作系统。最新的版本是 Windows 11。

UNIX 是美国 AT&T 公司 1971 年在 PDP-11 上运行的操作系统。它具有多用户、多任务的特点，支持多种处理器架构。最初的 UNIX 是用汇编语言编写的，后来又用 C 语言进行了重写，使得 UNIX 的代码更加得简洁紧凑，并且易移植、易阅读、易修改，为 UNIX 的发展奠定了坚实的基础。但 UNIX 缺乏统一的标准，且操作复杂、不易掌握，可扩充性不强，这些都限制了 UNIX 的普及应用。

Linux 是一种开放源码的类 UNIX 操作系统。用户可以通过 Internet 免费获取 Linux 源代码，并对其进行分析、修改和添加新功能。Linux 是一个领先的操作系统，世界上运算速度最快的 10 台超级计算机上运行的都是 Linux 操作系统。不少专业人员认为 Linux 最安全、最稳定，对硬件系统最不敏感。但 Linux 图形界面不够友好，这是影响它推广的重要原因。而 Linux 开源带来的无特定厂商技术支持等问题也是阻碍其发展的另一因素。

Netware 是 Novell 公司推出的网络操作系统。Netware 最重要的特征是基于基本模块设计思想的开放式系统结构。Netware 是一个开放的网络服务器平台，用户可以方便地对其进行扩充。Netware 系统对不同的工作平台(如 DOS、OS/2、Macintosh 等)、不同的网络协议环境(如 TCP/IP)以及各种工作站操作系统提供了一致的服务。但 Netware 的安装、管理和维护比较复杂,操作基本依赖于命令输入方式,并且对硬盘识别率较低,很难满足现代社会对大容量服务器的需求。

2. PC 操作系统

PC 操作系统是指安装在个人计算机上的操作系统,如 DOS、Windows、MacOS。

DOS 是第一个个人机操作系统。它是微软公司研制的配置在 PC 机上的单用户命令行界面操作系统。DOS 功能简单、硬件要求低,但存储能力有限,而且命令行操作方式要求用户必须记住各种命令,使用起来很不方便。

Windows 与 DOS 的最大区别是前者提供了图形用户界面,使得用户的操作变得简单高效。但它最初并不能称为一个真正的操作系统,它仅是覆盖在 DOS 系统上的一个视窗界面,不支持多道程序。后来演变的 Windows NT 才属于完整的支持多道程序的操作系统。Windows Vista 是 Windows NT 的后代。Windows 是一款既支持个人机又支持服务器的双料操作系统。

MacOS 是由苹果公司自行设计开发的,专用于 Macintosh 等苹果机,一般情况无法在普通计算机上安装。MacOS 是基于 UNIX 内核的操作系统,也是首个在商业领域成功的图形用户界面操作系统,它具有较强的图形处理能力,广泛用于桌面出版和多媒体应用等领域。Macintosh 的缺点是与 Windows 缺乏较好的兼容性,因此影响了它的普及。

3. 实时操作系统

实时操作系统是保证在一定时间限制内完成特定任务的操作系统,如 VxWorks。

VxWorks 操作系统是美国风河公司于 1983 年设计开发的一种嵌入式实时操作系统,是嵌入式开发环境的关键组成部分。它具有良好的持续发展能力、高性能的内核以及友好的用户开发环境,在嵌入式实时操作系统领域占据一席之地。Vxworks 支持几乎所有现代市场上的嵌入式 CPU,包括 x86 系列、MIPS、PowerPC、Freescale ColdFire、Intel i960、SPARC、SH-4、ARM、StrongARM 以及 xScaleCPU。它以其良好的可靠性和卓越的实时性被广泛地应用在通信、军事、航空、航天等高精尖技术及实时性要求极高的领域中,如卫星通信、军事演习、弹道制导、飞机导航等。

4. 嵌入式操作系统

嵌入式操作系统是以应用为中心,以计算机技术为基础,软件硬件可裁剪,适应应用系统对功能、可靠性、成本、体积、功耗严格要求的专用计算机系统。它与应用紧密结合,具有很强的专用性,必须结合实际系统需求进行合理的裁剪利用。

Palm OS 是 Palm 公司开发的专用于 PDA(Personal Digital Assistant,掌上电脑)上的一种 32 位嵌入式操作系统。虽然其并不专门针对手机设计,但是 Palm OS 的优秀性和对移动设备的支持同样使其能够成为一个优秀的手机操作系统。Palm OS 与同步软件 HotSync 结合可以使掌上电脑与 PC 上的信息实现同步,把台式机的功能扩展到了手掌上,其最新的版本为 Palm OS 5.2。具有手机功能的 Palm PDA 如 Palm 公司的 Tungsten W,而 Handspring 公司(已被 Palm 公司收购)的 Treo 系列则是专门使用 Palm OS 的手机。

3.4 小结

计算机是一个根据用户提供的各种指令来实现信息输入、处理、存储和输出的机器。计算机由硬件系统和软件系统组成，两者缺一不可。硬件是物理设备和器件的总称，是用来完成信息交换、存储、处理和传输的基础；软件是各种程序、数据及相关文档的总称，是用来描述实现数据处理的规则。

计算机硬件与软件的辩证关系是：(1) 硬件与软件是相辅相成的，硬件是计算机的物质基础，没有硬件就无所谓计算机；(2) 软件是计算机的灵魂，没有软件，计算机的存在就毫无价值；(3) 硬件系统的发展给软件系统提供了良好的开发环境，而软件系统的发展又给硬件系统提出了新的要求。

根据冯·诺依曼提出的“存储程序式计算机”结构思想，计算机由运算器、控制器、存储器、输入设备和输出设备五大部分组成。其中，运算器是进行算术运算和逻辑运算的部件；控制器是统一控制和指挥计算机的各个部件协同工作的部件；存储器是用来存储程序和数据的部件；输入设备是向计算机输入程序和数据的设备；输出设备是将计算机处理数据后的结果显示、打印或存储到外存上的设备。

软件是对硬件功能的扩充和完善，软件的运行最终都被转换为对硬件设备的操作。软件分为系统软件和应用软件。系统软件是管理、监控和维护计算机资源的软件，操作系统是系统软件中最基本、最重要、最核心的软件。操作系统控制和管理计算机内部各种软硬件资源，是用户和计算机之间的接口。应用软件是用户为实现某一类应用或解决某个特定问题而编制或购买的软件。

3.5 课程思政

棱镜门事件

2014 年 5 月 26 日，国务院新闻办互联网新闻研究中心发布了一份名为《美国全球监听行动纪录》的报告，这份报告称：2013 年 6 月，英国、美国和中国香港媒体相继根据美国国家安全局前雇员爱德华·斯诺登提供的文件，报道了美国国家安全局代号为“棱镜”的秘密项目，内容触目惊心。中国有关部门经过了几个月的查证，发现针对中国的窃密行为的内容基本属实。这也是“棱镜门”事件爆发近一年来，中国官方首次对涉及中国的监听窃密问题进行官方确认和表态。

从政府到手机 App,"棱镜"无处不在

"棱镜门"爆发以后,全球媒体的相关报道纷至沓来,关于美国"棱镜"项目在中国涉及范围的各种传闻也层出不穷,而上述报告的出炉显示了中国有关部门在经过查证之后证实了很多媒体报道的内容,也就是说,美国"棱镜"大范围地笼罩中国并不是耸人听闻的传说,而是不可辩驳的事实。

在这份报告中,确认了很多在美国"棱镜"项目中针对中国进行的监听和窃密行径,涉及范围包括中国政府和国家领导人、中资企业、科研机构、普通网民、广大手机用户等,监听和窃密的广度和深度出乎很多人的意料。

报告显示中国是美国非法窃听的主要目标之一,中国的政府机构是美国窃听的重点关照对象,金融和电信行业是攻击的主要目标,中国电信、中国移动、中国联通、中国银行、中国工商银行、中国建设银行以及电信设备商华为都有涉及。

美国国家安全局还对中国顶尖高等学府清华大学的主干网络发起大规模的黑客攻击。其中 2013 年 1 月的一次攻击中,至少 63 部电脑和服务器被黑,而中国六大骨干网之一的"中国教育和科研计算机网"就设在清华大学。

除了这些重要的行业、部门和企业,一些和普通人生活密切相关的领域,也成为美国窃听和窃密的目标。在美国国家安全局内部,苹果和安卓手机操作系统被称作"数据资源的金矿",美英情报部门 2007 年就已合作监控手机应用程序,美国国家安全局一度将这方面的预算从 2.04 亿美元追加到 7.67 亿美元。

美国国家安全局多年来一直从移动设备应用程序(App)中抓取个人数据,包括个人用户的位置数据、种族、年龄和其他个人资料,这些 App 包括用户众多的"愤怒的小鸟"、谷歌地图(Google Map)、脸谱(Facebook)、推特(Twitter)和网络相册 Flickr 等。

美英两国的情报人员甚至还假扮"玩家",渗透入网络游戏《魔兽世界》《第二生命》中,收集电脑游戏玩家的记录,监视游戏玩家。而实际上,这两款游戏的中国玩家最多。更可怕的是,腾讯聊天软件 QQ 和中国移动的移动即时通信应用飞信竟然也在美国国家安全局的监视范围之内。

对抗网络入侵需要决心与投入

"棱镜门"事件的主角美国国家安全局(National Security Agency,NSA)是美国最为神秘的情报机构,由于过于神秘,完全不为外界甚至美国政府其他部门所了解,所以它的缩写 NSA 经常被戏称为"No Such Agency"(查无此局)。

美国国家安全局拥有一群世界一流的计算机专家和网络安全专家,他们手里握有各种途径获取的漏洞和技术优势及工具,利用这些资源实施国家级的监听活动。这些人不是简单的黑客(Hacker,指热衷于研究系统和计算机及网络内部运作的人,通常喜爱自由且不受约束)或骇客(Cracker,指恶意非法地试图破解或破坏某个程序、系统及网络安全的人),因为他们的监听活动是一种政府主导的攻击行为,甚至更像是一种专业性极强的网络战,比如在关键节点核心设备中植入"后门",不仅可以大规模监听全球其他国家政府机构、企业、个人通信及隐私信息,更可出于某些政治或军事目的实施突然精确瘫痪目标网络。

可以肯定的是,中国政府部门、组织和公司深知网络安全问题的重要性,也在不遗余力地将自己的系统做到尽可能的安全,但遗憾的是并没有绝对的安全。

因为攻击手段实在太多,攻击者采用 10 种方式攻击一个系统,只要有一种方式有效就

美国国家安全局

成功了，但是在防范端，你得防住10种攻击方式才行。因此，以国家高度去实施网络安全防范这件事情，不在于其实现的难度而是在于决心和资源的投入。一个公司是无法对抗一个国家的，如果进攻者是国家级别的，那么防范者也需要进行国家层面的战略部署。

此前，斯诺登对媒体披露，美国除了"棱镜"计划，还有其他计划，如："主干道""码头"和"核子"等，美国的网络"爪牙"超乎我们的想象。

大数据时代，泄密的往往是普通日常信息

过去提到窃听，我们会想到巧妙隐藏针孔摄像头和安装在各种匪夷所思地点的窃听器，美国针对中国的窃听行径由来已久，在出口到中国的飞机上、中国使馆的墙壁里、飞过中国的卫星上、海底电缆上等都曾发现过美国的窃听和窃密设备，另外美国也会采取在使馆、外企和留学生当中安插和培养特工的方式，对中国进行"监控"。

而在今天这个互联网无处不在的世界，想要了解一个人的真实生活已经不需要这些，因为仅仅通过对这个人在网络世界留下的各种印记，就可以数据还原出这个人真实生活的方方面面。

"棱镜门"事件把中国信息安全带到了一个更宏观层面，因为在云计算和大数据背景下，过去那种只是对一个小的系统或者设备做风险评估的方式已经不能适应今天的形势，而是要对整个行业做综合的整体评估。因为局部的风险一旦累加起来，尤其在大数据时代，通过零散信息可能会拼接出一个重要的信息。因此，在大数据时代，遍布网络上的那些普通信息一旦达到一定数量级或者一些看似不相关的数据一旦被整合起来，在大数据手段的综合分析与深度挖掘下，就可能会泄露出关系到国家的重要信息，这无疑是一个全新而严峻的挑战。

如何对"棱镜"说NO

对于中国来说，"棱镜门"最大的意义就是唤醒了中国的危机意识，现在我们已经开始在一定程度上恢复了在网络安全方面曾经失去的话语权。

中国共产党中央国家安全委员会(简称"国安委")正式成立，以及中央网络安全和信息化委员会成立。这两个部门均由党和国家的最高领导人挂帅，可以说明确显示出我国对于加强网络安全和建设网络强国的决心。

"棱镜门"事件在产业中的影响力也已经开始显现,政府机构、金融、电信、教育等涉及国计民生的重要部门、行业和企业在进行网络建设的时候,都开始重视国产化和自主可控方面的问题。

最根本的方法:一是提高主观上的重视程度和防范意识,这不仅是某个部门、某个行业的事情,而是全社会每一个人都需要提升的;二是发展自己的产业,提升自主创新能力,掌握核心技术,这也是最根本的,因为只有自己的产品立得住才能真正拥有相对的安全。

网络安全必须从顶层设计、战略布局、安全文化的重塑、人才培养、产业振兴等各方面从容不迫地循序渐进。比如,从法律上明确赋予国家机构和企业对于网络信息安全所承担的社会和经济责任,并引入金融保险业等保障补偿机制,大力支持用户信息权益维权,这样才能根本改善目前不太有利的 IT 治理现状。要吸取之前美苏冷战和"星球大战"的历史教训,兼顾安全与发展的平衡。

Google 断供事件

硬件可以有库存囤货,而软件是无法存储的。所以,当华为遭遇断供风潮后,谷歌在系统层面对于华为的影响就显得更为现实和深远。

现实是面向海外市场的销售,如果没有了 Google Play、Google Map、Gmail、YouTube 这些谷歌软件,不知情的用户又有多少会选择谅解?而更深远的影响则是将华为自研操作系统这一"备胎"加速推向前台,在未来会不会成为全球手机操作系统中的一级,虽未可知,但很可期。

免费的才是最贵的

昨日,为遵守美国政府命令,谷歌宣布暂停与华为公司的商业往来。但在今日的媒体活动上,华为董事长任正非却表态说,"谷歌是一家好公司,一家高度负责任的公司"。据任正非表示,谷歌正在跟华为讨论制定应对方案。

也就是说,谷歌公司在主观上并不愿看到这一切的发生,但客观上却又不得不遵从美国政府的命令。这对于华为而言,未来还将继续,但今天和明天怎么才能安然过渡,很大程度上取决自己的"备胎"实力。

这早已不是普通的在商言商范畴,华为面临的压力可想而知。

表面上安卓系统属于"Android 开源项目(AOSP)",所有的手机都可以使用——即使美国政府也无法左右。但是,由于手机的操作系统适配涉及方方面面,所以谷歌推出最新版的安卓系统前,一般都会拉一群安卓厂商帮忙适配优化。对于手机厂商来说,预装最新的安卓系统是吸引消费者的最佳手段之一。

而对于华为来说,以后就只能等谷歌将最新的安卓系统开源后再进行针对自家手机的优化适配。另外,在系统安全补丁上也会有一些延迟,相应的会增加一些安全性方面的隐患。

如果事情只是如此,倒也无伤根本。真正的问题在于谷歌暂停与华为的合作后,安卓的灵魂——谷歌框架服务也将随之烟消云散。

我们国内的安卓用户对于谷歌框架服务基本没有任何需求,但是华为不光做国内的生意,海外市场也是华为的半壁江山,对于华为海外业务来说,缺少谷歌框架服务,无异于晴天霹雳——可以预见的是,海外用户大概率不会因此而选择宽宏的谅解。

尽管华为早就意识到了“免费的才是最贵的”，但是因为备用胎 Plan B 从未上过一线战场，没有听过前线炮声的它，能够迅速拾遗补阙，担当重任吗？

“Plan B”和原地转圈

据调研机构 Canalys 的数据显示，2018 年华为在欧洲市场的智能手机出货量为 2 620 万，同比增长 41.4%。要知道，这一成绩还是在欧洲市场整体萎靡的情况下完成的——2018 全年欧洲市场智能手机出货量缩减了 4% 至 1.97 亿部。

在海外市场，由于用户的习惯，谷歌家的 Gmail、YouTube 等应用均占据统治性地位，而且还有众多遵循谷歌应用商店规范的应用要求必须具备谷歌框架服务才能运行。

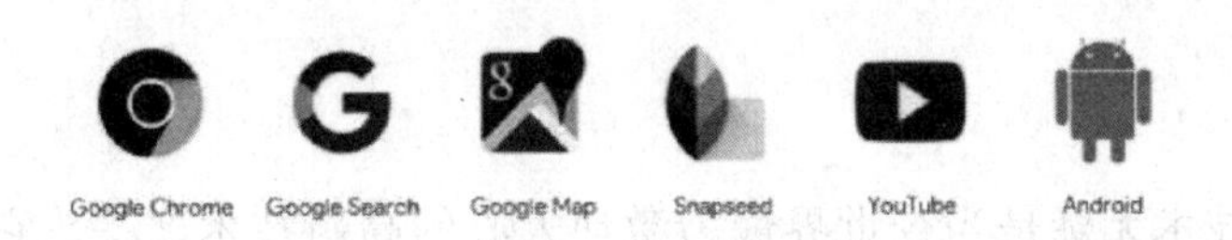

所以，如果在海外的华为手机不再支持谷歌框架服务，消费者由此而产生的不解将会是一个难以面对的问题。

此前余承东曾表示，“我们准备了我们自己的操作系统。一旦我们无法继续使用这些系统，我们就会有所准备……这是我们的应急方案（Plan B）。”那么，当谷歌褪去，现在我们是不是只要把“Plan B”拿出来就行了？对此，余承东的下半句话是这么说的，“华为的确拥有备用系统，但仅在必要情况下使用。说实话，我们并不想使用。”

确实，事情可不是这么简单。在硬件上，如果华为没有高通的支持，完全可以靠海思麒麟继续打天下，但是在软件上，如果没有了谷歌的生态，然后，也就很难有然后了……这主要是因为操作系统的繁荣主要涉及用户的使用习惯与应用数量两个问题。使用习惯还好解决，华为完全可以“借鉴”安卓的操作逻辑，让新的操作系统跟上消费者的步伐。但是在应用的繁荣度上，操作系统本身却无能为力，这需要大量且有效的时间积累。

何不取而代之？

从手机厂商的角度考虑，谷歌就好比风筝上的那根线，不管你飞得多高，“小辫子”始终是被攥在谷歌手里的，或者说是美国政府手里的。

今天美国政府只是让谷歌暂停与华为的合作，那明天会不会波及更多的中国手机厂商？毫无疑问，现在的谷歌系统就如同一柄高悬于头顶的达摩克利斯之剑，成为萦绕在国产安卓手机厂商心中难以挥去的梦魇。

但是，就像所有的压力一样，它总要有释放的地方。尽管困难重重，但也由此酝酿出一个机遇，我们到底需要一款什么样的手机操作系统，华为能否走出一条更宽阔的路，成为手机操作系统中的第三种选择？困难远比想象严重，自研备胎系统就此一飞冲天。断供门事件可以很好地激励同学掌握和创新核心技术、勇攀科技高峰，激发学生勇于创新、积极探索的科学精神。

第四章 因特网基础与网络安全

计算机网络技术无疑是当今世界最为激动人心的高新技术之一。它的出现和快速发展,尤其是互联网的迅速成长,正在把一个世界连接成一个整体,“世界”这一概念也正在变小。网络在迅速发展的同时也改变着人们的传统生活方式,给人们带来了新的工作、学习以及娱乐的方式。当前,网络空间已经成为继陆、海、空、天之后人类活动的第五大空间,其深度和广度覆盖政治、经济、文化、社会、军事、外交等各个领域并深入社会生活的各个层面。网络空间安全在经济和社会发展的关键环节和基础保障方面发挥着日益重要的作用,已成为国家安全的核心组成部分。

本章主要介绍网络、因特网以及网络安全的基础知识。通过本章的学习,应该掌握:

(1) 计算机网络的基本概念;

(2) 因特网基础,即客户机/服务器模型、TCP/IP 协议、IP 地址和域名工作原理;

(3) 网络安全基础,即网络安全威胁、基本防护措施、个人数据安全、备份与恢复技术。

4.1 网络的基本概念

4.1.1 网络的定义

计算机网络是指将地理位置不同、功能相对独立的多个计算机系统通过通信线路相互连在一起,由专门的网络操作系统进行管理,以实现资源共享的系统。

计算机网络中的计算机通常都处于不同的地理位置,被访问的主机在地理上往往是不可见的。正是由于这种空间障碍,才成为以组建计算机网络的方式来实现资源共享的驱动力。当这些地理位置不同的计算机组成计算机网络时,必须通过通信线路将它们互联起来。

通信线路由通信介质和通信控制设备组成。为了在这些功能相对独立的计算机之间实现有效的资源共享,还必须提供具备网络软件和硬件资源管理功能的系统软件,这种系统软件就是网络操作系统。

4.1.2 计算机网络的形成

20 世纪 50 年代初,由于美国军方的需要,美国半自动地面防空系统开始计算机与通信技术相结合的尝试。它将远程雷达和其他测试设施通过电话线路、无线通信信道连接,使得观测到的信息通过通信线路传输到位于美国的 IBM 计算机,实现分布的防空信息集中地处理和控制。

后来人们发现可以通过通信系统将地理位置分散的多个终端,通过通信线路连接到一台中心计算机上,该计算机以集中方式处理不同地理位置的用户数据;用户可以在自己办公室内的终端输入程序,通过通信线路传送到中心计算机,分时访问和使用资源进行信息处理,处理结果再通过通信线路回送到用户终端显示或打印。这种以单个计算机为中心的联机系统称为面向终端的远程联机系统。20 世纪 60 年代,美国航空公司组建的航空订票系统就是面向终端的远程联机系统的应用。

随着计算机的发展,出现了多台计算机互连的需求。将分布在不同地点的计算机通过通信线路互连便成为计算机网络。联网用户可以通过计算机使用本地计算机的软件、硬件与数据资源,也可以使用网络中的其他计算机软件、硬件与数据资源,以达到资源共享的目的。这个阶段的典型代表便是美国国防部高级研究计划局的 ARPANET。

ARPANET 是计算机网络发展中的一个里程碑,是 Internet 出现的基础。ARPANET 最初在洛杉矶的加利福尼亚大学洛杉矶分校、加州大学圣巴巴拉分校、斯坦福大学、犹他州大学的 4 台大型计算机采用分组交换技术,通过专门的接口信号处理机和专门的通信线路相互连接,以便于这些学校之间互相共享资源。到了 20 世纪 80 年代,ARPNENT 通过有线、无线与卫星通信线路,覆盖了从美国到欧洲的广阔地域。

在广域网发展的过程中,随着小型计算机和个人计算机的出现和广泛应用,小范围的多台计算机联网的需求日益强烈。20 世纪 70 年代,一些机构开始进行局域网计算机的研究,并取得了很多成果,这对局域网技术的发展起到了重要作用。

计算机网络的发展历史不长,但发展速度很快。它是从简单地为解决远程计算、信息收集和处理而形成的专用联机系统开始的。随着计算机技术和通信技术的发展,又在联机系统广泛使用的基础上,发展到把多台中心计算机连接起来,组成以共享资源为目的的计算机网络。这样就进一步扩大了计算机的应用范围。计算机网络的形成与发展大致可以分为 4 个阶段。

第一阶段可以追溯到 20 世纪 50 年代。那时人们开始将彼此独立发展的计算机技术与通信技术结合起来,完成了数据通信技术与计算机通信网络的研究,为计算机网络的出现做好了技术准备,奠定了理论基础。人们通过数据通信系统将地理位置分散的多个终端,通过通信线路连接到一台计算机以集中方式处理不同地理位置用户的数据。

第二阶段的标志是 20 世纪 60 年代美国的 ARPANET 与分组交换技术。ARPANET 是计算机网络技术发展中的一个里程碑,它使网络中的用户可以通过本地终端使用本地计算机的软件、硬件与数据资源，也可以使用网络中其他地方的计算机的软件、硬件与数据资源，从而达到计算机资源共享的目的。它的研究成果对促进网络技术的发展起到了重要的作用，并为 Internet 的形成奠定了基础。

第三阶段从 20 世纪 70 年代中期开始。国际上各种广域网、局域网与公用分组交换网发展十分迅速，各个计算机生产商纷纷发展各自的计算机网络系统，但随之而来的是网络体系结构与网络协议的国际标准化问题。国际标准化组织（International Organization for Standardization，ISO）在推动开放系统互连参考模型与网络协议的研究方面做了大量的工作，提出了著名的 ISO/OSI 参考模型，对网络理论体系的形成与网络技术的发展产生了重要的作用。

第四阶段从 20 世纪 90 年代开始，最主要的标志是 Internet 的广泛应用，高速网络技术、网络计算与网络安全技术的研究与发展。因特网作为国际性的网络与大型信息系统，在当今经济、文化、科学研究、教育和社会生活等方面发挥越来越多重要的作用。宽带网络技术的发展为社会信息化提供了技术基础，网络安全技术为网络应用提供了重要安全保障。

4.1.3 计算机网络的分类

计算机网络的分类标准有很多种，以通信所使用的介质分类，计算机网络分为有线网络和无线网络。所谓有线网络，是指采用有形的传输介质（如铜缆、光纤等）组建的网络；而使用微波、红外线等无线传输介质作为通信线路的网络，就属于无线网络。

以使用网络的对象分类，计算机网络分为公众网络和专用网络。公众网络是指用于为公众提供网络服务的网络，如 Internet；而专用网络是指专门为特定的部门或应用而设计的网络，如医院系统网络。

以网络传输技术分类，计算机网络分为广播式和点到点式。所谓广播式网络（Broadcast Network），是指网络中所有的计算机共享一条通信信道。广播式网络在通信时具备两个特点，一是任何一台计算机发出的消息都能够被其他连接到这条总线上的计算机收到；二是任何时间内只允许一个节点使用信道。而在点到点网络（Point－to－Point Network）中，由一条通信线路连接两台设备，为了能从源端到达目的端，这种网络上的数据可能需要经过一台或多台中间设备。如图 4.1 所示给出了广播式网络和点到点网络的示例图。

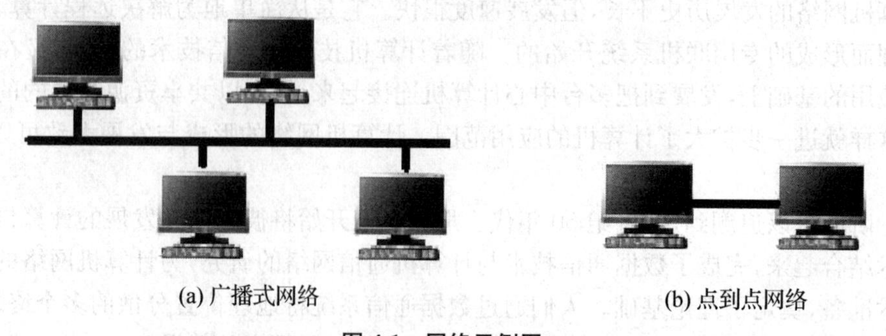

(a) 广播式网络　　(b) 点到点网络

图 4.1　网络示例图

以网络传输速度的高低分类，计算机网络分为低速网络和高速网络。

按网络覆盖的地理范围分类，计算机网络分为局域网、城域网和广域网。

(1) 局域网(Local Area Network, LAN)是一种在有限区域内使用的网络，在这个区域内的各种计算机、终端与外部设备互联成网，其传送距离一般在几公里之内，最大距离不超过10公里，因此适用于一个部门或一个单位组建的网络。典型的局域网例如办公室网络、企业与学校的主干局域网、机关和工厂等有限范围内的计算机网络。局域网具有高数据传输率、低误码率、成本低、组网容易、易管理、易维护、使用灵活方便等优点。

(2) 城域网(Metropolitan Area Network ,MAN)是介于广域网和局域网之间的一种高速网络，它的设计目标是满足几十公里范围内的大量企业、学校、公司的多个局域网的互联需求，以实现大量用户之间的信息传输。

(3) 广域网(Wide Area Network, WAN)又称为远程网，所覆盖的地理范围要比局域网大得多，从几十公里到几千公里。广域网覆盖一个国家、地区，甚至横跨几个洲，形成国际性的远程计算机网络。

4.1.4 网络硬件

计算机网络是计算机技术和通信技术相互结合、相互渗透而形成的一门新兴学科。计算机与通信的相互结合主要有两个方面。一方面，通信网络为计算机之间的数据传递和交换提供了必要的手段；另一方面，计算机技术的发展渗透到通信技术中，又提高了通信网络的各种性能。

与计算机系统类似，计算机网络系统也有网络软件和硬件设备两部分组成。下面主要介绍常见的网络硬件设备。

1. 传输介质(Media)

局域网中常见的传输介质有同轴电缆、双绞线和光缆。随着无线网的深入研究和广泛应用，无线技术也越来越多地用来进行局域网的组建。

2. 网络接口卡(NIC)

网络接口卡(简称网卡)是构成网络必需的基本设备，用于将计算机和通信电缆连接起来，以便经电缆在计算机之间进行高速数据传输。因此，每台连接到局域网的计算机(工作站或服务器)都需要安装一块网卡。通常网卡都插在计算机的扩展槽内。网卡的种类很多，它们各有自己使用的传输介质和网络协议。

3. 交换机(Switch)

交换概念的提出是对于共享工作模式的改进，而交换式局域网的核心设备是局域网交换机。共享式局域网在每个时间片上只允许有一个结点占用公用的通信信道。交换机支持端口连接的结点之间的多个并发连接，从而增大网络宽带，改善局域网的性能和服务质量。

4. 路由器(Router)

处于不同地理位置的局域网通过广域网进行互联是当前网络互联的一种常见的方式。路由器是实现局域网与广域网互联的主要设备。路由器检测数据的目的地址，对路径进行动态分配，根据不同的地址将数据分流到不同的路径中。如果存在多条路径，则根据路径的工作状态和忙闲情况，选择一条合适的路径，动态平衡通信负载。

5. 无线 AP(Access Point)

AP，全称是 Access Point，无线访问节点、会话点或存取桥接器，是一个包含很广的名称，它不仅包含单纯性无线接入点(无线 AP)，也同样是无线路由器(含无线网关、无线网桥)等设备的统称，俗称“热点”。大多数的无线 AP 都支持多用户接入、数据加密、多速率发送等功能，一些产品更提供了完善的无线网络管理功能。对于家庭、办公室这样的小范围无线局域网而言，一般只需一台无线 AP 即可实现所有计算机的无线接入。无线 AP 是使用无线设备(手机等移动设备及笔记本电脑等无线设备)用户进入有线网络的接入点，主要用于宽带家庭、大楼内部、校园内部、园区内部以及仓库、工厂等需要无线网络的地方。无线 AP 典型距离可覆盖几十米至上百米，也有可以用于远距离传送，最远的可以达到 30 km 左右，主要技术为 IEEE802.11 系列。大多数无线 AP 还带有接入点客户端模式(AP client)，可以和其他 AP 进行无线连接，延展网络的覆盖范围。

4.1.5 网络软件

网络上的计算机之间又是如何交换信息的呢？就像我们说话用某种语言一样，在网络上的各台计算机之间也有一种语言，这就是网络协议，不同的计算机之间必须使用相同的网络协议才能进行通信。例如，网络中一个微机用户和一个大型主机的操作员进行通信，由于这两个数据终端所用字符集不同，因此操作员所输入的命令彼此不认识。为了能进行通信，规定每个终端都要将各自字符集中的字符先变换为标准字符集的字符后，才进入网络传送，到达目的终端之后，再变换为该终端字符集的字符。当然，对于不相容终端，除了需变换字符集字符外还需转换其他特性，如显示格式、行长、行数、屏幕滚动方式等也需做相应的变换。

网络协议是为计算机网络中进行数据交换而建立的规则、标准或约定的集合，是计算机网络中互相通信的对等实体之间交换信息时所必须遵守的规则的集合。它规定了通信时信息必须采用的格式和这些格式的意义。大多数网络都采用分层的体系结构，每一层都建立在它的下层之上，向它的上一层提供一定的服务，而把如何实现这一服务的细节对上一层加以屏蔽。一台设备上的第 n 层与另一台设备上的第 n 层进行通信的规则就是第 n 层协议。在网络的各层中存在着许多协议，接收方和发送方同层的协议必须一致，否则一方将无法识别另一方发出的信息。网络协议使网络上各种设备能够相互交换信息。

TCP/IP(Transmission Control Protocol/Internet Protocol，传输控制协议/网际协议)是因特网的正式网络协议，是一组在许多独立主机系统之间提供互联功能的协议，规范因特网上所有计算机互联时的传输、解释、执行、互操作，解决计算机系统的互联、互通、操作性，是被公认的网络通信协议的国际工业标准。TCP/IP 协议不仅仅指的是 TCP 和 IP 两个协议，而是指一个由 FTP、SMTP、TCP、UDP、IP 等协议构成的协议簇，只是因为在 TCP/IP 协议中 TCP 协议和 IP 协议最具代表性，所以被称为 TCP/IP 协议。TCP/IP 是分组交换协议，信息被分成多个组在网上传输，到达接收方后再把这些分组重新组合成原来的信息。图 4.2 给出了 TCP/IP 参考模型的分层结构，它将计算机网络划分为四个层次。

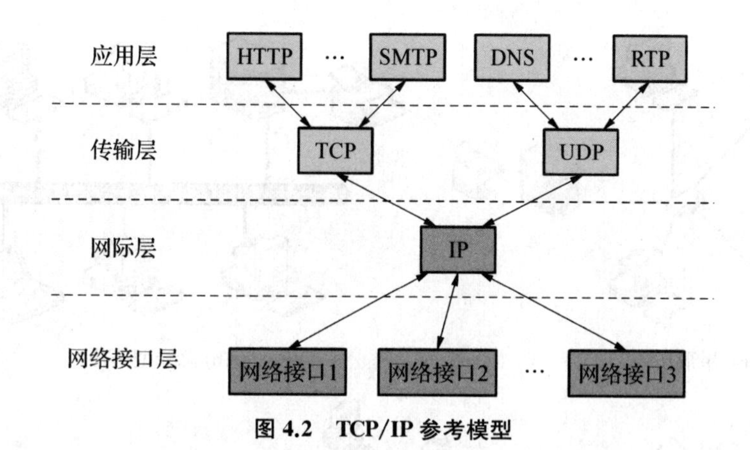

图 4.2 TCP/IP 参考模型

• 应用层(application layer):负责处理特定的应用程序数据,为应用软件提供网络接口,包括 HTTP(超文本传输协议)、Telnet(远程登录)、FTP(文件传输协议)等协议。

• 传输层(transport layer):为两台主机间的进程提供端对端的通信。主要协议有 TCP(传输控制协议)和 UDP(用户数据报协议)。

• 网际层(Internet layer):确定数据包从源端到目的端如何选择路由。网际层主要的协议有 IPv4(网际网协议版本 4)、ICMP(互联网控制报文协议)以及 IPv6(IP 版本 6)等。

• 网络接口层(host-to-network layer):规定了数据包从一个设备的网络层传输到另外一个设备的网络层的方法。

4.1.6 网络拓扑结构

抛开网络中的具体设备,把网络中工作站、服务器和通信设备等网络单元抽象为“点”,把网络中的线缆等通信介质抽象为“线”,这样采用图论中拓扑的观点来看计算机和网络系统,就形成了点和线组成的几何图形,从而抽象出网络系统的具体结构。通常把通过网络中结点与通信线路之间的几何关系表示为网络结构,反映出的网络中各实体间的结构关系称为网络拓扑结构。

拓扑结构是建设计算机网络的第一步,也是实现各种网络协议的基础,对整个网络的性能、系统可靠性与通信费用等性能指标都有着重大影响。计算机网络拓扑主要指通信子网的拓扑构形。常见的网络拓扑结构主要有星形、环形、总线型、树形和网状等几种。

1. 星形拓扑

图 4.3(a)描述了星形拓扑结构。星形拓扑结构是最早的通用网络拓扑结构形式。在星形拓扑中,每个结点与中心结点连接,中心结点控制全网的通信,任何两点之间的通信都要通过中心结点。因此,要求中心结点有很高的可靠性。星形拓扑结构简单,易于实现和管理,但是由于它是集中控制的方式的结构,一旦中心结点出现故障,就会造成全网瘫痪,可靠性较差。

2. 总线型拓扑

图 4.3(b)描述了总线型拓扑结构。网络中各个结点由一根总线相连,数据在总线上由

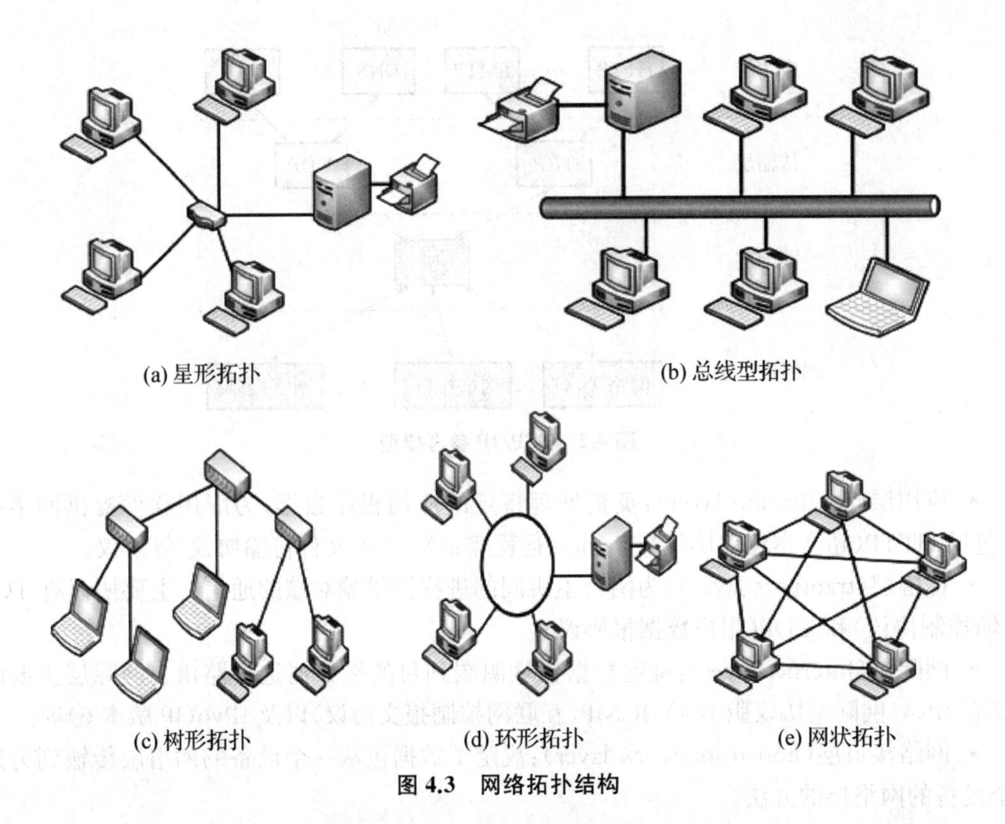

图 4.3　网络拓扑结构

一个结点传向另一个结点。总线型拓扑结构的优点是:结点加入和退出网络都非常方便,总线上某一个结点出现故障也不会影响其他站点之间的通信,不会造成网络瘫痪,可靠性较高,而且结构简单,成本低,因此这种拓扑结构是局域网普遍采用的形式。

3. 树形拓扑

图 4.3(c)描述了树形拓扑结构。结点按层次进行连接,像树一样,有分支、根结点、叶子结点等,信息交换主要在上、下结点之间进行。树形拓扑可以看作是星形拓扑的一种扩展,主要适用于汇集信息的应用要求。

4. 环形拓扑

图 4.3(d)描述了环形拓扑结构。在环形拓扑结构中,各个结点通过中继器连接到一个闭合的环路上,环中的数据沿着一个方向传输,由目的结点接收。环形拓扑结构简单,成本低,适用于数据不需要在中心结点上处理而主要在各自结点上进行处理的情况。但是环中任意一个结点的故障都可能造成网络瘫痪,成为环形网络可靠性的瓶颈。

5. 网状拓扑

图 4.3(e)描述了网状拓扑结构。从图上可以看出,网状拓扑没有上述四种拓扑那么明显的规则,结点的连接是任意的,没有规律。网状拓扑的优点是系统可靠性高,但是由于结构复杂,就必须采用路由协议、流量控制等方法。广域网中基本采用网状拓扑结构。

4.2　因特网基础

因特网(Internet),是网络与网络之间所串连成的庞大网络。这些网络以一组通用的协议相连,形成逻辑上的单一且巨大的全球化网络,在这个网络中有交换机、路由器等网络设备、各种不同的连接链路、种类繁多的服务器和数不尽的计算机、终端。使用互联网可以将信息瞬间发送到千里之外的人手中,它是信息社会的基础。

因特网始于1969年的美国,是美军在ARPA(阿帕网,美国国防部研究计划署)制定的协定下,首先用于军事连接,后将美国西南部的加利福尼亚大学洛杉矶分校、斯坦福大学研究学院、加利福尼亚大学和犹他州大学的四台主要的计算机连接起来。这个协定由马萨诸塞州剑桥的BBN科技参与执行。在经过BBN对软件设计、路由、流量控制及网络控制的设计和构建后,它们被分配到各个站点充当接入ARPANET的网关。BBN在1969年8月30日到年底间陆续制造了4台IMP,并开始联机。另一个推动Internet发展的广域网是NSF网,它最初是由美国国家科学基金会资助建设的,目的是连接全美的5个超级计算机中心,供100多所美国大学共享它们的资源。NSF网也采用TCP/IP协议,且与Internet相连。

ARPA网和NSF网最初都是为科研服务的,其主要目的为用户提供共享大型主机的宝贵资源。随着接入主机数量的增加,越来越多的人把Internet作为通信和交流的工具。一些公司还陆续在Internet上开展了商业活动。随着Internet的商业化,其在通信、信息检索、客户服务等方面的巨大潜力被挖掘出来,使Internet有了质的飞跃,并最终走向全球。

截至2022年末,中国3家基础电信企业的固定互联网宽带接入用户总数达58 965万户,比上年末增加5 386万户。中国固网宽带的平均下载速率和移动网络平均下载速率都居世界前列。2024年2月29日,国家统计局发布《中华人民共和国2023年国民经济和社会发展统计公报》,2023年全年移动互联网用户接入流量3 015亿GB,比上年增长15.2%。固定互联网宽带接入用户63 631万户,比上年末增加4 666万户,其中100 M速率及以上的宽带接入用户60 136万户,增加4 756万户。蜂窝物联网终端用户23.32亿户,增加4.88亿户。互联网上网人数10.92亿人,其中手机上网人数10.91亿人。互联网普及率为77.5%,其中农村地区互联网普及率为66.5%。

4.2.1　客户机/服务器模型

计算机网络中的每台计算机都是“自治”的,既要为本地用户提供服务,也要为网络中其他主机的用户提供服务,因此每台联网计算机的本地资源都可以作为共享资源,提供给其他主机用户使用。而网络上大多数服务是通过一个服务程序进程来提供的,这些进程要根据每个获准的网络用户请求执行相应的处理,提供相应的服务,以满足网络资源共享的需要,实质上是进程在网络环境中进行通信。

在因特网的TCP/IP环境中,联网计算机之间进程相互通信的模式主要采用客户机/服务器(Client/Server)模式,简称C/S结构。在这种结构中,客户机和服务器分别表现相互通信的两个应用程序进程,所谓"Client"和"Server"并不是人们常说的硬件中的概念,特别要注意与通常称作服务器的高性能计算机区分开。C/S结构如图4.4所示,其中客户机向服务器发出服务请求,服务器响应客户的请求,提供客户机所需要的网络服务。提出请求,发起本次通信的计算机进程叫作客户机进程,而响应、处理请求,提供服务的计算机进程叫作服务器进程。

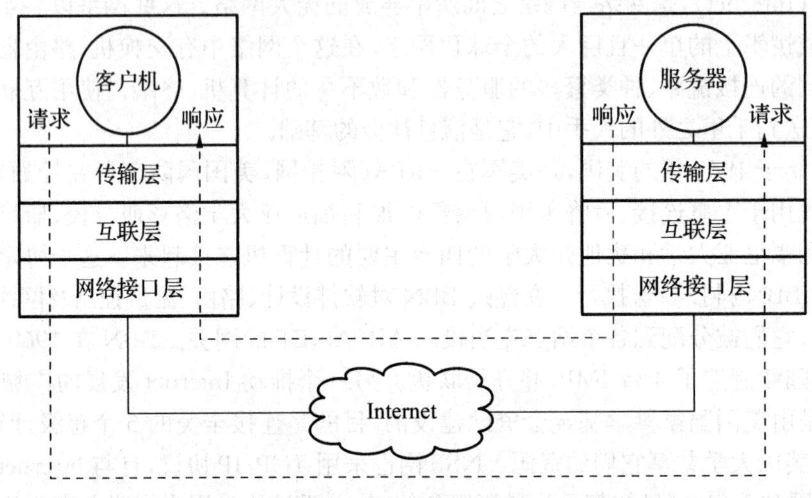

图4.4　C/S结构示意图

因特网中常见的C/S结构的应用有Telnet远程登录、FTP文件传输服务、HTTP超文本传输、电子邮件服务、DNS域名解析服务等。

4.2.2　TCP/IP协议

TCP/IP(Transmission Control Protocol/Internet Protocol)是目前应用最广泛的网络互联协议,既可用于局域网,又可用于广域网,许多厂商的计算机操作系统和网络操作系统产品都采用或含有TCP/IP。全球最大的互联网Internet就采用了TCP/IP。TCP/IP已成为目前事实上的国际标准和工业标准。TCP/IP具有以下四个特点:

(1) 开放的协议标准,可以免费使用,并且独立于特定的计算机硬件与操作系统;

(2) 独立于特定的网络硬件,可以运行在局域网、广域网,更适用于因特网中;

(3) 统一的网络地址分配方案,使得整个TCP/IP设备在网中都具有唯一的地址;

(4) 标准化的高层协议,可以提供多种可靠的用户服务。

TCP/IP并不是单指TCP和IP这两个具体的协议,往往是表示因特网所使用的整个TCP/IP协议簇。其中,传输层的TCP协议和互联层的IP协议是众多协议中最重要的两个核心协议。

1. IP(Internet Protocol)协议

IP协议是TCP/IP协议体系中的网络层协议,它的主要作用是将不同类型的物理网络互联在一起。为了达到这个目的，需要将不同格式的物理地址转换成统一的 IP 地址，将不同格式的帧（物理网络传输的数据单元）转换成“IP 数据报”，从而屏蔽了下层物理网络的差异，向上层传输提供 IP 数据报，实现无连接数据报传送服务；IP 的另一个功能是路由选择，简单说，就是从网上某个结点到另一个结点的传输路径的选择，将数据从一个结点按路径传输到另一个结点。

2. TCP(Transmission Control Protocol)协议

TCP 即传输控制协议，位于传输层。TCP 协议向应用层提供面向连接的服务，确保网上所发送的数据报可以完整地接收，一旦某个数据报丢失或损失，TCP 发送端可以通过协议机制重新发送这个数据报，以确保发送端到接收端的可靠传输。依赖于 TCP 协议的应用层主要是需要大量传输交互式报文的应用，如远程登录协议 Telnet、简单邮件传输协议 SMTP、文件传输协议 FTP、超文本传输协议 HTTP 等。

4.2.3 IP 地址

因特网通过路由器将成千上万个不同类型的物理网络互联在一起，是一个超大规模的网络。为了使信息能够准确到达因特网上指定的目的结点，必须给因特网上每个结点（主机、路由器等）指定一个全局唯一的地址标识，就像每一部电话都具有一个全球唯一的电话号码一样。在因特网通信中，通过 IP 地址和域名实现明确的目的地指向。

1. IPv4

1981 年，在 IPv4 协议制定的初期，能够利用 IP 地址唯一标志一个网络或一台主机是 IP 地址设计的最初目的。IPv4 地址用 32 个比特（4 个字节）表示，为了便于管理和配置，将每个 IP 地址分为四段（一个字节为一段），每一段用一个十进制数来表示，段和段之间用圆点隔开。每个段的十进制数范围是 0～255。例如，208.20.16.23 和 100.2.8.11 都是合法的 IP 地址。IPv4 地址共分为 A、B、C、D、E 五大类，其中 A 类、B 类与 C 类较为常用，地址结构是包括“网络号 + 主机号”两级的层次结构，如图 4.5 所示。

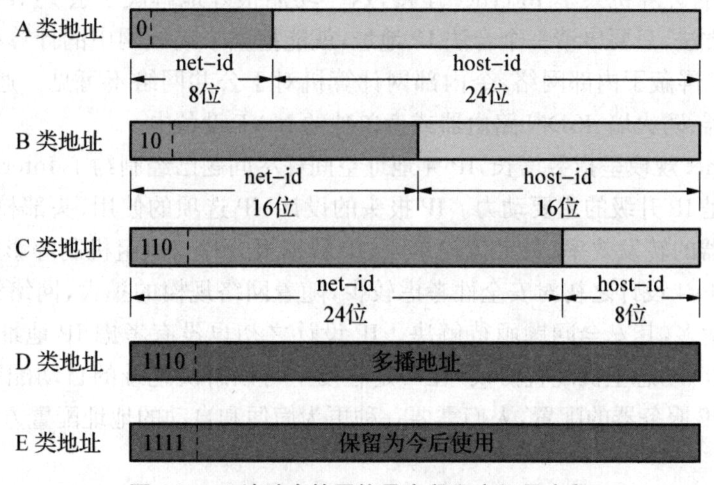

图 4.5 IP 地址中的网络号字段和主机号字段

各种网络的差异很大,有的网络拥有很多主机,而有的网络上的主机则很少。把 IP 地址分类是为了更好地满足不同用户的要求。当某个单位申请到一个 IP 地址时,实际上是获得了具有同样网络号的一块地址。其中具体的各个主机号则由该单位自行分配,只要做到在该单位管辖的范围内无重复的主机号即可。

根据地址的第一段分为 5 类:0～127 为 A 类,128～191 为 B 类,192～223 为 C 类,如表 4.1 所示。另外还有 D 类和 E 类留做特殊用途。

表 4.1　常用 IP 地址的分类

网络类别	最大网络数	网络号取值范围	每个网络最大主机数
A	126(2^7-2)	1～126	$2^{24}-2=16\ 777\ 214$
B	16 384(2^{14})	128.0～191.255	$2^{16}-2=65\ 534$
C	2 097 152(2^{21})	192.0.0～223.255.255	$2^8-2=254$

1991 年起,在原来的标准分类 IP 地址上加入子网号的三级地址结构。将一个网络划分为子网,采用借位的方式,从主机位最高位开始借位变为新的子网位,所剩余的部分仍为主机位。这使 IP 地址的结构分为三级地址结构:网络号、子网号和主机号。这种层次结构便于 IP 地址分配和管理。

1993 年提出了无类域间路由(Classless Inter Domain Routing,CIDR)技术。CIDR 有效地提供了一种更为灵活的、在路由器中指定网络地址的方法。使用 CIDR 技术时,每个 IP 地址都有网络前缀,它标志了网络的总数或单独网络,这个前缀也被指定为 IP 地址的一部分,而且因为需求不同,这个地址的长短也会有所不同。

1996 年提出了网络地址转换(Network Address Translation,NAT)技术,它是一个 Intemet 工程任务组(Internet Engineering Task Force,IETF)标准,允许一个整体机构以一个公用 IP 地址形式出现在 Internet 上,即是一种把内部私有的地址翻译成合法网络 IP 地址的技术。简单地说,NAT 就是在局域网内部网络中使用内部地址,而当内部节点要与外部网络进行通信时,就在网关处将内部地址替换成公用地址,从而保证在 Internet 上正常使用。NAT 可以使多台计算机共享 Internet 连接,这一功能很好地解决了公共 IP 地址紧缺的问题。通过这种方法,只要申请一个合法 IP 地址,就能把整个局域网中的计算机接入 Internet 中。这时,NAT 屏蔽了内部网络,令内部网计算机对于公共网络不可见。通常,NAT 功能被集成到路由器、防火墙、ISDN 路由器或者单独的 NAT 设备中。

随着 Internet 规模呈指数增长,IPv4 地址空间耗尽问题已经制约了 Internet 的发展。IP 地址空间危机是 IP 升级的主要动力。IP 报头的设计、IP 选项的使用、头部校验和使用等严重影响了路由器的转发效率;最大传输单元、IP 数据报分片与重组机制等影响了 IP 数据报的传输效率。IPv4 设计之初对安全性考虑较少,随着网络规模的扩大,网络结构的复杂化、网络使用者的增多,其安全问题亟待解决。IP 设计之初也没有考虑 IP 地址的自动配置问题。虽然 DHCP(动态主机配置协议)在一定程度上可以解决地址的自动配置问题,但需要提前进行 DHCP 服务器的配置,人们需要一种更为简便和自动的地址配置方法。

2. IPv6

为了解决 IPv4 协议面临的各种问题,1995 年,IETF 完成了下一代 IP 标准(IPv6)的研究与开发。IPv6 仍然沿用 IPv4 的核心设计思想，但在协议格式、地址表示等方面进行了重新设计。

IPv6 采用 128 位地址长度，可提供超过 3.4×10^{38} 个 IP 地址。这 128 位地址按每 16 位划分为一个段位，每个段位被转换成一个 4 位的十六进制数，并用冒号隔开。例如，将用二进制格式表示的一个 IPv6 地址按 16 位划分成 8 个位段。

00100001 11011010 00000000 00000000 00000000 00000000 00101111 00111011
00000010 10101010 00000000 00001111 11111110 00001000 10011100 01011010

用冒号十六进制表示法表示为：

21DA:0000:0000:2F3B:02AA:000F:FE08:9C5A

为了简化 IPv6 地址的表示，在有多个 0 出现时，可以采用零压缩法。上面的 Ipv6 地址进行压缩后表示为：

21DA:0:0:2F3B:2AA:F:FE08:9C5A

如果几个连续的段位的值都为 0，那么这些零可以简写为：：，称为双冒号表示法。上述地址可以简写为：

21DA::2F3B:2AA:F:FE08:9C5A

IPv6 采用前缀表示法，可以表示成“地址/前缀长度”。前缀是 IPv6 的一部分，用作 IPv6 路由或子网标志。

IPv6 地址分为单播地址、组播地址、任播地址和特殊地址。

单播地址：标志 IPv6 网络的一个区域中单个网络接口。单播地址是唯一的，包括可聚类的全球单播地址、链路本地地址等。可聚类的全球单播地址可用于全球范围网络的寻址，链路本地地址主要用于未进行网络互联的本地链路。

组播地址：用于表示一组网络接口，发送到该地址的数据报会被送到由该地址标志的所有网络接口。

任播地址：用于表示一组网络地址，发送到该地址的数据报会被送到由该地址标志的所有网络接口的任意一个接口。

特殊地址：包括全零地址、回送地址、IPv4 兼容的 IPv6 地址、映射到 IPv4 的 IPv6 地址等。

4.2.4 域名

IP 地址为因特网提供了统一的寻址方式，直接使用地址便可以访问因特网中的主机资源。但是，由于 IP 地址只是一串数字，没有任何意义，对于用户来说，记忆起来十分困难。所以，几乎所有的因特网应用软件都不要求用户直接输入主机的 IP 地址，而是直接使用具有一定意义的主机名。

采用命名机制对主机进行命名主要是为了方便用户使用互联网。命名机制要能为特定的主机在整个互联网上指定一个唯一的名字，而且名字要便于管理，能够方便分配、确认及回收，同时要能高效地将主机名与地址进行映射。为此，TCP/IP 引进了一种字符型的主机命名制，这就是域名（domain name）。

域名的实质就是用一组由字符组成的名字代替 IP 地址。为了避免重名，域名采用层次结构，各层次的子域名之间用圆点“.”隔开，从右至左分别是第一级域名（或称顶级域名），第二级域名，……，直至主机名，其结构如下：

主机名.…….第二级域名.第一级域名

国际上，第一级域名采用的标准代码，它分组织模式和地理模式两类。前 7 个域（com、edu、gov、mil、net、org 和 int）对应于组织模式，如表 4.2 所示。其余的域对应于地理模式，地理模式的顶级域是按国家进行划分的。每个申请加入因特网的国家都可以作为一个顶级域，并向 NIC 注册一个顶级域名，例如，cn 代表中国、us 代表美国、uk 代表英国、jp 代表日本和 ru 代表俄罗斯等。NIC 将顶级域的管理权分派给指定的管理机构，各管理机构对其管理的域进行继续划分，即划分成二级域，并将各二级域的管理权授予其下属的管理机构，如此下去，便形成了层次型域名结构。由于管理机构是逐级授权的，所以最终的域名都得到 NIC 承认，成为因特网中的正式名字。

表 4.2　顶级域名

域名代码	意义
com	商业组织
edu	教育机构
gov	政府机关
mil	军事部门
net	主要网络支持中心
int	国际组织
org	其他组织
<country code>	各个国家或地区

根据《中国互联网络域名注册暂行管理办法》规定，我国的顶级域名是 cn，二级域名分为用户类型域名和省、自治区、直辖市域名两类。

（1）用户类型域名。此类型为国际顶级域名后加“cn”，如 com.cn 表示工、商和金融等企业，edu.cn 表示教育机构，gov.cn 表示政府机构等。

（2）省、自治区、直辖市域名。这类域名共 34 个，适用于我国各省、自治区、直辖市，如 bj.cn 代表北京市、sh.cn 代表上海市、js.cn 代表江苏省等。

例如，www.pku.edu.cn 是北京大学的一个域名。其中 www 是主机名，pku 是北京大学的英文缩写，edu 表示教育机构，cn 表示中国。又如，yale.edu 是美国耶鲁大学的域名。

IP 地址用于因特网中的计算机，域名则用于现实生活中，用它来表示难以记忆的 IP 地址，两者之间是一一对应的关系。域名和 IP 地址都表示主机的地址，实际上是同一事物的不同表示。用户可以使用主机的 IP 地址，也可以使用它的域名。从域名到 IP 地址或者从 IP 地址到域名的转换由域名解析服务器 DNS（domain name server）完成。

当用域名访问网络上某个资源地址时，必须获得与这个域名相匹配的真正的 IP 地址。这时用户将希望转换的域名放在一个 DNS 请求信息中，并将这个请求发送给 DNS 服务器。DNS 从请求中取出域名，将它转换为对应的 IP 地址，然后在一个应答信息中将结果地址返回给用户。

当然,因特网中的整个域名系统是以一个大型的分布式数据库方式工作的,并不只有一个或几个 DNS 服务器。大多数具有因特网连接的组织都有一个域名服务器。每个服务器包含连向其他域名服务器的信息,这些服务器形成一个大的协同工作的域名数据库。这样,即使第一个处理 DNS 请求的 DNS 服务器没有域名和 IP 地址的映射信息,它依旧可以向其他 DNS 服务器提出请求,无论经过几步查询,最终会找到正确的解析结果,除非这个域名不存在。

4.3 网络安全基础

网络安全是指利用各种网络监控和管理技术措施,对网络系统的硬件、软件及系统中的数据资源实施保护,使其不会因某些不利因素而遭到破坏,从而保证网络系统连续、安全、可靠地运行。网络安全涉及技术、管理、法律等多个方面,需要采取多种措施来保障网络安全。

4.3.1 网络安全威胁

信息在网络传输过程中,主要面临四类威胁,如图 4.6 所示。

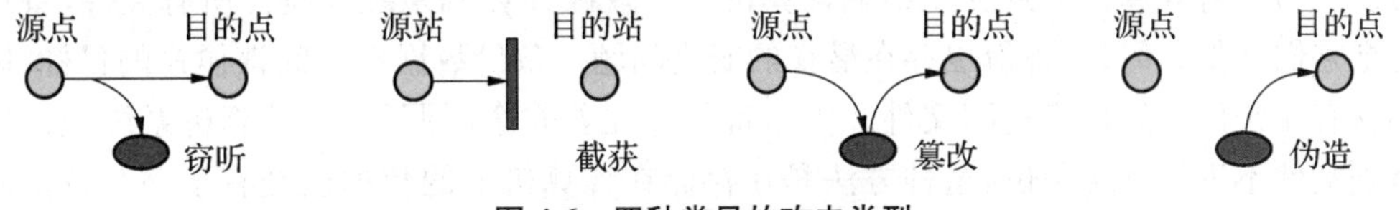

图 4.6 四种常见的攻击类型

1. 窃听

信息从信息源点向信息目的点传输过程中,中途被攻击者非法窃听。虽然信息在传输过程中没有丢失,目的点正常收到了信息,但此时信息已被泄露。如果传输的是重要的军事、政治和商业情报信息,则可能会造成严重的后果。

2. 截获

信息从信息源点向信息目的点传输过程中,中途被攻击者非法截获。在传输过程中,信息丢失,目的点并没有收到源点发来的信息。

3. 篡改

信息在传输过程中被截获,攻击者修改其截获的特定数据包,然后将篡改后的数据包发送到信息目的点。在目的点的接收者看来,数据似乎是完整的,既没有丢失,也没有被破坏,但实际上数据已经被恶意篡改。

4. 伪造

信息源点没有发出任何信息，而是攻击者伪造并冒充信息源点发出信息，目的点将会收到此伪造信息。如果信息目的点没有办法识别信息是伪造的，就可能出现严重的问题。

4.3.2 基本防护措施

安全措施有许多种形式。将操作系统设置成阻止用户读取未经批准的数据。安全措施也许是计算机用户的工作步骤，也许以报警和日志的形式告诉管理员在什么时候有人试图闯入或者闯入成功，安全措施也包括在雇员接触秘密数据前，对他们进行广泛的安全检查。最后，安全措施也许以物理安全形式存在，比如门上锁和建立报警系统以防偷窃。

在安全环境中，许多类型互相加强，如果一层失败，则另一层将防止或者最大限度地减少损害。建立协议和判断决定于特定组织的数据安全需求的量和花费，下面是一些较为具体的建议。

1. 用备份和镜像技术提高数据完整性

“备份”的意思是在另一个地方制作一份复制文件，这个复制文件或备份将保留在一个安全的地方，一旦失去原件就能使用该备份。应该有规律地进行备份，以避免用户由于硬件的故障而导致数据的损失。提高可靠性是提高安全的一种方法，它可以保障今天存储的数据明天还可以使用。这类事件中的破坏者可能是个有故障的芯片或者是电源失效，甚至还有火灾。备份将提供安全保障。

备份对于防范人为的破坏也至关重要。如果计算机中数据的唯一复制文件已经备份，就可以在另一台计算机上恢复。如果计算机黑客攻破计算机系统并删掉所有文件，备份后就能把它们恢复。但是，备份也存在潜在的安全问题。备份数据也是间谍偷窃的目标，因为它们含有秘密信息的精确复制文件。由于备份存在着安全漏洞，一些计算机系统允许用户的特别文件不进行系统备份，这种方法是在存储在计算机上的数据已经有了一个备份的情况下进行的。

备份系统是最常用的提高数据完整性的措施，备份工作可以手工完成，也可以自动完成。现有的操作系统，如 Netware、Windows 和许多种类的 UNIX 操作系统都自带备份系统，但这种备份系统比较初级。如果对备份要求高，就应购买一些专用的备份系统。

镜像就是两个部件执行完全相同的工作，若其中一个出现故障，则另一个系统仍可以继续工作，这种技术一般用于磁盘子系统之中。在这种技术中，两个系统是等同的，两个系统都完成了一个任务，才视为这个任务真正完成了。

2. 防治病毒

定期检查病毒并对引入的 U 盘或下载的软件和文档加以安全控制，最起码应在使用前对 U 盘进行病毒检查，及时更新杀毒软件的版本，注意病毒流行动向，及时发现正在流行的病毒，并采取相应的措施。

3. 安装补丁程序

及时安装各种安全补丁程序，不要给入侵者以可乘之机，因为系统的安全漏洞传播很快,若不及时修正,后果难以预料。现在,一些大公司的网站上都有这种系统安全漏洞说明,并附有解决方法,用户可以经常访问这些站点以获取有用的信息。

4. 提高物理安全

保证机房的物理安全,即使网络安全或其他安全措施再好,如果有人闯入机房,那么什么措施都不管用了。实际上有许多装置可以确保计算机和计算机设备的安全,例如,用高强度电缆在计算机的机箱穿过。注意,在安装这样一个装置的时候,要保证不损害或者妨碍计算机的操作。

5. 构筑因特网防火墙

虽然防火墙是网络安全体系中极为重要的一环,但并不是唯一的一环,也不能因为有防火墙就可以高枕无忧。防火墙不能防止内部的攻击,因为它只提供了对网络边缘的防卫。内部的人员可能滥用访问权,由此导致的事故占全部事故的一半以上。

防火墙也不能防止恶意的代码:病毒和特洛伊木马。特洛伊木马是一个破坏程序,它把自己伪装起来,让管理员认为这是一个正常的程序。现在的宏病毒传播速度更快,并且可以通过 E-mail 进行传播,Java 程序的使用也为病毒的传播带来了方便。虽然现在有些防火墙可以检查病毒和特洛伊木马,但这些防火墙只能阻挡已知的病毒程序,这就可能让新的特洛伊木马溜进来。而且,特洛伊木马不仅来自网络,也可能来自 U 盘,所以,应制定相应的政策,对接入系统的 U 盘进行严格的检查。

6. 仔细阅读日志

仔细阅读日志,可以帮助人们发现被入侵的痕迹,以便及时采取弥补措施,或追踪入侵者。对可疑的活动一定要进行仔细的分析,如有人在试图访问一些不安全的服务的端口,利用 Finger、TFTP 或用 Debug 的手段访问用户的邮件服务器,最典型的情况就是有其他人多次企图登录到用户的机器上,但多次失败,特别是试图登录到因特网上的通用账户。

7. 加密

对网络通信加密,以防止网络被窃听和截取,对绝密文件更应实施加密。

8. 提防虚假的安全

虚假的安全不是真正的安全,表面上经常被人们错认为是安全的,直到发现系统被入侵并遭到了破坏,才知道系统本身的安全是虚假的。利用虚假安全更新引诱用户下载木马或病毒已经是一种常见的攻击手法。

一个虚假安全的例子是利用微软正式发布例行安全更新几个小时之后,互联网上就会出现包含虚假安全更新的电子邮件。例如发布一个虚假的补丁,它声称可以修复 IE、Outlook Express 以及 Outlook 中存在所有已知漏洞。如果用户下载了这一虚假安全补丁,就会感染木马或病毒。

4.3.3 个人数据安全

随着计算机技术和网络技术的发展,网络应用日新月异,用户在享受其带来的极大便利和高效的同时,也面临着个人数据安全的巨大挑战。网络安全在当今信息化时代显得尤为重要，个人隐私与企业机密均面临巨大风险。黑客利用系统漏洞窃取数据，恶意软件、钓鱼攻击等手段层出不穷。因此，强化网络安全措施、提高用户安全意识、加强数据保护，成为维护网络安全的关键途径，不容忽视。

个人信息主要包括：① 个人数据，包括个人的自然情况，如姓名、性别、年龄、身份证号码、住宅、电话号码、婚姻、财务、工作单位、收入、好友关系、家庭成员关系等；② 数据加工处理后的数据，包括个人数据经文字描述、记录等加工处理及网络空间的各类活动收集、利用、传输、公开的个人数据，经过加工处理甚至数据挖掘后，从中获得的个人消费习惯、购物偏爱、网络行为分析等信息。

当个人的各类数据不因偶尔或故意的因素被非法或未授权泄露、更改、破坏、抵赖，以及信息内容被非法控制、识别和篡改时，个人数据即遇到安全威胁和破坏。个人数据安全应满足数据安全的一般要求，分别为数据的机密性（Confidentiality）、完整性（Integrity）、可用性（Availability），即CIA三要素。数据的保密性，又称机密性，是指个人或团体的数据信息不为其他不应获得者获得。数据的完整性包括数据的精确性和可靠性，具体指在传输和存储信息或数据的过程中，确保信息或数据不被未授权篡改或在篡改后能够被迅速发现。可用性是指确保授权用户或者实体对于数据信息及资源的正常使用不会被异常拒绝，允许其可靠而且及时地访问数据信息及资源。

1. 个人数据安全面临的问题

一般数据安全往往是围绕数据生命周期来部署的，即数据的产生、存储、使用和销毁，且数据安全风险主要包括数据泄露、数据篡改和数据丢失，及生命周期的各个环节。对于个人数据信息，《信息安全技术公共及商用服务信息系统个人信息保护指南》定义其生命周期包括信息的收集、加工、转移和删除，在其生命周期内，数据收集因个人信息安全意识不强等原因造成个人自身信息泄露；数据加工转移环节，因个人对自身一些数据的安全风险没有实际的控制能力，数据的安全性依赖于其网络信息系统及其管理者，如果这些单位对于数据安全的控制存在疏漏，就很可能会导致数据的泄露、丢失或篡改。现阶段，个人数据面临的安全问题概括如下：

(1) 个人数据泄露

个人数据泄露是当前个人数据面临的极为严重的问题，数据的整个生命周期都面临此风险和威胁，使个人财产损失不断增加。个人数据泄露的原因和途径通常有：数据收集环节，个人安全意识不足、法律上存在漏洞与技术识别难度、网络服务商过多或不合理地收集个人信息、移动终端设备因访问控制机制缺失应用软件过度收集个人信息等行为造成数据泄露；数据加工、转移环节，计算机（含移动终端）信息系统的安全漏洞致使存储的个人信息被病毒木马攻击、网络服务商内部信息安全管理薄弱导致信息被内部人员窃取，进行非授权网络交易和传播等。

(2) 个人数据篡改或丢失

个人数据的篡改一般由人为的恶意攻击或恶意软件等造成。造成个人数据篡改的人为恶意攻击者来自黑客、心怀不轨的内部人员等，他们在不干扰网络信息系统正常工作的情况下，通过侦收、截获、窃取、业务流量分析等各种方式有选择地破坏信息，如修改、添加、删除、冒充等，造成网络信息系统中的个人信息被篡改或丢失。恶意软件、恶意链接携带的病毒、木马破坏个人文件和系统数据，使个人数据在非授权或不能监测的方式下随意被修改。

(3) 云计算环境及大数据应用下的个人数据安全问题

大数据时代下对个人数据的侵犯有以下表现形式：① 在数据存储时，用户无法知道数据确切的存放位置，对其个人数据的采集、存储、使用、分享无法有效控制，对用户隐私造成侵犯；② 数据传输更为开放和多元化，传统物理区域隔离的方法无法有效保证远距离传输的安全性，极大威胁个人数据安全；③ 云计算环境下部署了大量的虚拟技术，大规模的数据处理需要完备的访问控制和身份认证管理，以避免未经授权的数据访问，但资源动态共享的模式增加了这种管理的难度，账户劫持、攻击、身份伪装、认证失效、密钥丢失等都可能威胁用户数据安全。

2. 个人数据安全保护技术

针对前述个人数据面临的安全问题，介绍两种常用的数据保护技术。

(1) 数据加密技术

在计算机信息系统(含移动通信终端)中，一般采用加密方式来保护数据安全的机密性。个人数据一般分布在电脑、笔记本、手机等主体可控制的设备，或邮箱、网盘、云存储空间等采用外包的形式委托第三方进行管理。PC端的个人数据加密包括对重要文件等的加密；手机终端个人隐私数据加密包括对通信录加密、短信记录、通话记录加密以及用户私密文件加密；外包至第三方的数据大部分都是非结构化数据，包括网页、图片、音频、视频等通过网络进行访问的个人数据。对各类数据加密技术，当前研究将其分为下面三大类，分别描述如下：

① 用户态的密码加密技术

目前，大部分都是这类加密方法，即首先选取需要加密的文件，对该文件设置密码，再根据用户设定的密码，对指定的文件进行加密。当需要对该文件进行明文读取的时候，需要输入密码，根据密码对已加密的文件进行解密操作。当今市面上出现的各种手机文件加密保护的软件普遍都采用此类方法。但其操作烦琐，且加解密效率不高。

② 透明加密技术

透明加密技术是指对用户而言，加解密过程不会被觉察，当用户打开或编辑受保护文件时，系统将自动对未加密的文件进行加密，对已加密的文件解密。文件在硬盘上以密文形式存储，在内存中则为明文，一旦改变使用环境，由于无法获得自动解密服务而无法打开，从而达到保护文件内容的目的。该技术是与操作系统紧密结合的一种技术，操作系统允许程序设计人员在内核和用户两个级别操作文件，因此，加密进程就可以在这两个层次截获文件读写操作，嵌入自己的加密算法进行加解密，通常用户级别的截获采用APIHOOK(俗称钩子)技术，称为钩子透明加密；内核级别采用文件过滤驱动，称驱动加密。目前，常用的透明加密技术即为这两种：钩子透明加密(Hook)和文件过滤驱动透明加密。目前，该技术在Windows平台下已经得到了广泛应用，在Android系统下也有了一些研究。

③ 全同态加密技术

全同态加密技术从根本上解决了当数据及其操作被委托给第三方时的保密问题。在当前的云计算环境下，为了保护用户的隐私及数据安全，需要先对数据加密，再把加密后的数据放到云服务器端。用户对外包数据进行处理时，必须频繁地存取和加解密数据，这不仅极大地增加了云端服务器和用户端的通信及计算开销，而且也难以保证数据在处理过程中的安全性。使用全同态加密算法，数据使用者能够在不暴露数据的情况下，通过云服务器不仅可以直接对加密数据进行各种运算，而且也可对加密数据进行查询或修改等操作，并将符合条件的加密数据返还给数据使用者，之后，数据使用者即可使用对应的解密密钥对收到的加密数据进行解密，为解决云计算中数据安全和隐私保护提供了新的契机。

（2）身份认证技术

身份认证技术是指为了确认和鉴别系统访问者的身份，验证其是否有相关权限而采用的技术手段。依据所使用的认证技术的不同，可以将身份认证分为基于口令的认证、基于智能卡的认证、基于生物信息的认证以及多因素综合的身份认证。

① 基于口令的身份认证技术

基于口令的身份认证技术是最常见也是最常用的身份认证技术。这种认证方式对于封闭的系统来说简单高效，但是其也存在一些致命的缺陷。首先，用户所使用的口令如果设置过短或者不合理，则攻击者很容易通过字典攻击的方式对口令进行猜测；其次，系统中服务器端需要对众多用户的口令进行妥善地存储，否则容易被窃取；最后，基于口令的方式只能让服务器验证用户的合法性，而无法让用户验证服务器的合法性。在移动终端中，目前普遍使用的身份认证方式之一为密码形式的口令认证。用户要想访问加密存储的隐私数据或设置权限的应用程序，只有通过正确的密码口令才会被允许合法的访问。

② 基于智能卡的身份认证技术

智能卡是一种内置有集成电路的硬件卡，该卡具有一定的存储和计算能力。在身份认证领域中，可以将某些认证信息导入智能卡中。当需要进行认证时，用户需要向智能卡输入相关的口令，只有通过智能卡的验证，才能与远端的服务器进行进一步的认证操作。如果用户输入智能卡中的口令信息错误，则智能卡不会允许用户进行进一步的操作。使用智能卡身份认证的依据是智能卡不能进行复制，保证用户的秘密信息不至于丢失。此类认证技术常用于各种需要进行身份认证的系统当中。

③ 基于生物信息的身份认证技术

生物识别技术是一种高精度、高安全性、难以伪造的技术手段，它通过计算机与光学、声学、生物传感器和生物统计学原理等高科技手段密切结合，利用人体固有的生理特性（如指纹、脸象、虹膜等）和行为特征（如笔迹、声音、步态等）来进行个人身份的鉴定。作为安全身份认证的一种手段，生物识别技术已经在多个领域得到了广泛应用。首先，生物识别技术具有高度的安全性。由于每个人的生物特征都是独一无二的，因此生物识别技术可以有效地避免身份盗用、账户盗用等问题，大大增强了信息的安全性。例如，指纹识别、面部识别和声纹识别等技术都通过采集个体的独特生物特征信息来进行身份验证，从而保证了身份认证的准确性和可靠性。其次，生物识别技术具有使用便捷的特点。与传统的身份认证方式相比，用户只需进行简单的身体动作或输入口令。这种便捷性使得生物识别技术在日常生活中得到了广泛应用，如手机解锁、电子支付、门禁系统等。此外，生物识别技术还具有实时性好、非接触式操作等优势。例如，面部识别技术通过扫描个体的脸部图像进行身份验证，无须个体与设备直接接触，提高了操作的便捷性和效率。同时，生物识别技术还可以根据实际需求进行定制化开发，满足不同领域和场景的身份认证需求。然而，尽管生物识别技术具有诸多优势，但也存在一些挑战和限制。例如，生物识别技术可能受到环境因素、设备性能以及个体差异等因素的影响，导致识别准确率的下降。此外，生物识别技术的数据安全和隐私保护问题也备受关注。因此，在推广和应用生物识别技术时，需要充分考虑这些问题，并采取相应的措施加以解决。随着技术的不断发展和完善，生物识别技术将在更多领域得到应用，为身份认证提供更加安全、便捷和高效的解决方案。

④ 多因素综合的身份认证技术

多因素认证技术就是将两种或者几种认证技术综合起来进行应用的一种技术。目前，常见的应用方式有基于口令和智能卡的双因素认证，基于口令和生物信息的双因素认证，基于口令、智能卡和生物信息的三因素认证等方式。

(3) 数据隐私保护技术

隐私保护技术指的是所有能够用于保护隐私的技术的总称，没有任何一种隐私保护技术适用于所有应用。下面将隐私保护技术分为三类。

① 基于数据失真(Distortin)的技术

它是使敏感数据失真但同时保持某些数据或数据属性不变的方法。例如，采用添加噪声、交换等技术对原始数据进行扰动处理，但要求处理后的数据仍然可以保持某些统计方面的性质，以便进行数据挖掘等操作。此类技术效率比较高，但存在一定程度的信息丢失。当前，基于数据失真的隐私保护技术包括随机化、阻塞、交换、凝聚等。

② 基于数据加密的技术

它是采用加密技术在数据挖掘过程中隐藏敏感数据的方法，多用于分布式应用环境中，如安全多方计算。它能保证最终数据的准确性和安全性，但计算开销比较大。

③ 基于限制发布的技术

它根据具体情况有条件地发布数据，如不发布数据的某些域值、数据泛化(Generalization)等。能保证所发布的数据一定真实，但发布的数据会有一定的信息丢失。

此外，差分隐私作为新兴的隐私保护技术，在理论研究和实际应用方面具有非常重要的价值。该技术首先出现在统计数据库领域，之后又扩展到其他领域，如机器学习、安全通信等。

(4) 数据脱敏技术

敏感数据(如信用卡号码)、个人识别信息(如社会安全号码)、医疗诊断等个人数据的泄露，其中一个原因是企业员工和外部人士滥用职权或工作失误所致。而数据脱敏技术的目的就是通过客户端隐藏敏感数据，即通过屏蔽正在传输或已经存储的敏感、私人或保密数据，来防止这些数据的滥用。任何涉及大量客户个人敏感信息的行业都对数据脱敏服务有着天然的需求，需求最为旺盛的还属金融行业。目前，银行利用该技术可实现个人名称、地址、联系电话、身份证号码、卡号、企业名称、机构代码等个人信息数据的脱敏处理，且其实现方法有多种，例如，用相似的字符替代一些字段、用屏蔽字符替代字符、用虚拟的姓氏替代真正的姓氏等。

3. 个人数据安全防护策略

个人数据保护安全目标是要保证用户数据的安全存储，确保用户数据不被非法访问、收集和篡改，同时，通过备份保证用户数据的恢复。这里以移动终端为例，列出以下几种策略，这些策略同样适用于其他主机环境。

(1) 终端访问控制和密码管理

对于移动终端上的个人数据，将电话、短信、照片、文件等转存到软件自己的数据库，通过设置密码的方式控制访问权限。

对于各类账户信息，进行严格的密码管理，管理策略如：① 保持各类账户与密码独立。可分组管理账号和密码并进行密码设置，如可依赖站点组、常用社交网站组、个人经济信息组等。② 巧设账号密码。设置账号密码时，尽量使用英文字母、数字和符号的组合、在单词中插入符号、设置较长密码如6～16个字符等措施；尽量绑定账号安全措施，如手机令牌等。③ 定期更换密码。在更换密码时，新密码尽量不包括旧密码的内容，并且应不与旧密码相似等。

(2) 病毒查杀预防

对于恶意软件、恶意链接携带的病毒、木马、黑客攻击等带来的个人数据泄露和篡改问题，杀毒软件是查杀的有力武器，且结合防火墙的有效预防来解决安全问题。设定防火墙的安全策略控制出入网络的信息流，可拒绝网络传播的病毒访问，还可以有效地防范黑客入侵。在终端安装杀毒软件，利用其与防火墙相互配合构成一个完善的查杀预防防护体系。此外，还需要定期进行系统扫描、病毒库升级，给系统漏洞及时打补丁，调整防火墙的安全策略等。

(3) 终端行为管理

对于终端操作和网络访问行为，可采取几点策略：① 不轻易运行不明真相的程序和网站，例如，附有附件的电子邮件或网址，在不明确其目的时不贸然运行，避免从Internet下载不知名的软件，对任何下载的软件，均及时用最新的病毒和木马查杀软件进行扫描。② 提高个人安全意识，不随意泄露个人信息。在社交网站强迫填写注册个人信息资料时，不轻易提交自己真实的资料；对于非必填项，尽量不填；不要向任何人透露密码；对于一定需要留下个人信息资料，在填写时应先确定网站是否具有保护个人隐私安全的政策和措施。这一原则同样适用于聊天软件，在确认聊天对象身份之前最好使用虚拟身份。③ 注意上网环境，规范上网行为。避免在来历不明的无线环境中上网；定期清理浏览器历史记录和Cookies；对于交流类软件，还要注意隐私设置权限、设置为隐私开放仅限好友等。

(4) 法律和监管

针对非法收集、泄露、出售个人信息的行为，监管部门提示，公民可通过以下3种方式维权：① 按照全国人大常委会《关于加强网络信息保护的决定》，遭遇信息泄露的个人有权立即要求网络服务提供者删除有关信息或者采取其他必要措施予以制止。② 个人还可向公安部门、互联网管理部门、工商部门、消协、行业管理部门和相关机构进行投诉举报。国家网信办所属的中国互联网违法和不良信息举报中心将专职接收和处置社会公众对互联网违法和不良信息的举报。③ 消费者还可依据《侵权责任法》《消费者权益保护法》等，通过法律手段进一步维护自己的合法权益，如要求侵权人赔礼道歉、消除影响、恢复名誉、赔偿损失等。

4. 个人数据安全配置

随着移动互联网的高速发展，以智能手机为代表的移动终端迅速普及，用户将越来越多的个人重要数据存储在移动终端中，网络犯罪分子们也将攻击的重点逐步转移向了移动终端设备，个人数据安全问题日益突出。下面以智能手机为例，讲解个人数据安全的典型配置。

(1) 访问控制设置

通过一个强健的密码或PIN码实现的密码保护措施，能够确保手机在丢失后，其中的数据不会马上泄露出去。手机加密分为两步：手机开机加密，使用手机SIM卡的PIN密码。具体设置如下。

① 手机开机加密

打开设置——密码，即可设置手机的开机密码。目前，很多智能手机操作系统均支持刷卡式触摸屏密码保护，其设置方法为：进入"设置"界面，选择"安全"(security)→"设置解锁图案"(set unlock pattern)。在此输入个人识别的图案密码后，再次打开安全设置界面，并选择"使用可见的图案"的选项，即可完成利用图案密码锁定手机设置。此外，如果手机自带指纹锁，在设置菜单里启用该功能，确保只有机主本人才能够打开和访问手机中存储的信息。

② 锁定手机SIM卡

能够做到在手机万一丢失之后不被一些用心不良的人利用的方法就是锁定SIM卡。SIM卡PIN码需咨询运营商PIN码初始密码和PUK密码，四位数ID。PIN码只有3次输入机会，如果3次机会输错就只能重置PUK码。重置后可以拨打运营商的客服电话咨询，也可登录运营商官方网站查询PIN码和PUK码(此码是在PIN码锁定后重置PIN码用的，此码输错10次后，SIM卡将作废，此步需谨慎)。获悉PIN码后，进行锁定SIM卡设置：进入设置界面，选择"位置和安全(location & security)"→"设置SIM卡锁定(set up SIM card lock)"，然后输入购买的PIN码即可。如果手机被偷或者被别人捡到重启手机时，SIM卡将会被锁定(注意：记得要修改PIN码的初始密码)。即使手机系统被刷机重置，开机后还是要输入PIN码的，从而有效地保护SIM卡隐私和资费。

(2) 终端行为管理

设置Wi-Fi和蓝牙功能默认为关闭状态，确保无线和网络设置下的绑定与便携式热点在不使用时处于关闭状态，并正确配置程序和其相关的安全设置，减少手机中的本地分享。在不需要使用GPS时，关闭GPS的位置和移动数据功能；并且系统不要默认在后台运行这些服务，这样可以降低手机被跟踪的风险。另外，还可以通过一些安全软件，在应用程序通过网络获得位置信息时进行提示，通过禁用这些功能阻止应用程序获取当前位置。

对于终端安装的应用软件，需要注意：① 在下载之前，详细审查应用程序；② 下载时要从正规网站下载手机应用程序和升级包，如手机厂商的官方网站等；③ 安装时，在允许访问个人或设备信息，或允许应用程序执行其他非必要的操作时，要弄清楚其许可的含义和影响，例如，如果不是一个电话簿应用程序则没必要访问用户的通信录列表，对于邮件等社交类软件，在手机上打开并不熟悉的人发送的邮件前，应当用手机安全软件对其进行扫描，确保其安全性。

(3) 安全软件安装

针对病毒和黑客程序对智能手机的攻击，还需为智能手机安装一款有效的手机安全软件。在安装手机杀毒软件时，建议考虑那些支持电话或短信黑名单功能的杀毒软件。定期或经常检查安全补丁和更新，保持手机的操作系统、安全软件、应用程序等均为最新版本。

(4) 数据同步备份

手机用户应当经常将手机中的数据同步到计算机中，作为安全备份存储起来。

4.3.4 备份与恢复

如果系统的硬件或存储媒体发生故障，“备份”工具可以帮助用户保护数据免受意外的损失。例如，可以使用“备份”创建硬盘中数据的副本，然后将数据存储到其他存储设备。备份存储媒体既可以是逻辑驱动器（如硬盘）、独立的存储设备（如可移动磁盘），也可以是由自动转换器组织和控制的整个磁盘库或磁带库。如果硬盘上的原始数据被意外删除或覆盖，或因为硬盘故障而不能访问该数据，那么用户可以十分方便地从存档副本中恢复该数据。

备份的作用是用于后备支援，替补使用。备份是容灾的基础，是指为防止系统出现操作失误或系统故障导致数据丢失，而将全部或部分数据集合从应用主机的硬盘或阵列复制到其他的存储介质的过程。传统的数据备份主要是采用内置或外置的磁带机进行冷备份。但是这种方式只能防止操作失误等人为故障，而且其恢复时间也很长。随着技术的不断发展，数据的海量增加，不少的企业开始采用网络备份。网络备份一般通过专业的数据存储管理软件结合相应的硬件和存储设备来实现。

根据内容，备份可以分为系统备份和数据备份。系统备份指的是用户操作系统因磁盘损伤或损坏，计算机病毒或人为误删除等原因造成的系统文件丢失，从而造成计算机操作系统不能正常引导，因此使用系统备份，将操作系统事先储存起来，用于故障后的后备支援。数据备份指的是用户将数据包括文件、数据库、应用程序等储存起来，用于数据恢复时使用。

手机备份与恢复是一个重要的过程，它可以帮助用户保护数据安全，避免因设备丢失或损坏而导致的损失。作为苹果用户可以通过 iCloud 或电脑进行 iPhone 的备份。对于 iCloud 备份，用户只需将新 iPhone 或初始化的 iPhone 开机，按照屏幕指示操作即可从 iCloud 恢复数据。如果两台设备都安装了 iOS 12.4 或更高版本，还可以使用无线方式将所有数据从旧设备传输到新设备。对于 Android 设备，如小米手机，用户可以通过小米云盘或本地备份进行数据备份。在设置中，用户可以找到备份与恢复的选项，选择云备份或本地备份，然后按照指示进行操作。用户还可以通过云备份功能恢复已删除的照片或其他数据。例如，华为手机用户可以在云空间 App 中管理备份数据并恢复数据。对于小米手机用户，如果需要恢复微信聊天记录等特定数据，可以通过小米云盘或本地备份中的“恢复云备份”功能进行。

需要注意的是，在进行数据恢复之前，确保已对数据进行过备份。定期更新设备的操作系统和应用程序，以确保使用最新的功能和安全性。了解如何从最近的备份中恢复数据，以应对设备丢失或损坏的情况。

通过上述方法，用户可以有效地管理和保护自己的手机数据，确保在需要时能够快速恢复数据。

4.4 小结

因特网是一个全球性的计算机网络，它连接了数以亿计的设备，允许它们进行通信和数据交换。客户机/服务器模型是因特网通信的核心模型。在这种模型中，客户端向服务器发起请求，服务器则提供相应的服务或数据。传输控制协议(TCP)和互联网协议(IP)是构成因特网协议套件的两个基本协议。TCP负责在网络中传输数据，而IP负责将数据路由到正确的目的地。每个连接到因特网的设备都需要一个IP地址，以便其他设备可以找到它。IP地址可以是IPv4或IPv6格式。域名系统(DNS)允许用户通过易于记忆的域名来访问网站，而不需要记住复杂的IP地址。

网络安全面临的威胁包括窃听、截获、篡改、伪造等。为了实现安全防范的目标，需要采取一些基本防护措施包括但不限于使用防火墙、杀毒软件、备份和镜像等来保护网络不受攻击。个人数据保护涉及使用加密技术、隐私设置来保护个人信息不被未经授权的访问。定期备份数据是防止数据丢失的关键措施。在发生安全事件时，恢复数据可以帮助减少损失。

4.5 课程思政

5G是什么?

移动通信已经深刻地改变了人们的生活，但人们对更高性能移动通信的追求从未停止。为了应对未来爆炸性的移动数据流量增长、海量的设备连接、不断涌现的各类新业务和应用场景，第五代移动通信(5G)系统将应运而生。

第五代移动通信技术(5th Generation Mobile Communication Technology，简称5G)是具有高速率、低时延和大连接特点的新一代宽带移动通信技术，5G通信设施是实现人机物互联的网络基础设施。5G作为一种新型移动通信网络，不仅要解决人与人通信，为用户提供增强现实、虚拟现实、超高清(3D)视频等更加身临其境的极致业务体验，更要解决人与物、物与物通信问题，满足移动医疗、车联网、智能家居、工业控制、环境监测等物联网应用需求。最终，5G将渗透到经济社会的各行业各领域，成为支撑经济社会数字化、网络化、智能化转型的关键新型基础设施。

对于国家而言，5G不仅是我国实施‘网络强国’、‘制造强国’战略的重要信息基础设施，更是发展新一代信息通信技术的高地。2019年6月6日，工信部向中国的三大电信运营商以及中国广电颁发了5G商用牌照,2020年3月24日,工信部发布了关于推动5G加快发展的通知,正式宣告中国5G迎来发展高峰的一年,5G是第五代移动通信技术的简称。5G的G就是代的意思,5G就是第五代移动通信技术的简称,从1G、2G、3G到4G,移动通信技术的不断革新,改变了我们每个人的生活。1G时代,手机只能接打电话,语音信号极不稳定。2G时代,手机不仅可以上网,还可以进行文字传输,是发送短信息的开始。2009年初,中国颁发了三张3G牌照,3G在传输声音和数据的速率上,有了巨大的提升,它能够处理图像、音乐、视频等多种媒体形式。2013年12月,我国进入4G时代,短视频、移动支付、在线上网成为主流,移动通信技术的不断革新改变了我们每个人的生活。

5G时代的到来,又将带来哪些变化呢?5G的第一个特点是快,数据传输速率远远高于以前的蜂窝网络,采用了三维立体的多天线技术、非正交多址、新型的调制编码技术等来共同提高5G的速率。最高可达10 Gbit/s,比4G LTE蜂窝网络快100倍。能满足高清视频,虚拟现实等大数据量传输。另一个特点是时延低,从基站到终端只有一毫秒,能满足自动驾驶,远程医疗等实时应用的需求。5G的优势之三是高可靠,可靠性达到了99.999%。对于很多对可靠性要求高的业务来说,是至关重要的。5G的另个特点是高效大容量,能提供千亿设备的连接能力,满足物联网通信,实现万物互联,包括人和人、人和物、物和物的互联。未来,5G不仅能灵活的支持各种不同形态和型号的电子设备,还将与人工智能,物联网、大数据、云技术等相融合成为各行各业数字化转型的核心动力。

我国的移动通信经过了几十年的发展,几代人的努力,在3G时代实现了突破,4G实现了国际标准的并行。我国在5g的基础开发、标准制定、产品研制、测试和部署推进都处于国际上的第一梯队。报告显示,华为是全球最大电信设备供应商,引领5G标准的制定,已与全球42家运营商合作开启多张5G预商用网络,其极化码方案入选全球5G技术标准之一,于2018年年初正式发布了首款3GPP标准的5G商用芯片和5G商用终端,成为全球首家可以为客户提供端到端5G解决方案的公司。中兴目前已申请专利超过1 500件,首创的Pre5G产品已经在40多个国家60多张网络中实现部署。《华尔街日报》曾评价道,“华为在5G领域的影响力,与前几代无线网络时代中国公司的影响力,不可同日而语”。

据预测到2035年,中国5G商用将为我国直接带动的GDP增长近一万亿美元,直接创造就业机会近一千万个岗位。不久的将来,5G技术将渗透到未来社会的各个领域,构建以用户为中心全方位的信息生态系统。

北斗卫星导航系统

2020年6月23日,北斗卫星导航系统第55颗中,最后一颗卫星在西昌卫星发射中心点火升空发射成功,这意味着中国北斗卫星系统已经完成部署,开启全球组网的新征程。中国北斗卫星导航系统(英文名称:BeiDou Navigation Satellite System,简称BDS)是中国自行研制的全球卫星导航系统,也是继GPS、GLONASS之后的第三个成熟的卫星导航系统。

北斗系统由空间段、地面段和用户段三部分组成。北斗系统空间段由若干地球静止轨道卫星、倾斜地球同步轨道卫星和中圆地球轨道卫星等组成。北斗系统地面段包括主控站、时间同步/注入站和监测站等若干地面站,以及星间链路运行管理设施。北斗系统用户段包括北斗兼容其他卫星导航系统的芯片、模块、天线等基础产品，以及终端产品、应用系统与应用服务等。

北斗卫星导航系统可在全球范围内全天候、全天时为各类用户提供高精度、高可靠定位、导航、授时服务，并具备短报文通信能力，已经初步具备区域导航、定位和授时能力，定位精度为分米、厘米级别，测速精度0.2米/秒，授时精度10纳秒。

中国高度重视北斗系统建设发展，自20世纪80年代开始探索适合国情的卫星导航系统发展道路，形成了“三步走”发展战略：2000年年底，建成北斗一号系统，向中国提供服务；2012年年底，建成北斗二号系统，向亚太地区提供服务；2020年，建成北斗三号系统，向全球提供服务。

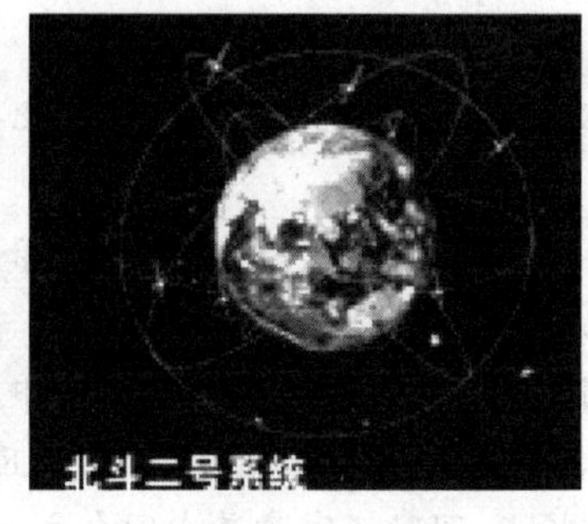

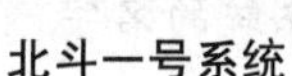

北斗一号系统　　北斗二号系统　　北斗三号系统

1994年，我国启动北斗1号系统建设，2000年，两颗北斗导航试验卫星相继成功发射，初步满足中国及周边区域的定位，导航、授时需求，标志着中国成为继美俄之后，世界上第三个拥有自主卫星导航系统的国家，2004年，北斗2号系统建设启动，经过8年努力，北斗2号14颗卫星组网运行，在兼容北斗1号基础上，突破了连续定位和位置报告，星地双向高精度时间同步等多项关键技术，为亚太地区提供定位、测速、授时和短报文通信服务，为世界卫星导航发展贡献了中国方案。2009年，北斗三号系统建设启动，2017年，北斗三号以一箭双星，成功发射两颗卫星，拉开全球组网序幕。2020年，随着第55颗北斗卫星组网成功，北斗导航系统将形成全球服务能力，从国内覆盖到亚太区域覆盖，再到全球覆盖。北斗三步走规划稳步推进，用20多年走完其他全球卫星导航系统40多年的发展之路。

北斗系统提供服务以来，已在交通运输、农林渔业、水文监测、气象测报、通信授时、电力调度、救灾减灾、公共安全等领域得到广泛应用，服务国家重要基础设施，产生了显著的经济效益和社会效益。基于北斗系统的导航服务已被电子商务、移动智能终端制造、位置服务等厂商采用，广泛进入中国大众消费、共享经济和民生领域，应用的新模式、新业态、新经济不断涌现，深刻改变着人们的生产生活方式。

北斗系统秉承“中国的北斗、世界的北斗、一流的北斗”发展理念，愿与世界各国共享北斗系统建设发展成果，促进全球卫星导航事业蓬勃发展，为服务全球、造福人类贡献中国智慧和力量。北斗系统为经济社会发展提供重要时空信息保障，是中国实施改革开放40余年来取得的重要成就之一，是新中国成立70年来重大科技成就之一，是中国贡献给世界的全球公共服务产品。中国将一如既往地积极推动国际交流与合作，实现与世界其他卫星导航系统的兼容与互操作，为全球用户提供更高性能、更加可靠和更加丰富的服务。

北斗卫星导航系统标识

系统标志创意说明

北斗卫星导航系统标志由正圆形、写意的太极阴阳鱼、北斗星、网格化地球和中英文文字等要素组成。

圆形构型象征中国传统文化中的"圆满"，深蓝色的太空和浅蓝色的地球代表航天事业。

太极阴阳鱼蕴含了中国传统文化。

北斗星是自远古时起人们用来辨识方位的依据。司南是中国古代发明的世界上最早的导航装置，两者结合既彰显了中国古代科学技术成就，又象征着卫星导航系统星地一体，为人们提供定位、导航、授时服务的行业特点，同时还寓意着中国自主卫星导航系统的名字—北斗。

网格化地球和中英文文字代表了北斗卫星导航系统开放兼容、服务全球。

第五章 数据结构与算法

5.1 算法

5.1.1 算法的基本概念

所谓算法，是指解题方案的准确而完整的描述。

对于一个问题，如果可以通过一个计算机程序，在有限的存储空间内运行有限长的时间而得到正确的结果，则称这个问题是算法可解的，即算法就是解题的过程。但算法不等于程序，也不等于计算方法。当然，程序也可以作为算法的一种描述，但程序通常还需考虑很多与方法和分析无关的细节问题，这是因为在编写程序时要受到计算机系统运行环境的限制。通常，程序的编制不可能优于算法的设计。

1. 算法的基本特征

作为一个算法，一般应具有以下几个基本特征。

(1) 可行性(effectiveness)

算法的可行性包括以下两个方面：

① 算法中的每一个步骤必须能够实现。如在算法中不允许执行分母为 0 的操作，在实数范围内不可能求一个负数的平方根等。

② 算法执行的结果要能够达到预期的目的。

针对实际问题设计的算法，人们总是希望能够得到满意的结果。但一个算法又总是在某个特定的计算工具上执行的，因此，算法在执行过程中往往要受到计算工具的限制，使执行结果产生偏差。例如,在进行数值计算时,如果某计算工具具有 7 位有效数字(如程序设计语言中的单精度运算),则在计算下列三个量之和时:

$$A = 10^{12}, B = 1, C = -10^{12}$$

如果采用不同的运算程序,就会得到不同的结果,即:

$$A + B + C = 10^{12} + 1 + (-10^{12}) = 0$$
$$A + C + B = 10^{12} + (-10^{12}) + 1 = 1$$

而在数学上,$A + B + C$ 与 $A + C + B$ 是完全等价的。因此,算法与计算机公式是有差别的。在设计一个算法时,必须考虑它的可行性,否则是不会得到满意结果的。

(2) 确定性(definiteness)

算法的确定性,是指算法中的每一个步骤都必须是有明确定义的,不允许有模棱两可的解释,也不允许有多义性。这一性质也反映了算法与数学公式的明显差别。在解决实际问题时,可能会出现这样的情况:针对某种特殊问题,数学公式是正确的,但按此数学公式设计的计算过程可能会使计算机无所适从。这是因为根据数学公式的计算过程只考虑了正常使用的情况,而当出现异常情况时,此计算过程就不能适应了。

(3) 有穷性(finiteness)

算法的有穷性,是指算法必须能在有限的时间内做完,即算法必须能在执行有限个步骤之后终止。数学中的无穷级数,在实际计算时只能取有限项,即计算无穷级数值的过程只能是有穷的。因此,一个数的无穷级数表示只是一个计算公式,而根据精度要求确定的计算过程才是有穷的算法。

算法的有穷性还应包括合理的执行时间的含义。因为,如果一个算法需要执行千万年,显然失去了实用价值。

(4) 拥有足够的情报

一个算法是否有效,还取决于为算法提供的情报是否足够。通常,算法中的各种运算总是要施加到各个运算对象上,而这些运算对象又可能具有某种初始状态,这是算法执行的起点或是依据。因此,一个算法执行的结果总是与输入的初始数据有关,不同的输入将会有不同的结果输出。当输入不够或输入错误时,算法本身也就无法执行或导致执行有错。一般来说,当算法拥有足够的情报时,此算法才是有效的,而当提供的情报不够时,算法可能无效。

综上所述,所谓算法,是一组严谨地定义运算顺序的规则,并且每一个规则都是有效的,且是明确的,此顺序将在有限的次数下终止。

2. 算法的基本要素

一个算法通常由两种基本要素组成:一是对数据的运算和操作,二是算法的控制结构。

(1) 算法中对数据的运算和操作

每个算法实际上是按解题要求从环境能进行的所有操作中选择合适的操作所组成的一组指令序列。因此,计算机算法就是计算机能处理的操作所组成的指令序列。

通常,计算机可以执行的基本操作是以指令的形式描述的。一个计算机系统能执行的所有指令的集合,称为该计算机系统的指令系统。计算机程序就是按解题要求从计算机指令系统中选择合适的指令所组成的指令序列。在一般的计算机系统中,基本的运算和操作有以下四类：

① 算术运算，主要包括加、减、乘、除等运算。

② 逻辑运算，主要包括“与”“或”“非”等运算。

③ 关系运算，主要包括“大于”“小于”“等于”“不等于”等运算。

④ 数据传输，主要包括赋值、输入、输出等操作。

前面提到，计算机程序也可以作为算法的一种描述，但由于在编制计算机程序时通常要考虑很多与方法和分析无关的细节问题（如语法规则），因此，在设计算法的一开始，通常并不直接用计算机程序来描述算法，而是用别的描述工具（如流程图，专门的算法描述语言，甚至用自然语言）来描述算法。但不管用哪种工具来描述算法，算法的设计一般都应从上述四种基本操作考虑，按解题要求从这些基本操作中选择合适的操作组成解题的操作序列。算法的主要特征着重于算法的动态执行，它区别于传统的着重于静态描述或按演绎方式求解问题的过程。传统的演绎数学是以公理系统为基础的，问题的求解过程是通过有限次推演来完成的，每次推演都将对问题做进一步的描述，如此不断地推演，直到直接将解描述出来为止。而计算机算法则是一种使用一些最基本的操作，通过对已知条件一步一步地加工和变换，从而实现解题目标。这两种方法的解题思路是不同的。

（2）算法的控制结构

一个算法的功能不仅取决于所选用的操作，而且还与各操作之间的执行顺序有关。算法中各操作之间的执行顺序称为算法的控制结构。

算法的控制结构给出了算法的基本框架，它不仅决定了算法中各操作的执行顺序，而且也直接反映了算法的设计是否符合结构化原则。描述算法的工具通常有传统流程图、N－S结构化流程图、算法描述语言等。一个算法一般都可以用顺序、选择、循环三种基本控制结构组合而成。

3. 算法设计基本方法

计算机解题的过程实际上是在实施某种算法，这种算法称为计算机算法。计算机算法不同于人工处理的方法。

本节介绍工程上常用的几种算法设计方法，在实际应用时，各种方法之间往往存在着一定的联系。

（1）列举法

列举法的基本思想是，根据提出的问题，列举所有可能的情况，并用问题中给定的条件检验哪些是需要的，哪些是不需要的。因此，列举法常用于解决“是否存在”或“有多少种可能”等类型的问题，例如求解不定方程的问题。

列举法的特点是算法比较简单。但当列举的可能情况较多时，执行列举算法的工作量将会很大。因此，在用列举法设计算法时，使方案优化，尽量减少运算工作量，是应该重点注意的方面。通常，在设计列举算法时，只要对实际问题进行详细的分析，将与问题有关的知识条理化、完备化、系统化，从中找出规律；或对所有可能的情况进行分类，引出一些有用的信息，是可以大大减少列举量的。

列举原理是计算机应用领域中十分重要的原理。许多实际问题，若采用人工列举是不可想象的，但由于计算机的运算速度快，擅长重复操作，可以很方便地进行大量列举。列举算法虽然是一种比较笨拙而原始的方法，其运算量比较大，但在有些实际问题中（如寻找路径、查找、搜索等问题），局部使用列举法却是很有效的。因此，列举算法是计算机算法中的一个基础算法。

（2）归纳法

归纳法的基本思想是，通过列举少量的特殊情况，经过分析，最后找出一般的关系。显然，归纳法要比列举法更能反映问题的本质，并且可以解决列举量为无限的问题。但是，从一个实际问题中总结归纳出一般的关系，并不是一件容易的事情，尤其是要归纳出一个数学模型更为困难。从本质上讲，归纳就是通过观察一些简单而特殊的情况，最后总结出一般性的结论。

归纳是一种抽象，即从特殊现象中找出一般关系。但由于在归纳的过程中不可能对所有的情况进行列举，因此，最后由归纳得到的结论还只是一种猜测，还需要对这种猜测加以必要的证明。实际上，通过精心观察而得到的猜测得不到证实或最后证明猜测是错的，也是常有的事。

（3）递推

所谓递推，是指从已知的初始条件出发，逐次推出所要求的各中间结果和最后结果。其中初始条件或是问题本身已经给定，或是通过对问题的分析与化简而确定。递推本质上也属于归纳法，工程上许多递推关系式实际上是通过对实际问题的分析与归纳而得到的，因此，递推关系式往往是归纳的结果。

递推算法在数值计算中极为常见。但是，对于数值型的递推算法必须要注意数值计算的稳定性问题。

（4）递归

人们在解决一些复杂问题时，为了降低问题的复杂程度（如问题的规模等），一般总是将问题逐层分解，最后归纳为一些最简单的问题。这种将问题逐层分解的过程，实际上并没有对问题进行求解，而只是当解决了最后那些最简单的问题后，再沿着原来分解的逆过程逐步进行综合，这就是递归的基本思想。由此可以看出，递归的基础也是归纳。在工程实际中，有许多问题就是用递归来定义的，数学中的许多函数也是用递归来定义的。递归在可计算性理论和算法设计中占有很重要的地位。

递归分为直接递归和间接递归两种。如果一个算法 P 显式地调用自己则称为直接递归。如果算法 P 调用另一个算法 Q，而算法 Q 又调用算法 P，则称为间接递归调用。

递归是很重要的算法设计方法之一。实际上，递归过程能将一个复杂的问题归结为若干个较简单的问题，然后将这些较简单的问题再归结为更简单的问题，这个过程可以一直循环去，直到最简单的问题为止。

有些实际问题，既可以归纳为递推算法，也可以归纳为递归算法。但递归与递推的实现方法是大不一样的。递推是从初始条件出发，逐次推出所需要的结果；而递归则是从算法的本身到达递归边界。通常，递归算法要比递推算法清晰易读，其结构比较简练。特别是在许多比较复杂的问题中，很难找到从初始条件推出所需要结果的全过程，此时，设计递归算法要比递推算法容易得多。但递归算法的执行效率比较低。

（5）减半递推技术

实际问题的复杂程度往往与问题的规模有着密切的联系。因此，利用分治法解决这类实际问题是有效的。所谓分治法，就是对问题分而治之。工程上常用的分治法是减半递推技术。

所谓减半，是指将问题的规模减半，而问题的性质不变；所谓递推，是指重复减半的过程。

下面举例说明利用减半递推技术设计算法的基本思想。

【例 5-1】 设方程 $f(x)=0$ 在区间$[a, b]$上有实根，且 $f(a)$与 $f(b)$异号。利用二分法求该方程在区间$[a, b]$上的一个实根。

用二分法求方程实根的减半递推过程如下：

首先取给定区间的中点 $c=(a+b)/2$。

然后判断 $f(c)$是否为 0。若 $f(c)=0$，则说明 c 即为所求的根，求解过程结束。如果 $f(c)\neq 0$，则根据以下原则将原区间减半：

若 $f(a)f(c)<0$，则取区间的前半部分；

若 $f(b)f(c)<0$，则取区间的后半部分。

最后判断减半后的区间长度是否已经很小：

若$|a-b|<\varepsilon$，则过程结束，取$(a+b)/2$ 为根的近似值；

若$|a-b|\geqslant\varepsilon$，则重复上述的减半过程。

(6) 回溯法

前面讨论的递推和递归算法本质上是对实际问题进行归纳的结果，而减半递推技术也是归纳法的一个分支。在工程上，有些实际问题是很难归纳出一组简单的递推公式或直观的求解步骤，并且也不能进行无限的列举。对于这类问题，一种有效的方法是“试”。通过对问题的分析，找出一个解决问题的线索，然后沿着这个线索逐步试探，对于每一步的试探，若试探成功，就得到问题的解，若试探失败，就逐步回退，换别的路线再进行试探。这种方法称为回溯法。回溯法在处理复杂数据结构方面有着广泛的应用。

5.1.2 算法复杂度

算法的复杂度是对算法效率的度量，主要包括时间复杂度和空间复杂度。

1. 算法的时间复杂度

所谓算法的时间复杂度，是指执行算法所需要的计算工作量，即执行过程中所需要的基本运算次数。

为了能够比较客观地反映出一个算法的效率，在度量一个算法的工作量时，不仅应该与所使用的计算机、程序设计语言以及程序编制者无关，而且还应该与算法实现过程中的许多细节无关。为此，可以用算法在执行过程中所需基本运算的执行次数来度量算法的工作量。基本运算反映了算法运算的主要特征，因此，用基本运算的次数来度量算法工作量是客观的也是实际可行的，有利于比较同一问题的几种算法的优劣。例如，在考虑两个矩阵相乘时，可以将两个实数之间的乘法运算作为基本运算，而对于所用的加法(或减法)运算忽略不计。又如，当需要在一个表中进行查找时，可以将两个元素之间的比较作为基本运算。

算法所执行的基本运算次数还与问题的规模有关。例如，两个 20 阶矩阵相乘与两个 10 阶矩阵相乘，所需要的基本运算(即两个实数的乘法)次数显然是不同的，前者需要更多的运算次数。因此，在分析算法的工作量时，还必须对问题的规模进行度量。

综上所述，算法的工作量用算法所执行的基本运算次数来度量，而算法所执行的基本运算次数是问题规模的函数，即：

$$算法的工作量 = f(n)$$

其中 n 是问题的规模。例如，两个 n 阶矩阵相乘所需要的基本运算（即两个实数的乘法）次数为 n^3，即计算工作量为 n^3，也就是时间复杂度为 n^3。

在具体分析一个算法的工作量时，还会存在这样的问题：对于一个固定的规模，算法所执行的基本运算次数还可能与特定的输入有关，而实际上又不可能将所有可能情况下算法所执行的基本运算次数都列举出来。例如，“在长度为 n 的一维数组中查找值为 x 的元素”，若采用顺序搜索法，即从数组的第一个元素开始，逐个与被查值 x 进行比较。显然，如果第一个元素恰为 x，则只需要比较 1 次。但如果 x 为数组的最后一个元素，或者 x 不在数组中，则需要比较 n 次才能得到结果。因此，在这个问题的算法中，其基本运算（即比较）的次数与具体的被查值 x 有关。

在同一个问题规模下，如果算法执行所需的基本运算次数取决于某一特定输入时，可以用以下两种方法来分析算法的工作量。

（1）平均性态(average behavior)

所谓平均性态分析，是指用各种特定输入下的基本运算次数的加权平均值来度量算法的工作量。

设 x 是所有可能输入中的某个特定输入，$p(x)$ 是 x 出现的概率（即输入为 x 的概率），$t(x)$ 是算法在输入为 x 时所执行的基本运算次数，则算法的平均性态定义为：

$$A(n)=\sum_{x\in D_n} p(x)t(x)$$

其中：D_n 表示当规模为 n 时，算法执行时所有可能输入的集合；$t(x)$ 可以通过分析算法来加以确定；$p(x)$ 必须由经验或用算法中有关的一些特定信息来确定，通常是不能解析地加以计算的。如果确定 $p(x)$ 比较困难，则会给平均性态的分析带来困难。

（2）最坏情况复杂性(worst-case complexity)

所谓最坏情况分析，是指在规模为 n 时，算法所执行的基本运算的最大次数。它定义为：

$$W(n)=\max_{x\in D_n}\{t(x)\}$$

显然，$W(n)$ 的计算要比 $A(n)$ 的计算方便得多。由于 $W(n)$ 实际上是给出了算法工作量的一个上界，因此，它比 $A(n)$ 更具有实用价值。

下面通过一个例子来说明算法复杂度的平均性态分析与最坏情况分析。

【例 5-2】 采用顺序搜索法，在长度为 n 的一维数组中查找值为 x 的元素，即从数组的第一个元素开始，逐个与被查值 x 进行比较。基本运算为 x 与数组元素的比较。

首先考虑平均性态分析。

设被查项 x 在数组中出现的概率为 q。当需要查找的 x 为数组中第 i 个元素时，则在查找过程中需要做 i 次比较，当需要查找的 x 不在数组中时（即数组中没有 x 这个元素），则需要与数组中所有的元素进行比较，即：

$$t_i=\begin{cases} i & 1\leqslant i\leqslant n \\ n & i=n+1 \end{cases}$$

其中 $i=n+1$ 表示 x 不在数组中的情况。

如果假设需要查找的 x 出现在数组中每个位置上的可能性是一样的，则 x 出现在数组中每一个位置上的概率为 q/n（因为前面已经假设 x 在数组中的概率为 q），而 x 不在数组中的概率为 $1-q$，即：

$$p_i=\begin{cases}q/n, & 1\leqslant i\leqslant n\\ 1-q, & i=n+1\end{cases}$$

其中 $i=n+1$ 表示 x 不在数组中的情况。

因此，用顺序搜索法在长度为 n 的一维数组中查找值为 x 的元素，在平均情况下需要做得比较次数为：

$$A(n)=\sum_{i=1}^{n+1}p_it_i=\sum_{i=1}^{n}(q/n)i+(1-q)n=(n+1)q/2+(1-q)n$$

如果已知需要查找的 x 一定在数组中，此时 $q=1$，则 $A(n)=(n+1)/2$。这就是说，在这种情况下，用顺序搜索法在长度为 n 的一维数组中查找值为 x 的元素，在平均情况下需要检查数组中一半的元素。

如果已知需要查找的 x 有一半的机会在数组中，此时 $q=1/2$，则：

$$A(n)=[(n+1)/4]+n/2\approx 3n/4$$

这就是说，在这种情况下，用顺序搜索法在长度为 n 的一维数组中查找值为 x 的元素，在平均情况下需要检查数组中 3/4 的元素。

再考虑最坏情况分析。

在这个例子中，最坏情况发生在需要查找的 x 是数组中的最后一个元素或 x 不在数组中的时候，此时显然有：

$$W(n)=\max\{t_i \mid 1\leqslant i\leqslant n+1\}=n$$

在上述例子中，算法执行的工作量是与具体的输入有关的，$A(n)$ 只是它的加权平均值，而实际上对于某个特定的输入，其计算工作量未必是 $A(n)$，且 $A(n)$ 也不一定等于 $W(n)$。但在另外一些情况下，算法的计算工作量与输入无关，即当规模为 n 时，在所有可能的输入下，算法所执行的基本运算次数是一定的，此时有 $A(n)=W(n)$。例如，两个 n 阶的矩阵相乘，都需要做 n^3 次实数乘法，而与输入矩阵的具体元素无关。

2\. 算法的空间复杂度

一个算法的空间复杂度，一般是指执行这个算法所需要的内存空间。

一个算法所占用的存储空间包括算法程序所占的空间、输入的初始数据所占的存储空间以及算法执行过程中所需要的额外空间。其中额外空间包括算法程序执行过程中的工作单元以及某种数据结构所需要的附加存储空间（例如，在链式结构中，除了要存储数据本身外，还需要存储链接信息）。如果额外空间量相对于问题规模来说是常数，则称该算法是原地工作的。在许多实际问题中，为了减少算法所占的存储空间，通常采用压缩存储技术，以便尽量减少不必要的额外空间。

5.2 数据结构的基本概念

利用计算机进行数据处理是计算机应用的一个重要领域。在进行数据处理时，实际需要处理的数据元素一般有很多，而这些大量的数据元素都需要存放在计算机中，因此，大量的数据元素在计算机中如何组织，以便提高数据处理的效率，并且节省计算机的存储空间，这是进行数据处理的关键问题。

显然，杂乱无章的数据是不便于处理的。而将大量的数据随意地存放在计算机中，实际上也是“自找苦吃”，对数据处理更是不利。

数据结构作为计算机的一门学科，主要研究和讨论以下三个方面的问题：

(1) 数据集合中各数据元素之间所固有的逻辑关系，即数据的逻辑结构；

(2) 在对数据进行处理时，各数据元素在计算机中的存储关系，即数据的存储结构；

(3) 对各种数据结构进行的运算。

讨论以上问题的主要目的是为了提高数据处理的效率。所谓提高数据处理的效率，主要包括两个方面：一是提高数据处理的速度，二是尽量节省在数据处理过程中所占用的计算机存储空间。

本章主要讨论工程上常用的一些基本数据结构，它们是软件设计的基础。

5.2.1 什么是数据结构

计算机已被广泛用于数据处理。实际问题中的各数据元素之间总是相互关联的。所谓数据处理，是指对数据集合中的各元素以各种方式进行运算，包括插入、删除、查找、更改等运算，也包括对数据元素进行分析。在数据处理领域中，建立数学模型有时并不十分重要，事实上，许多实际问题是无法表示成数学模型的。人们最感兴趣的是分析数据集合中各数据元素之间存在什么关系，应如何组织它们，即如何表示所需要处理的数据元素。

下面通过两个实例来说明对同一批数据用不同的表示方法后，对处理效率的影响。

【例 5-3】 无序表的顺序查找与有序表的对分查找。

如图 5.1 所示是两个子表。从图中可以看出，在这两个子表中所存放的数据元素是相同的，但它们在表中存放的顺序是不同的。在图 5.1(a)所示的表中，数据元素的存放顺序是没有规律的；而在图 5.1(b)所示的表中，数据元素是按从小到大的顺序存放的。我们称前者为无序表，后者为有序表。

35	16
16	21
78	29
85	33
43	35
29	43
33	46
21	54
54	78
46	85

(a) 无序表　　(b) 有序表

图 5.1　数据元素存放顺序不同的两个表

下面讨论在这两种表中进行查找的问题。

首先讨论在图 5.1(a)所示的无序表中进行查找。由于在图 5.1(a)表中数据元素的存放顺序没有一定的规律,因此,要在这个表中查找某个数时,只能从第一个元素开始,逐个将表中的元素与被查数进行比较,直到表中的某个元素与被查数相等(即查找成功)或者表中所有元素与被查数都进行了比较且都不相等(即查找失败)为止。这种查找方法称为顺序查找。显然,在顺序查找中,如果被查找数在表的前部,则需要比较的次数就少;但如果被查找数在表的后部,则需要比较的次数就多。特别是当被查找数刚好是表中的第一个元素时(如被查数为 35),只需要比较一次就查找成功;但当被查数刚好是表中最后一个元素(如被查数为 46)或表中根本就没有被查数时(如被查数为 67),则需要与表中所有的元素进行比较,在这种情况下,当表很大时,顺序查找是很费时间的。虽然顺序查找法的效率比较低,但由于图 5.1(a)为无序表,没有更好的查找方法,因此只能用顺序查找。

现在再讨论在图 5.1(b)所示的有序表中进行查找。由于有序表中的元素是从小到大进行排列的,在查找时可以利用这个特点,以便使比较次数大大减少。在有序表中查找一个数可以按如下步骤进行。

将被查数与表中的中间元素进行比较:若相等,则表示查找成功,查找过程结束。若被查数大于表中的这个中间元素时,则表示如果被查数在表中,只能在表的后半部,此时可以抛弃表的前半部而保留后半部;若被查数小于表中的这个中间元素,则表示如果被查数在表中,只能在表的前半部,此时可以抛弃表的后半部而保留前半部。然后对剩下的部分(前半部或后半部)再按照上述方法进行查找,这个过程一直做到在某一次的比较中相等(查找成功)或剩下的部分已空(查找失败)为止。例如,如果要在图 5.1(b)所示的有序表中查找 54,则首先与中间元素 35 进行比较,由于 54 大于 35,再与后半部分的中间元素 54 进行比较,此时相等,共比较了 2 次就查找成功。如果采用顺序查找法,在图 5.1(a)所示的无序表中查找 54 这个元素,需要比较 9 次。这种查找方法称为有序表的对分查找。

显然,在有序表的对分查找中,不论查找的是什么数,也不论要查找的数在表中有没有,都不需要与表中所有的元素进行比较,只需要与表中很少的元素进行比较。但需要指出的是,对分查找只适用于有序表,而对于无序表是无法进行对分查找的。

实际上，在日常工作和学习中也经常遇到对分查找。例如，当需要在词典中查找一个单词时，一般不是从第一页开始一页一页地往后找，而是考虑到词典中的各单词是以英文字母为顺序排列的，因此可以根据所查单词的第一个字母，直接翻到大概的位置，然后进行比较，根据比较结果再向前或向后翻，直到找到该单词为止。这种在词典中查单词的方法类似于对分查找。

由这个例子可以看出，数据元素在表中的排列顺序对查找效率是有很大影响的。

【例 5－4】 设有一学生情况登记表见表 5.1 所示。在表 5.1 中，每个学生的情况是以学号为顺序排列的。

表 5.1 学生情况登记表

学号	姓名	性别	年龄	成绩	学号	姓名	性别	年龄	成绩
970156	张小明	男	20	86	970163	王伟	男	20	65
970157	李小青	女	19	83	970164	胡涛	男	19	95
970158	赵凯	男	19	70	970165	周敏	女	20	87
970159	李启明	男	21	91	970166	杨雪辉	男	22	89
970160	刘华	女	18	78	970167	吕永华	男	18	61
970161	曾小波	女	19	90	970168	梅玲	女	17	93
970162	张军	男	18	80	970169	刘健	男	20	75

显然，如果要在表 5.1 中查找给定学号的某学生的情况是很方便的，只要根据给定的学号就可以立即找到该学生的情况。但是，如果要在该表中查找成绩在 90 分以上的所有学生的情况，则需要从头到尾扫描全表，才能将成绩在 90 分以上的所有学生找到。在这种情况下，为了找到成绩在 90 分以上的学生情况，对于成绩在 90 分以下的所有学生情况也都要被扫描到。由此可以看出，要在表 5.1 中查找给定学号的学生情况虽然很方便，但要查找成绩在某个分数段中的学生情况时，实际上需要查看表中所有学生的成绩，其效率是很低的，尤其是当表很大时更为突出。

为了便于查找成绩在某个分数段中的学生情况，可以将表 5.1 中所登记的学生情况进行重新组织。例如，将成绩在 90 分以上(包括 90 分，下同)、80～89 分、70～79 分、60～69 分之间的学生情况分别登记在四个独立的子表中，分别见表 5.2、表 5.3、表 5.4 与表 5.5 所示。现在如果要查找 90 分以上的所有学生的情况，就可以直接在表 5.2 中进行查找，从而避免了对成绩在 90 分以下的学生情况进行扫描，提高了查找效率。

表 5.2 成绩在 90 分以上的学生情况登记表

学号	姓名	性别	年龄	成绩	学号	姓名	性别	年龄	成绩
970159	李启明	男	21	91	970164	胡涛	男	19	95
970161	曾小波	女	19	90	970168	梅玲	女	17	93

表 5.3 成绩在 80～89 分之间的学生情况登记表

学号	姓名	性别	年龄	成绩	学号	姓名	性别	年龄	成绩
970156	张小明	男	20	86	970165	周敏	女	20	87
970157	李小青	女	19	83	970166	杨雪辉	男	22	89
970162	张军	男	18	80					

表 5.4 成绩在 70～79 分之间的学生情况登记表

学号	姓名	性别	年龄	成绩	学号	姓名	性别	年龄	成绩
970158	赵凯	男	19	70	970169	刘健	男	20	75
970160	刘华	女	18	78					

表 5.5 成绩在 60～69 分之间的学生情况登记表

学号	姓名	性别	年龄	成绩	学号	姓名	性别	年龄	成绩
970163	王伟	男	20	65	970167	吕永华	男	18	61

由例 5－4 可以看出，在对数据进行处理时，可以根据所做的运算不同，将数据组织成不同的形式，以便于做该种运算，从而提高数据处理的效率。

简单地说，数据结构是指相互有关联的数据元素的集合。例如，向量和矩阵就是数据结构，在这两个数据结构中，数据元素之间有着位置上的关系。又如，图书馆中的图书卡片目录，则是一个较为复杂的数据结构，对于列在各卡片上的各种书之间，可能在主题、作者等问题上相互关联，甚至一本书本身也有不同的相关成分。

数据元素具有广泛的含义。一般来说，现实世界中客观存在的一切个体都可以是数据元素。例如：

描述一年四季的季节名：春、夏、秋、冬可以作为季节的数据元素；表示数值的各个数：18、11、35、23、16、…可以作为数值的数据元素；表示家庭成员的各成员名：父亲、儿子、女儿可以作为家庭成员的数据元素。

甚至每一个客观存在的事件，如一次演出、一次借书、一次比赛等也可以作为数据元素。总之，在数据处理领域中，每一个需要处理的对象都可以抽象成数据元素。数据元素一般简称为元素。

在实际应用中，被处理的数据元素一般有很多，而且，作为某种处理，其中的数据元素一般具有某种共同特征。例如，{春，夏，秋，冬}这四个数据元素有一个共同特征，即它们都是季节名，分别表示了一年中的四个季节，从而这四个数据元素构成了季节名的集合。又如，{父亲，儿子，女儿}这三个数据元素也有一个共同特征，即它们都是家庭的成员名，从而构成了家庭成员名的集合。一般来说，人们不会同时处理特征完全不同且互相之间没有任何关系的各类数据元素，对于具有不同特征的数据元素总是分别进行处理。

一般情况下，在具有相同特征的数据元素集合中，各个数据元素之间存在有某种关系（即联系），这种关系反映了该集合中的数据元素所固有的一种结构。在数据处理领域中，通常把数据元素之间这种固有的关系简单地用前后件关系（或直接前驱与直接后继关系）来描述。

例如,在考虑一年四个季节的顺序关系时,则“春”是“夏”的前件(即直接前驱,下同),而“夏”是“春”的后件(即直接后继,下同)。同样,“夏”是“秋”的前件,“秋”是“夏”的后件,“秋”是“冬”的前件,“冬”是“秋”的后件。

在考虑家庭成员间的辈分关系时,则“父亲”是“儿子”和“女儿”的前件,而“儿子”与“女儿”都是“父亲”的后件。

前后件关系是数据元素之间的一个基本关系,但前后件关系所表示的实际意义随具体对象的不同而不同。一般来说,数据元素之间的任何关系都可以用前后件关系来描述。

1. 数据的逻辑结构

前面提到,数据结构是指反映数据元素之间关系的数据元素集合的表示。更通俗地说,数据结构是指带有结构的数据元素的集合。在此,所谓结构,实际上就是指数据元素之间的前后件关系。

由上所述,一个数据结构应包含以下两方面的信息:

(1) 表示数据元素的信息;

(2) 表示各数据元素之间的前后件关系。

在以上所述的数据结构中,其中数据元素之间的前后件关系是指它们的逻辑关系,而与它们在计算机中的存储位置无关。因此,上面所述的数据结构实际上是数据的逻辑结构。

所谓数据的逻辑结构,是指反映数据元素之间逻辑关系的数据结构。

由前面的叙述可以知道,数据的逻辑结构有两个要素:一是数据元素的集合,通常记为D;二是D上的关系,它反映了D中各数据元素之间的前后件关系,通常记为R,即一个数据结构可以表示成:

$$B=(D,R)$$

其中B表示数据结构。为了反映D中各数据元素之间的前后件关系,一般用二元组来表示。例如,假设a与b是D中的两个数据,则二元组(a,b)表示a是b的前件,b是a的后件。这样,在D中的每两个元素之间的关系都可以用这种二元组来表示。

【例 5-5】 一年四季的数据结构可以表示成:

$$B=(D,R)$$
$$D=\{春,夏,秋,冬\}$$
$$R=\{(春,夏),(夏,秋),(秋,冬)\}$$

【例 5-6】 家庭成员数据结构可以表示成:

$$B=(D,R)$$
$$D=\{父亲,儿子,女儿\}$$
$$R=\{(父亲,儿子),(父亲,女儿)\}$$

【例 5-7】 n维向量:

$$\boldsymbol{X}=(x_1,x_2,\cdots,x_n)$$

也是一种数据结构,即$\boldsymbol{X}=(D,R)$,其中数据元素的集合为:

$$D=\{x_1,x_2,\cdots,x_n\}$$

关系为：

$$R=\{(x_1,x_2),(x_2,x_3),\cdots,(x_{n-1},x_n)\}$$

对于一些复杂的数据结构来说，它的数据元素可以是另一种数据结构。

例如，$m\times n$ 的矩阵如下所示：

$$\boldsymbol{A}=\begin{bmatrix} a_{11} & a_{12} & \cdots & a_{1n} \\ a_{21} & a_{22} & \cdots & a_{2n} \\ \vdots & \vdots & & \vdots \\ a_{m1} & a_{m2} & \cdots & a_{mn} \end{bmatrix}$$

这是一个数据结构。在这个数据结构中，矩阵的每一行：

$$A_i=(a_{i1},a_{i2},\cdots,a_{in}) \quad i=1,2,\cdots,m$$

可以看成是它的一个数据元素，即这个数据结构的数据元素的集合为：

$$D=\{A_1,A_2,\cdots,A_m\}$$

D 上的一个关系为：

$$R=\{(A_1,A_2),(A_2,A_3),\cdots,(A_i,A_{i+1}),\cdots,(A_{m-1},A_n)\}$$

显然，数据结构 $\boldsymbol{A}$ 中的每一个数据元素 $A_i(i=1,2,\cdots,m)$ 又是另一个数据结构，即数据元素的集合为：

$$D_i=\{a_{i1},a_{i2},\cdots,a_{in}\}$$

D_i 上的一个关系为：

$$R_i=\{(a_{i1},a_{i2}),(a_{i2},a_{i3}),\cdots,(a_{ij},a_{i,j+1}),\cdots,(a_{i,n-1},a_{in})\}$$

2. 数据的存储结构

数据处理是计算机应用的一个重要领域，在实际进行数据处理时，被处理的各数据元素总是被存放在计算机的存储空间中，并且，各数据元素在计算机存储空间中的位置关系与它们的逻辑关系不一定是相同的，而且一般也不可能相同。例如，在前面提到的一年四个季节的数据结构中，“春”是“夏”的前件，“夏”是“春”的后件，但在对它们进行处理时，在计算机存储空间中，“春”这个数据元素的信息不一定被存储在“夏”这个数据元素信息的前面，而可能在后面，也可能不是紧邻在前面，而是中间被其他的信息所隔开。又如，在家庭成员的数据结构中，“儿子”和“女儿”都是“父亲”的后件，但在计算机存储空间中，根本不可能将“儿子”和“女儿”这两个数据元素的信息都紧邻存放在“父亲”这个数据元素信息的后面，即在存储空间中与“父亲”紧邻的只可能是其中的一个。由此可以看出，一个数据结构中的各数据元素在计算机存储空间中的位置关系与逻辑关系是有可能不同的。

数据的逻辑结构在计算机存储空间中的存放形式称为数据的存储结构(也称数据的物

理结构）。

由于数据元素在计算机存储空间中的位置关系可能与逻辑关系不同，因此，为了表示存放在计算机存储空间中的各数据元素之间的逻辑关系（即前后件关系），在数据的存储结构中，不仅要存放各数据元素的信息，还需要存放各数据元素之间的前后件关系的信息。

一般来说，一种数据的逻辑结构根据需要可以表示成多种存储结构，常用的存储结构有顺序、链接、索引等存储结构。而采用不同的存储结构，其数据处理的效率是不同的。因此，在进行数据处理时，选择合适的存储结构是很重要的。

5.2.2 数据结构的图形表示

一个数据结构除了用二元关系表示外，还可以直观地用图形表示。在数据结构的图形表示中，对于数据集合 D 中的每一个数据元素用中间标有元素值的方框表示，一般称之为数据结点，并简称为结点；为了进一步表示各数据元素之间的前后件关系，对于关系 R 中的每一个二元组，用一条有向线段从前件结点指向后件结点。

例如，一年四季的数据结构可以用如图 5.2 所示的图形来表示。

又如，反映家庭成员间辈分关系的数据结构可以用如图 5.3 所示的图形表示。

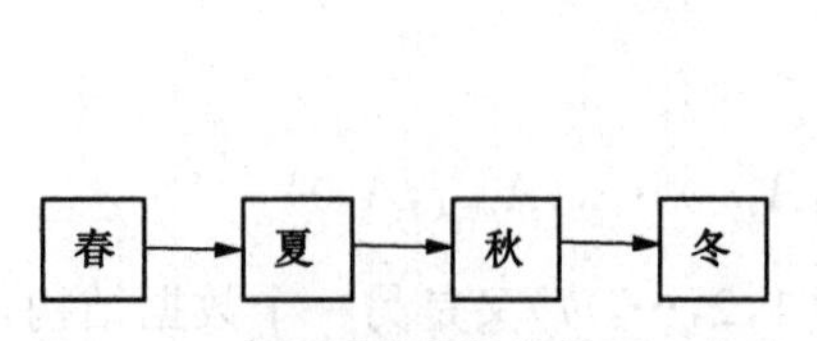

图 5.2　一年四季数据结构的图形表示

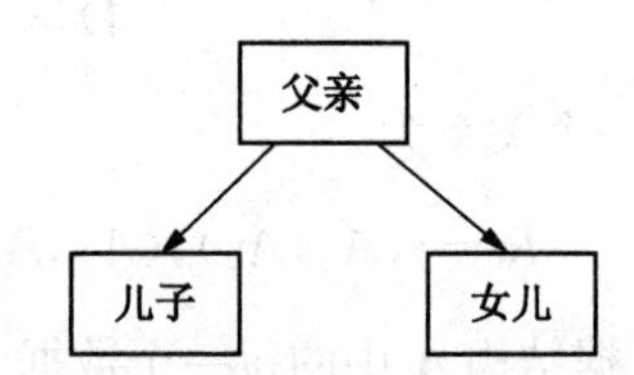

图 5.3　家庭成员间辈分关系数据结构的图形表示

显然，用图形方式表示一个数据结构是很方便的，并且也比较直观。有时在不会引起误会的情况下，在前件结点到后件结点连线上的箭头可以省去。例如，在图 5.3 中，即使将“父亲”结点与“儿子”结点连线上的箭头以及“父亲”结点与“女儿”结点连线上的箭头都去掉，也同样表示了“父亲”是“儿子”与“女儿”的前件，“儿子”与“女儿”均是“父亲”的后件，而不会引起误会。

【例 5-8】　用图形表示数据结构 $B=(D,R)$，其中：

$$D=\{d_i \mid 1\leqslant i\leqslant 7\}=\{d_1,d_2,d_3,d_4,d_5,d_6,d_7\}$$

$$R=\{(d_1,d_3),(d_1,d_7),(d_2,d_4),(d_3,d_6),(d_4,d_5)\}$$

这个数据结构的图形表示如图 5.4 所示。

在数据结构中，没有前件的结点称为根结点；没有后件的结点称为终端结点（也称为叶子结点）。例如，在如图 5.2 所示的数据结构中，元素“春”所在的结点（简称为结点“春”，下同）为根结点，结点“冬”为终端结点；在如图 5.3 所示的数据结构中，结点“父亲”为根结点，结点“儿子”与“女儿”均为终端结点；在如图 5.4 所示的数据结构中，有两个根结点 d_1 与 d_2，有三个终端结点 d_6、d_7、d_5。数据结构中除了根结点与终端结点外的其他结点一般称为内部结点。

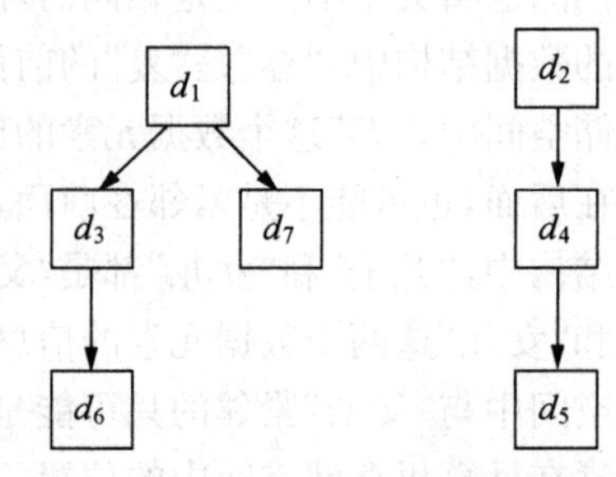

图 5.4　例 5-8 数据结构的图形表示

通常，一个数据结构中的元素结点可能是在动态变化的。根据需要或在处理过程中，可以在一个数据结构中增加一个新结点(称为插入运算)，也可以删除数据结构中的某个结点(称为删除运算)。插入与删除是对数据结构的两种基本运算。除此之外，对数据结构的运算还有查找、分类、合并、分解、复制和修改等。在对数据结构的处理过程中，不仅数据结构中的结点(即数据元素)个数在动态变化，而且，各数据元素之间的关系也有可能在动态变化。例如，一个无序表可以通过排序处理而变成有序表；一个数据结构中的根结点被删除后，它的某一个后件可能就变成了根结点；在一个数据结构中的终端结点后插入一个新结点后，则原来的那个终端结点就不再是终端结点而成为内部结点了。有关数据结构的基本运算将在后面讲到具体数据结构时再介绍。

5.2.3 线性结构与非线性结构

如果在一个数据结构中一个数据元素都没有，则称该数据结构为空的数据结构。在一个空的数据结构中插入一个新的元素后就变为非空；在只有一个数据元素的数据结构中，将该元素删除后就变为空的数据结构。

根据数据结构中各数据元素之间前后件关系的复杂程度，一般将数据结构分为两大类型：线性结构与非线性结构。

如果一个非空的数据结构满足下列两个条件：

(1) 有且只有一个根结点；

(2) 每一个结点最多有一个前件，也最多有一个后件。

则称该数据结构为线性结构。线性结构又称线性表。

由此可以看出，在线性结构中，各数据元素之间的前后件关系是很简单的。如例 5－5 中的一年四季这个数据结构以及例 5－7 中的 n 维向量数据结构，它们都属于线性结构。

特别需要说明的是，在一个线性结构中插入或删除任何一个结点后还应是线性结构。根据这一点，如果一个数据结构满足上述两个条件，但当在此数据结构中插入或删除任何一个结点后就不满足这两个条件了，则该数据结构不能称为线性结构。例如，如图 5.5 所示的数据结构显然是满足上述两个条件的，但它不属于线性结构这个类型，因为如果在这个数据结构中删除结点 A 后，就不满足上述的条件(1)。

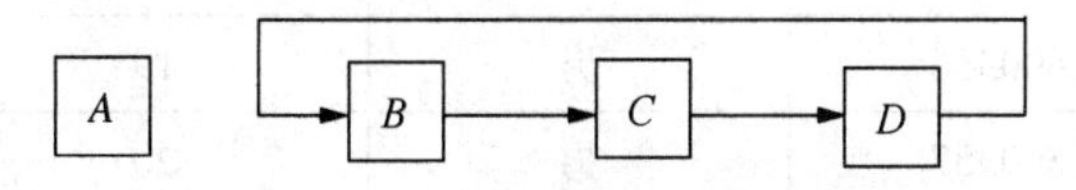

图 5.5 不是线性结构的数据结构特例

如果一个数据结构不是线性结构，则称之为非线性结构。如例 5－6 中反映家庭成员间辈分关系的数据结构以及例 5－8 中的数据结构，它们都不是线性结构，而是属于非线性结构。显然，在非线性结构中，各数据元素之间的前后件关系要比线性结构复杂，因此，对非线性结构的存储与处理比线性结构要复杂得多。

线性结构与非线性结构都可以是空的数据结构。一个空的数据结构究竟是属于线性结构还是属于非线性结构，这要根据具体情况来确定。如果对该数据结构的运算是按线性结构的规则来处理的，则属于线性结构：否则属于非线性结构。

5.3 线性表及其顺序存储结构

5.3.1 线性表的基本概念

线性表(linear list)是最简单、最常用的一种数据结构。

线性表由一组数据元素构成。数据元素的含义很广泛,在不同的具体情况下,它可以有不同的含义。例如,一个 n 维向量$(x_1,x_2,\cdots,x_n)$是一个长度为 n 的线性表,其中的每一个分量就是一个数据元素。又如,英文小写字母表$(a,b,c,\cdots,z)$是一个长度为 26 的线性表,其中的每一个小写字母就是一个数据元素。再如,一年中的四个季节(春,夏,秋,冬)是一个长度为 4 的线性表,其中的每一个季节名就是一个数据元素。

矩阵也是一个线性表,只不过它是一个比较复杂的线性表。在矩阵中,既可以把每一行看成是一个数据元素(即一个行向量为一个数据元素),也可以把每一列看成是一个数据元素(即一个列向量为一个数据元素)。其中每一个数据元素(一个行向量或一个列向量)实际上又是一个简单的线性表。

数据元素可以是简单项(如上述例子中的数、字母、季节名等)。在稍微复杂的线性表中,一个数据元素还可以由若干个数据项组成。例如,某班的学生情况登记表是一个复杂的线性表,表中每一个学生的情况就组成了线性表中的每一个元素,每一个数据元素包括姓名、学号、性别、年龄和健康状况 5 个数据项,如表 5.6 所示。在这种复杂的线性表中,由若干数据项组成的数据元素称为记录(record),而由多个记录构成的线性表又称为文件(file)。因此,上述学生情况登记表就是一个文件,其中每一个学生的情况就是一个记录。

表 5.6 学生情况登记表

姓名	学号	性别	年龄	健康状况
王强	800356	男	19	良好
刘建平	800357	男	20	一般
赵军	800361	女	19	良好
葛文华	800367	男	21	较差
…	…	…	…	…

综上所述,线性表是由 $n(n\geqslant0)$个数据元素 $a_1,a_2,\cdots,a_n$组成的一个有限序列,表中的每一个数据元素,除了第一个外,有且只有一个前件,除了最后一个外,有且只有一个后件,即线性表或是一个空表,或可以表示为:

$$(a_1,a_2,\cdots,a_i,\cdots,a_n)$$

其中 $a_i(i=1,2,\cdots,n)$是属于数据对象的元素，通常也称其为线性表中的一个结点。

显然，线性表是一种线性结构。数据元素在线性表中的位置只取决于它们自己的序号，即数据元素之间的相对位置是线性的。

非空线性表有如下一些结构特征：

（1）且只有一个根结点 a_1，它无前件；

（2）有且只有一个终端结点 a_n，它无后件；

（3）除根结点与终端结点外，其他所有结点有且只有一个前件，也有且只有一个后件。线性表中结点的个数 n 称为线性表的长度。当 $n=0$ 时，称为空表。

5.3.2　线性表的顺序存储结构

在计算机中存放线性表，一种最简单的方法是顺序存储，也称为顺序分配。

线性表的顺序存储结构具有以下两个基本特点：

（1）线性表中所有元素所占的存储空间是连续的；

（2）线性表中各数据元素在存储空间中是按逻辑顺序依次存放的。

由此可以看出，在线性表的顺序存储结构中，其前后件两个元素在存储空间中是紧邻的，且前件元素一定存储在后件元素的前面。

在线性表的顺序存储结构中，如果线性表中各数据元素所占的存储空间（字节数）相等，则要在该线性表中查找某一个元素是很方便的。

假设线性表中的第一个数据元素的存储地址（指第一个字节的地址，即首地址）为 $ADR(a_1)$，每一个数据元素占 k 个字节，则线性表中第 i 个元素 a_i 在计算机存储空间中的存储地址为：

$$ADR(a_i)=ADR(a_1)+(i-1)k$$

即在顺序存储结构中，线性表中每一个数据元素在计算机存储空间中的存储地址由该元素在线性表中的位置序号唯一确定。一般来说，长度为 n 的线性表：

$$(a_1,a_2,\cdots,a_i,\cdots,a_n)$$

在计算机中的顺序存储结构如图 5.6 所示。

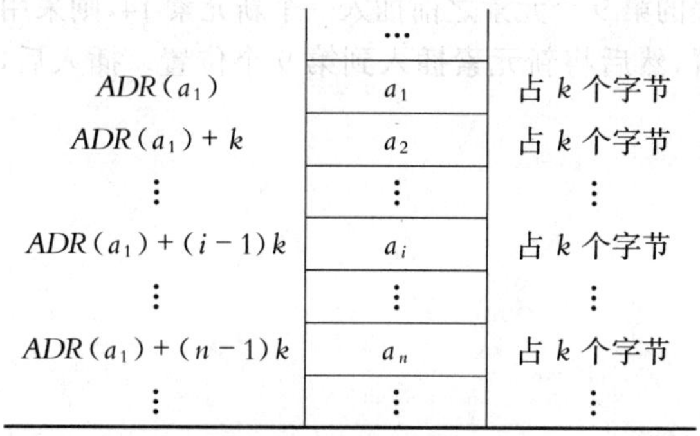

	…	
$ADR(a_1)$	a_1	占 k 个字节
$ADR(a_1)+k$	a_2	占 k 个字节
⋮	⋮	⋮
$ADR(a_1)+(i-1)k$	a_i	占 k 个字节
⋮	⋮	⋮
$ADR(a_1)+(n-1)k$	a_n	占 k 个字节
⋮	⋮	⋮

图 5.6　线性表的顺序存储结构

在程序设计语言中，通常定义一个一维数组来表示线性表的顺序存储空间。因为程序设计语言中的一维数组与计算机中实际的存储空间结构是类似的，这就便于用程序设计语言对线性表进行各种运算处理。

在用一维数组存放线性表时，该一维数组的长度通常要定义得比线性表的实际长度大一些，以便对线性表进行各种运算，特别是插入运算。在一般情况下，如果线性表的长度在处理过程中是动态变化的，则在开辟线性表的存储空间时要考虑到线性表在动态变化过程中可能达到的最大长度。如果开始时所开辟的存储空间太小，则在线性表动态增长时可能会出现存储空间不够而无法再插入新的元素；但如果开始时所开辟的存储空间太大，而实际上又用不着那么大的存储空间，则会造成存储空间的浪费。在实际应用中，可以根据线性表动态变化过程中的一般规模来决定开辟的存储空间量。

在线性表的顺序存储结构下，可以对线性表进行各种处理。主要的运算有以下几种：

（1）在线性表的指定位置处加入一个新的元素（即线性表的插入）；

（2）在线性表中删除指定的元素（即线性表的删除）；

（3）在线性表中查找某个（或某些）特定的元素（即线性表的查找）；

（4）对线性表中的元素进行整序（即线性表的排序）；

（5）按要求将一个线性表分解成多个线性表（即线性表的分解）；

（6）按要求将多个线性表合并成一个线性表（即线性表的合并）；

（7）复制一个线性表（即线性表的复制）；

（8）逆转一个线性表（即线性表的逆转）等。

下面两小节主要讨论线性表在顺序存储结构下的插入与删除的问题。

5.3.3 顺序表的插入运算

首先举一个例子来说明如何在顺序存储结构的线性表中插入一个新元素。

【例 5-9】 如图 5.7(a)所示为一个长度为 8 的线性表顺序存储在长度为 10 的存储空间中。现在要求在第 2 个元素（即 18）之前插入一个新元素 87，其插入过程如下：

首先从最后一个元素开始直到第 2 个元素，将其中的每一个元素均依次往后移动一个位置，然后将新元素 87 插入到第 2 个位置。

插入一个新元素后，线性表的长度变成了 9，如图 5.7(b)所示。

如果再要在线性表的第 9 个元素之前插入一个新元素 14，则采用类似的方法：将第 9 个元素往后移动一个位置，然后将新元素插入到第 9 个位置。插入后，线性表的长度变成了 10，如图 5.7(c)所示。

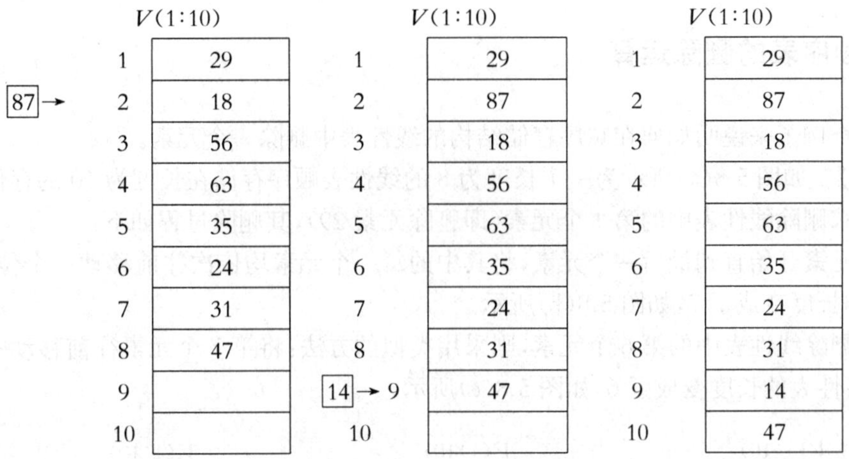

	V(1:10)		V(1:10)	V(1:10)
1	29		29	29
2	18	87 →	87	87
3	56		18	18
4	63		56	56
5	35		63	63
6	24		35	35
7	31		24	24
8	47		31	31
9		14 →	47	14
10				47

(a) 长度为 8 的线性表 (b) 插入元素 87 后的线性表 (c) 插入元素 14 后的线性表

图 5.7 线性表在顺序存储结构下的插入

现在,为线性表开辟的存储空间已经满了,不能再插入新的元素了。如果再要插入,则会造成称为“上溢”的错误。

一般来说,设长度为 n 的线性表为:

$$(a_1, a_2, \cdots, a_i, \cdots, a_n)$$

现要在线性表的第 i 个元素 a_i 之前插入一个新元素 b,插入后得到长度为 $n+1$ 的线性表为:

$$(a'_1, a'_2, \cdots, a'_j, a'_{j+1}, \cdots, a'_n, a'_{n+1})$$

则插入前后的两线性表中的元素满足如下关系:

$$a'_j = \begin{cases} a_j & 1 \leqslant j \leqslant i-1 \\ b & j = i \\ a_{j-1} & i+1 \leqslant j \leqslant n+1 \end{cases}$$

在一般情况下,要在第 $i(1 \leqslant i \leqslant n)$ 个元素之前插入一个新元素时,首先要从最后一个(即第 n 个)元素开始,直到第 i 个元素之间共 $n-i+1$ 个元素依次向后移动一个位置,移动结束后,第 i 个位置就被空出,然后将新元素插入到第 i 项。插入结束后,线性表的长度就增加了 1。

显然,在线性表采用顺序存储结构时,如果插入运算在线性表的末尾进行,即在第 n 个元素之后(可以认为是在第 $n+1$ 个元素之前)插入新元素,则只要在表的末尾增加一个元素即可,不需要移动表中的元素;如果要在线性表的第 1 个元素之前插入一个新元素,则需要移动表中所有的元素。在一般情况下,如果插入运算在第 $i(1 \leqslant i \leqslant n)$ 个元素之前进行,则原来第 i 个元素之后(包括第 i 个元素)的所有元素都必须移动。在平均情况下,要在线性表中插入一个新元素,需要移动表中一半的元素。因此,在线性表顺序存储的情况下,要插入一个新元素,其效率是很低的,特别是在线性表比较大的情况下更为突出,由于数据元素的移动而消耗较多的处理时间。

5.3.4 顺序表的删除运算

首先举一个例子来说明如何在顺序存储结构的线性表中删除一个元素。

【例 5-10】 如图 5.8(a)所示为一个长度为 8 的线性表顺序存储在长度为 10 的存储空间中。现在要求删除线性表中的第 1 个元素(即删除元素 29),其删除过程如下:

从第 2 个元素开始直到最后一个元素,将其中的每一个元素均依次往前移动一个位置。此时,线性表的长度变成了 7,如图 5.8(b)所示。

如果再要删除线性表中的第 6 个元素,则采用类似的方法:将第 7 个元素往前移动一个位置。此时,线性表的长度变成了 6,如图 5.8(c)所示。

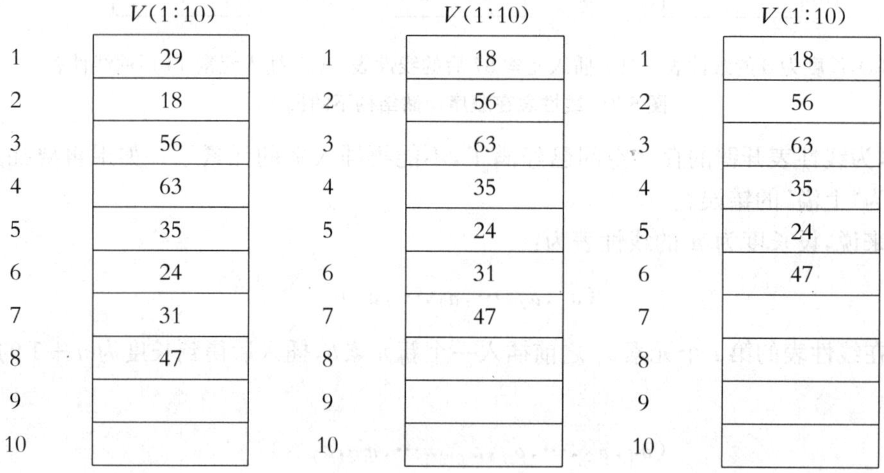

	(a) $V(1:10)$	(b) $V(1:10)$	(c) $V(1:10)$
1	29	18	18
2	18	56	56
3	56	63	63
4	63	35	35
5	35	24	24
6	24	31	47
7	31	47	
8	47		
9			
10			

(a) 长度为 8 的线性表　(b) 删除元素 29 后的线性表　(c) 删除元素 31 后的线性表

图 5.8 线性表在顺序存储结构下的删除

一般来说,设长度为 n 的线性表为:

$$(a_1, a_2, \cdots, a_i, \cdots, a_n)$$

现要删除第 i 个元素,删除后得到长度为 $n-1$ 的线性表为:

$$(a'_1, a'_2, \cdots, a'_j, \cdots, a'_{n-1})$$

则删除前后的两线性表中的元素满足如下关系:

$$a'_j = \begin{cases} a_j & 1 \leqslant j \leqslant i-1 \\ a_{j+1} & i \leqslant j \leqslant n-1 \end{cases}$$

在一般情况下,要删除第 $i(1 \leqslant i \leqslant n)$ 个元素时,则要从第 $i+1$ 个元素开始,直到第 n 个元素之间共 $n-i$ 个元素依次向前移动一个位置。删除结束后,线性表的长度就减小了 1。

显然,在线性表采用顺序存储结构时,如果删除运算在线性表的末尾进行,即删除第 n 个元素,则不需要移动表中的元素;如果要删除线性表中的第 1 个元素,则需要移动表中所有的元素。在一般情况下,如果要删除第 $i(1 \leqslant i \leqslant n)$ 个元素,则原来第 i 个元素之后的所有元素都必须依次往前移动一个位置。在平均情况下,要在线性表中删除一个元素,需要移动表中一半的元素。因此,在线性表顺序存储的情况下,要删除一个元素,其效率也是很低的,特别是在线性表比较大的情况下更为突出,由于数据元素的移动而消耗较多的处理时间。

由线性表在顺序存储结构下的插入与删除运算可以看出,线性表的顺序存储结构对于小线性表或者其中元素不常变动的线性表来说是合适的,因为顺序存储的结构比较简单。但这种顺序存储的方式对于元素经常需要变动的大线性表就不太合适了,因为插入与删除的效率比较低。

5.4 栈和队列

5.4.1 栈及其基本运算

1. 什么是栈

栈实际上也是线性表,只不过是一种特殊的线性表。在这种特殊的线性表中,其插入与删除运算都只在线性表的一端进行,即在这种线性表的结构中,一端是封闭的,不允许进行插入与删除元素;另一端是开口的,允许插入与删除元素。在顺序存储结构下,对这种类型线性表的插入与删除运算是不需要移动表中其他数据元素的。这种线性表称为栈。

栈(stack)是限定在一端进行插入与删除的线性表。

在栈中,允许插入与删除的一端称为栈顶,而不允许插入与删除的另一端称为栈底。栈顶元素总是最后被插入的元素,从而也是最先能被删除的元素;栈底元素总是最先被插入的元素,从而也是最后才能被删除的元素,即栈是按照“先进后出”(First In Last Out, FILO)或“后进先出”(Last In First Out, LIFO)的原则组织数据的,因此,栈也被称为“先进后出”表或“后进先出”表。由此可以看出,栈具有记忆作用。

通常用指针 top 来指示栈顶的位置,用指针 bottom 指向栈底。

往栈中插入一个元素称为入栈运算,从栈中删除一个元素(即删除栈顶元素)称为退栈运算。栈顶指针 top 动态反映了栈中元素的变化情况。如图 5.9 所示是栈的示意图。

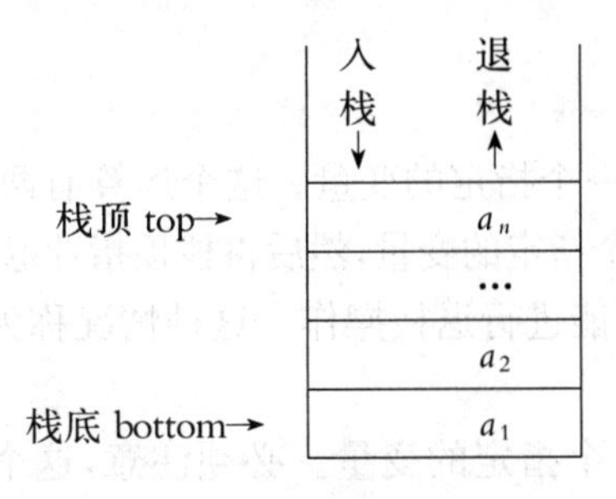

图 5.9 栈示意图

栈这种数据结构在日常生活中也是常见的。例如，子弹夹是一种栈的结构，最后压入的子弹总是最先被弹出，而最先压入的子弹最后才能被弹出。又如，在用一端为封闭另一端为开口的容器装物品时，也是遵循“先进后出”或“后进先出”的原则。

2. 栈的顺序存储及其运算

与一般的线性表一样，在程序设计语言中，用一维数组 $S(1:m)$ 作为栈的顺序存储空间，其中 m 为栈的最大容量。通常，栈底指针指向栈空间的低地址一端（即数组的起始地址这一端）。如图 5.10(a)所示是容量为 10 的栈顺序存储空间，栈中已有 6 个元素；图5.10(b)与图 5.10(c)分别为入栈与退栈后的状态。

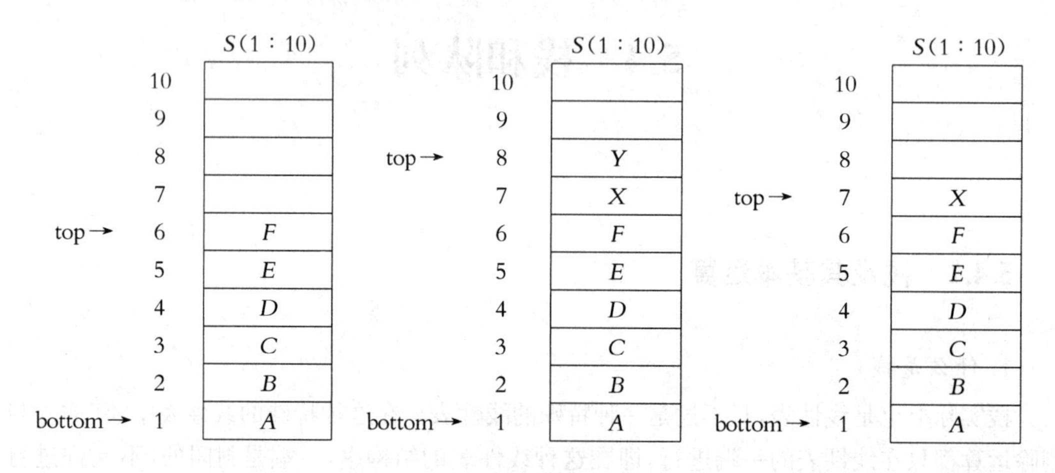

图 5.10　栈在顺序存储结构下的运算

在栈的顺序存储空间 $S(1:m)$ 中，S(bottom)通常为栈底元素（在栈非空的情况下），S(top)为栈顶元素。top = 0 表示栈空；top = m 表示栈满。计算栈的元素个数：栈底 - 栈顶 + 1。

栈的基本运算有三种：入栈、退栈与读栈顶元素。下面分别介绍在顺序存储结构下栈的这三种运算。

(1) 入栈运算

入栈运算是指在栈顶位置插入一个新元素。这个运算有两个基本操作：首先将栈顶指针进一（即 top 加 1），然后将新元素插入到栈顶指针指向的位置。

当栈顶指针已经指向存储空间的最后一个位置时，说明栈空间已满，不可能再进行入栈操作。这种情况称为栈“上溢”错误。

(2) 退栈运算

退栈运算是指取出栈顶元素并赋给一个指定的变量。这个运算有两个基本操作：首先将栈顶元素（栈顶指针指向的元素）赋给一个指定的变量，然后将栈顶指针退一（即 top 减 1）。

当栈顶指针为 0 时，说明栈空，不可能进行退栈操作。这种情况称为栈“下溢”错误。

(3) 读栈顶元素

读栈顶元素是指将栈顶元素赋给一个指定的变量。必须注意，这个运算不删除栈顶元素，只是将它的值赋给一个变量，因此，在这个运算中，栈顶指针不会改变。

当栈顶指针为 0 时,说明栈空,读不到栈顶元素。

5.4.2 队列及其基本运算

1. 什么是队列

在计算机系统中,如果一次只能执行一个用户程序,则在多个用户程序需要执行时,这些用户程序必须按照到来的顺序进行排队等待。这通常是由计算机操作系统来进行管理的。

在操作系统中,用一个线性表来组织管理用户程序的排队执行,原则是:

(1) 初始时线性表为空;

(2) 当有用户程序来到时,将该用户程序加入线性表的末尾进行等待;

(3) 当计算机系统执行完当前的用户程序后,就从线性表的头部取出一个用户程序执行。

由这个例子可以看出,在这种线性表中,需要加入的元素总是插入到线性表的末尾,并且又总是从线性表的头部取出(删除)元素。这种线性表称为队列。

队列(queue)是指允许在一端进行插入、而在另一端进行删除的线性表。允许插入的一端称为队尾,通常用一个称为尾指针(rear)的指针指向队尾元素,即尾指针总是指向最后被插入的元素;允许删除的一端称为排头(也称为队头),通常也用一个排头指针(front)指向排头元素的前一个位置。显然,在队列这种数据结构中,最先插入的元素将最先能够被删除,反之,最后插入的元素将最后才能被删除。因此,队列又称为"先进先出"(First In First Out,FIFO)或"后进后出"(Last In Last Out, LILO)的线性表,它体现了"先来先服务"的原则。在队列中,队尾指针 rear 与排头指针 front 共同反映了队列中元素动态变化的情况。如图 5.11 所示是具有 6 个元素的队列示意图。

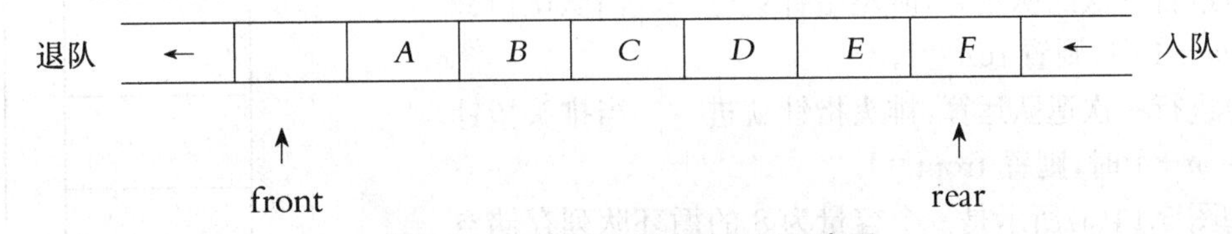

图 5.11 共有 6 个元素的队列示意图

往队列的队尾插入一个元素称为入队运算,从队列的排头删除一个元素称为退队运算。

如图 5.12 所示是在队列中进行插入与删除的示意图。由图 5.12 可以看出,在队列的末尾插入一个元素(入队运算)只涉及队尾指针 rear 的变化,而要删除队列中的排头元素(退队运算)只涉及排头指针 front 的变化。

与栈类似,在程序设计语言中,用一维数组作为队列的顺序存储空间。

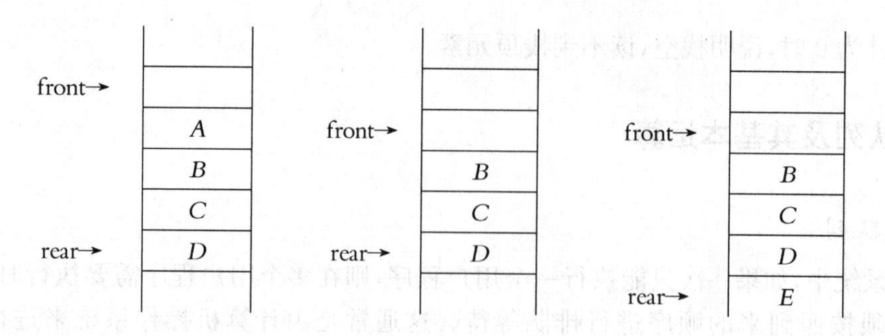

（a）一个队列　（b）删除一个元素后的队列　（c）插入元素 E 后的队列

图 5.12　队列运算示意图

2. 循环队列及其运算

在实际应用中，队列的顺序存储结构一般采用循环队列的形式。

所谓循环队列，就是将队列存储空间的最后一个位置绕到第一个位置，形成逻辑上的环状空间，供队列循环使用，如图 5.13 所示。在循环队列结构中，当存储空间的最后一个位置已被使用而再要进行入队运算时，只要存储空间的第一个位置空闲，便可将元素加入第一个位置，即将存储空间的第一个位置作为队尾。

在循环队列中，用队尾指针 rear 指向队列中的队尾元素，用排头指针 front 指向排头元素的前一个位置，因此，从排头指针 front 指向的后一个位置直到队尾指针 rear 指向的位置之间所有的元素均为队列中的元素。

循环队列的初始状态为空，即 rear = front = m，如图 5.13 所示。

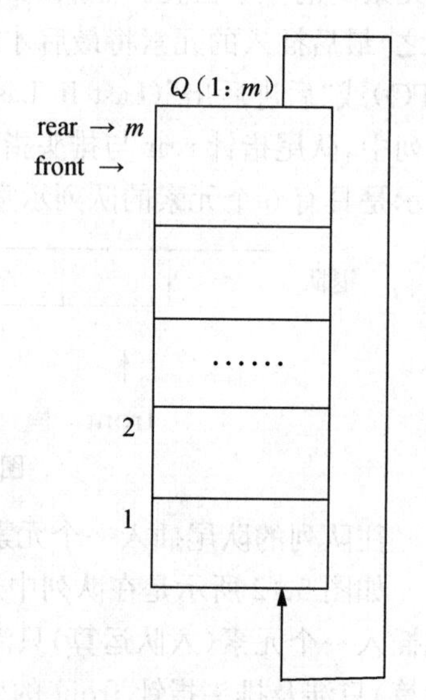

图 5.13　循环队列存储空间示意图

循环队列主要有两种基本运算：入队运算与退队运算。

每进行一次入队运算，队尾指针就进一。当队尾指针 rear = m + 1 时，则置 rear = 1。

每进行一次退队运算，排头指针就进一。当排头指针 front = m + 1 时，则置 front = 1。

如图 5.14(a)所示是一个容量为 8 的循环队列存储空间，且其中已有 6 个元素。如图 5.14(b)所示是在图 5.14(a)的循环队列中又加入了 2 个元素后的状态。如图 5.14(c)所示是在 5.14(b)的循环队列中退出了 1 个元素后的状态。

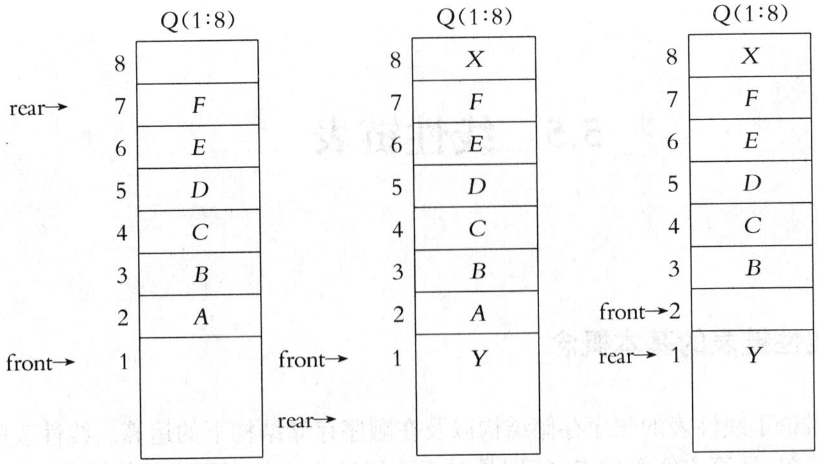

	Q(1:8) (a)	Q(1:8) (b)	Q(1:8) (c)
8		X	X
7	F (rear→)	F	F
6	E	E	E
5	D	D	D
4	C	C	C
3	B	B	B
2	A	A	(front→)
1	(front→)	Y (front→)	Y (rear→)
		(rear→)	

(a) 具有6个元素的循环队列　(b) 加入 X、Y 后的循环队列　(c) 退出一个元素后的循环队列

图5.14　循环队列运算示意图

由图5.14中循环队列动态变化的过程可以看出，当循环队列满时有 front = rear，而当循环队列空时也有 front = rear，即在循环队列中，当 front = rear 时，不能确定是队列满还是队列空。在实际使用循环队列时，为了能区分队列满还是队列空，通常还需增加一个标志 s，s 值的定义如下：

$$s=\begin{cases}0 & \text{表示队列空}\\1 & \text{表示队列非空}\end{cases}$$

由此可以得出队列空与队列满的条件如下：

队列空的条件为 $s=0$；

队列满的条件为 $s=1$ 且 front = rear。

计算循环队列元素个数：(rear − front + m) % m。

下面具体介绍循环队列入队与退队的运算。

假设循环队列的初始状态为空，即 $s=0$，且 front = rear = m。

(1) 入队运算

入队运算是指在循环队列的队尾加入一个新元素。这个运算有两个基本操作：首先将队尾指针进一(即 rear = rear + 1)，并当 rear = m + 1 时置 rear = 1；然后将新元素插入到队尾指针指向的位置。

当循环队列非空($s=1$)且队尾指针等于排头指针时，说明循环队列已满，不能进行入队运算，这种情况称为“上溢”。

(2) 退队运算

退队运算是指在循环队列的排头位置退出一个元素并赋给指定的变量。这个运算有两个基本操作：首先将排头指针进一(即 front = front + 1)，并当 front = m + 1 时置 front = 1；然后将排头指针指向的元素赋给指定的变量。

当循环队列为空($s=0$)时，不能进行退队运算，这种情况称为“下溢”。

5.5 线性链表

5.5.1 线性链表的基本概念

前面主要讨论了线性表的顺序存储结构以及在顺序存储结构下的运算。线性表的顺序存储结构具有简单、运算方便等优点，特别是对于小线性表或长度固定的线性表，采用顺序存储结构的优越性更为突出。

但是，线性表的顺序存储结构在某些情况下就显得不那么方便，运算效率不那么高。实际上，线性表的顺序存储结构存在以下几方面的缺点。

(1) 在一般情况下，要在顺序存储的线性表中插入一个新元素或删除一个元素时，为了保证插入或删除后的线性表仍然为顺序存储，则在插入或删除过程中需要移动大量的数据元素。在平均情况下，为了在顺序存储的线性表中插入或删除一个元素，需要移动线性表中约一半的元素；在最坏情况下，则需要移动线性表中所有的元素。因此，对于大的线性表，特别是元素的插入或删除很频繁的情况下，采用顺序存储结构是很不方便的，插入与删除运算的效率都很低。

(2) 当为一个线性表分配顺序存储空间后，如果出现线性表的存储空间已满，但还需要插入新的元素时，就会发生"上溢"错误。在这种情况下，如果在原线性表的存储空间后找不到与之连续的可用空间，则会导致运算的失败或中断。显然，这种情况的出现对运算是很不利的。也就是说，在顺序存储结构下，线性表的存储空间不便于扩充。

(3) 在实际应用中，往往是同时有多个线性表共享计算机的存储空间，例如，在一个处理中，可能要用到若干个线性表(包括栈与队列)。在这种情况下，存储空间的分配将是一个难题。如果将存储空间平均分配给各线性表，则有可能造成有的线性表的空间不够用，而有的线性表的空间根本用不着或者用不满，这就使得在有的线性表空间无用而处于空闲的情况下，另外一些线性表的操作由于"上溢"而无法进行。这种情况实际上是计算机的存储空间得不到充分利用。如果多个线性表共享存储空间，对每一个线性表的存储空间进行动态分配，则为了保证每一个线性表的存储空间连续且顺序分配，会导致在对某个线性表进行动态分配存储空间时，必须移动其他线性表中的数据元素。这就是说，线性表的顺序存储结构不便于对存储空间的动态分配。

由于线性表的顺序存储结构存在以上这些缺点，因此，对于大的线性表，特别是元素变动频繁的大线性表不宜采用顺序存储结构，而是采用下面要介绍的链式存储结构。

假设数据结构中的每一个数据结点对应于一个存储单元，这种存储单元称为存储节点，简称结点。

在链式存储方式中，要求每个结点由两部分组成：一部分用于存放数据元素值，称为数据域；另一部分用于存放指针，称为指针域。其中指针用于指向该结点的前一个或后一个结点（即前件或后件）。

在链式存储方式中，存储数据结构的存储空间可以不连续，各数据结点的存储顺序与数据元素之间的逻辑关系可以不一致，而数据元素之间的逻辑关系是由指针域来确定的。

链式存储方式既可用于表示线性结构，也可用于表示非线性结构。在用链式结构表示较复杂的非线性结构时，其指针域的个数要多一些。

1. 线性链表

线性表的链式存储结构称为线性链表。

为了适应线性表的链式存储结构，计算机存储空间被划分为一个一个小块，每一小块占若干字节，通常称这些小块为存储节点。

为了存储线性表中的每一个元素，一方面要存储数据元素的值，另一方面要存储各数据元素之间的前后件关系。为此目的，将存储空间中的每一个存储节点分为两部分：一部分用于存储数据元素的值，称为数据域；另一部分用于存放下一个数据元素的存储序号（即存储节点的地址），即指向后件结点，称为指针域。由此可知，在线性链表中，存储空间的结构如图 5.15 所示。

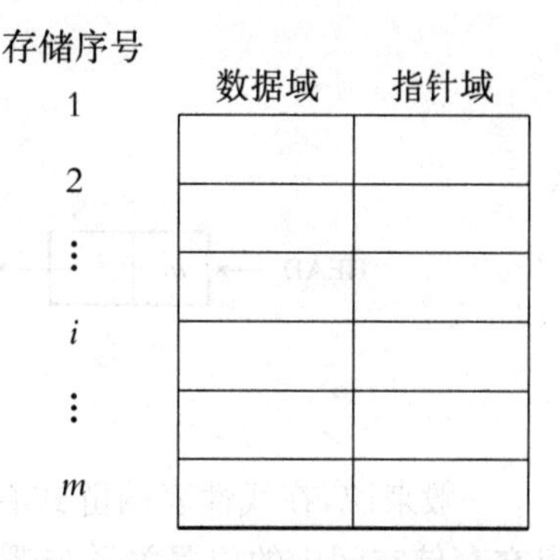

图 5.15　线性链表的存储空间

在线性链表中，用一个专门的指针 HEAD 指向线性链表中第一个数据元素的节点（即存放线性表中第一个数据元素的存储结点的序号）。线性表中最后一个元素没有后件，因此，线性链表中最后一个节点的指针域为空（用 NULL 或 0 表示），表示链表终止。线性链表中存储节点的结构如图 5.16 所示。线性链表的逻辑结构如图 5.17 所示。

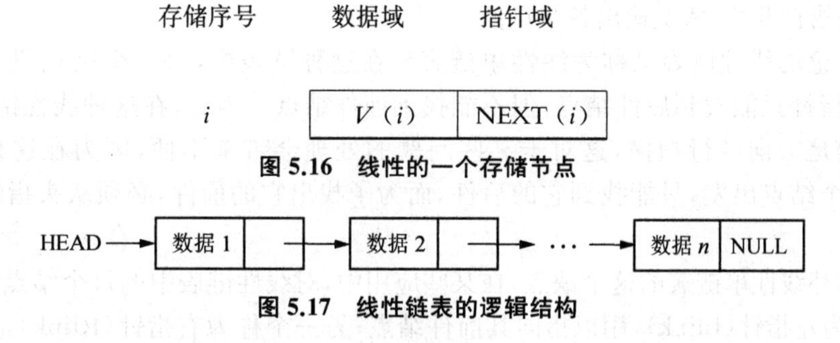

图 5.16　线性的一个存储节点

图 5.17　线性链表的逻辑结构

下面举一个例子来说明线性链表的存储结构。

设线性表为$(a_1, a_2, a_3, a_4, a_5)$，存储空间具有 10 个存储节点，该线性表在存储空间中的存储情况如图 5.18(a)所示。为了直观地表示该线性链表中各元素之间的前后件关系，还可以用如图 5.18(b)所示的逻辑状态来表示，其中每一个结点上面的数字表示该结点的存储序号（简称结点号）。

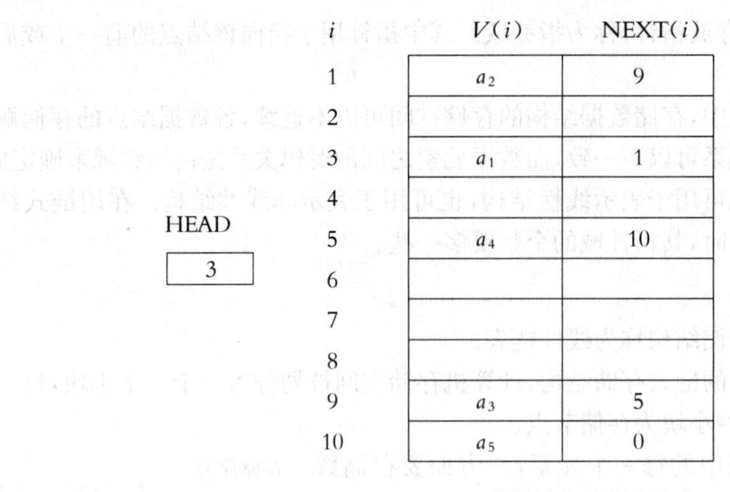

(a) 线性链表的物理状态

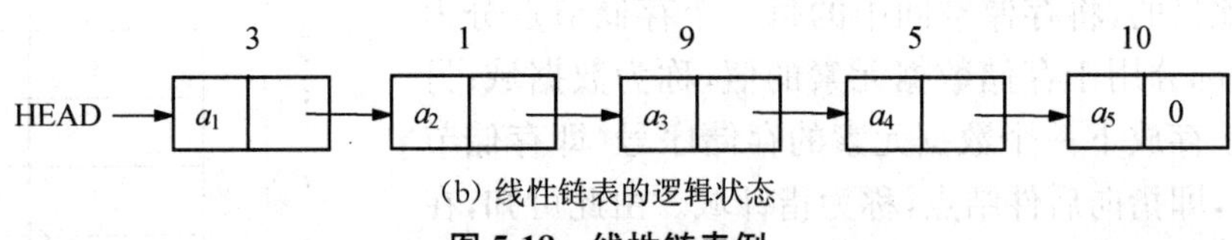

(b) 线性链表的逻辑状态

图 5.18　线性链表例

一般来说，在线性表的链式存储结构中，各数据结点的存储序号是不连续的，并且各结点在存储空间中的位置关系与逻辑关系也不一致。在线性链表中，各数据元素之间的前后件关系是由各结点的指针域来指示的，指向线性表中第一个结点的指针 HEAD 称为头指针，当 HEAD = NULL(或 0)时称为空表。

对于线性链表，可以从头指针开始，沿各结点的指针扫描到链表中的所有结点。下面的算法是从头指针开始，依次输出各结点值。

上面讨论的线性链表又称为线性单链表。在这种链表中，每一个结点只有一个指针域，由这个指针只能找到后件结点，但不能找到前件结点。因此，在这种线性链表中，只能顺指针向链尾方向进行扫描，这对于某些问题的处理会带来不便，因为在这种链接方式下，由某一个结点出发，只能找到它的后件，而为了找出它的前件，必须从头指针开始重新寻找。

为了弥补线性单链表的这个缺点，在某些应用中，对线性链表中的每个结点设置两个指针，一个称为左指针(Llink)，用以指向其前件结点；另一个称为右指针(Rlink)，用以指向后件结点。这样的线性链表称为双向链表，其逻辑状态如图 5.19 所示。

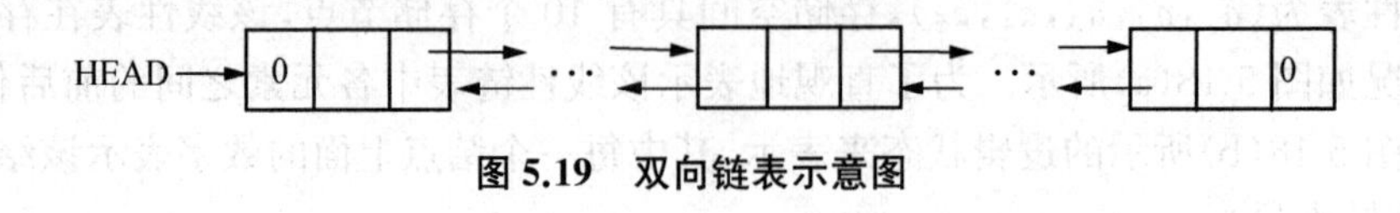

图 5.19　双向链表示意图

2. 带链的栈

栈也是线性表，也可以采用链式存储结构。如图 5.20 所示是栈在链式存储时的逻辑状态示意图。

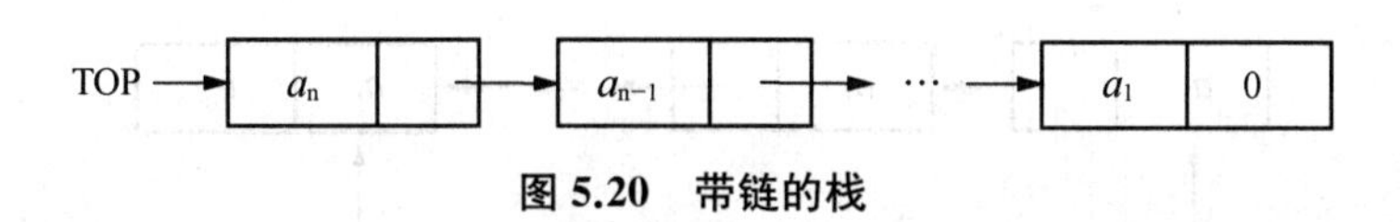

图 5.20 带链的栈

在实际应用中，带链的栈可以用来收集计算机存储空间中所有空闲的存储结点，这种带链的栈称为可利用栈。由于可利用栈链接了计算机存储空间中所有的空闲结点，因此，当计算机系统或用户程序需要存储结点时，就可以从中取出栈顶结点，如图 5.21(a)所示；当计算机系统或用户程序释放一个存储结点(该元素从表中删除)时，则要将该结点放回到可利用栈的栈顶，如图 5.21(b)所示。由此可知，计算机中的所有可利用空间都可以结点为单位链接在可利用栈中。随着其他线性链表中结点的插入与删除，可利用栈处于动态变化之中，即可利用栈经常要进行退栈与入栈操作。

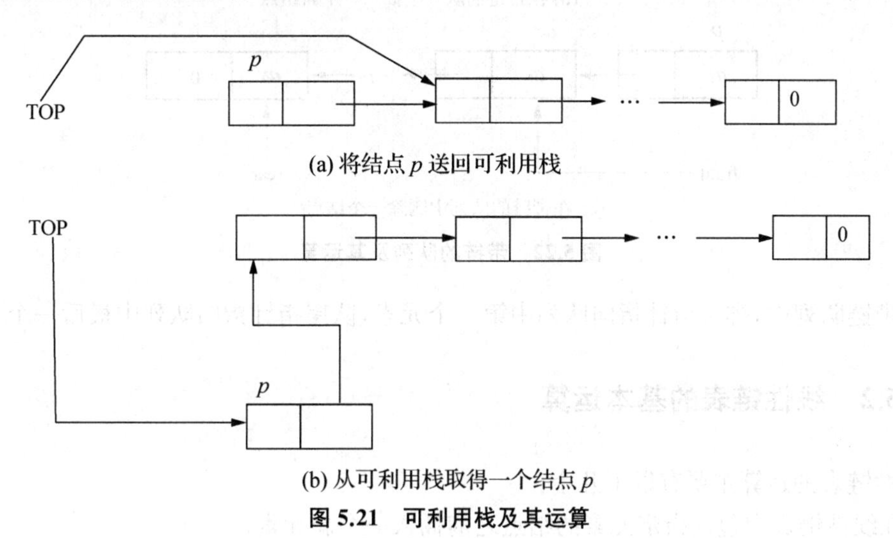

图 5.21 可利用栈及其运算

与顺序栈一样，带链栈的基本操作有以下几个：

(1) 栈的初始化，即建立一个空栈。

(2) 入栈运算，是指在栈顶位置插入一个元素。

(3) 退栈运算，是指取出栈顶元素并赋给一个指定的变量。

(4) 读栈顶元素，是指将栈顶元素赋给一个指定的变量。

由于带链栈利用的是计算机存储空间中的所有空闲存储节点，随栈的操作栈顶栈底指针动态变化。

3. 带链的队列

与栈类似，队列也是线性表，也可以采用链式存储结构。如图 5.22(a)所示是队列在链式存储时的逻辑状态示意图。如图 5.22(b)所示是将新结点 p 插入队列的示意图。如图 5.22(c)所示是将排头结点 p 退出队列的示意图。

与顺序队列一样，带链队列的基本操作有以下几个：

(1) 队列的初始化，即建立一个空队列；

(2) 入队运算，是指在循环队列的队尾加入一个新元素；

(3) 退队运算，是指在循环队列的排头位置退出一个元素并赋给指定的变量。

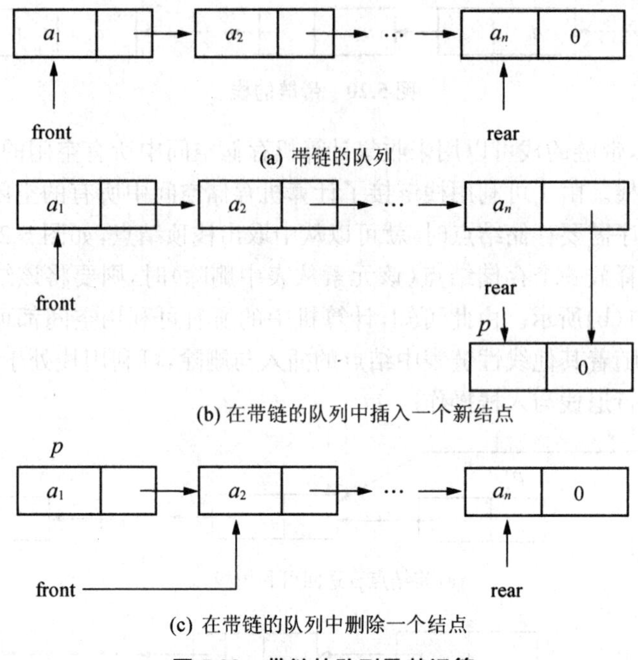

图 5.22 带链的队列及其运算

在带链队列中，排头指针指向队列中第一个元素，队尾指针指向队列中最后一个元素。

5.5.2 线性链表的基本运算

线性链表的运算主要有以下几个：

- 在线性链表中包括指定元素的结点之前插入一个新元素；
- 在线性链表中删除包含指定元素的结点；
- 将两个线性链表按要求合并成一个线性链表；
- 将一个线性链表按要求进行分解；
- 逆转线性链表；
- 复制线性链表；
- 线性链表的排序；
- 线性链表的查找。

本小节主要讨论线性链表的插入与删除。

1. 在线性链表中查找指定元素

在对线性链表进行插入与删除的运算中，总是首先需要找到插入与删除的位置，这就需要对线性链表进行扫描查找，在线性链表中寻找包含指定元素值的前一个结点。当找到包含指定元素的前一个结点后，就可以在该结点后插入新结点或删除该结点后的一个结点。

在非空线性链表中寻找包含指定元素值 x 的前一个结点 p 的基本方法如下：从头指针指向的结点开始往后沿指针进行扫描，直到后面已没有结点或下一个结点的数据域为 x 为止。因此，由这种方法找到的结点 p 有两种可能：当线性链表中存在包含元素 x 的结点时，

则找到的 p 为第一个遇到的包含元素 x 的前一个结点序号；当线性链表中不存在包含元素 x 的结点时，则找到的 p 为线性链表中的最后一个结点号。

2. 线性链表的插入

线性链表的插入是指在链式存储结构下的线性表中插入一个新元素。

为了要在线性链表中插入一个新元素，首先要给该元素分配一个新结点，以便用于存储该元素的值。新结点可以从可利用栈中取得。然后将存放新元素值的结点链接到线性链表中指定的位置。

假设可利用栈与线性链表如图 5.23(a)所示。现在要在线性链表中包含元素 x 的结点之前插入一个新元素 b，其插入过程如下：

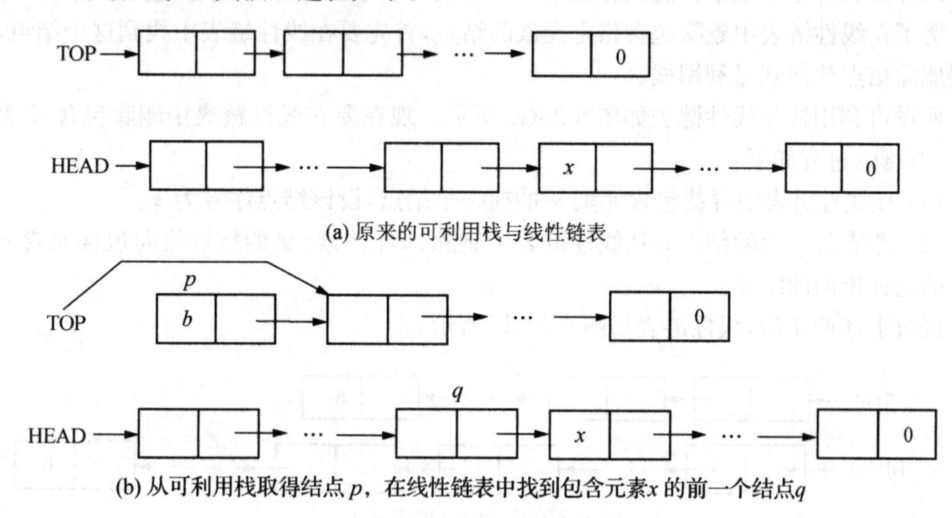

(a) 原来的可利用栈与线性链表

(b) 从可利用栈取得结点 p，在线性链表中找到包含元素 x 的前一个结点 q

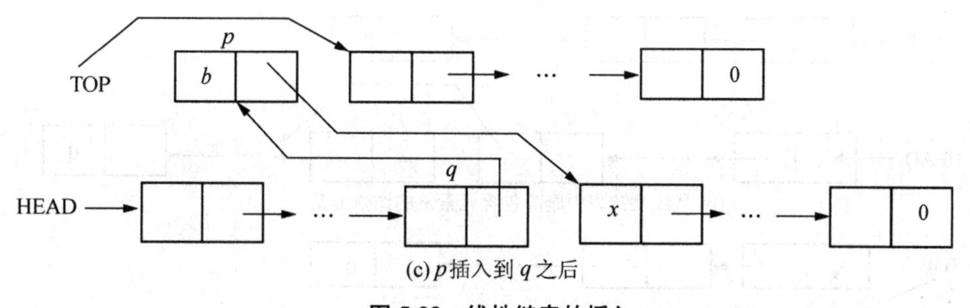

(c) p 插入到 q 之后

图 5.23　线性链表的插入

(1) 从可利用栈取得一个结点，设该结点号为 p（即取得结点的存储序号存放在变量 p 中），并置结点 p 的数据域为插入的元素值 b。经过这一步后，可利用栈的状态如图 5.23(b)所示。

(2) 在线性链表中寻找包含元素 x 的前一个结点，设该结点的存储序号为 q。线性链表如图 5.23(b)所示。

(3) 最后将结点 p 插入到结点 q 之后。为了实现这一步，只要改变以下两个结点的指针域内容：

① 使结点 p 指向包含元素 x 的结点（即结点 q 的后件结点）；

② 使结点 q 的指针域内容改为指向结点 p。

这一步的结果如图 5.23(c)所示。此时插入就完成了。

由线性链表的插入过程可以看出，由于插入的新结点取自可利用栈，因此，只要可利用栈不空，在线性链表插入时总能取到存储插入元素的新结点，不会发生“上溢”的情况。而且，由于可利用栈是公用的，多个线性链表可以共享它，从而很方便地实现了存储空间的动态分配。另外，线性链表在插入过程中不发生数据元素移动的现象，只需改变有关结点的指针即可，从而提高了插入的效率。

3. 线性链表的删除

线性链表的删除是指在链式存储结构下的线性表中删除包含指定元素的结点。

为了在线性链表中删除包含指定元素的结点，首先要在线性链表中找到这个结点，然后将要删除结点放回到可利用栈。

假设可利用栈与线性链表如图 5.24(a)所示。现在要在线性链表中删除包含元素 x 的结点，其删除过程如下：

(1) 在线性链表中寻找包含元素 x 的前一个结点，设该结点序号为 q。

(2) 将结点 q 后的结点 p 从线性链表中删除，即让结点 q 的指针指向包含元素 x 的结点 p 的指针指向的结点。

经过上述两步后，线性链表如图 5.24(b)所示。

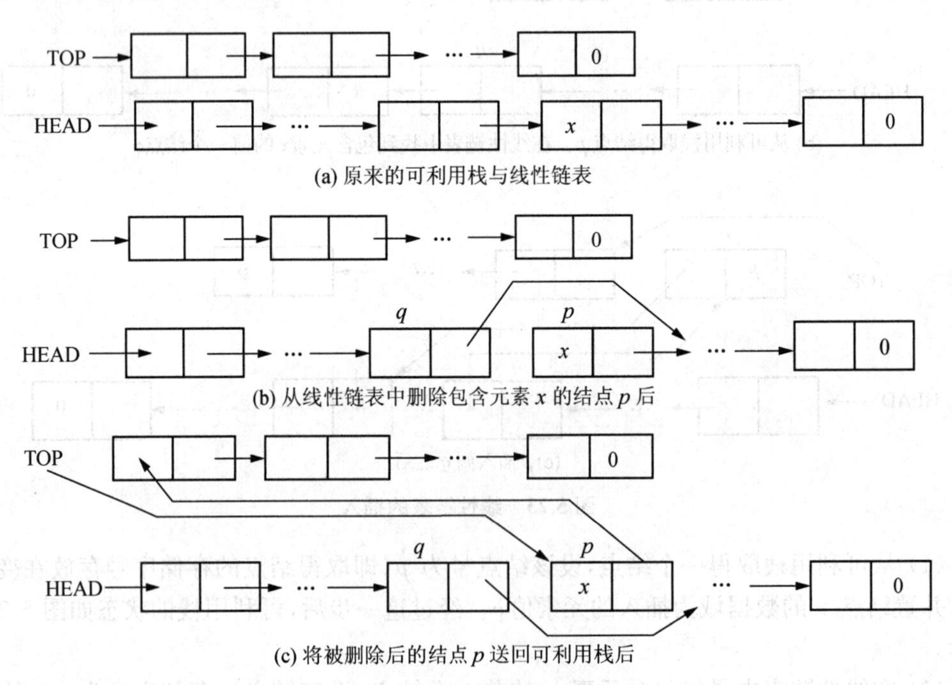

图 5.24　线性链表的删除

(3) 将包含元素 x 的结点 p 送回可利用栈。经过这一步后，可利用栈的状态如图 5.24(c) 所示。此时，线性链表的删除运算完成。

从线性链表的删除过程可以看出，在线性链表中删除一个元素后，不需要移动表的数据元素，只需改变被删除元素所在结点的前一个结点的指针域即可。另外，由于可利用栈是用于收集计算机中所有的空闲结点，因此，当从线性链表中删除一个元素后，该元素的存储结点就变为空闲，应将该空闲结点送回到可利用栈。

5.5.3　循环链表及其基本运算

前面所讨论的线性链表中，其插入与删除的运算虽然比较方便，但还存在一个问题，在运算过程中对于空表和对第一个结点的处理必须单独考虑，使空表与非空表的运算不统一。为了克服线性链表的这个缺点，可以采用另一种链接方式，即循环链表(circular linked list)的结构。

循环链表的结构与前面所讨论的线性链表相比，具有以下两个特点：

(1) 在循环链表中增加了一个表头结点，其数据域为任意或者根据需要来设置，指针域指向线性表的第一个元素的结点。循环链表的头指针指向表头结点。

(2) 循环链表中最后一个结点的指针域不是空，而是指向表头结点，即在循环链表中，所有结点的指针构成了一个环状链。

如图 5.25 所示是循环链表的示意图。其中图 5.25(a)是一个非空的循环链表，图 5.25(b)是一个空的循环链表。在此，所谓的空表与非空表是针对线性表中的元素而言的。

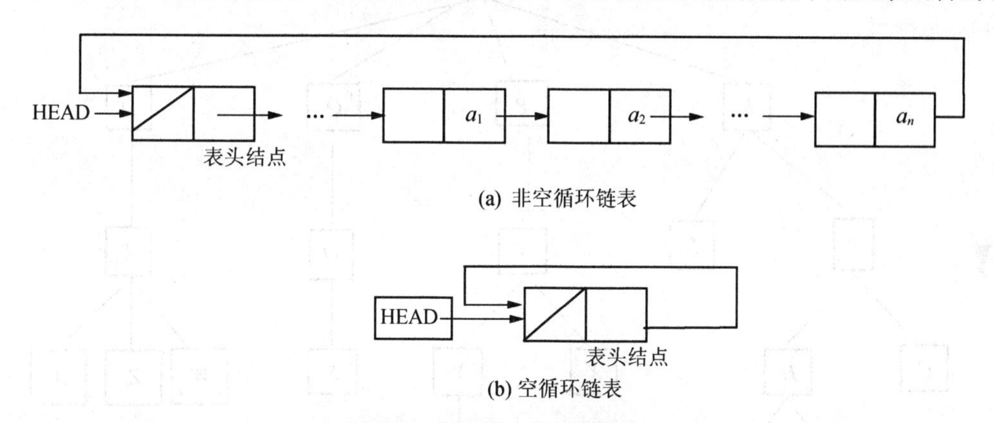

图 5.25　循环链表的逻辑状态

在实际应用中，循环链表与线性单链表相比主要有以下两个方面的优点：

(1) 在循环链表中，只要指出表中任何一个结点的位置，就可以从它出发访问到表中其他所有的结点，而线性单链表做不到这一点。

(2) 由于在循环链表中设置了一个表头结点，因此，在任何情况下循环链表中至少有一个结点存在，从而使空表与非空表的运算统一。

循环链表的插入和删除的方法与线性单链表基本相同。但由循环链表的特点可以看出，在对循环链表进行插入和删除的过程中，实现了空表与非空表的运算统一。

5.6 树与二叉树

5.6.1 树的基本概念

树(tree)是一种简单的非线性结构。在树这种数据结构中，所有数据元素之间的关系具有明显的层次特性。如图 5.26 所示为一棵一般的树。由图中可以看出，在用图形表示树这种数据结构时，很像自然界中的树，只不过是一棵倒长的树，因此，这种数据结构就用“树”来命名。

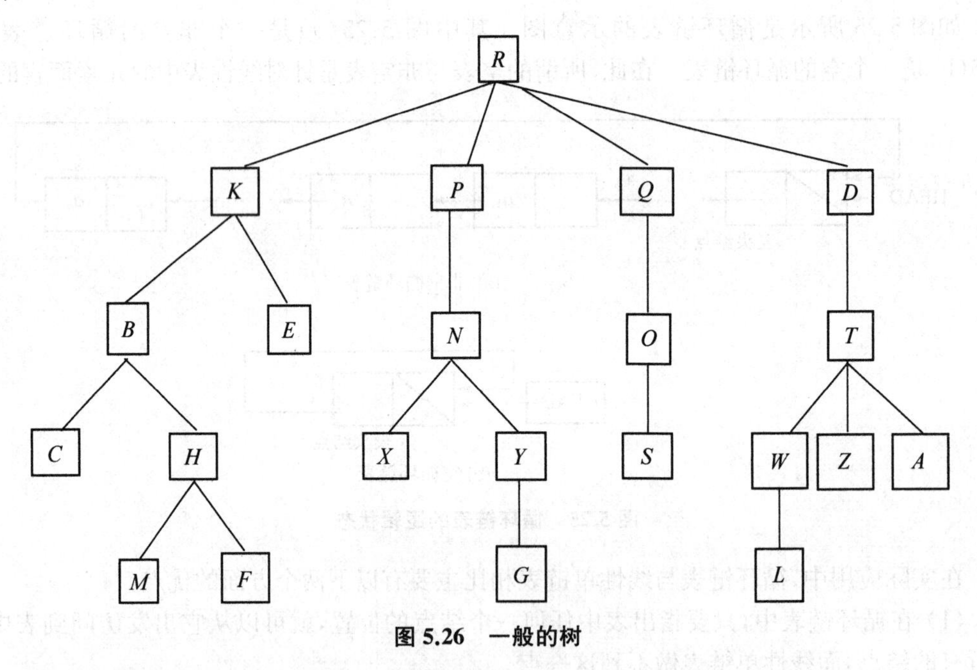

图 5.26 一般的树

在树的图形表示中，总是认为在用直线连起来的两端结点中，上端结点是前件，下端结点是后件，这样，表示前后件关系的箭头就可以省略。

在现实世界中，能用树这种数据结构表示的例子有很多。例如，如图 5.27 所示的树表示了学校行政关系结构；如图 5.28 所示的树反映了一本书的层次结构。由于树具有明显的层次关系，因此，具有层次关系的数据都可以用树这种数据结构来描述。在所有的层次关系中，人们最熟悉的是血缘关系，按血缘关系可以很直观地理解树结构中各数据元素结点之间的关系，因此，在描述树结构时，也经常使用血缘关系中的一些述语。

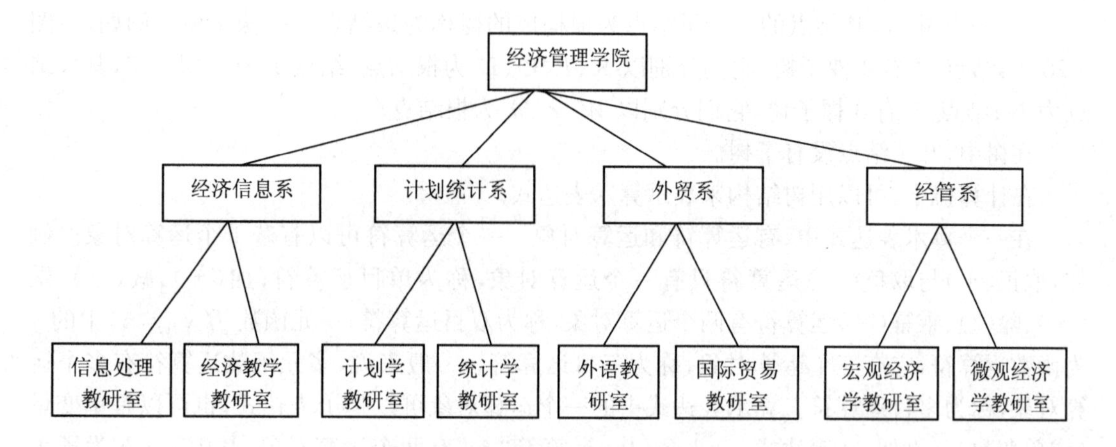

图 5.27　学校行政层次结构树

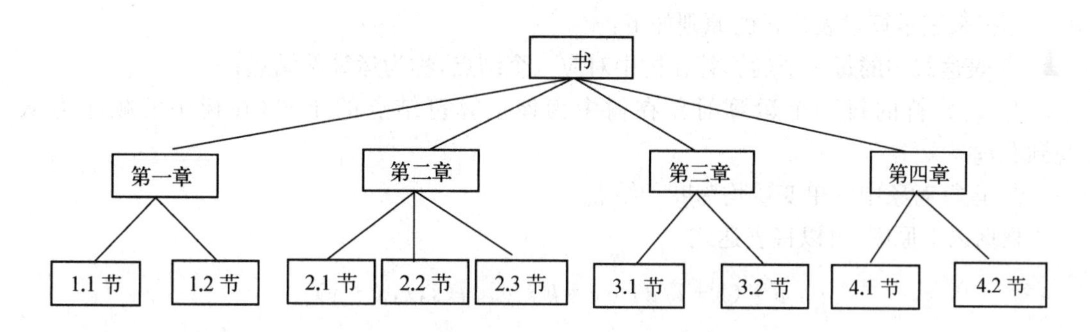

图 5.28　书的层次结构树

下面介绍树这种数据结构中的一些基本特征，同时介绍有关树结构的基本术语。

在树结构中，每一个结点只有一个前件，称为父结点，没有前件的结点只有一个，称为树的根结点，简称为树的根。例如，在图 5.26 中，结点 R 是树的根结点。

在树结构中，每一个结点可以有多个后件，它们都称为该结点的子结点。没有后件的结点称为叶子结点。例如，在图 5.26 中，结点 C、M、F、E、X、G、S、L、Z、A 均为叶子结点。

在树结构中，一个结点所拥有的后件个数称为该结点的度。例如，在图 5.26 中，根结点 R 的度为 4；结点 T 的度为 3；结点 K、B、N、H 的度为 2；结点 P、Q、D、O、Y、W 的度为 1。叶子结点的度为 0。在树中，所有结点中的最大的度称为树的度。例如，图 5.26 所示的树的度为 4。一个有用小公式：树的总结点数 = 树的总度数 + 1。

前面已经说过，树结构具有明显的层次关系，即树是一种层次结构。在树结构中，一般按如下原则分层：

(1) 根结点在第 1 层。

(2) 同一层上所有结点的所有子结点都在下一层。例如，在图 5.26 中，根结点 R 在第 1 层；结点 K、P、Q、D 在第 2 层；结点 B、E、N、O、T 在第 3 层；结点 C、H、X、Y、S、W、Z、A 在第 4 层；结点 M、F、G、L 在第 5 层。

树的最大层次称为树的深度。例如，图 5.26 所示的树的深度为 5。

(3) 在树中,以某结点的一个子结点为根构成的树称为该结点的一棵子树。例如,在图5.26中:结点 R 有4棵子树,它们分别以 K、P、Q、D 为根结点;结点 P 有1棵子树,其根结点为 N;结点 T 有3棵子树,它们分别以 W、Z、A 为根结点。

在树中,叶子结点没有子树。

在计算机中,可以用树结构来表示算术表达式。

在一个算术表达式中,有运算符和运算对象。一个运算符可以有若干个运算对象。例如,取正(+)与取负(-)运算符只有一个运算对象,称为单目运算符;加(+)、减(-)、乘(*)、除(/)、乘幂(*)运算符有两个运算对象,称为双目运算符;三元函数 $f(x,y,z)$ 中的 f 为函数运算符,它有三个运算对象,称为三目运算符。一般来说,多元函数运算符有多个运算对象,称为多目运算符。算术表达式中的一个运算对象可以是子表达式,也可以是单变量(或单变数)。例如,在表达式 $a*b+c$ 中,运算符"+"有两个运算对象,其中 $a*b$ 为子表达式,c 为单变量;而在子表达式 $a*b$ 中,运算符"*"有两个运算对象 a 和 b,它们都是单变量。

用树来表示算术表达式的原则如下:

① 表达式中的每一个运算符在树中对应一个结点,称为运算符结点;

② 运算符的每一个运算对象在树中为该运算符结点的子树(在树中的顺序为从左到右);

③ 运算对象中的单变量均为叶子结点。

根据以上原则,可以将表达式

$$a*(b+c/d)+e*h-g*f(s,t,x+y)$$

用如图5.29所示的树来表示。表示表达式的树通常称为表达式树。由图5.29可以看出,表示一个表达式的表达式树是不唯一的,如上述表达式可以表示成如图5.29(a)和图5.29(b)两种表达式树。

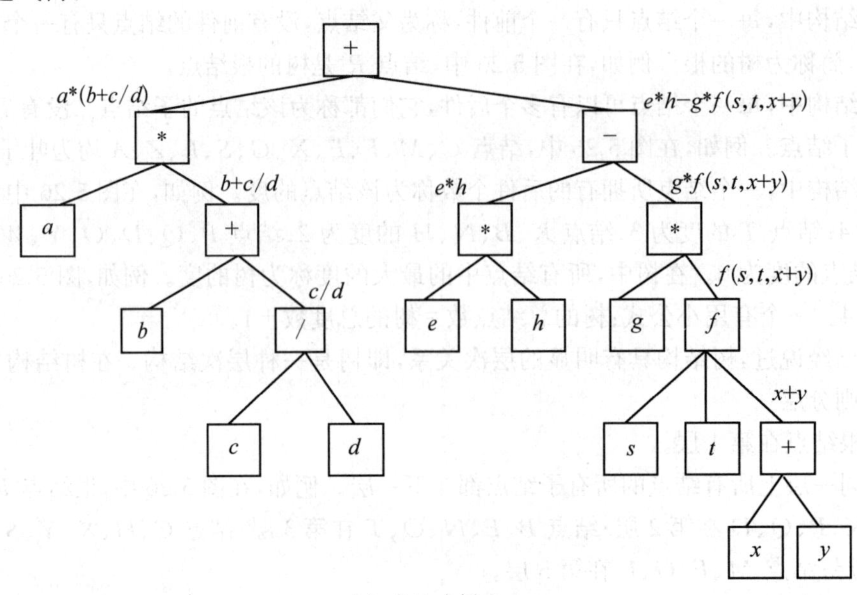

(a) 表达式树之一

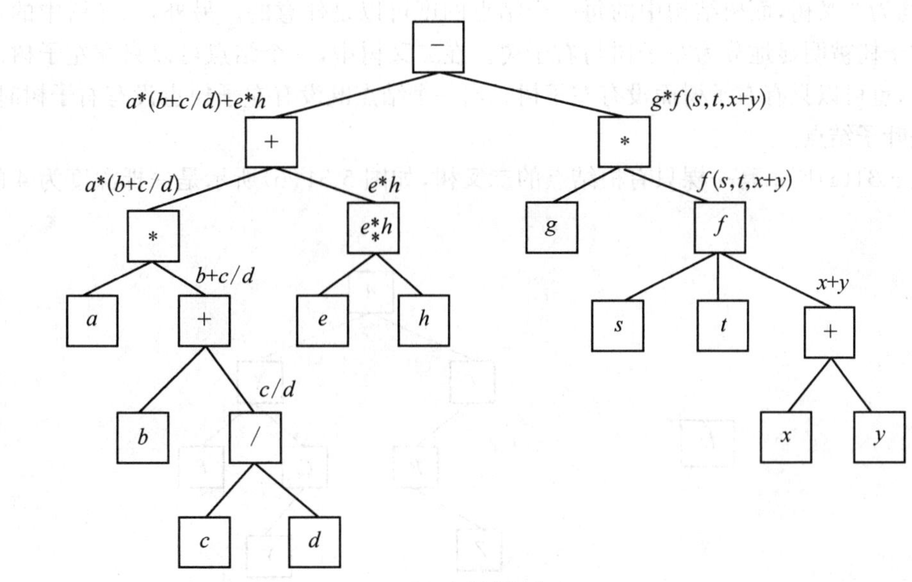

(b) 表达式树之二

图 5.29 $a*(b+c/d)+e*h-g*f(s,t,x+y)$的两种表达树

树在计算机中通常用多重链表表示。多重链表中的每个结点描述了树中对应结点的信息,而每个结点中的链域(即指针域)个数将随树中该结点的度而定,其一般结构如图 5.30 所示。

Value(值)	Degree(度)	$link_1$	$link_2$	…	$link_n$

图 5.30 树链表中的结点结构

在表示树的多重链表中,由于树中每个结点的度一般是不同的,因此,多重链表中各结点的链域个数也就不同,这将导致对树进行处理的算法很复杂。如果用定长的结点来表示树中的每个结点,即取树的度作为每个结点的链域个数,这就可以使对树的各种处理算法大大简化。但在这种情况下,容易造成存储空间的浪费,因为有可能在很多结点中存在空链域。后面将介绍用二叉树来表示一般的树,会给处理带来方便。

5.6.2 二叉树及其基本性质

1. 什么是二叉树

二叉树(binary tree)是一种很有用的非线性结构。二叉树不同于前面介绍的树结构,但它与树结构很相似,并且,树结构的所有术语都可以用到二叉树这种数据结构上。

二叉树具有以下两个特点:

(1) 非空二叉树只有一个根结点;

(2) 每一个结点最多有两棵子树,且子树有左右之分,次序不可颠倒,分别称为该结点的左子树与右子树。

由以上特点可以看出,在二叉树中,每一个结点的度最大为 2,即所有子树(左子树或右子树)也均为二叉树,而树结构中的每一个结点的度可以是任意的。另外,二叉树中的每一个结点的子树被明显地分为左子树与右子树。在二叉树中,一个结点可以只有左子树而没有右子树,也可以只有右子树而没有左子树。当一个结点既没有左子树也没有右子树时,该结点即是叶子结点。

如图 5.31(a)所示是一棵只有根结点的二叉树,如图 5.31(b)所示是一棵深度为 4 的二叉树。

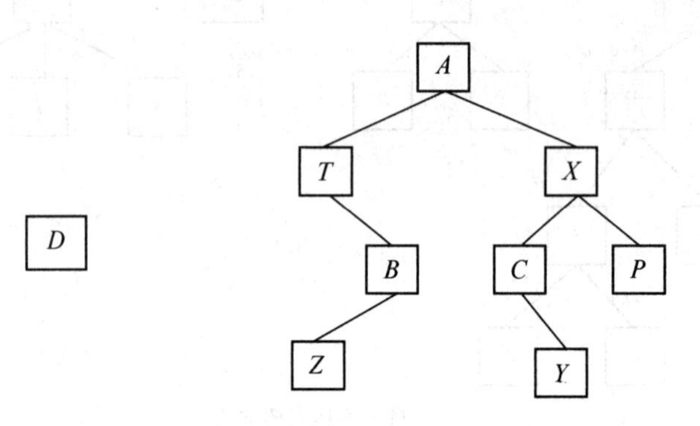

(a) 只有根节点的二叉树　　(b) 深度为4的二叉树

图 5.31　二叉图例

2. 二叉树的基本性质

二叉树具有以下几个性质:

性质 1　在二叉树的第 k 层上,最多有 $2^{k-1}(k\geqslant1)$个结点。

根据二叉树的特点,这个性质是显然的。

性质 2　深度为 m 的二叉树最多有 2^m-1 个结点。

深度为 m 的二叉树是指二叉树共有 m 层。

根据性质 1,只要将第 1 层到第 m 层上的最大的结点数相加,就可以得到整个二叉树中结点数的最大值,即:

$$2^{1-1}+2^{2-1}+\cdots+2^{m-1}=2^m-1$$

性质 3　在任意一棵二叉树中,度为 0 的结点(即叶子结点)总是比度为 2 的结点多一个。

对于这个性质说明如下:

假设二叉树中有 n_0个叶子结点,n_1 个度为 1 的结点,n_2个度为 2 的结点,则二叉树中总的结点数为:

$$n=n_0+n_1+n_2 \tag{1}$$

由于在二叉树中除了根结点外,其余每一个结点都有唯一的一个分支进入。设二叉树中所有进入分支的总数为 m,则二叉树中总的结点数为:

$$n=m+1 \tag{2}$$

又由于二叉树中这 m 个进入分支是分别由非叶子结点射出的。其中度为 1 的每个结点射出 1 个分支，度为 2 的每个结点射出 2 个分支。因此，二叉树中所有度为 1 与度为 2 的结点射出的分支总数为 n_1+2n_2。而在二叉树中，总的射出分支数应与总的进入分支数相等，即：

$$m = n_1 + 2n_2 \tag{3}$$

将式(3)代入式(2)有：

$$n = n_1 + 2n_2 + 1 \tag{4}$$

最后比较式(1)和式(4)有：

$$n_0+n_1+n_2=n_1+2n_2+1$$

化简后得：

$$n_0=n_2+1$$

即在二叉树中，度为 0 的结点(即叶子结点)总是比度为 2 的结点多一个。

例如，在图 5.31(b)所示的二叉树中，有 3 个叶子结点，有 2 个度为 2 的结点，度为 0 的结点比度为 2 的结点多一个。

性质 4　具有 n 个结点的二叉树，其深度至少为$[\log_2 n]+1$，其中$[\log_2 n]$表示取 $\log_2 n$ 的整数部分。

这个性质可以由性质 2 直接得到。

3. 满二叉树与完全二叉树

满二叉树与完全二叉树是两种特殊形态的二叉树。

(1) 满二叉树

所谓满二叉树，是指这样的一种二叉树：除最后一层外，每一层上的所有结点都有两个子结点。这就是说，在满二叉树中，每一层上的结点数都达到最大值，即在满二叉树的第 k 层上有 2^{k-1}个结点，且深度为 m 的满二叉树有 2^m-1 个结点。

如图 5.32(a～c)所示分别是深度为 2、3、4 的满二叉树。

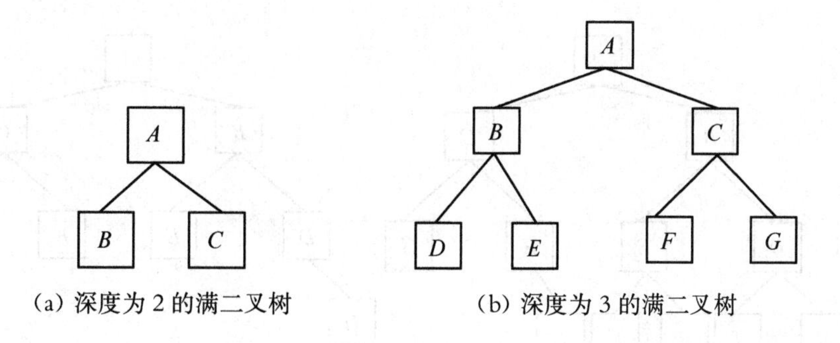

(a) 深度为 2 的满二叉树　　(b) 深度为 3 的满二叉树

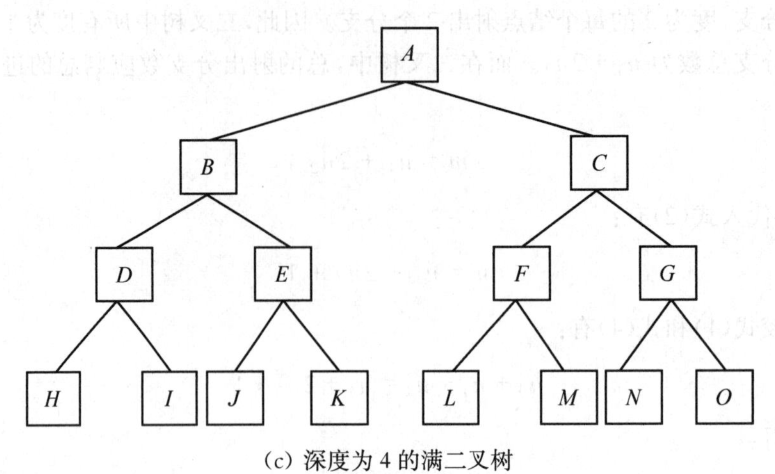

(c) 深度为 4 的满二叉树

图 5.32 满二叉树

(2) 完全二叉树

所谓完全二叉树，是指这样的二叉树：除最后一层外，每一层上的结点数均达到最大值；在最后一层上只缺少右边的若干结点。

更确切地说，如果从根结点起，对二叉树的结点自上而下、自左至右用自然数进行连续编号，则深度为 m 且有 n 个结点的二叉树，当且仅当其每一个结点都与深度为 m 的满二叉树中编号从 1 到 n 的结点一一对应时，称之为完全二叉树。

如图 5.33(a,b)所示分别是深度为 3、4 的完全二叉树。

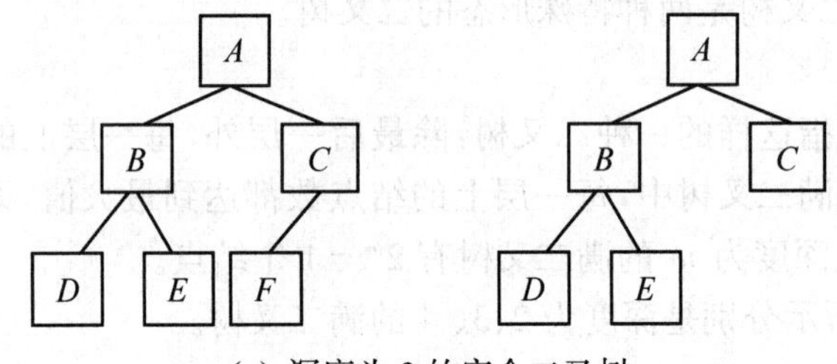

(a) 深度为 3 的完全二叉树

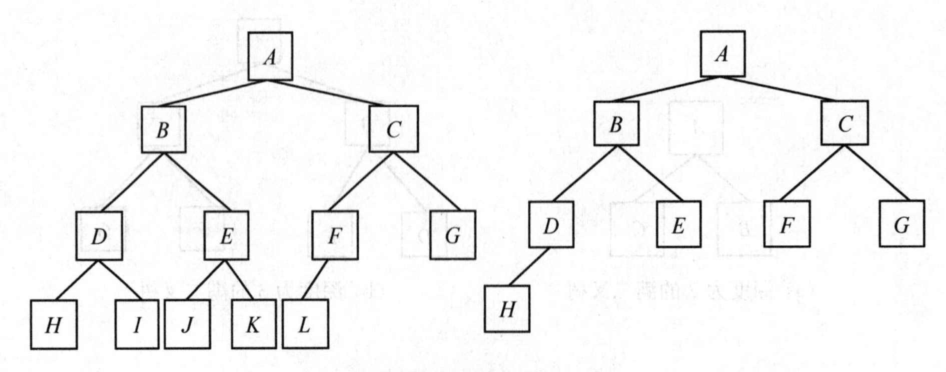

(b) 深度为 4 的完全二叉树

图 5.33 完全二叉树

对于完全二叉树来说，叶子结点只可能在层次最大的两层上出现；对于任何一个结点，若其右分支下的子孙结点的最大层次为 p，则其左分支下的子孙结点的最大层次或为 p，或为 $p+1$。

由满二叉树与完全二叉树的特点可以看出，满二叉树也是完全二叉树，而完全二叉树一般不是满二叉树。

完全二叉树还具有以下两个性质：

性质 5 具有 n 个结点的完全二叉树的深度为$[\log_2 n]+1$。

性质 6 设完全二叉树共有 n 个结点。如果从根结点开始，按层序（每一层从左到右）用自然数 $1,2,\cdots,n$ 给结点进行编号，则对于编号为 $k(k=1,2,\cdots,n)$的结点有以下结论：

① 若 $k=1$，则该结点为根结点，它没有父结点；若 $k>1$，则该结点的父结点编号为 INT$(k/2)$。

② 若 $2k\leqslant n$，则编号为 k 的结点的左子结点编号为 $2k$；否则该结点无左子结点（显然也没有右子结点）。

③ 若 $2k+1\leqslant n$，则编号为 k 的结点的右子结点编号为 $2k+1$；否则该结点无右子结点。

根据完全二叉树的这个性质，如果按从上到下、从左到右顺序存储完全二叉树的各结点，则很容易确定每一个结点的父结点、左子结点和右子结点的位置。

5.6.3 二叉树的存储结构

在计算机中，二叉树通常采用链式存储结构。

与线性链表类似，用于存储二叉树中各元素的存储结点也由两部分组成：数据域与指针域。但在二叉树中，由于每一个元素可以有两个后件（即两个子结点），因此，用于存储二叉树的存储结点的指针域有两个：一个用于指向该结点的左子结点的存储地址，称为左指针域；另一个用于指向该结点的右子结点的存储地址，称为右指针域。如图 5.34 所示为二叉树存储结点的示意图。其中：$L(i)$为结点 i 的左指针域，即 $L(i)$为结点 i 的左子结点的存储地址；$R(i)$为结点 i 的右指针域，即 $R(i)$为结点 i 的右子结点的存储地址；$V(i)$为数据域。

Lchild	Value	Rchild
$L(i)$	$V(i)$	$R(i)$

图 5.34 二叉树存储结点的结构

由于二叉树的存储结构中每一个存储结点有两个指针域，因此，二叉树的链式存储结构也称为二叉链表。如图 5.35(a～c)所示分别表示了一棵二叉树、二叉链表的逻辑状态、二叉链表的物理状态。其中 BT 称为二叉链表的头指针，用于指向二叉树根结点（即存放二叉树根结点的存储地址）。

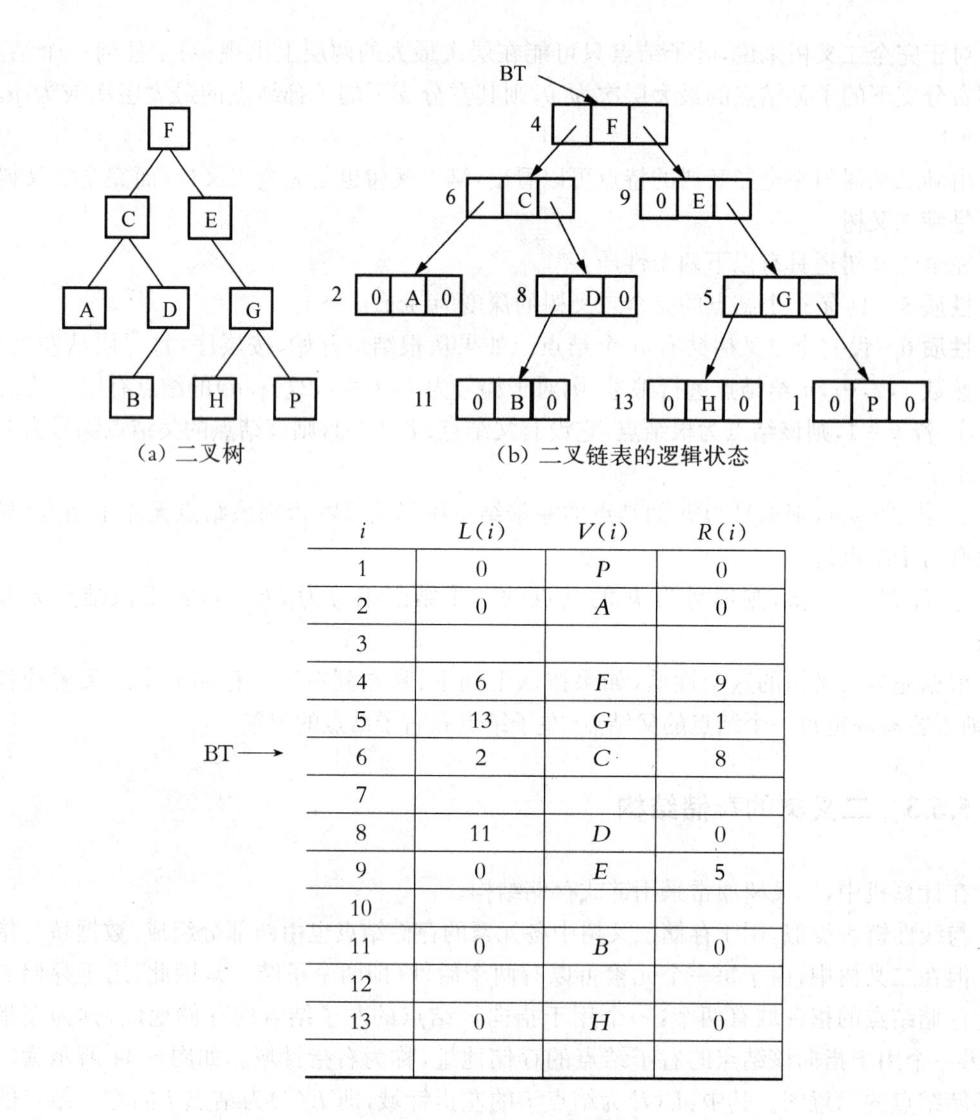

（a）二叉树

（b）二叉链表的逻辑状态

i	$L(i)$	$V(i)$	$R(i)$
1	0	P	0
2	0	A	0
3			
4	6	F	9
5	13	G	1
6	2	C	8
7			
8	11	D	0
9	0	E	5
10			
11	0	B	0
12			
13	0	H	0

BT ⟶ 6

（c）二叉链表的物理状态

图 5.35　二叉树的链式存储结构

对于满二叉树与完全二叉树来说，根据完全二叉树的性质 6，可以按层序进行顺序存储，这样，不仅节省了存储空间，又能方便地确定每一个结点的父结点与左右子结点的位置，但顺序存储结构对于一般的二叉树不适用。

5.6.4　二叉树的遍历

二叉树的遍历是指不重复地访问二叉树中的所有结点。

由于二叉树是一种非线性结构，因此，对二叉树的遍历要比遍历线性表复杂得多。在遍历二叉树的过程中，当访问到某个结点时，再往下访问可能有两个分支，那么先访问哪一个分支呢？对于二叉树来说，需要访问根结点、左子树上的所有结点、右子树上的所有结点，在这三者中，究竟先访问哪一个？也就是说，遍历二叉树的方法实际上是要确定访问各结点的顺序，以便不重不漏地访问到二叉树中的所有结点。

在遍历二叉树的过程中，一般先遍历左子树，然后再遍历右子树。在先左后右的原则下，根据访问根结点的次序，二叉树的遍历可以分为三种：前序遍历、中序遍历、后序遍历。下面分别介绍这三种遍历的方法。

1. 前序遍历(DLR)

所谓前序遍历，是指在访问根结点、遍历左子树与遍历右子树这三者中，首先访问根结点，然后遍历左子树，最后遍历右子树；并且，在遍历左、右子树时，仍然先访问根结点，然后遍历左子树，最后遍历右子树。因此，前序遍历二叉树的过程是一个递归的过程。

下面是二叉树前序遍历的简单描述：

若二叉树为空，则结束返回。否则：① 访问根结点；② 前序遍历左子树；③ 前序遍历右子树。

在此特别要注意的是，在遍历左右子树时仍然采用前序遍历的方法。如果对图 5.35(a)中的二叉树进行前序遍历，则遍历的结果为 F、C、A、D、B、E、G、H、P(称为该二叉树的前序序列)。

2. 中序遍历(LDR)

所谓中序遍历，是指在访问根结点、遍历左子树与遍历右子树这三者中，首先遍历左子树，然后访问根结点，最后遍历右子树；并且，在遍历左、右子树时，仍然先遍历左子树，然后访问根结点，最后遍历右子树。因此，中序遍历二叉树的过程也是一个递归的过程。

下面是二叉树中序遍历的简单描述：

若二叉树为空，则结束返回。否则：① 中序遍历左子树；② 访问根结点；③ 中序遍历右子树。

在此也要特别注意的是，在遍历左右子树时仍然采用中序遍历的方法。如果对图 5.35(a) 中的二叉树进行中序遍历，则遍历结果为 A、C、B、D、F、E、H、G、P(称为该二叉树的中序序列)。

3. 后序遍历(LRD)

所谓后序遍历，是指在访问根结点、遍历左子树与遍历右子树这三者中，首先遍历左子树，然后遍历右子树，最后访问根结点，并且，在遍历左、右子树时，仍然先遍历左子树，然后遍历右子树，最后访问根结点。因此，后序遍历二叉树的过程也是一个递归的过程。

下面是二叉树后序遍历的简单描述：

若二叉树为空，则结束返回。否则：① 后序遍历左子树；② 后序遍历右子树；③ 访问根结点。

在此也要特别注意的是，在遍历左右子树时仍然采用后序遍历的方法。如果对图 5.35 (a)中的二叉树进行后序遍历，则遍历结果为 A、B、D、C、H、P、G、E、F(称为该二叉树的后序序列)。

由上述对二叉树的三种遍历方法可以看出，如果知道了某二叉树的前序序列和中序序列，则可以唯一地恢复该二叉树。同样，如果知道了某二叉树的后序序列和中序序列，则也可以唯一地恢复该二叉树。但如果只知道某二叉树的前序序列和后序序列，是不能唯一恢复该二叉树的。

例如：假设某二叉树的前序序列为 $DBACFEG$，中序序列为 $ABCDEFG$，则恢复该二叉树的分析过程如下：

由于在前序遍历二叉树中首先访问根节点，因此，前序序列中的第一个结点为二叉树的根结点，即 D 为二叉树的根结点。又由于在中序遍历中访问根结点的次序为居中，而访问左子树上的结点为居先，访问右子树上的结点为最后，因此，在中序序列中以根结点(D)为分界线，前面的子序列(ABC)一定在左子树中，后面的子序列(EFG)一定在右子树中。同理，对于已经划分出的每一个子序列，位于前序序列最前面的一个结点为该子树的根结点，而在中序序列中位于该根结点前面的结点构成左子树上的结点子序列，位于该根结点后面的结点构成右子树上的结点子序列。这个处理过程直到所有子序列为空为止。

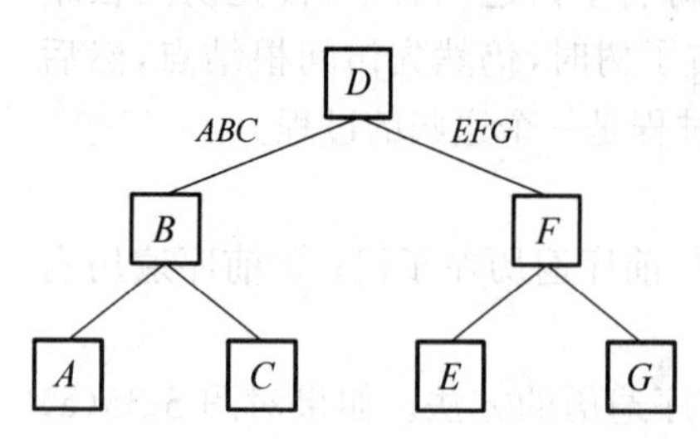

图 5.36 二叉树的恢复过程

根据以上分析过程，该二叉树的恢复结果如图 5.36 所示。

用类似的分析方法，在已知二叉树的后序序列和中序序列的情况下恢复该二叉树的过程如下：

由于在后序遍历二叉树中访问根结点在最后，因此，后序序列中的最后一个结点为二叉树的根结点。又由于在中序遍历中访问根结点的次序为居中，而访问左子树上的结点为居先，访问右子树上的结点为最后，因此，在中序序列中以根结点为分界线，前面的子序列一定在左子树中，后面的子序列一定在右子树中。同理，对于已经划分出的每一个子序列，位于后序序列最后的一个结点为该子树的根结点，而在中序序列中位于该根结点前面的结点构成左子树上的结点子序列，位于该根结点后面的结点构成右子树的结点子序列。这个处理过程直到所有子序列为空为止。

5.7 查找技术

查找是数据处理领域中的一个重要内容，查找的效率将直接影响数据处理的效率。

所谓查找，是指在一个给定的数据结构中查找某个指定的元素。通常，根据不同的数据结构，应采用不同的查找方法。平均查找长度：查找过程中关键字和给定值比较的平均次数。

5.7.1 顺序查找

顺序查找又称顺序搜索。顺序查找一般是指在线性表中查找指定的元素，其基本方法如下：

从线性表的第一个元素开始，依次将线性表中的元素与被查元素进行比较，若相等则表示找到(即查找成功)；若线性表中所有的元素都与被查元素进行了比较但都不相等，则表示线性表中没有要找的元素(即查找失败)。

在进行顺序查找过程中，如果线性表中的第一个元素就是被查找元素，则只需做一次比较就查找成功，查找效率最高；但如果被查的元素是线性表中的最后一个元素，或者被查元素根本不在线性表中，则为了查找这个元素需要与线性表中所有的元素进行比较，这是顺序查找的最坏情况。在平均情况下，利用顺序查找法在线性表中查找一个元素，大约要与线性表中一半的元素进行比较。

由此可以看出，对于大的线性表来说，顺序查找的效率是很低的。虽然顺序查找的效率不高，但在下列两种情况下也只能采用顺序查找：

(1) 如果线性表为无序表(即表中元素的排列是无序的)，则不管是顺序存储结构还是链式存储结构，都只能用顺序查找。

(2) 即使是有序线性表，如果采用链式存储结构，也只能用顺序查找。

5.7.2 二分法查找

二分法查找只适用于顺序存储的有序表。在此所说的有序表是指线性表中的元素按值非递减排列(即从小到大，但允许相邻元素值相等)。

设有序线性表的长度为 n，被查元素为 x，则对分查找的方法如下：

将 x 与线性表的中间项进行比较，若中间项的值等于 x，则说明查到，查找结束；若 x 小于中间项的值，则在线性表的前半部分(即中间项以前的部分)以相同的方法进行查找；若 x 大于中间项的值，则在线性表的后半部分(即中间项以后的部分)以相同的方法进行查找。

这个过程一直进行到查找成功或子表长度为 0(说明线性表中没有这个元素)为止。

显然，当有序线性表为顺序存储时才能采用二分查找，并且，二分查找的效率要比顺序查找高得多。可以证明，对于长度为 n 的有序线性表，在最坏情况下，二分查找只需要比较 $\log_2 n$ 次，而顺序查找需要比较 n 次。

5.8 排序技术

排序也是数据处理的重要内容。所谓排序，是指将一个无序序列整理成按值非递减顺序排列的有序序列。排序的方法有很多，根据待排序序列的规模以及对数据处理的要求，可以采用不同的排序方法。本节主要介绍一些常用的排序方法。

排序可以在各种不同的存储结构上实现。在本节所介绍的排序方法中，其排序的对象一般认为是顺序存储的线性表，在程序设计语言中就是一维数组。

5.8.1 交换类排序法

所谓交换类排序法，是指借助数据元素之间的互相交换进行排序的一种方法。冒泡排序法与快速排序法都属于交换类的排序方法。

1. 冒泡排序法

冒泡排序法，是一种最简单的交换类排序方法，它是通过相邻数据元素的交换逐步将线性表变成有序。

冒泡排序法的基本过程如下：

首先，从表头开始往后扫描线性表，在扫描过程中逐次比较相邻两个元素的大小。若相邻两个元素中，前面的元素大于后面的元素，则将它们互换，称之为消去了一个逆序。显然，在扫描过程中，不断地将两两相邻元素中的大者往后移动，最后就将线性表中的最大者换到了表的最后，这也是线性表中最大元素应有的位置。

然后，从后到前扫描剩下的线性表，同样，在扫描过程中逐次比较相邻两个元素的大小。若相邻两个元素中，后面的元素小于前面的元素，则将它们互换，这样就又消去了一个逆序。显然，在扫描过程中，不断地将两相邻元素中的小者往前移动，最后就将剩下线性表中的最小者换到了表的最前面，这也是线性表中最小元素应有的位置。

对剩下的线性表重复上述过程，直到剩下的线性表变空为止，此时的线性表已经变为有序。

在上述排序过程中，对线性表的每一次来回扫描后，都将其中的最大者沉到了表的底部，最小者像气泡一样冒到表的前头。冒泡排序由此而得名，且冒泡排序又称下沉排序。

假设线性表的长度为 n，则在最坏情况下，冒泡排序需要经过 $n/2$ 遍的从前往后的扫描和 $n/2$ 遍的从后往前的扫描，需要的比较次数为 $n(n-1)/2$。但这个工作量不是必需的，一般情况下要小于这个工作量。

如图 5.37 所示是冒泡排序的示意图。图中有方框的元素位置表示扫描过程中最后一次发生交换的位置。由图可以看出，整个排序实际上只用了 2 遍从前往后的扫描和2 遍从后往前的扫描就完成了。

原序列	5	1	7	3	1	6	9	4	2	8	6
第 1 遍（从前往后）	5	↔1	7	↔3	↔1	↔6	9	↔4	↔2	↔8	↔6
结果	1	5	3	1	6	7	4	2	8	[6]	9
（从后往前）	1	5	↔3	↔1	6	↔7	↔4	↔2	8	↔6	9
结果	1	1	[5]	3	2	6	7	4	6	[8]	9
第 2 遍（从前往后）	1	1	5	↔3	↔2	6	7	↔4	↔6	8	9
结果	1	1	[3]	2	5	6	4	[6]	7	8	9
（从后往前）	1	1	3	↔2	5	↔6	↔4	6	7	8	9
结果	1	1	2	[3]	4	5	6	[6]	7	8	9
第 3 遍（从前往后）	1	1	2	3	4	5	6	6	7	8	9
最后结果	1	1	2	3	4	5	6	6	7	8	9

图 5.37　冒泡排序过程示意图

2. 快速排序法

在前面所讨论的冒泡排序法中，由于在扫描过程中只对相邻两个元素进行比较，因此，在互换两个相邻元素时只能消除一个逆序。如果通过两个（不是相邻的）元素的交换，能够消除线性表中的多个逆序，就会大大加快排序的速度。显然，为了通过一次交换能消除多个逆序，就不能像冒泡排序法那样对相邻两个元素进行比较,因为这只能使相邻两个元素进行交换,从而只能消除一个逆序。下面介绍的快速排序法可以实现通过一次交换而消除多个逆序。

快速排序法也是一种互换类的排序方法,但由于它比冒泡排序法的速度快,因此称之为快速排序法。

快速排序法的基本思想如下:

从线性表中选取一个元素,设为 T,将线性表后面小于 T 的元素移到前面,而前面大于 T 的元素移到后面,结果就将线性表分成了两部分(称为两个子表),T 插入到其分界线的位置处,这个过程称为线性表的分割。通过对线性表的一次分割,就以 T 为分界线,将线性表分成了前后两个子表,且前面子表中的所有元素均不大于 T,而后面子表中的所有元素均不小于 T。

如果对分割后的各子表再按上述原则进行分割,并且,这种分割过程可以一直做下去,直到所有子表为空为止,则此时的线性表就变成了有序表。

由此可知,快速排序法的关键是对线性表进行分割,以及对各分割出的子表再进行分割,这个过程如图 5.38 所示。

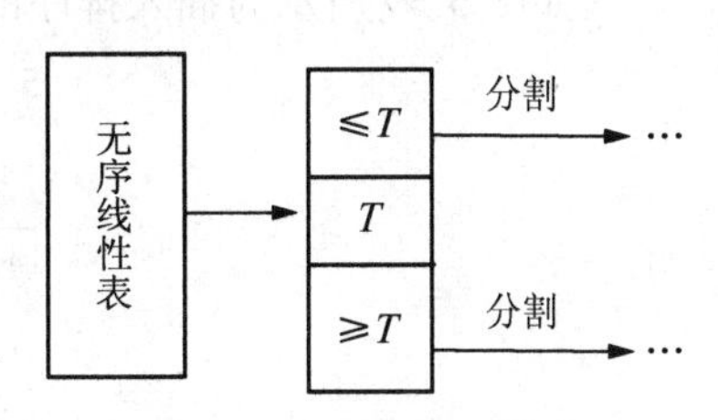

图 5.38 快速排序示意图

在对线性表或子表进行实际分割时,可以按如下步骤进行:

首先,在表的第一个、中间一个与最后一个元素中选取中项,设为 $P(k)$,并将 $P(k)$赋给 T,再将表中的第一个元素移到 $P(k)$的位置上。

然后设置两个指针 i 和 j 分别指向表的起始与最后的位置。反复操作以下两步:

(1) 将 j 逐渐减小,并逐次比较 $P(j)$与 T,直到发现一个 $P(j)<T$ 为止,将 $P(j)$移到 $P(i)$的位置上。

(2) 将 i 逐渐增大,并逐次比较 $P(i)$与 T,直到发现一个 $P(i)>T$ 为止,将 $P(i)$移到 $P(j)$的位置上。

上述两个操作交替进行,直到指针 i 与 j 指向同一个位置(即 $i=j$)为止,此时将 T 移到 $P(i)$的位置上。

在快速排序过程中,随着对各子表不断地进行分割,划分出的子表会越来越多,但一次又只能对一个子表进行再分割处理,需要将暂时不分割的子表记忆起来,这就要用一个栈来实现。在对某个子表进行分割后,可以将分割出的后一个子表的第一个元素与最后一个元素的位置压入栈中,而继续对前一个子表进行再分割;当分割出的子表为空时,可以从栈中退出一个子表(实际上只是该子表的第一个元素与最后一个元素的位置)进行分割。重复这个过程直到栈空为止,此时说明所有子表为空,没有子表再需要分割,排序就完成了。

由此可以看出,快速排序可以设计成一个递归算法,上述处理过程由程序自动完成。

快速排序在最坏情况下需要进行 $n(n-1)/2$ 次比较,但实际的排序效率要比冒泡排序高得多。

5.8.2 插入类排序法

冒泡排序法与快速排序法本质上都是通过数据元素的交换来逐步消除线性表中的逆序。本小节讨论另一类排序的方法,即插入类排序法。

1. 简单插入排序法

所谓插入排序，是指将无序序列中的各元素依次插入已经有序的线性表中。

我们可以想象，在线性表中，只包含第 1 个元素的子表显然可以看成是有序表。接下来的问题是，从线性表的第 2 个元素开始直到最后一个元素，逐次将其中的每一个元素插入前面已经有序的子表中。一般来说，假设线性表中前 $j-1$ 个元素已经有序，现在要将线性表中第 j 个元素插入前面的有序子表中，插入过程如下：

首先将第 j 个元素放到一个变量 T 中，然后从有序子表的最后一个元素（即线性表中第 $j-1$ 个元素）开始，往前逐个与 T 进行比较，将大于 T 的元素均依次向后移动一个位置，直到发现一个元素不大于 T 为止，此时就将 T（即原线性表中的第 j 个元素）插入刚移出的空位置上，有序子表的长度就变为 j 了。

如图 5.39 所示为插入排序的示意图。图中画有方框的元素表示刚被插入有序子表中。

5 1 7 3 1 6 9 4 2 8 6
↑ $j=2$
[1] 5 7 3 1 6 9 4 2 8 6
↑ $j=3$
1 5 [7] 3 1 6 9 4 2 8 6
↑ $j=4$
1 [3] 5 7 1 6 9 4 2 8 6
↑ $j=5$
1 [1] 3 5 7 6 9 4 2 8 6
↑ $j=6$
1 1 3 5 [6] 7 9 4 2 8 6
↑ $j=7$
1 1 3 5 6 7 [9] 4 2 8 6
↑ $j=8$
1 1 3 [4] 5 6 7 9 2 8 6
↑ $j=9$
1 1 [2] 3 4 5 6 7 9 8 6
↑ $j=10$
1 1 2 3 4 5 6 7 [8] 9 6
↑ $j=11$
1 1 2 3 4 5 6 [6] 7 8 9

图 5.39 简单插入排序示意图

在简单插入排序法中，每一次比较后最多移掉一个逆序，因此，这种排序方法的效率与冒泡排序法相同。在最坏情况下，简单插入排序需要 $n(n-1)/2$ 次比较。

2. 希尔排序法

希尔排序法(Shell sort)属于插入类排序,但它对简单插入排序做了较大的改进。

希尔排序法的基本思想如下:

将整个无序序列分割成若干小的子序列分别进行插入排序。

子序列的分割方法如下:

将相隔某个增量 h 的元素构成一个子序列。在排序过程中,逐次减小这个增量,最后当 h 减到 1 时,进行一次插入排序,排序就完成。

增量序列一般取 $h_t = n/2^k (k = 1,2,\cdots,[\log_2 n])$,其中 n 为待排序序列的长度。

如图 5.40 所示为希尔排序法的示意图。

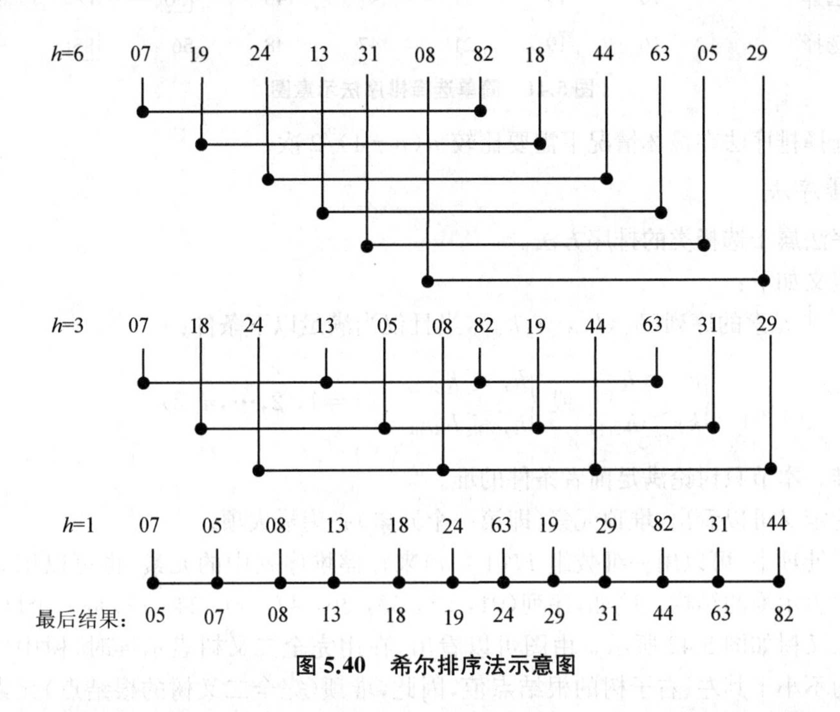

图 5.40 希尔排序法示意图

在希尔排序过程中,虽然对于每一个子表采用的仍是插入排序,但是,在子表中每进行一次比较就有可能移去整个线性表中的多个逆序,从而改善了整个排序过程的性能。

希尔排序的效率与所选取的增量序列有关。如果选取上述增量序列,则在最坏情况下,希尔排序所需要的比较次数为 $O(n^{1.5})$。

5.8.3 选择类排序法

1. 简单选择排序法

选择排序法的基本思想如下:

扫描整个线性表,从中选出最小的元素,将它交换到表的最前面(这是它应有的位置);然后对剩下的子表采用同样的方法,直到子表空为止。

对于长度为 n 的序列,选择排序需要扫描 $n-1$ 遍,每一遍扫描均从剩下的子表中选出最小的元素，然后将该最小的元素与子表中的第一个元素进行交换。如图 5.41 所示为这种排序法的示意图，图中有方框的元素是刚被选出来的最小元素。

原序列	89	21	56	48	85	16	19	47
第 1 遍选择	[16]	21	56	48	85	89	19	47
第 2 遍选择	16	[19]	56	48	85	89	21	47
第 3 遍选择	16	19	[21]	48	85	89	56	47
第 4 遍选择	16	19	21	[47]	85	89	56	48
第 5 遍选择	16	19	21	47	[48]	89	56	85
第 6 遍选择	16	19	21	47	48	[56]	89	85
第 7 遍选择	16	19	21	47	48	56	[85]	89

图 5.41　简单选择排序法示意图

简单选择排序法在最坏情况下需要比较 $n(n-1)/2$ 次。

2. 堆排序法

堆排序法属于选择类的排序方法。

堆的定义如下：

具有 n 个元素的序列$(h_1, h_2, \cdots, h_n)$，当且仅当满足以下条件：

$$\begin{cases} h_i \geqslant h_{2i} \\ h_i \geqslant h_{2i+1} \end{cases} \text{或} \begin{cases} h_i \leqslant h_{2i} \\ h_i \leqslant h_{2i+1} \end{cases} \quad (i=1, 2, \cdots, n/2)$$

时称之为堆。本节只讨论满足前者条件的堆。

由堆的定义可以看出，堆顶元素(即第一个元素)必为最大项。

在实际处理中，可以用一维数组 $H(1:n)$来存储堆序列中的元素，也可以用完全二叉树来直观地表示堆的结构。例如，序列(91，85，53，36，47，30，24，12)是一个堆，它所对应的完全二叉树如图 5.42 所示。由图可以看出，在用完全二叉树表示堆时，树中所有非叶子结点值均不小于其左、右子树的根结点值，因此，堆顶(完全二叉树的根结点)元素必为序列的 n 个元素中的最大项。

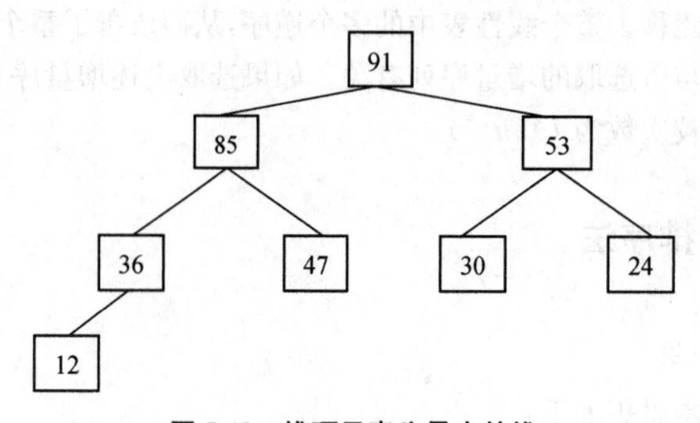

图 5.42　堆顶元素为最大的堆

在具体讨论堆排序法之前，先讨论这样一个问题：在一棵具有 n 个结点的完全二叉树(用一维数组 $H(1:n)$表示)中，假设结点 $H(m)$的左右子树均为堆，现要将以 $H(m)$为根结点的子树也调整为堆。这是调整建堆的问题。

例如，假设图 5.43(a)是某完全二叉树的一棵子树。显然，在这棵子树中，根结点 47 的左、右子树均为堆。现在为了将整个子树调整为堆，首先将根结点 47 与其左、右子树的根结点值进行比较，此时由于左子树根结点 91 大于右子树根结点 53，且它又大于根结点 47，因此，根据堆的条件，应将元素 47 与 91 交换，如图 5.43(b)所示。经过这一次交换后，破坏了原来左子树的堆结构，需要对左子树再进行调整，将元素 85 与 47 进行交换，调整后的结果如图 5.43(c)所示。

由这个例子可以看出，在调整建堆的过程中，总是将根结点值与左、右子树的根结点值进行比较，若不满足堆的条件，则将左、右子树根结点值中的大者与根结点值进行交换。这个调整过程一直做到所有子树均为堆为止。

有了调整建堆的算法后，就可以将一个无序序列建成为堆。

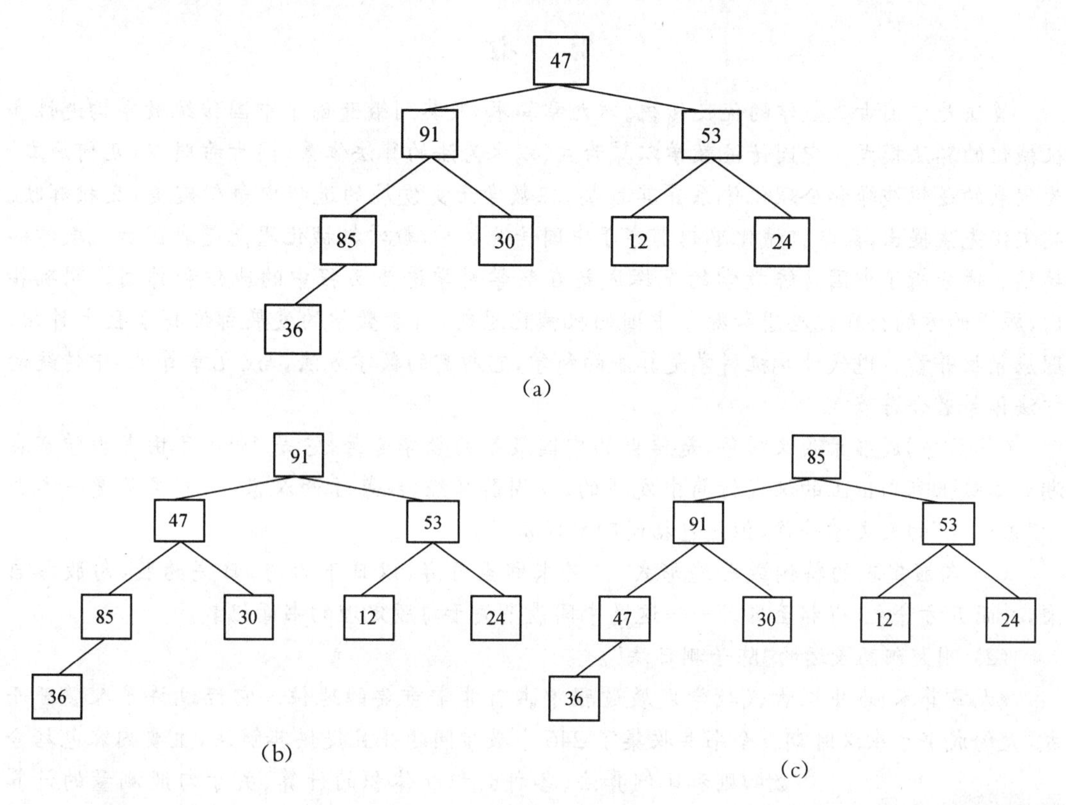

图 5.43 调整建堆示意图

假设无序序列 $H(1:n)$ 以完全二叉树表示。从完全二叉树的最后一个非叶子结点(即第 $n/2$ 个元素)开始，直到根结点(即第一个元素)为止，对每一个结点进行调整建堆，最后就可以得到与该序列对应的堆。

根据堆的定义，可以得到堆排序的方法如下：

(1) 将一个无序序列建成堆。

(2) 将堆顶元素(序列中的最大项)与堆中最后一个元素交换(最大项应该在序列的最后)。不考虑已经换到最后的那个元素，只考虑前 $n-1$ 个元素构成的子序列，显然，该子序列已不是堆，但左、右子树仍为堆，可以将该子序列调整为堆。反复做第(2)步，直到剩下的子序列为空为止。

堆排序的方法对于规模较小的线性表并不适合，但对于较大规模的线性表来说是很有效的。在最坏情况下，堆排序需要比较的次数为 $O(n\log_2 n)$。

5.9 课程思政

算 法

算法是中国古代数学的优良传统。《九章算术》及其刘徽开创了中国传统数学构造性和机械化的算法模式。中国传统数学以算为主、以术为法的算法体系，同古希腊以《几何原本》为代表的逻辑演绎和公理化体系异其旨趣，在数学历史发展的进程中争雄媲美，交相辉映。吴文俊先生提出，数学机械化思想贯穿于中国传统数学，数学机械化思想是我国古代数学的精髓。他分析了中国传统数学的光辉成就在数学科学进步历程中的地位和作用。明确指出，源于西方的公理化思想和源于中国的机械化思想，对于数学的发展都发挥了巨大作用，理应兼收并蓄。现代计算机科学是算法的科学，它所需的数学方法，与《九章算术》中传统的方法体系若合符节。

《算数书》成书于西汉初年，是传世的中国最早的数学专著，它是 1984 年由考古学家在湖北江陵张家山出土的汉代竹简中发现的。《周髀算经》编纂于西汉末年，它虽然是一本关于“盖天说”的天文学著作，但是包括两项数学成就：

(1) 勾股定理的特例或普遍形式。“若求邪至日者，以日下为句，日高为股，勾股各自乘，并而开方除之，得邪至日。”——这是中国最早关于勾股定理的书面记载。

(2) 测太阳高或远的“陈子测日法”。

《九章算术》在中国古代数学发展过程中占有非常重要的地位。它经过许多人整理而成，大约成书于东汉时期。全书共收集了 246 个数学问题并且提供其解法，主要内容包括分数四则和比例算法、各种面积和体积的计算、关于勾股测量的计算等。在代数方面，《九章算术》在世界数学史上最早提出负数概念及正负数加减法法则。

刘徽

注重实际应用是《九章算术》的一个显著特点，该书的一些知识还传播至印度和阿拉伯，甚至经过这些地区远至欧洲。《九章算术》标志以筹算为基础的中国古代数学体系的正式形成。中国古代数学在三国及两晋时期侧重于理论研究，其中以赵爽与刘徽为主要代表人物。赵爽是三国时期吴人，在中国历史上他是最早对数学定理和公式进行证明的数学家之一，其学术成就体现于对《周髀算经》的阐释。在《勾股圆方图注》中，他还用几何方法证明了勾股定理。用几何方法求解二次方程也是赵爽对中国古代数学的一大贡献，三国时期魏人刘徽则注释了《九章算术》，其著作《九章算术注》不仅对《九章算术》的方法、公式和定理进行一般的解释和推导，而且系统地阐述了中国传统数学的理论体系与数学原理，并且多有创造，其发明的“割圆术”(圆内接正多边形面积无限逼近圆面积)，为圆周率的计算奠定了基础，用刘徽自己的原话就是“割之弥细，所失弥少，割之又割，以至于不可割，则与圆合体而无所失矣。”他的思想后来又得到祖冲之的推进和发展，计算出圆周率的近似值在世界上很长时间里处于领先地位。

刘徽从圆内接正六边形开始，让边数逐次加倍，逐个算出这些圆内接正多边形的面积，从而得到一系列逐渐递增的数值，一步一步地逼近圆面积，最后求出圆周率的近似值。可以想象在当时需要付出多么艰辛的劳动，现在让我们用刘徽的思想，使用计算机求圆周率的近似值，计算机最大的特点是运算速度快，只要我们将运算规律告诉计算机，计算机会迅速得到所求的答案。

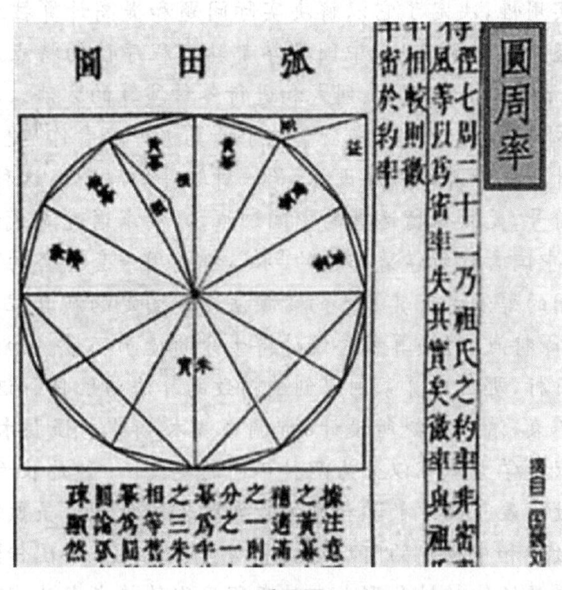

弧田图

同时刘徽还算出圆周率的近似值“3 927/1 250(3.141 6)”。他设计的“牟合方盖”的几何模型为后人寻求球体积公式打下重要基础。在研究多面体体积过程中，刘徽运用极限方法证明了“阳马术”。另外，《海岛算经》也是刘徽所著的一部测量数学著作，是中国学者编撰的最早一部测量数学著作，亦为地图学提供了数学基础。

从中国古代数学几千年的发展历程中，我们不难看出中国古代数学思想与西方数学思想的诸多不同点，这是其独具特色的一面。中国古代数学思想特点：

1. 实用性

《九章算术》收集的每个问题都是与生产实践有联系的应用题，以解决问题为目的。从《九章算术》开始，中国古典数学著作的内容，几乎都与当时社会生活的实际需要有着密切的联系。这不仅表现在中国的算学经典基本上都遵从问题集解的体例编纂而成，而且它所涉及的内容反映了当时社会政治、经济、军事、文化等方面的某些实际情况和需要，以致史学家们常常把古代数学典籍作为研究中国古代社会经济生活、典章制度(特别是度量衡制度),以及工程技术(例如土木建筑、地图测绘)等方面的珍贵史料。而明代中期以后兴起的珠算著作,所论则更是直接应用于商业等方面的计算技术。中国古代数学典籍具有浓厚的应用数学色彩,在中国古代数学发展的漫长历史中,应用始终是数学的主题,而且中国古代数学的应用领域十分广泛,著名的十大算经清楚地表明了这一点,同时也表明"实用性"又是中国古代数学合理性的衡量标准。这与古代希腊数学追求纯粹"理性"形成强烈的对照。其实,中国古代数学一开始就同天文历法结下了不解之缘。中算史上许多具有世界意义的杰出成就就是来自历法推算的。例如,举世闻名的"大衍求一术"(一次同余式组解法)产于历法上元积年的推算,由于推算日、月、五星行度的需要中算家创立了"招差术"(高次内插法),而由于调整历法数据的要求,历算家发展了分数近似法。所以,实用性是中国传统数学的特点之一。

2. 算法程序化

中国传统数学的实用性,决定了它以解决实际问题和提高计算技术为其主要目标。不管是解决问题的方式还是具体的算法,中国数学都具有程序性的特点。中国古代的计算工具是算筹,是以算筹为计算工具来计数、列式和进行各种演算的方法。有人曾经将中国传统数学与今天的计算技术对比,认为算筹相应于电子计算机可以看作"硬件",那么中国古代的"算术"可以比作电子计算机计算的程序设计,是一种软件的思想。这种看法是很有道理的。中国的筹算不用运算符号,无须保留运算的中间过程,只要求通过筹式的逐步变换而最终获得问题的解答。因此,中国古代数学著作中的"术",都是用一套一套的"程序语言"所描写的程序化算法。各种不同的筹法都有其基本的变换法则和固定的演算程序。中算家善于运用演算的对称性、循环性等特点,将演算程序设计得十分简捷而巧妙。如果说古希腊的数学家以发现数学的定理为目标,那么中算家则以创造精致的算法为己任。这种设计等式、算法之风气在中算史上长盛不衰,清代李锐所设计的"调日法术"和"求强弱术"等都可以说是我国古代传统的遗风。古代数学大体可以分为两种不同的类型:一种是长于逻辑推理,一种是发展计算方法。这也大致代表了西方数学和东方数学的不同特色。虽然以算为主的某些特点也为东方的古代印度数学和中世纪的阿拉伯数学所具有,但是,中国传统数学在这方面更具有典型性。中算对于算具的依赖性和形成一整套程序化的特点尤为突出,例如,印度和阿拉伯在历史上虽然也使用过土盘等算具,但都是辅助性的,主要还是使用笔算,与中国长期使用的算筹和珠算的情形大不相同,自然也没有形成像中国这样一贯的与"硬件"相对应的整套"软件"。

3. 模型化

《九章算术》中大多数问题都具有一般性解法,是一类问题的模型,同类问题可以按同种方法解出。其实,以问题为中心、以算法为基础,主要依靠归纳思维建立数学模型,强调基本法则及其推广,是中国传统数学思想的精髓之一。中国传统数学的实用性,要求数学研究的结果能对各种实际问题进行分类,对每类问题给出统一的解法;以归纳为主的思维方式和以问题为中心的研究方式,倾向于建立基本问题的结构与解题模式,一般问题则被化归、分解为基本问题解决。由于中国传统数学未能建立起一套抽象的数学符号系统,对一般原理、法则的叙述一方面是借助文辞,一方面是通过具体问题的解题过程加以演示,使具体问题成为相应的数学模型。这种模型虽然和现代的数学模型有一定的区别,但两者在本质上是一样的。

4. 寓理于算

由于中国传统数学注重解决实际问题，而且因中国人综合、归纳思维的决定，所以中国传统数学不关心数学理论的形式化，但这并不意味中国传统仅停留在经验层次上而无理论建树。其实中国数学的算法中蕴涵着建立这些算法的理论基础，中国数学家习惯把数学概念与方法建立在少数几个不证自明、形象直观的数学原理之上，如代数中的“率”的理论、平面几何中的“出入相补”原理、立体几何中的“阳马术”、曲面体理论中的“截面原理”（或称刘祖原理，即卡瓦列利原理）等。

中国传统数学思想有着自己的渊源和模式，有其长，也有其短。在初等数学领域之内，正是这种传统数学思想把我国数学推向世界的最高峰。许多国家与我国相比，望尘莫及。好的传统我们应当学会继承和发展。我们应当好好研究中国古代数学的独特之处，并将其加以应用，以指导当代的数学研究工作。对于落后不利于数学发展的思想我们又要学会放弃，要从中吸取教训，努力加强中西文化交流，尽可能多吸取西方数学的精华与长处。这样我们的数学才能在真正意义上走向成熟。继承和发展中国传统数学思想，“纯粹的”民族传统是不行的，要面向世界，面向现代化，我们应该恰当调节数学和环境的关系，为数学提供源源不断的动力机制，并建立一套完善的理论体系，把应用广泛地拓展开来。另一方面我们要提高数学抽象结构，加强其内在联系，注重分析，全面把握，只有这样才是真正意义上认识了我国古代数学思想中体现出来的优与劣，我们的数学也才能拥有一片光明的前景。

队　列

队列用来存储逻辑关系为“一对一”的数据，是一种“特殊”的线性存储结构。

和顺序表、链表相比，队列的特殊性体现在以下两个方面：

(1) 元素只能从队列的一端进入，从另一端出去，如图所示：

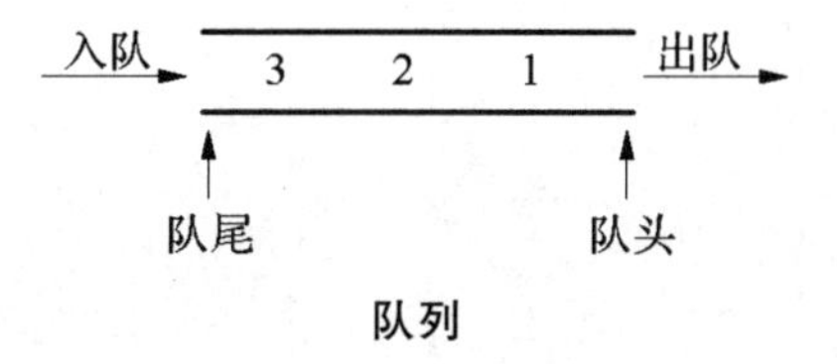

队列

通常将元素进入队列的一端称为“队尾”，进入队列的过程称为“入队”；将元素从队列中出去的一端称为“队头”，出队列的过程称为“出队”。

(2) 队列中各个元素的进出必须遵循“先进先出”的原则，即最先入队的元素必须最先出队。

以上图所示的队列为例，从各个元素在队列中的存储状态不难判定，元素 1 最先入队，然后是元素 2 入队，最后是元素 3 入队。如果此时想将元素 3 出队，根据“先进先出”原则，必须先将元素 1 和 2 依次出队，最后才能轮到元素 3 出队。

队列在操作系统中的应用十分广泛，比如用它解决 CPU 资源的竞争问题。对于一台计算机来说，CPU 通常只有 1 个，是非常重要的资源。如果在很短的时间内，有多个程序向操作系统申请使用 CPU，就会出现竞争 CPU 资源的现象。不同的操作系统，解决这一问题的方法是不一样的，有一种方法就用到了队列这种存储结构。

假设在某段时间里，有 A、B、C 三个程序向操作系统申请 CPU 资源，操作系统会根据它们的申请次序，将它们排成一个队列。根据“先进先出”原则，最先进队列的程序出队列，并获得 CPU 的使用权。待该程序执行完或者使用 CPU 一段时间后，操作系统会将 CPU 资源分配给下一个出队的程序，以此类推。如果该程序在获得 CPU 资源的时间段内没有执行完，则只能重新入队，等待操作系统再次将 CPU 资源分配给它。

第六章

软件工程基础

软件工程(software engineering)是计算机学科中一个年轻并且充满活力的研究领域。20世纪60年代末期以来人们为克服"软件危机",在这一领域做了大量工作,逐渐形成了系统的软件开发理论、技术和方法,它们在软件开发实践中发挥了重要作用。今天,现代科学技术将人类带入了信息社会,计算机软件扮演着十分重要的角色,软件工程已成为信息社会高技术竞争的关键领域之一,而"软件工程"已成为高等学校计算机教学计划中的一门核心课程。软件工程是一门研究用工程化方法构建和维护有效的、实用的和高质量的软件的学科。

6.1 软件工程的基本概念

6.1.1 软件定义与软件特点

软件就是程序吗?答案当然是否定的,一定要纠正软件就是程序,开发软件就是编写程序的错误观念。那么软件究竟该如何定义呢?

软件(software)是能够完成预定功能和性能的可执行的计算机程序和使程序正常执行所需要的数据,加上描述软件开发过程及其管理、程序的操作和使用的有关文档。

软件还可以简要地定义为:软件 = 程序 + 数据 + 文档。其中,程序是软件开发人员根据用户需求开发的、用程序设计语言描述的、适合计算机执行的指令(语句)序列。数据是程序能正常操纵信息的数据结构。文档是与程序开发及过程管理、维护和使用有关的图文材料。

软件在开发、生产、维护和使用等方面与计算机硬件相比存在明显的差异。软件作为一种特殊的产品具有一些独特的特点,具体表现如下:

(1) 软件是一种逻辑实体,不是物理实体,具有抽象性。软件的这个特点使它与其他工程对象有着明显的差异。人们可以把它记录在纸上或存储介质上,但却无法看到软件本身的形态,必须通过观察、分析、思考、判断,才能了解它的功能、性能等特性。

(2) 软件不会磨损和老化,只会随着时间的推移进行升级或淘汰。软件虽然在生存周期后期不会因为磨损而老化,但为了适应硬件、环境以及需求的变化要进行修改,而这些修改又不可避免地引入错误,导致软件失效率升高,从而使得软件退化。所以,软件维护不同于硬件维修,易产生新的问题。

(3) 软件主要是研制,生产是简单的拷贝。软件的生产与硬件不同,它没有明显的制作过程。一旦研制开发成功,可以大量拷贝同一内容的副本。所以,对软件的质量控制,必须着重在软件开发方面下工夫。

(4) 软件成本昂贵,其开发方式至今尚未摆脱手工方式。软件是人类有史以来生产的复杂度最高的工业产品。软件涉及人类社会的各行各业,软件开发常常涉及其他领域的专业知识。软件开发需要投入大量、高强度的脑力劳动,成本高、风险大。

(5) 软件具有"复杂性",其开发和运行对计算机系统具有依赖性,受到计算机系统的限制,即受环境影响大,这就导致了软件移植的问题。

(6) 软件开发涉及诸多的社会因素。许多软件开发和运行涉及软件用户的机构设置、体制问题以及管理方式等,甚至涉及人们的观念和心理、软件知识产权及法律等问题。

软件根据应用目标的不同,分类是多种多样的。一般情况下,软件被划分为系统软件、应用软件。

系统软件泛指那些为了有效地使用计算机系统、给应用软件与运行提供支持,或者能为用户管理与使用计算机提供方便的一类软件,例如基本输入/输出系统(BIOS)、操作系统(如 Windows、UNIX、Linux、macOS)、程序设计语言处理系统(如编译程序、翻译程序、汇编程序)、数据库管理系统(DBMS,如 ORACLE、Access、SQL、VFP、MySQL 等)、常用的实用程序(如磁盘清理程序、备份程序等)。

系统软件的主要特征是:它与计算机硬件有很强的交互性,能对硬件资源进行统一的控制、调度和管理;系统软件具有基础性和支撑作用,它是应用软件运行平台。在通用计算机系统中,系统软件是必不可少的。通常在购买计算机时,计算机供应厂商必须提供给用户一些最基本的系统软件,否则计算机无法启动工作。

系统软件并不针对某一特定应用领域,而应用软件则相反,不同的应用软件根据用户和所服务的领域提供不同的功能。应用软件是为了某种特定的用途而被开发的软件,它可以是一个特定的程序,比如一个图像浏览器,也可以是一组功能联系紧密、可以互相协作的程序的集合,比如微软的 Office 软件。

较常见的应用软件种类包括行业管理软件、文字处理软件、信息管理软件、辅助设计软件、媒体播放软件、系统优化软件、图形图像软件、数学软件、统计软件、杀毒软件、通信协作软件、远程控制软件、管理效率软件等。

6.1.2 软件危机与软件工程

软件工程概念的出现源自软件危机。

早期的软件主要指程序，采用个人工作方式，缺少相关文档、质量低、维护困难，这些问题称为“软件危机”。软件危机指的是计算机软件的开发和维护过程所遇到的一系列严重问题。实际上，几乎所有的软件都不同程度地存在这些问题。

随着计算机技术的发展和应用领域的扩大，计算机硬件性价比和质量稳步提高，软件规模越来越大，复杂程度不断增加，软件成本逐年上升，质量没有可靠的保证，软件已成为计算机科学发展的“瓶颈”。

在软件开发和维护过程中，软件危机主要表现如下：

（1）软件需求的增长得不到满足。用户对系统功能不满意的情况经常发生。

（2）软件开发成本和进度无法控制。对软件开发成本和进度的估算很不准确，如开发成本超出预算、开发周期大大超过规定日期的情况经常发生。

（3）软件质量很不可靠。

（4）软件成本比重不断上升。

（5）软件不可维护或维护程度非常低。

（6）供不应求。软件开发生产率跟不上计算机硬件的发展和应用需求的增长。

总之，可以将软件危机归结为成本、质量、生产率等问题。

软件危机的出现是由于软件的规模越来越大，复杂度不断增加，软件需求量增大。而软件开发过程是一种高密集度的脑力劳动，软件开发的模式及技术不能适应软件发展的需要，致使大量质量低劣的软件涌向市场，有的软件花费了大量人力财力，却在开发过程中就夭折。

分析带来软件危机的原因，宏观方面是由于软件日益深入社会生活的各个层面，对软件需求的增长速度大大超过了技术进步所能带来的软件生产率的提高。而就每一项具体的工程任务来看，许多困难来源于软件工程所面临的任务和其他工程之间的差异以及软件和其他工业产品的不同。

在软件开发和维护过程中，之所以存在这些严重的问题，一方面与软件本身的特点有关，例如，在软件运行前，软件开发过程的进展很难衡量，质量难以评价，因此管理和控制软件开发过程相当困难；在软件运行过程中，软件维护意味着改正或修改原来的设计；另外，软件的显著特点是规模庞大，复杂度超线性增长，在开发大型软件时，要保证高质量，极端复杂困难，不仅涉及技术问题（如分析方法、设计方法、版本控制），更重要的是必须有严格而科学的管理。另一方面与软件开发和维护方法不正确有关，这是主要原因。

例如，IBM公司的OS/360，共约100万条指令，花费了5 000个人年，经费达数亿美元，而结果却令人沮丧，错误多达2 000个以上，系统根本无法正常运行。OS/360系统的负责人Brooks这样描述开发过程的困难和混乱：“……像巨兽在泥潭中做垂死挣扎，挣扎得越猛，泥浆就沾得越多，最后没有一个野兽能够逃脱淹没在泥潭中的命运……”

1963年美国飞往火星的火箭爆炸，造成1 000万美元的损失。原因是将FORTRAN程序：“DO 5 　I = 1,3”，误写为：“DO 5 　I = 1.3”。

1967年苏联“联盟一号”载人宇宙飞船在返航时，由于软件忽略一个小数点，在进入大气层时因打不开降落伞而烧毁。

那么，究竟是什么原因导致了软件危机的发生呢？软件本身具有逻辑部件复杂和规模庞大的特点是其客观原因，而不正确的开发方法、忽视需求分析、错误认为软件开发就是程序编写和轻视软件维护在主观上也导致了软件危机的发生。

软件工程是在克服20世纪60年代末所出现的“软件危机”的过程中逐渐形成与发展的。在不到40年的时间里，在软件工程的理论和实践两方面都取得了较大的进步。软件工程研究的目标是“以较少的投资获取较高质量的软件”。

软件工程是一门指导计算机软件系统开发和维护的工程学科，是一门新兴的边缘学科，涉及计算机科学、工程科学、管理科学、数学等多学科，研究的范围广，主要研究如何应用软件开发的科学理论和工程技术来指导大型软件系统的开发。例如，现代操作系统的开发，如果不采用软件工程的方法是不可能的。

关于软件工程的定义，国标(GB)中指出，软件工程是应用于计算机软件的定义、开发和维护的一整套方法、工具、文档、实践标准和工序。

1968年，德国人 Fritz Bauer 在北大西洋公约组织会议(NATO 会议)上给出的定义：软件工程是建立并使用完善的工程化原则，以较经济的手段获得能在实际机器上有效运行的可靠软件的一系列方法。

1993年，IEEE 给出了一个更加综合的定义：软件工程是将系统化的、规范的、可度量的方法应用于软件的开发、运行和维护的过程，即将工程化应用于软件中。

上述概念主要思想都是强调在软件开发过程中需要应用工程化原则。综合上述观点，软件工程是研究和应用如何以系统性的、规范化的、可定量的过程化方法去开发和维护软件，以及如何把经过时间考验而证明正确的管理技术和当前能够得到的最好的技术方法结合起来。它涉及程序设计语言、数据库、软件开发工具、系统平台、标准、设计模式等方面。

软件工程包括三个要素，即方法、工具和过程。方法是完成软件工程项目的技术手段；工具支持软件的开发、管理、文档生成；过程支持软件开发的各个环节的控制、管理。将方法和工具综合起来，以达到合理、及时地进行计算机软件开发的目的。

软件工程的进步是近几十年软件产业迅速发展的重要原动力。从根本上来说，其目的是研究软件的开发技术，软件工程的名称意味着用工业化的开发方法来替代小作坊的开发模式。但是，几十年的软件开发和软件发展的实践证明，软件开发是既不同于其他工业工程，也不同于科学研究的一组活动。软件不是自然界的有形物体，它作为人类智慧的产物有其本身的特点，所以软件工程的方法、概念、目标等都在发展，有的与最初的想法有了一定的差距。但是认识和学习过去和现在的发展演变，真正掌握软件开发技术的成果，并为进一步发展软件开发技术，以适应时代对软件的更高期望是有极大意义的。

软件工程的核心思想是把软件产品(就像其他工业产品一样)看作是一个工程产品来处理。把需求计划、可行性研究、工程审核、质量监督等工程化的概念引入软件生产当中，以期达到工程项目的三个基本要素：进度、经费和质量的目标。同时，软件工程也注重研究不同于其他工业产品生产的一些独特特性，并针对软件的特点提出了许多有别于一般工业工程技术的一些技术方法。代表性的有结构化的方法、面向对象方法和软件开发模型及软件开发过程等。

特别地，从经济学的意义上来说，考虑到软件庞大的维护费用远比软件开发费用要高，因而开发软件不能只考虑开发期间的费用，而且应考虑软件生命周期内的全部费用。因此，软件生命周期的概念就变得特别重要。在考虑软件费用时，不仅仅要降低开发成本，更要降低整个软件生命周期的总成本。

6.1.3 软件工程过程与软件生命周期

1. 软件工程过程(software engineering process)

ISO 9000 定义:软件工程过程是把输入转化为输出的一组彼此相关的资源和活动。该定义支持了软件工程过程的两个方面内涵。

其一,软件工程过程是指为获得软件产品,在软件工具支持下由软件工程师完成的一系列软件工程活动。基于这个方面,软件工程过程通常包含四种基本活动:

(1) P(Plan)——软件规格说明。规定软件的功能及其运行时的限制。

(2) D(Do)——软件开发。产生满足规格说明的软件。

(3) C(Check)——软件确认。确认软件能够满足客户提出的要求。

(4) A(Action)——软件演进。为满足客户的变更要求,软件必须在使用的过程中演进。

事实上,软件工程过程是一个软件开发机构针对某类软件产品为自己规定的工作步骤,它应当是科学的、合理的,否则必将影响软件产品的质量。

通常把用户的要求转变成软件产品的过程也叫作软件开发过程。此过程包括对用户的要求进行分析、解释成软件需求、把需求变成设计、把设计用代码来实现并进行代码测试,有些软件还需要进行代码安装和交付运行。

其二,从软件开发的观点看,它就是使用适当的资源(包括人员、硬软件工具、时间等),为开发软件进行的一组开发活动,在过程结束时将输入(用户要求)转化为输出(软件产品)。

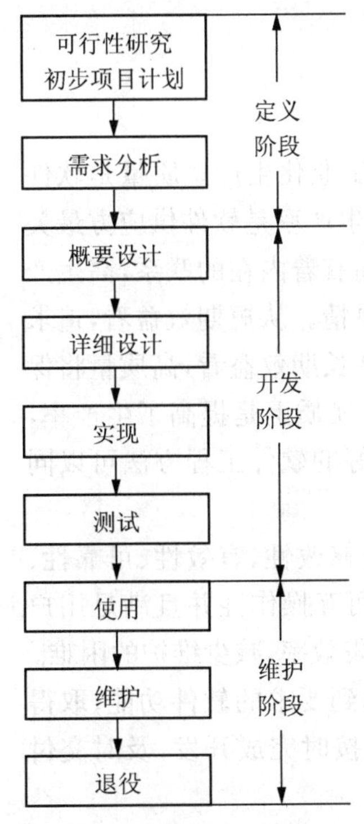

图 6.1 软件生命周期

所以,软件工程的过程是将软件工程的方法和工具综合起来,以达到合理、及时地进行计算机软件开发的目的。软件工程过程应确定方法使用的顺序、要求交付的文档资料、为保证质量和适应变化所需要的管理、软件开发各个阶段完成的任务。

2. 软件生命周期(software life cycle)

通常,将软件产品从提出、实现、使用、维护到停止使用退役的过程称为软件生命周期。也就是说,软件产品从软件的开发直到报废的整个时期都属于软件生命周期。周期内包括可行性研究、需求分析、设计(概要设计和详细设计)、编码实现、调试和测试、验收与运行、维护升级到废弃等活动,可以将这些活动以适当的方式分配到不同的阶段去完成,如图 6.1 所示。这些活动可以有重复,执行时也可以有迭代。

软件生命周期可以分为如图 6.1 所示的软件定义、软件开发及软件运行维护三个阶段。主要活动阶段是:

(1) 软件定义阶段的任务是:确定软件开发工作必须完成的目标;确定工程的可行性。

① 可行性研究与计划制订。确定待开发软件系统的开发目标和总的要求,给出它的功能、性能、可靠性以及接口等方面的可

能方案，制订完成开发任务的实施计划。

② 需求分析。对待开发软件提出的需求进行分析并给出详细定义，以确定软件系统必须做什么和必须具备哪些功能、确定系统的逻辑模型。编写软件规格说明书及初步的用户手册，提交评审。

(2) 软件开发阶段的任务是：具体完成设计和实现定义阶段所定义的软件，通常包括总体设计、详细设计、编码和测试。其中总体设计和详细设计又称为系统设计，编码和测试又称为系统实现。

① 软件设计。软件设计分为概要设计和详细设计两个部分。系统设计人员和程序设计人员应该在反复理解软件需求的基础上，给出软件的结构、模块的划分、功能的分配以及处理流程。

② 编码。把软件设计转换成计算机可以接受的程序代码，即完成源程序的编码，编写用户手册、操作手册等面向用户的文档，编写单元测试计划。

③ 软件测试。在设计测试用例的基础上，检验软件的各个组成部分。编写测试分析报告。

(3) 软件维护阶段的任务是：使软件在运行中持久地满足用户的需要。具体地说，当软件在使用过程中发现错误时应加以改正，当环境改变时应修改软件以适应新的环境，当用户有新的需求时应及时改进软件以满足用户需求的变更。

运行和维护。将已交付的软件投入运行，并在运行使用中不断地维护，根据新提出的需求进行必要而且可能的扩充和删改。

6.1.4 软件工程的目标与原则

1. 软件工程的目标

软件工程是为了提高软件的质量与生产率，最终实现软件的工业化生产。质量是软件需求方最关心的问题，用户即使不图物美价廉，也要求货真价实。生产率是软件供应方最关心的问题，用户都想用更少的时间挣更多的钱。质量与生产率之间有着内在的联系，高生产率必须以质量合格为前提。如果质量不合格，对供需双方都是坏事情。从短期效益看，追求高质量会延长软件开发时间并且增大费用，似乎降低了生产率。从长期效益看，高质量将保证软件开发的全过程更加规范流畅，大大降低了软件的维护代价，实质上是提高了生产率，同时可获得很好的信誉。质量与生产率之间不存在根本的对立，好的软件工程方法可以同时提高质量与生产率。

软件工程的目标是在给定成本、进度的前提下，开发出具有可修改性、有效性、可靠性、可理解性、可维护性、可重用性、可适应性、可移植性、可追踪性和可互操作性并且满足用户需求的软件产品。追求这些目标有助于提高软件产品的质量和开发效率，减少维护的困难。

软件工程需要达到的基本目标应是：付出较低的开发成本；达到要求的软件功能；取得较好的软件性能；开发的软件易于移植；需要较低的维护费用；能按时完成开发，及时交付使用。

基于软件工程的目标，软件工程的理论和技术性研究的内容主要包括软件开发技术和软件工程管理。

（1）软件开发技术

软件开发技术包括软件开发方法学、开发过程、开发工具和软件工程环境，其主体内容是软件开发方法学。软件开发方法学是根据不同的软件类型，按不同的观点和原则，对软件开发中应遵循的策略、原则、步骤和必须产生的文档资料都做出规定，从而使软件的开发能够进入规范化和工程化的阶段，以克服早期的手工方法生产中的随意性和非规范性做法。

（2）软件工程管理

软件工程管理包括软件管理学、软件工程经济学、软件心理学等内容。

软件工程管理是软件按工程化生产时的重要环节，它要求按照预先制订的计划、进度和预算执行，以实现预期的经济效益和社会效益。统计数据表明，多数软件开发项目的失败，并不是由于软件开发技术方面的原因，它们的失败是由于不适当的管理造成的。因此，人们对软件项目管理重要性的认识有待提高。软件管理学包括人员组织、进度安排、质量保证、配置管理、项目计划等。

软件工程经济学是研究软件开发中成本的估算、成本效益分析的方法和技术，用经济学的基本原理来研究软件工程开发中的经济效益问题。

软件心理学是软件工程领域具有挑战性的一个全新的研究视角，它是从个体心理、人类行为、组织行为和企业文化等角度来研究软件管理和软件工程的。

2. 软件工程的原则

为了达到上述的软件工程目标，在软件开发过程中，必须遵循软件工程的基本原则。软件工程的原则是指围绕工程设计、工程支持以及工程管理在软件开发过程中必须遵循的原则。这些基本原则包括抽象、信息隐蔽、模块化、局部化、确定性、一致性、完备性和可验证性。

（1）抽象。抽取事物最基本的特性和行为，忽略非本质细节。采用分层次抽象，自顶向下，逐层细化的办法控制软件开发过程的复杂性。

（2）信息隐蔽。采用封装技术，将程序模块的实现细节隐藏起来，使模块接口尽量简单。

（3）模块化。模块是程序中相对独立的成分，一个独立的编程单位，应有良好的接口定义。模块大小要适中，模块过大会使模块内部的复杂性增加，不利于对模块的理解和修改，也不利于模块的调试和重用；模块太小会导致整个系统表示过于复杂，不利于控制系统的复杂性。

（4）局部化。要求在一个物理模块内集中逻辑上相互关联的计算资源，保证模块间具有松散的耦合关系，模块内部有较强的内聚性，这有助于控制系统的复杂性。

（5）确定性。软件开发过程中所有概念的表达应是确定的、无歧义的且规范的。这有助于人与人的交互，不会产生误解和遗漏，以保证整个开发工作的协调一致。

（6）一致性。包括程序、数据和文档的整个软件系统的各模块应使用已知的概念、符号和术语；程序内外部接口应保持一致，系统规格说明与系统行为应保持一致。

（7）完备性。软件系统不丢失任何重要成分，完全实现系统所需的功能。

（8）可验证性。开发大型软件系统需要对系统自顶向下，逐层分解。系统分解应遵循容易检查、测评、评审的原则，以确保系统的正确性。

6.1.5 软件开发工具与软件开发环境

现代软件工程方法之所以得以实施，其重要的保证是软件开发工具和开发环境的保证，使软件在开发效率、工程质量等多方面得到改善。软件工程鼓励研制和采用各种先进的软件开发方法、工具和环境。工具和环境的使用进一步提高了软件的开发效率、维护效率和软件质量。

1. 软件开发工具

早期的软件开发除了一般的程序设计语言外，尚缺少工具的支持，致使编程工作量大，质量和进度难以保证，导致人们将很多的精力和时间花费在程序的编制和调试上，而在更重要的软件的需求和设计上反而得不到必要的精力和时间投入。软件开发工具是协助开发人员进行软件开发活动所使用的软件或环境，它包括需求分析工具、设计工具、编码工具、排错工具、测试工具等。

软件开发工具的完善和发展将促进软件开发方法的进步和完善，促进软件开发的高速度和高质量。软件开发工具的发展是从单项工具的开发逐步向集成工具发展的，软件开发工具为软件工程方法提供了自动的或半自动的软件支撑环境。同时，软件开发方法的有效应用也必须得到相应工具的支持，否则方法将难以有效的实施。

2. 软件开发环境

软件开发环境或称软件工程环境，是指全面支持软件开发全过程的软件工具集合。这些软件工具按照一定的方法或模式组合起来，支持软件生命周期内的各个阶段和各项任务的完成。

计算机辅助软件工程（Computer Aided Software Engineering，CASE）是当前软件开发环境中富有特色的研究工作和发展方向。CASE 将各种软件工具、开发机器和一个存放开发过程信息的中心数据库组合起来，形成软件工程环境。CASE 的成功产品将最大限度地降低软件开发的技术难度并使软件开发的质量得到保证。

6.2 结构化分析方法

软件开发方法是软件开发过程所遵循的方法和步骤，其目的在于有效地得到一些工作产品，即程序和文档，并且满足质量要求。软件开发方法包括分析方法、设计方法和程序设计方法。

结构化方法经过 30 多年的发展，已经成为系统的、成熟的软件开发方法之一。结构化方法包括已经形成了配套的结构化分析方法、结构化设计方法和结构化编程方法，其核心和基础是结构化程序设计理论。

6.2.1 需求分析与需求分析方法

1. 需求分析

软件需求分析是软件生存期中重要的一步，是软件定义阶段的最后一个阶段，是关系到软件开发成败的关键步骤。软件需求分析过程就是对可行性研究确定的系统功能进一步具体化，并通过系统分析员与用户之间的广泛交流，最终完成一个完整、清晰、一致的软件需求规格说明书的过程。通过需求分析能把软件功能和性能的总体概念描述为具体的软件，从而奠定软件开发的基础。

软件需求分析是指用户对目标软件系统在功能、行为、性能、设计约束等方面的期望。需求分析的任务是发现需求、求精、建模和定义需求的过程。需求分析将创建所需的数据模型、功能模型和控制模型。

(1) 需求分析的定义

所谓“需求分析”，是指对要解决的问题进行详细的分析，弄清楚问题的要求，包括需要输入什么数据、要得到什么结果、最后应输出什么。可以说，在软件工程当中的“需求分析”就是确定要计算机“做什么”，准确地说，应该是最终用户得到的系统或软件能完成哪些功能。

在软件工程领域，需求分析指的是在建立一个新的或改变一个现存的电脑系统时描写新系统的目的、范围、定义和功能时所要做的所有的工作。需求分析是软件工程中的一个关键过程。在这个过程中，系统分析员和软件工程师确定顾客的需要。只有在确定了这些需要后他们才能够分析和寻求新系统的解决方法。

1997 年 IEEE 软件工程标准词汇表对需求分析定义如下：

① 用户解决问题或达到目标所需的条件或权能；

② 系统或系统部件要满足合同、标准、规范或其他正式规定文档所需具有的条件或权能；

③ 反映①或②所描述的条件或权能的文档说明。

由需求分析的定义可知，需求分析的内容包括：提炼、分析和仔细审查已收集到的需求；确保所有利益相关者都明白其含义并找出其中的错误、遗漏或其他不足的地方；从用户最初的非形式化需求到满足用户对软件产品的要求的映射；对用户意图不断进行提示和判断。

(2) 需求分析阶段的工作

需求分析阶段的工作可以概括为 4 个方面：

① 需求获取。需求获取的目的是确定对目标系统的各方面需求。涉及的主要任务是建立获取用户需求的方法框架，并支持和监控需求获取的过程。

需求获取涉及的关键问题有：对问题空间的理解；人与人之间的通信；不断变化的需求。

需求获取是在同用户的交流过程中不断收集、积累用户的各种信息，并且通过认真理解用户的各项要求，澄清那些模糊的需求，排除不合理的，从而较全面地提炼系统的功能性需求与非功能性需求。一般功能性需求和非功能性需求包括系统功能、物理环境、系统界面、用户因素、资源、安全性、质量保证及其他约束。

需要特别注意的是，在需求获取过程中，容易产生诸如与用户存在交流障碍、相互误解、缺乏共同语言、理解不完整、忽视需求变化、混淆目标和需求等问题，这些问题都将直接影响需求分析和系统后续开发的成败。

② 需求分析。对获取的需求进行分析和综合，最终给出系统的解决方案和目标系统的逻辑模型。

③ 编写需求规格说明书。需求规格说明书作为需求分析的阶段成果，可以为用户、分析人员和设计人员直接的交流提供方便，可以直接支持目标软件系统的确认，又可以作为控制软件开发进程的依据。

④ 需求评审。在需求分析的最后一步，对需求分析阶段的工作进行复审，验证需求文档的一致性、可行性、完整性和有效性。需求评审的规程与其他重要工作产品（如系统设计文档、源代码）的评审规程非常相似，主要区别在于评审人员的组成不同。前者由开发方和客户方的代表共同组成，而后者通常来源于开发方内部。

2. 需求分析方法

在软件工程学的需求分析中常用的方法通常采用结构化分析技术和面向对象分析技术。

（1）结构化分析方法，主要包括面向数据流的结构化分析（Structured Analysis，SA）方法、面向数据结构的Jackson系统开发（Jackson System Development，JSD）方法、面向数据结构的结构化数据系统开发（Data Structured System Development，DSSD）方法。

（2）面向对象的分析方法（Objedt-Oriented Method，OOA）。

从需求分析所建立模型的特性来分，需求分析方法又分为静态分析方法和动态分析方法。

6.2.2 结构化分析方法

1. 结构化分析方法

结构化分析方法是结构化程序设计理论在软件需求分析阶段的运用。结构化分析技术是20世纪70年代中期由E·Yourdon等人倡导的一种面向数据流的分析方法，其目的是帮助弄清用户对软件的需求。

按照T·Demarco的定义，“结构化分析就是使用数据流图（DFD）、数据词典（DD）、结构化英语、判定表和判定树等工具，来建立一种新的、称为结构化说明书的目标文档。”这里的结构化说明书，就是需求规格说明书。

结构化分析方法实质是着眼于数据流，自顶向下、逐层分解，建立系统的处理流程，以数据流图和数据字典为主要工具，建立系统的逻辑模型。

结构化分析的步骤如下：

（1）通过对用户的调查，以软件的需求为线索，获得当前系统的具体模型；

（2）去掉具体模型中非本质因素，抽象出当前系统的逻辑模型；

（3）根据计算机的特点分析当前系统与目标系统的差别，建立目标系统的逻辑模型；

(4) 完善目标系统并补充细节，写出目标系统的软件需求规格说明书；

(5) 评审直到确认完全符合用户对软件的需求。

结构化分析技术是将软件系统抽象为一系列的逻辑加工单元，各单元之间以数据流发生关联。按照数据流分析的观点，系统模型的功能是数据变换，逻辑加工单元接受输入数据流，使之变换成输出数据流。数据流模型常用数据流图表示。

2. 结构化分析常用工具

(1) 数据流图(Data Flow Diagram，DFD)

数据流程图，又称数据流图，它是描述数据处理过程的工具，是需求理解的逻辑模型的图形表示，它直接支持系统的功能建模。

数据流程图有三个重要属性：

- 可以表示任何一个系统(人工的、自动的或混合的)中的信息流程。
- 每个圆圈可能需要进一步分解以求得对问题的全面理解。
- 着重强调的是数据流程而不是控制流程。

数据流图从数据传递和加工的角度，来刻画数据流从输入到输出的移动变换过程。数据流图中的主要元素与说明如下：

① 数据流。数据流是有名字有流向的数据，在数据流图中，数据流用标有名字的箭头来表示“⟶”，沿箭头方向传送数据的通道，一般在旁边标注数据流名。

② 加工。加工又称逻辑处理，表示数据所进行的加工或变换，一般以标有名字的圆圈“○”代表加工。指向加工的数据流是该加工的输入数据，离开加工的数据流是该加工的输出数据。

③ 存储文件(数据源)。表示处理过程中存放各种数据的文件。文件是数据暂存的处所，可对文件进行必要的存取，以标有名字的双直线段“══”表示。对文件的存取分别以指向或离开文件的箭头表示。

④ 数据的源点和终点。表示系统和环境的接口，属系统之外的实体。通常用来表示数据处理过程的数据来源或数据去向，也称为数据源及数据终点，在数据流图中均以命名的方框“□”来表示。

一般通过对实际系统的了解和分析后，使用数据流图为系统建立逻辑模型。建立数据流图的步骤如下：

第 1 步，由外向里：先画系统的输入输出，然后画系统的内部；

第 2 步，自顶向下：顺序完成顶层、中间层、底层数据流图；

第 3 步，逐层分解。

数据流图的建立从顶层开始，顶层数据流图应该包含所有相关外部实体，以及外部实体与软件中间的数据流，其作用主要是描述软件的作用范围，对总体功能、输入、输出进行抽象描述，并反映软件和系统、环境的关系。对复杂系统的表达应采用控制复杂度策略，需要按照问题的层次结构逐步分解细化，使用分层的数据流图表达这种结构关系。

为保证构造的数据流图表达完整、准确、规范，应遵循以下数据流图的构造规则和注意事项：

① 对加工处理建立唯一、层次性的编号，且每个加工处理通常要求既有输入又有输出。

② 数据存储之间不应该有数据流。

③ 数据流图的一致性。它包括数据守恒和数据存储文件的使用，即某个处理用以产生输出的数据没有输入，即出现遗漏，另一种是一个处理的某些输入并没有在处理中用以生产输出；数据存储（文件）应被数据流图中的处理读和写，而不是仅读不写或仅写不读。

④ 父图、子图关系与平衡规则。相邻两层DFD直接具有父、子关系，子图代表了父图中某个加工的详细描述，父图表示了子图间的接口。子图个数不大于父图中的处理个数。所有子图的输入、输出数据流和父图中相应处理的输入、输出数据流必须一致。

如图6.2所示是旅行社订票业务的数据流图。

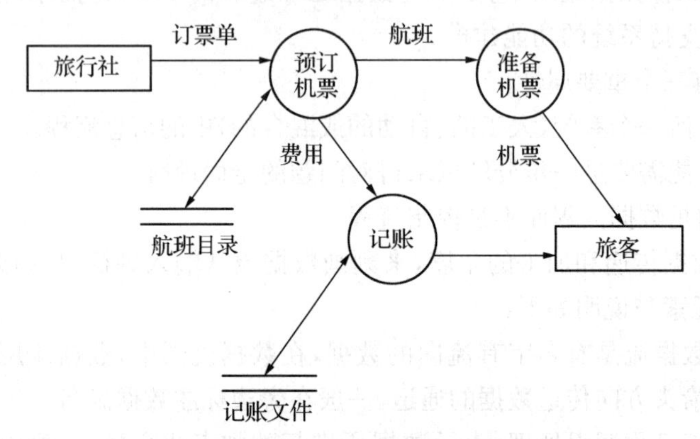

图6.2　旅行社订票业务的数据流图

(2) 数据字典(Data Dictionary，DD)

数据字典是结构化分析方法的核心。数据字典是对所有与系统相关的数据元素的一个有组织的列表，以及精确的、严格的定义，使得用户和系统分析员对于输入、输出、存储成分和中间计算结果有共同的理解。数据字典是各类数据描述的集合，它通常包括5个部分，即数据项、数据结构、数据流、数据存储和处理过程。

数据字典是结构化分析方法的一个有力工具，它对数据流程图中出现的所有数据元素给出逻辑定义。有了数据字典，使数据流程图中的数据流、加工和文件等图形元素能得到确切的解释。通常数据字典包含的信息有名称、别名、何处使用/如何使用、内容描述、补充信息等。例如，对加工的描述应包括加工名、反映该加工层次的加工编号、加工逻辑及功能简述、输入/输出数据流等。

在数据字典的编制过程中，常使用定义式方式描述数据结构。例如，银行取业务的数据流图中，存储文件“存折”的DD定义如下：

存折 ＝户名＋所号＋账户＋开户日＋性质＋(印密)＋1{存取行}5O

户名 ＝2{字母}24

所号 ＝“001”..“999”

账号 ＝“00000001”..“99999999”

开户日 ＝年＋月＋日

性质 ＝“1”..“6”

印密 ＝“0”

存取行 = 日期 + (摘要) + 支出 + 存入 + 余额 + 操作 + 复核
日期 = 年 + 月 + 日
年 = "00".."99"
月 = "01".."12"
日 = "01".."31"
摘要 = 1{字母}4
支出 = 金额
金额 = "0000000.01".."9999999.99"
操作 = "00001".."99999"

(3) 判定树

使用判定树进行描述时，应先从问题定义的文字描述中分清哪些是判定的条件，哪些是判定的结论，根据描述材料中的连接词找出判定条件之间的从属关系、并列关系、选择关系，根据它们构造判定树。

例如，某货物托运管理系统中，对发货情况的处理要依赖检查发货单，检查发货单受货物托运金额、欠款等条件的约束，可以使用类似分段函数的形式来描述这些约束和处理。对这种约束条件的描述，如果使用自然语言，表达易出现不准确和不清晰。如果使用如图 6.3 所示的判定树来描述，则简捷清晰。

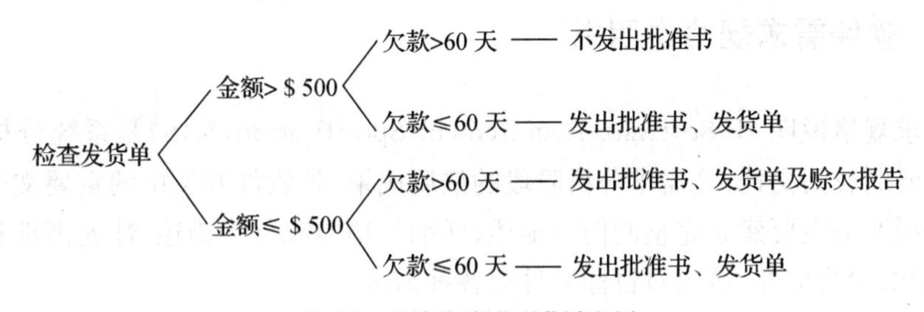

图 6.3 "检查发货单"判定树

(4) 判定表

判定表与判定树相似，当数据流图中的加工要依赖于多个逻辑条件的取值，即完成该加工的一组动作是由于某一组条件取值的组合引发的，使用判定表比较适宜。

判定表由四部分组成，如图 6.4 所示。其中标志为①的左上部称基本条件项，列出了各种可能的条件；标志②的右上部称条件项，它列出了各种可能的条件组合；标志为③的左下部称基本动作项，它列出了所有的操作；标志为④的右下部称动作项，它列出在对应的条件组合下所选的操作。

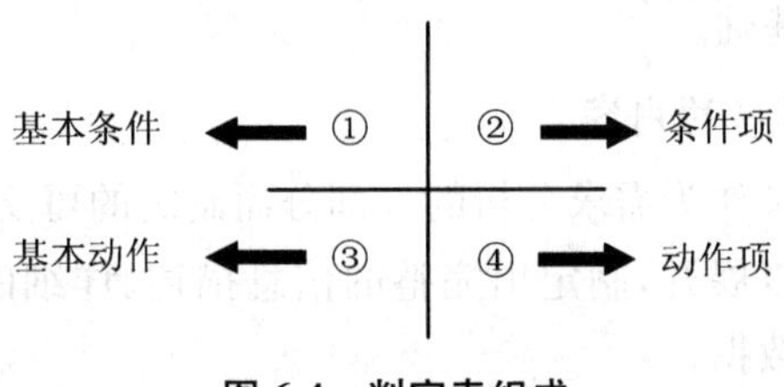

图 6.4 判定表组成

如图 6.5 所示为“检查发货单”判定表，其中“√”表示满足对应条件项时执行的操作。

判定表或判定树是以图形形式描述数据流图的加工逻辑，它结构简单，易读易懂。尤其遇到组合条件的判定，利用判定表或判定树可以使问题的描述清晰，而且便于直接映射到程序代码。在表达一个加工逻辑时，判定树、判定表都是好的描述工具，根据需要还可以交叉使用。

		1	2	3	4
条件	发货金额	＞500	＞500	≤500	≤500
	赊欠情况	＞60 天	≤60 天	＞60 天	≤60 天
操作	不发批准书	√			
	发出批准书		√	√	√
	发出发货单		√	√	√
	发出赊欠报告			√	

图 6.5 “检查发货单”判定表

6.2.3 软件需求规格说明书

软件需求规格说明书（Software Requirement Specification，SRS）是系统分析员在需求分析阶段需要完成的文档，是需求分析阶段的最后成果，是软件开发中的重要文档之一。软件需求规格说明书主要建立完整的信息描述、详细的功能和行为描述、性能需求和设计约束的说明、合适的验收标准，给出对目标软件的各种需求。

1. 软件需求规格说明书的作用

软件需求规格说明书有以下几个方面的作用：

（1）便于用户、开发人员进行理解和交流，作为软件人员与用户之间事实上的技术合同书；

（2）反映出用户问题的结构，可以作为软件人员下一步进行设计、编码工作的基础和依据；

（3）作为确认测试和验收的依据；

（4）为成本估算和编制计划进度提供基础；

（5）软件不断改进的基础。

2. 软件需求规格说明书的内容

软件需求规格说明书是作为需求分析的一部分而制定的可交付文档。该说明把在软件计划中确定的软件范围加以展开，制定出完整的信息描述、详细的功能说明、恰当的检验标准以及其他与要求有关的数据。

软件需求规格说明书所包括的内容和书写框架如下：

一、概述
二、数据描述
● 数据流图
● 数据字典
● 系统接口说明
● 内部接口
三、功能描述
● 功能
● 处理说明
● 设计的限制
四、性能描述
● 性能参数
● 测试种类
● 预期的软件响应
● 应考虑的特殊问题
五、参考文献目录
六、附录

其中,概述是从系统的角度描述软件的目标和任务。

数据描述是对软件系统所必须解决的问题做出的详细说明。

功能描述中描述了为解决用户问题所需要的每一项功能的过程细节。对每一项功能要给出处理说明和在设计时需要考虑的限制条件。

在性能描述中说明系统应达到的性能和应该满足的限制条件,检测的方法和标准,预期的软件响应和可能需要考虑的特殊问题。

参考文献目录中应包括与该软件有关的全部参考文献,其中包括前期的其他文档、技术参考资料、产品目录手册以及标准等。

附录部分包括一些补充资料,如列表数据、算法的详细说明、框图、图表和其他材料。

3. 软件需求规格说明书的特点

软件需求规格说明书是确保软件质量的有力措施,软件需求规格说明书应具有完整性、无歧义性、正确性、可验证性、可修改性等特性,其中最重要的是无歧义性。衡量软件需求规格说明书质量好坏的标准、标准的优先级及标准的内涵是:

(1) 正确性。体现开发系统的真实要求。

(2) 无歧义性。对每一个需求只有一种解释,其陈述具有唯一性,是规格说明书最重要的。

(3) 完整性。包括全部有意义的需求,功能的、性能的、设计的、约束的、属性或外部接口等方面的需求。

(4) 可验证性。描述的每一个需求都是可以验证的,即存在有限代价的有效过程验证确认。

(5) 一致性。各个需求的描述不矛盾。

(6) 可理解性。需求说明书必须简明易懂,尽量少包含计算机的概念和术语,以便用户和软件人员都能接受它。

(7) 可修改性。SRS 的结构风格在需求有必要改变时是易于实现的。

(8) 可追踪性。每一个需求的来源、流向是清晰的,当产生和改变文件编制时,可以方便地引证每一个需求。

软件需求规格说明书是一份在软件生命周期中至关重要的文件,它在开发早期就为尚未诞生的软件系统建立了一个可见的逻辑模型,它可以保证开发工作的顺利进行,因而应及时地建立并保证它的质量。

作为设计的基础和验收的依据,软件需求规格说明书应该是精确而无二义性的,需求说明书越精确,则以后出现错误、混淆、反复的可能性越小。用户能看懂需求说明书,并且发现和指出其中的错误是保证软件系统质量的关键,因而需求说明必须简明易懂,尽量少包含计算机的概念和术语,以便用户和软件人员双方都能接受它。

6.3 结构化设计方法

软件设计阶段主要根据需求分析的结果,对整个软件系统进行设计。在系统需求分析和建模工作完成后,"系统是什么?"的问题已经得到了回答。在设计阶段,软件工程师要回答的是"怎样得到系统?",要从分析阶段得到的分析模型导出软件的设计模型。设计工作可以在不同的层面上进行,系统概要设计影响整个系统的结构层面,详细设计关注于系统的具体工作层面。

6.3.1 软件设计的基本概念

1.软件设计的基础

软件设计是软件工程的重要阶段,是一个把软件需求转换为软件表示的过程。软件设计的基本目标是用比较抽象概况的方式确定目标系统如何完成预定的任务,即软件设计是确定系统的物理模型。

软件设计的重要性和地位概括为以下几点:

(1) 软件开发阶段(设计、编码、测试)占据软件项目开发总成本绝大部分,是在软件开发中形成质量的关键环节。

(2) 软件设计是开发阶段最重要的步骤,是将需求准确地转化为完整的软件产品或系统的唯一途径。

(3) 软件设计做出的决策,最终影响软件实现的成败。

(4) 设计是软件工程和软件维护的基础。

从技术观点来看,软件设计包括软件结构设计、数据设计、接口设计、过程设计。其中,结构设计是定义软件系统各主要部件之间的关系;数据设计是将分析时创建的模型转化为数据结构的定义;接口设计是描述软件内部、软件和协作系统之间以及软件与人之间如何通信;过程设计是把系统结构部件转换成软件的过程性描述。

从工程管理角度来看,软件设计分两步完成:概要设计和详细设计。概要设计(又称结构设计、总体设计)将软件需求转化为软件体系结构、确定系统级接口、全局数据结构或数据库模式;详细设计确立每个模式的实现算法和局部数据结构,用适当方法表示算法和数据结构的细节。

软件设计的一般过程是:软件设计是一个迭代的过程,先进行高层次的结构设计,后进行低层次的过程设计,穿插进行数据设计和接口设计。

2. 软件设计的基本原理

软件设计遵循软件工程的基本目标和原则,建立了适用于在软件设计中应该遵循的基本原理和与软件设计有关的概念。软件设计的基本原理包括抽象、模块化、信息隐蔽和模块独立性。

(1) 抽象

抽象是一种思维工具,就是把事物本质的共同特性提取出来而不考虑其他细节。抽象是人们认识复杂事物的基本方法。它的实质是集中表现事物的主要特征和属性,隐藏和忽略细节部分,并用于概括普遍的、具有相同特征和属性的事物。

人们一直都在使用抽象。如果你每天开门的时候都要单独考虑那些木纤维、油漆分子以及铁原子,你就别想再出入房间了。正如图 6.5 所示,抽象是我们用来得以处理现实世界中复杂度的一种重要手段。

图 6.5 抽象可以让你用一种简化的观点来考虑复杂的概念

软件设计中考虑模块化解决方案时,可以定出多个抽象级别。抽象的层次从概要设计到详细设计逐步降低。在软件概要设计中的模块分层也是由抽象到具体逐步分析和构造出来的。

(2) 模块化

模块是软件被划分成独立命名的,并可被独立访问的成分,如高级语言中的过程、函数、子程序等。每个模块可以完成一个特定的子功能,各个模块可以按一定的方法组装起来成为一个整体,从而实现整个系统的功能。

模块化设计是对在一定范围内的不同功能或相同功能不同性能、不同规格的产品进行功能分析的基础上,划分并设计出一系列功能模块,通过模块的选择和组合构成不同的顾客定制的产品，以满足市场的不同需求。所谓的模块化，简单地说就是将产品的某些要素组合在一起，构成一个具有特定功能的子系统，将这个子系统作为通用性的模块与其他产品要素进行多种组合，构成新的系统，产生多种不同功能或相同功能、不同性能的系列产品，它已经从理念转变为较成熟的设计方法。

为了解决复杂的问题，在软件设计中必须把整个问题进行分解来降低复杂性，这样就可以减少开发工作量并降低开发成本和提高软件生产率。但是划分模块并不是越多越好，因为这会增加模块之间接口的工作量，所以划分模块的层次和数量应该避免过多或过少。划分的依据是对应用逻辑结构的理解。

(3) 信息隐蔽和局部化

信息隐蔽是指在一个模块内包含的信息(过程或数据)，对于不需要这些信息的其他模块来说是不能访问的。局部化与信息隐蔽概念密切相关。所谓局部化，是指把一些关系密切的软件元素彼此靠近，例如在模块中使用局部数据就是如此。实际上，隐蔽的不是有关模块的一切信息，而是模块的实现细节。局部化有助于实现信息隐蔽。

信息隐蔽是靠封装来实现的，采用封装的方式，隐藏各部分处理的复杂性，只留出简单的、统一形式的访问方式。这样可以减少各部分的依赖程度，增强可维护性。封装填补了抽象留下的空白。抽象是说："可以让你从高层的细节来看待一个对象。"而封装则说："除此之外，你不能看到对象的任何其他细节层次。"

(4) 模块独立性

模块独立性的概念是抽象、模块化、信息隐蔽和局部化的直接结果。模块的独立性是指软件模块的编写和修改应使其具有独立功能，且与其他模块的关联尽可能少。模块独立性是指每个模块只完成系统要求的相对独立的子功能，并且与其他模块的联系最少且接口简单。

模块分解的主要指导思想是信息隐蔽和模块独立性。

模块的独立程度是评价设计好坏的重要度量标准。模块的耦合性和内聚性是衡量软件的模块独立性的两个定性指标。模块的设计需要遵循高内聚、低耦合。

① 内聚性

内聚性是一个模块内部各个元素间彼此结合的紧密程度的度量。内聚是从功能角度来衡量模块内的联系。一个模块的内聚性越强则该模块的独立性越强。

内聚性源于结构化设计，内聚性指的是类内部的子程序或者子程序内的所有代码在支持一个中心目标上的紧密程度——这个类的目标是否集中。包含一组密切相关功能的类被称为有着高内聚性，而这种启发式方法的目标就是使内聚性尽可能地高。内聚性是用来管理复杂度的有用工具，因为当一个类的代码越集中在一个中心目标的时候，你就越容易记住这些代码的功能所在。

按内聚性由弱到强排列，内聚可以分为以下几种。

- 偶然内聚：指一个模块内的各处理元素之间没有任何联系。如果一个模块执行多个完全不相关的行为，则其具有偶然性的内聚。

- 逻辑内聚：指模块内执行几个逻辑上相关的功能，通过参数确定该模块完成哪一个功能。当一个模块进行一系列的相关操作，每个操作由调用模块来选择时，该模块就具有逻辑性的内聚。

• 时间内聚:把需要同时或顺序执行的动作组合在一起形成的模块为时间内聚模块。当模块执行一系列与时间有关的操作时,该模块具有时间性内聚。

• 过程内聚:如果一个模块内的处理元素是相关的,而且必须以特定次序执行则称为过程内聚。

• 通信内聚:指模块内所有处理功能都通过使用公用数据而发生关系。这种内聚也具有过程内聚的特点。

• 顺序内聚:指一个模块中各个处理元素和同一个功能密切相关,而且这些处理必须顺序执行,通常前一个处理元素的输出就是下一个处理元素的输入。

• 功能内聚:指模块内所有元素共同完成一个功能,缺一不可,模块已不可再分。这是最强的内聚。

内聚性是信息隐蔽和局部化概念的自然扩展。一个模块的内聚性越强则该模块的模块独立性越强。作为软件结构设计的设计原则,要求每一个模块的内部都具有很强的内聚性,它的各个组成部分彼此都密切相关。

② 耦合性

耦合性是模块间互相连接的紧密程度的度量。

模块之间的好的耦合关系应该是松散到恰好能使一个模块能够很容易地被其他模块使用。火车模型之间通过环钩彼此相连,把两辆列车连起来非常容易——只用把它们钩起来就可以了。设想如果你必须要把它们用螺丝拧在一起,或者要连很多的线缆,或者只能连接某些特定种类的车辆,那么连接工作会是多么复杂。火车模型之间之所以能够相连,就是因为这种连接尽可能的简单。在软件中,也要确保模块之间的连接关系尽可能的简单。

耦合性取决于各个模块之间接口的复杂度、调用方式以及哪些信息通过接口。按耦合性由高到低排列,耦合可以分为以下几种。

• 内容耦合:内容耦合是最高程度的耦合。如一个模块直接访问另一模块的内容,则这两个模块称为内容耦合。

• 公共耦合:如果两个模块都可存取相同的全局数据结构(而非传递参数),则它们是共用耦合。

• 外部耦合:一组模块都访问同一全局简单变量(而不是统一全局数据结构),且不通过参数传递该全局变量的信息,则称为外部耦合。

• 控制耦合:如果两个模块中一个模块给另一个模块传递控制要素(而非简单的数据),则它们具有控制耦合,即一个模块明确地控制另一个模块的逻辑。

• 标记耦合:若两个以上的模块都需要其余某一数据结构子结构时,不使用其余全局变量的方式而是用记录传递的方式,即两模块间通过数据结构交换信息,这样的耦合称为标记耦合。

• 数据耦合:若一个模块访问另一个模块,被访问的模块的输入和输出都是数据项参数,即两模块间通过数据参数交换信息,则这两个模块为数据耦合。软件系统中至少必须存在数据耦合。

• 非直接耦合:若两个模块没有直接关系,它们之间的联系完全是通过主模块的控制和调用来实现的,则称这两个模块为非直接耦合。非直接耦合独立性最强。

一个模块与其他模块的耦合性越强则该模块的独立性越弱。原则上讲,模块化设计总是希望模块之间的耦合表现为非直接耦合方式。但是，由于问题所固有的复杂性和结构化设计的原则，非直接耦合往往是不存在的。

耦合性和内聚性是模块独立性的两个定性标准，内聚和耦合是密切相关的，在程序结构中各模块的内聚性越强，则耦合性越弱。一个较优秀的软件设计，应尽量做到高内聚、低耦合，即减弱模块之间的耦合性和提高模块内的内聚性，这样有利于提高模块的独立性。

3. 结构化设计方法

与结构化需求分析方法相对应的是结构化设计方法。结构化设计就是采用最佳的可能方法设计系统的各个组成部分以及各成分之间的内部联系的技术。也就是说，结构化设计是这样一个过程，它决定用哪些方法把哪些部分联系起来，才能解决好某个具体有清楚定义的问题。

结构化设计方法的基本思想是将软件设计成由相对独立、单一功能的模块组成的结构。下面重点以面向数据流的结构化方法为例讨论结构化设计方法。

6.3.2 概要设计

1. 概要设计的任务

软件概要设计的基本任务是：

(1) 设计软件系统结构

在需求分析阶段，已经把系统分解成层次结构，而在概要设计阶段，需要进一步分解，划分为模块以及模块的层次结构。划分的具体过程是：

① 采用某种设计方法，将一个复杂的系统按功能划分成模块；

② 确定每个模块的功能；

③ 确定模块直接的调用关系；

④ 确定模块直接的接口，即模块之间传递的信息；

⑤ 评价模块结构的质量。

(2) 数据结构及数据库设计

数据结构是实现需求定义和规格说明过程中提出的数据对象的逻辑表示。数据结构设计的具体任务是：确定输入、输出文件的详细数据结构；结合算法设计，确定算法所必需的逻辑数据结构及其操作；确定对逻辑数据结构所必需的那些操作的程序模块，限制和确定各个数据设计决策的影响范围；需要与操作系统或调度程序接口所必需的控制表进行数据交换时，确定其详细的数据结构和使用规则；数据的保护性设计，即防卫性、一致性、冗余性设计。

数据设计中应注意掌握以下设计原则：

① 用于功能和行为的系统分析原则也应用于数据；

② 应该标志所有的数据结构以及其上的操作；

③ 应当建立数据字典，并用于数据设计和程序设计；

④ 低层的设计决策应该推迟到设计过程的后期；

⑤ 只有那些需要直接使用数据结构、内部数据的模块才能看到该数据的表示；

⑥ 应该开发一个由有用的数据结构和应用于其上的操作组成的库；

⑦ 软件设计和程序设计语言应该支持抽象数据类型的规格说明和实现。

(3) 编写概要设计文档

在概要设计阶段，需要编写的文档有概要设计说明书、数据库设计说明书、集成测试计划等。

(4) 概要设计文档评审

在概要设计中，对设计部分是否完整地实现了需求中规定的功能、性能等要求，设计方案的可行性，关键的处理及内外部接口定义正确性、有效性，各部分之间的一致性等都要进行评审，以免在以后的设计中出现大的问题而返工。

常用的软件结构设计工具是结构图(Structure Chart，SC)，也称程序结构图。使用结构图描述软件系统的层次和分块结构关系，它反映了整个系统的功能实现以及模块与模块之间的联系与通信，是未来程序中的控制层次体系。

Yourdon 提出的结构图是进行软件结构设计的图形工具，可用于基于数据流分析的设计工作。结构图的基本图符如图 6.6 所示。模块用一个矩形表示，矩形内注明模块的主要功能和名字；方框之间的箭头表示模块间的调用关系。在结构图中通常还用带注释的箭头表示模块调用过程中传递的信息。如果希望进一步表明传递的信息是数据还是控制信息，则可以利用注释箭头尾部的形状来区分：尾部是空心圆表示传递的是数据，实心圆表示传递的是控制信息。

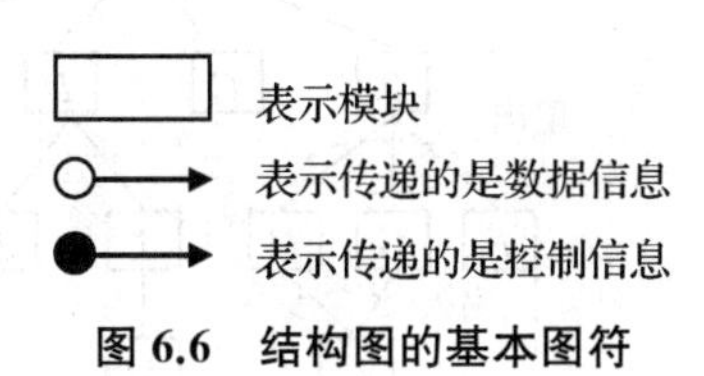

图 6.6 结构图的基本图符

根据结构化设计思想，结构图构成的基本形式有基本形式、顺序形式、重复形式和选择形式，如图 6.7 所示。

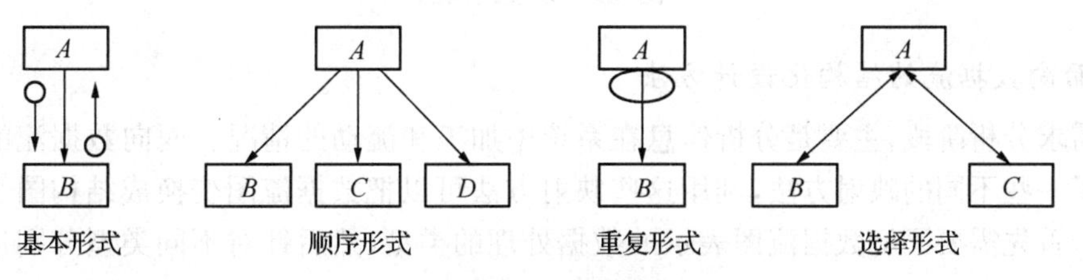

图 6.7 结构图构成的基本形式

常用的结构图有四种模块类型：传入模块、传出模块、变换模块和协调模块，其表示形式和含义如图 6.8 所示。

下面通过图 6.9 所示结构图进一步了解程序结构图的有关术语。

① 深度：表示控制的层数。如图 6.9 所示的系统结构图中的深度为 4。

上级模块、从属模块：上、下两层模块 A 和 B，且由 A 调用 B，则 A 是上级模块，B 是从属模块。

② 宽度：最大模块层的模块数。如图 6.9 所示的系统结构图中的宽度为 6。

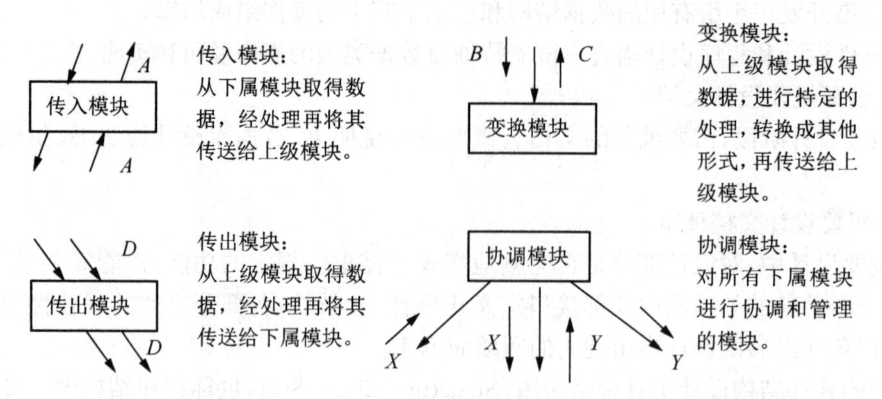

图 6.8 传入模块、传出模块、变换模块和协调模块的表示形式和含义

③ 扇入：调用一个给定模块的个数。如图 6.9 所示的系统结构图中模块 L 的扇入为 2。

④ 扇出：一个模块直接调用其他模块的个数。如图 6.9 所示的系统结构图中模块 B 的扇出为 3。

⑤ 原子模块：树中位于叶子结点的模块。如图 6.9 所示的系统结构图中的原子模块数为 6。

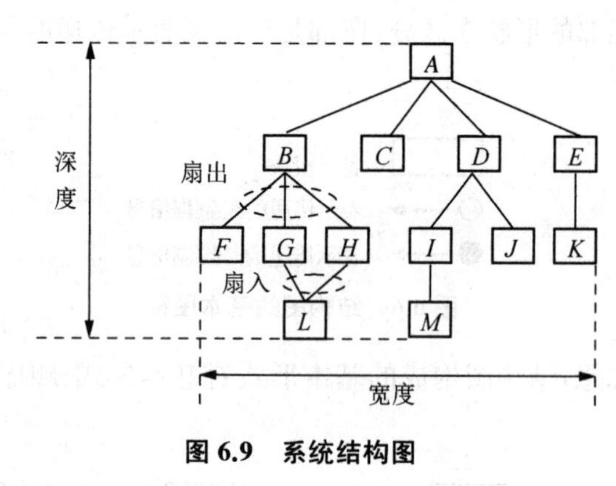

图 6.9 系统结构图

2. 面向数据流的结构化设计方法

在需求分析阶段，主要是分析信息在系统中加工和流动的情况。面向数据流的设计方法定义了一些不同的映射方法，利用这些映射方法可以把数据流图变换成结构图表示的软件结构。首先需要了解数据流图表示的数据处理的类型，然后针对不同类型分别进行分析处理。

(1) 数据流类型

典型的数据流类型有两种：变换型和事务型。

① 变换型。变换型是指信息沿输入通路进入系统，同时由外部形式变换成内部形式，进入系统的信息通过变换中心，经加工处理以后再沿输出通路变换成外部形式离开软件系统。变换型数据处理问题的工作过程大致分为三步，即取得数据、变换数据和输出数据，如图 6.10 所示。相应于取得数据、变换数据、输出数据的过程，变换型系统结构图由输入、中心变换、输出三部分组成，如图 6.11 所示。

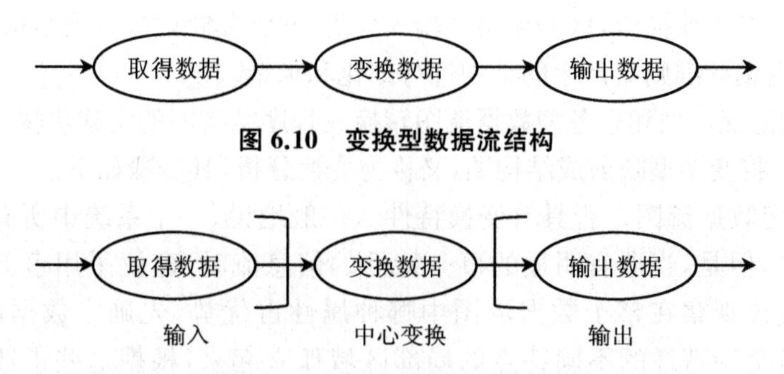

图 6.10　变换型数据流结构

图 6.11　变换型数据流结构的组成

变换型数据流图映射的结构图如图 6.12 所示。

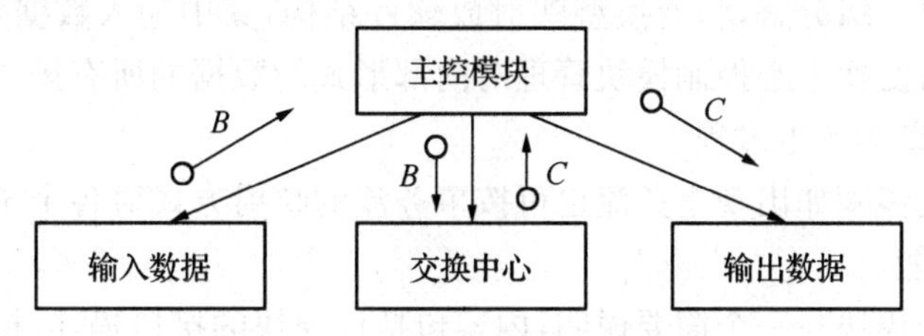

图 6.12　变换型数据流系统结构图

② 事务型。在很多软件应用中,存在某种作业数据流,它可以引发一个或多个处理,这些处理能够完成该作业要求的功能,这种数据流就叫作事务。事务型数据流的特点是接收一项事务,根据事务处理的特点和性质,选择分派一个适当的处理单元(事务处理中心),然后给出结果。这类数据流归为特殊的一类,称为事务型数据流。在一个事务型数据流中,事务中心接收数据,分析每个事务以确定它的类型,根据事务类型选取一条活动通路。

事务型数据流图映射的结构图如图 6.13 所示。

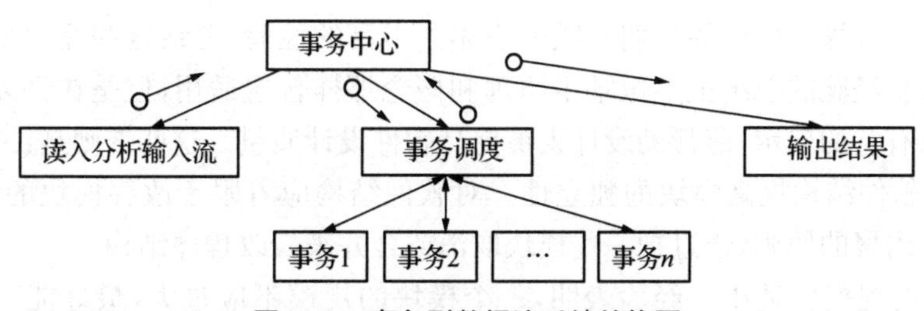

图 6.13　事务型数据流系统结构图

在事务型数据流系统结构图中,事务中心模块按所接收的事务类型,选择某一事务处理模块执行,各事务处理模块并列。每个事物处理模块可能要调用若干个操作模块,而操作模块又可能调用若干个细节模块。

(2) 面向数据流设计方法的实施要点与设计过程

面向数据流的结构设计过程和步骤如下:

第 1 步,分析、确认数据流图的类型,区分是事务型还是变换型。

第 2 步,说明数据流的边界。

第 3 步,把数据流图映射为程序结构,对于事务流,区分事务中心和数据接收通路,将它映射成事务结构;对于变换流,区分输出和输入分支,并将其映射成变换结构。

第 4 步,根据设计准则对产生的结构进行细化和求精。

下面分别讨论变换型和事务型数据流图转换成程序结构图的实施步骤。

① 变换型。将变换型映射成结构图,又称为变换分析,其步骤如下:

第 1 步,确定数据流图是否具有变换特性。一般地说,一个系统中所有的信息流都可以认为是变换流,但是,当遇有明显的事务特性的信息流时,建议采用事务分析方法进行设计。在这时应该观察在整个数据流图中哪种属性占优势,先确定数据流的全局特性。此外还应把具有全局特性的不同特点的局部区域孤立起来,根据这些子数据流的特点做部分的处理。

第 2 步,确定输入流和输出流的边界,划分出输入、变换和输出,独立出变换中心。

第 3 步,进行第一级分解,将变换型映射成软件结构,其中输入数据处理模块协调对所有输入数据的接收;变换中心控制模块管理对内部形式的数据的所有操作;输出数据处理控制模块协调输出信息的产生过程。

第 4 步,按上述步骤如出现事务流也可按事务流的映射方式对各个子流进行逐级分解,直到分解到基本功能。

第 5 步,对每个模块写一个简要说明,内容包括该模块的接口描述、模块内部的信息、过程陈述、包括的主要判定点及任务等。

第 6 步,利用软件结构的设计原则对软件结构进一步转化。

② 事务型。将事务型映射成结构图,又称为事务分析。

事务分析的设计步骤与变换分析设计步骤大致类似,主要差别仅在于由数据流图到软件结构的映射方法不同(参见图 6.12 和图 6.13)。它是将事务中心映射成为软件结构中发送分支的调度模块,将接收通路映射成软件结构的接收分支。

3. 设计准则

人们在开发计算机软件的长期实践中积累了丰富的经验,总结这些经验得出了一些启发式规则。这些经验的总结虽不像基本原理和概念那样普遍适用,但是在许多场合仍然给软件工程师以有益的启示,能帮助设计人员提高软件设计质量。这些准则是:

(1) 改进软件结构提高模块的独立性。对软件结构应着眼于改善模块的独立性,依据降低耦合提高内聚的原则,通过把一些模块取消或合并来修改程序结构。

(2) 模块的规模应适中。经验表明,一个模块的规模不应过大,最好能写在一张纸内(通常不超过 60 行语句)。过大的模块往往是由于分解不充分,但是进一步分解必须符合问题结构,一般说来分解后不应该降低模块独立性。过小的模块开销大于有效操作,而且模块数目过多将使系统接口复杂。因此,过小的模块有时不值得独立存在,特别是只有一个模块调用它时,通常可以把它合并到上级模块中。

(3) 深度、宽度、扇出、扇入应适当。深度表示软件结构中控制的层数,它往往能粗略地标志一个系统的大小和复杂的程度。宽度是软件结构内同一个层次上的模块总数的最大值。一般说来,宽度越大系统越复杂。对宽度影响最大的因素是模块的扇出。扇出是一个模块直接控制(调用)的模块数目,扇出过大意味着模块过分复杂,需要控制和协调过多的下级模块;扇出过小也不好。经验表明,一个设计得好的典型的系统的平均扇出是 3～4。扇出太大一般是因为缺乏中间层次,应该适当增加中间层次的控制模块。扇出太小时,可以把下级模块进一步分解成若干个子功能模块,或者合并到它的上级模块中去。当然分解模块或合并模块必须符合问题结构,不能违背模块独立原理。一个模块的扇入表明有多少个上级模块直接调用它,扇入越大则共享该模块的上级模块数目越多,这是有好处的,但是,不能违背模块独立原理单纯追求高扇入。

好的软件设计结构通常顶层高扇出,中间扇出较少,底层高扇入。

(4) 模块的作用域应该在控制域内。模块的作用域定义为该模块内一个判定影响的所有模块的集合。模块的控制域是这个模块本身以及所有直接或间接从属于它的模块集合。在一个设计得很好的系统中,所有受判定影响的模块应该都从属于做出判定的那个模块,最好局限于做出判定的那个模块本身及它的直属下级模块。对于那些不满足这一条件的软件结构,修改的办法是:将判定点上移或者将那些在作用范围内但是不在控制范围内的模块移到控制范围以内。

(5) 应减少模块的接口和界面的复杂性。模块接口复杂是软件发生错误的一个主要原因。应该仔细设计模块接口,使得信息传递简单并且和模块的功能一致。接口复杂或不一致是紧耦合和低内聚的征兆,应该重新分析这个模块的独立性。应尽可能保证模块是单入口和单出口的,杜绝内容耦合的出现,提高软件的可理解性和可维护性。

(6) 设计成单入口、单出口的模块。

(7) 设计功能可预测的模块。如果一个模块可以当作一个"黑盒",也就是不考虑模块的内部结构和处理过程,则这个模块的功能就是可以预测的。

6.3.3 详细设计

详细设计的任务是为软件结构图中的每一个模块确定实现算法和局部数据结构,用某种选定的表达工具表示算法和数据结构的细节。表达工具可以由设计人员自由选择,但它应该具有描述过程细节的能力,而且能够使程序员在编程时便于直接翻译成程序设计语言的源程序。本节重点介绍过程设计。

在过程设计阶段,要对每个模块规定的功能以及算法的设计,给出适当的算法描述,即确定模块内部的详细执行过程,包括局部数据组织、控制流、每一步具体处理要求和各种实现细节等。

常用的过程设计(即详细设计)工具有:

图形工具:程序流程图、N-S(方盒图)、PAD(问题分析图)和 HIPO(层次图+输入/处理/输出图);

表格工具:判定表;

语言工具:PDL(伪码)。

下面介绍其中集中主要的工具:

1. 程序流程图

程序流程图是一种传统的、应用广泛的软件过程设计工具,通常也称为程序框图。程序流程图表达直观、清晰,易于学习掌握,且独立于任何一种程序设计语言。

构成程序流程图的最基本图符及含义如图 6.14 所示。用方框表示一个处理步骤,菱形代表一个逻辑条件,箭头表示控制流。

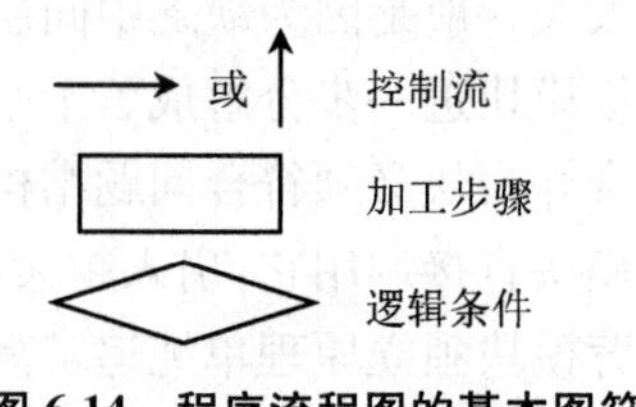

图 6.14 程序流程图的基本图符

按照结构化程序设计的要求,程序流程图构成的任何程序描述限制为如图 6.15 所示的五种控制结构。这五种控制结构的含义如下:

顺序型,几个连续的加工步骤依次排列构成;

选择型,由某个逻辑判断式的取值决定选择两个加工中的一个;

先判断重复型,先判断循环控制条件是否成立,成立则执行循环体语句;

后判断重复型,重复执行某些特定的加工,直到控制条件成立;

多分支选择型,列举多种加工情况,根据控制变量的取值,选择执行其中之一。

通过把程序流程图的五种基本控制结构相互组合或嵌套,可以构成任何复杂的程序流程图。

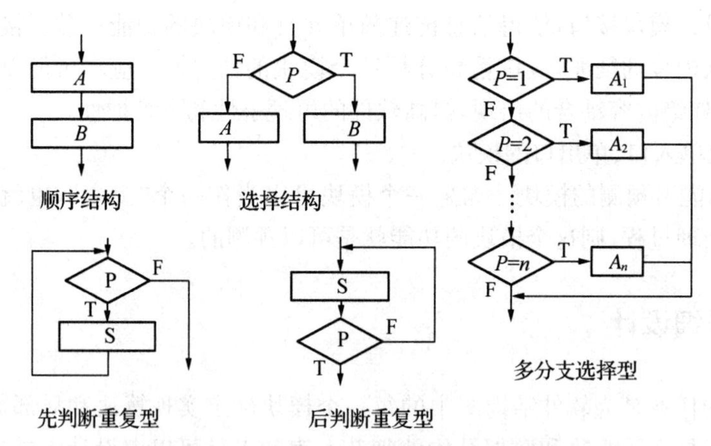

图 6.15 程序流程图构成的五种控制结构

例如,下面是求解一元二次方程 $ax^2+bx+c=0$ 的根的问题。求解步骤如下:

第 1 步,输入 a、b、c 值,求得 $D=b^2-4ac$ 的值。

第 2 步,如果 $D>0$,则二元一次方程的根为 $x_1=\frac{-b+\sqrt{D}}{2a}$ 和 $x_2=\frac{-b-\sqrt{D}}{2a}$,输出结果,程序结束;如果 $D=0$,则二元一次方程的根为 $x_1=x_2=\frac{-b}{2a}$,输出结果,程序结束;如果 $D<0$,则二元一次方程的根为 $x_1=\frac{-b}{2a}+\frac{\sqrt{|D|}}{2a}i$ 和 $x_1=\frac{-b}{2a}-\frac{\sqrt{|D|}}{2a}i$,输出结果,程序结束。

该问题的程序流程图描述如图 6.16 所示。程序流程图虽然简单易学,但是若程序员不受任何约束,随意转移控制,会破坏结构化设计的原则,而且程序流程图不易表示数据结构。

2. N-S 图

为了避免程序流程图在描述程序逻辑时的随意性与灵活性,1973 年 Nossi 和

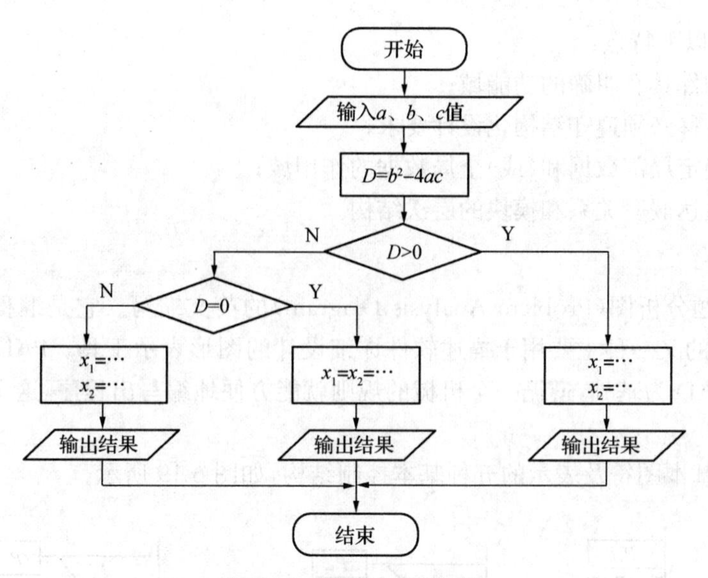

图 6.16　程序流程图示例

Shneiderman 发表了题为“结构化程序的流程图技术”的文章，提出了用方框图来代替传统的程序流程图，通常也把这种图称为 N－S 图。

N－S 图的基本图符及表示的五种基本控制结构如图 6.17 所示。

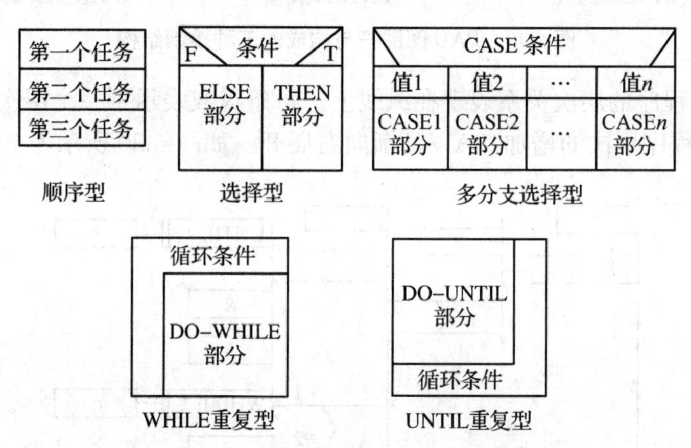

图 6.17　N－S 图图符与构成的五种控制结构

例如，上述二元一次方程跟的求解问题的 N－S 图描述如图 6.18 所示。

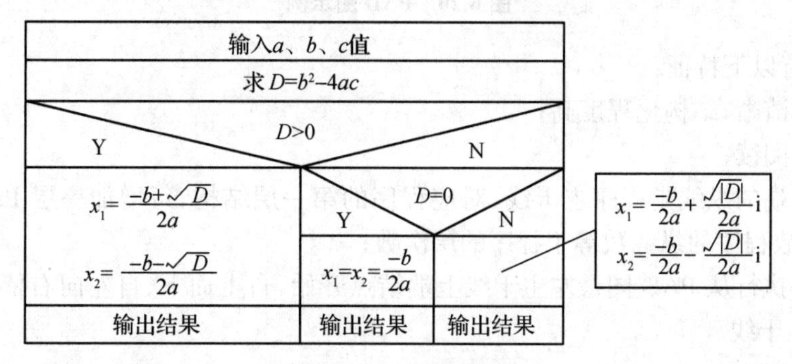

图 6.18　N－S 图示例

N－S图有以下特点：

（1）每个构件具有明确的功能域；

（2）控制转移必须遵守结构化设计要求；

（3）易于确定局部数据和（或）全局数据的作用域；

（4）易于表达嵌套关系和模块的层次结构。

3. PAD图

PAD是问题分析图（Problem Analysis Diagram）的英文缩写。它是继程序流程图和方框图之后，提出的又一种主要用于描述软件详细设计的图形表示工具。PAD图的一个独特之处在于，以PAD为基础，遵循一个机械的规则就能方便地编写出程序，这个规则称为走树（tree walk）。

PAD图的基本图符及表示的五种基本控制结构，如图6.19所示。

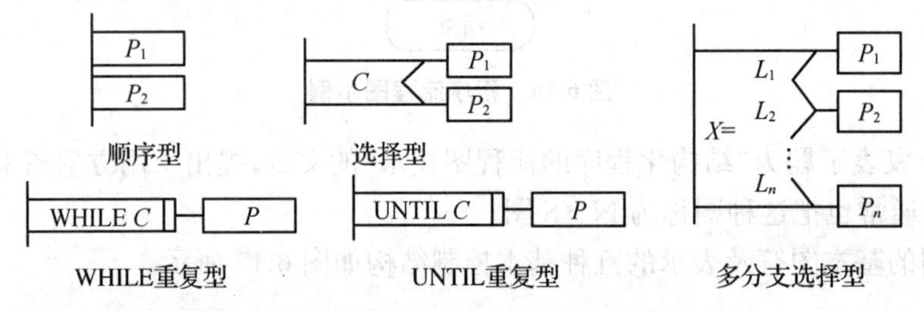

图6.19　PAD图图符与构成的五种控制结构

PAD所描述程序的层次关系表现在纵线上。每条纵线表示了一个层次，把PAD图从左到右展开。随着程序层次的增加，PAD逐渐向右展开。如图6.20所示为PAD图的示例。

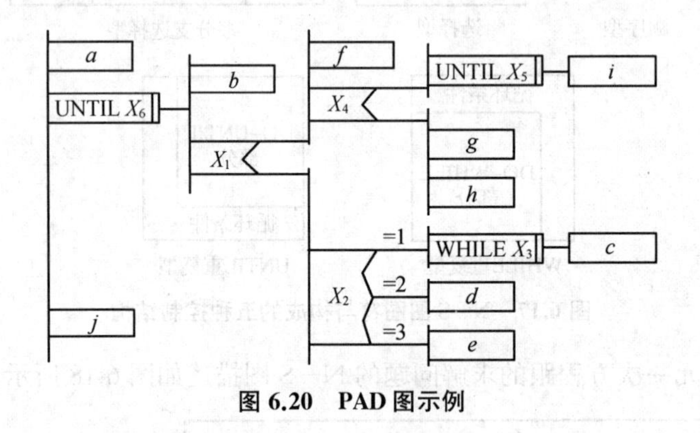

图6.20　PAD图示例

PAD图有以下特征：

（1）结构清晰，结构化程度高；

（2）易于阅读；

（3）最左端的纵线是程序主干线，对应程序的第一层结构，每增加一层PAD图向右扩展一条纵线，故程序的纵线数等于程序的层次数；

（4）程序执行从PAD图最左主干线上端结点开始，自上而下、自左向右依次执行，程序终止于最左主干线。

4. PDL(Procedure Design Language)

PDL过程设计语言,也称为结构化的英语或伪码,它是一种混合语言,采用英语的词汇和结构化程序设计语言的语法,类似编程语言。

用PDL表示的基本控制结构的常用词汇如下:

顺序:A/A END

条件:IF/THEN/ELSE/ENDIF

循环:DO WHILE/ENDDO

循环:REPEAT UNTIL/ENDREPEAT

分支:CASE_OF/WHEN/SELECT/WHEN/SELECT/ENDCASE

例如,使用PDL语言(过程设计语言)描述在数组A[1]~A[10]中找出最大数的算法如下:

```
Procedure 数组找最大值
interface 数组 A 数组容量 10
begin
declare i as 整型
declare max as 整型
初始化 max 等于 A[0]
初始化 i 等于 1
loop while i 小于 10
if A[i]大于 max then
将 A[i]的值赋给 max
end loop
display max 的值
end
```

PDL可以由编程语言转换得到,也可以是专门为过程描述而设计的。但应具备以下特征:

(1) 有为结构化构成元素、数据说明和模块化特征提供的关键词语法;

(2) 处理部分的描述采用自然语言语法;

(3) 可以说明简单和复杂的数据结构;

(4) 支持各种接口描述的子程序定义和调用技术。

6.4 程序编码

此阶段是将软件设计的结果转换成计算机可运行的程序代码。在程序编码中必须制定统一、符合标准的编写规范,以保证程序的可读性、易维护性,提高程序的运行效率。

软件实现是软件产品由概念到实体的一个关键过程,它将详细设计的结果翻译成用某种程序设计语言编写的并且最终可以运行的程序代码,如使用 Java 或 C# 等编程语言。虽然软件的质量取决于软件设计,但是规范的程序设计风格将会对后期的软件维护带来不可忽视的影响。

有人认为"软件编码是将软件设计模型机械地转换成源程序代码,这是一种低水平的、缺乏创造性的工作",这种观点显然是错误的。软件编码是设计的继续,它将影响软件质量和可维护性。

正确的观点是"软件编码是一个复杂而迭代的过程,它由设计模型和项目基础设施(诸如所选择的开发工具、标准、准则和过程)进行驱动,最终产生集成应用程序,并经得起最终测试"。

6.5 软件测试

随着计算机软、硬件技术的发展,计算机的应用领域越来越广泛,方方面面的应用对软件的功能要求也就越来越强,而且软件的复杂程度也就越来越高。但是,如何才能确保软件的质量并保证软件的高度可靠性呢?无疑,对软件产品进行必要的测试是非常重要的一个环节。软件测试也是在软件投入运行前对软件需求、设计、编码的最后审查。

软件测试的投入,包括人员和资金投入是巨大的,通常其工作量、成本占软件开发总工作量、总成本的 40%以上,而且具有很高的组织管理和技术难度。

软件测试是保证软件质量的重要手段,其主要过程涵盖了整个软件生命周期的过程,包括需求定义阶段的需求测试、编码阶段的单元测试、集成测试以及后期的确认测试、系统测试,验证软件是否合格、能否交付用户使用等。

6.5.1 软件测试的目的

1990 年在 IEEE 610.12 标准中给出了软件测试的定义。

• 在规定条件下运行系统或构件的过程:在此过程中观察和记录结果,并对系统或构件的某些方面给出评价。

• 软件项目的过程:检测现有状况和所需状况的不同(即 bug),并评估软件项目的特性。

GB/T11457—2006《信息技术——软件工程术语》中采用了 IEEE 的定义。定义表明软件测试是一项验证和评估活动,其目的是基于满足规定的需求来保证软件的质量。

Grenford J. Myers 在《The Art of Software Testing》一书中给出了软件测试的目的:

• 软件测试是为了发现错误而执行程序的过程;

• 一个好的测试用例是指很可能找到迄今为止尚未发现的错误的用例;

● 一个成功的测试是发现了至今尚未发现的错误的测试。

Myers 的观点告诉人们：软件测试是为了尽可能地多发现程序中的错误，不能也不可能证明程序没有错误。软件测试的关键是设计测试用例，测试用例(test case)是为测试设计的数据。测试用例由测试输入数据和与之对应的预期输出结果两部分组成。测试用例的格式为：

[(输入值集),(输出值集)]

由于测试的目标是暴露程序中的错误，从心理学角度看，由程序的编写者自己进行测试是不恰当的，因此，在综合测试阶段通常由其他人员组成测试小组来完成测试工作。

6.5.2 软件测试的准则

鉴于软件测试的重要性，要做好软件测试，设计出有效的测试方案和好的测试用例，软件测试人员需要充分理解和运用软件测试的一些基本准则。

1. 所有测试都应追溯到需求

软件测试的目的是发现错误，而最严重的错误不外乎是导致程序无法满足用户需求的错误。

2. 严格执行测试计划，排除测试的随意性

软件测试应当制订明确的测试计划并按照计划执行，以避免发生疏漏或者重复无效的工作。测试计划应包括所测软件的功能、输入和输出、测试内容、各项测试的目的和进度安排、测试资料、测试工具、测试用例的选择、资源要求、测试的控制方式和过程等。

3. 充分注意测试中的群集现象

经验表明，程序中存在错误的概率与该程序中已发现的错误数成正比。这一现象说明，为了提高测试效率，测试人员应该集中对付那些错误群集的程序。

4. 程序员应避免检查自己的程序

不管是程序员还是开发小组都应当避免测试自己的程序或者本组开发的功能模块，因为从心理学角度讲，程序员或设计方在测试自己的程序时，要采取客观的态度是程度不同地存在障碍的。若条件允许，应当由独立于开发组和客户的第三方测试组或测试机构来进行软件测试，但这并不是说程序员不能测试自己的程序，而是更加鼓励程序员进行测试，因为测试由别人来进行可能会更加有效、客观，并且容易成功，而允许程序员自己测试也会更加有效和有针对性。

5. 穷举测试不可能

所谓穷举测试，是指把程序所有可能的执行路径都进行检查的测试。但是，即使规模较小的程序，其路径排列数也是相当大的，在实际测试过程中不可能穷举每一种组合。这说明，测试只能证明程序中有错误，不能证明程序中没有错误。

6. 妥善保存测试计划、测试用例、出错统计和最终分析报告，为维护提供方便

6.5.3 软件测试技术与方法综述

随着软件测试技术的不断发展，测试方法也越来越多样化，针对性更强。对于软件测试方法和技术，可以从不同的角度加以分类。

若从是否需要执行被测软件的角度，可以分为静态测试和动态测试方法。若按照功能划分可以分为白盒测试和黑盒测试方法。

1. 静态测试与动态测试

（1）静态测试

静态测试包括代码检查、静态结构分析、代码质量度量。静态测试不实际运行软件，主要由人工进行分析，充分发挥人的逻辑思维优势，也可以借助软件工具自动进行。经验表明，使用人工测试能够有效地发现30%到70%的逻辑设计和编码错误。

代码检查主要检查代码和设计的一致性，包括代码的逻辑表达的正确性、代码结构的合理性等方面。这项工作可以发现违背程序编写标准的问题，程序中不安全、不明确和模糊的部分，找出程序中不可移植部分、违背程序编程风格的问题，包括变量检查、命名和类型审查、程序逻辑审查、程序语法检查和程序结构检查等内容。代码检查包括代码审查、代码走查、桌面检查、静态分析等具体方法。

代码审查：由一组人通过阅读、讨论检查代码，对程序进行静态分析的过程。

代码走查：预先准备测试数据，让与会者充当“计算机”来检查程序的状态。有时比真正运行程序可能发现更多的错误。

桌面检查：由程序员自己检查自己编写的程序。程序员在程序通过编译之后，进行单元测试之前，对源代码进行分析、检验，并补充相关文档，目的是发现程序的错误。

静态分析：对代码的机械性、程序化的特性分析方法，包括控制流分析、数据流分析、接口分析、表达式分析。

（2）动态测试

静态测试不实际运行软件，主要通过人工进行。动态测试是基于计算机的测试，是为了发现错误而执行程序的过程。或者说，是根据软件开发各阶段的规格说明和程序的内部结构而精心设计一批测试用例（即输入数据及其预期的输出结果），并利用这些测试用例去运行程序，以发现程序错误的过程。

动态测试主要包括白盒测试和黑盒测试方法。设计高效、合理的测试用例是动态测试的关键。高效的测试用例是指一个用例能够覆盖尽可能多的测试情况，从而提高测试效率。

下面重点讨论动态的白盒测试方法和黑盒测试方法。

2. 白盒测试方法与测试用例设计

白盒测试方法也称为结构测试或逻辑驱动测试。它是根据软件产品的内部工作过程，检查内部成分，以确认每种内部操作符合设计规格要求。白盒测试把测试对象看作一个打开的盒子，允许测试人员依据程序内部逻辑结构相关信息，设计或选择测试用例，对程序所有逻辑路径进行测试。通过在不同点检查程序的状态，确定实际的状态是否与预期的状态一致。所以，白盒测试是在程序内部进行，主要用于完成软件内部操作的验证。

白盒测试的基本原则:保证所测模块中每一独立路径至少执行一次;保证所测模块所有判断的每一分支至少执行一次;保证所测模块每一循环都在边界条件和一般条件下至少各执行一次;验证所有内部数据结构的有效性。

白盒法全面了解程序内部逻辑结构,对所有逻辑路径进行测试,白盒法是穷举路径测试。在使用这一方案时,测试者必须检查程序的内部结构,从检查程序的逻辑着手,得出测试数据。贯穿程序的独立路径数是天文数字,但即使每条路径都测试了,仍然可能有错误。第一,穷举路径测试决不能查出程序是否违反了设计规范,即程序本身是个错误的程序;第二,穷举路径测试不可能查出程序中因遗漏路径而出错;第三,穷举路径测试可能发现不了一些与数据相关的错误。

白盒测试法的测试用例是根据程序的内部逻辑来设计的,主要用于软件的单元测试,主要方法有逻辑覆盖、基本路径测试等。

(1) 逻辑覆盖测试

逻辑覆盖是泛指一系列以程序内部的逻辑结构为基础的测试用例设计技术。通常程序中的逻辑表示有判断、分支、条件等几种表示方法。

① 语句覆盖:选择足够的测试用例,使得程序中每一个语句至少都能被执行一次。语句覆盖是逻辑覆盖中最基本的覆盖,尤其对单元测试来说。但是语句覆盖往往没有关注判断中的条件有可能隐含的错误。

② 路径覆盖:执行足够的测试用例,使程序中所有可能的路径都至少经历一次。

③ 判定覆盖:使设计的测试用例保证程序中每个判断的每个取值分支(T 或 F)至少经历一次。

④ 条件覆盖:设计的测试用例保证程序中每个判断的每个条件的可能取值至少执行一次。

⑤ 判断—条件覆盖:设计足够的测试用例,使判断中每个条件的所有可能取值至少执行一次,同时每个判断的所有可能取值分支至少执行一次。

判断—条件覆盖也有缺陷,对质量要求高的软件单元,可根据情况提出多重条件组合覆盖以及其他更高的覆盖要求。

逻辑覆盖的强度依次是:语句覆盖<路径覆盖<判定覆盖<条件覆盖<判断—条件覆盖。

(2) 基本路径测试

基本路径测试的思想和步骤是,根据软件过程性描述中的控制流程确定程序的环路复杂性度量,用此度量定义基本路径集合,并由此导出一组测试用例对每一条独立执行路径进行测试。

3. 黑盒测试方法与测试用例设计

黑盒测试方法也称为功能测试或数据驱动测试。黑盒测试是对软件已经实现的功能是否满足需求进行测试和验证。在测试中,把程序看作一个不能打开的黑盒子,在完全不考虑程序内部结构和内部特性的情况下,在程序接口进行测试,它只检查程序功能是否按照需求规格说明书的规定正常使用,程序是否能适当地接收输入数据而产生正确的输出信息,并且保持外部信息(如数据库或文件)的完整性。黑盒测试着眼于程序外部功能和结构,不考虑内部逻辑结构，主要针对软件界面和软件功能进行测试。

黑盒测试是以用户的角度，从输入数据与输出数据的对应关系出发进行测试的。很明显，如果外部特性本身有问题或规格说明的规定有误，用黑盒测试方法是发现不了的。黑盒测试法注重于测试软件的功能需求，主要试图发现下列几类错误：一是功能不正确或遗漏；二是界面错误和数据库访问错误；三是性能错误、初始化和终止错误等。

黑盒测试主要诊断功能不对或遗漏、接口错误、数据结构或外部数据库访问错误、性能错误、初始化和终止条件错误。

黑盒测试不关心程序内部的逻辑，只是根据程序的功能说明来设计测试用例，主要方法有等价类划分法、边界值分析法、错误推测法、因果图法等，主要用于软件的确认测试。

(1) 等价类划分法

等价类划分法是一种典型的黑盒测试方法。它是将程序的所有可能的输入数据划分成若干部分(即若干等价类)，然后从每个等价类中选取数据作为测试用例。对每一个等价类，各个输入数据对发现程序中的错误的概率都是相等的，因此只需要从每个等价类中选取一些有代表性的测试用例进行测试而发现错误。该方法是一种重要的、常用的黑盒测试用例设计方法。

使用等价类划分法设计测试方案，首先需要划分输入集合的等价类，然后根据等价类选取相应的测试用例。等价类分为两种不同的类型：有效等价类和无效等价类。

① 有效等价类：是指对于程序的规格说明来说是合理的、有意义的输入数据构成的集合。利用有效等价类可检验程序是否实现了规格说明中所规定的功能和性能。

② 无效等价类：与有效等价类的定义相反，指对于程序的规格说明来说是不合理的、无意义的输入数据构成的集合，用来验证程序的健壮性和可靠性。

划分等价类的方法常用的几条原则是：

① 在输入条件规定了取值范围或值的个数的情况下，则可以确立一个有效等价类和两个无效等价类；

② 在输入条件规定了输入值的集合或者规定了"必须如何"的条件情况下，可确立一个有效等价类和一个无效等价类；

③ 在输入条件是一个布尔量的情况下，可确定一个有效等价类和一个无效等价类；

④ 在规定了输入数据的一组值(假定 n 个)，并且程序要对每一个输入值分别处理的情况下，可确立 n 个有效等价类和一个无效等价类；

⑤ 在规定了输入数据必须遵守的规则情况下，可确立一个有效等价类(符合规则)和若干个无效等价类(从不同角度违反规则)；

⑥ 在确定已划分的等价类中各元素在程序处理中的方式不同情况下，则应再将该等价类进一步划分为更小的等价类。

(2) 边界值分析法

边界值分析法是对各种输入、输出范围的边界情况设计测试用例的方法。

经验表明，程序的大部分错误是发生在输入或输出范围的边界上，而不是发生在输入输出范围的内部，因此针对各种边界情况设计测试用例，可以查出更多的错误。

使用边界值分析方法设计测试用例，首先应确定边界情况，通常输入和输出等价类的边界，就是应着重测试的边界情况，应当选取正好等于、刚刚大于或刚刚小于边界的值作为测试数据，而不是选取等价类中的典型值或任意值作为测试数据。

基于边界值分析方法选择测试用例常用的几条原则是：

① 如果输入条件规定了值的范围，则应取刚达到这个范围的边界的值，以及刚刚超越这个范围边界的值作为测试输入数据；

② 如果输入条件规定了值的个数，则用最大个数、最小个数、比最小个数少 1、比最大个数多 1 的数作为测试数据；

③ 根据规格说明的每个输出条件，使用前面的原则①；

④ 根据规格说明的每个输出条件，应用前面的原则②；

⑤ 如果程序的规格说明给出的输入域或输出域是有序集合，则应选取集合的第一个元素和最后一个元素作为测试用例；

⑥ 如果程序中使用了一个内部数据结构，则应当选择这个内部数据结构的边界上的值作为测试用例；

⑦ 分析规格说明，找出其他可能的边界条件。

一般多用边界值分析法来补充等价类划分方法。

(3) 错误推测法

测试人员也可以通过经验或直觉推测程序中可能存在的各种错误，从而有针对性地编写检查这些错误的例子，这就是错误推测法。

错误推测方法的基本思想：列举出程序中所有可能有的错误和容易发生错误的特殊情况，根据他们选择测试用例。错误推测法针对性强，可以直接切入可能的错误，直接定位，是一种非常实用、有效的方法。但是它需要丰富的经验和专业知识。

错误推测法的实施步骤一般是，对被测软件首先列出所有可能有的错误和易错情况表，然后基于该表设计测试用例。

例如，在单元测试时曾列出的许多在模块中常见的错误，以前产品测试中曾经发现的错误等，这些就是经验的总结。还有，输入数据和输出数据为 0 的情况，输入表格为空格或输入表格只有一行，这些都是容易发生错误的情况，可选择这些情况下的例子作为测试用例。

实际上，无论是使用白盒测试方法还是黑盒测试方法，或是其他测试方法，针对一种方法设计的测试用例，仅仅是易于发现某种类型的错误，对其他类型的错误不易发现。所以，没有一种用例设计方法能适应全部的测试方案，而是各有所长。综合使用各种方法来确定合适的测试方案，应该考虑在测试成本和测试效果之间的一个合理折中。

6.5.4 软件测试的策略

测试必须按照软件需求和设计阶段所制订的测试计划进行，其结果以“测试分析报告”的形式提交。测试策略是在一定的开发周期和某种经济条件下，通过有限的测试以尽可能多地发现错误。按软件工程中的 40 - 20 - 40 规则(编程工作占开发工作的 20%，编程前和编程后各占开发工作的 40%)，测试在整个软件的开发中必须占 40%左右的工作量。各类测试在测试总工作量所占的比例根据具体项目及开发人员的配置情况而定。

软件测试是保证软件质量的重要手段，软件测试是一个过程，其测试流程是该过程规定的程序，目的是使软件测试工作系统化。

软件测试一般按4个步骤进行，即单元测试、集成测试、验收测试（确认测试）和系统测试。每个阶段的测试工作都有相应的侧重点，而且由不同的人员来实施相关测试工作，在软件测试实施的过程中要把握好每个阶段应该达到的目的，掌握好相应的测试方法，按照相应的步骤来实现对软件的完整的测试工作，验证软件是否合格、能否交付用户使用。

1. 单元测试

单元测试是对软件设计的最小单位——模块（程序单元）进行正确性检验测试。单元测试的目的是发现各模块内部可能存在的各种错误。

单元测试的依据是详细设计说明书和源程序。

单元测试的技术可以采用静态分析和动态测试。对动态测试通常以白盒测试为主，辅之以黑盒测试。

单元测试主要针对模块的下列5个基本特征进行：

（1）模块接口测试——测试通过模块的数据流。例如，检查模块的输入参数和输出参数、全局量、文件属性与操作等都属于模块接口测试的内容。

（2）局部数据结构测试。例如，检查局部数据说明的一致性，数据的初始化，数据类型的一致以及数据的下溢、上溢等。

（3）重要的执行路径的检查。

（4）出错处理测试。检查模块的错误处理功能。

（5）影响以上各点及其他相关点的边界条件测试。

单元测试是针对某个模块，这样的模块通常并不是一个独立的程序，因此模块自己不能运行，而要靠辅助其他模块调用或驱动。同时，模块自身也会作为驱动模块去调用其他模块，也就是说，单元测试要考虑它和外界的联系，必须在一定的环境下进行，这些环境可以是真实的也可以是模拟的。模拟环境是单元测试常用的。

所谓模拟环境，就是在单元测试中，用一些辅助模块去模拟与被测模块的相联系的其他模块，即为被测模块设计和搭建驱动模块和桩模块。

其中，驱动模块相当于被测模块的主程序。它接收测试数据，并传给被测模块，输出实际测试结果。桩模块通常用于代替被测模块调用的其他模块，其作用仅作少量的数据操作，是一个模拟子程序，不必将子模块的所有功能代入。

2. 集成测试

集成测试是测试和组装软件的过程。它是把模块在按照设计要求组装起来的同时进行测试，主要目的是发现与接口有关的错误。集成测试的依据是概要设计说明书。

集成测试所涉及的内容包括软件单元的接口测试、全局数据结构测试、边界条件和非法输入的测试等。

集成测试时将模块组装成程序，通常采用两种方式：非增量方式组装与增量方式组装。

非增量方式也称为一次性组装方式。将测试好的每一个软件单元依次组装在一起再进行整体测试。

增量方式是将已经测试好的模块逐步组装成较大系统，在组装过程中边连接边测试，以及发现连接过程中产生的问题。最后通过增值，逐步组装到所要求的软件系统。

增量方式包括自顶向下、自底向上、自顶向下与自底向上相结合的混合增量方法。

(1) 自顶向下的增量方式

将模块按系统程序结构，从主控模块（主程序）开始，沿控制层次自顶向下地逐个把模块连接起来。自顶向下的增量方式在测试过程中能较早地验证主要的控制盒判断点。

自顶向下集成的过程与步骤如下：

① 主控模块作为测试驱动器，直接附属于主控模块的各模块全都用桩模块代替；

② 按照一定的组装次序，每次用一个真模块取代一个附属的桩模块；

③ 当装入每个真模块时都要进行测试；

④ 做完每一组测试后再用一个真模块代替另一个桩模块；

⑤ 可以进行回归测试（即重新再做过去的做过的全部或部分测试），以便确定没有新的错误发生。

(2) 自底向上的增量方式

自底向上集成测试方法是从软件结构中最底层的、最基本的软件单元开始进行集成和测试。在模块的测试过程中需要从子模块得到的信息可以直接运行子模块得到。由于在逐步向上组装过程中下层模块总是存在的，因此不再需要桩模块，但是需要调用这些模块的驱动模块。

自底向上集成的过程与步骤如下：

① 底层的模块组成簇，以执行某个特定的软件子功能；

② 编写一个驱动模块作为测试的控制程序，和被测试的簇连在一起，负责安排测试用例的输入及输出；

③ 对簇进行测试；

④ 拆去各个小簇的驱动模块，把几个小簇合并成大簇，再重复做②、③及④步，这样在软件结构上逐步向上组装。

(3) 混合增量方式

自顶向下增量的方式和自底向上增量的方式各有优缺点，一种方式的优点是另一种方式的缺点。

自顶向下测试的主要优点是能较早显示出整个程序的轮廓，主要缺点是，当测试上层模块时使用桩模块较多，很难模拟出真实模块的全部功能，使部分测试内容被迫推迟，直至换上真实模块后再补充测试。

自底向上测试从下层模块开始，设计测试用例比较容易，但是在测试的早期不能显示出程序的轮廓。

针对自顶向下、自底向上方法各自的优点和不足，人们提出了自顶向下和自底向上相结合、从两头向中间逼近的混合式组装方法，被形象地称为“三明治”方法。这种方式，结合考虑软件总体结构的良好设计原则，在程序结构的高层使用自顶向下方式，在程序结构的低层使用自底向上方式。

3. 确认测试

确认测试的任务是验证软件的功能和性能及其他特性是否满足了需求规格说明中确定的各种需求，以及软件配置是否完全、正确。

确认测试的实施首先运用黑盒测试方法，对软件进行有效性测试，即验证被测软件是否满足需求规格说明确认的标准。复审的目的在于保证软件配置齐全、分类有序，以及软件配置所有成分的完备性、一致性、准确性和可操作性，并且包括软件维护所必需的细节。

4. 系统测试

系统测试是将通过测试确认的软件，作为整个基于计算机系统的一个元素，与计算机硬件、外设、支持软件、数据和人员等其他系统元素组合在一起，在实际运行（使用）环境下对计算机系统进行一系列的集成测试和确认测试。由此可知，系统测试必须在目标环境下运行，其功用在于评估系统环境下软件的性能，发现和捕捉软件中潜在的错误。

系统测试的目的是在真实的系统工作环境下检验软件是否能与系统正确连接，发现软件与系统需求不一致的地方。

系统测试的具体实施一般包括功能测试、性能测试、操作测试、配置测试、外部接口测试、安全性测试等。

6.6 软件调试

6.6.1 软件调试的基本概念

在对程序进行成功测试之后将进行程序调试（通常称 Debug，即排错）。程序的调试任务是诊断和改正程序中的错误。它与软件测试不同，软件测试是尽可能多地发现软件中的错误。先要发现软件的错误，然后借助于一定的调试工具去执行找出软件错误的具体位置。软件测试贯穿整个软件生命周期，调试主要在开发阶段进行。

调试程序应该由编制源程序的程序员来完成。由程序调试的概念可知，程序调试活动由两部分组成，一是根据测试时发现的错误，找出原因和具体位置；其二进行程序修改，排除错误。

1. 程序调试的基本步骤

(1) 错误定位

从错误的外部表现形式入手，研究有关部分的程序，确定程序中出错位置，找出错误的内在原因。确定错误位置占据了软件调试绝大部分的工作量。

从技术角度来看，错误的特征和查找错误的难度在于：

① 现象与原因所处的位置可能相距很远。就是说，现象可能出现在程序的一个部分，而原因可能在离此很远的另一个位置。高耦合的程序结构中这种情况更为明显。

② 当纠正其他错误时，这一错误所表现出的现象可能会消失或暂时性的消失，但并未实际排除。

③ 现象可能并不是由错误引起的（如舍入误差）。

④ 现象可能是由于一些不容易发现的人为错误引起的。

⑤ 错误现象可能时有时无。

⑥ 现象是由于难于再现的输入状态(例如实时应用中输入顺序不确定)引起的。

⑦ 现象可能是周期出现的。如在软件、硬件结合的嵌入式系统中常常遇到。

(2) 修改设计和代码,以排除错误

排错是软件开发过程中一项艰苦的工作,这也决定了调试工作是一个具有很强技术性和技巧性的工作。软件工程人员在分析测试结果的时候会发现,软件运行失效或出现问题,往往只是潜在错误的外部表现,而外部表现与内在原因之间常常没有明显的联系。如果要找出真正的原因,排除潜在的错误,不是一件易事。因此可以说,调试是通过现象找出原因的一个思维分析的过程。

(3) 进行回归测试,防止引进新的错误

因为修改程序可能带来新的错误,重复进行暴露这个错误的原始测试或某些有关测试,以确认该错误是否被排除、是否引进了新的错误。如果所做的修正无效,则撤销这次改动,重复上述过程,直到找到一个有效的解决办法为止。

2. 程序调试的原则

在软件调试方面,许多原则实际上是心理学方面的问题。因为调试活动由对程序中错误的定性、定位和排错两部分组成,因此调试原则也从以下两个方面考虑。

(1) 确定错误的性质和位置时的注意事项:

① 分析思考与错误征兆有关的信息。

② 避开死胡同。如果程序调试人员在调试中陷入困境,最好暂时把问题抛开,留到后面适当的时间再去考虑,或者向其他人讲解这个问题,去寻求新的解决思路。

③ 只把调试工具当作辅助手段来使用。利用调试工具,可以帮助思考,但不能代替思考。因为调试工具给人提供的是一种无规律的调试方法。

④ 避免用试探法,最多只能把它当作最后手段。这是一种碰运气的盲目的动作,它的成功概率很小,而且还常把新的错误带到问题中来。

(2) 修改错误的原则

① 在出现错误的地方,很可能还有别的错误。经验表明,错误有群集现象,当在某一程序段发现有错误时,在该程序段中还存在别的错误的概率也很高。因此,在修改一个错误时,还要观察和检查相关的代码,看是否还有别的错误。

② 修改错误的一个常见失误是只修改了这个错误的征兆或这个错误的表现,而没有修改错误本身。如果提出的修改不能解释与这个错误有关的全部现象,那就表明只修改了错误的一部分。

③ 注意修正一个错误的同时有可能会引入新的错误。不仅需要注意不正确的修改,而且还要注意看起来是正确的修改可能会带来的副作用,即引进新的错误。因此在修改了错误之后,必须进行回归测试。

④ 修改错误的过程将迫使人们暂时回到程序设计阶段。修改错误也是程序设计的一种形式。一般说来,在程序设计阶段所使用的任何方法都可以应用到错误修正的过程中来。

⑤ 修改源代码程序,不要改变目标代码。

6.6.2 软件调试方法

调试的关键在于推断程序内部的错误位置及原因。从是否跟踪和执行程序的角度，类似于软件测试，软件调试可分静态调试和动态调试。软件测试中讨论的静态分析方法同样适用静态调试。静态调试主要是指通过人的思维来分析源程序代码和排错，是主要的调试手段，而动态调试是辅助静态调试。主要的调试方法有：

1. 强行排错法

作为传统的调试方法，其过程可概括为设置断点、程序暂停、观察程序状态、继续运行程序。这是目前使用较多、效率较低的调试方法。涉及的调试技术主要是设置断点和监视表达式。

2. 回溯法

该方法适合于小规模程序的排错，即一旦发现了错误，先分析错误征兆，确定最先发现“症状”的位置。然后，从发现“症状”的地方开始，沿程序的控制流程，逆向跟踪源程序代码，直到找到错误根源或确定出错产生的范围。

回溯法对于小程序很有效，往往能把错误范围缩小到程序中的一小段代码，仔细分析这段代码不难确定出错的准确位置。但随着源代码行数的增加，潜在的回溯路径数目很多，回溯会变得很困难，而且实现这种回溯的开销大。

3. 原因排除法

原因排除法是通过演绎和归纳，以及二分法来实现。

演绎法是一种从一般原理或前提出发，经过排除和精化的过程来推导出结论的思考方法。演绎法排错是测试人员首先根据已有的测试用例，设想及枚举出所有可能出错的原因作为假设。然后再用原始测试数据或新的测试数据，从中逐个排除不可能正确的假设。最后，再用测试数据验证余下的假设确定出错的原因。

归纳法是一种从特殊推断出一般的系统化思考方法，其基本思想是从一些线索（错误征兆或与错误发生有关的数据）着手，通过分析寻找到潜在的原因，从而找出错误。

二分法实现的基本思想是，如果已知每个变量在程序中若干个关键点的正确值，则可以使用定值语句（如赋值语句、输入语句等）在程序中的某点附近给这些变量赋正确值，然后运行程序并检查程序的输出。如果输出结果是正确的，则错误原因在程序的前半部分；否则，错误原因在程序的后半部分。对错误原因所在的部分重复使用这种方法，直到将出错范围缩小到容易诊断的程度为止。

上面的每一种方法都可以使用调试工具来辅助完成。例如，可以使用带调试功能的编译器、动态编译器、自动测试用例生成器以及交叉引用工具等。

需要注意的一个实际问题是，调试的成果是排错，为了修改程序中的错误，往往会采用“补丁程序”来实现，而这种做法会引起整个程序质量的下降，但是从目前程序设计发展的状况看，对大规模的程序的修改和质量保证，又不失为一种可行的方法。

6.7 软件维护

在软件产品被开发出来并交付用户使用之后，由于多方面的原因，软件不能继续适应用户的要求。要延续软件的使用寿命，就必须对软件进行维护。这个阶段是软件生命周期的最后一个阶段，其基本任务是保证软件在一个相当长的时期能够正常运行。软件在交付给用户使用后，由于应用需求、环境变化以及自身问题，对它进行维护不可避免，并且软件维护是一个耗费较大、软件生命周期中持续时间最长的阶段。

所谓软件维护，就是在软件已经交付使用之后，为了改正错误或满足新的需要而修改软件的过程。

软件维护内容有四种：正确性维护，适应性维护，完善性维护和预防性维护。

1. 正确性维护

正确性维护是指改正在系统开发阶段已发生而系统测试阶段尚未发现的错误。这方面的维护工作量要占整个维护工作量的17%～21%。所发现的错误有的不太重要，不影响系统的正常运行，其维护工作可随时进行；而有的错误非常重要，甚至影响整个系统的正常运行，其维护工作必须制订计划，进行修改，并且要进行复查和控制。

2. 适应性维护

适应性维护是指为适应外界环境的变化而增加或修改系统部分功能的维护工作。例如，操作系统版本更新、新的硬件系统的出现和应用范围扩大等，为适应这些变化，系统需要进行维护。这方面的维护工作量占整个维护工作量的18%～25%。由于目前计算机硬件价格的不断下降，各类系统软件层出不穷，人们常常为改善系统硬件环境和运行环境而产生系统更新换代的需求；企业的外部市场环境和管理需求的不断变化也使得各级管理人员不断提出新的信息需求。这些因素都将导致适应性维护工作的产生。进行这方面的维护工作也要像系统开发一样，有计划、有步骤地进行。

3. 完善性维护

这是为扩充功能和改善性能而进行的修改，主要是指对已有的软件系统增加一些在系统分析和设计阶段中没有规定的功能与性能特征。这些功能对完善系统功能是非常必要的。另外，还包括对处理效率和编写程序的改进，这方面的维护占整个维护工作的50%～60%，比重较大，也是关系到系统开发质量的重要方面。这方面的维护除了要有计划、有步骤地完成外，还要注意将相关的文档资料加入前面相应的文档中去。

4. 预防性维护

为了改进应用软件的可靠性和可维护性，也为了适应未来的软硬件环境的变化，应主动增加预防性的新的功能，以使应用系统适应各类变化而不被淘汰。例如将专用报表功能改成通用报表生成功能，以适应将来报表格式的变化。这方面的维护工作量占整个维护工作量的4%左右。

6.8 软件工程所面临的主要问题

1. 发展方向

敏捷开发(agile development)被认为是软件工程的一个重要的发展。它强调软件开发应当是能够对未来可能出现的变化和不确定性做出全面反应的。敏捷开发被认为是一种“轻量级”的方法。在轻量级方法中最负盛名的应该是“极限编程”(Extreme Programming, XP)。而与轻量级方法相对应的是“重量级方法”的存在。重量级方法强调以开发过程为中心，而不是以人为中心。重量级方法的例子比如CMM/PSP/TSP。

面向侧面的程序设计(Aspect Oriented Programming,AOP)被认为是近年来软件工程的另外一个重要发展，这里指的是完成一个功能的对象和函数的集合。在这一方面相关的内容有泛型编程(generic programming)和模板。

2. 面临问题

遗留系统的挑战：维护和更新这些软件，既要避免过多的支出，又要不断地交付基本的业务服务。

多样性的挑战：网络中包含不同类型的计算机和支持系统。必须开发新的技术，制作可靠的软件，从而足以灵活应对这种多样性。

交付上的挑战：在不损及系统质量的前提下，缩短大型、复杂系统的移交时间。

3. 职业和道德上的责任

机密：工程人员必须严格保守雇主或客户的机密，而不管是否签署了保密协议。

工作能力：工程人员应该实事求是地表述自己的工作能力，不应有意接受超出自己工作能力的工作。

知识产权：工程人员应当知晓专利权、著作权等知识产权使用的地方法律，必须谨慎行事，确保雇主和客户的知识产权受到保护。

计算机滥用：软件工程人员不应运用自己的技能滥用他人的计算机。

这里要求软件工程从业人员遵守ACM/IEEE－CS联合制定的《软件工程职业道德和职业行为准则》以规范软件工程行业。

6.9 课程思政

"蛟龙号"数次测试

"蛟龙号"载人深潜器是我国首台自主设计、自主集成研制的作业型深海载人潜水器，设计最大下潜深度为7 000米级，也是目前世界上下潜能力最强的作业型载人潜水器。"蛟龙号"可在占世界海洋面积99.8%的广阔海域中使用，对于我国开发利用深海的资源有着重要的意义。

中国是继美、法、俄、日之后世界上第五个掌握大深度载人深潜技术的国家。在全球载人潜水器中，"蛟龙号"属于第一梯队。

目前全世界投入使用的各类载人潜水器约90艘，其中下潜深度超过1 000米的仅有12艘，更深的潜水器数量更少，目前拥有6 000米以上深度载人潜水器的国家包括中国、美国、日本、法国和俄罗斯。

除中国外，其他4国的作业型载人潜水器最大工作深度为日本深潜器的6 527米，因此"蛟龙号"载人潜水器在西太平洋的马里亚纳海沟海试成功到达7 020米海底，创造了作业类载人潜水器新的世界纪录。

从2009至2012年，蛟龙号接连取得1 000米级、3 000米级、5 000米级和7 000米级海试成功。下潜至7 000米，说明"蛟龙号"载人潜水器集成技术的成熟，标志着我国深海潜水器成为海洋科学考察的前沿与制高点之一。

2012年6月27日11时47分，中国"蛟龙"再次刷新"中国深度"——下潜7 062米。6月3日，"蛟龙"出征以来，已经连续书写了5个"中国深度"新纪录：6月15日，6 671米；6月19日，6 965米；6月22日，6 963米；6月24日，7 020米；6月27日，7 062米。

下潜至7 000米，标志着我国具备了载人到达全球99%以上海洋深处进行作业的能力，标志着"蛟龙"载人潜水器集成技术的成熟，标志着我国深海潜水器成为海洋科学考察的前沿与制高点之一，标志着中国海底载人科学研究和资源勘探能力达到国际领先水平。

2013年6月17日16时30分左右，中国"蛟龙"号载人潜水器从南海一冷泉区海底回到母船甲板上，三名下潜人员出舱，标志着"蛟龙"号首个试验性应用航次首次下潜任务顺利完成。

从2013年起，蛟龙号正式进入试验性应用阶段。2017年，当地时间6月13日，"蛟龙"号顺利完成了大洋38航次第三航段最后一潜，标志着试验性应用航次全部下潜任务圆满完成。

截至2018年11月，"蛟龙"号已成功下潜158次。

2月28日，"蛟龙"号载人潜水器在国家深海基地试验水池，进行了大修与技术升级后的第一个测试下潜。这标志着"蛟龙"号大修与技术升级全系统勘验、维修、系统升级、总装联调等陆上工作已经全部完成，正式进入了一个新的阶段。

“蛟龙”号

下潜任务

1. 南海

2010 年 5 月 31 日至 7 月 18 日,“蛟龙”号在南中国海 3 000 米级的深海中共完成了 17 次下潜任务,其中 7 次穿越 2 000 米深度,4 次突破 3 000 米,最大下潜深度达到了 3 759 米;共在水底作业 9 小时零 3 分,这使中国成为继美国、法国、俄国、日本之后,第五个掌握 3 500 米以上大深度载人深潜技术的国家。

在其中一次下潜任务成功后,潜航员利用机械手在南中国海海底插上了一面中国国旗。

2. 东太平洋

2011 年 7 月 1 日上午,“蛟龙”号载人潜水器将伴随“向阳红 09”试验母船从江阴苏南国际码头启航,奔赴东太平洋执行为期 47 天的 5 000 米级海上深潜试验任务。

2011 年 7 月 21 日凌晨 3 点,中国载人深潜进行 5 000 米海试,“蛟龙”号成功下潜。5 时许,“蛟龙”号潜水器已达 4 027 米左右,突破去年创下的 3 759 米纪录。

经过 5 个多小时的水下作业,8 时许,“蛟龙”号首次深潜圆满成功。

北京时间 2011 年 7 月 26 日 6 时 12 分首次下潜至 5 038.5 米,顺利完成 5 000 米级海试主要任务。这个下潜深度意味着“蛟龙”号可以到达全球超过 70%的海底。参加本次下潜的三位潜航员是叶聪、杨波和付文韬。

北京时间 2011 年 7 月 28 日 9 时 07 分,潜水器顺利下潜至 5 188 米水深,再次创造了新的下潜深度,验证了潜水器在大深度环境下的技术功能和性能指标。

北京时间 2011 年 7 月 30 日,凌晨 4 时 26 分至 13 时 02 分,“蛟龙”号在完成第四次下潜并在海底布放标志物后顺利返回到“向阳红 09”母船,历时近 9 个小时的下潜取得圆满成功。

“蛟龙”号载人潜水器在深度 5 182 米的位置坐底,并成功安放了中国大洋协会的标志和一个木雕的中国龙,之后完成了海水、海底生物的提取以及锰结核采样等工作。

2011 年 8 月 18 日,“向阳红 09”船搭载着“蛟龙”号顺利返回并抵达了江苏江阴苏南国际码头。

3. 马里亚纳海沟

2012 年 6 月 3 日上午,“向阳红 09”试验母船将搭载“蛟龙”号载人潜水器从江阴苏南国际码头启航,奔赴马里亚纳海沟区域执行“蛟龙”号载人潜水器 7 000 米级海试任务,来自中国 18 家单位的 96 名参试队员将挑战中国载人深潜历史的新纪录。

北京时间6月27日5点29分,“蛟龙”号开始了第五次的下潜试验。5点18分,“蛟龙”号顺利布放入水,5点29分,“蛟龙”号开始下潜,以每分钟41米的速度往海底前行。今天“蛟龙”号的目的地还是7 000米至7 100米的深度。8点39分“蛟龙”号完成第一组抛载,几分钟之后在7 009米水深成功坐底。

北京时间9点50分左右,“蛟龙”号下潜深度再创历史,达到7 059米并重新坐底。11点47分左右到7 062.68米,是目前同类潜水器到达的最大深度。

“蛟龙”号今天在7 062米海底取得了3个水样、2个沉积物样品和1个生物样品,完成了标志物布放,进行了潜水器定高、测深侧扫和重心调节试验。还利用诱饵吸引了很多生物过来,抓拍了大量照片和视频。完成了全流程验证计划。

12点左右“蛟龙”号开始上浮。下午4点多返回母船。

“蛟龙”号下潜意义

我国是第五个成功研制深海载人潜水器的国家。除中国外,其他4国的载人潜水器最大工作深度均未超过6 500米,经常下潜深度也不过5 000米。“蛟龙”号成功突破7 000米深度,证明它可以在全球99.8%的海底实现较长时间的海底航行、海底照相和摄像、沉积物和矿物取样、生物和微生物取样、标志物布放、海底地形地貌测量等作业,是我国深海技术的一项重大突破。

国家海洋局局长刘赐贵表示,随着“蛟龙”号载人潜水器逐步完成海上试验,将转向业务化运行,实现其业务化共享使用等问题将逐步提上日程,将在未来3至5年开展“蛟龙”号试验性应用。通过试验性应用航次,一方面尽快满足国内科技界对“蛟龙”号的急切需求,尽快取得一批高水平的研究成果,另一方面逐步形成“蛟龙”号的业务化运行能力,探索出一套面向全国开放的应用机制。

西方媒体普遍认为“蛟龙”号具有强大的军事潜能,可用于核潜艇外壳改进、水下通信升级和破坏他国对中国的水下监听系统。

英国路透社分析说,“蛟龙”号虽然表面上看是国家海洋局的项目,但实际上中国一直在积极发展强大水下实力,军方很可能也会密切关注深潜技术的发展。

美国《华尔街日报》说,“蛟龙”号另有所图,这台潜水器可用于截获或剪断海底线缆,回收海床上的外国武器,或维修、救援海军潜艇。

中国专家也表示,虽然“蛟龙”号主要用于科研试验,但在通信遥控、电子、机械等方面的技术突破都可用于军事,尤其是用于深海潜艇的研制。

“蛟龙”号的抗压材料也可被用于潜艇研究。目前世界上潜水深度最深的潜水艇是俄罗斯的SⅡ级攻击核潜艇:750米(钛制艇体),美国海狼级攻击核潜艇:650米。

“蛟龙”号具有针对作业目标稳定的悬停定位能力,可保障潜水器完成高精度作业任务;其先进的水声通信和海底微地形地貌探测能力,将有助于绘制高精度的海床地图,并可在深海拦截敌方的机密通信,从而大大提高潜艇的大洋行动力。

当前,中国无论在东海还是南海都面临严峻的海权争端。不仅日本、菲律宾、越南等周边国家一再在海洋问题上兴风作浪,美国、印度等也在积极插手,试图乱中取利。

“蛟龙”号的海试活动既有助提升中国对海底资源的勘探开发水平,同时又可以帮助海军力量的建设。海底军事技术的提高,将使解放军的海洋立体作战体系更加完备,从而更好地维护海权。

第七章

数据库设计基础

数据库技术是计算机领域的一个重要分支。在计算机应用的三大领域(科学计算、数据处理和过程控制)中,数据处理约占其中的70%,而数据库技术就是作为一门数据处理技术发展起来的。随着计算机应用的普及和深入,数据库技术变得越来越重要了,而了解、掌握数据库系统的基本概念和基本技术是应用数据库技术的前提。本章首先介绍数据库系统的基础知识,然后对数据模型进行讨论,特别是其中的E-R模型和关系模型;之后再介绍关系代数及其在关系数据库中的应用,并对关系的规范化理论做了简单说明;最后,较为详细地讨论了数据库的设计过程。

7.1 数据库系统的基本概念

计算机科学与技术的发展,计算机应用的深入与拓展,使得数据库在计算机应用中的地位与作用日益重要,它在商业中、事务处理中占主导地位。近年来在统计领域、在多媒体领域以及智能化应用领域中的地位与作用也变得十分重要。随着网络应用的普及,它在网络中的应用也日渐重要。因此,数据库已成为构成一个计算机应用系统的重要的支持性软件。

7.1.1 数据、数据库、数据库管理系统

1. 数据

数据(data)实际上就是描述事物的符号记录,是数据库中存储的基本对象。数据包括如80、-100等数字形式,也包括文字、图像、图形、声音等多种形式。

计算机中的数据一般分为两部分,其中一部分与程序仅有短时间的交互关系,随着程序

的结束而消亡，它们称为临时性(transient)数据，这类数据一般存放于计算机内存中；而另一部分数据则对系统起着长期持久的作用，它们称为持久性(persistent)数据。数据库系统中处理的就是这种持久性数据。

软件中的数据是有一定结构的。数据有型(type)与值(value)之分，数据的型给出了数据表示的类型，如整型、实型、字符型等，而数据的值给出了符合给定型的值，如整型值 20。随着应用需求的扩大，数据的型有了进一步的扩大，它包括了将多种相关数据以一定结构方式组合构成特定的数据框架，这样的数据框架称为数据结构(data structure)，数据库中在特定条件下称为数据模式(data schema)。

日常生活中，人们常常抽取感兴趣的事物特征或属性来描述事物。例如，可以用如下信息来描述一个学生：张三，男，1981 年出生，江苏南京人，1999 年入学，计算机科学与技术专业。在计算机中常常这样描述：张三，男，1981，江苏省南京市，1999，计算机科学与技术。这样的一行数据称为记录，记录是计算机中表示和存储数据的一种格式和方法。

在过去的软件系统中是以程序为主体，而数据则以私有形式从属于程序，此时数据在系统中是分散、凌乱的，这也造成了数据管理的混乱，如数据冗余度高、数据一致性差以及数据的安全性差等多种弊病。自数据系统出现以来，数据在软件系统中的地位产生了变化，在数据库系统及数据库应用系统中数据已占有主体地位，而程序已退居附属地位。在数据库系统中需要对数据进行集中、统一的管理，以达到数据被多个应用程序共享的目标。

2. 数据库

数据库(Database，DB)是数据的集合，它具有统一的结构形式并存放于统一的存储介质内，是多种应用数据的集成，并可被各个应用程序所共享。

数据库存放数据是按数据所提供的数据模式存放的，它能构造复杂的数据结构以建立数据间内在联系与复杂的关系，从而构成数据的全局结构模式。

数据库中的数据具有"集中""可共享"之特点即数据库集中了各种应用的数据，进行统一的构造与存储，而使它们可被不同应用程序所使用。

3. 数据库管理系统

数据库管理系统(Database Management System，DBMS)是数据库的机构，它是一种系统软件，负责数据库中的数据组织、数据操纵、数据维护、控制及保护和数据服务等。数据库中的数据是具有海量级的数据，并且其结构复杂，因此需要提供管理工具。数据库管理系统是数据库系统的核心，它主要有如下几方面的具体功能：

(1) 数据模式定义。数据库管理系统负责为数据库构建模式，也就是为数据库构建其数据框架。

(2) 数据存取的物理构建。数据库管理系统负责为数据模式的物理存取及构建提供有效的存取方法与手段。

(3) 数据操纵。数据库管理系统为用户使用数据库中的数据提供方便，它一般提供查询、插入、修改以及删除数据的功能。此外，它自身还具有做简单算术运算及统计的能力，而且还可以与某些过程性语言结合，使其具有强大的过程性操作能力。

(4) 数据的完整性、安全性定义与检查。数据库中的数据具有内在语义上的关联性与一致性，它们构成了数据的完整性，数据的完整性是保证数据库中数据正确的必要条件，因此必须经常检查以维护数据的正确。

数据库中的数据具有共享性，而数据共享可能会引发数据的非法使用，因此必须要对数据正确使用做出必要的规定，并在使用时做检查，这就是数据的安全性。

数据完整性与安全性的维护是数据库管理系统的基本功能。

(5) 数据库的并发控制与故障恢复。数据库是一个集成、共享的数据集合体，它能为多个应用程序服务，所以就存在着多个应用程序对数据库的并发操作。在并发操作中如果不加控制和管理，多个应用程序间就会相互干扰，从而对数据库中的数据造成破坏，因此，数据库管理系统必须对多个应用程序的并发操作做必要的控制以保证数据不受破坏，这就是数据库的并发控制。

数据库中的数据一旦遭受破坏，数据库管理系统必须有能力及时进行恢复，这就是数据库的故障恢复。

(6) 数据的服务。数据库管理系统提供对数据库中数据的多种服务功能，如数据拷贝、转存、重组、性能监测、分析等。

为完成以上六个功能，数据库管理系统一般提供相应的数据语言，它们是：

数据定义语言(DDL)。该语言负责数据的模式定义与数据的物理存取构建。

数据操纵语言(DML)。该语言负责数据的操纵，包括查询及增、删、改等操作。

数据控制语言(DCL)。该语言负责数据完整性、安全性的定义与检查以及并发控制、故障恢复等功能，包括系统初启程序、文件读写与维护程序、存取路径管理程序、缓冲区管理程序、安全性控制程序、完整性检查程序、并发控制程序、事务管理程序、运行日志管理程序、数据库恢复程序等。

上述数据定义语言按其使用方式具有两种结构形式：① 交互命令语言。它的语言简单，能在终端上即时操作，它又称为自含型或自主型语言。② 宿主型语言。它一般可嵌入某些宿主语言(host language)中，如C/C++、Java 和 COBOL 等高级过程性语言中。

关系数据库中普遍使用了结构化查询语言 SQL(Structured Query Language)，该语言是一种介于关系代数和关系演算之间的非过程性操作语言，它不仅具有丰富的查询功能，还兼具数据定义和数据控制功能，是集 DDL、DML 和 DCL 于一体的关系数据库语言。SQL 是高级的非过程性编程语言，允许用户在高层数据结构之上工作。SQL 不要求用户指定对数据的存放方法，也不需要用户了解具体的数据存放方式，所以，具有完全不同底层结构的不同数据库系统都可以使用相同的结构化查询语言作为数据输入与管理的接口。SQL 语言也可以嵌入其他高级语言中使用。SQL 语言简洁，易学易用，数据统计方便直观，具有极大的灵活性和强大的功能。

此外，数据库管理系统还有为用户提供服务的服务性(utility)程序，包括数据初始装入程序、数据转存程序、性能监测程序、数据库再组织程序、数据转换程序、通信程序等。

目前流行的 DBMS 均为关系数据库系统，比如 Oracle、Sybase 的 PowerBuilder 及 IBM 的 DB2、微软的 SQL Server 等，他们均为严格意义上的 DBMS 系统。另外有一些小型的数据库，如微软的 Visual FoxPro 和 Access 等，他们只具备数据库管理系统的一些简单功能。

4. 数据库管理员

由于数据库的共享性，因此对数据的规划、设计、维护、监视等需要有专人管理，称他们

为数据库管理员(Database Administrator,DBA),其主要工作如下:

(1) 数据库设计(database design)。DBA的主要任务之一是做数据库设计,具体地说是进行数据模式的设计。由于数据库的集成与共享性,因此需要有专门人员(即DBA)对多个应用的数据需求做全面的规划、设计与集成。

(2) 数据库维护。DBA必须对数据库中的数据安全性、完整性、并发控制及系统恢复、数据定期转存等实施与维护。

(3) 改善系统性能,提高系统效率。DBA必须随时监视数据库运行状态,不断调整内部结构,使系统保持最佳状态与最高效率。当效率下降时,DBA须采取适当的措施,如进行数据库的重组、重构等。

5. *数据库系统*

数据库系统(Database System,DBS)由如下几部分组成:数据库(数据)、数据库管理系统(软件)、数据库管理员(人员)、系统平台之一——硬件平台(硬件)、系统平台之二——软件平台(软件)。这五个部分构成了一个以数据库为核心的完整的运行实体,称为数据库系统。

在数据库系统中,硬件平台包括:

(1) 计算机。它是系统中硬件的基础平台,目前常用的有微型机、小型机、中型机、大型机及巨型机。

(2) 网络。过去数据库系统一般建立在单机上,但是近年来它较多地建立在网络上,从目前形势看,数据库系统今后将以建立在网络上为主,而其结构形式又以客户/服务器(C/S)方式与浏览器/服务器(B/S)方式为主。

在数据库系统中,软件平台包括:

(1) 操作系统。它是系统的基础软件平台,目前常用的有各种UNIX(包括Linux)与Windows两种。

(2) 数据库系统开发工具。为开发数据库应用程序所提供的工具,它包括过程性程序设计语言,如C/C++、Java等,也包括可视化开发工具VB、PB、Delphi等,它还包括与Internet Web有关的HTML及XML以及一些专用开发工具。

(3) 接口软件。在网络环境下数据库系统中数据库与应用程序、数据库与网络间存在着多种接口,它们需要用接口软件进行连接,否则数据库系统整体就无法运作,这些接口软件包括ODBC、JDBC、OLEDB、CORBA、COM、DCOM等。

6. *数据库应用系统*(Database Application System,DBAS)

利用数据库系统进行应用开发可构成一个数据库应用系统,数据库应用系统是数据库系统再加上应用软件及应用界面这三者所组成,具体包括数据库、数据库管理系统、数据库管理员、硬件平台、软件平台、应用软件、应用界面。数据库应用系统的7个部分以一定的逻辑层次结构方式组成一个有机的整体,它们的结构关系是:应用系统、应用开发工具软件、数据库管理系统、操作系统、硬件。例如,以数据库为基础的财务管理系统、人事管理系统、图书管理系统等。无论是面向内部业务和管理的管理信息系统,还是面向外部提供信息服务的开放式信息系统,从实现技术角度而言,都是以数据库为基础和核心的计算机应用系统。

7.1.2 数据库系统的发展

数据管理发展至今已经历了三个阶段:人工管理阶段、文件系统阶段和数据库系统阶段。20 世纪 60 年代之后,数据管理进入数据库系统阶段,主要包括层次数据库与网状数据库阶段、关系数据库阶段。

1. 人工管理阶段

人工管理阶段是在 20 世纪 50 年代中期以前,主要用于科学计算,硬件无磁盘,直接存取,软件没有操作系统。数据不共享,不具有独立性。

2. 文件系统阶段

20 世纪 50 年代后期到 20 世纪 60 年代中期,进入文件系统阶段。文件系统是数据库发展的初级阶段,它提供简单的数据共享与数据管理能力,但它仍存在缺点:数据共享性差,冗余度大,数据独立性差。由于它的功能简单,因此它附属于操作系统而不成为独立的软件,目前一般将其看成仅是数据库系统的雏形,而不是真正的数据库系统。

3. 层次数据库与网状数据库系统阶段

从 20 世纪 60 年代末期起,真正的数据库系统——层次数据库与网状数据库开始发展,它们为统一管理与共享数据提供了有力支撑,这个时期数据库系统蓬勃发展形成了有名的"数据库时代"。但是这两种系统也存在不足,主要是它们脱胎于文件系统,受文件的物理影响较大,对数据库使用带来诸多不便,同时,此类系统的数据模式构造烦琐,不易于推广使用。

4. 关系数据库系统阶段

关系数据库系统出现于 20 世纪 70 年代,在 80 年代得到蓬勃发展,并逐渐取代前两种系统。关系数据库系统结构简单,使用方便,逻辑性强物理性少,因此在 80 年代以后一直占据数据库领域的主导地位。但是由于此系统来源于商业应用,适合于事务处理领域而对非事务处理领域应用受到限制,因此在 80 年代末期兴起与应用技术相结合的各种专用数据库系统:

- 工程数据库系统,是数据库与工程领域的结合;
- 图形数据库系统,是数据库与图形应用的结合;
- 图像数据库系统,是数据库与图像应用的结合;
- 统计数据库系统,是数据库与工程应用的结合;
- 知识库系统,是数据库与人工智能应用领域的结合;
- 分布式数据库系统,是数据库与网络应用的结合;
- 并行数据库系统,是数据库与多机并行应用的结合;
- 面向对象数据库系统,是数据库与面向对象方法的结合。

关于数据管理三个阶段中的软硬件背景及处理特点,简单概括如表 7.1 所示。

表 7.1 数据管理三个阶段的比较

		人工管理	文件系统	数据库系统
背景	应用背景	科学计算	科学计算、管理	大规模管理
	硬件背景	无直接存取设备	磁盘、磁鼓	大容量磁盘
	软件背景	没有操作系统	有文件系统	有数据库管理系统
	处理方式	批处理	联机实时处理 批处理	联机实时处理 分布处理 批处理
特点	数据管理者	人	文件系统	数据库管理系统
	数据面向对象	某个应用程序	某个应用程序	现实世界
	数据共享程度	无共享 冗余度大	共享性差 冗余度大	共享性大 冗余度小
	数据独立性	不独立，完全 依赖于程序	独立性差	具有高度的物理独立性 和一定的逻辑独立性
	数据结构化	无结构	记录内有结构 整体无结构	整体结构化，用数据模型描述
	数据控制能力	应用程序自己控制	应用程序自己控制	由 DBMS 提供数据安全性、 完整性、并发控制和恢复

目前，数据库技术也与其他信息技术一样在迅速发展之中，计算机处理能力的增强和越来越广泛的应用是促进数据库技术发展的重要动力。分布式数据库技术是大数据时代云计算技术的基础，是数据的基本存储方式；在大量应用中对数据库管理系统提出了高可靠性、高性能、高可伸缩性(scalability)和高安全性等“四高”要求。一般认为，未来的数据库系统应支持数据管理、对象管理和知识管理，应该具有面向对象的基本特征。在关于数据库的诸多新技术中，下面三种是比较重要的。

(1) 面向对象数据库系统：用面向对象方法构筑面向对象数据模型，使其具有比关系数据库系统更为通用的能力；

(2) 知识库系统：用人工智能中的方法特别是用谓词逻辑知识表示方法构筑数据模型，使其模型具有特别通用的能力；

(3) 关系数据库系统的扩充：利用关系数据库做进一步扩展，使其在模型的表达能力与功能上有进一步的加强，如与网络技术相结合的 Web 数据库、数据仓库及嵌入式数据库等。

7.1.3 数据库系统的基本特点

数据库技术是在文件系统基础上发展产生的，两者都以数据文件的形式组织数据，但由于数据库系统在文件系统之上加入了 DBMS 对数据进行管理，从而使得数据库系统具有以下特点：

1. 数据的集成性

数据库系统的数据集成性主要表现在如下几个方面：

(1) 在数据库系统中采用统一的数据结构方式，如在关系数据库中采用二维表作为统一结构方式。

(2) 在数据库系统中按照多个应用的需要组织全局的统一的数据结构(即数据模式)，数据模式不仅可以建立全局的数据结构，还可以建立数据间的语义联系从而构成一个内在紧密联系的数据整体。

(3) 数据库系统中的数据模式是多个应用共同的、全局的数据结构，而每个应用的数据则是全局结构中的一部分，称为局部结构(即视图)，这种全局与局部的结构模式构成了数据库系统数据集成性的主要特征。

2. 数据的高共享性与低冗余性

由于数据的集成性使得数据可为多个应用所共享，特别是在网络发达的今天，数据库与网络的结合扩大了数据关系的应用范围。数据的共享自身又可极大地减少数据冗余性，不仅减少了不必要的存储空间，更为重要的是可以避免数据的不一致性。所谓数据的一致性，是指在系统中同一数据的不同出现应保持相同的值，而数据的不一致性指的是同一数据在系统的不同拷贝处有不同的值。因此，减少冗余性以避免数据的不同出现是保证系统一致性的基础。

3. 数据独立性

数据独立性是数据与程序间的互补依赖性，即数据库中数据独立于应用程序而不依赖于应用程序。也就是说，数据的逻辑结构、存储结构与存取方式的改变不会影响应用程序。

数据独立性一般分为逻辑独立性和物理独立性两级。

(1) 物理独立性

物理独立性即是数据的物理结构(包括存储结构、存取方式等)的变化，如存储设备的更换、物理存储的更换、存取方式改变等都不影响数据库的逻辑结构，从而不致引起应用程序的变化。

(2) 逻辑独立性

数据库总体逻辑结构的改变，如修改数据模式、增加新的数据类型、改变数据间联系等，不需要相应修改应用程序，这就是数据的逻辑独立性。

4. 数据统一管理与控制

数据由 DBMS 统一管理和控制，数据库系统不仅为数据提供高度集成环境，同时它还为数据提供统一管理的手段，这主要包含以下几个方面。

(1) 数据的完整性检查：检查数据库中数据的正确性、有效性和相容性；

(2) 数据的安全性保护：检查数据库访问者以防止非法访问；

(3) 并发控制：控制多个应用的并发访问所产生的相互干扰以保证其正确性。

7.1.4 数据库系统的内部结构体系

数据库系统在其内部具有三级模式及二级映射。三级模式分别是概念级模式、内部级模式与外部级模式。二级映射分别是概念级到内部级的映射以及外部级到概念级的映射。

1. 数据库系统的三级模式

数据模式是数据库系统中数据结构的一种表示形式，具有不同的层次与结构方式。

(1) 概念模式(conceptual schema)。概念模式是数据库系统中全局数据逻辑结构的描述，是全体用户(应用)公共数据视图。此种描述是一种抽象的描述，它不涉及具体的硬件环境与平台，也与具体的软件环境无关。

概念模式主要描述数据的概念记录类型以及它们间的关系，它还包括一些数据间的语义约束，对它的描述可用 DBMS 中的 DDL 语言定义。

(2) 外模式(external schema)。外模式也称子模式或用户模式，是用户的数据视图，也就是用户所见到的数据模式，是对现实系统中用户感兴趣的整体数据结构的局部描述，它由概念模式推导而出。

概念模式给出了系统全局的数据描述，而外模式则给出每个用户的局部数据描述。一个概念模式可以有若干个外模式，每个用户只关心与它有关的模式，这样不仅可以屏蔽大量无关信息而且有利于数据保护。在一般的 DBMS 中都提供有相关的外模式描述语言(外模式 DDL)。

(3) 内模式(internal schema)。内模式又称物理模式，给出了数据库物理存储结构与物理存取方法，如数据存储的文件结构、索引、集簇及 Hash 等存取方式与存取路径。内模式的物理性主要体现在操作系统及文件级上，它还未深入到设备级上(如磁盘及磁盘操作)。内模式对一般用户是透明的，但它的设计直接影响数据库的性能。DBMS 一般提供相关的内模式描述语言(内模式 DDL)。

数据模式给出了数据库的数据框架结构，数据是数据库中的真正的实体，但这些数据必须按框架所描述的结构组织。内模式是最接近物理存储，考虑数据的物理存储；外模式最接近用户，主要考虑单个用户看待数据的方式；概念模式介于两者之间，提供数据的公共视图。

模式的三个级别层次反映了模式的三个不同环境以及它们的不同要求。其中内模式处于最底层，反映了数据在计算机物理结构中的实际存储形式；概念模式处于中层，它反映了设计者的数据全局逻辑要求；而外模式处于最外层，它反映了用户对数据的要求。

2. 数据库系统的两级映射

数据库系统的三级模式是对数据的三个级别抽象，它把数据的具体组织留给 DBMS 管理，这样用户就能逻辑地、抽象地处理数据，不必关心数据库的具体表示方式与存储方式；同时，它通过两级映射建立了模式间的联系与转换，使得概念模式与外模式虽然并不具备物理存在，但是也能通过映射而获得其实体。此外，两级映射也保证了数据库系统中数据的独立性，亦即数据的物理组织改变与逻辑概念级改变相互独立，使得只要调整映射方式而不必改变用户模式。

(1) 概念模式/内模式映射。该映射是数据物理独立性的关键，给出了概念模式中的数据的全局逻辑结构到数据的物理存储结构的对应关系，此映射一般由 DBMS 实现。

(2) 外模式/概念模式映射。该映射是数据逻辑独立性的关键，概念模式是一个全局模式而外模式是用户的局部模式。一个概念模式中可以定义多个外模式，而每个外模式是概念模式的一个基本视图。外模式到概念模式的映射给出了外模式与概念模式的对应关系，这种映射一般也是由 DBMS 来实现的。

7.2 数据模型

7.2.1 数据模型的基本概念

数据库中的数据模型可以将复杂的现实世界要求反映到计算机数据库中的物理世界，这种反映是一个逐步转化的过程，它分为两个阶段：由现实世界开始，经历信息世界而至计算机世界，从而完成整个转化。

现实世界：用户为了某种需要，须将现实世界中的部分需求用数据库实现，这样，我们所见到的是客观世界中的划定边界的一个部分环境，它称为现实世界。

信息世界：通过抽象对现实世界进行数据库级上的刻画所构成的逻辑模型叫信息世界。信息世界与数据库的具体模型有关，如层次、网状、关系模型等。

计算机世界：在信息世界基础上致力于其在计算机物理结构上的描述，从而形成的物理模型叫计算机世界。现实世界的要求只有在计算机世界中才得到真正的物理实现，而这种实现是通过信息世界逐步转化得到的。

1. 数据模型的组成要素

数据是现实世界符号的抽象，而数据模型是对现实世界数据特征的抽象。一般地讲，数据模型是严格定义的一组概念的集合，这些概念精确地描述了系统的静态特征、动态特征和完整性约束条件。因此，数据模型通常由数据结构、数据操作和完整性约束三部分组成。

(1) 数据结构。数据模型中的数据结构主要描述数据的类型、内容、性质以及数据间的联系等。数据结构是数据模型的基础，数据操作与约束均建立在数据结构上。不同数据结构有不同的操作与约束，因此，一般数据模型的分类均以数据结构的不同而分。

(2) 数据操作。数据操作是指对数据库中各种对象(型)的实例(值)允许执行的操作的集合，包括操作及有关的操作规则。数据库主要有查询和更新(包括插入、删除、修改)两大类操作。

(3) 数据约束。数据的完整性约束条件是一组完整性规则。数据模型中的数据约束主要描述数据结构内数据间的语法、语义联系，它们之间的制约与依存关系，以及数据动态变化的规则，以保证数据的正确、有效与相容。

2. 数据模型的类型

数据模型按不同的应用层次分成三种类型，它们是概念数据模型、逻辑数据模型、物理数据模型。

(1) 概念数据模型简称概念模型，也称信息模型，它是一种面向客观世界、面向用户的模型，与具体的数据库管理系统无关，与具体的计算机平台无关，是按用户的观点来对数据和信息建模，主要用于数据库设计。概念模型是整个数据模型的基础，目前，较为有名的数据模型有 E–R 模型、扩充的 E–R 模型、面向对象模型及谓词模型等。

(2) 逻辑数据模型又称数据模型，它是一种面向数据系统的模型，该模型着重在于数据库系统一级的实现。概念模型只有在转换成数据模型后才能在数据库中得以表示。目前，逻辑数据模型也有很多种，较为成熟并先后被人们大量使用过的有层次模型、网状模型、关系模型、面向对象模型等。

(3) 物理数据模型又称物理模型，是对数据最底层的抽象，描述数据在系统内部的表示方式和存取方法，是一种面向计算物理表示的模型，给出了数据模型在计算机上物理结构的表示。

7.2.2 E–R 模型

概念模型是面向现实世界的，它的出发点是有效地和自然地模拟现实世界，给出数据的概念化结构。长期以来被广泛使用的概念模型是 E–R 模型(或实体联系模型)，它于 1976 年由 Peter Chen 首先提出。该模型将现实世界的要求转化成实体、联系、属性等几个基本概念，以及它们间的两种基本连接关系，并且可以用一种图非常直观地表示出来，称为 E–R 图。

1. E–R 模型的基本概念

(1) 实体

现实世界中的实物可以抽象成为实体，实体是概念世界中的基本单位，它们是客观存在的且又能相互区别的事物。凡是有共性的实体可组成一个集合称为实体集。如小赵、小李是实体，他们又均是学生而组成一个实体集。在 E–R 图中用矩形框表示具体的实体，把实体名写在框内。

(2) 属性

现实世界中事物均有一些特性，这些特性可以用属性来表示。属性刻画了实体的特征。一个实体往往可以有若干个属性。每个属性可以有值，一个属性的取值范围称为该属性的值域或值集。如小赵年龄取值为 17，小李为 19。在 E–R 图中属性用椭圆形表示，并用无向边将其与相应的实体型连接起来。

(3) 联系

现实世界中事物间的关联称为联系。在概念世界中联系反映了实体集间的一定关系，如工人与设备之间的操作关系，上、下级间的领导关系，生产者与消费者之间的供求关系。联系用菱形框表示，菱形框内写明联系名，并用无向边分别与有关实体型连接起来，同时在无向边旁标上联系的类型($1:1$，$1:n$ 或 $m:n$)。

联系也可以附有属性，联系和它的所有属性构成了联系的一个完整描述，因此，联系与属性间也有连接关系。如有教师与学生两个实体集间的教与学的联系，该联系尚可附有属性“教室号”。在 E–R 图中属性也要用无向边与该联系连接起来。

2. 实体集之间的联系

实体集间的联系有多种，就实体集的个数而言有：

(1) 两个实体集之间的联系

两个实体集间的联系是一种最为常见的联系,前面举的例子均属两个实体集间的联系。实体集间联系的个数可以是单个也可以是多个。如工人与设备之间有操作联系,另外还有维修联系。两个实体集间的联系实际上是实体集间的函数关系,这种函数关系可以有下面几种:

一对一联系(1∶1):如果对于实体集 A 中的每一个实体,实体集 B 中至多有一个(也可以没有)实体与之联系,反之亦然。如学校与校长之间的联系,一个学校与一个校长间相互一一对应。

一对多联系(1∶n):如果对于实体集 A 中的每一个实体,实体集 B 中有 n 个实体与之联系,反之,对于实体集 B 中的每一个实体,实体集 A 中至多只有一个实体与之联系,则称实体集 A 与实体集 B 有一对多联系。如一个班级中有若干学生,而每个学生只在一个班级中学习,则班级与学生之间具有一对多联系。

这两种函数关系实际上是一种函数关系,如学生与其宿舍房间的联系是多对一的联系(反之,则为一对多联系),即多个学生对应一个房间。

多对多联系(m∶n):如果对于实体集 A 中的每一个实体,实体集 B 中有 n 个实体与之联系,反之,对于实体集 B 中的每一个实体,实体集 A 中也有 m 个实体与之联系,则称实体集 A 与实体集 B 具有多对多联系。例如,一门课程同时有若干个学生选修,而一个学生同时可以选修多门课程,则课程与学生之间具有多对多联系。

实际上,一对一联系是一对多联系的特例,而一对多联系又是多对多联系的特例。

(2) 多个实体集间的联系

这种联系包括三个实体集间的联系以及三个以上实体集间的联系。如工厂、产品、用户这三个实体集间存在着工厂提供产品为用户服务的联系。

(3) 一个实体集内部的联系

一个实体集内有若干个实体,它们之间的联系称实体集内部联系。如某公司职工这个实体集内部可以有上、下级联系。

3. 一个实例

下面用 E-R 图来表示某个工厂物资管理的概念模型。

物资管理涉及的实体有:

仓库——属性有仓库号、面积、电话号码;

零件——属性有零件号、名称、规格、单价、描述;

供应商——属性有供应商号、姓名、地址、电话号码、账号;

项目——属性有项目号、预算、开工日期;

职工——属性有职工号、姓名、年龄、职称。

这些实体间的联系如下:

(1) 一个仓库可以存放多种零件,一种零件可以存放在多个仓库中,因此仓库和零件具有多对多的联系。用库存量来表示某种零件在某个仓库中的数量。

(2) 一个仓库有多个职工当仓库保管员,一个职工只能在一个仓库工作,因此仓库和职工之间是一对多的联系。

(3) 职工之间具有领导、被领导关系，即仓库主任领导若干保管员，因此职工实体型中具有一对多的联系。

(4) 供应商、项目和零件之间具有多对多的联系，即一个供应商可以供给若干项目多种零件，每个项目可以使用不同供应商供应的零件，每种零件可由不同供应商供给。

如图 7.1 所示为此工厂的物资管理 E - R 图。

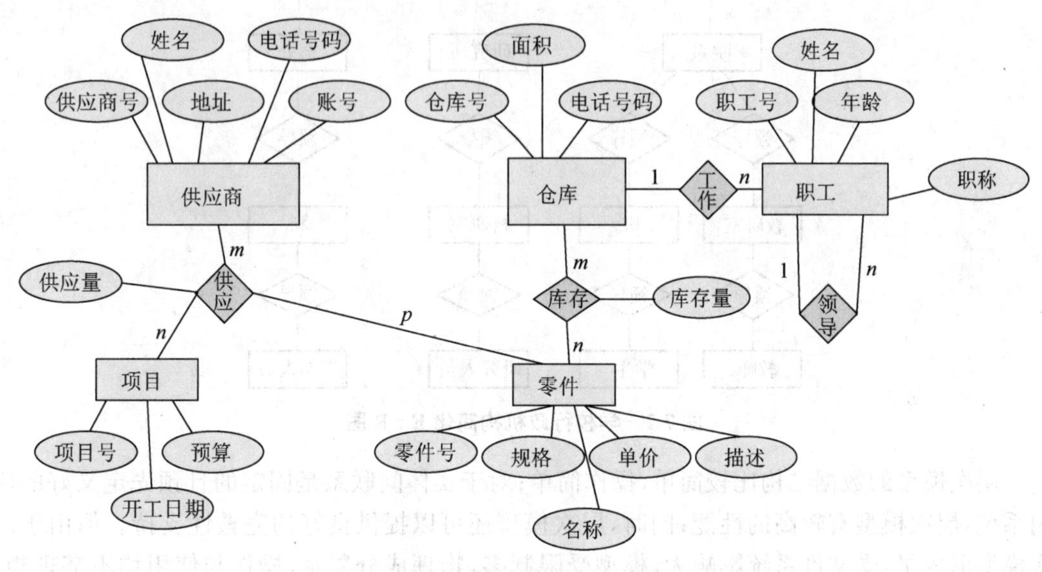

图 7.1　物资管理 E - R 图

7.2.3　层次模型

层次模型是数据库系统中最早出现的数据模型。层次数据库系统采用层次模型作为数据的组织方式，典型代表是 IBM 公司的 IMS，它是 IBM 公司 1968 年推出的第一个大型的商用数据库管理系统。

层次模型用树形结构表示实体和实体之间的联系，这种结构自顶向下、层次分明。如图 7.2 所示给出了一个学校行政机构的简化 E - R 图，略去了其中的属性。

由图论中树的性质可知，任一树结构均有如下特性：

(1) 每棵树有且仅有一个无双亲结点，称为根；

(2) 根以外的其他结点有且只有一个双亲结点。

在层次模型中，每个结点表示一个记录类型，记录之间的联系用结点之间的连线表示，这种联系是父子之间的一对多的联系。这就使得层次数据库系统只能处理一对多的实体联系。每个记录类型可包含若干个字段，记录类型描述的是实体，字段描述的是实体的属性。各个记录类型及其字段都必须命名。各个记录类型、同一记录类型中各个字段不能同名。

层次数据模型支持的操作主要有查询、插入、删除和更新。在对层次模型进行查询、插入、删除和更新操作时，要满足层次模型的完整性约束条件：进行插入操作时，如果没有相应的双亲结点值就不能插入子女结点值；在进行删除操作时，如果删除双亲结点值，则相应的子女结点值也被同时删除；进行更新操作时，应更新所有相应记录，以保证数据的一致性。

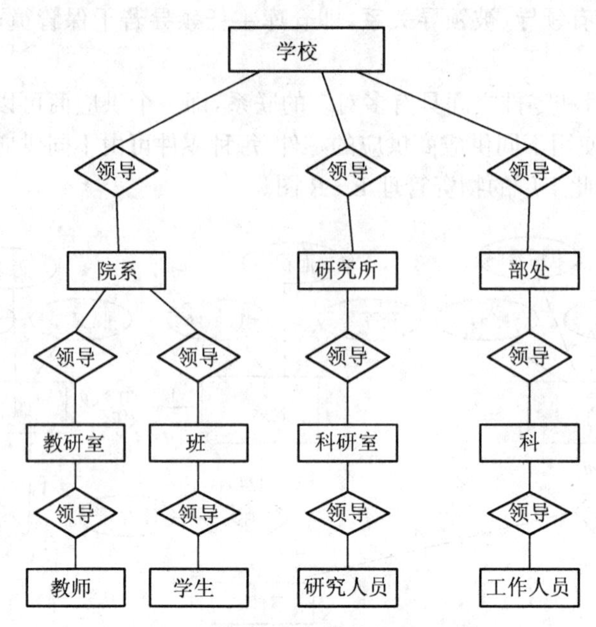

图 7.2　学校行政机构简化 E－R 图

层次模型的数据结构比较简单，操作简单；对于实体间联系是固定的且预先定义好的应用系统，层次模型有较高的性能；同时，层次模型还可以提供良好的完整性支持。但由于层次模型形成早，受文件系统影响大，模型受限制多，物理成分复杂，操作与使用均不甚理想，它不适合于表示非层次性的联系；对于插入和删除操作的限制比较多。此外，查询子女结点必须通过双亲结点。

7.2.4　网状模型

现实世界中，事物之间的联系更多是非层次关系的，用层次数据模型表示现实世界中的联系有很多限制，如果去掉层次模型中的两个限制，即允许每个结点可以有多个父结点，便构成了网状模型。

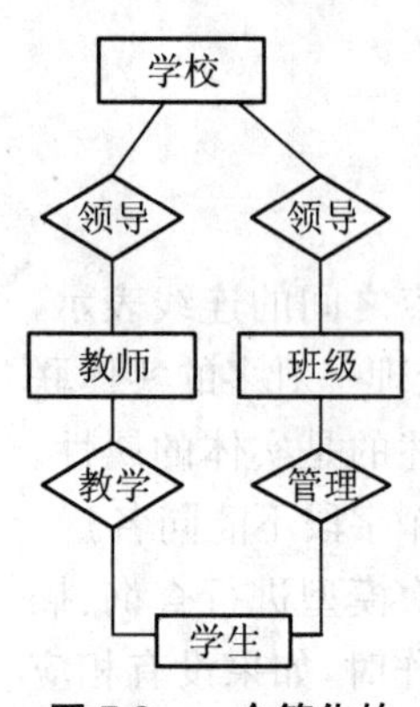

图 7.3　一个简化的教学关系 E－R 图

网状模型和层次模型在本质上是一样的。从逻辑上看，它们都是用连线表示实体之间的联系，用结点表示实体；从物理上看，层次模型和网状模型都用指针来实现两个文件之间的联系。

从图论观点看，网状模型是一个不加任何条件限制的无向图。网状模型在结构上较层次模型好，不像层次模型那样满足严格的条件。如图 7.3 所示是学校行政机构图中学校与学生联系的简化 E－R 图。

在网状模型的 DBTG 标准中，基本结构简单二级树叫系，系的基本数据单位是记录，它相当于 E－R 模型中的实体(集)；记录又可由若干数据项组成，它相当于 E－R 模型中的属性。系有一个首记录，它相当于简单二级树的根；系同时有若干个成员记录，它相当于简单二级树的叶；首记录与成员记录之间的联系用有向的线段表示(线段方向仅表示由首记录至成员记录的方向，而并不表示搜索方向），在系中首记录与成员记录间是一对多联系（包括一对一联系）。

一般地，现实世界的一个实体结构往往可以由若干个系组成。在网状模型的数据库管理系统中，一般提供 DDL 语言，用它可以构造系。网状模型中的基本操作是简单二级树中的操作，它包括插入、增加、删除、修改等操作，对于这些操作，不仅需要说明做什么，还要说明怎么做。比如，在进行查询时，不但要说明查找对象，而且还要规定存取的路径。在 DBTG 报告中，提供了在系上进行操纵的 DML 语言。它们包括打开、关闭、定位、读取、删除、存储等在内的许多操作。

网状模型明显优于层次模型，不管是数据表示或数据操纵均显示了更高的效率、更为成熟。但是，网状模型数据库系统也有一定的不足，在使用时涉及系统内部的物理因素较多，用户操作使用并不方便，其数据模式与系统实现也均不甚理想。

7.2.5 关系模型

1. 关系的数据结构

关系模型采用二维表来表示，简称表。二维表由表框架及表的元组组成。表框架由 n 个命名的属性组成，n 称为属性元数。每个属性有一个取值范围称为值域。表框架对应了关系的模式，即类型的概念。

在表框架中按行可以存放数据，每行数据称为元组，实际上一个元组是由 n 个元组分量所组成，每个元组分量是表框架中每个属性的投影值。一个表框架可以存放 m 个元组，m 称为表的基数。

一个 n 元表框架及框架内 m 个元组构成了一个完整的二维表。表 7.2 给出了有关学生登记二维表的一个实例。

表 7.2 学生登记表

学号	姓名	性别	年龄
0211101	王小东	男	18
0211102	张小丽	女	18
0221101	李　海	男	19
0221103	赵　耀	男	19

二维表一般满足下面 7 个性质：

(1) 二维表中元组的个数有限——元组个数有限性；

(2) 二维表中元组均不相同——元组的唯一性；

(3) 二维表中元组的顺序无关，可以任意调换——元组的次序无关性；

(4) 二维表中元组中的分量是不可分割的数据项——元组分量的原子性；

(5) 二维表中各属性名各不相同——属性名唯一性；

(6) 二维表中各属性与次序无关，可以任意交换——属性的次序无关性；

(7) 二维表中属性的分量具有与该属性相同的值域——分量值域的同一性。

满足以上 7 个性质的二维表称为关系,以二维表为基本结构所建立的模型称为关系模型。

在关系模型中的一个重要概念是键(key)或码。键具有标志元组、建立元组间联系等重要作用。

在二维表中凡能唯一标志元组的最小属性集称为该表的键或码。二维表中可能有若干个键,它们称为该表的候选码或候选键。从二维表的所有候选键中选取一个座位用户使用的键称为主键或主码,一般主键也简称键或码。表 A 中的某属性集是某表 B 的键,则称该属性集为 A 的外键或外码。表中一定要有键,因为如果表中所有属性的子集均不是键,则表中属性的全集必为键(称为全键),因此也一定有主键。

在关系元组的分量重允许出现空值(null value)以表示信息的空缺。空值用于表示未知的值或不可能出现的值,一般用 NULL 表示。一般关系数据库系统都支持空值,但是有两个限制:关系的主键中不允许出现空值,因为如主键为空值则失去了其元组标志的作用;需要定义有关空值的运算。

关系框架与关系元组构成了一个关系。一个语义相关的关系集合构成一个关系数据库(relational database)。关系的框架称为关系模式,而语义相关的关系模式集合构成了关系数据库模式。

关系模式支持子模式,关系子模式是关系数据库模式中用户所见到的那部分数据模式描述。关系子模式也是二维表结构,关系子模式对应用户数据库称视图(view)。关系模式一般表示为:关系名(属性 1,属性 2,…,属性 n)。如表 7.2 中的关系可描述为:学生(学号,姓名,性别,年龄)。

2. 关系操纵

关系数据模型的数据操纵即是建立在关系上的数据操作,一般有查询、插入、删除、修改四种操作。

(1) 数据查询

用户可以查询关系数据库中的数据,它包括一个关系内的查询及多个关系间的查询。

对一个关系内查询的基本单位是元组分量,其基本过程是先定位后操作。所谓定位,包括纵向定位与横向定位两部分,纵向定位即是指定关系中的一些属性(称列指定),横向定位即是选择满足某些逻辑条件的元组(称行选择)。通过纵向与横向定位后一个关系中的元组分量即可确定了。在定位后即可进行查询操作,就是将定位的数据从关系数据库中取出并放入指定内存。

对多个关系间的数据查询可分为三步:第一步,将多个关系合并成为一个关系;第二步,对合并后的一个关系进行定位;第三步,操作。其中第二步与第三步为对一个关系的查询。对多个关系的合并可分解两个关系的逐步合并,如果有三个关系 R_1、R_2、R_3,合并过程是先将 R_1 与 R_2 合并成 R_4,然后将 R_4 与 R_3 合并成最终结果为 R_5。

因此,关系数据库的查询可以分解成一个关系内的属性指定、一个关系内的元组选择、两个关系的合并三个基本定位操作以及一个查询操作。

(2) 数据删除

数据删除的基本单位是一个关系内的元组,它的功能是将指定关系内的指定元组删除。

它也分为定位与操作两个部分，其中定位部分只需要横向定位而无须纵向定位，定位后即执行删除操作。因此，数据删除可以分解为一个关系内的元组选择与关系中元组删除两个基本操作。

（3）数据插入

数据插入仅对一个关系而言，在指定关系中插入一个或多个元组。在数据插入中不需定位，仅需做关系中元组插入操作，因此数据插入只有一个基本操作。

（4）数据修改

数据修改是在一个关系中修改指定的元组与属性。数据修改不是一个基本操作，它可以分解为删除须修改的元组与插入修改后的组两个更基本的操作。

以上四种操作的对象都是关系，而操作结果也是关系，因此都是建立在关系上的操作。这四种操作可以分解成六种基本操作，称为关系模型的基本操作：

（1）关系的属性指定；

（2）关系的元组选择；

（3）两个关系合并；

（4）一个或多个关系的查询；

（5）关系中元组的插入；

（6）关系中元组的删除。

3. 关系中的数据约束

关系模型允许定义三类数据约束，它们是实体完整性约束、参照完整性约束以及用户定义的完整性约束，其中前两种完整性约束由关系数据库系统自动支持。对于用户定义的完整性约束，则由关系数据库系统提供完整性约束语言，用户利用该语言写出约束条件，运行时由系统自动检查。

（1）实体完整性约束

该约束要求关系的主键中属性值不能为空值，这是数据库完整性的最基本要求，因为主键是唯一决定元组的，如为空值则其唯一性就成为不可能的了。

（2）参照完整性约束

该约束是关系之间相关联的基本约束，它不允许关系引用不存在的元组，即在关系中的外键要么是所关联关系中实际存在的元组，要么就为空值。比如在关系 S(S＃、SN、SD、SA)与 SC(S＃、C＃、G)中，SC 中主键为(S＃、C＃)而外键为 S＃，SC 与 S 通过 S＃相关联，参照完整性约束要求 SC 中的 S＃的值必在 S 中有相应元组值，如有 SC(S13，C8，70)，则必在 S 中存在 S(S13，…)。

（3）用户定义的完整性约束

这是针对具体数据环境与应用环境由用户具体设置的约束，它反映了具体应用中数据的语义要求。用户定义的完整性主要是限制属性的取值范围，也称为域的完整性，这属于应用级的约束。数据库管理系统应该支持这些数据的完整性。

实体完整性约束和参照完整性约束是关系数据库所必须遵守的规则，在任何一个关系数据库管理系统(RDBMS)中均由系统自动支持。

7.3 关系代数

关系数据库系统的特点之一是它建立在数学理论的基础之上，有很多数学理论可以表示关系模型的数据操作，其中最为著名的是关系代数与关系演算。数学上已经证明两者在功能上是等价的。关系数据库中使用 SQL 语言可以支持关系代数和关系演算中的运算和操作。下面将介绍关于关系数据库的理论——关系代数。

1. 关系模型的基本操作

关系是由若干个不同的元组所组成，因此关系可视为元组的集合。n 元关系是一个 n 元有序组的集合。

设有一个 n 元关系 R，它有 n 个域，分别是 $D_1, D_2, \cdots, D_n$，此时，它们的笛卡儿积是：

$$D_1 \times D_2 \times \cdots \times D_n$$

该集合的每个元素都是具有如下形式的 n 元有序组：

$$(d_1, d_2, \cdots, d_n) \quad d_i \in D_i \quad (i=1,2,\cdots,n)$$

该集合与 n 元关系 R 有如下联系：

$$R \subseteq D_1 \times D_2 \times \cdots \times D_n$$

即 n 元关系 R 是 n 元有序组的集合，是它的域的笛卡儿积的子集。

关系模型有插入、删除、修改和查询四种操作，它们又可以进一步分解成六种基本操作。

(1) 关系的属性指定。指定一个关系内的某些属性，用它确定关系这个二维表中的列，它主要用于检索或定位。

(2) 关系的元组的选择。用一个逻辑表达式给出关系中所满足此表达式的元组，用它确定关系这个二维表的行，它主要用于检索或定位。

用上述两种操作即可确定一张二维表内满足一定行、列要求的数据。

(3) 两个关系的合并。将两个关系合并成一个关系。用此操作可以不断合并从而可以将若干个关系合并成一个关系，以建立多个关系间的检索与定位。

用上述三个操作可以进行多个关系的定位。

(4) 关系的查询。在一个关系或多个关系间做查询，查询的结果也为关系。

(5) 关系元组的插入。在关系中增添一些元组，用它完成插入与修改。

(6) 关系元组的删除。在关系中删除一些元组，用它完成删除与修改。

2. 关系模型的运算

由于操作是对关系的运算，而关系是有序组的集合，因此，可以将操作看成是集合的运算。

(1) 插入

设有关系 R 须插入若干元组,要插入的元组组成关系 R',则插入可用集合并运算表示为:

$$R \cup R'$$

(2) 删除

设有关系 R 须删除一些元组,要删除的元组组成关系 R',则删除可用集合差运算表示为:

$$R - R'$$

(3) 修改

修改关系 R 内的元组内容可用下面的方法实现:

① 设须修改的元组构成关系 R',则先做删除得:

$$R - R'$$

② 设修改后的元组构成关系 R'',此时将其插入即得到结果:

$$(R - R') \cup R''$$

(4) 查询

用于查询的三个操作无法用传统的集合运算表示,需要引入一些新的运算。

① 投影(projection)运算

对于关系内的域指定可引入新的运算叫投影运算,是从列的角度进行的运算。投影运算是一个一元运算,一个关系通过投影运算(并由该运算给出所指定的属性)后仍为一个关系 R'。R'是这样一个关系,它是 R 中投影运算所指出的那些域的列所组成的关系。设 R 有 n 个域:$A_1, A_2, \cdots, A_n$,则在 R 上对域$A_{i1}, A_{i2}, \cdots, A_{im}$ ($A_{im} \in \{A_1, A_2, \cdots, A_n\}$)的投影可表示成为下面的一元运算:

$$\pi_{A_{i1}, A_{i2}, \cdots, A_{im}}(R)$$

如查询表 7.2 中学生的姓名和性别,即求学生关系中学生姓名和性别两个属性的投影。结果见表 7.3 所示。

表 7.3 投影结果信息表

姓名	性别
王小东	男
张小丽	女
李　海	男
赵　耀	男

② 选择(selection)运算

选择运算也是一个一元运算,关系 R 通过选择运算(并由该运算给出所选择的逻辑条件)后仍为一个关系。这个关系式由 R 中那些满足逻辑条件的元组所组成的，是从行的角度进行的运算。设关系的逻辑条件为 F，则 R 满足 F 的选择运算可写成为：

$$\sigma_F(R)$$

逻辑条件 F 是一个逻辑表达式，它由下面的规则组成。

它可以具有 $\alpha\theta\beta$ 的形式，其中 α、β 是域(变量)或常量，但 α、β 又不能同为常量，θ 是比较符，它可以为“$<$”“$>$”“$\leqslant$”“$\geqslant$”“$=$”及“$\neq$”。α、β 叫基本逻辑条件。

由若干个基本逻辑条件经逻辑运算得到，逻辑运算为“$\wedge$”(并且)、“$\vee$”(或者)及“$\sim$”(否)构成，称为复合逻辑条件。

有了上述两个运算后，我们对一个关系内的任意行、列的数据都可以方便地找到。

如从表 7.2 中查询女生的信息，结果见表 7.4 所示。

表 7.4　女生信息表

学号	姓名	性别	年龄
0211102	张小丽	女	18

③ 笛卡儿积运算

对于两个关系的合并操作可以用笛卡儿积表示。两个分别为 n 目和 m 目的关系 R_1 和 S_1 的笛卡儿积是一个$(n+m)$列的元组的集合。元组的前 n 列是关系 R_1 的一个元组，后 m 列是关系 S_1 的一个元组。若 R_1 和 S_1 分别有 p、q 个元组，则关系 R_1 和 S_1 经笛卡儿积记为$R_1\times S_1$，元组个数是 $p\times q$。表 7.5 给出了关系 R_1、S_1 以及它们的笛卡儿积 T_1。

表 7.5　关系 R_1、S_1 以及笛卡儿积 T_1

R_1

A	B	C
a	b	c
d	e	f
g	h	i

S_1

D	E	F
j	k	l
m	n	o
p	q	r

T_1

A	B	C	D	E	F
a	b	c	j	k	l
a	b	c	m	n	o
a	b	c	p	q	r
d	e	f	j	k	l
d	e	f	m	n	o
d	e	f	p	q	r
g	h	i	j	k	l
g	h	i	m	n	o
g	h	i	p	q	r

3. 关系代数中的运算

关系代数中除了上述几个最基本的运算外，为操纵方便还需要增添一些运算。

设关系 R 和关系 S 具有相同的目 n（即两个关系都有 n 个属性），且相应的属性取自同一个域。R 和 S 的关系见表 7.6。

表 7.6 关系 R、S

R

A	B	C	D
1	2	3	4
2	2	5	7
9	0	3	8

S

A	B	C	D
2	2	3	8
1	2	3	4
9	1	2	3

（1）并（union）运算

关系 R 与 S 经并运算后所得到的关系是由那些在 R 内或在 S 内的元组组成，记为 $R \cup S$。表 7.7 给出了关系 R 与 S 经过并运算后得到的关系 T_1。

表 7.7 关系 $T_1 = R \cup S$

A	B	C	D
1	2	3	4
2	2	5	7
9	0	3	8
2	2	3	8
9	1	2	3

（2）交（intersection）运算

关系 R 与 S 经交运算后所得到的关系是由那些既在 R 内又在 S 内的元组所组成，记为 $R \cap S$。表 7.8 给出了两个关系 R 与 S 经过交运算后得到的关系 T_2。

表 7.8 关系 $T_2 = R \cap S$

A	B	C	D
1	2	3	4

（3）差（except）运算

关系 R 与 S 经差运算后所得到的关系是由那些属于 R 而不属于 S 的元组所组成，记为 $R-S$。表 7.9 给出了两个关系 R 与 S 经过差运算后得到的关系 T_3。

表 7.9 关系 $T_3 = R - S$

A	B	C	D
2	2	5	7
9	0	3	8

(4) 除(division)运算

如果将笛卡儿积运算看作乘运算,那么除运算就是它的逆运算。当关系 $T = R \times S$ 时,则可将除运算写成为:

$$T \div R = S \text{ 或 } T/R = S$$

由于除是采用的逆运算,因此除运算的执行是需要满足一定条件的。设有关系 T、R,T 能被除的充分必要条件是:T 中的域包含 R 中的所有属性;T 中有一些域不出现在 R 中。

在除运算中 S 的域由 T 中那些不出现在 R 中的域所组成,对于 S 中任一有序组,由它与关系 R 中每个有序组所构成的有序组均出现在关系 T 中。

表 7.10 给出了关系 R 及一组 S,对这一组不同的 S 给出了经除法运算后的商 R/S,从中可以清楚地看出除法的含义及商的内容。

表 7.10　三个除法

R

A	B	C	D
1	2	3	4
7	8	5	6
7	8	3	4
1	2	5	6
1	2	4	2

S

C	D
3	4
5	6

S

C	D
3	4

S

C	D
3	4
5	6
1	2

T

A	B
1	2
7	8

T

A	B
1	2
7	8

T

A	B
1	2

(5) 连接(join)与自然连接(natural join)运算

在数学上,可以用笛卡儿积建立两个关系间的连接,但这样得到的关系庞大,而且数据大量冗余。在实际应用中一般两个相互连接的关系往往须满足一些条件,所得到的结果也较为简单。这样就引入了连接运算与自然连接运算。

连接运算又可称为 θ 连接运算,这是一种二元运算,通过它可以将两个关系合并成一个大关系。设有关系 R、S 以及比较式 $i\theta j$,其中 i 为 R 中的域,j 为 S 中的域,θ 含义同前。则可以将 R、S 在域 i、j 上的 θ 连接记为:

$$R \underset{i\theta j}{\overset{|x|}{}} S = \sigma_{i\theta j}(R \times S)$$

即 R 与 S 的 θ 连接是由 R 与 S 的笛卡儿积中满足限制 $i\theta j$ 的元组构成的关系,一般其元组的数

目远远少于 $R \times S$ 的数目。应当注意的是，在 θ 连接中，i 与 j 须具有相同域，否则无法做比较。

在 θ 连接中如果 θ 为"="，就称此连接为等值连接，否则称为不等值连接；如 θ 为"＜"时称为小于连接；如 θ 为"＞"时称为大于连接。

设有关系 R、S，以及 $T_1 = R \underset{D>E}{|x|} S$，$T_2 = R \underset{D=E}{|x|} S$，见表 7.11。

表 7.11　R、S 及 T_1、T_2

R

A	B	C	D
1	2	3	4
3	2	1	8
7	3	2	1

S

E	F
1	8
7	9
5	2

T_1

A	B	C	D	E	F
1	2	3	4	1	8
3	2	1	8	1	8
3	2	1	8	7	9
3	2	1	8	5	2

T_2

A	B	C	D	E	F
7	3	2	1	1	8

在实际应用中最常用的连接是一个叫自然连接的特例。它满足下面的条件：

① 两关系间有公共域；

② 通过公共域的相等值进行连接。

设有关系 R、S，R 有域 $A_1, A_2, \cdots, A_n$，S 有域 $B_1, B_2, \cdots, B_m$，并且，$A_{i_1}, A_{i_2}, \cdots, A_{i_j}$ 与 $B_1, B_2, \cdots, B_j$ 分别为相同域，此时它们自然连接可记为：$R \mid x \mid S$。

自然连接的含义可用下式表示：

$$R \mid x \mid S = \pi_{A_1, A_2, \cdots, A_n, B_{j+1}, \cdots, B_m}(\sigma A_{i1} = B_1 \wedge A_{i_2} = B_2 \wedge \cdots \wedge A_{i_j} = B_j (R \times S))$$

设关系 R、S 以及 $T = R \mid x \mid S$ 见表 7.12。

表 7.12　R、S 及 $T=R|x|S$

R

A	B	C	D
1	2	3	4
1	5	8	3
2	4	2	6
1	1	4	7

S

D	E
5	1
6	4
7	3
6	8

T

A	B	C	D	E
2	4	2	6	4
2	4	2	6	8
1	1	4	7	3

7.4　数据库设计与管理

数据库设计是指利用现有的数据库管理系统为具体的应用对象构造适合的数据库模式，建立数据库及其应用系统，使之能有效地收集、存储、操作和管理数据，满足企业中各类用户的应用需求(信息需求和处理需求)。从本质上讲，数据库设计的过程是将数据库系统与现实世界密切地、有机地、协调一致地结合起来的过程。

数据库设计是数据库应用的核心。本节讨论数据库设计的任务特点、基本步骤和方法，重点介绍数据库的需求分析、概念设计及逻辑设计三个阶段，并用实际例子说明如何进行相关的设计。此外本节还简单讨论数据库管理的内容及 DBA 的工作。

7.4.1　数据库设计概述

在数据库应用系统中的一个核心问题就是设计一个能满足用户要求、性能良好的数据库，这就是数据库设计(database design)。

数据库设计的基本任务是根据用户对象的信息需求、处理需求和数据库的支持环境(包括硬件、操作系统与 DBMS)设计出数据模式。所谓信息需求，主要是指用户对象的数据及其结构，它反映了数据库的静态要求；所谓处理需求，则表示用户对象的行为和动作，它反映了数据库的动态要求。数据库设计中有一定的制约条件，它们是系统设计平台，包括系统软件、工具软件以及设备、网络等硬件。因此，数据库设计即是在一定平台制约下，根据信息需求与处理需求设计出性能良好的数据模式。

1. 数据库设计的特点

数据库的设计和开发是一项庞大的工程，是涉及多学科的综合性技术。数据库建设和一般的软件系统的设计、开发和运行与维护有许多相同之处，更有自身的一些特点。

(1) 综合性

数据库设计涉及的范围很广，包含了计算机专业知识和业务系统的专业知识，同时还要解决技术与非技术两方面的问题。

非技术问题包括组织机构的调整、经营方针的改变、管理体制的变更等。这些问题都不是设计人员所能解决的，但新的管理信息系统要求必须有与之相适应的新的组织机构、新的经营方针、新的管理体制，这就是一个较为尖锐的矛盾。另一方面，数据库设计者需要具备两方面的知识，但同时具备两方面知识的人是很少的。数据库设计者一般都会花费相当长的时间去熟悉应用业务系统知识，这一过程有时很麻烦，会使设计人员产生厌烦情绪，而这会影响系统的最后成功。

(2) 结构(数据)设计和行为(处理)设计相结合

数据库设计应该和应用系统设计相结合。也就是说,整个设计过程中要把数据库结构设计和对数据的处理设计密切结合起来。

但是在早期的数据库应用系统开发过程中,常把数据库设计和应用系统的设计分离开来。由于数据库设计有专门的技术和理论,因此需要专门来讲解数据库设计。这并不等于数据库设计和在数据库之上开发应用系统是相互分离的。相反,必须强调设计过程中数据库设计和应用程序设计的密切结合,并把它作为数据库设计的重要特点。

传统的软件工程忽视对应用中数据语义的分析和抽象,对于数据库应用系统的设计显然是不妥的。早期的数据库设计致力于数据模型和数据库建模方法的研究,着重结构性的设计而忽视了行为的设计对结构设计的影响,这种方法也是不完善的。我们则强调在数据库设计中要把结构特性和行为特性结合起来。

2. 数据库设计方法与步骤

在数据库设计中有两种方法,一种是以信息需求为主,兼顾处理需求,称为面向数据的方法;另一种方法是以处理需求为主,兼顾信息需求,称为面向过程的方法。这两种方法目前都有使用,在早期由于应用系统中处理多于数据,因此以面向过程的方法使用较多,而近期由于大型系统中数据结构复杂、数据量庞大,且相应处理流程趋于简单,因此用面向数据的方法较多。由于数据在系统中稳定性高,数据已成为系统的核心,因此面向数据的设计方法已成为主流方法。

数据库设计目前一般采用生命周期法,即将整个数据库应用系统的开发分解成目标独立的若干阶段。它们是:需求分析阶段、概念设计阶段、逻辑设计阶段、物理设计阶段、编码阶段、测试阶段、运行阶段、进一步修改阶段。在数据库设计中采用上面几个阶段中的前四个阶段,并且重点以数据结构与模型的设计为主线,如图 7.4 所示。

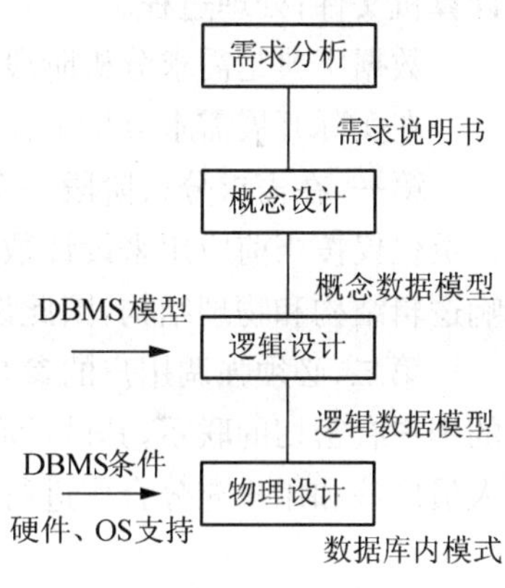

图 7.4 数据库设计的四个阶段

7.4.2 数据库设计的需求分析

需求分析简单地说就是分析用户的需求。需求分析是数据库设计的起点,其结果将直接影响后面各阶段的设计,并影响最终的数据库系统能否被合理地使用。

需求分析阶段的主要任务是详细调查现实世界要处理的对象(公司、部门、企业),在了解现行系统的概况、确定新系统功能的过程中,收集支持系统目标的基础数据及其处理方法。需求分析是在用户调查的基础上,通过分析,逐步明确用户对系统的需求,包括数据需求以及与这些数据有关的业务处理需求。

进行用户调查的重点是“数据”和“处理”,通过调查,要从中获得每个用户对数据库的如下要求:

(1) 信息要求,指用户需要从数据库中获得信息的内容与性质。由信息要求可以导出数据要求，即在数据库中须存储哪些数据。

（2）处理要求，指用户要完成什么处理功能，对处理的响应时间有何要求，处理的方式是批处理还是联机处理。

（3）安全性和完整性的要求。为了很好地完成调查的任务，设计人员必须不断地与用户交流，与用户达成共识，以便逐步确定用户的实际需求，然后分析和表达这些需求。需求分析是整个设计活动的基础，也是最困难、最花时间的一步。需求分析人员既要懂得数据库技术，又要对应用环境的业务比较熟悉。

分析和表达用户的需求，经常采用的方法有结构化分析方法和面向对象的方法。结构化分析方法用自顶向下、逐层分解的方式分析系统。用数据流图表达了数据和处理过程的关系，数据字典对系统中数据的详尽描述，是各类数据属性的清单。对数据库设计来讲，数据字典是进行详细的数据收集和数据分析所获得的主要结果。

数据字典是各类数据描述的集合，它通常包括5个部分，即数据项，是数据的最小单位；数据结构，是若干数据项有意义的集合；数据流，可以是数据项，也可以是数据结构，表示某一处理过程的输入或输出；数据存储，处理过程中存取的数据，常常是手工凭证、手工文档或计算机文件；处理过程。

数据字典是需求分析阶段建立，在数据库设计过程中不断修改、充实、完善的。

在实际开展需求分析工作时有两点需要特别注意：

第一，在需求分析阶段一个重要而困难的任务是收集将来应用所涉及的数据。若设计人员仅仅按当前应用来设计数据库，新数据的加入不仅会影响数据库的概念结构，而且将影响逻辑结构和物理结构，因此设计人员应充分考虑到可能的扩充和改变，使设计易于更动。

第二，必须强调用户的参与，这是数据库应用系统设计的特点。数据库应用系统和广泛的用户有密切的联系，其设计和建立又可能对更多人的工作环境产生重要影响。因而，设计人员应该和用户充分合作进行设计，并对设计工作的最后结果承担共同的责任。

7.4.3 数据库概念设计

1. 数据库概念设计概述

数据库概念设计的目的是分析数据间内在语义关联，在此基础上建立一个数据的抽象模型。数据库概念设计的方法有以下两种：

（1）集中式模式设计法

这是一种统一的模式设计方法，它根据需求由一个统一机构或人员设计一个综合的全局模式。这种方法设计简单方便，它强调统一与一致，适用于小型或并不复杂的单位或部门，而对大型的或语义关联复杂的单位则并不适合。

（2）视图集成设计法

这种方法是将一个单位分解成若干个部分，先对每个部分做局部模式设计，建立各个部分的视图，然后以各视图为基础进行集成。在集成过程中可能会出现一些冲突，这是由于视图设计的分散性形成的不一致所造成的，因此须对视图做修正，最终形成全局模式。

视图集成设计法是一种由分散到集中的方法，它的设计过程复杂但它能较好地反映需求，适合于大型与复杂的单位，避免设计的粗糙与不周到，目前此种方法使用较多。

2. 数据库概念设计的过程

使用E-R模型与视图集成法进行设计时，需要按以下步骤进行：首先选择局部应用，再进行局部视图设计，最后对局部视图进行集成得到概念模式。

(1) 选择局部应用

根据系统的具体情况，在多层的数据流图中选择一个适当层次的数据流图，让这组图中每一部分对应一个局部应用，以这一层次的数据流图为出发点，设计E-R图。

(2) 视图设计

视图设计一般有三种设计次序，它们是：

① 自顶向下。这种方法是先从抽象级别高且普遍性强的对象开始逐步细化、具体化与特殊化，如学生这个视图可先从一般学生开始，再分成大学生、研究生等，进一步再由大学生细化为大学本科与专科，研究生细化为硕士生与博士生等，还可以再细化成学生姓名、年龄、专业等细节。

② 由底向上。这种设计方法是先从具体的对象开始，逐步抽象，普遍化与一般化，最后形成一个完整的视图设计。

③ 由内向外。这种设计方法是先从最基本与最明显的对象着手逐步扩充至非基本、不明显的其他对象，如学生视图可从最基本的学生开始逐步扩展至学生所读的课程、上课的教师与任课的教师等其他对象。

上面三种方法为视图设计提供了具体的操作方法，设计者可根据实际情况灵活掌握，可以单独使用也可混合使用。有某些共同特性和行为的对象可以抽象为一个实体。对象的组成成分可以抽象为实体的属性。

在进行设计时，实体与属性是相对而言的。同一事物，在一种应用环境中作为"属性"，在另一种应用环境中就必须作为"实体"。但是，在给定的应用环境中，属性必须是不可分的数据项，属性不能与其他实体发生联系，联系只发生在实体之间。

例：课程管理局部视图的设计：在这一视图中共有五个实体，分别是学生、课程、教室、教师及教科书。描述这些实体的属性分别为：

学生：{学号，姓名，年龄，性别，入学时间}

课程：{课程号，课程名，学时数}

选修：{学号，课程号，成绩}

教科书：{书号，书名，ISBN，作者，出版时间，关键字}

教室：{教室编号，地址，容量}

同样，省略了实体的属性后课程管理的E-R图如图7.5所示。

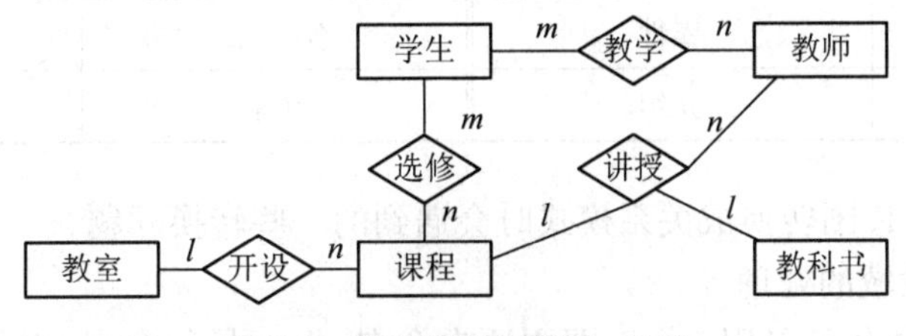

图7.5 课程管理局部E-R图

(3) 视图集成

视图集成的实质是将所有的局部视图统一与合并成一个完整的数据模式。在进行视图集成时,最重要的工作便是解决局部设计中的冲突。在集成过程中由于每个局部视图在设计时的不一致性因而会产生矛盾,引起冲突。常见冲突有下列几种:

① 命名冲突。命名冲突有同名异义和同义异名两种。如上面的实例中学生属性"何时入学"与"入学时间"属同义异名。

② 概念冲突。同一概念在一处为实体而在另一处为属性或联系。

③ 域冲突。相同的属性在不同视图中有不同的域,如学号在某视图中的域为字符串而在另一个视图中可为整数,有些属性采用不同度量单位也属域冲突。

④ 约束冲突。不同的视图可能有不同的约束。

视图经过合并生成的是初步 E-R 图,其中可能存在冗余的数据和冗余的实体间联系。冗余数据和冗余联系容易破坏数据库的完整性,给数据库维护增加困难。因此,对于视图集成后所形成的整体的数据库概念结构还必须进行进一步验证,确保它能够满足下列条件:

- 整体概念结构内部必须具有一致性,即不能存在互相矛盾的表达;
- 整体概念结构能准确地反映原来的每个视图结构,包括属性、实体及实体间的联系;
- 整体概念结构能满足需求分析阶段所确定的所有要求;
- 整体概念结构最终还应该提交给用户,征求用户和有关人员的意见,进行评审、修改和优化,然后把它确定下来,作为数据库的概念结构,也作为进一步设计数据库的依据。

7.4.4 数据库的逻辑设计

逻辑结构设计的任务是把在概念结构设计阶段设计好的基本 E-R 图转换为具体的数据库管理系统支持的数据模型,一般包含两个步骤:

(1) 将概念模型转换为某种组织层数据模型;

(2) 对数据模型进行优化。

1. 将 E-R 图向关系模式转换

数据库的逻辑设计主要工作是将 E-R 图转换成指定的 RDBMS 中的关系模式。首先,从 E-R 图到关系模式的转换是比较直接的,实体域联系都可以表示成关系,E-R 图中属性也可以转换成关系的属性。实体集也可以转换成关系。E-R 模型与关系间的转换见表 7.12。

表 7.12 E-R 模型与关系间的比较表

E-R模型	关系	E-R模型	关系
属性	属性	实体集	关系
实体	元组	联系	关系

下面讨论由 E-R 图转换成关系模式时会遇到的一些转换问题。

(1) 命名与属性域的处理

关系模式中的命名可以用 E-R 图中原有命名,也可另行命名,但是应尽量避免重名,

RDBMS一般只支持有限种数据类型而E-R中的属性域则不受此限制，如出现有RDBMS不支持的数据类型时则要进行类型转换。

（2）非原子属性处理

E-R图中允许出现非原子属性，但是在关系模式中一般不允许出现非原子属性，非原子属性主要有集合型和元组型。如出现此种情况时可以进行转换，其转换办法是集合属性纵向展开而元组属性则横向展开。

例：学生实体由学号、学生姓名及选读课程，其中前两个为原子属性而后一个为集合型非原子属性，因为一个学生可选读若干课程，设有学生S1307，王承志，他选读Database，Operating System及Computer Network三门课，此时可用关系形式其纵向展开，见表7.13。

表7.13 学生实体

学号	学生姓名	选读课程
S1307	王承志	Database
S1307	王承志	Operating System
S1307	王承志	Computer Network

（3）联系的转换

在一般情况下联系可用关系表示，但是在有些情况下联系可归并到相关联的实体中。

2. 逻辑模式规范化及调整、实现

（1）规范化

关系数据库设计的关键是关系数据库模式的设计，即确定构造几个关系模式及每一模式各自包含的属性，将相互关联的模式组成合适的关系模型。关系数据库的设计必须在关系数据库规范化理论的指导下进行。

设计不良的关系模式会有数据冗余、插入异常、删除异常及修改异常等问题。下面将通过一个例子展示设计不好的模式会出现的问题，以及如何通过分解的方法来进行规范化，设计出相对合理的关系模式。

例：对某关系模式SC(S#,Sn,Sd,Dc,Sa,C#,Cn,P#,G)，其关键字是复合关键字(S#,C#)。如表7.14所示是这一关系的一个实例。

表7.14 不当学生选课表关系SC

S#	Sn	Sd	Dc	Sa	C#	Cn	P#	G
200101	张浩然	EE	李槐	18	C001	数据结构	-	90
200101	张浩然	EE	李槐	18	C010	操作系统	C001	92
200102	李一明	EE	李槐	19	C001	数据结构	-	93
200102	李一明	EE	李槐	19	C010	操作系统	C001	89
200103	王伟	EE	李槐	18	C010	操作系统	C001	89

显然，这样设计的关系中存在如下的问题。

① 数据冗余：表中每个学生相关的信息会多次出现，选几门课就会出现几次，而每门课的信息也会重复多次，有多少学生选就出现多少次；

② 插入异常：如果有学生当前没有选课，则该学生无法插入表中，类似的，如果有课程没有学生选修，课程也不能插入表中；

③ 删除异常：如果一门课只有一个学生选修，则删除学生会同时删掉课程，反之，删掉课程也会同时删除学生；

④ 修改异常：如果某学生改名，则该学生的所有记录都要逐一修改，一旦某一记录漏改，就会造成数据的不一致，比如对学生王伟和课程数据库的记录。

解决这一问题的方法是对关系通过分解进行规范化，其中进行分解的依据是关系属性之间的函数依赖。函数依赖就是一个属性集依赖于别的属性集，或一个属性集决定别的属性集。属性集 Y 依赖于属性集 X 记为 $X \rightarrow Y$，比如上面的关系中学生所在系依赖于学号，即 S#→Sd，课程名称依赖于课号，即 C#→Cn。

对于关系模式，若其中的每个属性都已不能再分为简单项，则它属于第一范式模式（1NF），比如关系 SC 已经是第一范式了。如果某个关系模式 R 为第一范式，并且 R 中每一个非主属性完全函数依赖于 R 的某个候选键，则称其为第二范式模式（2NF）。第二范式消除了非主属性对主键的部分依赖。对上面的模式 SC，主键为复合键（S#，C#），但显然有 S#→Sd、S#→Sa、S#→Dc，以及 C#→Cn、C#→P# 等，存在非主属性对主属性的部分依赖。对上述模式进行如下的分解，就可以消除对非主属性的部分依赖：

S1（S#，Sn，Sd，Dc，Sa）

C（C#，Cn，P#）

SC1（S#，C#，G）

此时就把原来的关系 SC 分解成了第二范式。

但分解后的第二范式仍然存在一些问题，比如系主任的名字在表中仍会对此重复。造成这一数据冗余的原因是属性 Dc 对主属性 S# 的传递依赖。在关系模式中，如果 $Y \rightarrow X$，$X \rightarrow A$，且 X 不决定 Y 和 A 不属于 X，那么 $Y \rightarrow A$ 是传递依赖。对关系模式 S1，学生所在系依赖于学号（S#→Sd），但系本身就确定了系主任（Sd→Dc），所以此时属性 Dc 传递依赖于主属性 S#。

如果关系模式 R 是第二范式，并且每个非主属性都不传递依赖于 R 的候选键，则称 R 为第三范式模式（3NF）。把传递依赖于主属性的属性放到另外一个关系中，消除传递依赖，如上面 S1 中把属性 Dc 放到另外一个表中，得到下面的关系：

S1（S#，Sn，Sd，Dc，Sa）

D（Sd，Dc）

C（C#，Cn，P#）

SC1（S#，C#，G）

该关系即是第三范式。在大部分应用中都需要将关系分解为 3NF，否则数据冗余太大。比 3NF 更高级的范式是 BCNF，它要求所有属性都不传递依赖于关系的任何候选键。在实际应用中，并不一定要求全部模式都达到 BNCF 不可，有时故意保留部分冗余可能更方便数据查询，尤其对于那些更新频率度不高、查询频度极高的数据关系更是如此。

关系模式进行规范化的目的是使关系结构更合理，消除存储异常，使数据冗余尽量小，便于插入、删除和更新等操作。关系模式进行规范化的原则是:遵从概念单一化“一事一地”原则,即一个关系模式描述一个实体或实体间的一种联系。规范化的实质就是概念的单一化。

(2) RDBMS

对逻辑模式进行调整以满足 RDBMS 的性能、存储空间等要求,同时对模式做适应 RDBMS 限制条件的修改,他们包括如下内容:

① 调整性能以减少连接运算;

② 调整关系大小,使每个关系数量保持在合理水平,从而可以提高存取效率;

③ 尽量使用快照,因在应用中经常仅需某固定时刻的值,此时可用快照将某时刻值固定,并定期更换,此种方式可以显著提高查询速度。

3. 关系视图设计

逻辑设计的另一个重要内容是关系视图的设计,它又称为外模式设计。关系视图是在关系模式基础上所设计的直接面向操作用户的视图,它可以根据用户需求随时创建,一般 RDBMS 均提供关系视图的功能。

关系视图的作用大致有如下几点。

(1) 提供数据逻辑独立性:使应用程序不受逻辑模式变化的影响。数据的逻辑模式会随着应用的发展而不断变化,逻辑模式的变化必然会影响应用程序的变化,这就会产生极为麻烦的维护工作。关系视图则起了逻辑模式与应用程序之间的隔离墙作用,有了关系视图后建立在其上的应用程序就不会随逻辑模式修改而产生变化,此时变动的仅是关系视图的定义。

(2) 能适应用户对数据的不同需求:每个数据库有一个非常庞大的结构,而每个数据库用户则希望只知道他们自己所关心的那部分结构,不必知道数据的全局结构以减轻用户在此方面的负担。此时,可用关系视图屏蔽用户所不需要的模式,而仅将用户感兴趣的部分呈现出来。

(3) 有一定数据保密功能:关系视图为每个用户划定了访问数据的范围,从而在应用的各用户间起了一定的保密隔离作用。

7.4.5 数据库的物理设计

数据库物理设计的主要目标是对数据库内部物理结构做调整并选择合理的存取路径,以提高数据库访问速度及有效利用存储空间。在现代关系数据库中已大量屏蔽了内部物理结构,因此留给用户参与物理设计的余地并不多,一般的 RDBMS 中留给用户参与物理设计的内容大致有如下几种:索引设计、集簇设计和分区设计。

7.4.6 数据库管理

数据库是一种共享资源,它需要维护与管理,这种工作称为数据库管理,而实施此项管理的人则称为数据库管理员。数据库管理一般包含如下一些内容:数据库的建立、数据库的调整、数据库的重组、数据库的安全性控制与完整性控制、数据库的故障恢复和数据库的监控。

1. 数据库的建立

数据库的建立包括两部分内容,数据模式的建立及数据加载。

(1) 数据模式建立。数据模式由 DBA 负责建立,DBA 利用 RDBMS 中的 DDL 语言定义数据库名,定义表及相应属性,定义主关键字、索引、集簇、完整性约束、用户访问权限,申请空间资源,定义分区等,此外还须定义视图。

(2) 数据加载。在数据模式确定以后即可加载数据,DBA 可以编制加载程序将外界数据加载至数据模式内,从而完成数据库的建立。

2. 数据库的调整

在数据库建立并经一段时间运行后往往会产生一些不适应的情况,此时需要对其做调整。数据库的调整一般由 DBA 完成,调整包括下面一些内容:

(1) 调整关系模式与视图使之更能适应用户的需求;

(2) 调整索引与集簇使数据库性能与效率更佳;

(3) 调整分区、数据库缓冲区大小以及并发度使数据库物理性能更好。

3. 数据库的重组

数据库在经过一定时间运行后,其性能会逐步下降,下降的原因主要是由于不断的修改、删除与插入所造成的。由于不断的删除而造成盘区内废块的增多而影响 I/O 速度,由于不断的删除与插入而造成集簇的性能下降,同时也造成了存储空间分配的零散化,使得一个完整表的空间分散,从而造成存取效率下降。基于这些原因需要对数据库进行重新整理,重新调整存储空间,此种工作叫数据库重组。一般数据库重组须花大量时间,并做大量的数据变迁工作。实际中,往往是先做数据卸载,然后再重新加载从而达到数据重组的目的。目前一般 RDBMS 都提供一定手段,以实现数据重组功能。

4. 数据库安全性控制与完整性控制

数据库是一个单位的重要资源,它的安全性是极端重要的,DBA 应采取措施保证数据不受非法盗用与破坏。此外,为保证数据的正确性,使录入库内数据均能保持正确,需要有数据库的完整性控制。

5. 数据库的故障恢复

一旦数据库中的数据遭受破坏,需要及时进行恢复,RDBMS 一般都提供此种功能,并由 DBA 负责执行故障恢复功能。

6. 数据库监控

DBA 须随时观察数据库的动态变化,并在发生错误、故障或产生不适应情况时随时采取措施,如数据库死锁、对数据库的误操作等;同时还须监视数据库的性能变化,在必要时对数据库做调整。

7.5 课程思政

中国人自己的数据库

众所周知，在互联网时代，尤其是大数据时代，数据库是非常重要的产品，因为利用数据库可以高效、有组织地存储数据，使人们能够更快、更方便地管理数据。

而说起数据库软件，大家最熟悉的是甲骨文的 Oracle，也确实是鼎鼎大名了，当时差不多大型数据库软件都是使用的它，由此诞生了很多和 Oracle 相关的岗位和职位。

不过，这些年各种数据库崛起，尤其是国产数据库的崛起，国内很多金融、电信级的大企业已经不再使用 Oracle 数据库，转而使用起了国产数据库了。

当下国产最强的三大数据库，分别是华为、阿里、中兴的产品，它们已经在很多行业上取代了 Oracle，让中国的企业用上了中国的数据库。

华为的数据库叫高斯数据库(Gauss-DB),按照媒体的说法,目前出货量已超 3 万套,在国产数据库中,名列前茅。

高斯数据库 2007 年的时候就开始研发,先后有三代,分别是 GaussDB100、GaussDB200、GaussDB300,目前已经得到了招商、工商银行的验证和认可,同时还在很多运营商中使用,已经得到了认可。

而阿里的数据库则是阿里自主研发的金融级的、分布式关系数据库 OceanBase,去年有一份成绩公布,在 TPC-C 的测试排名中,以两倍于 Oracle(甲骨文)的成绩,排名全球第一。第一次中国的数据库在 TPC-C 测试中,进入前 10 名。

中兴的数据库则是 GoldenDB 数据库,在 2019 年 6 月 4 日的时候,中国信息通信院组织了一场“分布式数据库能力测评”。中兴 GoldenDB 数据库是全场唯一一个通过全部 50 项测评、并获得满分的选手。就算西方国家再加大抵制力度,中兴数据库也在不断进步中。

此后,媒体报道称中信银行选择将核心业务迁移到中兴 GoldenDB 数据库,能够为银行提供核心业务数据库,这个数据库有多强,相信已不必多说。

2022 年 8 月墨天轮中国数据库流行度排行榜火热出炉,8 月排行榜共有 236 个数据库参与排名。本月榜单前十名的变化可以用“两反超”来概括:openGauss 以 12.7 分优势反超达梦重回第二。PolarDB 得分较上月上涨 5.9%,反超人大金仓位列第六。

以上两个反超的主角,openGauss 和 PolarDB 都是开源产品,可以看出,“开源”依旧是一个热点。

排行	上月		半年前		名称	模型	属性	三方评测	生态	专利	论文	得分	上月	半年前
1		1		1	TiDB +	关系型				15	23	597.74	-37.07	+8.36
2	↑	3		2	openGauss +	关系型				562	65	564.97	+3.19	+12.82
3	↓	2	↑	4	达梦 +	关系型				381	0	552.27	-14.46	+68.36
4		4	↓	3	OceanBase +	关系型				137	17	487.65	-6.60	-27.06
5		5		5	GaussDB +	关系型				562	65	445.72	-29.84	+17.86
6	↑	7		6	PolarDB +	关系型				512	26	418.78	+23.49	+101.14
7	↓	6	↑↑	9	人大金仓 +	关系型				232	0	395.20	-0.88	+131.99
8		8		8	GBase +	关系型				152	0	307.34	-23.45	-5.56
9		9	↓↓	7	TDSQL +	关系型				39	10	250.95	-17.21	-64.78
10		10		10	AnalyticDB +	关系型				480	28	201.33	+9.65	+22.57

GaiaDB
金融级分布式数据库
TiDB
开源分布式关系型数据库
KING BASE 人大金仓 Kingbase
成为世界卓越的数据库产品
AntDB AntDB
自主可控,助力新基建

云集而景从,云的战争也必须过数据仓库这一关。根据 IDC 数据,2021 年,中国分析型数据库市场规模为 249.9 亿元,预计 2024 年,中国分析型数据库市场规模将达到 521.4 亿元,复合增长率 CAGR 为 27.7%。

近年来,国内传统数据库厂商、新锐厂商和公有云等各类厂商纷纷加大了对分析型数据库的投入和布局。他们或推出新一代的智能湖仓产品,抑或对传统的数据仓库、数据湖进行升级。

阿里云 AnalyticDB 一直稳坐墨天轮排行榜第十名。近日,阿里云 AnalyticDB 迎来了“升舱”,与部分传统数仓需要专有硬件平台不同,ADB 本身支持 x86 通用硬件部署,同时也支持 Arm 架构,以及国产化鲲鹏平台、海光处理器、麒麟系统等。

8 月,墨天轮排行榜新增 4 个数据库(CSGGraph、Yukon 禹贡、CUDB、FusionDB)参与

排名。此外，本月排名规则上有微调，论文数这一细则有所变化，为了更加真实客观地展现各厂商在学术领域和前沿技术上的成就，在 VLDB、SIGMOD、ICDE 三大顶会上发表论文每篇额外加 2 分。阿里巴巴、华为一直走在数据库前沿技术前列。2022 年起，阿里云数据库团队共有 15 篇论文被数据库三大国际顶级会议 SIGMOD、VLDB、ICDE 收录；华为总共有 17 篇数据库论文入选。

2022 年 7 月，墨天轮新增了俄罗斯数据库流行度排行榜，排行榜现收录了 32 个俄罗斯数据库，竞相争艳。2022 年对于俄罗斯数据库产业而言，是一个新起点。目前 ClickHouse、GigaBASE、Postgres Pro 分别位于前三名。

时人不识凌云木，直待凌云始道高。从陪跑到领跑，各国产数据库厂商在细分领域不断尝试、打磨产品，向着高标准、严要求前进。经历三十年的沧桑巨变，现在的国产数据库已经能够独当一面，并能在市场需求中衍生出新的产品，抓住机遇，绝地反击。200 余种国产数据库在市场竞争中角逐，交相辉映。我们要怀抱着包容之心，等待下一个国产明星。

中美之间的芯片之争，为什么说美国输不起，中国肯定会赢呢？

美国在近二十年来对我国的芯片制裁就从未停歇过。先是在 1996 年，美国就联合了 30 多个西方发达国家签署了《瓦森纳协议》对华技术出口管制。

然后又签署了一份《芯片和科学法案》，限制外国芯片企业对我国芯片产业的投资和出口，并断供我国的集成电路设计软件 EDA。

2022 年 3 月份，美国又想搞个“芯片四方联盟”，其中就包括美国、日本、韩国和中国台湾地区。不过韩国根本就没有表态。不表态的原因就是韩国还不想放弃中国的市场。

2022 年 8 月份，美国又要求芯片设计公司英伟达不准向中国出口两款被用于加速人工智能任务的最新 GPU 计算芯片。2023 年 9 月份，美国更要求 AMD 公司生产的 M250 芯片禁止对中国出口。

2022 年 10 月份，美国又出台了一系列的新规定，将禁止使用美国设备制造的某些芯片销售给中国。此外，美国政府还将 31 家中国公司、研究机构和其他团体列入所谓的“未经核实的名单”当中，限制它们获得某些受监管的美国半导体技术的能力。

通过以上这一系列的事情我们就可以看出来，美国在不断地打破规则，能使出来的招数都使完了，最终的目的那就是制裁中国芯片产业的发展。

但是结果呢？我们还是先来看一些数据吧！

近十年来，美国向中国出口的芯片产品平均每年超过 3 000 亿美元，是其最大的海外市场。另根据媒体给出的数据，如果中国企业决定不购买英伟达提供的替代产品，那么后者将在本季度损失 4 亿美元的销售额。

美国对我国芯片出口的管控，导致现在美国甚至全球的芯片产业低迷，股价大跌，芯片从之前的一芯难求到现在的堆积如山。前段时间 AMD 股价一夜之间暴跌 13.9%，市值蒸发 151.8 亿美元，约合近1 000 亿元人民币，年内累计跌幅近 60%，股价回到了两年前的水平。同时像台积电、英伟达、三星电子等芯片企业股价都纷纷迎来了暴跌，导致该行业的全球市值损失超过 2 400 亿美元。

这不，现在就有很多美国领袖和龙头企业的 CEO 开始醒悟了，表态说美国当初的断供措施就是很愚蠢的行为。

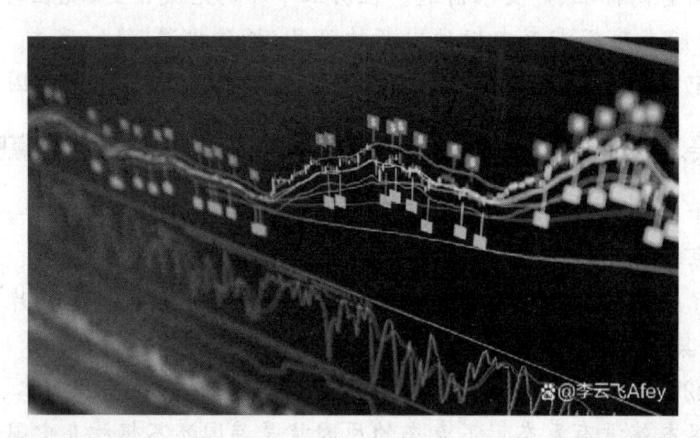

既然美国限制芯片对华出口，可以说是伤敌八百、自损一千的行为，但是美国为什么还要歇斯底里地这么干呢？

那就是美国在芯片产业上输不起。用美国的话说，中国将成为美国唯一的竞争对手，是越来越有能力重塑国际秩序的竞争者。

我们都知道，美国敢这么无底线地破坏市场规则，凭借的就是手中的美元霸权。而美元霸权又建立在其核心的技术之上。比如像军工、芯片等技术。说白了，如果美国失去了手中这张技术王牌,美元又能够霸权多久呢?这也是美国手中紧握的最后一张王牌,能够轻言放弃吗?

而且美国也明说了,中国是美国唯一的竞争对手,也是越来越有能力重塑国际秩序的竞争者。如果国际秩序一旦重塑,美国还能够喝着咖啡、打着高尔夫球、享受着高人一等的生活吗?显然不能。那么我国在芯片产业的突围就肯定动了美国的核心奶酪。在美国的眼里,企业的股价掉点算个啥,别让我美元说了不算话这才是重点。

说到这里,大家都应该明白了,为什么美国宁愿打断胳膊、打断腿都要限制我国在芯片产业上的发展了。因为这是美国维护自身利益的底线,也是最后的一道防线,美国输不起啊!

但是美国这样死防硬卡,真的会限制我国在芯片产业上的发展吗?在这里我可以先告诉你答案,那就是在中美芯片之战上,中国一定会赢。为什么会这么说?我们接着往下看。

根据相关的数据,在之前的四个季度,全世界里20家增长最快的芯片行业公司当中,有19家来自全球第二大经济体——中国。而2021年同个时间段只有8家。

根据中国半导体行业协会的相关数据显示,中国大陆芯片制造总销售额(包含制造和设计类企业)在去年提升了18%,创了历史新高,达到纪录的1万亿元人民币(约合1 500亿美元)以上。

另外,在不到一年时间里,中国就已经注册了半导体企业接近2.28万家。

可以这样说,美国对中国企业进行了制裁之后,中国的企业不但没有一蹶不振,反而化压力为动力,迎来了快速增长。目前我国芯片行业的增长速度极快,甚至已经超越了全球的其他任何地方。

除了肉眼可见的喜人成绩,我国还制定了芯片自给率超过70%的目标,并将第三代半导体纳入下一个五年规划当中,出台了一系列激烈措施和发展布局指导。这一系列的政策将会引导大量的资金涌向这一行业。那么在接下来中国科技企业在半导体芯片上可能会出现一波热潮,而在这波热潮当中非常有可能会让中国拥有属于自己的芯片技术。

另外,这一次我国在芯片上的突破也有了更多的底气。因为现在中国是全世界唯一全产业链的国家。另外,目前中国在科技创新、专利申请和授权数量上也已经超过了美国,并且在人工智能、数字应用、5G技术、新能源等领域上都领先全球。

现在美国媒体就简明扼要地指出，美国对中国芯片的制裁，恰恰促进了中国芯片产业的“超速”增长。大家听好，是超速而不是快速！

最后我想说的是，中国从来都是在制裁中成长，在围剿中突破。大到从原子弹到航天、航空事业的突破，小到从粮食安全到维生素C的突破，哪一次不是全胜而归呢？

换句话说，自古以来，国际秩序重塑也不是没发生过，有因必有果。美国今天的所作所为，即使国际秩序真的重塑了也不意外，更是大势所趋。

第八章

新兴技术基础

技术发展日新月异，几乎无时无刻不在发生着演化和进步。面对时代的洪流，我们要积极拥抱技术变革，为未来做好准备。当前的信息技术发展尤其迅猛，这儿仅列出近年来比较突出的几项技术。

8.1 云计算与大数据

8.1.1 引言

想象一下，当有一天，你所有的照片、音乐、视频、文件、数据……都被轻松地存入一个“天空储物柜”，无论你身处何时何地，当你想操作这些数据的时候(如播放音乐视频、编辑文档等)，你不需要随身携带笨重缓慢的电脑，也不必担心随时会被各种数据撑爆的手机，而是随时随地连上功能强大、容量近乎无限的云平台，去做你想做的事情。这是何等的便捷！而这些，都是云计算(Cloud Computing)的魅力。

8.1.2 云计算——无处不在的计算力量

1. 定义

云计算是一种基于互联网的计算模式，它允许用户通过互联网访问和使用存储在远程服务器上的数据和应用程序。这些服务器通常组成一个庞大的数据中心，用户可以根据自己的需求，通过互联网获取所需的计算资源、存储空间和应用程序等服务。

云计算就是一片飘浮在空中的超级大脑，它能随心所欲地扩大或缩小，随时提供你需要的计算能力。就像拥有一位无形的私人助理，无论何时何地，只要你轻点手机或电脑，就能调用全球范围内的服务器、存储空间甚至是复杂的软件服务，而无需自己搭建和维护这些设备，省时省力，就像是魔法一样。

图 8.1　云技术信息图表集

2. 分类

云计算环境就像是一个大超市，里面有各种各样的商品和服务可供选择。从云计算资源的归属，一般可以将云计算的类型分为三种，分别是公有云、私有云和混合云。

(1) 公有云

就像是一个大超市，任何人都可以购买和使用里面的商品和服务。比如阿里云、百度云、腾讯云、AWS 等，它们提供了广泛的计算资源，价格亲民，适合创业公司和小项目快速起步。

(2) 私有云

想象一个专门为你的家庭定制的私人仓库，只有你的家人才能进入，私密又安全。企业内部使用的私有云就是这样的，比如华为云 Stack，专为企业定制，数据安全可控。

(3) 混合云

如果把公有云比作公众超市，私有云是自家仓库，混合云就是两者间的结合，让你既能享受公共设施的便利，又能保有个人空间的私密，灵活又高效。

每种类型的云都有其优缺点，比如公有云便宜方便但安全性较低，私有云安全可控但成本较高，而混合云则试图在两者之间找到一个平衡点。

3. 关键技术

云计算的关键技术，就像是构建那片神秘"数字天空"的魔法石，让一切不可思议变得触手可及。让我们一起乘坐"云之旅"航班，探索那些让云计算翱翔天际的核心秘密吧！

(1) 虚拟化技术——空间变形术

我们都知道，服务器一般都非常强大，但同时也非常昂贵，并不是每个人都能轻易地拥有。但如果我们对服务器施加一点"魔法"，把每台服务器的 CPU、GPU、内存、硬盘等资源都分成多份逻辑上相互独立的、更小的资源，再把这些分出来的小资源整合成很多台虚拟的"小号"服务器(虚拟机)，再把这些虚拟机分给不同的人使用；这样一台物理的、大的服务器就可以同时被很多人使用，每个人都感觉自己像是独占了一整个机器一样，CPU、内存、硬盘等资源都有。这就像是孙悟空拔了一根毫毛，变出很多个自己（“分身”），可以同时跟妖怪战斗一样。虚拟化技术正是这门法术的精髓，它允许我们将各种计算资源（CPU、内存、存储等）分割成多个独立的单元，从而提高云端资源的利用率，让云计算的“分身”游戏玩得飞起。

（2）分布式计算——超级合体技

如果说虚拟化是“分身术”，那么分布式计算就是“合体技”。它能让众多的计算机联合起来，共同解决一个大到单个计算机无法处理的问题。比如：数据被切分成小块，分发给各个计算节点分别处理，最后再将结果汇总。这种“众人拾柴火焰高”的策略，让云计算在处理大数据、高性能计算等领域显得游刃有余。这就像《葫芦娃》故事中的各个葫芦娃联合起来，利用各自的能力，齐心协力，共同打败了邪恶的蛇精一样。

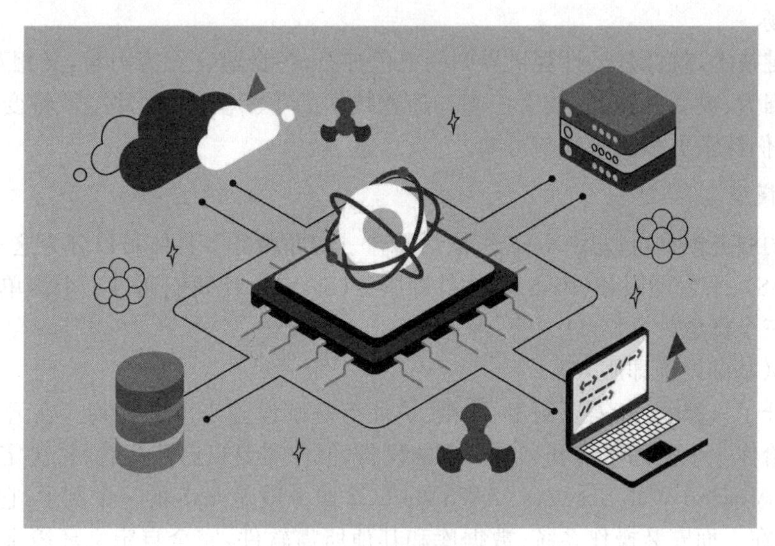

图 8.2 分布式计算

（3）容器技术——魔法容器

想象一下，你是一位大厨，而云计算就像是一个巨大的厨房，里面摆满了各种烹饪设备和食材。但问题是，如何高效地利用这个厨房，让各种美食快速上桌，并且每种美食都能保持一致的口味呢？这时候，容器技术就派上了大用场！

容器技术，就像是美食的“便携盒”。它可以把每一道菜肴（也就是你的应用程序系统）以及它所需要的原料、调料（数据），以及厨具（依赖项和配置）等都按照一定的流程打包在一起，放进这个“便携盒”里。这样，无论你走到哪里，只要有厨房（云计算环境），就可以轻松地取出“便携盒”，快速制作出美味的菜肴。

与传统的虚拟机技术相比，容器技术更加轻量级。想象一下，传统的虚拟机就像是一个个完整的、小一号的厨房，而容器只是一个装有必须食材、调料和工具的“便携盒”。因此，容器可以更快地启动，更高效地利用厨房资源（云计算资源）。

因为每个“便携盒”都包含了完整的某种菜肴的制作环境，所以无论在哪个厨房（云计算环境），都能保证制作出来的菜肴味道一致。这对于跨平台的部署和测试来说，简直是个福音！

总之，容器技术就像是云计算中的“便携盒”，它让应用软件的开发、测试、部署、迁移……都变得无比轻松。目前，Docker、Kubernetes(K8s)等都是这个领域中的热门技术之一。

(4) 自动化运维(DevOps)——无人值守的魔法城堡

在云计算的奇幻世界里,自动化运维就像是城堡里的自动守卫机器人,能够24小时不间断地监控、预警、修复问题,确保城堡(也就是云服务)稳定运行。通过CI/CD(持续集成/持续部署)流水线,代码从编写到上线的过程就像是一场精心编排的魔法表演,一键完成,既高效又可靠。

(5) 负载均衡——超级调度员

当云服务的访客(请求)如潮水般涌来时,如何确保每位访客都能得到快速接待呢?负载均衡技术就像是一位眼观六路、耳听八方的超级接待员,它能根据服务器的忙闲状态,智能地分配访问请求,确保没有哪台服务器被挤爆,也避免了用户等待过长,让服务体验始终如丝滑般流畅。

这些关键技术,就像是云计算世界中的五色神石,各自蕴含无穷力量,又相互协作,共同构建了那个强大、灵活、高效的数字王国。随着技术的不断演进,这片“云”将变得更加神奇多彩,带领我们探索更多的未知与可能。

4. 服务模型

云计算的服务模型可以用XaaS来概括,即“一切即服务”,具体可以分为这三种:基础设施即服务(IaaS)、平台即服务(PaaS)和软件即服务(SaaS)。让我们通过三个简单的生活化例子来理解这三个概念:

(1) IaaS(基础设施即服务)

想象你开了一家餐厅,需要厨房、冰箱、炉灶等基础设施来准备食物。在云计算中,IaaS就像是提供给你一个空的厨房和一些必要的设备,但你需要自己购买食材、决定菜单并亲自烹饪。比如,Amazon Web Services (AWS)的EC2服务就是IaaS的一个例子,它提供虚拟服务器,你可以在上面安装操作系统、数据库和其他所需软件,完全自定义环境来运行你的应用程序。

(2) PaaS(平台即服务)

还是以餐厅为例,如果选择PaaS,就好比你租用了一个已经装备好、可以立即使用的专业厨房,里面不仅有炉灶、冰箱,还有标准化的食材供应链和菜谱模板。你只需带上你的秘制调料和创意,就可以快速制作并出售菜品,而不必担心厨房建设和原料采购等细节。比如,Heroku或者Google App Engine就属于PaaS,它们提供了一个开发、运行和管理应用程序的平台,你只需要上传代码,平台负责底层的服务器、操作系统、数据库等的配置和管理。

(3) SaaS(软件即服务)

如果你不想自己开餐厅,而是直接使用外卖服务点餐,这就类似于SaaS。你不需要关心厨房在哪里、食物如何准备,只需要打开应用(如美团、饿了么),选择喜欢的菜品下单,就能在家享用美食。SaaS提供的是完整的、可以直接使用的应用程序,用户通过浏览器或者轻量级客户端访问,所有的维护和升级都由服务提供商负责。例如很多在线服务,用户只需订阅它们的服务,就可以在线使用办公软件或CRM系统,而无须安装或维护任何软硬件。

5. 好处与挑战

云计算带来了前所未有的灵活性和效率提升,但同时也面临着数据安全、合规性和技术依赖等挑战,就像是拥有超能力的同时也要面对超能力带来的副作用。

6. 案例

(1) 国内案例

在新冠疫情期间,钉钉迅速响应,利用阿里云强大的云计算资源,为全国数亿师生提供在线教育平台,保障了停课不停学,展现了云计算在应急响应上的高效与灵活性。

(2) 国外案例

Netflix 利用 AWS 的云计算服务,不仅能够处理海量用户观看数据,实现个性化推荐,还能在用户激增时迅速扩展服务器资源,保证流畅观影体验,展现了云计算在大规模数据处理和弹性扩展方面的强大能力。

8.1.3　大数据——信息的海洋

1. 定义

研究机构 Gartner 对大数据(Big Data)给出了这样的定义:"大数据"是指需要新处理模式才能具有更强的决策力、洞察发现力和流程优化能力来适应海量、高增长率和多样化的信息资产。

大数据,这个听起来既神秘又强大的词汇,其实并不是那么遥不可及。想象一下,假如你每天都能收到一卡车的邮件,里面装满了各种信件、图片、视频,甚至还夹杂着一些手绘的涂鸦,而且这些邮件数量每天都在翻倍,处理这些信息的挑战就是大数据要解决的问题了。权威点说,Gartner 给出的定义强调了大数据的"3V"特性:Volume(大量)、Velocity(高速)、Variety(多样),还有的研究机构和专家会加上 Veracity(真实性)和 Value(价值密度低)等特性。

大数据就像是一个无边无际的海洋,里面藏着无数的宝藏,但要想从中找到珍珠,你需要有特别的潜水装备和探宝技巧。

图 8.3　大数据

2. 特征

(1) 海量性(Volume)

就像宇宙中的星星一样多,大数据的数量级动辄以 PB、EB 计,远远超过了我们普通电脑硬盘能存储和处理的极限。

(2) 高速性(Velocity)

想象一场永不间断的雨,每一滴都是数据,大数据的产生速度要求我们必须实时或近乎实时地处理它们。

(3) 多样性(Variety)

从社交媒体上的文字、图片到传感器收集的温度、湿度数据,交通路口的摄像头拍下的行人和车辆的视频,大数据包含的信息格式五花八门,数据类型丰富多样。

(4) 真实性(Veracity)

在这海量信息中,真假难辨,就像在互联网的海洋里,谣言和真相并存,甄别数据的准确性和可靠性是一大挑战。

(5) 价值密度低(Value)

虽然总量庞大,但真正有用的信息可能只占极小的一部分,好比在沙滩上寻找金粒,需要耐心和智慧。

3. 技术堆栈

大数据技术堆栈主要包括数据存储、数据处理和数据应用三个层次。

(1) 数据存储

想象一下,一个加工厂有大量的原材料,那我们需要一个巨大的仓库来存放这些材料。同样地,大数据也需要大量的存储空间来存放数据。目前,主要的大数据存储技术包括 Hadoop 的 HDFS、NoSQL 数据库(如 MongoDB、Cassandra)和云存储(如 AWS S3、Azure Blob Storage)等。

(2) 数据处理

同样的,在一个工厂中,我们需要通过各种机器和工具来加工各种大量的原材料。同样地,大数据也需要通过各种数据处理技术来加工和分析数据。目前,主要的大数据技术包括批处理(如 Hadoop MapReduce)、流处理(如 Apache Kafka、Apache Flink)和计算引擎(如 Apache Spark)等,涉及分布式并行计算等。

(3) 数据应用

想象一下,一个艺术家有大量收集来的废品,他可以通过一些工具,对这些单个价值微小的废品来创作一个令人震撼的艺术作品。同样地,大数据也可以通过各种数据应用技术来创造价值。目前,主要的大数据应用技术包括数据挖掘、机器学习和人工智能等。

4. 应用和案例

(1) 个性化推荐

比如抖音,它能利用大数据分析你的观看历史、时间、喜好,然后像魔术师一样变出“你可能喜欢”的影片列表,让你一刷再刷,深陷其中,无法自拔。另外,当你在网上购物时,那些看似神奇的推荐商品的背后,都是大数据在默默工作的结果。通过分析你的购物历史和浏览行为,大数据能够很准确地预测你可能感兴趣的商品和服务。

（2）智能交通

城市里的摄像头和传感器不间断地收集交通数据，通过大数据分析预测拥堵、优化信号灯控制，规划更合理的路线，减少拥堵和延误，让城市的血脉更加畅通。

（3）公共卫生

在新冠疫情期间，大数据能帮助追踪病毒传播路径、预测疫情趋势，就像是一个超级侦探，为政府决策提供了关键依据。当你去医院接受治疗时，医生可以根据你的历史病历和基因数据等为你制定个性化的治疗方案。通过分析大量的医疗数据，大数据技术可以帮助医生做出更准确的诊断和治疗方案，从而提高治疗效果和生存率。

（4）金融服务

银行和金融机构通过分析客户的交易记录、信用评分等大数据，能够更精准地评估潜在的风险，帮助银行检测和规避欺诈行为，打造金融安全的"盾牌"的同时，还为客户提供个性化的金融产品。

现在越来越多的应用背后，都有着大数据默默发挥着它的魔力，让我们的世界变得更加智能和高效。

8.1.4　云计算与大数据的结合——1＋1＞2

在数字时代的浪潮中，云计算与大数据这对"超级搭档"正以一种前所未有的方式携手共舞，共同编织着信息世界的未来。想象一下，如果云计算是一位技艺高超的魔术师，那么大数据就是他手中那无穷无尽的魔法道具，两者结合，不仅让数据的存储与处理变得轻而易举，更开启了通往智能决策的大门。

1. 数据存储与处理：云端的魔法仓库与加工车间

如果有一间可以无限扩容的魔法仓库，无论多少宝藏（数据）都能轻松容纳，那它很可能就是云服务中的数据存储。比如，Amazon S3（Amazon Simple Storage Service），Apple 公司的 iCloud、百度网盘等，它们都像是一个拥有无限空间的宝箱，无论是珍贵的家庭照片，还是企业的重要文件，都能存放在其中。

而处理这些数据，则像是在仓库旁设立了一个高效的加工车间——云数据中心。这里，借助于 Google BigQuery 这样的工具，你可以迅速对海量数据进行筛选、清洗，甚至执行复杂的分析任务，就像魔术师一样，瞬间将一堆杂乱无章的物品整理得井井有条。

2. 分析与洞察：即时解码数据的秘密

在一场足球比赛中，教练团队可以通过云计算平台实时分析比赛动态、球员表现、对手战术等，就像拥有了一面"魔镜"，能够立即洞察比赛的每一个微妙细节和变化。使用类似 Microsoft Azure Stream Analytics 这样的服务，就能实现这种实时数据分析，帮助决策者快速响应，及时地调整策略，仿佛是球场上的"第六感"。

3. 智能决策：从数据海洋中捞取智慧珍珠

通过 IBM Watson 等智能平台，可以从浩瀚的数据海洋中精准捕捞那些隐藏的"智慧珍珠"——有价值的洞见和预测。比如，电商平台利用 AI 分析消费者行为，不仅能够个性化推荐商品，还能预测市场趋势，为库存管理和营销策略提供科学依据；不仅可以提升用户的购物体验，还能为商家带来更多的销售机会，如同拥有了一位无所不知的商业顾问。

4. 案例分析：云端智慧，触手可及

（1）国内案例

阿里巴巴，通过其云计算平台阿里云，为“双 11”购物节提供了强大的数据支持。在2019 年的“双 11”中，阿里云每秒处理 54.4 万笔订单，这背后的大数据和云计算技术，使得如此大规模的在线购物活动成为可能。

新冠疫情期间，各地的健康码就是通过云计算处理庞大的人员流动数据，实时分析疫情风险，有效助力了疫情防控，展现出了云计算与大数据结合在紧急情况下的高效应变能力。

还有近年来，我国的共享单车行业异军突起。这些共享单车公司通过云服务，实时收集用户的骑行数据、车辆分布情况和道路拥堵情况等信息。然后，利用大数据分析，他们能够快速了解到哪些区域需要增加车辆投放、哪些时间段是骑行高峰等。这些信息不仅帮助他们优化车辆调度和运营策略，还提升了用户体验和满意度。

图 8.4　阿里云

（2）国外案例

Netflix，这个全球知名的流媒体巨头，利用亚马逊 AWS 的云计算服务，分析用户观影习惯，不仅推荐系统能够做到“知你所想，推你所爱”，还基于这些数据分析结果投资制作《纸牌屋》等热门剧集，成功转型为内容生产者，展现了数据驱动决策的强大力量。

通过这些生动的案例，我们可以看到，云计算与大数据的结合，不仅仅是技术上的 $1+1=2$，而是在实际应用中创造出了远超两者之和的价值，真正实现了 $1+1>2$ 的奇迹。

8.1.5　挑战与展望——问题和希望并存

在信息技术的广阔天地里，云计算（Cloud Computing）与大数据（Big Data）作为一对孪生巨擘，正引领着数字时代的变革。它们不仅重塑了企业运营的版图，也为个人生活带来了前所未有的便利。与此同时，这些技术也面临着一系列挑战，当然，它们也有着令人兴奋的未来。

1. 问题和挑战

(1) 数据安全与隐私保护

2024 年 5 月 2 日,澳大利亚基金管理机构 UniSuper 遭遇了重大危机,它们托管在 Google Cloud 上的整个基础设施被意外删除,导致灾难恢复机制失效,超过 62 万名基金成员无法访问其养老年金账户长达一周时间。

除了这类数据安全相关的问题,更普遍的问题是:随着数据量的爆炸性增长,如何确保海量数据在云端的安全存储和传输,防止数据泄露、篡改或未经授权访问,成了亟待解决的问题。随着欧盟 GDPR 等法规的出台,进一步强调了用户数据隐私的重要性,要求企业必须采取更加严格的安全措施。

GDPR 是"General Data Protection Regulation"(通用数据保护条例)的缩写,它是欧洲联盟的一项条例,旨在加强并统一所有欧盟成员国内的数据保护法规,保护欧盟居民的个人数据和隐私。GDPR 于 2018 年 5 月 25 日正式生效,取代了之前 1995 年的《数据保护指令》。这项法规对任何处理欧盟居民数据的组织都有约束力,无论该组织是否位于欧盟境内,只要其处理欧盟居民的个人信息,就必须遵守 GDPR 的规定。GDPR 被认为是目前全球范围内最严格的数据保护法律之一,它赋予了个人对其数据更多的控制权,并对企业处理个人数据的方式设定了严格的标准和要求。违规者可能面临高额罚款。

中国对数据保护的相关法律法规主要包括以下几项关键法律和规定,这些法规共同构建了中国数据治理和保护的基本框架。

①《中华人民共和国个人信息保护法》

②《中华人民共和国数据安全法》

③《中华人民共和国网络安全法》

④《中华人民共和国国家安全法》

除了上述主要法律,还有其他一些行业特定规定和标准,如《汽车数据安全管理若干规定》等,它们针对特定领域的数据处理活动制定了详细的管理要求。此外,还有众多的部门规章、国家标准和行业指南,共同构成了中国数据保护法律体系的丰富内容,旨在应对数据滥用问题、保护个人隐私、确保数据安全,以及维护国家和社会的整体安全利益。

(2) 技术融合与标准化

ABC(AI, Big Data, Cloud Computing)的深度融合虽为行业带来了新的发展机遇,但不同技术体系间的无缝对接、标准统一仍是一大挑战。例如,如何高效地在云平台上集成 AI 算法与大数据分析工具,实现技术栈(ABC-STACK)的优化,降低复杂度的同时,提升可维护性和可扩展性等,都是该领域技术创新的关键点。

(3) 性能与成本平衡

提供高性能的云计算服务同时控制成本,是服务商面临的持续挑战。随着边缘计算、量子计算等新兴技术的兴起,如何在这些前沿领域内找到性价比最优解,是未来研究的重要方向。

(4) 数据治理与质量

大数据的价值在于洞察而非堆砌,但"垃圾进,垃圾出"的原则提醒我们,数据的质量直接决定分析结果的准确性。因此,有效管理庞大且复杂的数据集,确保数据的完整性和一致性，是大数据应用的前提。

在大数据领域中，“垃圾进，垃圾出”(Garbage In，Garbage Out，GIGO)是一个核心原则，强调了数据质量对于数据分析结果的重要性。该原则指出，如果输入到数据分析系统或模型中的数据是错误的、不准确的、不完整的或者无关的(即所谓的“垃圾数据”)，那么由此产生的分析结果也将是错误的、没有价值的或者误导性的(同样可以视为“垃圾”)。

这意味着，无论数据分析技术多么先进，算法多么复杂，如果基础数据不可靠，最终的洞察和决策也将缺乏可靠性。因此，确保数据收集、处理和分析的每个阶段都遵循高标准的质量控制至关重要。这包括实施严格的数据治理策略，如数据清洗、验证、标准化和监控数据质量，以减少“垃圾”数据的影响，从而提升分析的有效性和准确性。

2. 未来和展望

(1) 智能云与全栈服务

未来，云计算将更加智能化，集成 AI 能力的智能云将为企业提供更为精准的服务。全栈云解决方案将涵盖从基础设施到应用层的全方位服务，简化企业的 IT 架构，促进业务敏捷性。

(2) 边缘计算的崛起

边缘计算将云计算的能力推向数据产生的源头，减少数据传输延迟，提高处理效率，特别是在物联网(IoT)、自动驾驶等领域，其重要性日益凸显。

(3) 可持续性与绿色计算

面对全球对环保的重视，构建低碳、节能的绿色数据中心成为云计算行业的共识。利用更好的芯片设计与制造技术、可再生能源、优化冷却系统等措施，不断降低云计算的环境足迹。

(4) 跨云与混合云策略

企业倾向于采用多云或混合云策略以分散风险、提升灵活性。这要求云服务商提供更好的互操作性和管理工具，以支持数据和应用在不同云环境间的自由迁移。

我们看到，尽管云计算与大数据在发展中面临不少挑战，但技术的进步与市场的需求，正在不断推动这一领域迈向更加成熟和创新的未来。

8.2 人工智能

8.2.1 什么是人工智能

想象一下，当有一天，你走进一家无人咖啡店，对着一台机器说：“请给我来一杯拿铁，不要加糖。”然后这台机器就开始熟练地制作咖啡，就像一位经验丰富的咖啡师一样，它还能记住你过往买咖啡的很多细节和喜好。这不仅仅是一台普通的咖啡机，而是一台具备人工智能(Artificial Intelligence, AI)的咖啡机器人。它能够理解你的指令，记住你的喜好，甚至还能跟你聊天，告诉你今天的天气或者新闻等。这就是人工智能的魅力所在——让机器拥有了类似人类的智能。

图 8.5　一些著名的人工智能相关的电影

1. 人类智能的定义和概念

在浩瀚的宇宙中，人类的智慧仿佛像一颗璀璨的星辰，照亮了文明进步的道路。从古埃及的金字塔到现代的航天飞行，无一不是人类智慧的结晶。人类智能，是大自然赋予人类的与生俱来的神奇礼物，是我们的大脑在学习知识、理解概念、解决问题，甚至创造艺术等复杂的过程中所展现出来的能力。

2. 人工智能的定义和分类

人工智能是一个令人兴奋且快速发展的领域，它涉及计算机科学、神经科学、心理学等多个学科。它是我们尝试在机器中复制这种智能的科学和技术。简单来说，人工智能的目标是：创造出能够执行复杂任务的智能系统，而这些复杂任务通常都需要人类智能才能够完成。正如约翰·麦卡锡(John McCarthy)在1956年的“达特茅斯会议”上定义的那样，“人工智能是制造智能机器的科学和工程”。

人工智能没有一个确切的定义，相对而言，一个比较权威的定义来自美国人工智能协会(Association for the Advancement of Artificial Intelligence, AAAI)：“AI is the scientific understanding of the mechanisms by which agents perceive their environment and act within it.”简单来说，人工智能就是让机器能够像人类一样感知世界，并在其中采取行动的科学。

人工智能根据其能力和成熟度大致可以分为三大类：弱人工智能(Weak AI 或 Narrow AI)、强人工智能(Strong AI 或 Artificial General Intelligence, AGI)、超人工智能(Super AI

图 8.6　1956 年的达特茅斯会议七侠

或 Artificial Super Intelligence，ASI）。下面是对这三大类的简要介绍及实例：

（1）弱人工智能（Weak AI）

弱人工智能是指专注于执行特定任务或解决特定问题的人工智能系统，这些系统在其设计范围内可能非常高效，但超出此范围则无法有效工作。弱 AI 不具备人类的全面智能或自我意识，但通过大量数据训练和算法优化，可以在特定领域内达到或超越人类的表现。例如：

• 语音助手：如 Siri、Alexa 或 Google Assistant，它们能理解用户语音命令并执行相应操作，如查询天气、设置闹钟等。

• 图像识别软件：能够识别和分类图片中的物体，如人脸识别技术用于解锁手机或社交媒体标签建议。

• AlphaGo：虽然 AlphaGo 在围棋领域表现出超人的水平，但它并不能跨领域思考或解决非围棋相关的问题。

（2）强人工智能（Strong AI）

强人工智能意指能够执行任何智力任务，与人类智能相媲美的人工智能。这类 AI 理论上应具备理解、推理、规划、学习、交流等多种能力，并能在未经过专门编程的情况下解决新问题。尽管强 AI 仍是理论上的概念，科学家们正努力朝这个方向发展。例如：

• 理想中的个人助理：一个能够理解复杂指令、安排日程、进行深度对话，甚至提供心理咨询的 AI。

• 全能型机器人：能在不同环境中自主适应，完成各种物理和认知任务，如同《星际迷航》中的 Data。

（3）超人工智能（Super AI）

超人工智能指的是在所有或几乎所有认知功能上远远超过人类智能的机器。这类 AI

不仅在智力上超越人类，还可能拥有独立的情感、意识和创新能力，是人工智能发展的最高等级。超 AI 目前主要存在于理论探讨和科幻作品中，例如：

- 科幻电影中的智能实体：如《终结者》系列中的天网或《星际穿越》中的量子计算机。
- 跨学科创新者：一个能够独立进行科学研究，发现新定律，设计新技术，甚至在艺术、文学等领域创作出超越人类想象作品的 AI。

目前，实际应用中的人工智能大多属于弱人工智能范畴，而强人工智能和超人工智能仍然是未来探索的目标。

3. 人工智能的应用领域

目前，人工智能已经在很多领域有了广泛应用，未来还将有更广阔的发展前景。

(1) 工业领域

许多制造企业如富士康、格力电器、特斯拉等，早已经布局智能工厂。通过引入 AI 技术，实现生产自动化、提高生产效率和产品质量。并且可以优化供应链管理，提高供应链效率。

(2) 智慧农业

利用 AI，农业生产将更加精准化和智能化，农业产量和质量都得到了提高。例如，通过无人机搭载传感器对农田进行监测，获取土壤湿度、肥力、病虫害等信息，智能农业系统根据这些信息精准地进行灌溉、施肥、施药等作业，减少资源浪费，提高农业生产效益；利用人工智能技术对农产品市场需求进行分析和预测，帮助农民合理安排种植计划，避免盲目生产导致的滞销问题。

(3) 智能家居

家里的各种设备将更加智能化，实现自动化控制和个性化服务。比如，智能冰箱能够根据家庭成员的饮食习惯和库存情况，自动生成购物清单，并提醒主人购买所需食材；智能窗帘可以根据光线强度、时间等自动调节开合程度，营造舒适的居住环境。

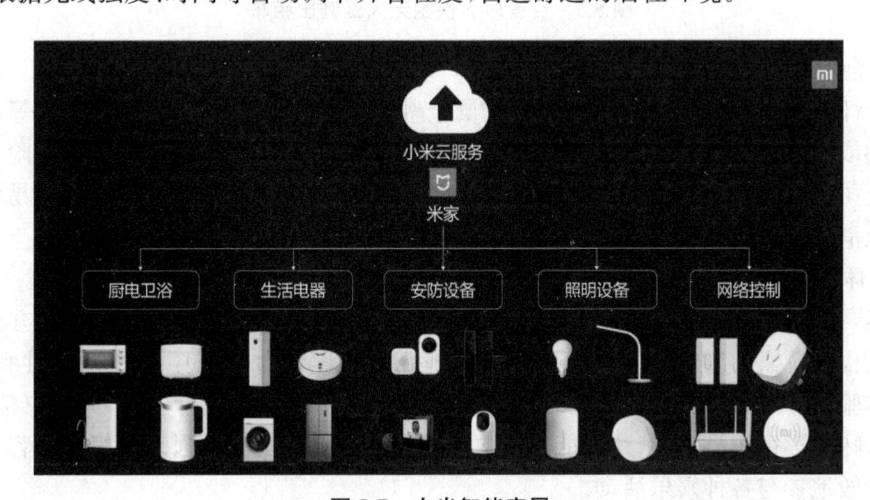

图 8.7　小米智能家居

(4) 教育领域

智能教育平台根据学生的学习情况、兴趣爱好等，推荐适合的、个性化的学习内容和学习路径，为学生量身定制个性化的学习方案，针对性地推送知识点讲解和练习题。智能教育助手可以借助语音识别和自然语言处理等技术，与学生进行自然流畅的对话，解答学习问题、提供学习反馈等。

（5）医疗健康

通过医学影像分析，快速准确地识别和分析 X 射线、CT 扫描等影像，帮助医生更早地发现肿瘤等疾病迹象；智能病理诊断能根据输入的用户症状，初步判断可能的疾病，并给出就医建议或护理要点。医生助手等还能回答患者常见问题，提供健康建议等；智能手术机器人可以辅助医生进行手术，提高手术的精准度和稳定性。例如达芬奇手术机器人，能够在狭小的空间内进行精细的操作，减少手术创伤，缩短患者恢复时间；还有利用 AI 技术，可以提升药物研发的效率。

（6）交通领域

自动驾驶技术通过感知周围环境、规划路径和做出决策，实现车辆的自动驾驶。目前百度的萝卜快跑无人自动驾驶汽车已经在很多个城市开展运营，自动驾驶技术未来有望广泛应用于出租车、物流运输等领域，提高交通的效率和安全；智能公共交通系统可以根据实时交通数据，智能调整交通信号灯时间，优化交通流量，缓解交通拥堵。实现公交、地铁等公共交通工具的智能调度和优化，提高服务质量和效率。

图 8.8　百度萝卜快跑无人驾驶出租车

（7）金融领域

风险评估与信用评分系统通过分析大量金融数据，评估投资风险、贷款风险等，为金融决策提供依据；欺诈检测系统可以及时发现金融交易中的异常行为和潜在欺诈风险。例如，信用卡公司通过人工智能算法对用户的交易数据进行实时监测，一旦发现异常交易模式，如大额异地消费、频繁小额交易等，及时进行预警和调查。

（8）休闲娱乐

当然，AI 也可以为人们提供更加个性化、沉浸式的娱乐体验。比如，在游戏方面，人工智能可以根据玩家的游戏风格和水平，动态调整游戏难度和内容，提供更具挑战性和趣味性的游戏体验；在影视领域，通过人工智能算法对用户的观影喜好进行分析，为用户精准推荐符合其口味的影视作品；未来还可能出现更加逼真的虚拟现实和增强现实娱乐内容，让用户身临其境般地参与各种娱乐活动。

人工智能的应用领域日益广泛，它正在改变我们的学习、工作和生活方式，为人类社会带来前所未有的便利。未来，人工智能将在更多的领域大放异彩，助力人类实现更加美好的生活。

8.2.2 人工智能的发展

1. 三个主要时期

人工智能的征途,像是一部跌宕起伏的科幻巨著,充满了探索与发现的激动人心时刻,也不乏挫折与反思的深刻章节。让我们翻开这本"智能编年史",一起领略那些令人难忘的高潮与低谷。

(1) 萌芽期:梦想的种子(1950 s—1960 s)

故事的开篇要追溯到20世纪50年代,那时,"人工智能"这个名词尚未诞生,但梦想的种子已悄然种下。英国计算机科学家艾伦·图灵(Alan Turing)在1950年提出了著名的"图灵测试",设想了一个场景:如果一台机器能在对话中让人类无法分辨其是否为机器,那么这台机器就可以被认为具有智能。这一概念如同一道闪电,划破了科技的夜空,激发了无数科学家对智能机器的无限遐想。

随后的十年,被后世称为"人工智能的黄金时代"。在这个时期,约翰·麦卡锡(John McCarthy)不仅创造了"人工智能"这一术语,还于1956年组织了达特茅斯会议,聚集了一群志同道合的研究者,共同探讨如何让机器拥有智能。正是这次会议,正式拉开了AI研究的序幕。

(2) 低谷与反思(1970 s—1980 s)

然而,好景不长,随着初期热情的消退,现实的挑战开始浮现。早期的乐观估计与实际技术能力之间的巨大鸿沟,导致了资金的撤回和公众兴趣的减退。这一时期,被称为"AI的冬天"。许多项目因为技术瓶颈和资金短缺而被迫终止,科学家们不得不面对一个残酷的事实:构建真正智能的机器,远比预想中要困难很多。

在这段艰难岁月里,AI研究并未完全停滞,而是转向了更为实用的技术,如专家系统的开发,这些系统能够模拟特定领域的专家决策过程,虽然范围有限,但为后来的发展奠定了基础。

(3) 复兴与繁荣(1990 s—至今)

进入20世纪90年代,随着计算能力的飞跃提升和大数据的兴起,AI迎来了第二次春天。尤其是机器学习,特别是深度学习的突破,彻底改变了游戏规则。1997年,IBM的超级电脑"深蓝"击败当时的国际象棋世界冠军加里·卡斯帕罗夫,这一里程碑事件震惊了世界,标志着AI在特定领域已经能够超越人类。

21世纪初,互联网的普及和数据的海量增长,为AI提供了肥沃的土壤。谷歌的AlphaGo在2016年战胜围棋世界冠军李世石,更是将AI推向了公众视野的巅峰,展示了AI在复杂策略游戏中的惊人能力。

2022年底OpenAI发布了ChatGPT,这是一款革命性的AI大型语言模型,它代表了AI领域的最新成果,后续推出的GPT-3、GPT-4、GPT-4o等一系列更新迭代版本更是受到了人们的广泛关注。ChatGPT以其惊人的对话理解能力、互动性和创造性,在全球范围内引发了巨大的轰动。

从梦想的萌芽到寒冬的考验,再到如今的全面开花,人工智能的发展史是一场关于梦

图 8.9　AlphaGo 战胜李世石

想、坚持与创新的壮丽史诗。每一次高潮都见证了人类智慧的极限突破，每一次低谷则教会了我们谦逊与坚韧。未来，AI 将继续与人类同行，共同书写更加辉煌的篇章。

2. 通用自动计算设备

艾伦·图灵（Alan Turing），英国数学家，被许多人誉为"人工智能之父"。1936 年，他提出了一个革命性的概念——"图灵机"（Turing Machine）。这并不是一台实体的机器，而是一种抽象的计算模型，它能够模拟任何算法的过程。图灵机由一个无限长的纸带（tape）组成，纸带上有可读写的格子，还有一个头（head）可以在这个纸带上移动，读取和写入信息。这个模型展示了计算的本质，即通过简单的读写、移动等操作和规则来执行复杂的计算任务。尽管我们今天使用的计算机比图灵机要复杂得多，但它们的基本工作原理仍然源自图灵机的概念，它为现代计算机的逻辑基础奠定了基石。

更令人着迷的是图灵提出的"图灵测试"，1950 年在他的论文《计算机器与智能》中首次亮相。这个测试设想了一个场景：一个人类评判员通过键盘与一个隐藏的实体交流，这个实体可能是另一个人或是一台机器。如果评判员无法可靠地区分哪个是人哪个是机器，那么这台机器就被认为通过了图灵测试，展现了某种程度上的智能。这个思想实验至今仍是衡量人工智能是否能以人类难以区分的方式交流的黄金标准。

几乎与此同时，匈牙利裔美国数学家约翰·冯·诺依曼（John von Neumann）在美国设计了"冯·诺依曼架构"（也叫"存储程序型计算机"），这是一种将程序指令和数据都存储在计算机内存中的设计原则，使得计算机能够自动执行一系列复杂的任务，而无须人工干预重编程。这一架构成为后续几乎所有电子计算机的基础，从而实现了计算的自动化。

尽管这些先驱未能直接创造出与人脑媲美的机器，但他们解决的计算自动化问题，是现代信息技术的重要基石，为人工智能技术的后续发展铺平了道路。

3. 知识表示与专家系统

如果说图灵和冯·诺依曼为我们打开了计算的大门，那么在 20 世纪 70 年后出现的知识表示和专家系统，则是人工智能迈向"理解"世界的关键一步。

知识表示(Knowledge Representation),简单来说,就是如何在计算机中编码和组织知识,好让机器理解人类的知识,比如用符号逻辑、框架、语义网络等形式表达信息。就像是给机器人一本百科全书,让它能够依据这些知识去推理和解决问题。

专家系统(Expert Systems)是模拟人类专家的决策过程,它们通常包含一个知识库(Knowledge Base)和一个推理引擎(Inference Engine)。这些系统能够在特定领域内提供专业的建议或决策支持。

逻辑推理是知识表示中的一个重要概念,它允许计算机使用逻辑规则来推导出新的结论。这就像是给计算机一个推理的引擎,让它能够像侦探一样,通过已有的线索来解决复杂的问题。

下面是一个简单的例子,我们先来构建一个简单的规则库,这些规则将帮助我们对动物和鸟类进行分类和推理。

规则库:

规则1:如果一个生物是脊椎动物,并且有羽毛,那么它就是鸟类。

规则2:如果一个生物是脊椎动物,并且有毛发,那么它就是哺乳动物。

规则3:如果一个生物是鸟类,那么它会飞(除了企鹅和鸵鸟)。

规则4:如果一个生物是哺乳动物,并且生活在水里,那么它是水生哺乳动物。

规则5:如果一个生物会飞,那么它不是水生哺乳动物。

推理示例:

现在,让我们使用这些规则来进行一个简单的推理。

场景:

我们看到了一个生物,我们需要确定它属于哪一类。

观察:这个生物有羽毛。

应用规则1:因为生物有羽毛,根据规则1,我们可以推断它是脊椎动物,并且是鸟类。

应用规则3:既然它是鸟类,根据规则3,我们可以推断它会飞,除非有额外信息表明它是企鹅或鸵鸟。

假设:假设我们没有额外信息表明它是企鹅或鸵鸟,那么我们继续推断它会飞。

应用规则5:因为生物会飞,根据规则5,我们可以确定它不是水生哺乳动物。

结论:

通过这些规则和观察,我们可以得出结论:遇到的生物是鸟类,并且它会飞,同时它不是水生哺乳动物。

这个简单的推理过程展示了如何使用规则库来进行逻辑推理。当然,在实际的专家系统中,规则库会更加复杂和详细,包含成千上万条规则,以处理各种复杂的情况和问题。通过这种方式,专家系统能够在特定领域内提供比较准确的判断和建议。

20世纪70至80年代,人工智能领域迎来了一波热潮,专家系统就是当时的明星。这些系统试图通过模拟特定领域的专家决策过程,来解决复杂的专业问题。它们的核心在于如何有效地表示和利用专家的知识,包括规则、框架、语义网络等多种方法。这类专家系统的典型代表包括:

美国斯坦福大学在1972年开发的一个诊断细菌感染的血液疾病专家系统MYCIN,它能够基于患者症状和实验室检测结果,推荐最可能患的病原体和最佳的抗生素治疗方案。

MYCIN 的成功展示了即使是在高度不确定和复杂的医疗领域，通过精心设计的基于规则的知识表示方法/知识库，使机器也能模拟专家的决策过程，解决实际问题。

日本的五代机，在专家系统中采取专用计算平台和 Prolog 这样的知识推理型编程语言来完成应用级的推理任务。

国内方面，也在 20 世纪 80 年代开始了专家系统的研究与应用探索，比如 863 计划支持的 306 智能计算机主题，采用跟日本不同的技术路线，我们以通用计算平台为基础，将智能任务变成人工智能算法，将硬件和软件都接入通用计算平台，催生了科大讯飞等一批骨干企业。其他包括在地质勘探、化工流程控制、中医诊断等领域也都有所建树。这些系统不仅促进了相关行业的技术进步，也加深了对知识工程学的认识和实践。

知识表示和专家系统的发展，不仅推动了人工智能技术的进步，也让人们意识到构建真正智能系统所面临的挑战，尤其是如何处理模糊性、不确定性以及大规模知识的有效管理。这些挑战至今仍是 AI 研究的核心议题，激励着一代又一代的研究者们不断前行。

4. 机器学习与深度学习

假设你有一个朋友，他能通过默默观察你的行为和习惯，逐渐学会了如何帮你挑选符合你的品位的衣服，甚至在你上班的时候，还能帮你把爱吃的饭菜都提前做好。这听起来像是科幻小说里的情节，但实际上，这就是机器学习（Machine Learning，ML）和深度学习（Deep Learning，DL）的魔力所在。

（1）历史

机器学习的历史最早可以追溯到 20 世纪 50 年代，当时 Arthur Samuel 定义了机器学习为“让计算机利用经验来改善性能”的领域。而深度学习则是机器学习的一个分支，它基于人工神经网络，特别是那些具有多层结构的网络，这些网络能够学习数据的复杂表示。

机器学习，简单来说，就是赋予计算机从数据中学习的能力，而不需要像编程那样一条条地告诉它该做什么。就好比教一个小孩认字，一开始可能需要逐个教，但当他掌握一定规律后，就能自己阅读新的文字了。机器学习中的“监督学习”“无监督学习”和“强化学习”就好比是这种认字过程的三个不同阶段。

① 监督学习：就像有老师在旁边指导，给机器一堆带有正确答案的数据进行学习，然后让它去预测新的数据。比如，教机器识别图片中的猫，每张图片都标明了是不是猫，机器通过学习这些带标签的图片，就能逐渐学会判断新图片中是否有猫。

② 无监督学习：就像孩子自己在玩耍时观察世界，机器在没有标签的数据中寻找隐藏的模式或结构。比如，把一堆混合在一起的水果照片给机器看，它需要通过自己的分析，将相似的水果归为一类。

③ 强化学习：这就像是孩子通过尝试错误来学习，机器在环境中采取行动，并根据获得的奖励或惩罚来调整策略。比如，让机器人学会在一个迷宫中找到出口，它可能会一次次地试错，但最终会找到最快到达出口的方法。

进入 21 世纪，随着计算能力的飞速提升和大数据的涌现，深度学习应运而生。深度学习是机器学习的一个分支，它模仿人脑的神经网络结构，能够处理和学习大量的非结构化数据。深度学习的代表模型——人工神经网络（ANN），就像是一个多层次的大脑，每一层都在对信息进行加工和抽象，直到最终形成决策。

说到深度学习，就不得不提连接智能学派的代表杰弗里·辛顿(Geoffrey Hinton)，因为他在神经网络领域的贡献，特别是对反向传播算法等的研究，他被誉为“深度学习之父”；通过深度神经元网络的自动学习，大幅提升了模型统计归纳的能力，在模式识别等应用上取得了巨大突破，在越来越多的场景中的识别精度甚至超越了人类。在2012年的ImageNet挑战赛上，Hinton与他的学生Alex Krizhevsky和Ilya Sutskever开发的AlexNet模型大放异彩，大幅度领先其他算法，这个事件标志着深度学习正式成为人工智能领域的主角之一，深度学习的热潮也随之而来。

以人脸识别为例，整个神经网络的训练过程就是一个网络参数调整的过程。将大量的、经过标注的人脸图片数据输入神经网络，然后进行参数调整，从而让神经网络输出的结果无限逼近真实结果。

在国内外，有许多著名的理论和框架推动了机器学习和深度学习的发展。理论方面，卷积神经网络(Convolutional Neural Networks, CNNs)和循环神经网络(Recurrent Neural Networks, RNNs)是深度学习中非常重要的两种网络结构，它们分别在图像识别和语言处理方面取得了巨大成功。框架方面，谷歌的TensorFlow、Facebook的PyTorch，这两个框架是深度学习研究和应用的基石。百度的PaddlePaddle等，也是支持深度学习应用的开源平台。国际知名的硬件厂商英伟达(NVIDIA)持续发布了多款性能领先的通用GPU芯片，也为深度学习提供了强大的底层硬件(芯片)支持。

机器学习和深度学习就像是一对父子，深度学习继承了机器学习的衣钵，并发扬光大。它们共同构成了人工智能技术发展的核心动力。

(2) 案例

AlphaGo最初在2015年10月击败了欧洲围棋冠军樊麾。随后在2016年3月，AlphaGo以4比1的总比分战胜了围棋世界冠军李世石，引起了全球的广泛关注。AlphaGo的成功在于它使用了深度学习技术，通过分析大量的围棋数据来训练其神经网络，使其能够预测和选择最佳的落子策略。

AlphaGo的进化版本，AlphaGo Master，在2017年5月以3比0的成绩击败了当时世界排名第一的中国选手柯洁。AlphaGo Master与之前的版本不同，它只使用了一个神经网络，而不是两个，显示了其设计的进步和简化。

AlphaZero是DeepMind团队进一步发展的成果，它不仅能够玩围棋，还能够玩国际象棋和日本将棋，证明了其算法的通用性。AlphaZero通过自我对弈进行学习，不需要任何人类的棋局数据作为训练基础。它从一个对棋类游戏一无所知的状态开始，通过强化学习不断自我完善。

AlphaZero在围棋、国际象棋和日本将棋中都达到了超越人类顶尖水平的表现。在围棋上，AlphaZero经过30个小时的训练后，击败了之前版本的AlphaGo。在国际象棋和日本将棋中，它也分别在短时间内击败了这两个领域的世界冠军级AI。

AlphaZero的成功展示了通用算法解决复杂问题的巨大潜力，它的方法和成就可以被视为创建通用机器学习系统的重要一步。

(3) 学术和哲学意义

AlphaGo和AlphaZero的故事不仅在技术上取得了突破，还在学术和哲学层面引发了讨论。它们证明了机器学习算法在没有人类先验知识的情况下，通过自我对弈和强化学习能够达到甚至超越人类专家的水平。这一点对于理解人工智能的潜力和未来发展方向具有重要意义。

AlphaGo Zero 的成功也引发了对人工智能未来发展的思考,包括它在其他领域的应用潜力以及对通用人工智能和强人工智能的启示。尽管 AlphaGo Zero 在围棋领域取得了显著成就,但它在转化为通用人工智能方面还有很长的路要走,需要研究人员的进一步探索和努力。

连接智能的应用更加广泛,包括语音识别、人脸识别、自动驾驶等。对于自动驾驶来说,它们使用机器学习来识别道路、行人和其他车辆,以实现安全驾驶。国外的特斯拉、国内的百度,都是这方面技术领先的企业。随着自动驾驶技术的飞速发展,中国各地正在加速开放自动驾驶的测试区域,智能网联车辆的测试应用区域也在迅速扩展。从浙江杭州的八城区到广东深圳新增的道路,再到北京首个高铁站自动驾驶测试的开放,自动驾驶车辆正在逐渐成为我们日常生活的一部分。

(4) 规模法则

在人工智能领域,特别是深度学习和机器学习中,"Scaling law"(扩展法则或规模法则)通常指的是随着模型规模(如参数数量、数据量、计算资源等)的增加,模型性能如何变化的规律。这个概念在人工智能的多个方面都有体现,包括但不限于以下几个方面。

• 模型容量(Model Capacity):随着模型参数数量的增加,模型的容量(即能够存储和学习的信息量)也随之增加,理论上可以更好地捕捉数据中的复杂模式。

• 数据规模(Data Scale):更多的训练数据可以帮助模型更好地泛化,减少过拟合,提高模型在未知数据上的表现。

• 计算资源(Computational Resources):更多的计算资源(如 GPU、TPU 等)可以加速模型的训练过程,同时支持更大更复杂的模型训练。

• 性能提升(Performance Improvement):在某些情况下,随着规模的增加,模型的性能提升呈现出一定的规律性,例如,某些研究指出,模型规模的增加与性能的提升之间存在幂律关系。

• 效率与成本(Efficiency and Cost):扩展法则也涉及效率和成本的权衡,即如何以合理的成本实现最大的性能提升。

• 硬件发展(Hardware Evolution):随着硬件技术的发展,如芯片性能的提升和新架构的出现,人工智能模型的规模也在不断扩大。

在实际应用中,Scaling law 可以帮助研究者和工程师理解在特定条件下,如何有效地扩展模型以获得更好的性能。同时,它也指导着人工智能领域的研究方向,比如如何设计更高效的算法来利用大规模数据和计算资源。

需要注意的是,虽然规模法则在很多情况下都显示出正相关性,但这并不意味着规模的增加总是能够带来线性的性能提升。在某些情况下,规模的增加可能会导致收益递减,甚至出现瓶颈。因此,研究者们也在不断探索最优的规模法则,以实现人工智能技术的持续进步。

5. 大型语言模型

当下,大型语言模型(Large Language Models, LLMs)无疑是最耀眼的明星之一。它们就像是 AI 界的"超级大脑",能够理解、生成和处理人类的语言并且做出文字、声音、图像、视频等各种回应。下面,让我们穿越时光的隧道,探索一下这些超级大脑的成长历程。

(1) 历史的起点:从规则到统计

在早期,人工智能处理语言的方式主要是基于规则的系统,这些系统尝试通过预设的规则来理解语言。然而,这种方法很快遇到了瓶颈,因为语言的复杂性和多样性远远超出了规则所能覆盖的范围。于是,研究者们开始转向统计学习方法,利用大量的文本数据来训练模型,让机器自己"学习"语言的规律。

(2) 关键里程碑:神经网络的兴起

20 世纪 90 年代,随着神经网络技术的发展,语言模型开始进入一个新的时代。神经网络,尤其是深度神经网络(Deep Neural Networks, DNNs),因其强大的学习能力和适应性,成为构建大型语言模型的核心技术。

(3) 算法的突破:Transformer 的诞生

2017 年,一个名为 Transformer 的模型横空出世,它由谷歌的团队提出,彻底改变了自然语言处理(Natural Language Processing, NLP)的格局。Transformer 模型采用了注意力机制(Attention Mechanism),这使得模型能够更加灵活地处理序列数据,极大地提高了语言模型的性能。

关于注意力机制,我们可以用一个简单的比喻来解释一下:

想象一下你正在参加一个聚会,房间里有很多人在聊天。如果你想了解整个房间的对话内容,你可能会尝试去听每一个人说的话。但是,人的注意力是有限的,你不可能同时关注所有人。所以,你会根据自己的兴趣或者需要,选择性地关注某些人的对话。

在 Transformer 模型中,注意力机制就类似于你在聚会中选择性关注对话的过程。它允许模型在处理信息时,能够"关注"到输入数据中最重要的部分。

具体来说,注意力机制包括以下几个关键步骤。

• 查询(Query):首先,模型会生成一系列的查询,这些查询代表了模型当前想要"关注"的信息。

• 键(Key):与此同时,模型还会为输入数据中的每个部分生成一个键。这些键与查询一起工作,帮助模型确定哪些输入数据是重要的。

• 值(Value):每个键还对应一个值,这些值包含了实际的数据信息。

• 注意力分数(Attention Scores):模型会计算每个查询与每个键之间的相似度,得到一个注意力分数。这个分数越高,说明模型越"关注"这个键对应的值。

• 加权求和(Weighted Sum):最后,模型会根据每个值的注意力分数,对它们进行加权求和,得到一个综合的输出。这个输出反映了模型在当前步骤中"关注"的信息。

通过这种方式,Transformer 模型能够在处理语言时,动态地关注输入序列中最重要的部分。比如,在翻译句子时,模型可能会特别关注与当前翻译词汇最相关的原文部分。

注意力机制的引入,使得 Transformer 模型在处理序列数据时,能够更加灵活和高效。它不再受限于传统的循环神经网络(RNN)的顺序处理方式,而是能够并行处理整个序列,大大提高了计算效率。同时,它也让模型能够更好地捕捉长距离依赖关系,提高了模型的性能。

简而言之,Transformer 模型的注意力机制就像是在聚会中选择性地聆听对话,它让模型能够更加智能地处理和理解信息。

(4) 产品的革命:GPT 系列的崛起

2018 年,OpenAI 发布了第一代生成式预训练变换器(Generative Pre-trained Transformer, GPT)模型,简称 GPT-1。随后,GPT-2、GPT-3 相继问世,它们不仅在规模上不断扩张,而且在能力上也不断突破,能够生成连贯、有逻辑的文本,甚至在某些任务上达到了人类水平。

(5) 事件的高潮:多模态模型的探索

随着技术的进步,大型语言模型不再局限于处理文本,它们开始探索与图像、声音等多种模态数据的结合。例如,CLIP(Contrastive Language-Image Pre-training)模型能够理解图像内容并生成描述,这标志着大型语言模型开始向多模态智能系统迈进。在众多的大型语言模型中,GPT-4 无疑是最引人注目的明星。它在 2023 年 3 月发布,不仅能够进行复杂的推理和理解,还具备高级的编码能力,甚至能在多种学术考试中达到人类水平的表现。GPT-4 是第一个可以接受文本和图像输入的多模态模型,这意味着它能够理解和生成不仅仅是文字,还包括图像的内容。目前国内也有不少多模态模型正处于快速的发展中。

(6) 未来展望:持续的创新与挑战

结合不同的领域,大型语言模型还发展出了如通晓医学的模型,如商汤的大医模型;结合编码,产生了各种编码助手,如阿里巴巴的通义灵码等,大模型的未来充满了无限可能。随着技术的不断进步,我们可以预见,这些模型将更加智能,能够更好地理解和生成语言,甚至在艺术创作、科学研究等领域发挥重要作用。同时,它们也面临着诸如偏见、透明度和安全性等挑战,需要研究者们不断努力,以确保这些强大的工具能够被负责任地使用。

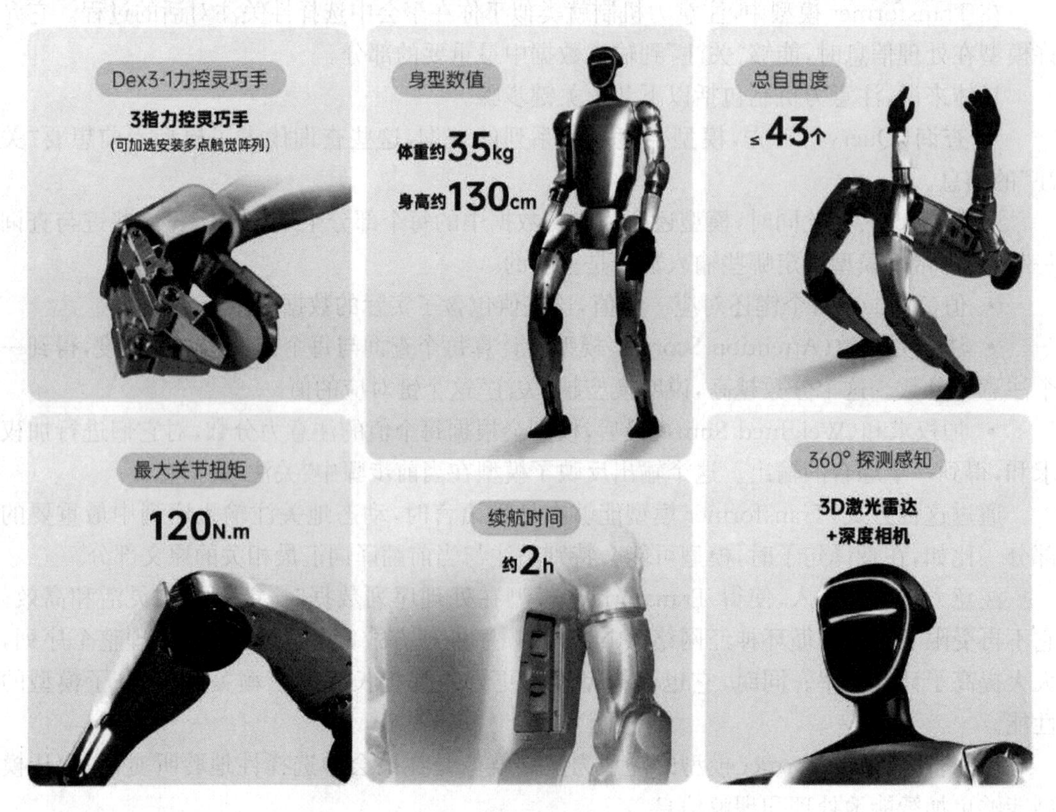

图 8.10 宇树科技 Unitree G1 人形机器人

8.2.3 挑战与展望

人工智能(AI)是一个飞速发展的领域,它正在不断地改变着我们生活和工作的方式。在讨论 AI 的挑战和展望时,我们可以从以下几个方面来展开。

1. 挑战

(1) 伦理和隐私问题

随着 AI 技术的广泛应用,如何保护个人隐私和数据安全成为一个重要议题。同时还要确保它们遵循伦理标准,能为错误决策负责,这些都是当前亟须解决的问题。

(2) 偏见和歧视

AI 系统往往依赖于大量的数据进行学习,如果收集的数据中存在社会偏见,导致算法歧视,AI 的决策也可能带有偏见,这可能导致不公平的结果。同时,个人数据的使用引发了严重的隐私和安全关切,如何在保护个人隐私的同时充分利用数据资源也是一个重大挑战。

(3) 技术复杂性

随着 AI 技术的发展,系统的复杂性也在增加,这可能导致难以预测和控制的行为,增加了技术管理的难度。例如,深度学习模型虽然在特定任务上表现出色,但往往缺乏泛化能力,对于开放环境和小样本学习的处理能力有限。此外,AI 系统在理解复杂语境、抽象概念和常识方面仍显不足。

(4) 就业影响

AI 的自动化能力可能导致某些行业的就业岗位减少,引发经济结构和社会分配的深刻变化。如何平衡技术进步与社会稳定,促进劳动力转型和再培训,是未来的重要议题。

(5) 安全问题

AI 系统的安全性至关重要,任何漏洞都可能导致严重的后果,如自动驾驶汽车的故障或医疗诊断系统的误判。

(6) 可解释性和透明度

AI 决策过程的不透明使得用户难以理解其决策逻辑,这在某些领域(如医疗、法律)是不可接受的。

2. 展望

(1) 跨学科融合

AI 的发展需要与其他学科如心理学、社会学和伦理学等更深入地融合,以确保技术的发展符合人类社会的需求和价值观。

(2) 通用人工智能(AGI)

尽管目前 AI 主要在特定领域表现出色,未来的研究将致力于开发具有广泛认知能力的通用人工智能。

(3) 人机协作

AI 的发展将更多地关注如何与人类协作,提高工作效率和创造力,而不是简单地替代人类。

(4) 增强现实和虚拟现实

AI 将在增强现实(AR)和虚拟现实(VR)领域发挥重要作用,提供更加丰富和互动的体验。

(5) 个性化服务

AI 将能够提供更加个性化的服务,从定制新闻到个性化医疗,满足用户的个性化需求。

(6) 社会影响

AI 技术的发展将对社会结构、经济模式和政策制定产生深远影响,需要全社会的共同努力来应对这些变化。

(7) 持续创新

随着技术的不断进步,AI 将继续推动新领域的创新,如量子计算与 AI 的结合,可能会带来计算能力的飞跃。

(8) 伦理和法律框架

随着 AI 技术的发展,需要建立更加完善的伦理和法律框架,以确保技术的健康和可持续发展。

人工智能的未来充满无限可能,同时也伴随着诸多挑战。作为 AI 领域的专家,我们有责任确保技术的进步能够造福人类,同时解决伴随而来的问题。

8.3 扩展现实(XR)

8.3.1 引言

想象一下,当你戴上一副特殊的眼镜,突然间,就置身于一个完全不同的世界——一个由数字构建的宇宙,那里有高楼大厦、奇异生物,还有无尽的冒险。这正是电影《头号玩家》(Ready Player One)中所描绘的未来,而这个未来的核心,就是扩展现实(Extended Reality,XR)。XR 技术不仅仅是电影中的幻想,它正在逐步成为现实,改变着我们与世界的互动方式。

扩展现实(Extended Reality, XR)是一种融合了真实世界和虚拟世界的技术,它通过计算机生成的感官输入,增强用户对现实世界的认知和体验。XR 技术包括虚拟现实(Virtual Reality,VR)、增强现实(Augmented Reality,AR)、混合现实(Mixed Reality,MR)等多种形式。

8.3.2 虚拟现实(VR)

虚拟现实技术通过头戴式显示器(Head-Mounted Display,HMD)或多屏幕环境,创造出一个完全虚拟的世界。用户可以完全沉浸在这个虚拟环境中,体验到与现实世界截然不同

图 8.11 电影《头号玩家》海报

的感觉。

1. VR 的工作原理

VR 技术通过捕捉用户的头部和身体动作，实时调整虚拟环境中的视角和场景，从而实现沉浸式体验。用户可以通过手柄、手势识别等方式与虚拟世界互动。

2. VR 的应用领域

VR 技术被广泛应用于游戏、教育、医疗、军事训练等领域。例如，在医学教育中，学生可以通过 VR 技术模拟手术过程，提高手术技能。

节奏光剑（Beat Saber）等都是著名的 VR 游戏。

8.3.3 增强现实（AR）

增强现实技术通过在用户的现实世界中叠加虚拟图像或信息，增强用户对现实世界的认知和理解。AR 技术通常使用智能手机、平板电脑或特殊的 AR 眼镜作为显示设备。通过摄像头捕捉现实世界的场景，并在屏幕上叠加计算机生成的图像，实现虚拟与现实的融合。

1. AR 的工作原理

AR 技术通常使用智能手机、平板电脑或特殊的 AR 眼镜作为显示设备。通过摄像头捕捉现实世界的场景，并在屏幕上叠加计算机生成的图像，实现虚拟与现实的融合。

2. AR 的应用领域

AR 技术在零售、旅游、教育、娱乐等领域有着广泛的应用。例如，通过 AR 技术，用户可以在购物时看到产品在真实环境中的样子，或者在旅游时获取景点的详细信息。

2016 年，任天堂等公司联合开发了一款增强现实（AR）宠物养成对战类 RPG 手游，它就是《宝可梦 GO》，这是一款能对现实世界中出现的宝可梦进行探索捕捉、战斗以及交换的游戏。玩家可以通过智能手机在现实世界里发现宝可梦，进行抓捕和战斗。玩家作为宝可梦训练师抓到的宝可梦越多会变得越强大，从而有机会抓到更强大更稀有的宝可梦。游戏一经推出，就立刻成为火爆全网的现象级游戏。

零售应用：IKEA 的 AR 应用允许用户将家具模型放置在他们家中的实景中，以查看家具是否适合他们的空间。

8.3.4 混合现实（MR）

混合现实技术结合了 VR 和 AR 的特点，它允许用户与虚拟对象和真实世界对象进行交互，创造出一个无缝融合的环境。MR 技术通过高级的传感器和算法，精确地跟踪用户的位置和动作，并将虚拟对象与真实世界融合在一起。用户可以在 MR 环境中自然地与虚拟和真实对象互动。

1. MR 的例子

游戏：《半衰期：爱莉克斯》（Half-Life: Alyx）是一款 VR 游戏，虽然主要是 VR 体验，但也展示了 MR 的潜力，玩家可以在虚拟环境中与现实世界进行交互。

设计和建模：设计师可以使用 MR 技术在现实空间中放置和修改虚拟模型，如使用微软的 HoloLens 进行建筑设计。

教育和培训：MR 技术可以用于模拟复杂设备的操作，如在医学培训中，学生可以在现实环境中与虚拟的人体模型进行交互。

2. MR 的工作原理

MR 技术通过高级的传感器和算法，精确地跟踪用户的位置和动作，并将虚拟对象与真实世界融合在一起。用户可以在 MR 环境中自然地与虚拟和真实对象互动。

3. MR 的应用领域

MR 技术在设计、建筑、工程等领域具有巨大的潜力。设计师可以在 MR 环境中预览建筑模型，与团队成员共同讨论设计方案。

图 8.12　VR 设备 PICO4 系列

8.3.5 核心技术

扩展现实(XR),作为一个集合概念,涵盖虚拟现实(VR)、增强现实(AR)和混合现实(MR),它的实现依赖于一系列高科技的支持。下面,我们就用简单易懂的语言来揭秘 XR 背后的几项核心技术。

(1) 传感器技术

想象一下,你转头时,虚拟世界里的景象也跟着你的视线移动,就像真的一样。这背后靠的就是传感器技术,比如陀螺仪和加速度计,它们能捕捉你的头部或手部动作,让你在虚拟世界中的每一个转身、每一抬手都得到即时反馈。

(2) 显示技术

想要体验身临其境的感觉,清晰、高分辨率的显示是关键。VR 设备通常采用 OLED 或 LCD 屏幕,快速刷新率减少画面延迟和闪烁,让你看到的世界更加流畅自然。而在 AR 和 MR 中,透明显示屏或投影技术被用来在真实世界上叠加图像,让虚拟与现实完美融合。

(3) 空间定位与映射

这项技术帮助设备理解你所处的空间环境,比如房间的尺寸、家具的位置。通过摄像头、激光雷达(LiDAR)等,设备能够构建出一个 3D 地图,确保虚拟物品能准确放置在现实世界中,不会穿墙而过或悬空漂浮。

(4) 手势与语音识别

想要与虚拟世界互动,除了传统的控制器,现在的 XR 设备越来越依赖于更自然的交互方式。手势识别技术让你可以通过挥手、握拳等动作控制虚拟物体;而语音识别则让你可以用声音指挥一切,就像科幻电影里那样。

(5) 计算机视觉与人工智能

这是让 XR 设备"看懂"世界的关键。计算机视觉技术分析摄像头捕捉的图像,识别物体、人脸,甚至情绪;结合 AI 算法,设备能理解用户的意图,做出智能反应,比如在你指向某物时,自动提供相关信息。

(6) 高性能计算

所有这些复杂的计算,包括实时渲染高精度图形、处理大量数据,都需要强大的计算力支持。这不仅来自设备本身,如智能手机或头戴设备内的处理器,还可能依赖于云端计算,即数据发送到远程服务器处理后返回,保证体验流畅无卡顿。

通过这些核心技术的协同工作,XR 技术为我们打开了通往全新体验的大门,让学习、娱乐、工作乃至生活的方方面面都充满了无限可能。

8.3.6 挑战与展望

XR(扩展现实)技术虽然前景广阔,但其发展和普及仍面临诸多挑战,同时也有着激动人心的未来展望。

1. 挑战

（1）技术成熟度与成本

尽管技术不断进步，XR设备如头显的重量、舒适度、分辨率、电池寿命等仍需改进，同时高昂的价格也是限制其广泛普及的因素之一。

（2）用户体验

延迟、晕动症、精确的跟踪和定位技术不足等问题影响了用户的沉浸感和体验质量。特别是跟踪准确性，对于确保虚拟内容与现实世界无缝融合至关重要。

（3）内容生态

XR内容的创作难度大，成本高，且缺乏统一标准，导致高质量内容稀缺。同时，B端定制化与C端标准化之间的平衡问题，使得内容开发面临挑战。

（4）网络基础设施

XR应用对带宽和低延迟有极高要求，当前的网络环境尤其是无线网络可能无法满足某些高级XR应用的需求，5G及未来6G技术的普及将是关键。

（5）隐私与安全

XR设备收集大量用户数据，包括位置、生物识别信息等，如何保护这些敏感信息免遭滥用成为重要议题。

2. 展望

（1）融合应用

XR技术将更深入地融入教育、医疗、娱乐、工业设计等多个领域，提供更高效的学习、治疗、娱乐和生产解决方案。

（2）无缝混合现实

随着技术进步，XR将实现更加自然和无缝的虚拟与现实世界的融合，为用户带来难以区分的混合现实体验。

（3）社交与协作

XR将改变人们社交和工作的模式，远程会议、虚拟旅行、多人在线协作等将变得更加普遍和逼真。

（4）个性化与适应性

利用AI技术，XR体验将更加个性化，能够根据用户的行为习惯、偏好，甚至情绪，动态调整内容和环境。

（5）技术创新与标准化

预计未来将有更多针对XR的创新技术出现，同时行业标准的建立将促进不同平台和设备间的兼容性，加速市场增长。

XR技术正站在技术和应用爆发的前夜，克服现有挑战并充分利用其潜力，将推动人类社会进入一个全新的交互与体验时代。

第九章 数字化转型发展

9.1 数字化转型概述

数字化转型是当今世界经济发展的重要趋势，它涉及利用数字技术改造传统产业、创新商业模式、提升社会治理水平等多个方面。在这一转型过程中，各国和地区都在积极探索适合自己的发展之路。以下是对数字化转型发展之路的详细解读：

1. 理解数字化转型的内涵

数字化转型不仅仅是技术的更新换代，更是一场涉及组织结构、业务流程、企业文化等多个方面的深刻变革。它要求企业和社会从传统的运营模式转向以数据为核心的智能化、网络化、自动化的新模式。

2. 政策引导与支持

政府在数字化转型中扮演着至关重要的角色。通过制定相关政策、提供资金支持、建立标准规范等方式，政府可以为企业和社会提供转型的指引和动力。例如，《“十四五”数字经济发展规划》和《“十四五”国家信息化规划》等政策文件，为我国数字化转型提供了明确的方向和目标。

3. 基础设施建设

数字化转型的基础是强大的数字基础设施，包括高速互联网、云计算平台、大数据中心等。这些基础设施的建设和完善，为数据的收集、存储、处理和分析提供了必要的物质条件。

4. 技术创新与应用

技术创新是推动数字化转型的核心动力。5G、人工智能、物联网、区块链等新兴技术的发展，为各行各业提供了新的解决方案和商业模式。企业需要紧跟技术发展趋势，积极探索新技术在自身业务中的应用。

5. 人才培养与技能提升

数字化转型需要大量具备数字技能的人才。因此，加强数字技能的教育和培训、提升劳动力市场的适应性和灵活性，对于成功实现转型至关重要。

6. 推动产业升级

数字化转型为传统产业提供了升级的机会。通过引入数字技术，企业可以提高生产效率、降低成本、提升产品质量，从而增强竞争力。

7. 保障数据安全与隐私

在数字化转型的过程中，数据安全和个人隐私保护是一个重要议题。需要建立健全的数据安全管理体系，制定严格的数据保护法规，以确保数据的安全和合规使用。

8. 促进区域协同发展

数字化转型应当注重区域间的协同和平衡发展，通过打造区域性数字化转型示范区，推动资源共享和优势互补，实现区域经济的整体提升。

9. 推动数字化与绿色化融合发展

数字化转型与绿色发展并行不悖，应当通过数字技术提高资源利用效率，推动产业向绿色、低碳方向转型，实现可持续发展。

10. 构建开放合作的国际环境

数字化转型是全球性的挑战和机遇，需要各国加强合作，共享最佳实践，共同应对数字化带来的全球性问题。

通过上述措施，可以推动数字化转型的深入发展，为经济的高质量发展注入新的活力，同时也为社会的全面进步提供支持。

9.2 数字化转型发展国外现状

国外在数字化转型方面有许多值得借鉴的典型案例，这些案例涵盖了不同行业和领域，展示了数字化技术如何推动创新、提高效率和改善生活质量。以下是一些具有代表性的案例。

1. 罗尔斯—罗伊斯公司：服务型制造模式

罗尔斯—罗伊斯公司是全球最大的航空发动机制造商之一，它通过提供“租用服务时间”的形式出售发动机，并承担一切保养、维修和服务。这种模式使得航空公司无须专门养一批发动机维修队伍，同时也为罗尔斯—罗伊斯公司带来了稳定的服务型收入。

2. 通用电气：资本服务推动成长

通用电气通过其资本服务公司为旗下其他子公司的客户（如航空公司、电力公司）提供贷款，帮助他们签订大宗合同，从而为其工业部门提供成长动力。这种模式不仅增加了服务型收入，还强化了客户关系。

3. IBM：从硬件制造商向 IT 服务商转型

IBM 成功地从一个硬件制造商转型为提供整体解决方案的 IT 服务商。通过服务产品化策略，IBM 能够更准确地把握市场需求，提高服务质量，并实现规模化经营。

4. 苹果：体验经济的典范

苹果公司通过提供卓越的客户体验，使其产品不仅仅是功能性的，更成为情感共鸣和自我实现的象征。苹果的零售店设计、产品包装和客户服务都旨在创造独一无二的购物体验。

5. 米其林：拓展汽车后市场服务

米其林通过其驰加轮胎服务网络提供轮胎零售服务，并通过多种与驾车相关的产品提升附加值。这种策略不仅增强了品牌差异化，还为消费者提供了更全面的服务。

6. 德国数字乡村建设

德国在农村地区实施了包括宽带接入、数字培训、社区数字中心和电子健康等一系列数字化转型措施。通过构建多方参与的数字生活实验室，德国推动了农村服务数字化的整体解决方案。

7. 韩国智能城镇

韩国政府与地方政府合作，在济州岛等地开发了智能城镇，引入了老年人口健康监测系统、渔业潜水作业监测系统等，提高了偏远地区居民的生活质量。

8. 日本智能农业

面对人口老龄化和劳动力短缺，日本发展了以农业机器人为核心的无人农场，并利用先进的信息和通信技术提升农业生产效率。

9. 美国 PESTBANK 数据库

美国建立了 PESTBANK 杀虫剂数据库，其内容涵盖了杀虫剂产品和同一表述、注册日期和注册公司、作用成分、杀虫剂注册地和作用害虫、允许残渣级别等信息以及更多内容，形成了完善的农业信息服务网络，促进了现代农业的发展。

10. 法国智慧乡村

法国政府投入资金建设宽带网络，并在勃艮第等地区实施了数字培训与社区数字中心等措施，推动了乡村地区的数字化转型。

这些案例展示了数字化转型在不同领域的应用和效果，为其他国家和企业提供了宝贵的经验和启示。通过数字化技术的应用，不仅可以提高生产效率和服务质量，还能够创造新的商业模式和增长点。

9.3 数字化发展国内现状

国内在数字化转型方面有许多成功的案例，这些案例涵盖了多个行业和领域，展示了数字化技术如何推动创新、提高效率和改善服务。以下是一些具有代表性的成功案例。

1. 中国移动：智慧中台 AaaS 服务体系

中国移动构建了具有运营商特色的“技术 + 数据 + 业务”智慧中台，打造了 AaaS（能力即服务）服务体系，积淀能力、支撑发展、注智赋能。智慧中台汇聚了超过 900 项优质能力，对外赋能 2 000 多个应用场景，覆盖智慧城市、乡村振兴、数字办公、文化娱乐等多个方面。

2. 海油发展：海洋石油平台运维工程数字化协同工厂

海油发展建立了以数字化预制生产管理系统为核心的生产线，通过对关键数字化设备设施的智能管控，实现了海上设施改造升级施工的流程化、精准化预制工厂，显著提高了生产效率和降低了成本。

3. 雅化集团：雅化锂业工业互联网 App 平台

雅化锂业通过工业互联网 App 平台实现了锂业生产的全过程业务管理，与公司的 ERP、OA、质量管理平台等深度融合，实现了业务、财务与信息化的“三位一体”。

4. 阿里巴巴：魔搭 ModelScope 开源社区

阿里巴巴推出了国内首个 AI 模型社区“魔搭”，开发者可以下载开源 AI 模型，并直接调用阿里云的算力和 AI 大模型训练及推理平台，大幅降低了 AI 开发的门槛。

5. 金盘科技：边缘计算关键技术在数字化工厂中的应用

金盘科技自主研发的 EC-Plat 边缘计算平台，应用了边缘智能、异构计算等关键技术，构建了分布式开放体系，提供了智能化服务，显著提升了工厂的运营效率。

6. 东软集团：助力鞍山打造健康城市

东软集团与鞍山市合作，推动了以数据要素为核心驱动的城市健康医疗数字经济发展，构建了“预防为主”的主动式健康服务“鞍山模式”。

7. 昆明龙津药业：注射用冻干粉针剂智能制造项目

龙津药业实施了智能化系统升级改造，通过“全供应链集成、全信息化集成、全自动化集成”，实现了全过程的质量控制和数据全生命周期管理。

8. 中衡设计集团：多端协同设计项目智能化管理

中衡设计集团利用 RPA 技术，集成了审批系统、域控制器及出图平台，解决了建筑设计项目跨组织、跨平台的操作问题，提升了工作效率。

9. 中国建材:“我找车”数字物流平台

中国建材打造的“我找车”数字物流平台，聚焦建材、钢铁、矿山、煤化、港口等场景，实现了物流管理数字化，提升了产供储销物流的可靠性和智能化。

10. 金开新能:新能源资产智慧运维平台

金开新能建立了新能源资产智慧运维平台，采用云边协同技术架构，内置算法模型，实现了对新能源电站的生产、检修、营销等各个环节的智能管理。

这些案例集中反映了我国在推进数字化转型、促进行业高质量发展方面的最新成果和实践，展示了数字化转型在提升企业竞争力、优化管理流程、增强客户体验等方面的重要作用。

9.4 华为的数字化转型之路

华为的数字化转型之路是一个全面而深刻的变革过程，它不仅仅是技术的升级和应用，更是战略层面的重构和文化层面的转型。以下是华为数字化转型的关键要素和实践经验的详细解读。

1. 战略认知与决心

华为将数字化转型视为公司战略的一部分，自 2016 年起全面推行。这一转型的核心目标是提升客户满意度、实现业务增长和提高运营效率。华为认为，数字化转型不仅是技术驱动，更需要企业领导者的战略决心和各业务部门的积极参与。

2. 重构用户体验

华为致力于重构用户体验，实现面向对象的精益协同。通过数字化，华为将业务活动围绕核心业务对象进行模块化和服务化，打破传统孤立的应用系统，实现更高效的协同工作环境。

3. 业务作战模式的重构

华为通过数字化转型重构业务作业模式，实现全业务的数字化仿真。利用数字孪生技术覆盖产品或业务活动的全生命周期，从而提高业务运行效率和创新速度。

4. 运营模式的重构

华为推动数据驱动的智能决策，通过打通数据孤岛，实现数据的有效管理和共享。同时，华为利用人工智能技术，实现从感知、预测、分析、决策到行动的全业务运营系统。

5. 构建数字化平台

华为打造了一个名为“鸿源云道”的数字化平台，作为企业的数字化操作系统，加速企业推进数字化水平。该平台提供了安全、云化基础设施、业务数字化使能和智能化等方面的产品和服务。

6. 推动组织文化转型

数字化转型还需要组织文化的支撑。华为在转型过程中培养了数字文化、变革文化和创新文化,以激发员工的活力和创造力,形成数字化转型的动力源泉。

7. 合作伙伴和生态的支持

华为认为数字化转型需要合作伙伴和生态的大力支持。通过构建开放的平台,华为希望与合作伙伴共同探索数字化转型的实践方案,促进企业形成全球高质量的竞争力。

8. 持续迭代与创新

华为的数字化转型是一个持续迭代的过程,通过不断的技术创新和业务模式的探索,保持企业的竞争力和市场领先地位。

通过上述措施,华为的数字化转型取得了显著成效,不仅提升了内部运营效率,也为客户提供了更好的产品和服务,成为全球数字化转型的典范。

第十章

数字化应用

数字化转型正以前所未有的速度深刻改变着各行各业，其中金融、教育、政务及农业四大领域的发展尤为引人注目，展现了智能化、网络化、高效化的未来趋势。

在金融领域，数字化不仅简化了支付流程，提高了金融服务的可达性，还促进了诸如区块链、大数据分析、人工智能等先进技术的应用，为风险评估、个性化理财、智能投资等领域带来了革新。例如，通过机器学习优化信贷审批流程，以及利用区块链技术增强交易透明度和安全性，使得金融服务更加精准高效，增强了用户的信任与满意度。

教育领域见证了从传统课堂向数字化学习环境的转变。在线教育平台、虚拟现实(VR)、增强现实(AR)技术的应用，为学生提供了沉浸式学习体验，打破了地域限制，促进了教育资源的均衡分配。个性化学习系统利用数据分析，根据学生的学习习惯和能力定制教学内容，极大地提高了教学质量和学习效率。

政务数字化转型旨在构建智慧政府，通过云计算、大数据等技术优化政务服务流程，实现信息共享和业务协同，提升了政府决策的科学性和公共服务的便捷性。从电子政务平台到智慧城市管理，数字化不仅简化了行政手续，增强了政府与民众的互动，还通过数据分析辅助政策制定，促进了社会治理的精细化和智能化。

农业领域中的数字化技术应用，如物联网(IoT)、精准农业、智能灌溉系统等，正在逐步实现农业生产过程的智能化管理和优化。通过传感器收集土壤湿度、气候数据等，结合大数据分析，农民可以精准施用化肥农药，减少资源浪费，提高作物产量和质量。同时，电商平台的兴起也为农产品销售开辟了新渠道，缩短了供应链，促进了农业经济的转型升级。

数字化已成为推动金融、教育、政务及农业等关键领域创新发展的核心动力，不仅重塑了行业生态，也极大地提升了社会整体的运行效率和服务水平，预示着一个更加智能、高效、可持续的未来。

10.1　金融数字化

将金融服务和业务通过数字技术进行转化和升级，以提高效率、降低成本、改善用户体验和创造更多商业价值的过程称为金融数字化。它涉及利用互联网、区块链、大数据、人工智能等数字技术，对金融行业的产品、服务和运营模式进行创新和改造。以下是国内数字化金融领域非常成功的案例：

（1）支付宝

作为中国领先的第三方支付平台，支付宝是数字化转型的典型代表。它提供了包括在线支付、转账、理财、信用卡还款等在内的全方位金融服务，极大地提升了金融服务的便捷性和效率。支付宝的用户基数庞大，2024年，其注册用户已超过10亿，成为全球最大的移动支付平台之一。

（2）招商银行

作为中国领先的商业银行，招商银行在数字化转型方面也走在前列。通过数字化技术，招商银行实现了线上线下一体化服务，客户可以通过多种电子渠道方便地进行金融交易，其"一卡通"服务整合了信用卡、借记卡等多种卡片功能，显著改善了用户体验。

（3）蚂蚁金服

蚂蚁金服（现更名为蚂蚁集团）展示了如何将金融服务与科技深度融合，利用大数据、人工智能等技术推动智能风险管理、智能投资和智能理财等创新服务，其旗下的"芝麻信用"体系和"余额宝"理财产品等，已经成为国内外知名的金融服务品牌。

（4）金融壹账通

推出"金捷盈AI房抵"解决方案大幅提升了银行房抵贷业务的效率，实现了流程的高度线上化和自动化，显著提高了客户经理的产能和贷款发放速度。

这些案例展示了数字化技术如何被应用于提升金融服务的效率、拓宽服务范围、增强客户体验，并推动整个金融行业的创新和变革。

国外数字化在金融领域的应用同样展现了许多创新和成功案例，以下是几个突出的例子：

（1）Revolut

Revolut是一家英国的金融科技公司，它提供了一系列数字化银行服务，包括多币种账户、国际汇款、预算跟踪以及股票和加密货币交易。Revolut通过低费用和高度集成的移动应用，吸引了大量年轻用户，迅速成长为欧洲估值最高的金融科技初创企业之一。

（2）Robinhood

美国的Robinhood是一个零佣金交易平台，允许用户交易股票、期权、加密货币等多种资产。它的成功在于通过简洁的界面设计和免佣模式降低了投资门槛，吸引了大量首次投资者，尤其是年轻群体。

（3）Stripe

Stripe 是美国的一家支付处理平台，为在线商家提供了一套全面的支付解决方案，包括支付处理、订阅管理、欺诈预防等。Stripe 通过其开发者友好的 API，简化了企业集成支付功能的过程，支持了众多初创企业和大型企业的数字化转型。

（4）Klarna

这家瑞典公司提供了一种“先买后付”（buy now, pay later）的支付选项，允许消费者分期付款购物，而无须传统的信贷检查。Klarna 的无缝结账体验和灵活的支付选项，使其在电商领域获得了广泛采用，同时也改变了消费者的支付习惯。

这些案例共同展示了数字化如何在不同层面重塑金融服务，从支付、投资、贷款到个人财务管理，都体现了技术创新对于提高金融服务效率、降低成本、增加用户便利性和包容性的重大影响。

10.2 教育数字化

数字化在教育领域的应用已经成为推动教育现代化的重要力量。以下是国内一些成功的数字化教育案例，它们展示了如何通过信息技术提升教育质量和效率。

（1）常州数字化教育案例

常州市自 2012 年起推进教育信息化，促进学校高品质发展和区域教育优质均衡。通过十年的探索，常州市聚焦 5 个领域、推进 8 项行动、凸显 3 大特色，不断实践和反思，推动了人才培养模式的变革与创新。

顶层设计：引入智慧教育理念，制定实验区研究方案，聚焦数字化学习范式提炼、课程体系构建、评价模型探索等。

教师培训：通过创建教育信息技术学习圈，推广面向真实教学场景的信息技术应用能力培训，提升教师信息技术应用能力。

平台与资源开发：建设教育服务大平台，开发配套课程资源，推进基础教育优质资源建设。

成效：常州市的数字化学习实践探索推动了教育教学改革，逐步实现了公平而有质量的教育。

（2）山东大学智慧教育案例

山东大学通过数据赋能推动学院数字化转型，成功入选教育部 2023 年智慧教育优秀案例。建设校院两级数据治理体系，实现业务与数据的融合。

服务平台：构建“一院一策”的学院一站式信息化服务平台，推进管理服务模式创新。

数据赋能：实现师生信息统一管理和数据共享，提升管理效率和服务质量。

成效：通过数据赋能，山东大学提升了学院的数字化水平，促进了人才培养、管理服务、教学科研等工作的数字化和智能化。

(3) 全国"智慧课堂"典型创新案例

从全国范围征集的50个案例中精选出的智慧课堂典型创新案例,涵盖了不同学科和技术应用类型。

音乐欣赏课:利用平板电脑和投票功能,让学生参与音乐情绪的投票和分析,提升音乐课程的互动性和学习效果。

《红楼梦》研读:线上线下融合模式,利用智慧课堂功能设计学习任务,驱动学生深度学习,深入把握小说思想内容。

初中数学课:利用智慧课堂的几何画板、屏幕推送、互动抢答等功能,实现教学与信息技术的融合,提升教学效率和学生数学思维。

高中生物在线教学:基于多媒体交互及移动终端的线上教学,通过VR技术展示细胞器结构,提高在线课堂的参与度和认可度。

成效:智慧课堂的应用使得教学过程更加高效、互动,激发了学生的学习积极性和创造力,提升了教育质量。

这些案例表明,数字化技术的应用能够有效地提升教育质量,促进教育公平,推动教育现代化进程。通过不断的探索和实践,数字化教育将继续为全球教育事业的发展贡献力量。

在教育领域中,国外也有许多成功的数字化应用案例,这些案例展示了数字技术如何改善教育体验、提高教育质量,并为学习者提供更多机会。以下是一些具体的案例:

(1) 美国的高等教育数字化

哈佛大学和麻省理工学院的edX平台:这两个世界顶尖大学联合创建了edX,一个大规模开放在线课程(MOOC)平台,为全球学习者提供免费的高质量课程。

Coursera:由斯坦福大学的一些教授发起,Coursera是一个提供各种学科在线课程的平台,与世界各地的大学合作,提供认证证书。

(2) 欧洲的教育数字化转型

欧盟的"Erasmus+"计划:这是一个促进教育、培训、青年和运动领域合作的项目,通过数字化工具和平台,支持跨国界的学习和交流。

英国的GCSE和A-Level在线学习资源:英国教育部门开发了一系列在线学习资源,帮助学生准备重要的中学考试。

(3) 澳大利亚的数字化教育实践

Flipped Classroom(翻转课堂):在澳大利亚的一些学校中,翻转课堂模式被广泛采用,学生可以在家通过视频等数字资源学习新知识,而课堂时间则用于讨论、解决问题和深入学习。

(4) 亚洲的数字化教育创新

韩国的e-Schoolbag(电子书包):韩国政府推出了电子书包项目,通过平板电脑和其他移动设备,为学生提供个性化的学习材料和资源。

(5) 个性化学习平台

DreamBox Learning:这是一个自适应数学学习平台,根据学生的进度和理解能力,提供个性化的学习路径和实时反馈。

(6) 教育技术工具的应用

Khan Academy:这是一个非营利性的教育组织,提供大量免费的在线教育视频,涵盖各个学科领域。

这些案例表明，数字化技术在教育领域的应用不仅能够扩大教育的覆盖面，还能够提供更加个性化和灵活的学习体验。通过在线平台、自适应学习系统、翻转课堂等模式，教育变得更加便捷和高效。同时，国际合作项目如“Erasmus + ”计划，促进了教育的国际化和文化交流。

10.3 政务数字化

数字政务是指利用信息技术和数字化手段来提高政府的效率、透明度和服务质量，我国在数字政务领域取得了显著的成就，利用信息技术提升政府服务效率、透明度和公共服务质量。以下是几个国内数字政务的成功案例：

(1) 浙江省的“最多跑一次”改革

浙江省推出的“最多跑一次”改革是中国数字政务的典范之一。该改革通过整合政府服务资源，利用大数据和互联网技术，力求群众和企业办理各类事项“最多跑一次”。通过建立统一的在线政务服务平台，提供一站式服务，实行数据共享，减少重复提交材料的需求，推广移动端服务，方便市民随时随地办理业务。

(2) 北京市的“12345”市民热线

北京市的“12345”市民热线是一个集投诉、咨询和建议于一体的综合服务平台。通过电话、网站、微信、App 等多种渠道，市民可以方便地反映问题和提出建议。通过多渠道接入，方便市民表达诉求。实时受理和反馈，提升政府响应速度。数据分析和问题追踪，帮助政府改进服务质量。

(3) 上海市的“一网通办”平台

上海市推出的“一网通办”平台，旨在实现政务服务的“一网办理、一窗受理、一事联办”。该平台整合了全市的政务服务资源，提供线上线下融合的服务模式。通过统一的政务服务门户，简化办事流程。数据共享和业务协同，提高办事效率。智能客服和自助服务设备，提升用户体验。

(4) 深圳市的“智慧城市”建设

深圳市通过“智慧城市”建设，利用物联网、云计算和大数据等技术，提升城市管理和公共服务水平。智慧城市建设涵盖交通、医疗、教育、安全等多个领域。通过智能交通系统，采集实时数据优化交通流量。智慧医疗，通过电子病历和远程医疗提高医疗服务效率。智慧社区，提高社区管理和服务的智能化水平。

(5) 广东省的“粤省事”平台

“粤省事”是广东省推出的移动政务服务平台，通过微信小程序，市民可以办理多种政务服务。该平台致力于实现“掌上办事”，推动政务服务的移动化和便捷化。集成多种政务服务，用户可以通过手机办理。实时查询和办理进度跟踪，提升透明度。提供个性化服务推荐，增强用户体验。

(6) 杭州市的“城市大脑”项目

杭州市的“城市大脑”项目利用阿里云的技术，通过大数据和人工智能提高城市管理效率。该项目涵盖交通管理、应急响应、环境监测等多个方面。采用实时交通监控和智能调度，缓解城市交通拥堵。快速应急响应，提高城市安全和应急管理能力。环境监测和治理，改善城市环境质量。

中国在数字政务方面的成功案例展示了信息技术在提升政府服务效率和公共服务质量方面的巨大潜力。这些案例不仅改善了市民的办事体验，也为全球数字政务的发展提供了宝贵的经验和借鉴。

以下是国外几个成功的数字政务案例：

(1) 爱沙尼亚的 e-Residency 项目

爱沙尼亚是全球数字政务的先驱之一，其电子居民项目(e-Residency)是最著名的案例之一。通过该项目，任何人都可以申请成为爱沙尼亚的电子居民，获得一个数字身份，从而能够在线上办理公司注册、银行开户、税务申报等业务；并提供安全的数字身份认证；允许全球用户在线注册公司。

(2) 新加坡的 Smart Nation 计划

新加坡的 Smart Nation 计划旨在通过数字技术提高城市的智能化水平，改善市民的生活质量。政府利用物联网(IoT)、大数据和人工智能(AI)等技术来解决城市管理和公共服务中的各种问题，其智能交通系统，通过实时数据优化交通流量。智能医疗，通过电子病历和远程医疗提高医疗服务效率。智能住房，利用传感器和自动化系统提高居住环境的安全性和舒适度。

(3) 韩国的电子政府(e-Government)

韩国在电子政府建设方面也取得了显著成就。韩国政府通过整合各种政府服务，建立了一个统一的电子政务平台，方便市民和企业在线办理各种手续，其统一的政府服务门户网站，提供一站式服务。高效的电子税务系统，简化税务申报流程。电子投票系统，提高选举的透明度和便利性。

(4) 加拿大的 MyService Canada Account

加拿大政府推出了 MyService Canada Account，提供一个统一的在线平台，方便加拿大公民和居民访问各种政府服务，如就业保险、养老金和社会保障。用户友好的界面，简化服务访问流程。安全的身份验证系统，保护用户信息。实时更新和通知功能，确保用户及时获取重要信息。

(5) 丹麦的 NemID 系统

丹麦的 NemID 系统是一种统一的数字身份验证系统，广泛应用于政府服务、银行和其他私营部门。通过 NemID，用户可以安全地访问和管理各种在线服务。统一的身份验证系统，简化用户体验，具有高度安全的加密和认证机制以及广泛的应用范围，包括政府、金融和医疗服务。

这些成功案例展示了数字政务在提高政府效率、增强公共服务质量和促进社会经济发展方面的巨大潜力。通过不断创新和优化，数字政务将继续为全球各国政府和公众带来更多的便利和效益。

10.4 农业数字化

数字化在农业领域的应用已经成为推动农业现代化和提升农业生产效率的重要手段。数字农业利用信息技术和数据分析来提高农业生产效率、优化资源使用和增强可持续性。我国在数字农业领域取得了显著的进展,利用物联网、大数据、人工智能等技术提升农业生产效率和可持续性。以下是几个中国数字农业的成功案例:

(1) 阿里巴巴的“盒马村”项目

阿里巴巴通过其新零售平台“盒马鲜生”,推出了“盒马村”项目,帮助农村社区实现农业生产和销售的数字化。该项目通过电商平台、智能仓储和物流配送系统,将农产品直接送到消费者手中。利用电商平台拓宽农产品销售渠道,帮助农民增加收入。实现农产品生产、加工、销售的全链条数字化管理。提供实时市场信息和数据分析,帮助农民优化生产决策。

(2) 京东的“智慧农业”项目

京东集团在全国范围内推广智慧农业,通过物联网传感器、无人机、智能温室等技术,提升农业生产效率和质量。京东还建立了农业大数据平台,帮助农民进行精准管理。使用物联网传感器监测土壤湿度、温度和养分,优化灌溉和施肥。利用无人机进行农作物监测和农药喷洒,提高喷洒效率和效果。建立农业大数据平台,提供数据分析和决策支持。

(3) 腾讯的“智慧农业云”平台

腾讯推出的“智慧农业云”平台,通过云计算和人工智能技术,帮助农民实现农业生产的智能化管理。该平台集成了土壤监测、病虫害预测、气象服务等功能。平台提供精准的农业气象服务,帮助农民制订种植计划。利用 AI 技术进行病虫害预测和防治,减少农药使用。实时监测土壤和作物生长情况,优化生产管理。

(4) 华为的“数字村庄”项目

华为在全国多个地区推进“数字村庄”项目,通过 5G 网络、物联网和大数据技术,提升农村地区的农业生产和生活水平。该项目包括智能灌溉、智能养殖、智能温室等应用。使用 5G 网络实现远程监控和管理,提高农业生产效率。智能灌溉系统根据土壤湿度和气候条件自动调节水量。智能养殖系统监测动物健康状况,优化饲养管理。

(5) DJI 大疆农业案例

大疆 T50 农业无人机在南非甘蔗种植中应用,助力小农户解决植保难题,大疆 T30 农业无人机在日本香川县小麦恢复生产中发挥作用。大疆 T50 农业无人机在广西沃柑种植中进行清园作业,提高效率和均匀度。无人机技术的应用提高了农业生产的效率和精准度,降低了成本,提升了作物产量和品质。

中国的数字农业在多个领域取得了显著成果,通过先进的技术和创新的商业模式,提升了农业生产效率和农民收入。这些成功案例展示了数字技术在农业中的巨大潜力,也为其他国家和地区提供了有益的经验和启示。

以下是国外几个成功的数字农业案例：

（1）美国的精细农业(precision agriculture)

精细农业(precision agriculture)是美国数字农业的一个重要方面。通过使用GPS、遥感技术和数据分析，农民可以对农田进行精确管理，从而优化肥料和水资源的使用，减少环境影响。使用无人机和卫星图像监测农作物健康状况。通过传感器和物联网设备实时获取土壤湿度、温度和养分数据。利用数据分析工具制订精准的施肥和灌溉计划。

（2）印度的e-Choupal

e-Choupal是由印度烟草公司(ITC)推出的数字平台，旨在帮助印度农民获取市场信息、农业知识和技术支持。该平台通过互联网和农村社区中心，将农民与市场和专家连接起来。提供实时市场价格信息，帮助农民做出更好的销售决策。提供农业技术和培训，帮助农民提高生产效率。促进农民之间的合作与交流，建立强大的社区网络。

（3）肯尼亚的M-Farm

M-Farm是一个移动平台，帮助肯尼亚农民获取市场价格信息、寻找买家和卖家，以及共享农业技术知识。通过SMS(短信)服务，农民可以在没有互联网的情况下获得重要信息。提供实时市场价格信息，减少中间商剥削。连接农民和买家，促进直接交易。提供农业技术支持，帮助农民提高产量和收入。

（4）以色列的Netafim滴灌系统

Netafim是以色列的一家农业技术公司，开发了世界领先的滴灌系统。该系统通过精确控制水量，极大地提高了水资源的利用效率，尤其适用于干旱和半干旱地区。精准控制水和肥料的供应，减少浪费和环境污染。适用于各种作物和气候条件，提高作物产量和质量。节约水资源，适应全球水资源紧缺的挑战。

通过这些成功案例可以看到，数字农业在全球各地已经取得了显著的成效。利用先进的技术和数据分析，农民不仅能够提高生产效率，还能实现更可持续的发展。数字农业的未来充满潜力，将继续为全球农业带来深远的变革。

数字素养文库·高等学校系列教材

数字素养基础 2

实验篇

主　编　陈爱萍　沈维燕

副主编　古秋婷　仓基云

　　　　田海梅　董　赟

南京大学出版社

图书在版编目(CIP)数据

数字素养基础. 2，实验篇 / 陈爱萍，沈维燕主编.
南京 ：南京大学出版社，2024. 9. -- ISBN 978-7-305-28455-7

Ⅰ. TP3

中国国家版本馆 CIP 数据核字第 2024RB0078 号

出版发行　南京大学出版社
社　　址　南京市汉口路 22 号　　　　邮　　编　210093

书　　名　数字素养基础(2)：实验篇
　　　　　SHUZI SUYANG JICHU(2)：SHIYANPIAN
主　　编　陈爱萍　沈维燕
责任编辑　苗庆松　　　　　　　　编辑热线　025-83592655

照　　排　南京开卷文化传媒有限公司
印　　刷　南京新世纪联盟印务有限公司
开　　本　787 mm×1092 mm　1/16　印张 39　字数 970 千
版　　次　2024 年 9 月第 1 版　2024 年 9 月第 1 次印刷
ISBN　978-7-305-28455-7
定　　价　99.80 元(全 3 册)

网　　址：http://www.njupco.com
官方微博：http://weibo.com/njupco
官方微信号：NJUyuexue
销售咨询热线：(025)83594756

目录 MU LU

第1章 Windows 7 操作系统

操作系统是控制和管理计算机系统资源、方便用户操作的最基本的系统软件。任何其他软件都必须在操作系统的支持下才能运行，它已成为计算机系统必不可少的基本组成部分。操作系统负责对计算机的硬件和软件资源进行统一管理、控制、调度和监督，使其能得以充分而有效地利用。

一般情况下，用户都是先通过操作系统来使用计算机的，所以它又是沟通用户和计算机之间的“桥梁”，是人机交互的界面，也就是用户与计算机硬件之间的接口。没有操作系统作为中介，一般用户就难以之间使用计算机。因此，掌握操作系统的常用操作是使用计算机的必备技能。

当前最流行的操作系统有 Windows 系列、UNIX、Linux、OS/2 等。就个人计算机而言，Windows 操作系统以其图形化的用户界面、方便的操作和强大的资源管理功能赢得了众多用户的青睐。

当打开主机的电源开关后，系统首先进行硬件的测试，测试硬件没有问题后便开始系统的引导过程，将 Windows 操作系统从硬盘(或光盘)载入到内存储器中自动运行。Windows 启动后，展现在用户面前的屏幕区域称为桌面，桌面上的一个个小图片称为图标，它们可代表某一对象(磁盘驱动器、文件、文件夹等)，也可以是某一对象的快捷方式。图标的排列方式有自动排序和非自动排序两种。若用鼠标右击桌面空白处，在弹出的快捷菜单中选择“排序方式”子菜单，则可分别选择将图标按名称、大小、项目类型和修改日期进行自动排序；用户也可以拖动桌面上的图标按照自己的喜好来安排它们在桌面上的位置。移动鼠标将箭头指向桌面的一个图标后双击鼠标左键，根据图标所代表的对象不同，或启动程序运行，或打开文档，或显示一个磁盘驱动器根目录区内容，或显示一个文件夹中的内容，等等。

桌面的最下面一行称为任务栏。任务栏一般出现在屏幕的底部(也可以根据用户的设置出现在桌面的其它位置)。任务栏的最左边是“开始”按钮 ，单击该按钮将显示“开始菜单”，通过“开始菜单”可以运行已安装的程序，打开文档，查找文件或阅读 Windows 的联机帮助文档。一个正在运行的程序成为一个任务，Windows 允许多个任务存在，并为每个任务在任务栏上显示一个任务按钮，单击这些按钮可以快速地从一个任务的显示窗口切换到另一个任务的显示窗口。当前活动窗口对应的按钮颜色突出，用鼠标单击非活动窗口对应的按钮，其对应的窗口则成为活动窗口，活动窗口是唯一的。

在 Windows 中，每个应用程序运行时一般都会显示一个窗口。所谓窗口，就是显示在桌面上的一个矩形工作区域。在运行某一程序或在这个过程中打开一个对象后，窗口会自动打开。Windows 窗口分为两类：应用程序窗口和文本窗口。窗口的顶端一行称为标题栏，用于显示窗口标题，窗口标题栏的右边一般都有一组按钮，单击这组按钮可分别对窗口进行最小化、最大化、还原、和关闭操作，关闭操作意味着程序终止运行或文本的关闭。在程序窗口的上方，一般会有一行菜单栏。所谓菜单是一组组命令的集合，命令是用于完成某项功能，每个应用程序都有自己的菜单。Windows 操作系统都把命令列在菜单上，用户可以从中选择所需的命令执行。其操作只需用鼠标单击菜单栏中欲打开的菜单名，在弹出的下拉菜单中，单击相应的命令即可。

存储在硬盘上的程序或文档称为文件。计算机的软硬件资源都是以文件的形式组织的，Windows 操作系统通过文件来控制和管理计算机资源，系统提供了“计算机”工具用于文件管理。双击桌面上“计算机”图标，系统便打开了“计算机”运行窗口。在该窗口，用户可以快速查看硬盘、光盘驱动器以及映射网络驱动器的内容。还可以从“计算机”中打开“控制面板”，修改计算机中的多项设置，以及卸载或更改程序。利用计算机“管理”工具，可以查看计算系统一些相关软、硬件信息，也可对计算机的软、硬件资源进行管理。

为了有效地管理文件，Windows 操作系统采用了树形结构文件夹的管理机制。所谓文件夹，就是用来存放文件和子文件夹的相关内容，子文件夹还可以存放子文件夹，这种包含关系使得 Windows 中的所有文件夹形成一种树形结构。用户可以自己建立文件夹，并把若干个相关的文件保存在同一个文件夹中。

利用 Windows 操作系统中的“计算机”，可以建立文件或文件夹；能够对文件（或文件夹）进行复制、移动、重命名、删除和修改属性等操作，也可以为其创建快捷方式。所谓快捷方式，是指链接到文件或者文件夹的图标，双击快捷方式可以打开指向的文件或文件夹，方便用户操作。

文件除了具有文件名、文件类型、文件打开方式、文件存在位置、文件大小及占用空间、文件创建、修改及访问时间等常规属性等，还有“只读”“隐藏”和“共享”三种属性，这三种属性可以人为设置改变的。

对操作系统进行正确的维护与管理，可保持系统的稳定运行，提高运行效率，方便用户使用。为此，Windows 操作系统专门提供了“控制面板”和一组特殊用途的管理工具，用户使用这些工具可以进行系统设置，调整 Windows 的操作环境，使系统处于最佳的运行状态。

本章共安排了三个实验，通过上机练习，希望读者掌握 Windows 7 操作系统的基本操作，熟练进行资源管理器的操作与应用，熟练进行文件（或文件夹）的建立、复制、移动、重命名、删除等操作，掌握文件、磁盘、显示属性的查看、设置等操作，掌握中文输入法的安装、删除和选用，掌握检索文件、查询程序的方法，了解软、硬件的基本系统工具，加深对课本中有关内容的理解，为后续内容的学习以及熟练使用个人计算机奠定基础。

实验1　Windows 7的基本操作

一、实验要求

1. 掌握键盘和鼠标的操作。
2. 掌握 Windows 7 桌面外观的设置。
3. 掌握任务栏的相关设置。
4. 掌握窗口和对话框的操作。

二、实验步骤

1. 键盘和鼠标操作

(1) 键盘功能键操作

① 打开计算机,按 F1 键,观察此操作的结果。

② 选中桌面上的"计算机"图标,按 F2 键,观察此操作的结果。

③ 在桌面上,按 F3 键,观察此操作的结果。

注:十二个功能键的作用

F1:如果当用户处于一个选定的程序中而需要帮助,可以按下 F1,打开该程序的帮助。如果现在不处于任何程序中,而是处在资源管理器或桌面,那么按下 F1 就会出现 Windows 的帮助程序。如果你正在对某个程序进行操作,而想得到 Windows 帮助,则需要按下 Win+F1。

F2:如果在资源管理器中选定了一个文件或文件夹,按下 F2 则会对这个选定的文件或文件夹重命名。

F3:在资源管理器或桌面上按下 F3,则会出现"搜索文件"的窗口,因此如果想对某个文件夹中的文件进行搜索,那么直接按下 F3 键就能快速打开搜索窗口,并且搜索范围已经默认设置为该文件夹。

F4:这个键用来打开 IE 浏览器中的地址栏列表,要关闭 IE 窗口,可以用 Alt+F4 组合键。

F5:用来刷新 IE 浏览器或资源管理器中当前所在窗口的内容。

F6:可以快速在资源管理器及 IE 浏览器中定位到地址栏。

F7:在 Windows 中没有任何作用,在 DOS 窗口中有作用。

F8：在启动电脑时，可以用它来显示启动菜单。

F9：在 Windows 中同样没有任何作用。但在 Windows Media Player 中可以用来快速降低音量。

F10：用来激活 Windows 或程序中的菜单，按下 Shift + F10 会出现右键快捷菜单。而在 Windows Media Player 中，它的功能是提高音量。

F11：可以使当前的资源管理器或 IE 浏览器变为全屏显示。

F12：在 Windows 中同样没有任何作用。但在 Word 中，按下它会快速弹出另存为文件的窗口。

（2）键盘控制键操作

双击桌面上的“计算机”图标以打开资源管理器，然后执行以下操作：

① 按下 Print Screen 键

② 在“开始”按钮上单击“所有程序”，选择“附件”中的“画图”程序。

③ 在画图程序中，按 Ctrl + V 键，观察此操作的结果。

④ 如果在步骤①时同时按下 Alt + Print Screen 键，同样在画图程序中观察该操作的结果。

注：粘贴文字或文件的方法

1. Ctrl + V 快捷键。

2. 单击“编辑”菜单，在其下拉菜单中，单击“粘贴”命令。

3. 在空白区域单击鼠标右键，在弹出的菜单中，单击“粘贴”命令。

注：键盘上常用控制键的作用

Alt：与另一个（些）键一起按下时，将发出一个命令，其含义由应用程序决定。

Break：用于终止或暂停一个 DOS 程序的执行。

Ctrl：与另一个（些）键一起按下时，将发出一个命令，其含义由应用程序决定。

Delete：删除光标右面的一个字符，或者删除一个（些）已选择的对象。

End：一般是把光标移动到行末。Ctrl + End 把光标移动到整篇文档的结束位置。

Esc：经常用于退出一个程序或操作。

Home：通常用于把光标移动到开始位置，如一行的开始处。Ctrl + Home 则是把光标移动到文档的起始位置。

Insert：输入字符时可以有覆盖方式和插入方式两种，Insert 键用于两者之间的切换。

Num Lock：数字小键盘可以像计算器键盘一样使用，也可作为光标控制键使用，由本键在两者之间进行切换。

Page Up：使光标向上移动若干行（向上翻页）。

Page Down：使光标向下移动若干行（向下翻页）。

Pause：临时性地挂起一个程序或命令。

Print Screen：记录当时的屏幕映像，将其复制到剪贴板中。

---

(3) 键盘练习——文字输入

执行以下操作:

① 在桌面空白处单击鼠标右键,在弹出的菜单中指向“新建”命令。

② 在“新建”子菜单中选择“文本文档”命令,从而在桌面上创建得到“新建文本文档.txt”。

③ 双击打开创建的文档,在空白处输入以下内容。

一路春和景明,艳阳高照,绿树掩映,禽鸟争鸣。过宝界双虹,至蠡湖中央公园,徐步而入,远处仿凯旋门建筑隐隐若现,恢宏雄壮。向右数百步,似希腊神庙之宏伟建筑跃然眼帘,神庙庄严肃穆,蓝天白云映衬,更着沧桑之感。拾级而上,空空如也,唯数十根圆柱支撑。却宽敞明亮,八面来风。

出公园,徐前行,恍若置身画中。但见:湖光山色,游人如织。黄发垂髫,怡然自乐。三五情侣,呢喃细语。百十风筝,九霄斗艳。迎风细柳,舞动江南烟雨;绕水长廊,包孕吴越春秋。湖中游鱼,成群结队;林间鸟鸣,不绝于耳。一派春光收眼底,满湖秀色入心田。

④ 继续保持在该记事本中,使用英文输入法输入以下英文内容。

Youth(青春)

Youth is not a time of life; it is a state of mind; it is not a matter of rosy cheeks, red lips and supple knees; it is a matter of the will, a quality of the imagination, a vigor of the emotions; it is the freshness of the deep springs of life.

Youth means a temperamental predominance of courage over timidity, of the appetite for adventure over the love of ease. This often exists in a man of 60 more than a boy of 20. Nobody grows old merely by a number of years. We grow old by deserting our ideals.

注:

- 输入法的切换

单击状态栏中(任务栏右侧)的输入法图标,在弹出的菜单中选择所需的输入法。或者同时按下 Ctrl+Shift 键选择另一种输入法,每按一次,就换一种输入法,直到所需的输入法出现。

- 中英文的切换

按 Ctrl+Space 键,则能在中文和西文输入法之间进行切换。

- 全角与半角的切换

选用中文输入法后,用鼠标单击“输入法状态”窗口 中的“全角/半角” 切换按钮,或同时按下 Shift+Space 键,即可改变“全角/半角”的输入状态。在“半角”输入时,所有输入的英文字符和数字标点符号都只占一个字节的存储空间;在“全角”输入时,则都占两个字节的存储空间。

---

(4) 鼠标常规操作

① 定位:将光标移至桌面的“计算机”图标上,观察此操作的结果。

② 单击:将光标移至任务栏的“开始”按钮上并单击,观察此操作的结果。

③ 双击：将光标移至桌面的“回收站”图标上双击，观察此操作的结果。

④ 右击：将光标移至桌面的“回收站”图标上并右击，观察此操作的结果；双击桌面上的“计算机”图标，打开资源管理器，在C盘图标上右击，观察此操作的结果。

⑤ 拖动：拖动桌面上的“回收站”图标，观察此操作的结果。

2. 掌握 Windows 7 桌面外观的设置

(1) 隐藏桌面图标

要隐藏桌面上的图标，可以按照以下步骤操作。

① 在桌面空白的位置右击，在弹出的菜单中指向“查看”。

② “查看”子菜单中选择“显示桌面图标”命令。

③ 此时“显示桌面图标”前面的符号 ✓ 将消失，同时桌面上的图标也被隐藏。

(2) 自定义桌面背景

桌面背景又称墙纸，即显示在电脑屏幕上的背景画面，它没有实际功能，只起到丰富桌面内容、美化工作环境的作用。

设置桌面背景，其操作步骤如下。

① 右击桌面的空白位置，在弹出的菜单中选择“个性化”命令，在弹出的对话框中单击“桌面背景”命令，如图1-1所示。

图1-1 设置“桌面背景”

② 在来弹出的对话框中，在对话框左上方的“图片位置”下拉菜单中，可以选择要设置的图片所在的位置，如图1-2所示。

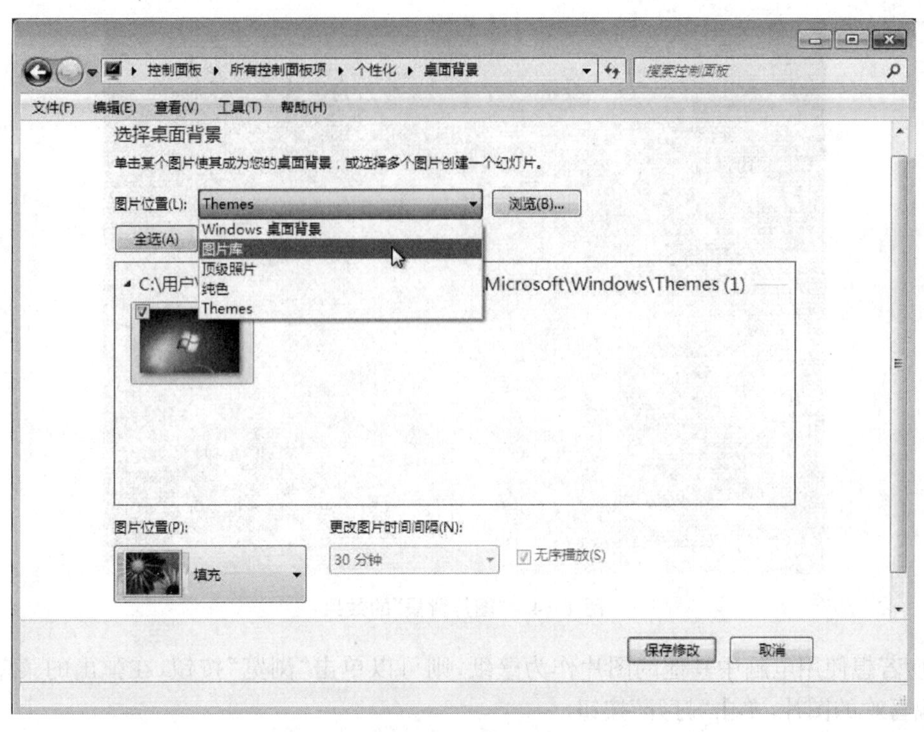

图 1－2　选择图片

③ 以选择“Windows 桌面背景”选项为例，在下方的列表中选择一个喜欢的背景，如图 1－3 所示，此时可以预览到图 1－4 所示的效果。

图 1－3　选择背景

图 1-4 “图片背景”的效果

④ 若想使用电脑中其他的图片作为壁纸，则可以单击“浏览”按钮，在弹出的菜单中选择一幅喜欢的图片，单击“打开”按钮。

⑤ 在对话框左下方的“图片位置”下拉菜单中可以选择壁纸以填充、适应、拉伸、平铺或居中等方式进行显示。

⑥ 若是喜欢纯色的背景，也可以在对话框左上方的“图片位置”下拉菜单中选择“纯色”命令，下拉列表框中选择一种颜色，如图 1-5 所示，图 1-6 所示是设置单色后的效果。

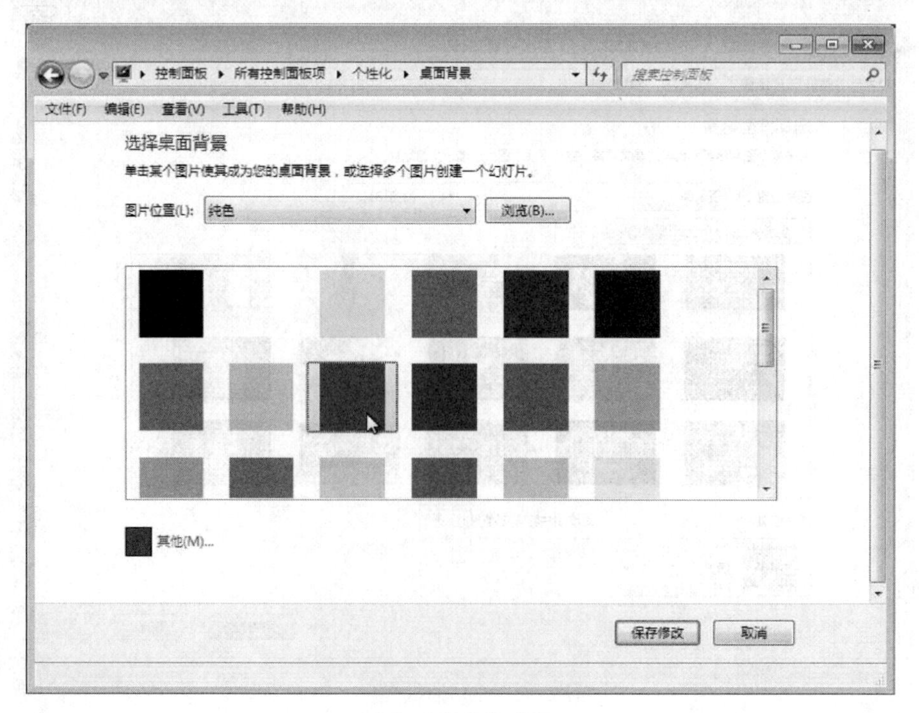

图 1-5 纯色背景

图 1-6 “纯色背景”的效果

⑦ 设置完成后，单击“保存修改”按钮即可。

3. 任务栏操作

(1) 设置任务栏属性

在 Windows 7 系统中，任务栏就是指位于桌面最下方的小长条，主要由开始菜单、快速启动栏、应用程序区、语言选项带和托盘区组成，而 Windows 7 系统的任务栏则有“显示桌面”功能。设置任务栏属性可以按照以下步骤操作。

① 在任务栏的空白处右击，在弹出的菜单中选择“属性”命令，弹出“任务栏和‘开始’菜单属性”对话框。

② 选择“任务栏”选项卡，在该对话框中选定“自动隐藏任务栏”选项。

③ 单击“确定”按钮，观察当鼠标指针移到任务栏位置和离开该位置时，任务栏的变化。

(2) 任务按钮栏

执行以下操作，并观察任务栏上的变化。

① 双击桌面上的“计算机”图标，打开资源管理器，然后访问“C:\ Program Files”文件夹，观察任务栏中的变化。

② 保持前一窗口不关闭，双击桌面上的“计算机”图标，打开资源管理器，然后访问“C:\ Windows”文件夹，观察任务栏中的变化。

③ 将光标置于任务栏中的资源管理器图标上，观察其变化。

④ 在 Windows Media Player 图标上右击，在弹出的菜单中选择“将此程序从任务栏解锁”命令，如图 1-7 所示。然后观察任务栏的变化。

图 1-7　将程序从任务栏解除

4. 窗口与对话窗口的操作

(1) 窗口基本操作

保持上面打开的窗口，执行以下操作：

① 在“计算机”标题栏上双击，观察窗口的变化；再次在标题栏上双击，观察窗口的变化。

② 将光标移动到“计算机”窗口的标题栏上，拖曳它可随意移动窗口到任何位置。

③ 单击最大化按钮 、还原按钮 、最小化按钮 ，观察窗口的变化。

④ 将鼠标指针移动到“计算机”窗口的左右边框上，当鼠标指针变为 状态时，左右拖曳鼠标，可以在水平方向上改变窗口的大小。

⑤ 将鼠标指针移动到“计算机”窗口的上下边框上，当鼠标指针变为 状态时，上下拖曳鼠标，可以在垂直方向上改变窗口的大小。

⑥ 将鼠标指针移动到“计算机”窗口的四个角上，当鼠标指针变为 或 状态时，拖曳鼠标，可以同时在水平和垂直方向上改变窗口的大小。

⑦单击窗口标题栏“关闭”按钮 ，可关闭窗口。

注：

1. 可以通过在“计算机”窗口的标题栏上右击，在弹出的菜单中选择最大化、还原、大小、移动、最小化、关闭命令对窗口进行操作。

2. 按 Alt + Space 键激活系统菜单，然后利用键盘上的上、下键及 Enter 键，选择最大化、还原、大小、移动、最小化、关闭命令对窗口进行操作。

实验 2　文件与文件夹管理

一、实验要求

1. 掌握资源管理器的操作和使用。
2. 掌握文件和文件夹的建立。
3. 掌握文件的复制、移动、删除和重命名。
4. 掌握文件和文件夹属性的设置。
5. 掌握快捷方式的建立与使用。
6. 掌握检索文件、文件夹的方法。

二、实验步骤

1. 资源管理器的操作和使用

(1) 资源管理器的启动

Windows 7 操作系统可以通过以下几种方式打开资源管理器：

① 双击桌面上的“计算机”图标，即可打开“资源管理器”。

② 在“开始”按钮上单击鼠标右键，在弹出的快捷菜单中单击“打开 Windows 资源管理器”，即可打开“资源管理器”。

“资源管理器”打开后窗口分为左右两部分：左侧显示“计算机”（“收藏夹”“库”）中的文件夹树，右侧窗口中显示活动文件夹中的文件夹和文件（如图 2－1）。

注：资源管理器的关闭

方法一：最简单的关闭资源管理器的方法是单击“资源管理器”的标题栏右边的关闭按钮。

方法二：打开“资源管理器”的“文件”菜单，在下拉菜单中单击“关闭”即可。

方法三：同时按下 Alt + F4 组合键。

---

(2) 利用资源管理器浏览 D 盘的文件与文件夹结构

① 单击“资源管理器”左侧窗口中的“计算机”图标左方的“ ▸ ”图标，显示计算机中的所有盘符。

② 在展开的盘符中，单击“本地磁盘(D:)”，即可在右侧窗口浏览 D 盘内的文件夹和文件夹；或者，可以在左侧窗口中的“本地磁盘(D:)”图标左方的“ ▸ ”图标，同样可以在左侧

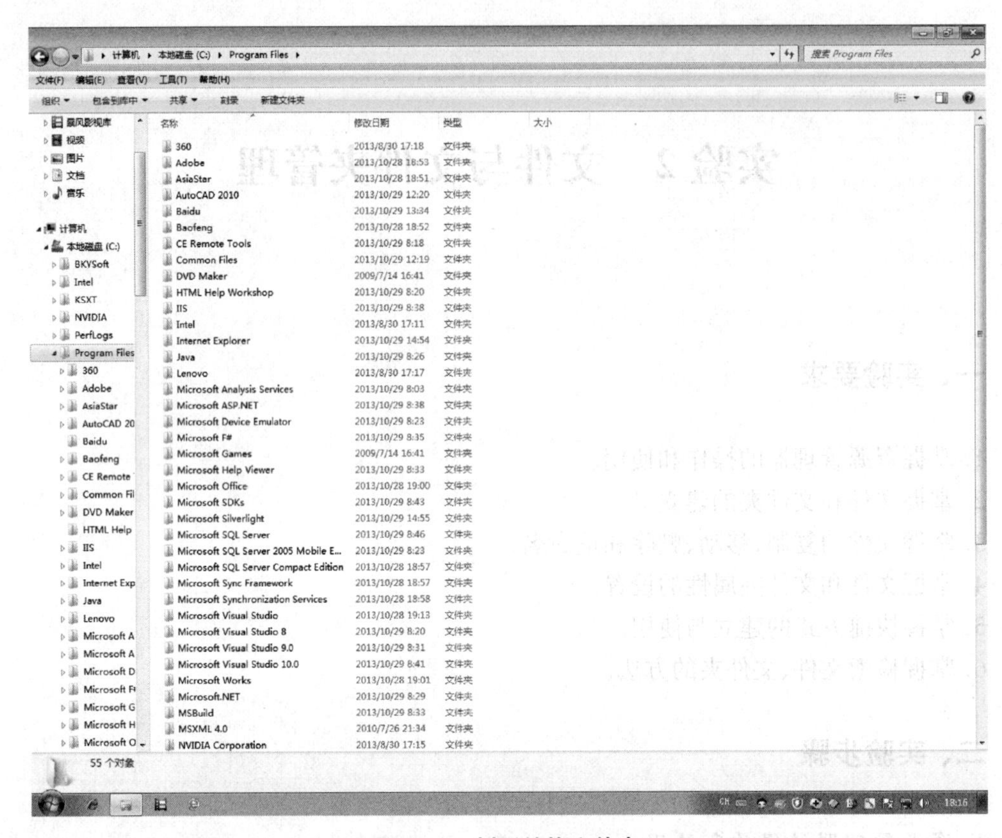

图 2-1　树形结构文件夹

显示 D 盘内的所有文件夹。

注:

1. 文件夹树的展开和折叠

在“资源管理器”左窗口中文件夹的图标左方有“ ▷ ”或“ ◢ ”。若单击文件夹左方的“ ▷ ”符号,将展开文件夹,显示其下一层文件夹,此时左方的“ ▷ ”变成“ ◢ ”。若单击“ ◢ ”符号时,则将文件夹折叠,此时左方的“ ◢ ”变成“ ▷ ”。

2. 显示某一文件夹中的内容

在“资源管理器”左侧窗口的文件树单击相应的文件夹,此时该文件夹便处于打开状态,在右窗口中将显示该文件夹中的所有内容。

3. 文件或文件夹显示方式的改变

单击“查看”菜单中的有关菜单项,可改变文件或文件夹的显示方式。点击“查看”菜单中的“大图标”“列表”“详细信息”“平铺”等菜单项,在资源管理器右窗口观察各操作的不同显示方式。

同时,在资源管理器中,文件或文件夹还可以按序排列。点击“查看”菜单中的“排序方式”菜单项,里面提供了几种不同的排序方式——“名称”“类型”“总大小”等。点击不同的排序方式,并观察文件的显示位置的变化情况。

2. 文件和文件夹的建立

(1) 创建新文件夹

在F盘中创建一个名为EX的文件夹,执行以下操作:

① 选择新建文件夹存放的位置,即在资源管理器左侧窗口单击F盘。

② 打开“文件”菜单,指向“新建”命令(或在资源管理器右边窗口空白区域单击鼠标右击,在弹出的菜单中,指向“新建”命令)。

③ 在“新建”的子菜单中单击“文件夹”命令,此时在右侧窗口出现一个名为“新建文件夹”的新文件夹。

④ 输入一个新名称“EX”,然后按回车键或单击该方框外的任一位置,则新文件夹EX就建好了。

(2) 创建新文件

在之前新建的“EX”文件夹中创新一个名为“test1”的文本文档,执行以下操作:

① 打开“EX”文件夹。

② 打开“文件”菜单,指向“新建”命令(或在资源管理器右边窗口空白区域单击鼠标右击,在弹出的菜单中,指向“新建”命令)。

③ 在“新建”的子菜单中单击“文本文档”命令,此时在右侧窗口出现一个名为“新建文本文档”的新文档。

④ 输入新名称“test1”,然后按回车键或单击该方框外的任一位置,则新文本文档“test1”就建好了。

⑤ 用鼠标双击文档名“test1”,打开该文档,在光标位置输入文档内容即可。

⑥ 单击“保存”按钮或文件菜单中的“保存”命名,将文档存盘。

⑦ 单击“关闭”按钮或文件菜单中的“退出”命令,退出记事本。

3. 快捷方式的建立

在F盘的根目录下建立“EX”文件夹的快捷方式,快捷方式的名称为“EX123”。执行以下操作:

① 在资源管理器左侧窗口单击F盘驱动器图标。

② 打开“文件”菜单,指向“新建”命令(或在资源管理器右边窗口空白区域单击鼠标右击,在弹出的菜单中,指向“新建”命令)。

③ 在“新建”的子菜单中单击“快捷方式”命令,此时屏幕上出现一个“创建快捷方式”的对话框(如图2-2)。

④ 在光标处输入需要创建快捷方式的对象名及其完整的路径或位置“F:\EX”,或者通过对话框上面的“浏览”按钮选择需要创建快捷方式的对象;然后按“回车键”或用鼠标单击“下一步”按钮;在对话框的光标处输入该快捷方式的名称“EX123”,再按“回车键”或用鼠标单击“完成”按钮,则文件夹“EX123”的快捷方式创建完毕。

注:

创建快捷方式,也可以在文件浏览窗口先选中一个文件或文件夹,然后单击鼠标右键,在弹出的对话框中,单击“创建快捷方式”命令,则在文件或文件夹所在当前位置处创建了该

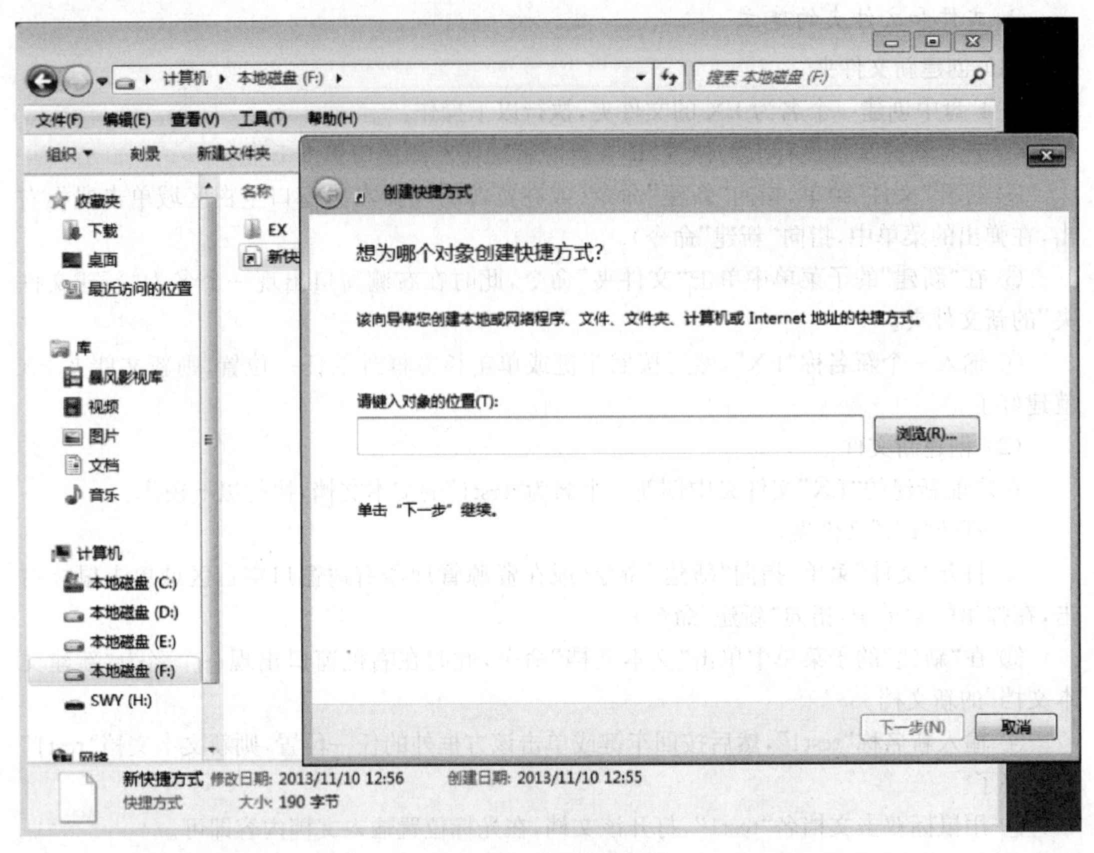

图 2-2　创建快捷方式

文件或文件夹的快捷方式。该创建的快捷方式具有缺省的名称，即与文件或文件夹名称相同。

通过同样方式，也可以在"开始"菜单中，选择"所有程序"，创建相应的程序快捷方式。

---

4. 文件、文件夹和快捷方式的复制

文件、文件夹和快捷方式的复制是 Windows 最常用的操作之一，在操作前首先应选中要复制的对象，然后再进行复制操作。

将 F 盘"EX1"文件夹中的所有文件复制到桌面。执行以下操作：

① 选择 F 盘中的"EX1"文件夹。

② 选择"EX1"文件夹中的所有文件。

注：文件、文件夹的选择

1. 选择单个文件或文件夹

使用鼠标单击该文件或文件夹的名字即可。

2. 选择连续的多个文件、文件夹

使用鼠标，先单击第一个文件，然后按住"Shift"键不放，再单击要选择的最后一个文件，则其间的所有文件(包括这两个文件)均被选中。

3. 选择非连续的多个文件、文件夹

如需选择不连续的文件，则按住“Ctrl”键不放，逐个单击需要选择的文件。

4. 选择右窗口中全部内容

在资源管理器的“编辑”菜单中，单击“全部选择”命令，可选择右侧窗口中所有内容(包括全部文件和文件夹)；或按“Ctrl + A”组合键，同样可以实现上述功能。

5. 取消选择

如果要取消对个别文件的选择，则按住“Ctrl”键不放，同时单击该文件即可；如果要取消对全部文件的选择，则单击非文件名的空白区域即可。

---

③ 将该文档(对象)复制到 Windows 的剪贴板上：单击鼠标右键，在弹出的菜单中，单击“复制”命令；或者，单击“编辑”菜单中的“复制”命令；或者，按“Ctrl + C”组合键。

④ 选择新的存放位置：回到桌面。

⑤ 在桌面，“粘贴”该文档，则所选中的文档就被复制到桌面上：在桌面空白区域单击鼠标右键，在弹出的菜单中，单击“粘贴”命令；或者，单击“编辑”菜单中的“粘贴”命令；或者，按“Ctrl + V”组合键。

注：

1. 复制文件也可通过鼠标的拖动进行。方法是先选中需复制的文件，然后按住“Ctrl”键，同时按住鼠标左键并拖动至目标文件夹后释放鼠标，则该文件被复制到目标文件夹中，在不同的磁盘间复制时，可不按“Ctrl”键。

2. 文件、文件夹与快捷方式的复制方法相同。

---

5. 文件、文件夹和快捷方式的移动

将 F 盘“EX1”文件夹中的“test2.txt”文件移动到 D 盘，执行如下操作：

① 选择 F 盘中的“EX1”文件夹中的“test2.txt”文件。

② 将该文档(对象)复制到 Windows 的剪贴板上：单击鼠标右键，在弹出的菜单中，单击“剪切”命令；或者，单击“编辑”菜单中的“剪切”命令；或者，按“Ctrl + X”组合键。

③ 选择新的存放位置 D 盘。

④ 在新的存放位置，“粘贴”该文档，则文档“test2.txt”文件就被移动到 D 盘中：在桌面空白区域单击鼠标右键，在弹出的菜单中，单击“粘贴”命令；或者，单击“编辑”菜单中的“粘贴”命令；或者，按“Ctrl + V”组合键。

注：

1. 移动文件也可通过鼠标的左键拖动进行。方法是先选中需移动的文件，然后按住“Shift”键，同时按住鼠标左键并拖动至目标文件夹后释放鼠标，则该文件被移动到目标文件夹中。在同一磁盘建移动时，可不按“Shift”键。

2. 文件、文件夹与快捷方式的移动方法相同。

3. 复制与移动的区别是，“移动”指文件或文件夹从原来位置上消失，出现在新的位置上。“复制”指原来位置上的文件或文件夹仍保留，在新的位置上建立原来文件或文件夹的复制品。

4. 移动、复制、创建快捷方式操作也可通过鼠标右键拖动实现。

---

6. 文件、文件夹和快捷方式的删除

(1) 将F盘“EX1”文件夹中的名为“test3.doc”的文件删除，执行如下操作

① 选择F盘中的“EX1”文件夹中的“test3.doc”文件。

② 单击鼠标右键，在弹出的菜单中，单击“删除”命令；或者，单击“文件”菜单中的“删除”命令；或者，按“Delete”键，出现确认删除对话框。

③ 单击“是”按钮或按回车键，表示执行删除；单击“否”按钮或按“Esc”键，表示取消删除。

(2) 文件夹、快捷方式的删除

步骤同(1)(略)。

7. 文件、文件夹和快捷方式的重命名

将F盘“EX1”文件夹中的名为“ABC.docx”的文件重命名为“XYZ.docx”，执行如下操作：

① 在资源管理器左侧窗口单击F盘“EX1”文件夹。

② 在资源管理器右侧窗口右击文件“ABC.docx”，选择快捷菜单中的“重命名”命令，此时文件名“ABC.docx”呈反白显示，从而键入新文件名“XYZ.docx”，按回车即可。

注：

1. 正在使用的文件不能重命名。

2. 文件、文件夹与快捷方式的重命名方法相同。

3. 在需要重命名的位置，两次单击鼠标左键后输入新文件名，再按回车，也可实现重命名。

4. Windows系统规定文件(文件夹)名最多可以包含255个字符(包括空格)，但文件名不能含有以下字符：\/：*?”<>|。

5. 显示隐藏的文件或文件夹，可在“资源管理器”中单击“工具”菜单，然后单击“文件夹选项”，选择“查看”选项卡中的“显示隐藏的文件、文件夹和驱动器”。如果想看见所有文件的扩展名，则取消“隐藏已知文件类型的扩展名”复选框。

---

8. 文件、文件夹和快捷方式属性的修改

在Windows 7系统中，文件、文件夹和快捷方式通常有“只读”“隐藏”和“存档”等属性，用户可以在资源管理器中修改其属性。

将F盘“EX1”文件夹中的“test1.rtf”文件的属性设置为“只读”，执行如下操作：

① 选择要改变属性的文件。

② 单击鼠标右键，在弹出的菜单中，单击“属性”命令；或单击“文件”菜单中的“属性”命令，此时，出现该对象的属性对话框。

③ 用鼠标单击“只读”属性前的方格，使其出现“■”。

9. 文件和文件夹的查找

在使用计算机的过程中，常常需要在磁盘中查找某个文件或查找具有某种特征的一类

文件。在 Windows 7 操作系统中，可通过在“资源管理器”中工具栏的“搜索框”输入要搜索的文件名或文件夹名来进行在指定位置处文件或文件夹的查找(如图 2-3 右方位置)。

图 2-3 搜索框

例:查找 F 盘中文件名为“test1”的文件。

执行如下操作:

打开“资源管理器”，在左侧窗口单击 F 盘，在工具栏的“搜索框”中输入“test1”后，出现如图 2-4 所示 F 盘内所有名为“test1”的文件和文件夹。

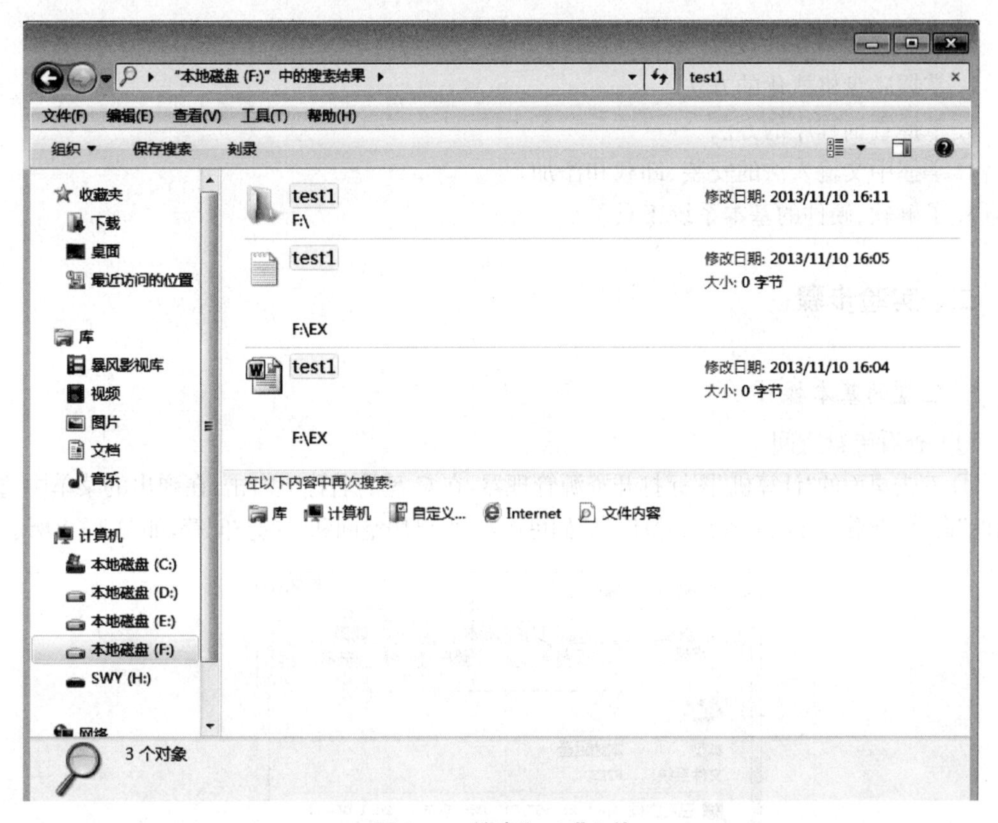

图 2-4 搜索“test1”文件

注:包含指定文字或字母进行搜索

当需要查找的文件和文件夹名包含指定文字或字母时，可以使用通配符“?”和“ * ”来帮助搜索。“?” 表示一个任意字符(只限一个)，“ * ”表示任意多个字符(不限个数)。例如，“H * H”就可以表示“HABCH”，也可以表示“HABC89H”等;“C? C”可表示“COC”或“CIC”等，但不能表示“COIC”。同时，通配符“ * ”也可代表任意文件类型。

实验3　操作系统的管理与维护

一、实验要求

1. 掌握磁盘属性的查看、设置等操作。
2. 掌握磁盘格式化的方法。
3. 掌握查询程序的方法。
4. 掌握中文输入法的安装、卸载和添加。
5. 了解软、硬件的基本系统工具。

二、实验步骤

1. 磁盘的基本操作

(1) 查看磁盘空间

① 双击桌面的"计算机"图标打开资源管理器，在C盘的名称上右击，在弹出的菜单中选择"属性"命令，查看其详细的磁盘容量信息，如可用空间、已用空间和总的空间等，如图3-1所示。

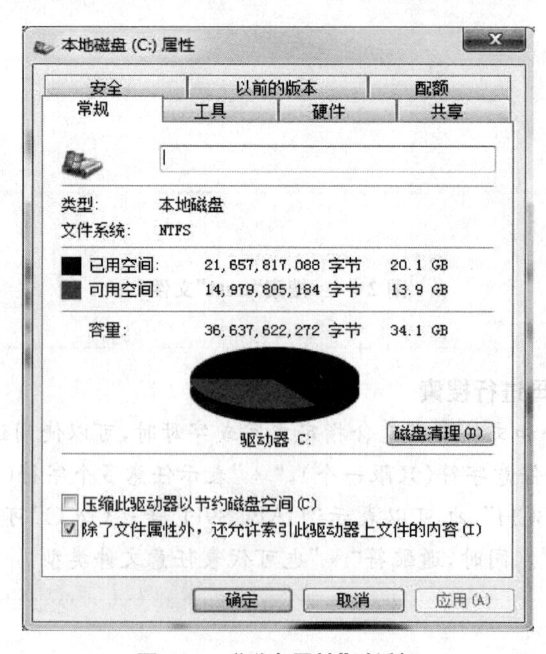

图3-1　"磁盘属性"对话框

(2) 磁盘清理

磁盘清理程序能查找并删除不再需要的文件，以增加磁盘的可用空间，同时还可以在一定程度上提高系统的运行速度。

要进行磁盘清理，可以按照以下方法操作。

① 选择“开始”中的“所有程序”，选择“附件”中的“系统工具”，在展开的“系统工具”中选择“磁盘清理”命令。

② 在弹出的对话框中选择要清理的磁盘，如图 3－2 所示。

③ 单击“确定”按钮，在弹出的对话框中选择要删除的文件，如图 3－3 所示。

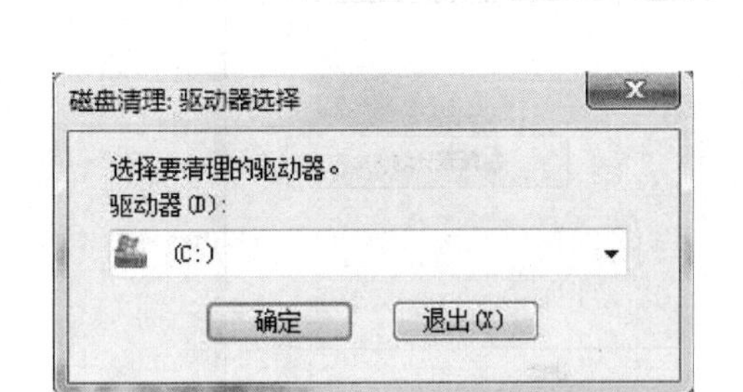

图 3－2 “磁盘清理”的驱动器选择

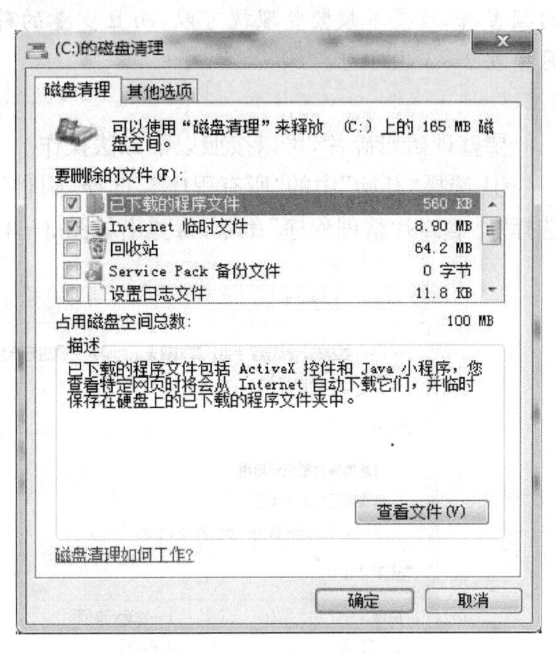

图 3－3 执行“磁盘清理”

④ 确认删除的文件后，单击“确定”按钮即可开始清理。

如果想要增加磁盘上的可用空间数量，还可以使用以下几种方法：

a. 清空回收站，以释放磁盘空间。

b. 将很少使用的文件制作成压缩包，然后从硬盘上将原文件删除。

c. 将不再使用的程序和组件删除。

(3) 磁盘碎片整理

磁盘在保存文件时，可能会将文件分散保存到整个磁盘的不同地方，而不是连续地保存在磁盘连续的簇中，因此就可能会产生碎片，以下是一些典型的、容易产生碎片的情况。

① 由于文件保存在磁盘的不同位置上，当执行剪切、删除文件后，会空出相应的磁盘空间，但若此时拷下较大的文件，导致这个空出来的小空间不足以放下这个大文件，那么就会将其拆分为多个部分，分别记录在磁盘的轨道上，这样就容易产生磁盘碎片。

② 在系统运行过程中，Windows 7 系统可能会自动调用虚拟内存来同步管理程序，导致各个程序对硬盘频繁读写，从而产生磁盘碎片。

③ IE浏览器的缓存会在上网时产生很多临时文件，以保证查看网页内容的流畅性，此时也容易产生碎片文件。

由于大量文件碎片的存在，存储和读取碎片文件将会花费较长的时间，因此我们需要用磁盘碎片整理程序对零散、杂乱的文件碎片进行整理。磁盘容量越大，则整理时花费的时间也越长，但是整理工作完成后，将会在很大程度上提高电脑的运行速度。

注：

由于整理碎片时会连续执行大量的硬盘数据读取操作，因此对硬盘寿命来说会有一定的损害，但只要不频繁整理就可以，而且少量的碎片对系统的整体性能影响也不大，建议每月整理2～3次即可。

要整理磁盘碎片，可以按照以下方法操作。

① 选择“开始”中的“所有程序”，选择“附件”中的“系统工具”，在展开的“系统工具”中选择“磁盘碎片整理程序”命令，将弹出如图3-4所示的对话框。

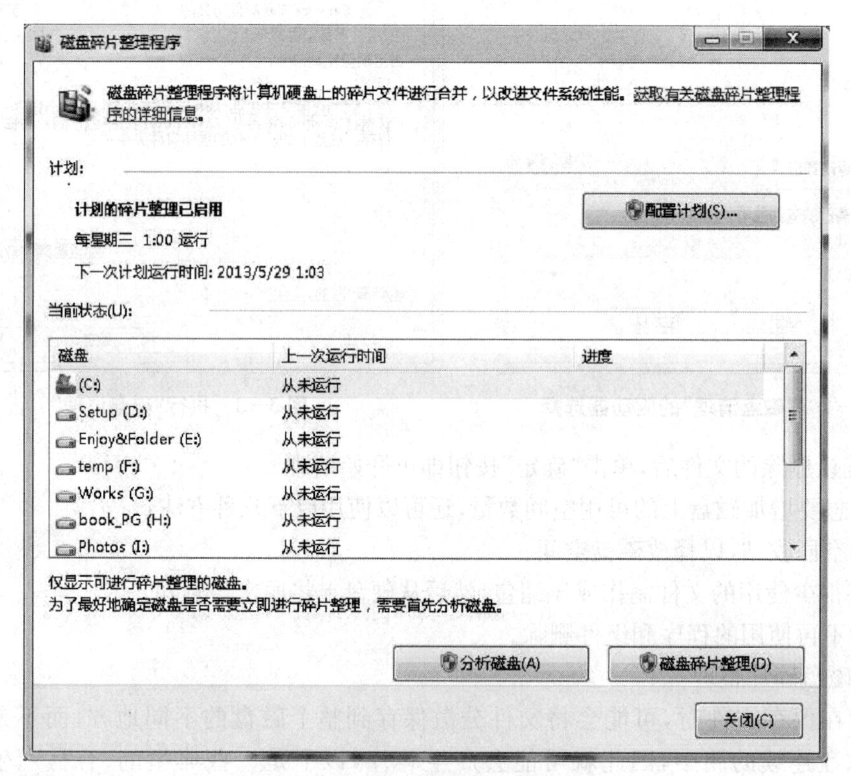

图3-4 “磁盘碎片管理程序”对话框

② 选择要整理碎片的磁盘分区，此处以F盘作为示例，然后单击“分析”按钮。

③ 等待一定时间后，Windows 7分析完毕，将在F盘后面显示碎片的数量，如图3-5所示。

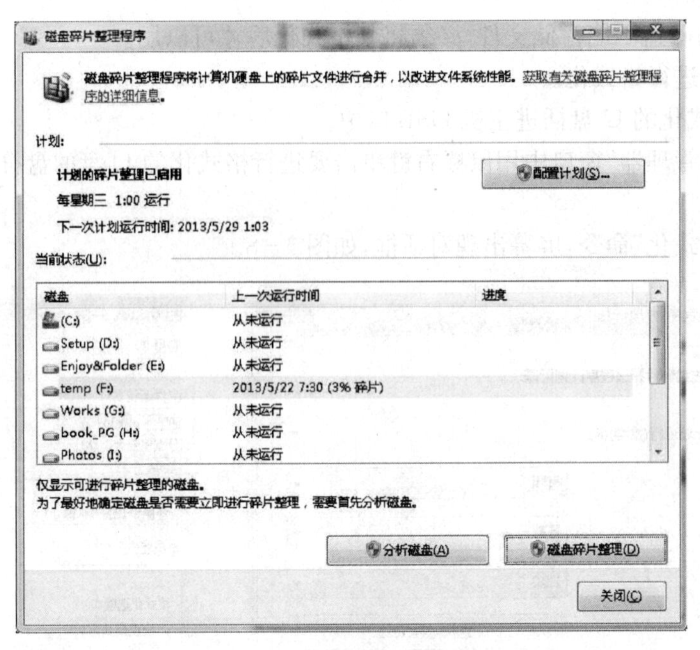

图 3-5 “碎片整理”的结果

④ 单击“磁盘碎片整理”按钮，将重新进行碎片分析，然后开始整理碎片，如图 3-6 所示。

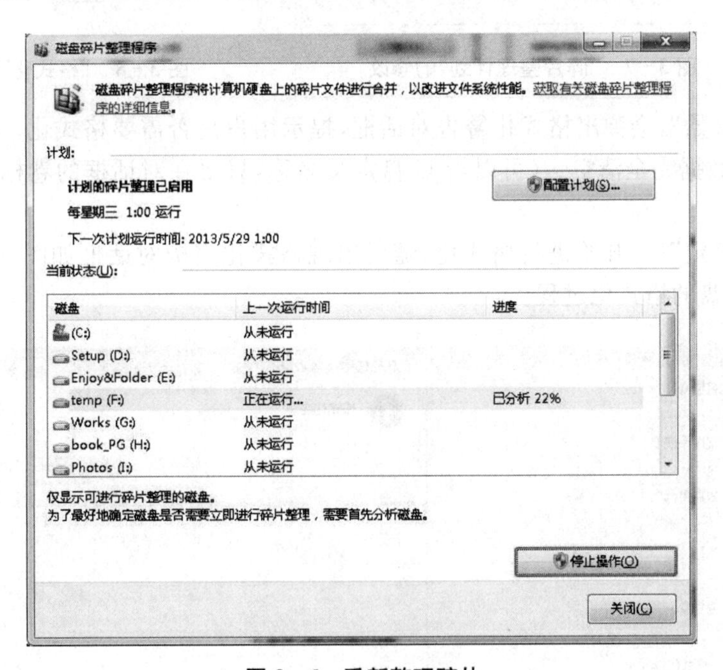

图 3-6 重新整理碎片

⑤ 若单击“配置计划”按钮，在弹出的对话框中，可以设置一个自动进行碎片整理的计划，如图 3-7 所示。

2. 磁盘格式化

格式化就是把一张空白的盘划分成一个个小区域并编号，供计算机储存，读取数据。没未经过格式化的磁盘不能存储文件，必须将其格式化后才可以用。

例：将 U 盘进行格式化。

① 将要格式化的 U 盘插进主机 USB 口中。

② 在“资源管理器”窗口中用鼠标右键单击要进行格式化的 U 盘的盘符（这里假定盘符为 H）。

③ 选择“格式化”命令，屏幕出现对话框，如图 3－8。

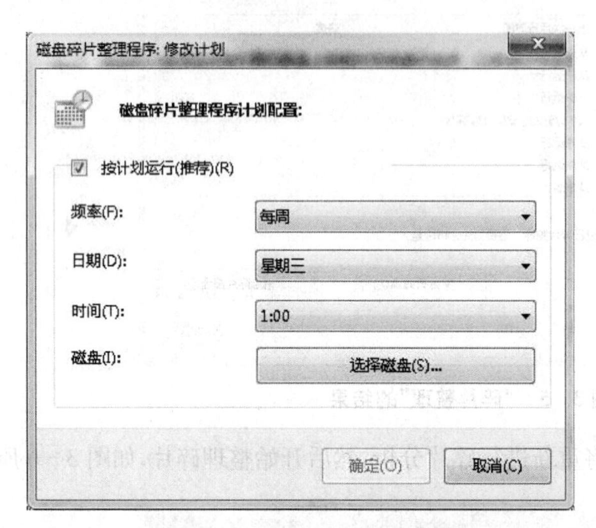

图 3－7 “碎片整理计划”的修改

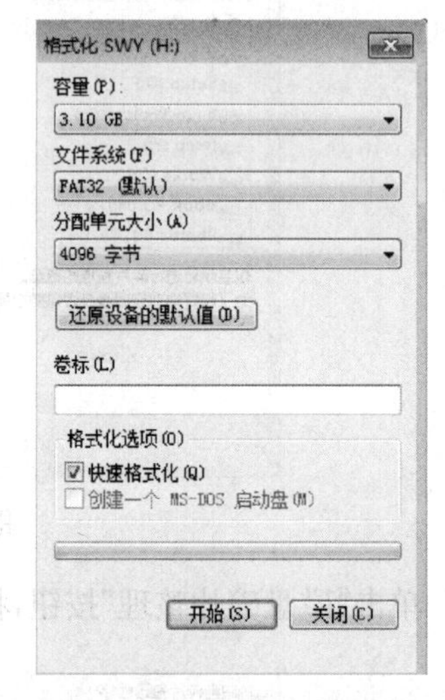

图 3－8 “格式化”对话框

④ 单击“开始”，会弹出格式化警告对话框，提示用户是否需要格式化，一旦格式化，会把盘符内所有数据完全清空。（可以给 U 盘定义名称，只要在对话框的卷标处输入所需名称即可。）

⑤ 单击“确定”后，开始进行格式化，随后出现格式化完毕对话框如图 3－9。点击“确定”，完成对 U 盘的格式化过程。

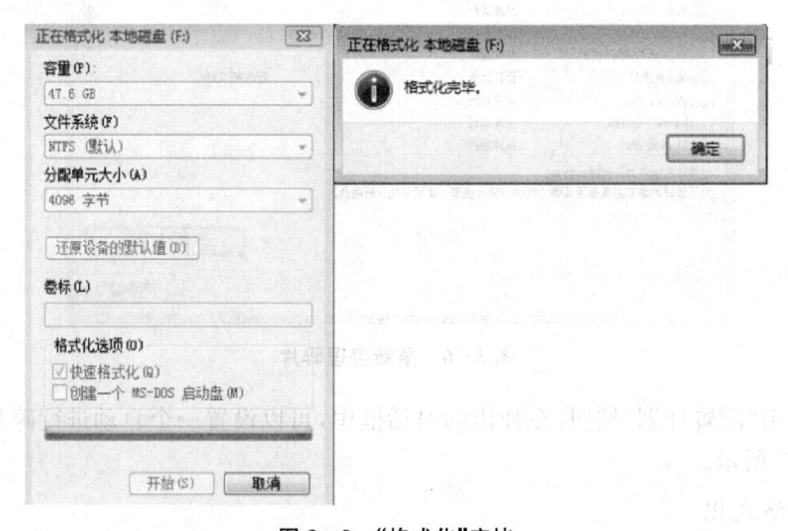

图 3－9 “格式化”完毕

注：

计算机可以进行“快速”或“全面”格式化磁盘的方式。选用“快速”方式格式化磁盘的速度较快，但电脑不会帮你检查出磁盘上是否有损坏的地方。选用“全面”方式格式化磁盘时，电脑会帮你检查并标注出磁盘上损坏的情况。计算机默认的是“快速”方式。

3. 程序查询

查询程序所处计算机中的位置，步骤同实验 2 中的文件和文件夹查询（略）。

可以在控制面板中查询计算机安装的所有程序，执行如下操作：

① 单击“开始”按钮，在弹出的菜单中选择“控制面板”，弹出“控制面板”窗口，如图 3－10。

图 3－10 “控制面板”窗口

② 在“控制面板”窗口中单击“程序”文字按钮，打开如图 3－11 窗口。在此窗口中选择“程序和功能”文字按钮，即可打开如图 3－12 窗口。在这个窗口中可以查看计算机中已安装的所有程序，可以进行卸载或更改程序。

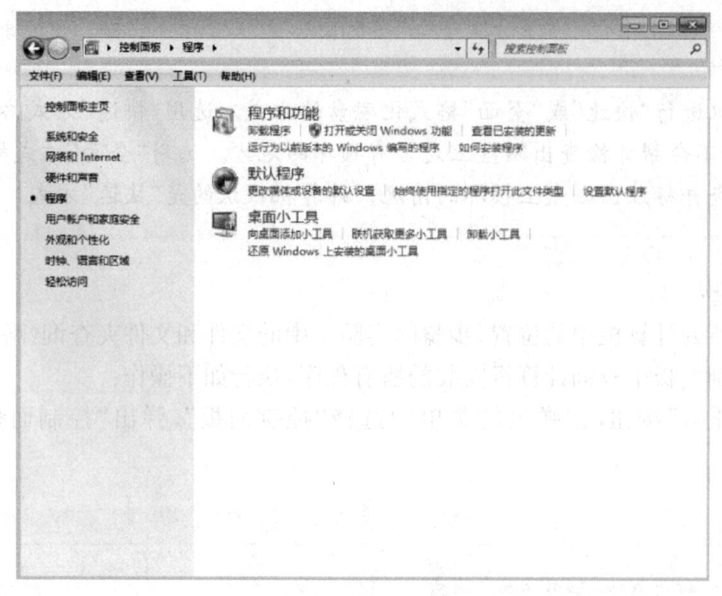

图 3-11 “程序”窗口

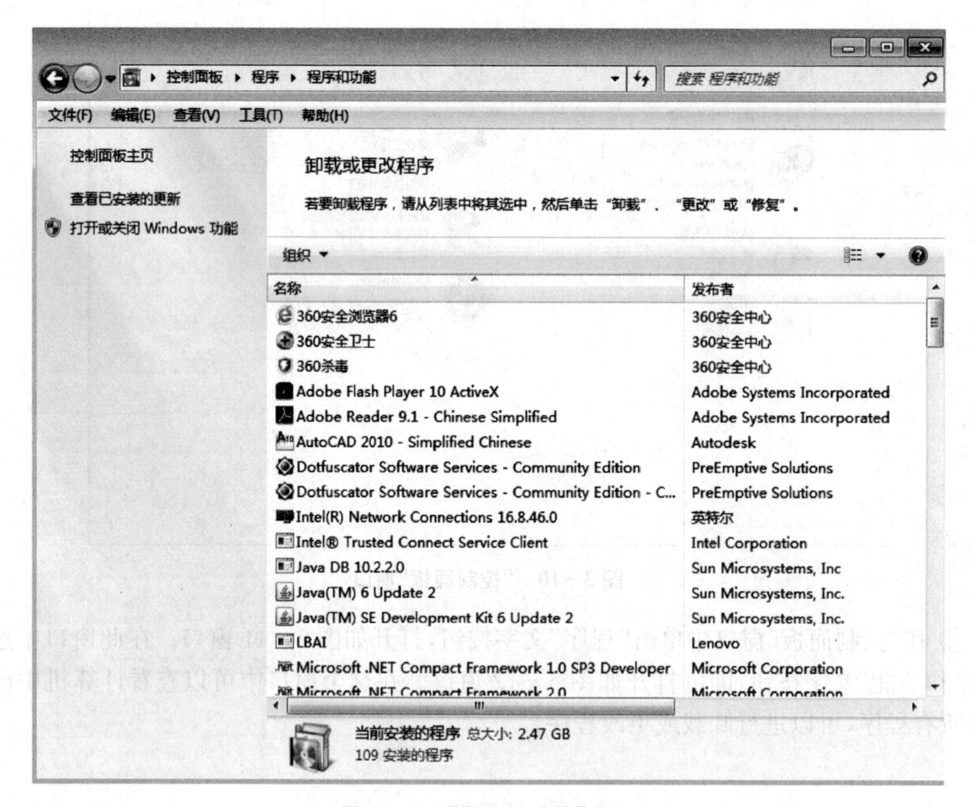

图 3-12 “程序和功能”窗口

4. 添加字体

Windows 7 操作系统中虽然自带了一些字体，但往往无法满足更多、更专业的排版及设计需求，此时可以添加并使用其他的字体。

例：把字库添加到计算机中，执行如下操作。

① 打开“控制面板”窗口，选择“外观和个性化”文字按钮，打开如图 3－13 窗口。

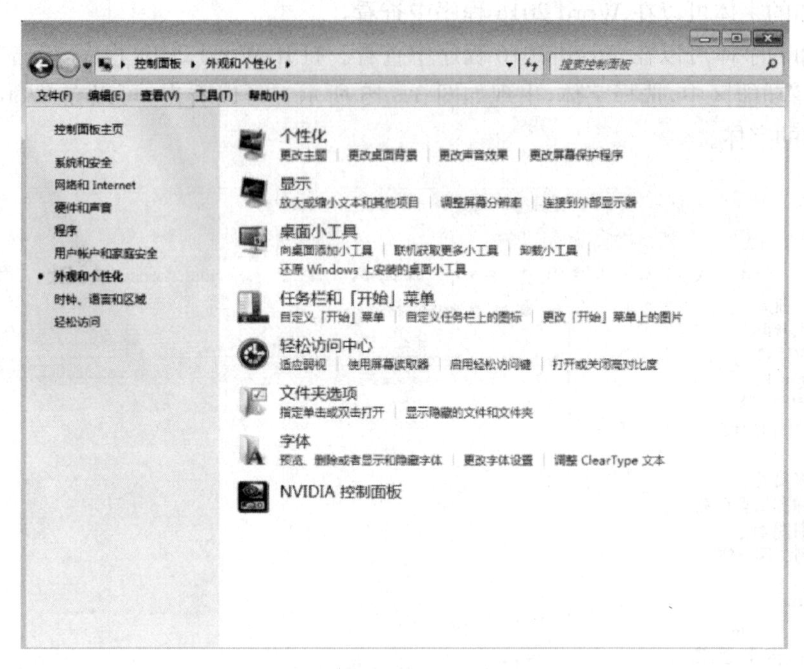

图 3－13 “外观和个性化”窗口

② 在图 3－13 窗口中单击“字体”文字按钮，打开如图 3－14 窗口。此窗口中显示了计算机中已有的字体。

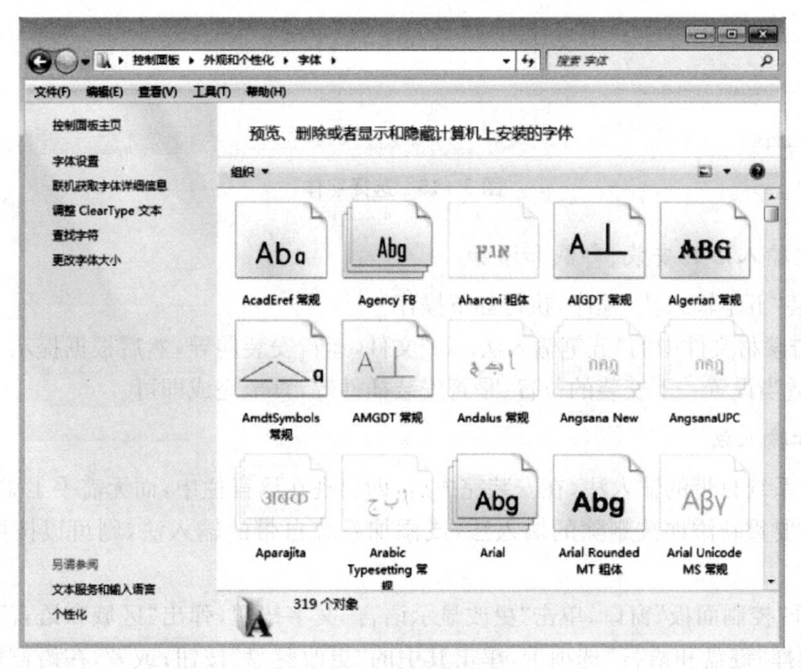

图 3－14 “字体”窗口

③ 复制素材中的“字体”文件夹中所有字体，在图 3－14 显示的所有字体的任何空白处粘贴。

④ 添加的字体可以在 Word 2016 程序中查看，

④ 添加的字体可以在 Word 2016 程序中查看。打开 Word 2016 程序，单击“开始”选项卡，在“字体”功能区中，选择字体，出现如图 3－15 所示。可以看出，可以在 Word 文档里面使用新添加的字体。

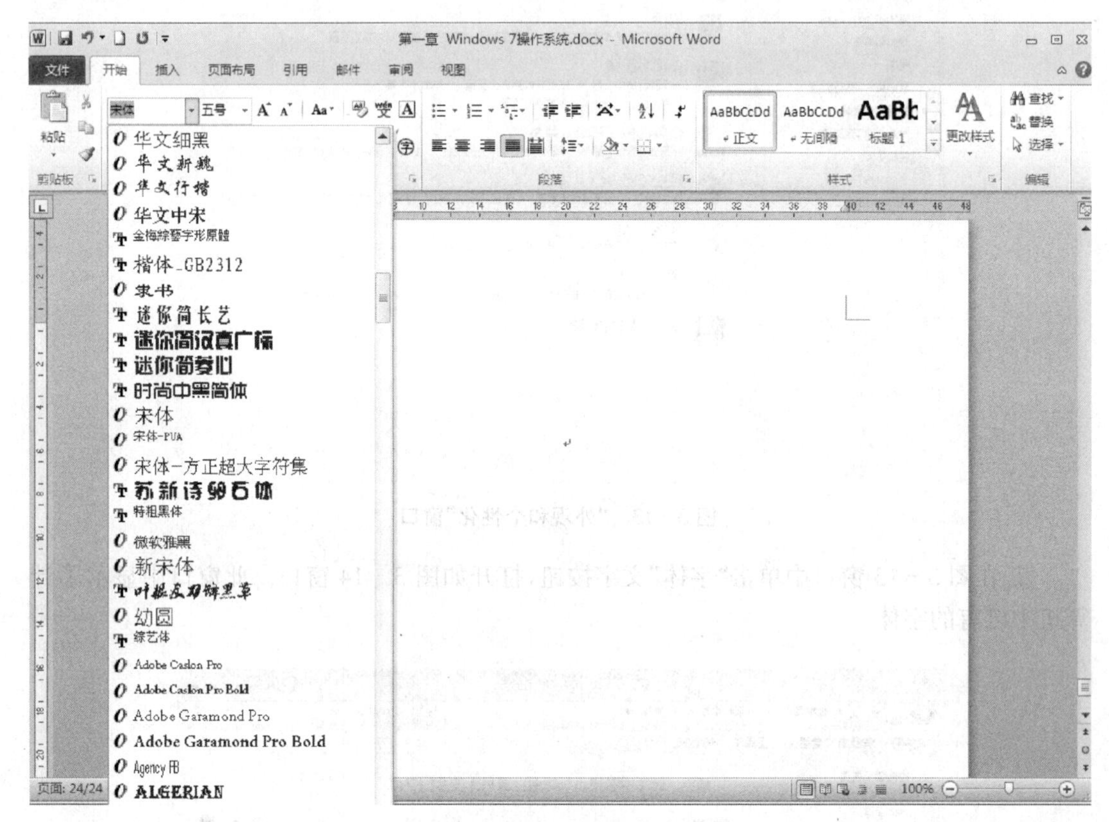

图 3－15　选择字体

5. 中文输入法的安装、卸载和添加

例：安装“五笔输入法”程序，执行如下操作。

① 双击素材文件中的“五笔输入法.exe”文件，运行安装向导，然后根据提示，单击“下一步”按钮并适当设置一下安装的位置、是否安装插件等，直至完成即可。

6. 添加输入法

对于非系统自带的输入法，在安装完成后，即出现在语言栏中，而无需手工添加。

如果是要重新添加被删除的输入法，或添加系统自带的输入法，则可以按照以下方法操作：

① 打开“控制面板”窗口，单击“更改显示语言”文字按钮，弹出“区域和语言”对话框，在对话框中选择“键盘和语言”选项卡，单击其中的“更改键盘”按钮；或者，在语言栏的输入法图标上右击，在弹出的菜单中选择“设置”命令，如图 3－16 所示。

② 弹出如图 3－17 所示的对话框。

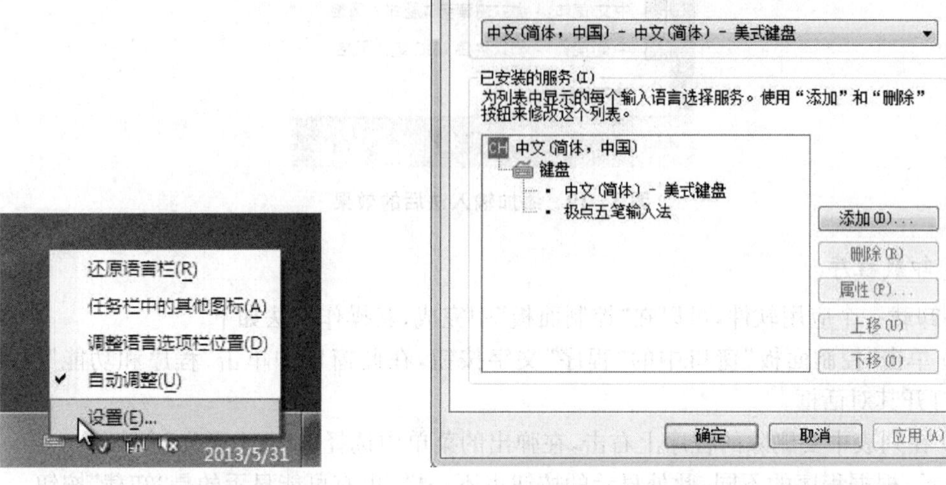

图 3－16　设置语言　　　图 3－17　“文本服务和输入语言”对话框

③ 单击“添加”按钮，在弹出的对话框中可以选择一个要添加的输入法。

④ 单击“确定”按钮，返回“文本服务和输入语言”对话框，上一步所选的输入法将显示在其中。图 3－18 所示是选中了“中文(简体)→微软拼音 ABC 输入风格”和“中文(简体)→微软拼音新体验输入风格”2 个选项后的状态。

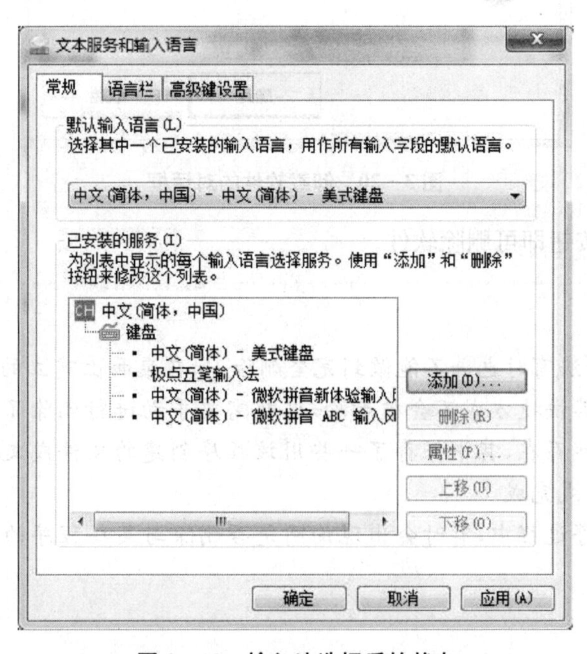

图 3－18　输入法选择后的状态

⑤ 单击“确定”按钮退出对话框，此时语言栏中将显示所添加的输入法，如图 3－19 所示。

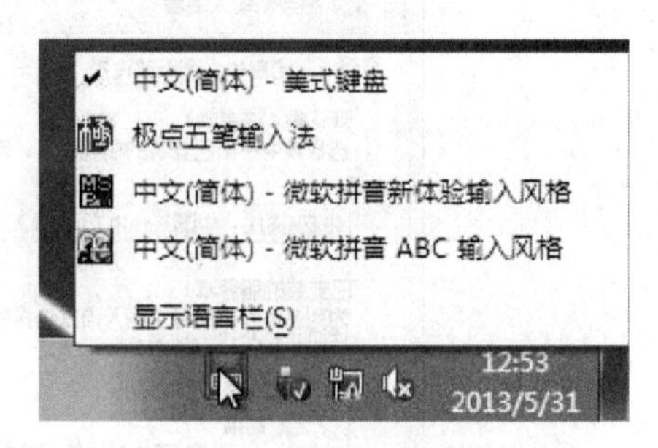

图 3－19　添加输入法后的效果

5. 卸载程序

要卸载一个应用软件，可以在“控制面板”中完成，其操作方法如下。

① 单击“控制面板”窗口中的“程序”文字按钮，在此窗口中单击“程序和功能”文字按钮，以打开其对话框。

② 在列表中要删除的程序上右击，在弹出的菜单中选择“卸载/ 更改”命令。

提示：根据程序的不同，此处显示的按钮也不一样，也有可能显示的是“卸载”按钮。

③ 单击“卸载”或“卸载/ 更改”命令后，会弹出类似如图 3－20 所示的对话框。

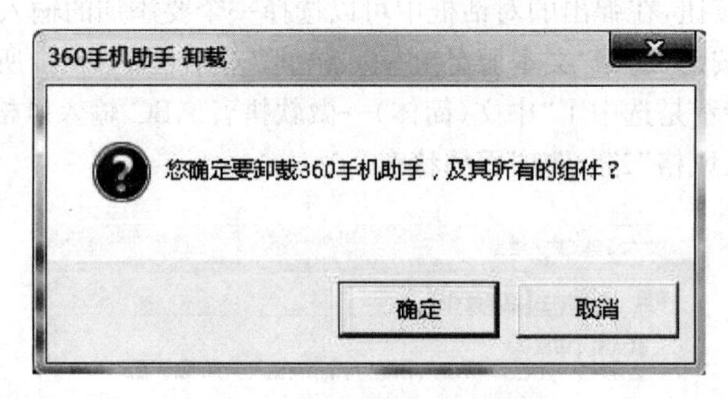

图 3－20　卸载软件的对话框

④ 单击“确定”按钮即可删除软件。

注：

利用上述删除方法有时也并不能做到完全删除，如在桌面上建立的程序快捷方式，在执行删除程序操作后，其快捷方式不会被删除，这就需要手动进行删除了。另外，有些软件在删除后，其文件夹依然存在，其中保存了一些用该程序创建的文件或文件夹，要删除这些文件也必须用手动的方式完成。

提示：在删除程序过程中，有时会出现询问是否删除与某些程序的共享部分，如无把握时最好选择“否”。

第2章 文字处理软件 Word 2016

文字处理软件应用非常广泛，可以用来编写文稿、起草会议通知，输入高级语言源代码等。文字处理软件一般具有文字的录入、存储、编辑、排版、打印等功能。Word 2016 提供了涵括 Word 其他版本所有的如上功能，并进行了改进。

一、编辑功能

Word 2016 具有增、删、改等编辑功能，还提供了自动检查、更正文档中拼写和语法错误、编号自动套用、查找替换等功能。此外，Word 2016 进行了改进，增加了“操作说明搜索”框，可以在这里进行输入需要执行的功能或者操作，可以快速显示该功能，让用户检索图片、参考文献和术语解释等网络资源。

二、处理多种对象的能力

Word 2016 可以处理文字、图形、图片、表格、数学公式、艺术字等多种对象，生成图文并茂的文档形式。Word 2016 较以往版本的 Word 软件进行了改进，可以实现实时的多人合作编辑，合作编辑过程中，每个人输入的内容能够实时地显示出来。Word 2016 可以打开并编辑 PDF 文档，快速放入并观看联机视频而不需要离开文档，以及可以在不受干扰情况下右任意屏幕上使用阅读模式观看。

三、版面设计

Word 2016 可对文字、段落、页眉页脚、图片、图形等多种对象进行格式设置，提供了页面视图、阅读版式视图、web 版式视图、大纲视图等多种视图方式，可以从不同角度查看、编辑、排版文档的内容和格式。Word 2016 默认字体是“等线”，用户使用过程中需要注意。

四、其他高级功能

Word 2016 开始全面扁平化，尤其是在选项设置里，按钮和复选框都已彻底扁平。Word 2016 提供了“墨迹公式”，可以进行手动输入复杂的数学公式，如果有触摸设备，则可以使用手指或者触摸笔手动写入数学公式，Word 2016 会将它转换为文本，并且还可以在进行过程中擦除、选择以及更正所写入的内容。

本单元通过“编辑排版文档”“制作电子板报”“设计、应用表格”“Word 高级应用”四个实验，介绍了 Word 的页面设置、分栏、字符和段落格式设置、图文混排、表格设计和应用、自动生成目录等功能。旨在提高读者对 Word 软件的综合应用水平。

实验4　编辑排版文档

一、实验要求

1. 掌握文档合并的方法。
2. 掌握页面设置。
3. 掌握文字、段落的排版。
4. 掌握查找与替换。
5. 掌握项目符号、编号。
6. 掌握页眉、页脚、页码等设置。
7. 掌握文档的属性设置。
8. 掌握文档的封面设置。

二、实验步骤

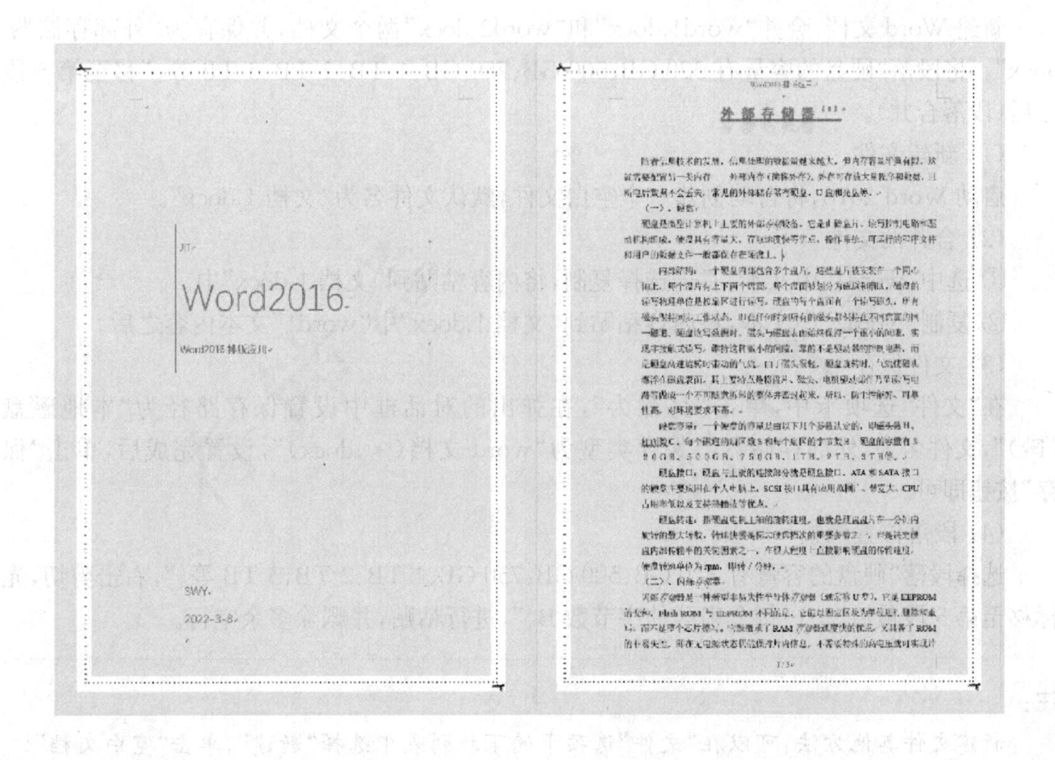

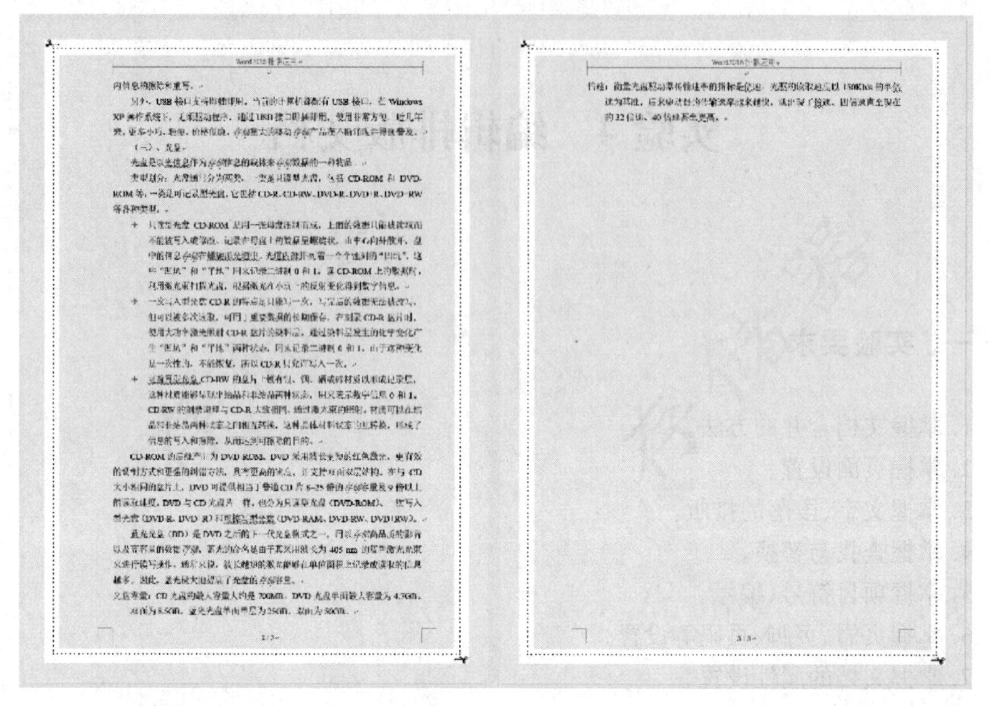

样张

实验准备：打开实验 4 文件夹中的素材“word1.docx”和“word2.docx”文件。

1. 合并两文件

新建 Word 文档，合并“word1.docx”和“word2.docx”两个文档，并保存为“外部存储器.docx”。将段落“硬盘的容量有 320 GB、500 GB、750 GB、1 TB、2 TB、3 TB 等。”移至第 5 段之后（段落合并）。

（1）新建文件

启动 Word 2016，将自动创建一个空白文件，默认文件名为“文档 1.docx”。

（2）合并两文件

① 选中“word1”中文本，右击选择复制，将内容粘贴到“文档 1.docx”中。

② 复制“word2”中文本，将内容粘贴到“文档 1.docx”中“word1”文本内容之后。

（3）文件保存

在“文件”选项卡中，单击“另存为”，在弹出的对话框中设置保存路径为“本地磁盘（F:）”，文件名为“外部存储器”，保存类型为“word 文档（*.docx）”，设置完成后，单击“保存”按钮即可。

（4）段落位置调整

选择段落“硬盘的容量有 320 GB、500 GB、750 GB、1 TB、2 TB、3 TB 等。”，右击剪切，光标移至第 5 段最后“……每个扇区的字节数 B。”，进行粘贴，并删除多余空行。

注：

新建文件其他方法：可以在“文件”选项卡的下拉列表中选择“新建”，单击“空白文档”。

掌握全选、复制、粘贴、剪切的组合键。

2. 页面设置

将页面设置为:16 K(197 mm×273 mm)纸,上、下页边距为 2.3 厘米,左、右页边距分别为 3.2 厘米和 2.8 厘米,装订线位于左侧 0.5 厘米处,每页 40 行,每行 36 字符。

① 打开素材,切换至“布局”选项卡。

② 单击“纸张大小”按钮,在弹出的下拉列表中选择“其他纸张大小”命令,弹出如图 4-1 所示的页面设置对话框,设置“纸张大小为 16 K(197 mm×273 mm)”。

③ 在“页边距”标签页中,设置上、下页边距为 2.3 厘米,左、右页边距分别为 3.2 厘米和 2.8 厘米,装订线位于左侧 0.5 厘米处,如图 4-2 所示。在“文档网格”标签页中,选定“指定行和字符网格”,设置每页行数 40,每行字符 36,单击“确定”按钮退出对话框,如图 4-3 所示。

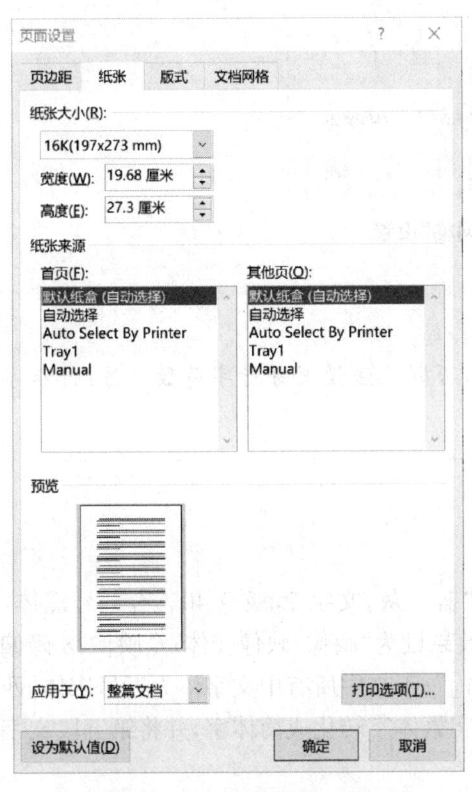

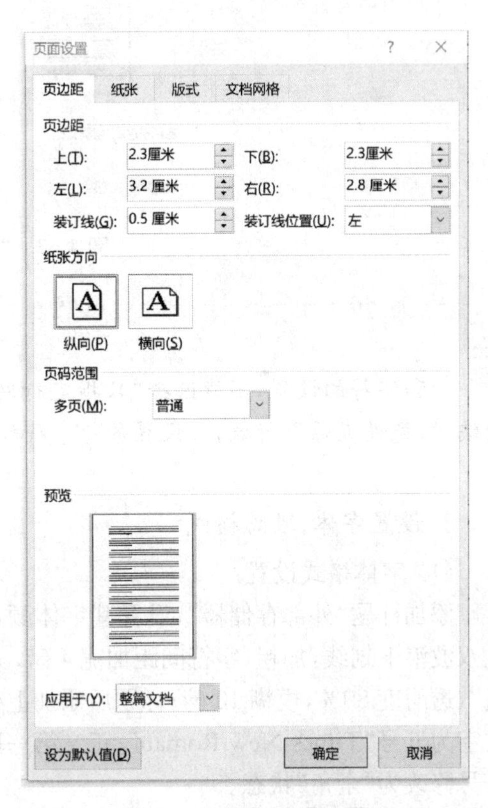

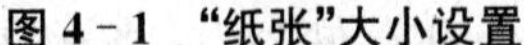

图 4-1 “纸张”大小设置　　**图 4-2 “页边距”设置**

注:

页边距的编辑可以直接单击“页边距”选项卡进行设置。页边距的单位默认为“厘米”,如要改为“磅”则需进入“自定义快速访问工具栏”→“其他命令”→“高级”→“显示”→“度量单位”→“磅”。

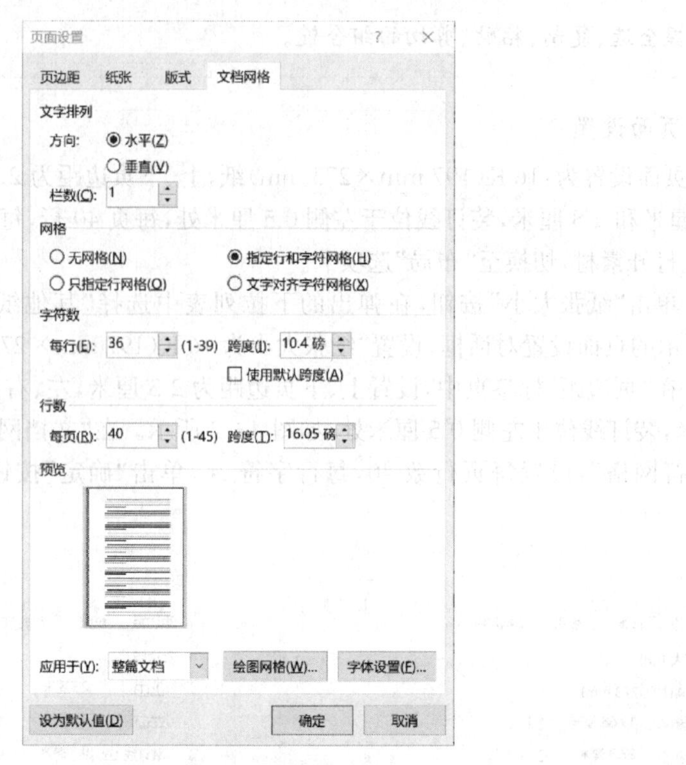

图 4-3 “文档网格”设置

注:

行和字符的设置,不能选择“只指定行网格”,否则无法设置每行字符数。另:行和字符的编辑,先设置每页行数,再设置每行字符数。

3. 设置字体、段落格式

(1) 字体格式设置

添加标题“外部存储器”,设置其字体颜色为“蓝-灰,文字 2,淡色 40%”,三号黑体,红色双波浪下划线,加粗,字符间距加宽 4 磅,文本效果设为“映像/映像变体;全映像;8 磅偏移量”,透明度 80%,模糊 10 磅;标题后添加上标“[1]”;正文中所有中文字体为五号宋体,西文文字为五号“Times New Roman”;正文第一段文字繁体字转化成简体字,并将第五段文字和符号修改为“全角”状态。

① 将光标移至“随”之前,按回车键,在第一行输入“外部存储器”。将标题选中,单击“开始”选项卡的“字体”功能组右下方的 按钮,设置字体为“黑体”,字号为“三号”,字形“加粗”,字体颜色为标准色“蓝-灰,文字 2,淡色 40%”,下划线线型为“双波浪”,下划线颜色为标准色“红色”,如图 4-4 所示。光标移至标题最后一个字后,单击“字体”功能区中的上标按钮“X^2”,输入“[1]”。

② 选中标题行,单击“开始”选项卡“字体”功能组中“文本效果和版式”,选择“映像”中的“预设”,选择“映像变体:全映像:8 磅偏移量”,透明度 80%,模糊 10 磅,如图 4-5 所示。

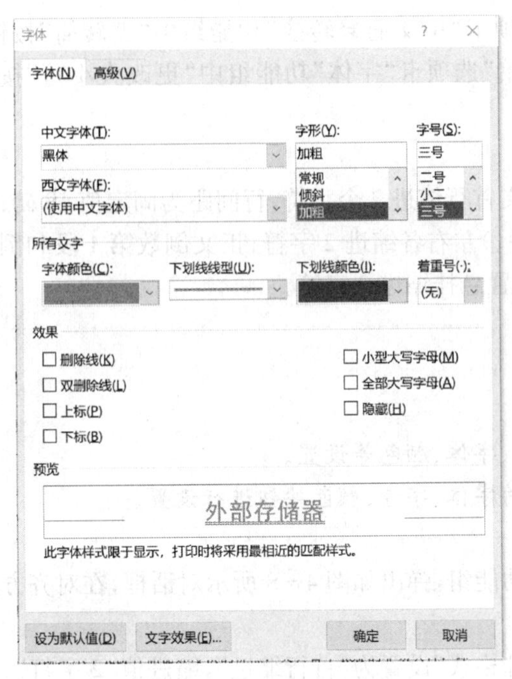

图 4-4 “字体”设置

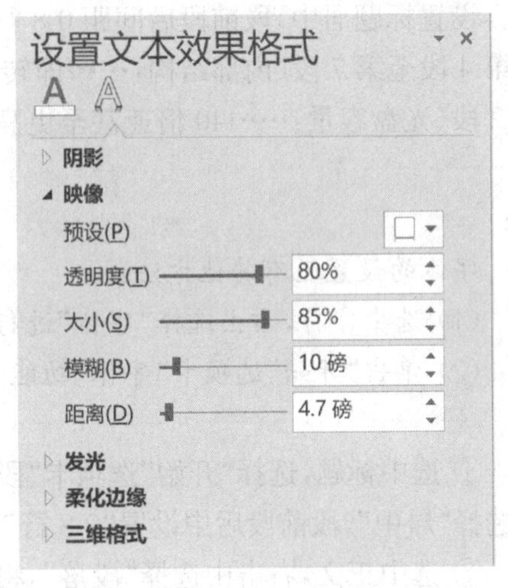

图 4-5 “文本效果格式”设置

③ 选中标题，在字体对话框“高级”标签中，将“字符间距”中选择“间距”下拉列表中的“加宽”，磅值为“4 磅”，如图 4-6 所示，单击“确定”按钮。

④ 选择正文，打开“字体”对话框，在“中文字体”中选择“宋体”，在“西文字体”中选择“Times New Roman”，“字号”设置为“五号”，如图 4-7 所示，单击“确定”按钮。

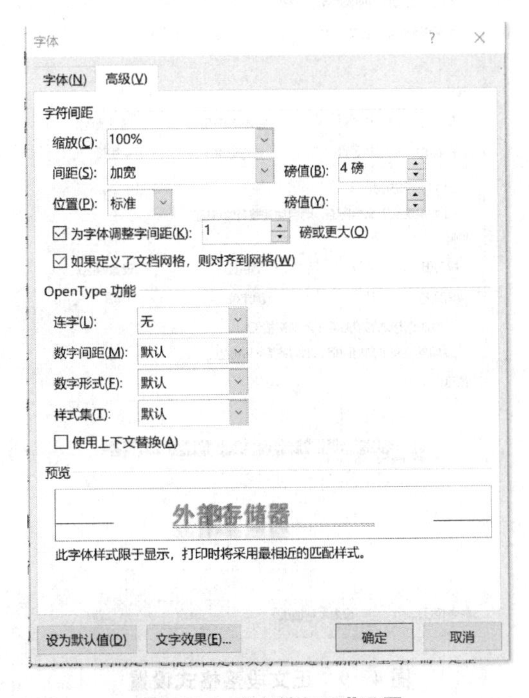

图 4-6 “字符间距”设置

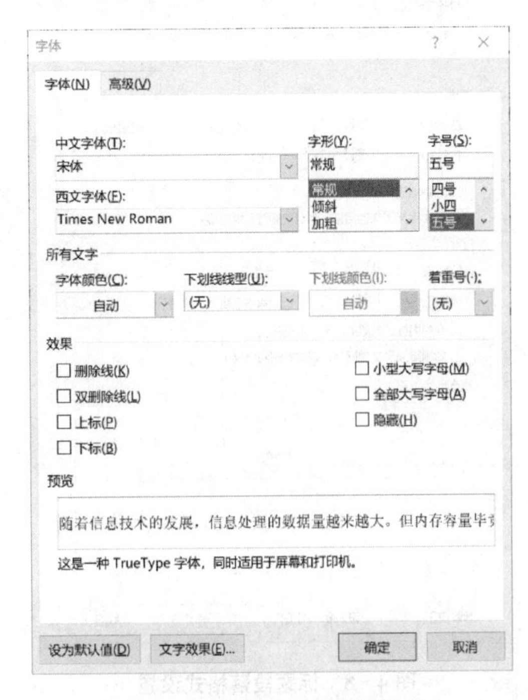

图 4-7 中西文不同字体设置

⑤ 选择正文第一段文字，单击“审阅”选项卡“中文简繁转换”功能组中“繁转简”按钮；选择第五段文字“硬盘容量：……”，单击“开始”选项卡“字体”功能组中“更改大小写”按钮 Aa▾，下拉列表中选择“全角”。

（2）段落格式设置

设置标题居中，段前段后间距0.8行；正文首行缩进2个字符，行间距为固定值18磅；正文第4段至第7段（内部结构：……即转/分钟。）左右各缩进2字符；正文倒数第1段和倒数第2段（光盘容量：……40倍速甚至更高。）设置悬挂缩进2字符。

注：

字体的设置还有其他方法：

（1）选中字符，右击选择“字体”进行字号、字体、颜色等设置。

（2）单击“开始”选项卡“字体”功能组中的字体、字号、颜色按钮进行设置。

① 选中标题，选择“开始”选项卡“段落”功能组，弹出如图4－8所示对话框，在对齐方式中选择“居中”，段前段后中设置“0.8行”。

② 选中正文，右击中选择“段落”，将“特殊格式”设置为“首行缩进”，缩进值“2字符”，行距下拉列表中选择固定值，在设置值中输入18磅，如图4－9所示。

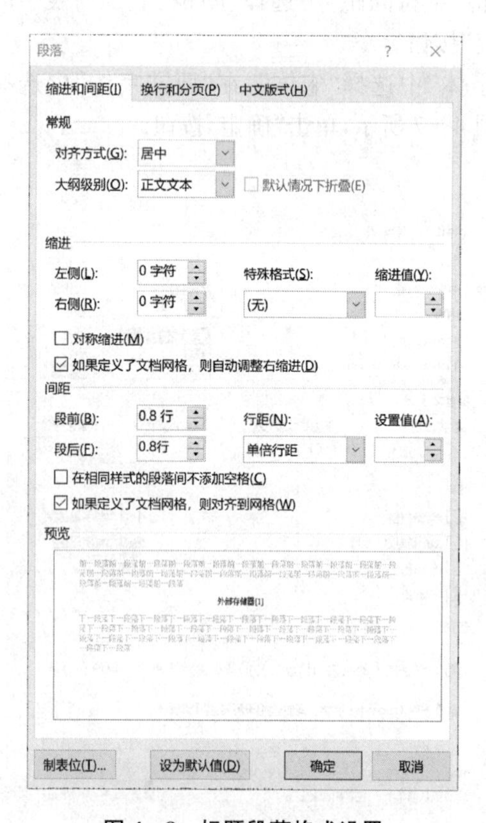

图4－8　标题段落格式设置

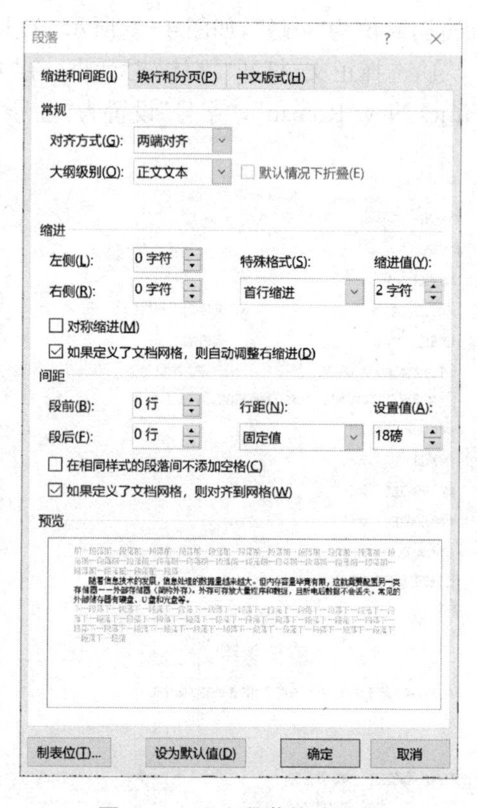

图4－9　正文段落格式设置

③ 选择正文第 4 段至第 7 段(内部结构:……即转/分钟。),打开“段落”对话框,在“缩进”处设置左侧和右侧“2 字符”,如图 4 - 10 所示。

④ 选择正文倒数第 1 段和倒数第 2 段(光盘容量:……40 倍速甚至更高。),打开“段落”对话框,“特殊格式”设置为“悬挂缩进”,磅值“2 字符”,如图 4 - 11 所示。

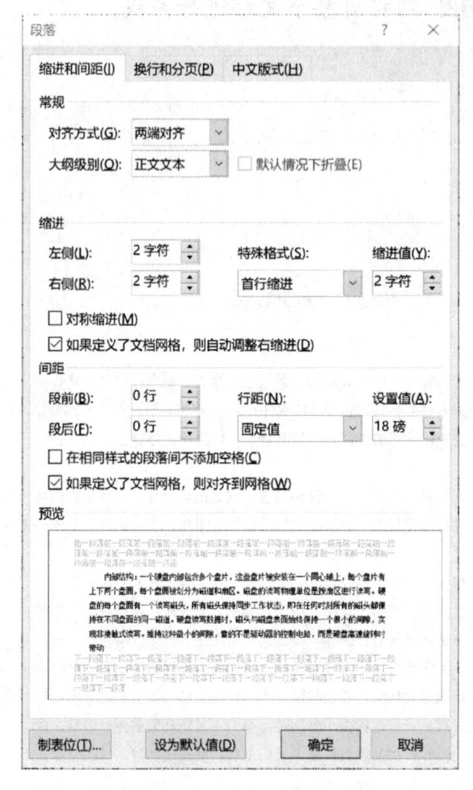

图 4 - 10 左右侧缩进设置

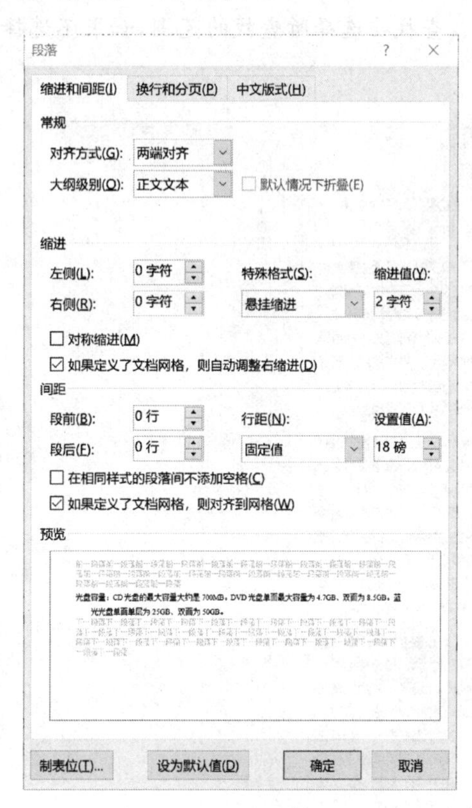

图 4 - 11 悬挂缩进设置

注:

1. 注意“首行缩进”缩进左右侧和悬挂缩进的不同。

2. 行距也可以使用多倍行距作为单位进行设置,下拉列表中可选择单倍行距、1.5 倍行距、2 倍行距。单击多倍行距,在设置值中可以设置其他数值。

3. 在进行字体或段落格式设置时,可使用格式刷 ,将现有字符或段落的格式复制到别的字符或段落。

使用方法:选定包含需要复制格式的字符或段落→选择格式刷按钮使鼠标指针变为刷状→拖动鼠标选中需要复制格式的字符或段落。

4. 查找与替换

(1) 查找正文中的“读写”两字

单击“开始”选项卡中功能组最右侧的“查找” 查找 按钮(或者使用快捷键“ctrl + F”),此时左侧显示“导航”面板,在顶部的文本框中输入“读写”,即可自动在文档中进行查找，并将查找结果用橙色底进行标注，出现如图 4－12 所示效果。单击上一处/下一处搜索结果按钮，可以在各个查找结果上切换。

注：

查找要选择所查找的范围，如果不选择查找范围，则将对整个文档进行查找。

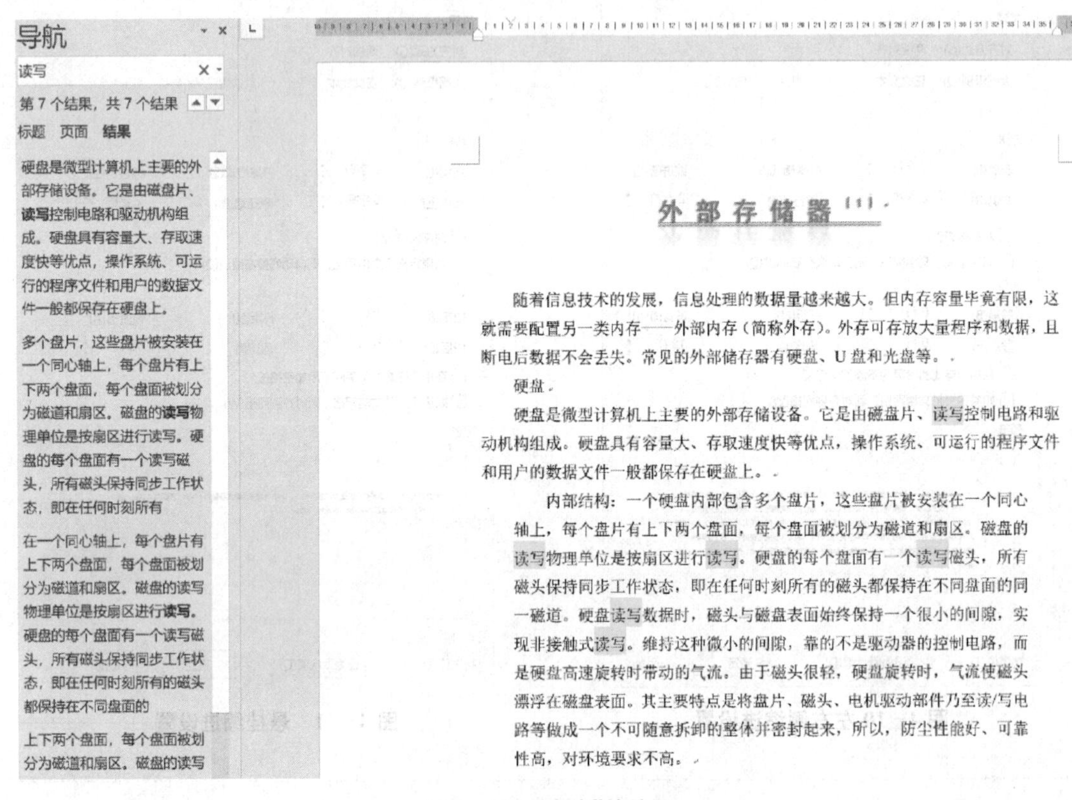

图 4－12 “查找”的结果

（2）将正文中所有的“存储”两字设置为红色、斜体、加着重号

选择正文，单击“开始”选项卡右侧的“编辑”按钮中选择“替换”按钮，弹出“查找和替换”对话框，在“查找内容”文本框中输入“存储”，“替换为”文本框中输入“存储”。选中替换为的“存储”两字，单击对话框最左下角的“格式”按钮，点击“更多”按钮，打开字体格式对话框，设置字体颜色为“红色”，字形为“倾斜”，着重号选择“.”，如图 4－13 所示。点击确定按钮，返回“查找和替换”对话框，如图 4－14 所示，点击“全部替换”按钮，弹出如图 4－15 所示对话框，本文中注意标题有“存储”两个字，标题不应该被替换掉，选择“否”即可。

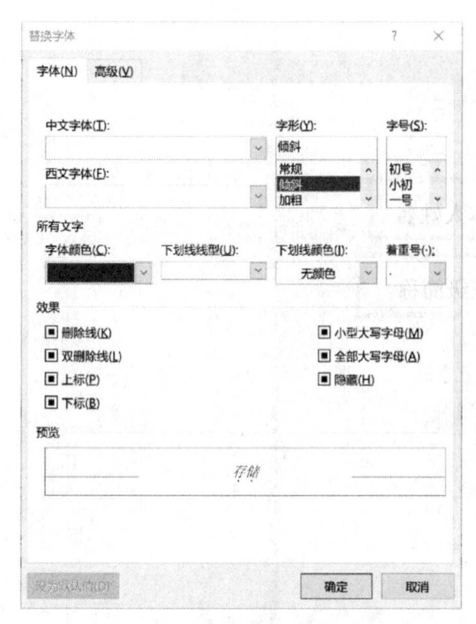

图 4-13 "替换字体"设置

图 4-14 "查找和替换"设置

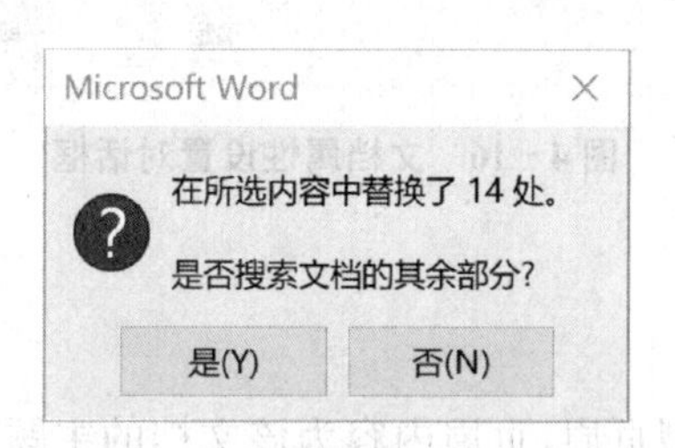

图 4-15 替换确认对话框

注:

1. 在替换之前,要确定替换的对象文本,是"全文"还是"正文"。

2. 在进行字体设置之前,请务必选择替换为的内容,否则就会将查找的文本内容进行字体设置,将会出错。

3. 如果在"查找内容"中误设置格式,可以点击下方按钮"不限定格式"来取消已经设置好的格式。

5. 文档属性设置

修改文档属性:在摘要选项卡的标题栏输入"Word 2016",添加两个关键词"硬盘;光盘",修改作者"姓名"(此处要求本人的姓名),单位"班级"(此处要求班级简写),文档主题"Word 2016 排版应用"。

选择左上角"文件"按钮,在"信息"页面区域单击"属性"下拉按钮选择"高级属性"命令,弹出"外部存储器.docx 属性"对话框;在摘要选项卡的标题栏输入"Word 2016",主题输入"Word 2016 排版应用",作者输入本人姓名,单位输入本人班级简称,关键词处输入"硬盘;光盘",如图 4-16 所示。

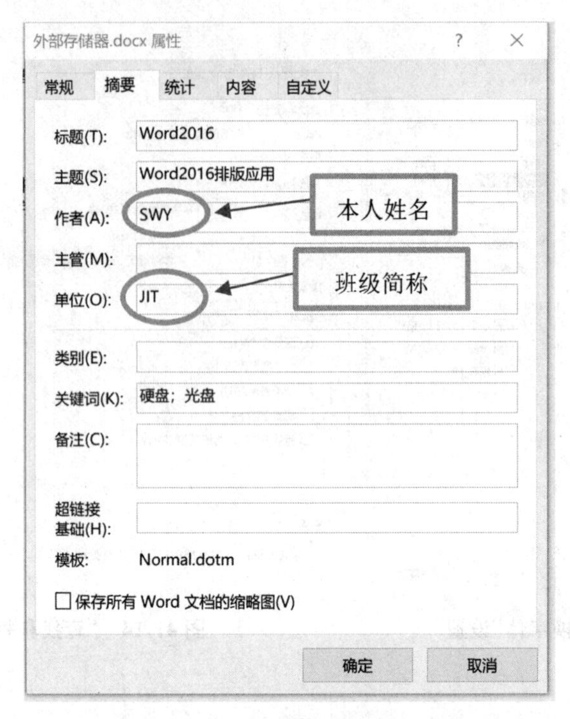

图 4－16　文档属性设置对话框

6. 页眉、页脚、页码设置

(1) 添加页眉

在页面顶端插入“空白”型页眉，页眉内容为该文档的主题。

① 单击“插入”选项卡，在“页眉页脚功能区”中选择“页眉”按钮，下拉列表中选择“空白”型页眉。

② 将光标移至页眉中，在“页眉和页脚工具”“设计”功能组选择“文档信息”下拉按钮，在列表中选择“文档属性”中的“主题”，如图 4－17 所示，单击右上方“关闭页眉和页脚”退出。

(2) 插入页码

在页面底端插入“X/Y 型，加粗显示的数字 1”页码，居中显示。

① 单击“插入”选项卡，“页眉和页脚”功能组中“页码”按钮。

② 选择“页面底端”→“X/Y 型，加粗显示的数字 1”。此时在每页底端左侧位置显示“＊/3”。

③ 在“开始”选项卡“段落”功能组选择“居中”按钮。

④ 单击右上方“关闭页眉和页脚”退出。

注：

可以设置首页跟其他页页眉不同，或者奇偶页页眉不同。具体方法：

在“页眉和页脚工具”选项卡“选项”功能组中“首页不同”或“奇偶页不同”前方框中打勾。然后再设置页眉。

√ 如需要清除页眉线，可选中后采用边框中把“下框线”设置为“无”。

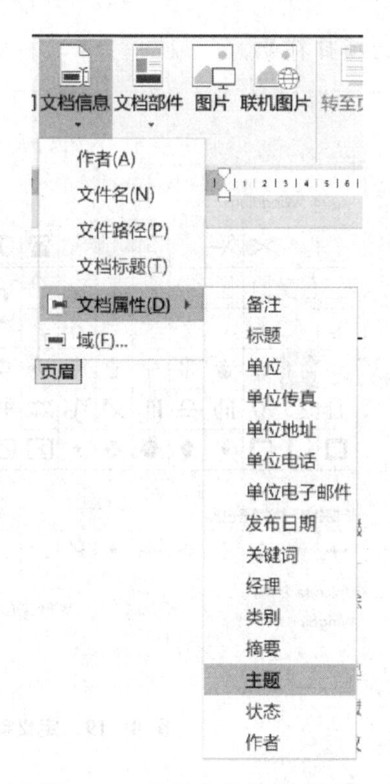

图 4-17 页眉内容为文档主题

7. 添加项目符号、编号

正文中，为“硬盘”“闪烁存储器”“光盘”三段添加编号，编号类型为“(一)、(二)、(三)、……”；为正文“只读型光盘……”“一次写入型光盘……”“可擦写型光盘……”三段添加新定义的绿色项目符号 ✈（Wingdings 字体）。

(1) 添加编号

选中正文“硬盘”“闪烁存储器”“光盘”三段，选择“段落”功能组的“编号” 按钮，在下拉菜单里选择“定义新编号格式”，在打开的对话框中编号样式选择“一、二、三(简)”，在编号格式中输入“(”、“)”“、”，如图 4.18 所示。

(2) 添加新定义的项目符号 ✈（Wingdings 字体）

选中正文“只读型光盘……”“一次写入型光盘……”“可擦写型光盘……”三段，选择“段落”功能组的“项目符号” 按钮，在下拉菜单里选择“定义新项目符号”，弹出对话框中选择“符号”，在弹出的“符号”对话框中，在 Wingdings 字体中选择 ✈ 后“确定”，如图 4-19 所示，在“定义新项目符号”对话框中单击“字体”按钮，将字体颜色设置为绿色。

注：

1. 使用过的项目符号会出现在“最近使用过的项目符号”区域。

2. 可以将本地磁盘中的图片作为项目符号。具体操作：单击“项目符号”对话框中的“定义新项目符号”，单击“图片”按钮，单击弹出的对话框左下角的“导入”按钮，将本地磁盘中的图片添加进去，然后选择其作为项目符号。

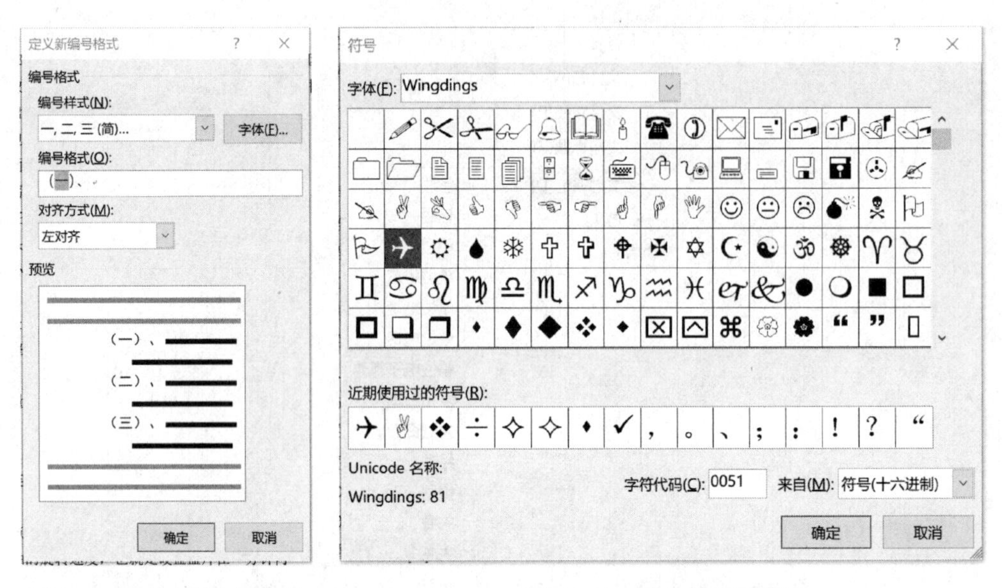

图 4－18　定义新编号格式　　　　图 4－19　定义新项目符号

8. 页面边框、水印、页面颜色设置

为页面添加最后一个艺术型页面边框方框，为页面添加内容为“存储器”的楷体文字水印，设置页面颜色为“绿色，个性色 6，淡色 80%”。

① 切换至“设计”选项卡，在“页面背景”功能区选择“页面边框”，打开“边框和底纹”对话框，在“页面边框”选项卡中，选择“艺术型”下拉选项中最后一行，如图 4－20 所示。

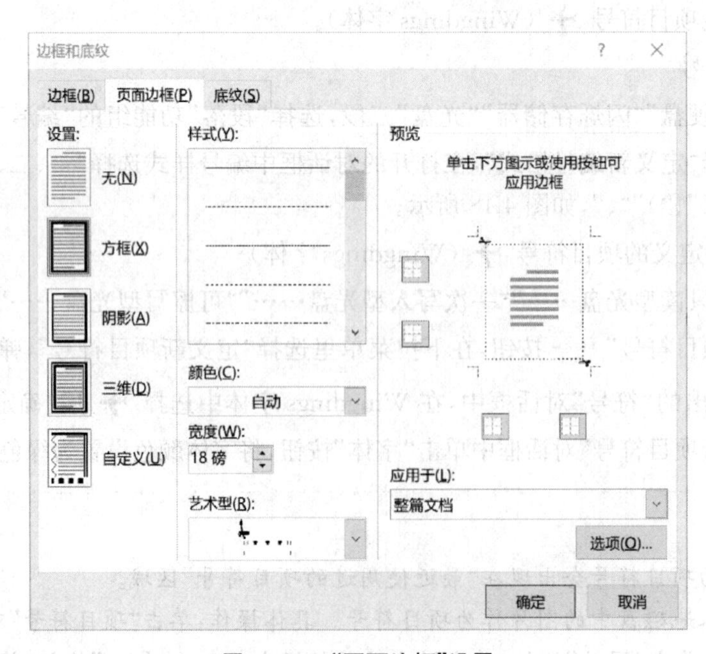

图 4－20　“页面边框”设置

② “页面背景”功能区“水印”下拉菜单中选择“自定义水印”，打开“水印”设置对话框，选择“文字水印”，在“文字”处输入“存储器”，“字体”设置为“楷体”，如图 4－21 所示，单击“确定”按钮。

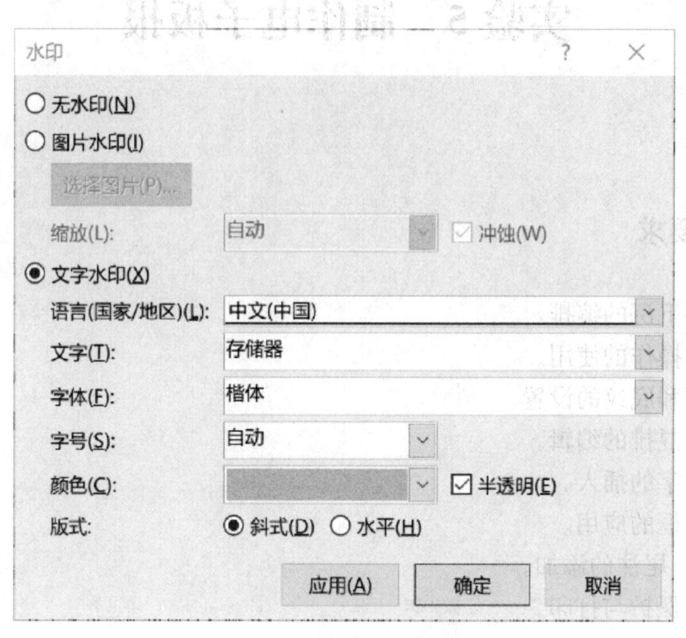

图 4－21 “水印”设置

③ “页面背景”功能区“页面颜色”下拉颜色选择“绿色，个性色 6，淡色 80%”。

9. 文档封面设置

插入“边线型”封面，选取日期为“今日”日期，并清除封面的页眉线。

① 在“插入”选项卡“页面”功能区中，选择“封面”按钮，在下拉列表中选择“边线型”封面，在封面日期处选择“今日”按钮。

② 进入第一页页眉编辑状态，选择框架后，点击“段落”功能区“边框”下拉列表中选择“无框线”。

③ 原文件名保存。

注：

文档编辑或考试过程中要实时存盘。按“Ctrl＋S”键即可

实验 5　制作电子板报

一、实验要求

1. 掌握首字下沉的编排。
2. 掌握分栏操作的使用。
3. 掌握边框和底纹的设置。
4. 掌握图文混排的编辑。
5. 掌握艺术字的插入。
6. 掌握文本框的应用。
7. 掌握脚注、尾注的添加。
8. 掌握文件保护与打印。

二、实验步骤

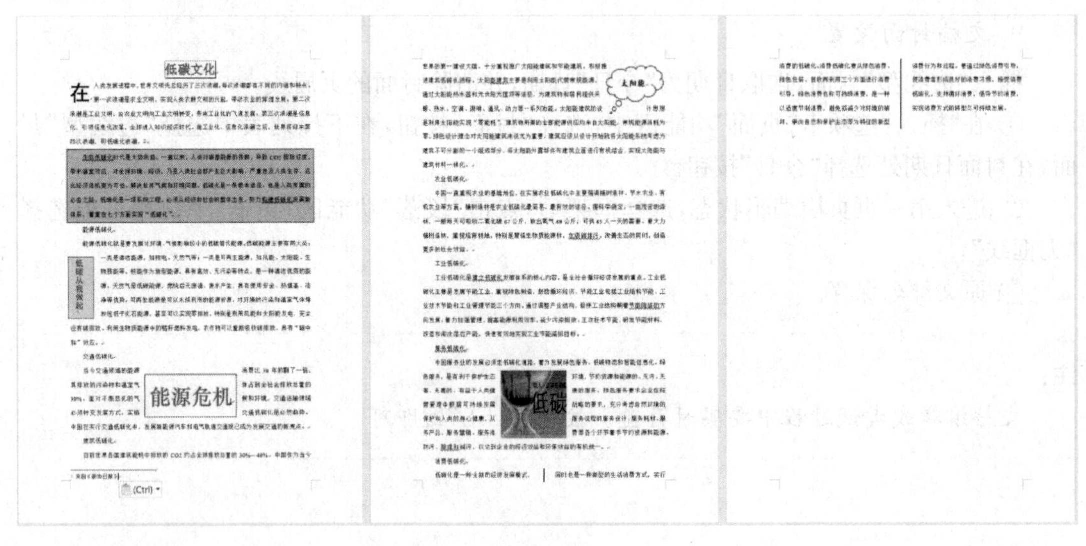

样张

实验准备：打开实验 5 文件夹中的素材“word3.docx”文件，另存为“低碳生活.docx”。

1. 标题文字效果设置

设置标题段文本效果为“渐变填充—紫色，着色 4，轮廓—着色 4”，字体为二号，居中显示，并为标题段文字添加蓝色(标准色)阴影边框。

① 选中标题，单击“开始”选项卡中的文本效果按钮 A ，在图 5－1 中选择第 2 行第 3 列的“渐变填充-紫色，着色 4，轮廓-着色 4”。另设置其为二号，居中显示。

图 5－1 文本效果

② 选择标题段文字，单击“开始”选项卡“段落”功能组的“边框和底纹”按钮，弹出如图 5－2 所示对话框，边框设置“阴影”，颜色选择标准色蓝色。确认右下方“应用于”为“文字”后单击“确定”退出。

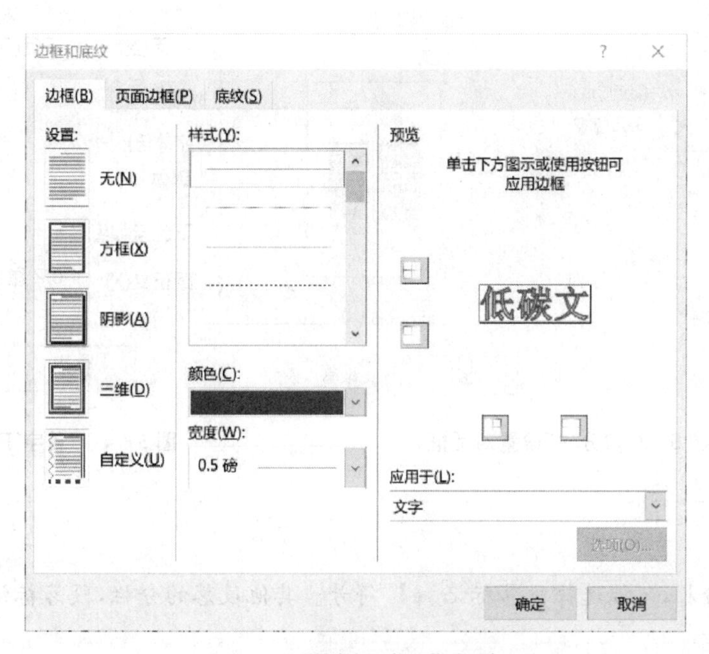

图 5－2 “边框和底纹”对话框

注：

可以看下设置边框时应用于段落和文字效果之间的区别

2. 设置段落格式

设置正文段落1.5倍行距，设置除第一段外其他段落首行缩进2字符。最后一段进行分两栏，中间加分隔线，设置栏1宽度为18字符。

① 选中正文，设置段落1.5倍行距，设置除第一段外其他段落首行缩进2字符。

② 选中最后一段（请注意不要选中段落标记 ↵ 符号），单击“布局”选项卡中的“分栏”按钮，在下拉列表中选择“更多分栏”，单击“两栏”，在“分隔线”前的框里打钩，在“宽度和间距”中设置栏1宽度为18字符，单击“确定”按钮退出，如图5-3所示。

3. 首字下沉

将正文第一段设置首字下沉2行（距正文0.2厘米），字体为黑体。

光标移至第一段首字“在”前面，在“插入”选项卡，“文本”功能组中，单击 首字下沉 按钮，在下拉列表中，选择“首字下沉选项”，弹出如图5-4所示对话框。选择“下沉”，将字体改为“黑体”，下沉行数改为“2”，距正文设置成“0.2厘米”。

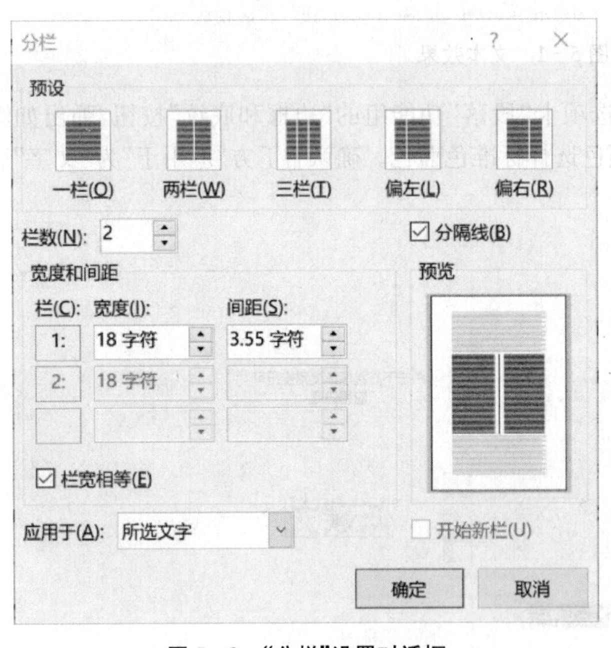

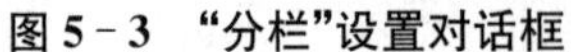
图5-3 “分栏”设置对话框

图5-4 “首字下沉”对话框

注：

最后一段分栏，不能选择段落标记 ↵ 符号。其他段落的分栏，段落标记可选可不选。

4. 边框和底纹

将正文第 2 段添加绿色(标准色)、1.5 磅方框,填充色为“白色,背景 1,深色 25%”的底纹。

(1) 添加边框:参考范文,给第 2 段添加绿色、1.5 磅方框。

选择第 2 段,单击“开始”选项卡“段落”功能组的“边框和底纹”按钮,弹出如图 5-5 所示对话框,编辑颜色为绿色、宽度为“1.5 磅”,“设置”中选择“方框”。确认右下方“应用于”为“段落”后单击“确定”退出。

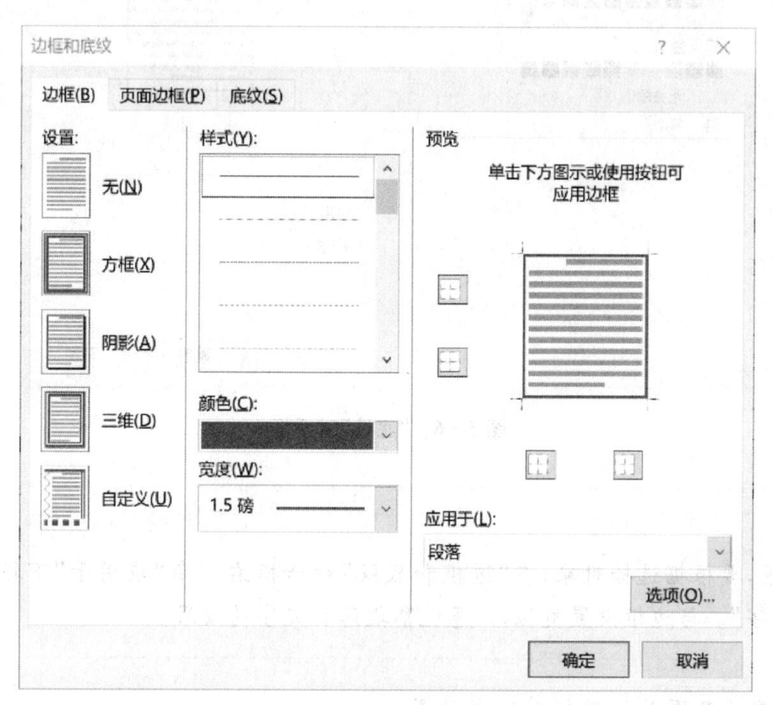

图 5-5 “边框”对话框

注:

要选择正确的添加“边框和底纹”的对象。如题目是要求给“第 2 段文字”添加边框,则不要选择标题后面的段末符号或者在“边框和底纹”对话框右下角“应用于”里头选择“文字”。注意观察应用于段落和文字效果的区别。

(2) 添加底纹

单击“边框和底纹”对话框中的“底纹”标签,选择填充色为“白色,背景 1,深色 25%”,如图 5-6 所示。

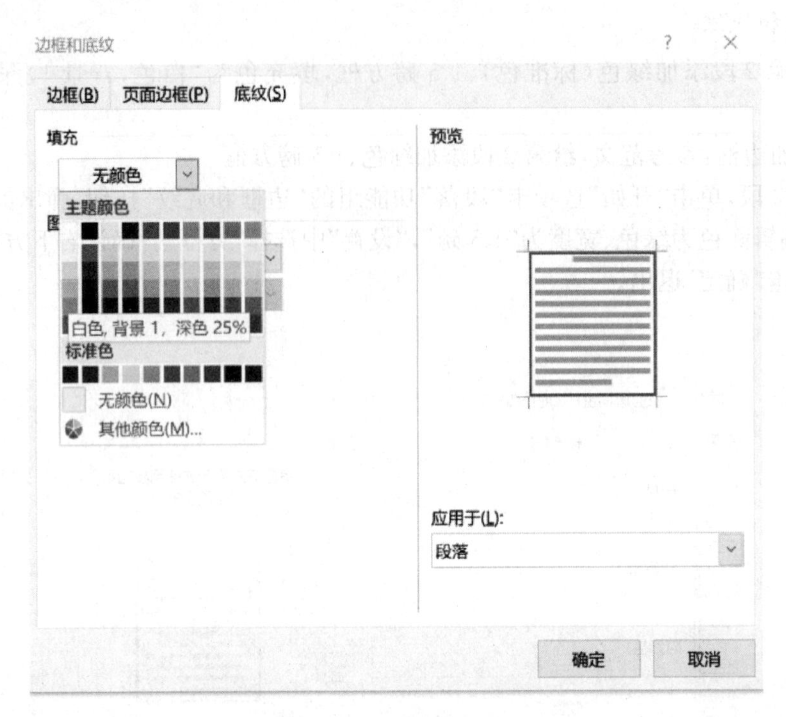

图 5-6 “底纹”对话框

注:

底纹设置,要根据选择对象,在“边框和底纹”对话框右下角“应用于”下拉列表中选择“段落”或“文字”。与边框设置类似,注意观察段落和文字的效果。

5. 插入图片及图片的编辑和格式设置

参考范文,在正文适当位置插入图片“PIC1.JPG”,并设置其为穿越型环绕方式,宽度 4 厘米,高度 4 厘米,图片颜色色调为 4 700 K,图片的艺术效果设置为“文理化”,缩放为 50。

① 把插入点定位到要插入的图片位置,选择“插入”选项卡,单击“插图”功能组“图片”按钮,在弹出如图 5-7 所示对话框中,找到需要插入的图片“PIC1.JPG”,单击“插入”按钮即可。

② 选中图片,则出现图片工具格式。在“环绕文字”下拉列表中选择“四周型环绕”,同时在“大小”功能组选择宽度按钮 设置为 4 厘米,高度按钮 设置为 4 厘米,注意取消“锁定纵横比”。

③ 在“图片工具”“格式”选项卡的“调整”功能区选择“颜色”按钮,在下拉列表中的“色调”选择“4700 K”。

④ 在“图片工具”“格式”选项卡的“调整”功能区选择“艺术效果”按钮,单击下拉列表中的“艺术效果选项”,在右侧“设置图片格式”中选择“艺术效果”按钮下拉列表中的“文理化”,缩放选择“50”。

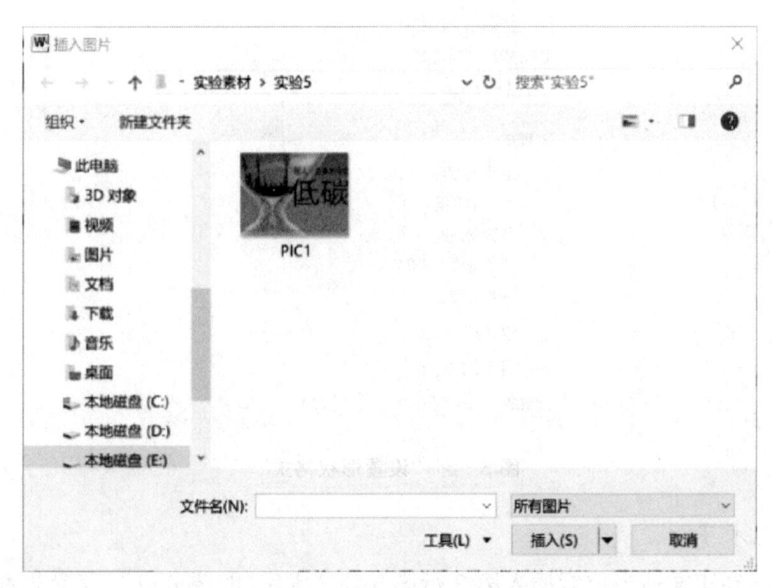

图 5－7 “插入图片”对话框

注：

1. 旋转图片：选定图片后，图片四边中点和对角出现 8 个小圆点，称之为尺寸控点。可以用来调整图片的大小，图片上方有一个旋转控制点，可以用来旋转图片。

2. 裁剪图片：双击需要裁剪的图片，在“图片工具格式”选项卡的“大小”功能组，单击“裁剪”按钮，通过调整裁剪控制点来得到所需大小图片。

3. 通过“图片样式”功能组按钮可以对图片边框、图片效果、图片版式进行设置。通过“调整”功能组按钮可对图片的色彩、颜色、艺术效果进行设置。

4. 通过“插入”选项卡“插图”功能组中的“形状”“SmartArt”“图表”“屏幕截图”按钮可以插入不同形状图形、图表以及所需屏幕截图。

6. 插入文本框

参考范文，在正文适当位置插入竖排文本框“低碳从我做起”，设置其字体格式为黑体、四号、红色，环绕方式为四周型，填充色为黄色。

① 将光标定位到要插入文本框的位置，选择“插入”选项卡，单击“文本”功能组中的“文本框”下拉按钮，在弹出的下拉面板中选择“绘制竖排文本框”，然后绘制文本框，在文本框中输入文本内容并右击设置格式为黑体、四号、红色。

② 选中文本框，选择“绘图工具格式”中的“环绕文字”按钮，在下拉列表中选择“四周型环绕”。

③ 选中文本框，右击选择“设置形状格式”，在右侧打开“设置形状格式”栏，在“填充”中选择“纯色填充”，颜色选择“黄色”，如图 5－8 所示，设置完成关闭即可。

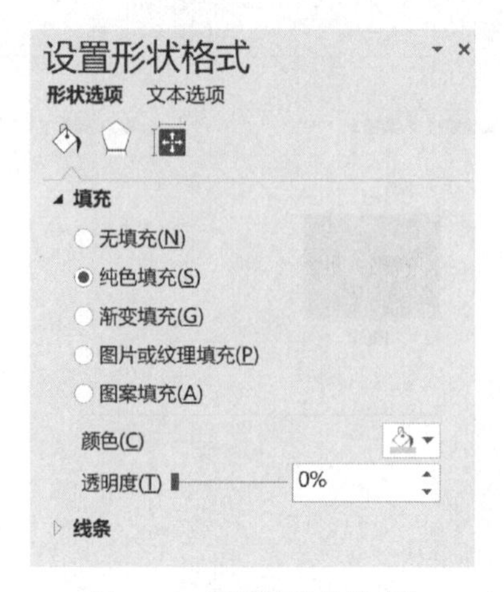

图 5－8 “设置形状格式”

7. 插入艺术字

参考范文，在正文适当位置插入第 2 行第 5 列艺术字“能源危机”，设置艺术字字体为华文中宋、36 号，环绕方式为紧密型，取消首行缩进 2 个字符。设置艺术字形状样式为实线，宽度为 1.5 磅，蓝色。

① 将光标定位到要插入的位置，选择“插入”选项卡“文本”功能组中的“艺术字”下拉面板，在如图 5－9 所示的对话框中选择第 2 行第 5 列的艺术字样式，输入文本内容，同时选中文字设置字体华文中宋、字号 36 号，在段落对话框中取消首行缩进 2 个字符。

② 选中艺术字框，在“环绕文字”下拉列表中选择“紧密型环绕”。

③ 选中艺术字框，右击选择“设置形状格式”，在右侧打开“设置形状格式”栏，在“线条”中选择“实线”，颜色为“蓝色”，如图 5－10 所示；在“线型”中设置“宽度”为 1.5 磅，设置完成关闭即可。

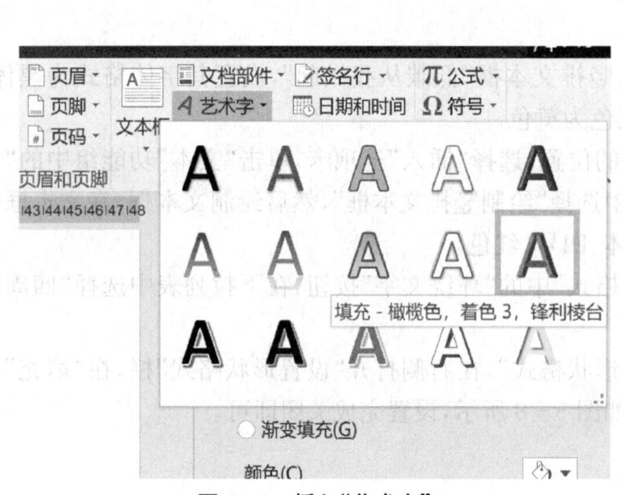

图 5－9 插入“艺术字”

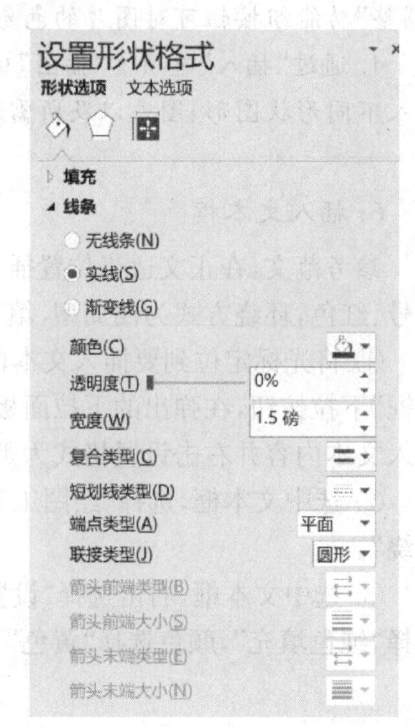

图 5－10 设置艺术字框线

8. 插入形状

参考范文，在正文适当位置插入云形标注，输入文字“太阳能”，设置文字为楷体、加粗、四号，其形状样式为“彩色轮廓－蓝色，强调颜色 1”，环绕方式为紧密型。

① 将光标定位到要插入的位置，选择“插入”选项卡“插图”功能组中的“形状”下拉面板，在如图 5－11 所示的对话框中选择“云形标注”，在适当位置拖动形状大小。

② 单击云形标注，可以输入文字“太阳能”，并设置其字体为楷体、加粗、四号。

③ 选中形状，在“绘图工具”中展开“格式”选项卡“形状样式”，选择“彩色轮廓—蓝色，强调颜色 1”。在“环绕文字”下拉列表中选择“紧密型环绕”。

9. 添加脚注

在第一段最后插入脚注（页面底端）“来自《新华日报》”，脚注编号格式为“①，②，③……”。

将光标移至第一段最后，单击“引用”选项卡“脚注”功能组，打开“脚注”对话框，编号格式选择“①，②，③……”，如图 5－12 所示，单击“插入”；在页面底端出现“①”，在①后面输入“来自《新华日报》”，如图 5－13 所示。

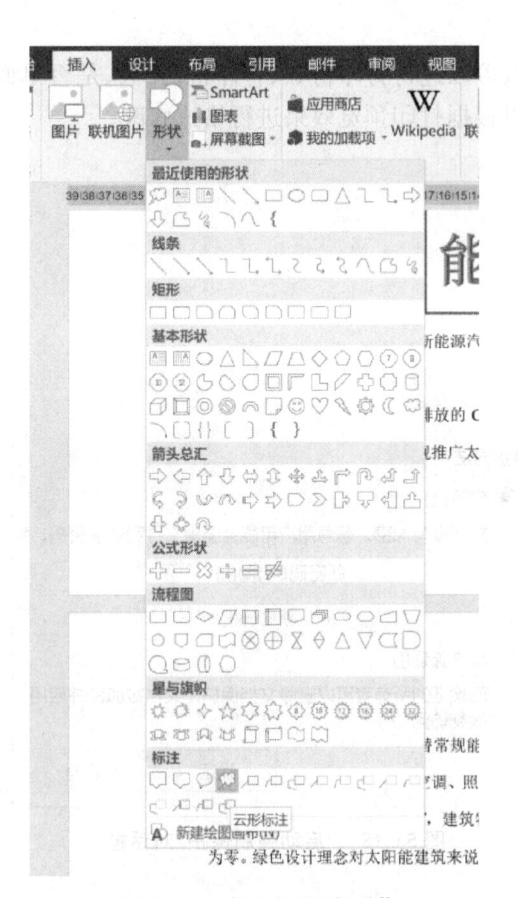

图 5－11　插入“云形标注”

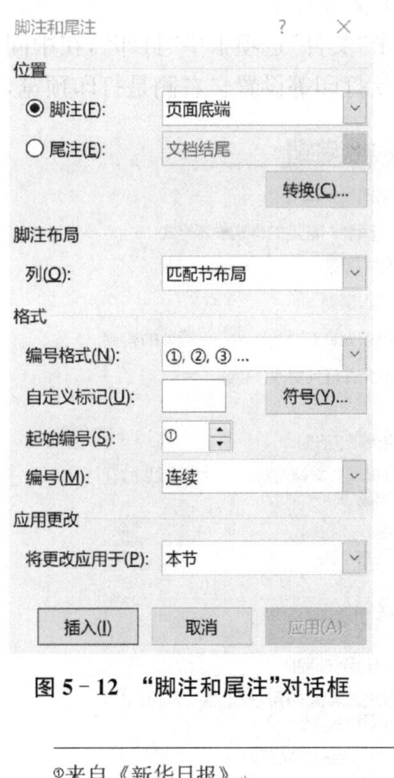

图 5－12　“脚注和尾注”对话框

图 5－13　插入脚注后的结果

注：

添加尾注的方法跟添加脚注相同。

10. 文件保护与打印

(1) 文件保护

单击“文件”选项卡中“信息”，在右侧单击“保护文档”中“限制编辑”按钮，则在文档右侧出现如图 5－14 所示菜单。根据需要在 1.格式设置限制和 2.编辑限制下方框内打钩，单击下方“是，启动强制保护”。弹出如图 5－15 所示对话框，在保护方法中设置密码。用户通过密码验证可以删除文档保护，对文档进行编辑。

注：

可单击“文件”选项卡中“信息”，在右侧单击“保护文档”中“用密码进行加密”按钮。输入密码 2 次，则用户需要使用此密码才能打开文件。

(2) 文件打印

单击“文件”选项卡中“打印”，在中间区域可以进行打印份数、打印机、页数、是否单面打印或正反打印等设置。右侧是打印预览，可以根据打印预览效果进行格式修改。

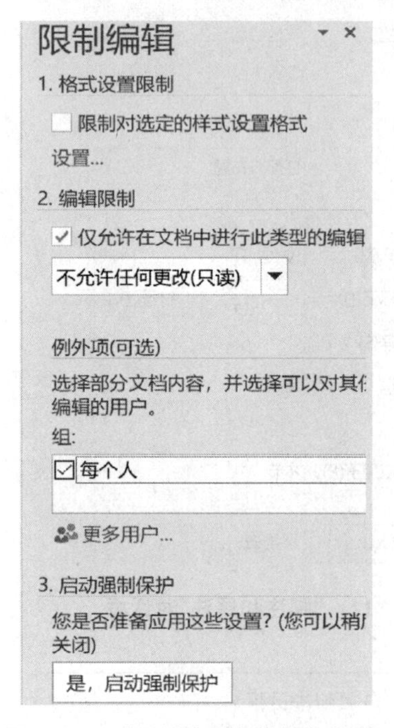

图 5－14 “限制格式和编辑”对话框

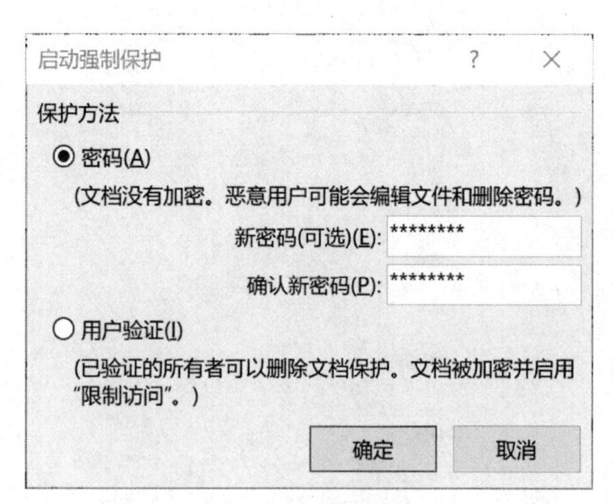

图 5－15 “启动强制保护”对话框

实验6　设计、应用表格

一、实验要求

1. 掌握创建、修改表格。
2. 掌握表格格式设计。
3. 掌握表格中数据的编辑。
4. 掌握表格中数据排序、计算等操作。

二、实验步骤

近年来中国偏食元器件产量一览表

单位：亿只

产品类型 年份	1998年	1999年	2000年	三年产量总计
片式电阻器	125.2	276.1	500	901.30
片式多层陶瓷电容器	125.1	413.3	750	1288.40
片式钽电解电容器	5.1	6.5	9.5	21.10
片式石英晶体器件	1.5	0.01	0.1	1.61
半导体陶瓷电容器	0.3	1.6	2.5	4.40
片式有机薄膜电容器	0.2	1.1	1.5	2.80
片式铝电解电容器	0.1	0.1	0.5	0.70
片式电感器 变压器	0.0	2.8	3.6	6.40

产品类型 年份	1998年	1999年	2000年	三年产量总计
片式电阻器	125.2	276.1	500	901.30
片式多层陶瓷电容器	125.1	413.3	750	1288.40
片式钽电解电容器	5.1	6.5	9.5	21.10
片式石英晶体器件	1.5	0.01	0.1	1.61
半导体陶瓷电容器	0.3	1.6	2.5	4.40
片式有机薄膜电容器	0.2	1.1	1.5	2.80
片式铝电解电容器	0.1	0.1	0.5	0.70
片式电感器	0.0	2.8	3.6	6.40
变压器				

样张

实验准备：打开实验 6 文件夹中的素材“word4.docx”文件。

1. 设计表格

(1) 创建表格

将素材另存为“元器件产量一览表.docx”，设置文中标题“近年来中国偏食元器件产量一览表”空心黑体、四号字，蓝色，标题字符间距为紧缩格式，磅值：1.2 磅。

① 选择“近年来中国偏食元器件产量一览表”标题，打开“字体”对话框，设置中文字体为“黑体”、字号为“四号”，文字颜色为“蓝色”，如图 6－1 所示。

② 在“字体”对话框中，选择“文字效果”打开“设置文本效果格式”对话框，“文本填充”选择“无填充”，“文本边框”选择“实线”，如图 6－2 所示，点击“确定”按钮。

③ 在“字体”对话框中选择“高级”选项卡，在“间距”选项中选择“紧缩”，设置“磅值”为“1.2 磅”，如图 6－3 所示，点击“确定”按钮。

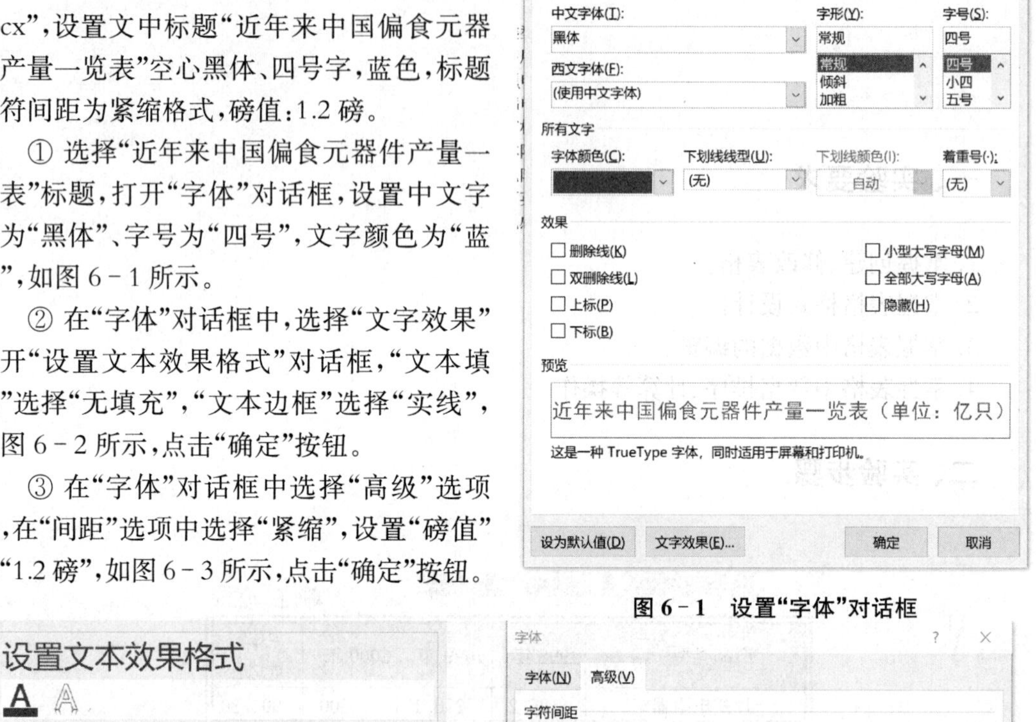

图 6－1 设置“字体”对话框

图 6－2 设置“空心”效果

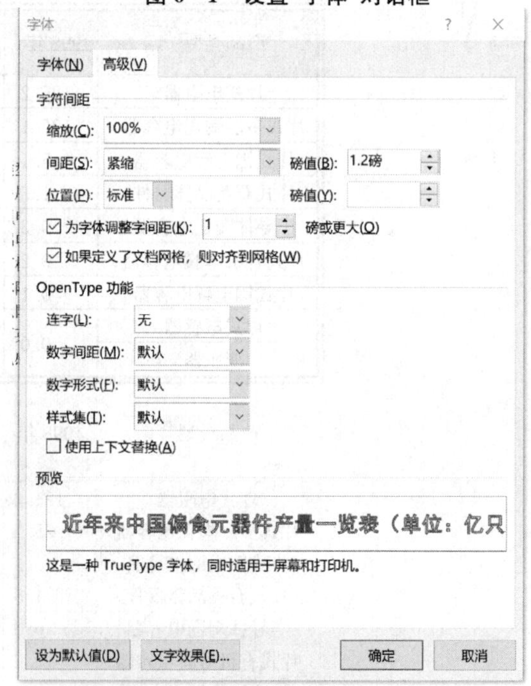

图 6－3 字符间距设置

(2) 文字转换表格

将文件中最后 9 行文字转换成 9 行 4 列的表格，设置表格居中；文字“产品类型”添加

"年份"上标。

① 选中最后 9 行文字,在"插入"选项卡的"表格"下拉菜单中选择"文本转换成表格",打开如图 6-4 所示的对话框,"列数"为"4",点击"确定"。

② 单击表格左上角的图标 ⊞ ,以选中整个表格。右击表格,选择"表格属性"命令。在"表格属性"对话框中选择"表格"选项卡,并选择"居中"对齐方式,如图 6-5 所示,点击"确定"按钮。

③ 光标移至表格第 1 行第 1 列文字最后,单击"字体"功能区的上标 x^2 按钮,输入文字"年份"即可。

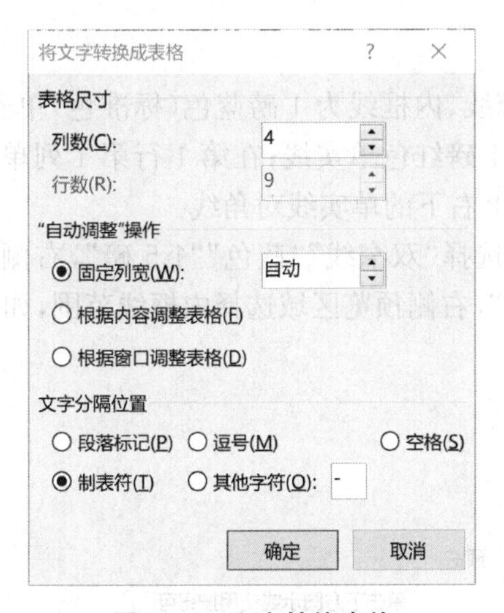

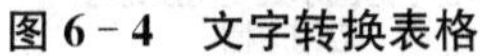
图 6-4 文字转换表格

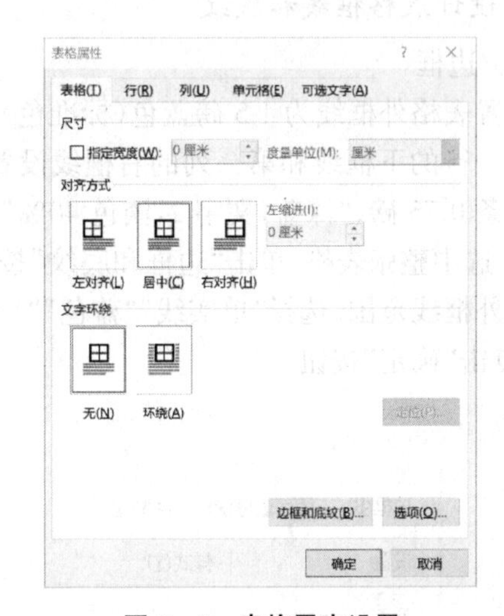

图 6-5 表格居中设置

(3) 调整表格大小

设置表格第一列列宽为 4 厘米、其余列列宽为 1.7 厘米、表格行高为 0.5 厘米;设置表格所有单元格的左边距为 0.05 厘米、右边距为 0.3 厘米;设置表格标题行重复。

① 选择表格第 1 列,右击选择"表格属性",在图 6-5 所示的对话框中设置"列宽"为 4 厘米;选择表格剩余三列,设置"列宽"为 1.7 厘米;全选整张表格,设置行高为"0.5"厘米。

② 全选整张表格,右击选择"表格属性",选择"单元格"选项卡,单击"选项"打开"单元格选项"对话框,设置单元格的左边距为 0.05 厘米、右边距为 0.3 厘米。

③ 选择表格第一行,在"表格工具""布局"选项卡"数据"功能区,选择"重复标题行"。

(4) 单元格设置

设置表格中的第 1 行和第 1 列文字水平居中、其余各行各列文字中部右对齐;将第 9 行第 1 列单元格拆分成 2 行,新生成的第 1 行文字为"片式电感器"、第 2 行文字为"变压器"。

① 选中表格第 1 行,在"表格工具""布局"选项卡"对齐方式"功能区中选择"水平居中";同样设置第 1 列。

② 选择表格剩余单元格,设置其对齐方式为"中部右对齐"。

③ 光标移至第 9 行第 1 列单元格,右击,在菜单中选择"拆分单元格",打开"拆分单元格"对话框,设置"列数"为"1","行数"为"2",如图 6-6 所示,点击"确定";在新生成的第 1 行调整文字为"片式电感器"、第 2 行文字为"变压器"。

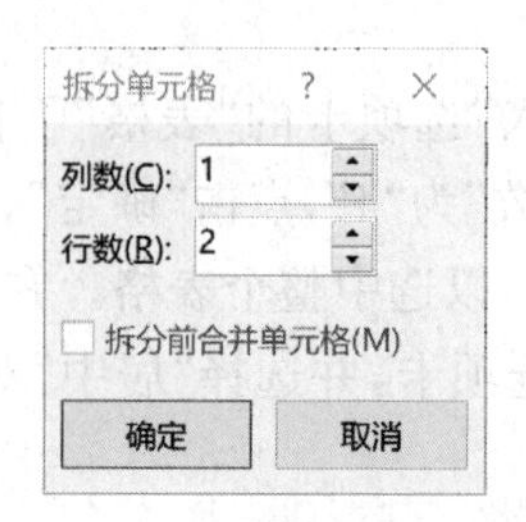

图 6-6 “拆分单元格”对话框

2. 设计表格框线和底纹

(1) 边框

设置表格外框线为 1.5 磅蓝色(标准色)双窄线、内框线为 1 磅蓝色(标准色)单实线,将表格第一行的下框线和第一列的右框线设置为 1 磅红色单实线;在第 1 行第 1 列单元格中添加一条 0.75 磅、“深蓝,文字 2,淡色 40%”、左上右下的单实线对角线。

① 选中整张表格,单击“边框和底纹”按钮,选择“双窄线”“蓝色”“1.5 磅”,右侧预览区域选择外框线范围;选择“单实线”“蓝色”“1.0 磅”,右侧预览区域选择内框线范围,如图 6-7 所示,点击“确定”按钮。

图 6-7 整张表格框线设置

② 选择表格第 1 行,打开“边框和底纹”对话框,选择“单实线”“红色”“1.0 磅”,右侧预览区域点击下框线取消之前的框线设置,再单击一次设置新框线设置,如图 6-8 所示;同样设置第 1 列的右框线,如图 6-9 所示。

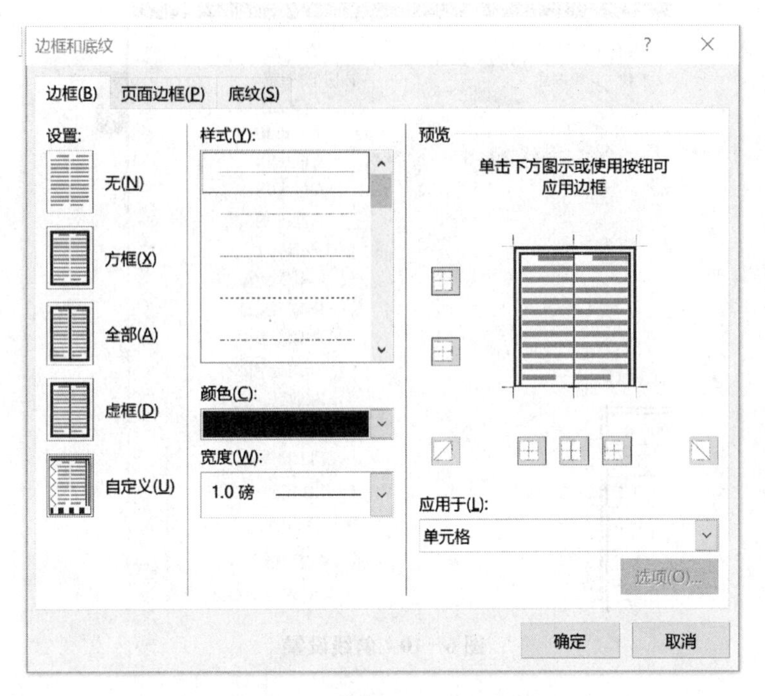

图 6－8　第 1 行的下框线设置

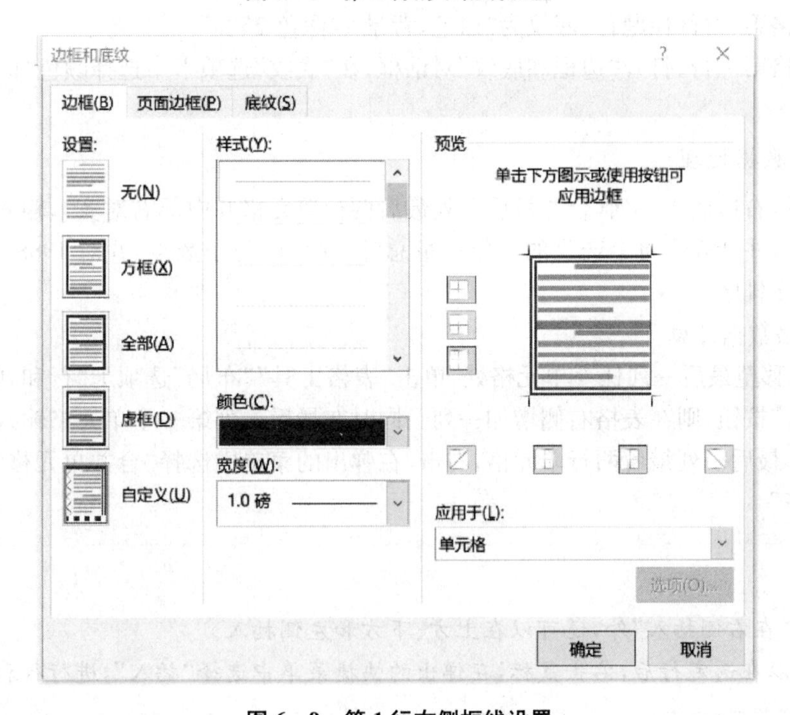

图 6－9　第 1 行右侧框线设置

③ 光标移至第一行第一列单元格，在“表格工具”中的“设计”选项卡，选择“边框”为“单实线”“笔颜色”为“蓝色”“笔画粗细”为“0.75 磅”，右侧“边框”下拉按钮选择“斜下框线”，如图 6－10 所示。

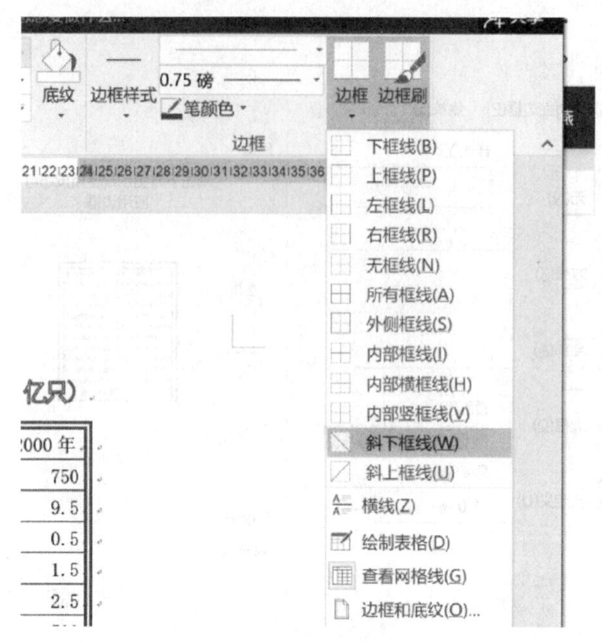

图 6－10　斜线设置

（2）底纹

设置表格第一行（标题行）底纹为"白色，背景 1，深色 25%"。

选择表格第一行，打开"边框和底纹"对话框，在"底纹"选项卡中选择颜色"白色，背景 1，深色 25%"。

3. 表格数据处理

在表格最右边插入一列（合并最后一列最后两行单元格并中部右对齐），输入列标题"三年产量总计"，并计算出每个产品的三年产量总计，保留两位小数点，并对 1988 年前八行的数据进行降序排序。

（1）表格数据计算

① 光标移至最后一列任一单元格处，单击"表格工具""布局"选项卡"行和列"功能组的"在右侧插入"按钮，则在表格右侧增加一列。同时在最后一列第一个单元格输入"三年产量总计"。选择最后一列最后两行单元格，右击，在弹出的菜单中选择"合并单元格"，设置其为"中部右对齐"。

注：

1. 除了"在右侧插入"外，还可以在上方、下方和左侧插入。

2. 也可以在选定行后，右击鼠标，在弹出的快捷菜单中选择"插入"，进行行和列的增加。

② 光标移至最后一列第二行单元格，选择"布局"选项卡，单击"数据"功能组中的公式按钮，弹出如图 6－11 所示"公式"对话框。

③ 在"粘贴函数"下拉列表中选择所需的计算公式 SUM 用来求平均值，则在"公式"文本框内出现"＝SUM(LEFT)"，即为此处的公式；选择编号格式：0.00，点击"确定"即可。

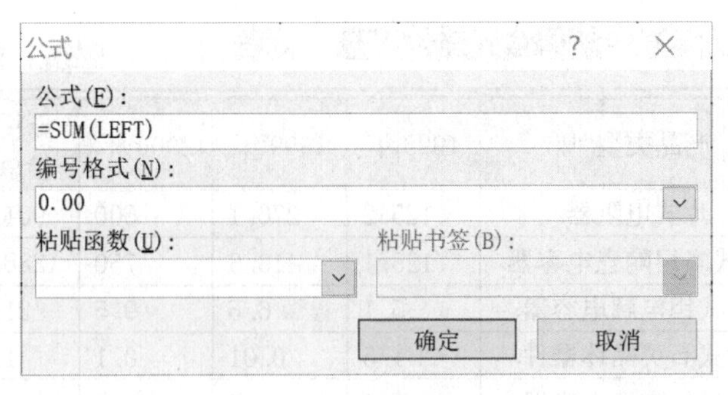

图 6-11　“公式”对话框

④ 按上述步骤，计算出最后一列其他单元格中总和。

注：

在公式中输入“=B8+C8+D8”也可得到相同结果，此处 B8 为第 2 列第 8 行单元格相对地址。

(2) 数据排序

选中表格前八行数据行，单击“布局”选项卡“数据”功能组中的“排序”按钮，打开“排序”对话框，在“主要关键字”选择“1988 年”，选择“降序”按钮，如图 6-12 所示，点击“确定”按钮，排序结果如图 6-13 所示。

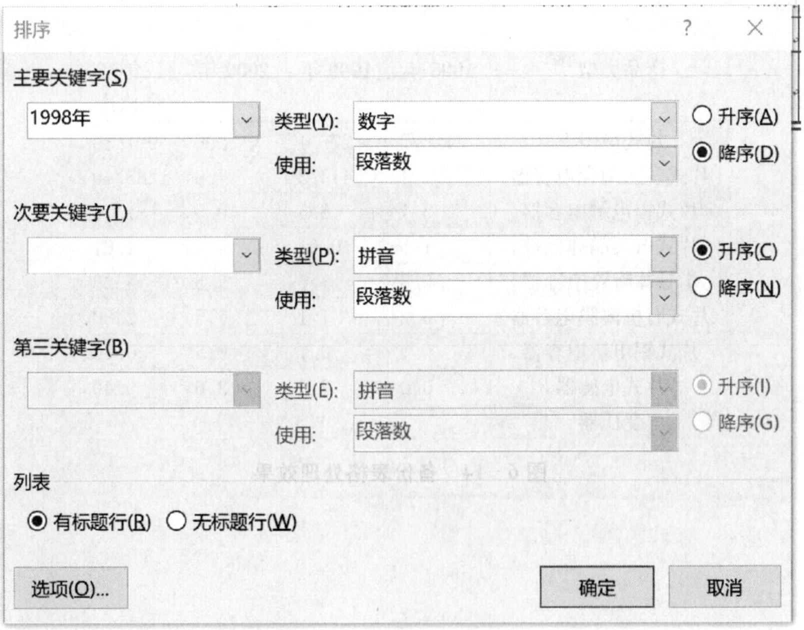

图 6-12　“排序”对话框

近年来中国偏食元器件产量一览表　　单位：亿只

产品类型年份	1998 年	1999 年	2000 年	三年产量总计
片式电阻器	125.2	276.1	500	901.30
片式多层陶瓷电容器	125.1	413.3	750	1288.40
片式钽电解电容器	5.1	6.5	9.5	21.10
片式石英晶体器件	1.5	0.01	0.1	1.61
半导体陶瓷电容器	0.3	1.6	2.5	4.40
片式有机薄膜电容器	0.2	1.1	1.5	2.80
片式铝电解电容器	0.1	0.1	0.5	0.70
片式电感器	0.0	2.8	3.6	6.40
变压器				

图 6－13　表格处理效果

4. 表格样式设置

在下方备份表格，设置备份表格样式为内置样式“网格表 6 彩色－着色 2”，并居中。

① 选中整张表格，复制后在下方粘贴。

② 选中备份表格，在“表格工具”“设计”选项卡“表格样式”功能区选择“网格表”中的“网格表 6 彩色－着色 2”，并设置表格居中，设置结果如图 6－14 所示。

③ 保存。

产品类型年份	1998 年	1999 年	2000 年	三年产量总计
片式电阻器	125.2	276.1	500	901.30
片式多层陶瓷电容器	125.1	413.3	750	1288.40
片式钽电解电容器	5.1	6.5	9.5	21.10
片式石英晶体器件	1.5	0.01	0.1	1.61
半导体陶瓷电容器	0.3	1.6	2.5	4.40
片式有机薄膜电容器	0.2	1.1	1.5	2.80
片式铝电解电容器	0.1	0.1	0.5	0.70
片式电感器	0.0	2.8	3.6	6.40
变压器				

图 6－14　备份表格处理效果

实验7　长文档排版

一、实验要求

1. 掌握大纲视图的使用方法。
2. 掌握设置大纲级别的方法。
3. 掌握长文档目录的创建方法。
4. 掌握多级符号的设置方法。
5. 掌握不同的页眉和页脚的设置方法。
6. 掌握题注及交叉引用功能。
7. 论文排版的其它要求。

二、实验步骤

1. 页面设置

打开“毕业论文-素材”文档，设置文档上、左页边距为2.5厘米，下、右页边距为2厘米。

2. 文档分节

注：

分节符最主要的作用就是为同一文档设置不同的格式。例如，在编排一本书的时，书前面的目录需要用“Ⅰ，Ⅱ，Ⅲ……”作为页码，正文要用“1，2，3……”作为页码。书的前面还有扉页、前言等，这样的页一般不需要设置页码。如果整篇文档采用统一的格式，则不需要采用分节。如果想要在文档的某一部分采用不同的格式设置，就必须创建一个节。

打开素材文档“毕业论文—素材.docx”，然后执行以下操作步骤。

① 将光标定位于文档第一页的“目录”文字前面，在“布局”选卡的“页面设置”组中单击“分隔符”按钮。在弹出的下拉菜单中选“分节符”中的“奇数页”，效果如图7-1所示。

② 按照上述方法在“系统的设计与实现”前面插入分节符，分节符的类型为“下一页”。同样，在“design and implementation management system”、“绪论”、“开发工具介绍”、“需求分析及可行性研究”、“系统设计”、“系统实现”、“系统测试”、“总结”、“参考文献”和“致谢”前面插入分节符，分节符的类型为“下一页”。中英文摘要的效果如图7-2所示。

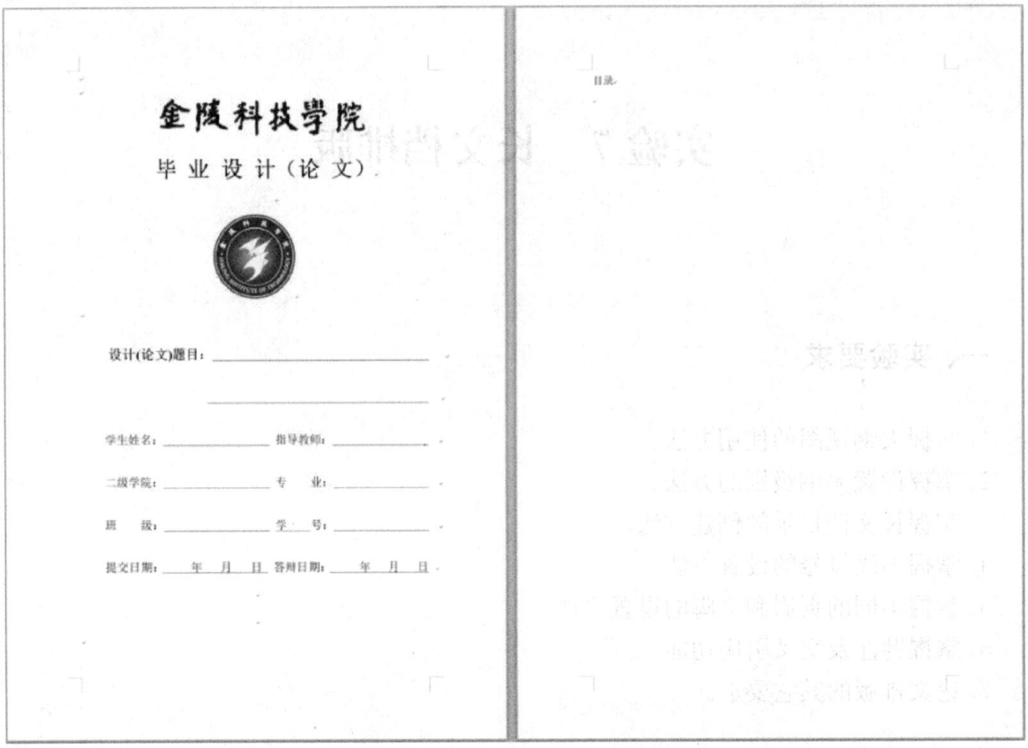

金陵科技学院

毕业设计（论文）

设计(论文)题目：

学生姓名：　　　　指导教师：

二级学院：　　　　专　　业：

班　　级：　　　　学　　号：

提交日期：　年　月　日 答辩日期：　年　月　日

目录

图 7－1　在“目录”前插入分节符

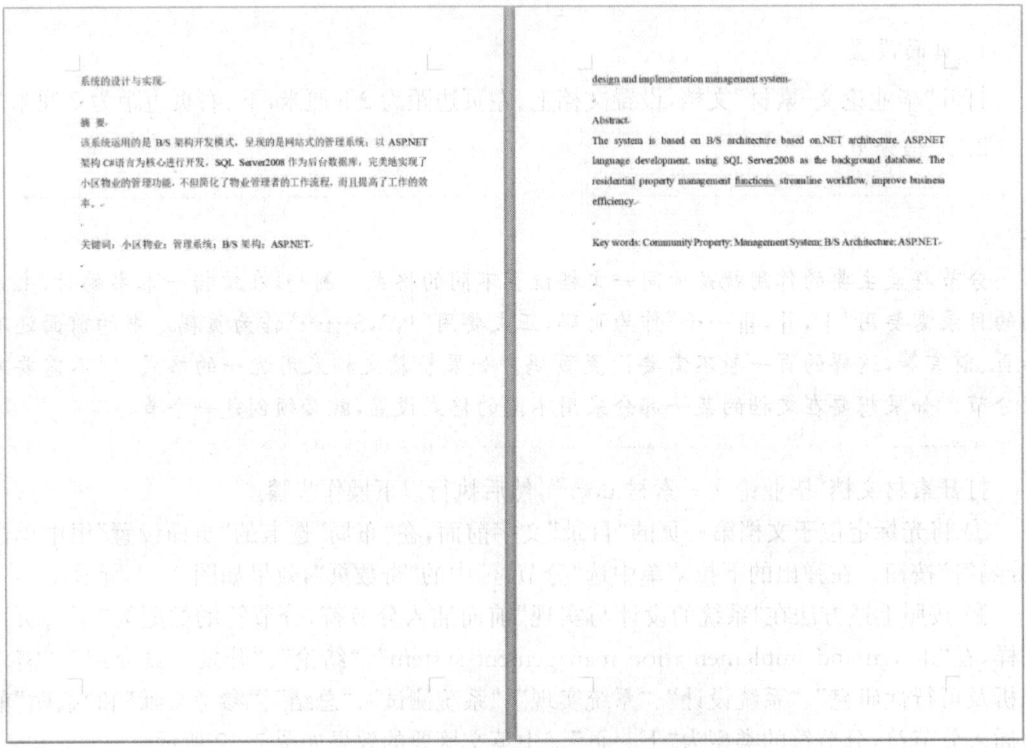

系统的设计与实现

摘　要

该系统运用的是 B/S 架构开发模式，呈现的是网站式的管理系统；以 ASP.NET 架构 C#语言为核心进行开发，SQL Server2008 作为后台数据库，完美地实现了小区物业的管理功能，不但简化了物业管理者的工作流程，而且提高了工作的效率。

关键词：小区物业；管理系统；B/S 架构；ASP.NET

design and implementation management system

Abstract

The system is based on B/S architecture based on.NET architecture, ASP.NET language development, using SQL Server2008 as the background database. The residential property management functions, streamline workflow, improve business efficiency.

Key words: Community Property; Management System; B/S Architecture; ASP.NET

图 7－2　在“系统的设计与实现”前插入分节符

③ 至此，该文档分成了 13 节。文档第 1 页封面为第 1 节，目录、摘要、每一章包括参考文献和引用都独立成节。

3. 制作不同节的页眉

前面操作过程已经将文档分为了 13 节。现在可以不同的节设置不同的页眉页脚。

① 将光标定位于文档的第 1 页，在“插入”选项卡的“页眉和页脚”组中，单击“页眉”按钮，弹出页眉样式库下拉列表，选择“编辑页眉”，选中“页眉和页脚工具/设计”选项卡中“选项”组中的“首页不同”“显示文档文字”复选框，如图 7－3 所示。

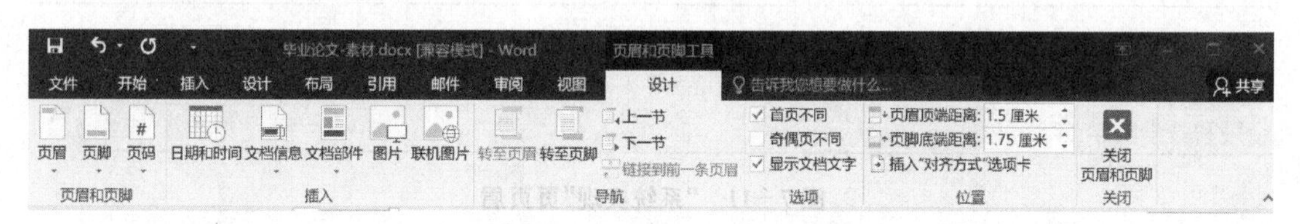

图 7－3　设置页眉格式

② 在页眉和页脚编辑状态。封面首页不需要页眉，所以首先在“目录”页输入页眉“金陵科技学院学士学位论文”，左对齐，最右边输入“目录”，如图 7－4 所示。

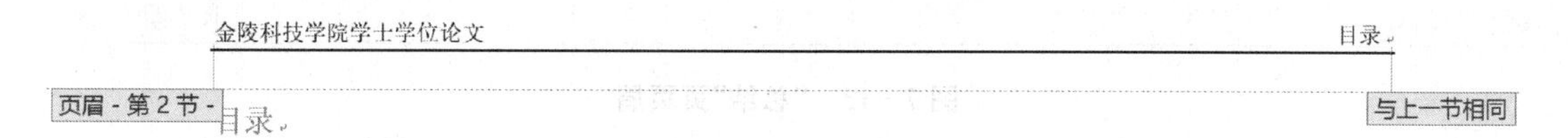

图 7－4　“目录”页页眉

③ 同样，在“系统的设计与实现”页面，单击“导航”组的“链接到前一条页眉”按钮 链接到前一条页眉 ，取消“与上一节相同”标志，如图 7－5 所示。同样，在“design and implementation management system”“绪论”“开发工具介绍”“需求分析及可行性研究”“系统设计”“系统实现”“系统测试”“总结”“参考文献”和“致谢”页面设置对应的页眉，如图 7－6 至图 7－15。双击文档中非页眉页脚的任意处（或者单击“关闭页眉和页脚”按钮），退出页眉编辑状态。

金陵科技学院学士学位论文　　摘要

页眉 - 第 3 节 -　系统的设计与实现

图 7－5　“系统的设计与实现”页页眉

金陵科技学院学士学位论文　　Abstract

图 7－6　“design and implementation management system”页页眉

金陵科技学院学士学位论文　　第 1 章 绪论

图 7－7　“绪论”页页眉

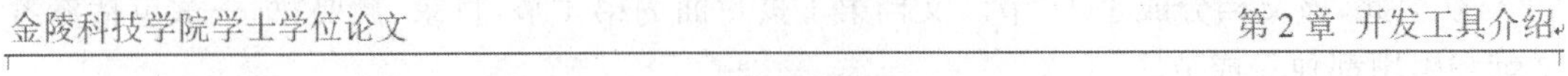

金陵科技学院学士学位论文　　第2章 开发工具介绍

图7-8 “开发工具介绍”页页眉

金陵科技学院学士学位论文　　第3章 需求分析及可行性研究

图7-9 “需求分析及可行性研究”页页眉

金陵科技学院学士学位论文　　第4章 系统设计

图7-10 “系统设计”页页眉

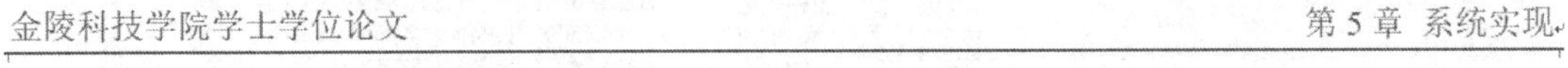

金陵科技学院学士学位论文　　第5章 系统实现

图7-11 “系统实现”页页眉

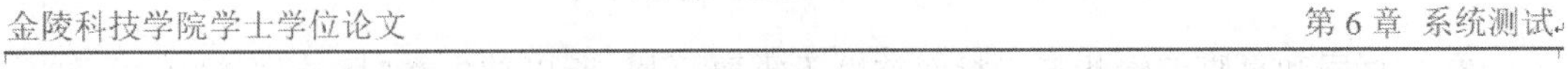

金陵科技学院学士学位论文　　第6章 系统测试

图7-12 “系统测试”页页眉

金陵科技学院学士学位论文　　第7章 总结

图7-13 “总结”页页眉

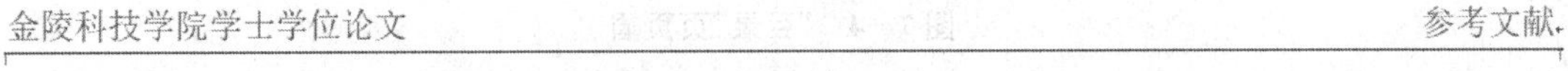

金陵科技学院学士学位论文　　参考文献

图7-14 “参考文献”页页眉

金陵科技学院学士学位论文　　致谢

图7-15 “致谢”页页眉

注：

设置的时有可能会导致封面顶端页眉处有横线，或者其他页面顶端页眉处横线缺失，此时可以调出“段落”中“下框线”按钮，取消或者加上这根横线。

4. 制作不同节的页码

① 将光标定位于文档第2页，单击“插入”选项卡中的“页眉和页脚”组的“页码”按钮，在下拉菜单中选择“页面底端”，然后级联列表中选择“普通数字2”。

单击“页眉页脚工具/设计”选项卡中“页眉和页脚”组的“页码”按钮，在下拉列表中选择“设置页面格式”，弹出“页码格式”对话框。在“编号格式”下来列表中选择“Ⅰ，Ⅱ，Ⅲ……”格式，在“页码编号”区域中选择“起始页码”为“Ⅰ”如图7-16所示。

② 单击“确定”按钮，并使页码居中对齐。用同样的方法在“系统的设计与实现”页、“design and implementation management system”页上修改页码格式，如图7-17所示。

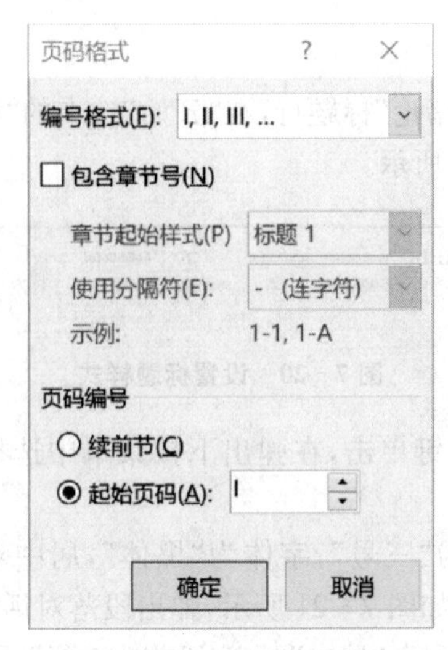

图 7－16 设置页码格式

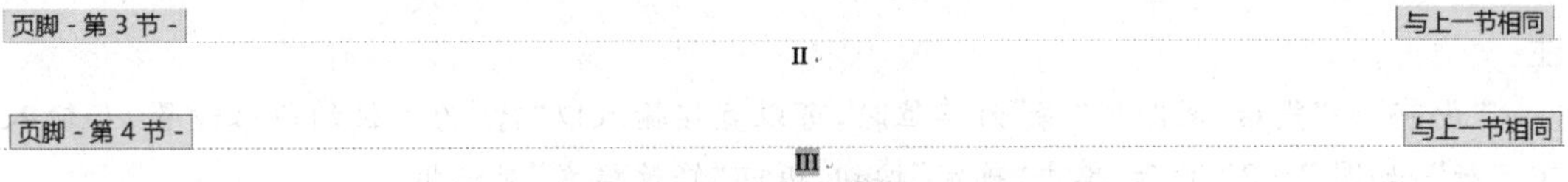

页脚 - 第 3 节 - 与上一节相同

II

页脚 - 第 4 节 - 与上一节相同

III

图 7－17 中英文摘要页面页码设置

③ 将光标定位于“绪论”所在页的页脚处，设置本节页脚与之前的节不同。单击“页眉和页脚”组的“页码”按钮，在下拉菜单选择“设置页码格式”，弹出“页码格式”对话框，在“编码格式”下拉列表中选择“1,2,3,…”格式，在“页码编号”区域选择“起始页码”为“1”，如图7－18 所示。

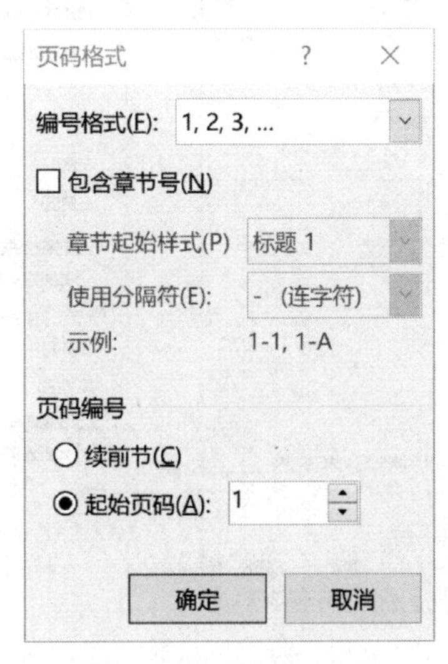

图 7－18 设置页码格式

④ 单击“确定”按钮，页码效果如图 7－19 所示。

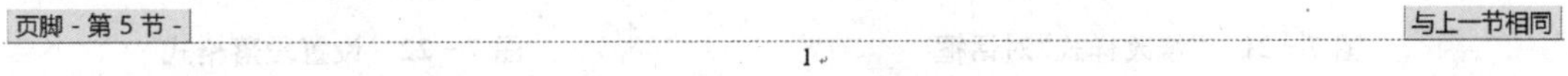

页脚 - 第 5 节 - 与上一节相同

1

图 7－19 正文页码设置

5. 设置标题样式

① 选中文档中第 5 页的“绪论”标题行，在“开始”选卡的“样式”组中单击“标题 1”按钮，选择“标题 1”样式，如图 7－20 所示。

图 7－20　设置标题样式

② 在“标题 1”的样式上右键单击，在弹出下拉菜单中选择“修改”，弹出“修改样式”对话框。

③ 在对话框中设置字号为“三号”，字体为“黑体”，居中对齐，单击左下角的“格式”按钮，在下拉列表中选择“段落”，如图 7－21 所示，弹出段落对话框。

④ 在“段落”对话框中设置段落“居中”对齐，段前“0.5 行”，段后“0.5 行”，行距为“单行距”。

注：

“段前”和“段后”间距用“磅”为单位时，可以直接输入以“行”为单位的段落设置，如输入“0.5 行”，如图 7－22 所示，单击“确定”按钮，返回“修改样式”对话框。

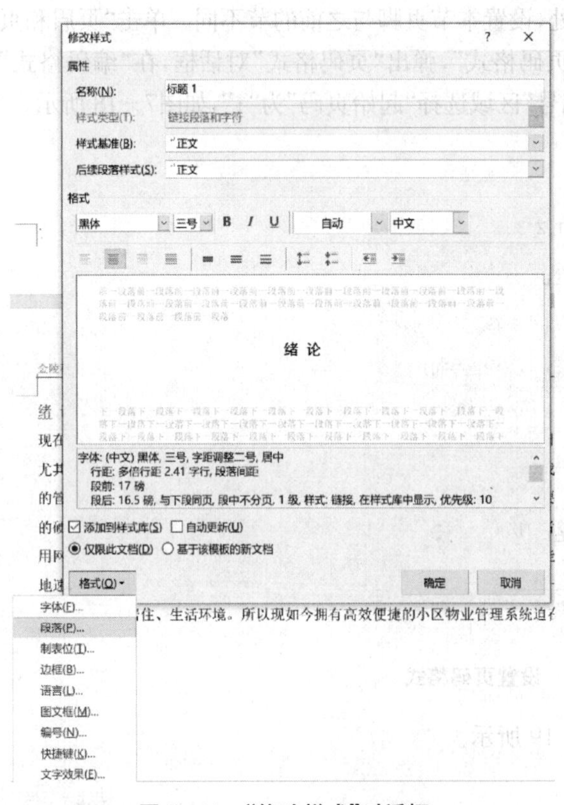

图 7－21　“修改样式”对话框

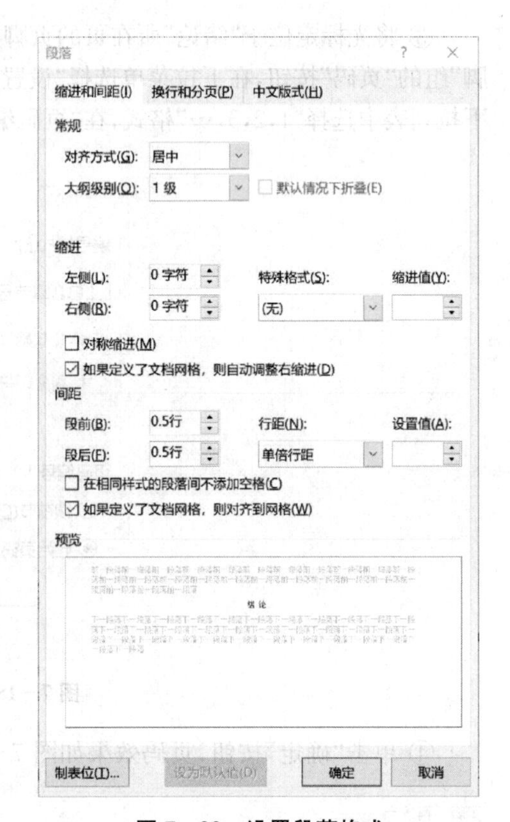

图 7－22　设置段落格式

⑤ 将光标定位于“绪论”处，双击“开始”选项卡中的“剪贴板”的“格式刷”按钮，选中其他红色标题也设置成同样的样式，如“开发工具介绍”“需求分析及可行性研究”“系统设计”“系统实现”“系统测试”“总结”“参考文献”和“致谢”。设置完毕后，单击“格式刷”按钮。

⑥ 选中位于文档第 6 页的二级标题“ASP.NET 介绍”，在“开始”选卡的“样式”组中单击“快速样式”中的“标题 2”按钮。

注：

如果没有在快速样式中找到“标题 2”，则单击“样式”组的“对话框启动器”按钮（组合键 Alt＋Ctrl＋Shift＋S）弹出如图 7－23 所示的“样式”任务窗格。

单击“选项”按钮，在弹出“样式窗格选项”对话框中选中“在使用上一级别时显示下一标题”复选框，如图 7－24 所示。

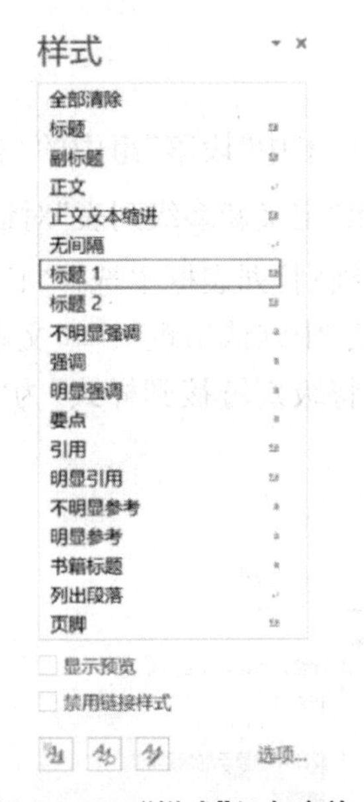

图 7－23 “样式”任务窗格

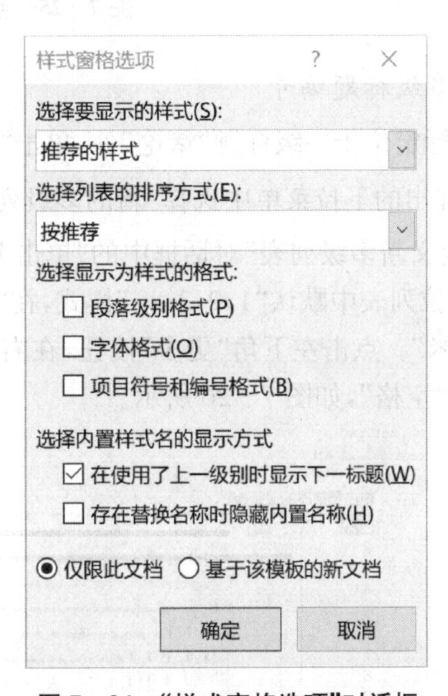

图 7－24 “样式窗格选项”对话框

⑦ 选“标题 2”样式后，单击“样式”组中的“标题 2”，设置“ASP.NET 介绍”字号为“小三号”，中西文字体为“黑体”段落行距为“1.5 倍行距”，段前为“0 行”，段后为“0 行”，不加粗，颜色为“黑色”，左对齐，单击快速样式中的“标题 2”右边的 按钮，选择“更新标题 2 以匹配所选内容”按钮，如图 7－25 所示。

⑧ 用“格式刷”工具将文中用蓝色标注的其他二级标题也设置成同样的格式，或者将光标定位在用蓝色标注的其他二级标题处，单击“标题 2”按钮。

⑨ 选中位于文档第 6 页的三级标题“物业管理的发展成因”，在“开始”选卡的“样式”组中单击“快速样式”中的“标题 3”按钮。设置字号为“四号”字体为“黑体”，段落行距为“1.5 倍行距”，段前为“0 行”，段后为“0 行”，不加粗，颜色为“黑色”，左对齐。更改标题“物业管理的发展成因”格式“标题 3”。同样，更改文中用绿色标注的其他三级标题。

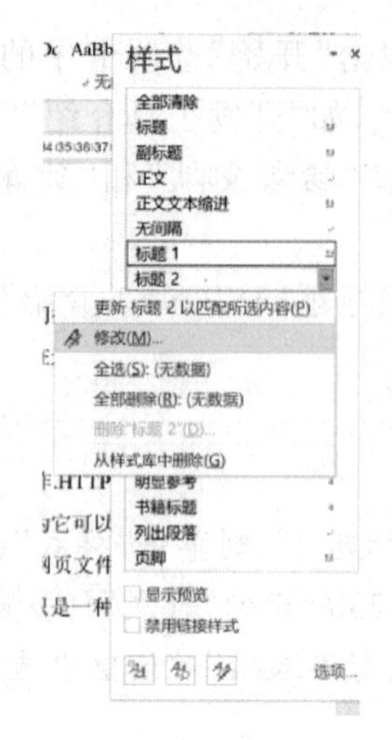

图 7－25　修改样式

6. 设置多级标题编号

① 将光标定位于一级标题“绪论”处，单击“开始”选项卡中“段落”组中的“多级列表”按钮 ，在弹出的下拉菜单中选择“新的多级列表”，弹出“定义新多级列表”对话框。

② 在“定义新多级列表”对话框中的“单击要修改的级别”列表框中选择“1”，“此级别的编号样式”下拉列表中默认“1，2，3，…”样式，在“编号格式”中默认出现“1”，“文本缩进位置”设置为“0 厘米”。点击左下角“更多”按钮，在右侧设置“将级别链接到样式”为“标题 1”“编号之后”选择“空格”，如图 7－26 所示。

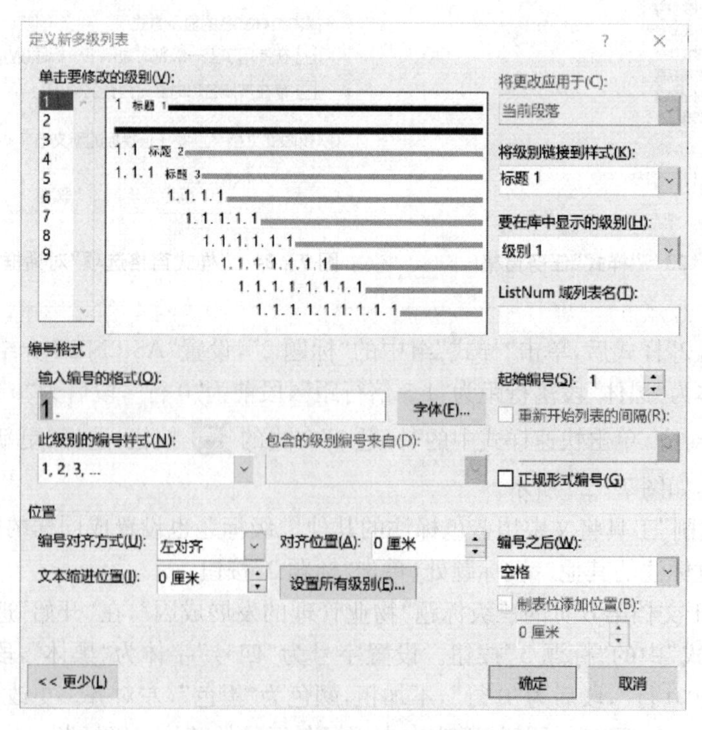

图 7－26　设置一级标题编号样式

③ 单击“字体”按钮，弹出“字体”对话框。在“字体”对话框中设置文字格式为黑体，三号，不加粗。（注意：这里的是数字“1”，是西文字体，设置成“黑体”或者“使用中文字体”，下同。）单击“确定”按钮，返回“定义新多级列表”对话框。

④ “定义新多级列表”对话框中继续在“单击要修改的级别”中选择“2”，此时在“输入编号的格式”中默认出现“1.1”，“此级别的编号样式”下拉列表中默认选择“1，2，3，…”样式，单击“字体”按钮，设置编号格式为“黑体”，“小三号”，无“加粗”。“文本缩进位置”设置为“0 厘米”，“对齐位置”设置为“0 厘米”。单击“更多”按钮，在右侧设置“将级别链接到样式”为“标题 2”“编号之后”选择“空格”，如图 7－27 所示。

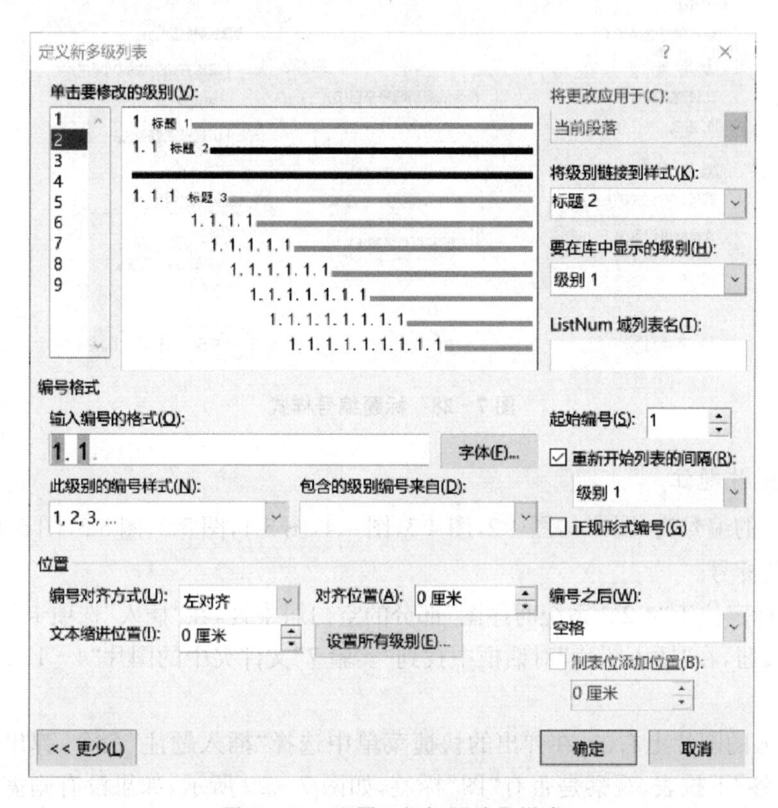

图 7－27　设置二级标题编号样式

⑤ “定义新多级列表”对话框中继续在“单击要修改的级别”中选择“3”，此时在“输入编号的格式”中默认出现“1.1.1”，“此级别的编号样式”下拉列表中默认选择“1，2，3，…”样式，单击“字体”按钮，设置编号格式为“黑体”，“四号”，无“加粗”。“文本缩进位置”设置为“0 厘米”，“对齐位置”设置为“0 厘米”。单击“更多”按钮，在右侧设置“将级别链接到样式”为“标题 3”“编号之后”选择“空格”，如图 7－28 所示。单击“确定”按钮。

注：

当“参考文献”“致谢”不需要进行标题编号时，可以单独删除。

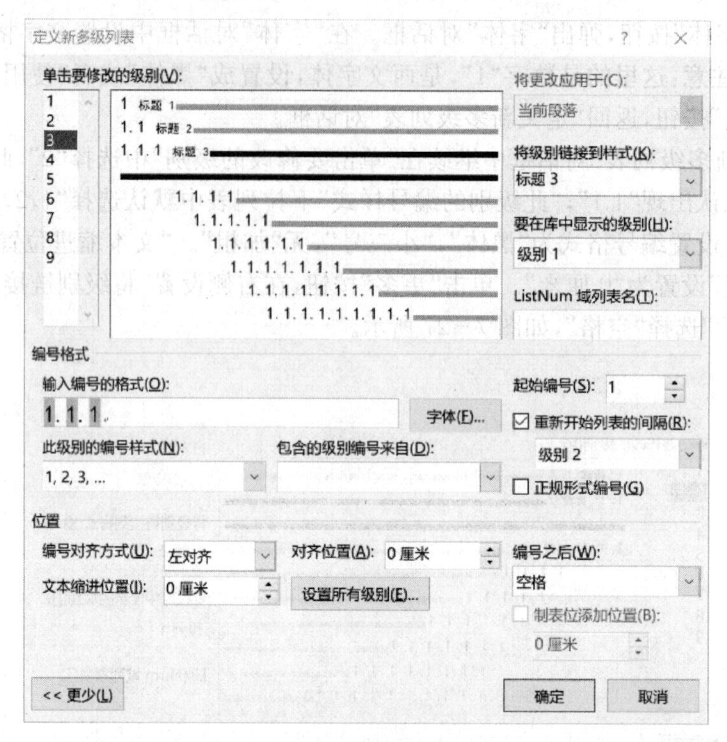

图 7-28　标题编号样式

7. 设置图片题注

设置图片的编号为“图 4.1,图 4.2,图 4.3,图 4.4,图 5.1,图 5.2,图 5.3,图 5.4”,并在正文中引用相应的标号。

① 将光标定位于“4.2.2 系统时序图”部分的空白居中处,在“插入”选项卡的“插图”组中单击“图片”按钮,在“插入图片”对话框中找到“实验 7”文件夹中的图片“4-1.png”,单击“插入”按钮。

② 在插入的图片上右击,在弹出的快捷菜单中选择“插入题注”命令,弹出“题注”对话框。单击“标签”下拉表,观察是否有“图”标签,如图 7-29 所示,如果没有则需要新建“图”标签。

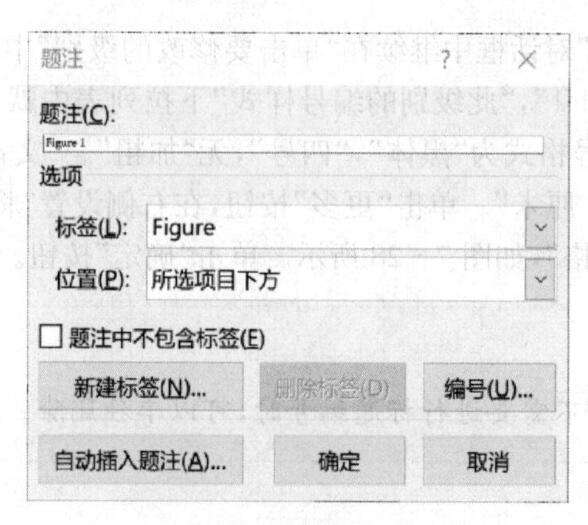

图 7-29　“题注”对话框

③ 单击“新建标签”按钮，在弹出的“新建标签”对话框中的“标签”文本框中输入“图”，如图 7－30 所示，单击“确定”按钮，返回“题注”对话框。

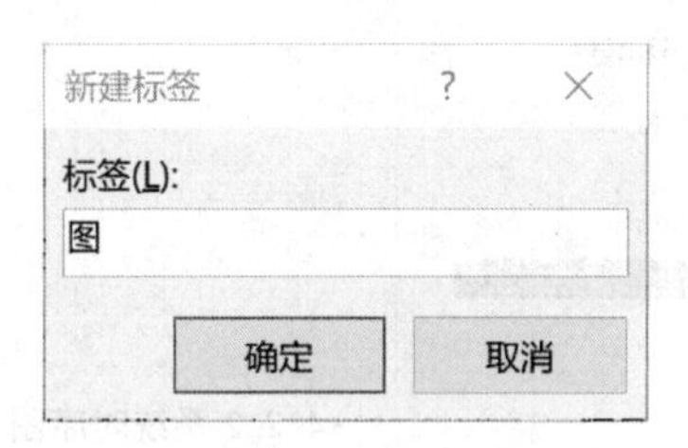

图 7－30　新建“图”标签

④ 下面开始设置图片编号，在“题注”对话框中单击的“编号”按钮，弹出“题注编号”对话框。选中“包含章节号”复选框，“章节起始样式”为“标题 1”，“使用分隔符”为“.（句点）”，如图 7－31 所示，设置好后单击“确定”按钮，返回“题注”对话框。单击“题注”对话框的“确定”按钮，即为该图加上题注编号，如图 7－32。

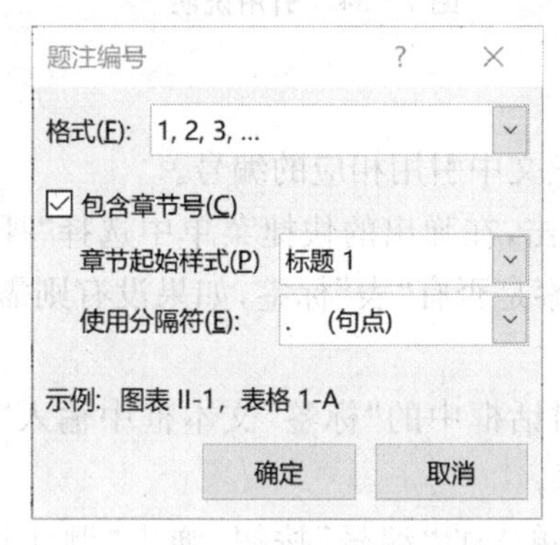

图 7－31　“题注编号”对话框

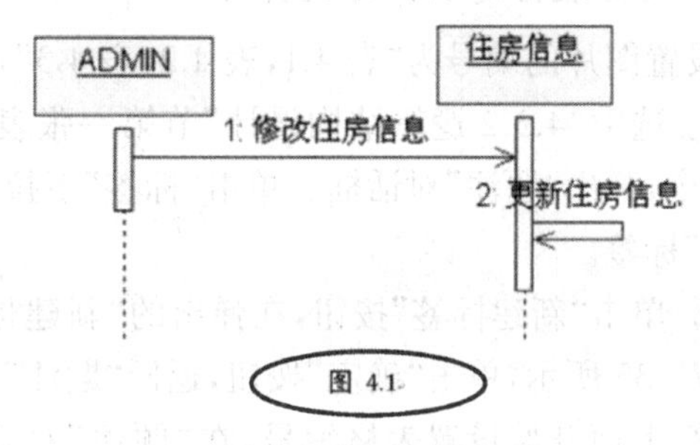

图 7－32　插入图片题注

⑤ 按照上述步骤①～步骤④，将图片“4－2.png”“4－3.png”“4－4.png”“5－1.png”“5－2.png”“5－3.png”“5－4.png”插入到文档中用黄色底纹标注的下方，并分别插入题注。

8. 交叉引用功能

① 将光标定位于文档中“4.2.2 系统时序图”部分第一个黄色底纹标注的“如所示”的“如”字后面。

② 在“引用”的选项卡的“题注”组单击“交叉引用”按钮，弹出“交叉引用”对话框，引用类型为“图”，引用内容为“只有标签和编号”，引用的题注为“图 4.1”，如图 7－33 所示。单击“确定”按钮，即完成交叉引用功能。如图 7－34 所示。

③ 按照上述步骤设置剩余 7 幅图的交叉引用。

④ 此时，如果删除文档中的某一个插图，可以将图片的题注编号及交叉引用说明一起删除。选中整个文档，按“F9”键，Word 会自动更新图片编号及交叉引用说明中的编号。

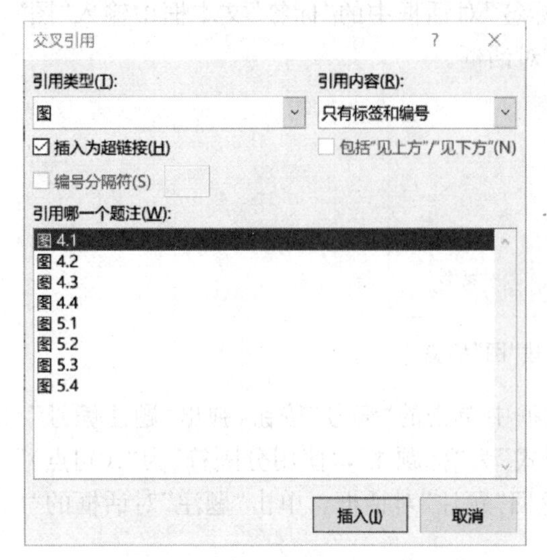

图 7-33 "交叉引用"对话框

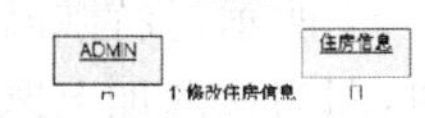

图 7-34 引用说明

9. 设置表格题注并交叉引用

设置图片的编号为"表 4.1,表 4.2,表 4.3",并在正文中引用相应的编号。

① 选中"4.3.2 逻辑结构设计"节第一张表格,右击,在弹出的快捷菜单中选择"插入题注"命令,弹出"题注"对话框。单击"标签"下拉表,观察是否有"表"标签,如果没有则需要新建"表"标签。

② 单击"新建标签"按钮,在弹出的"新建标签"对话框中的"标签"文本框中输入"表",如图 7-35 所示,单击"确定"按钮,返回"题注"对话框。

③ 下面开始设置表格编号,在"题注"对话框中单击的"编号"按钮,弹出"题注编号"对话框。选中"包含章节号"复选框,"章节起始样式"为"标题 1","使用分隔符"为".(句点)",设置好后单击"确定"按钮,返回"题注"对话框。选择"位置"为"所选项目上方",如图 7-36。单击"题注"对话框的"确定"按钮,即为该表格加上题注编号,并设置其居中,如图 7-37。

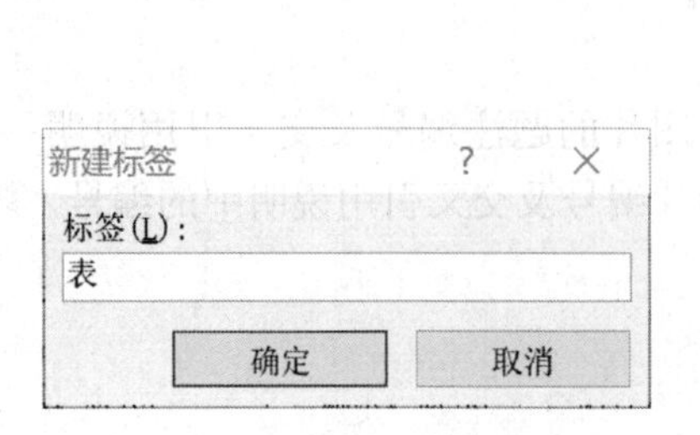

图 7-35 新建"表"标签

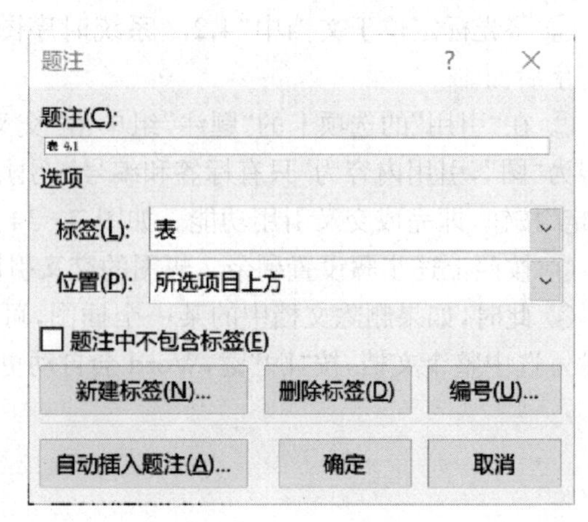

图 7-36 "题注"对话框

表 4.1

列名	类型	描述	备注
ID	int	用户 Id	主键 自增
name	varchar(20)	用户真实姓名	
UID	varchar(20)	用户名	

图 7-37 插入表格题注

④ 将光标定位于文档中“4.3.2 逻辑结构设计”部分第一个红色底纹标注的“详细信息见”的“见”字后面。在“引用”的选项卡的“题注”组单击“交叉引用”按钮，弹出“交叉引用”对话框，引用类型为“表”，引用内容为“只有标签和编号”，引用的题注为“表 4.1”，单击“确定”按钮，即完成交叉引用功能。如图 7-38 所示。

（1）管理员属性表记录管理员的各种参数以及相关信息。在系统中只有管理员能对该表进行删除、插入、更新。表 4.1

图 7-38 引用说明

⑤ 按照上述步骤①～步骤④，将该章中的表格分别插入题注，并在红色底纹处交叉引用。

⑥ 此时，如果删除文档中的某一个表格，可以将表格的题注编号及交叉引用说明一起删除。选中整个文档，按“F9”键，Word 会自动更新表格编号及交叉引用说明中的编号。

10. 格式设置

① 将光标定位于第 3 页“系统的设计与实现”，设置其小二号黑体居中，与“摘要”空一行，段前段后 0.5 行，单倍行距。

② 设置“摘要”两个字之间空一格，居中三号黑体，段前段后 10 磅，单倍行距，大纲级别为“1 级”。

③ “关键字：”设置为黑体四号字，关键字之间用中文的“；”隔开，顶格无缩进。

④ 摘要内容部分文字设置为楷体小四号字，首行缩进 2 个字符，1.5 倍行距；关键字楷体小四号字。

⑤ 第 4 页文字设置为新罗马字体；“design and implementation management system”的设置小二号字加粗居中，与“Abstract”空一行，段前段后 0.5 行，单倍行距；“Abstract”设置为三号加粗居中，段前段后 10 磅，单倍行距，大纲级别为“1 级”；“Key words：”四号字加粗，关键字之间用英文的“；”隔开，顶格无缩进；其余文字都设置为小四号字，英文摘要内容首行缩进 2 字符，1.5 倍行距。

⑥ 论文正文文字设置为中文宋体小四号，英文新罗马小四号，在字体对话框中设置如图 7-39。段落设置行距 20 磅，首行缩进 2 个字符，两端对齐。

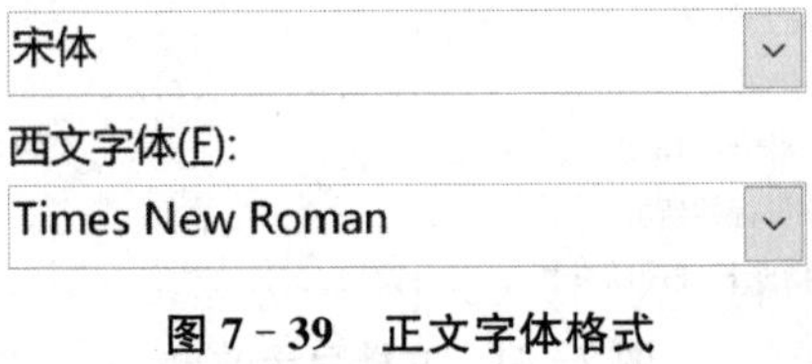

中文字体(T):

宋体

西文字体(F):

Times New Roman

图 7-39 正文字体格式

⑦ 设置正文图和表的题注和内容为黑体小五号字。

11. 制作目录

制作长文档目录之前，需要设置好文档中的标题样式。本文档已经在前面步骤中设置好了标题样式，这里就可以按照下述步骤自动生成文档目录，并设置其格式。

① 将光标定位于文档第 2 页“目录”下空白行。单击“引用”选项卡中“目录”组中的“目录”按钮，在弹出下拉列表中选择“自定义目录”命令。

② 弹出“目录”对话框，在常规区域中的“格式”下拉列表中选择“来自模板”，在“显示级别”中选择“2”，如图 7－40 所示。

③ 单击“确定”按钮，即可自动生成文档目录，如图 7－41 所示。

图 7－40 “目录”对话框

金陵科技学院学士学位论文　　目录

目 录

摘 要 II

Abstract III

1 绪 论 1

2 开发工具介绍 2

2.1 ASP.NET 介绍 2

2.2 HTML 介绍 2

2.3 Visual Studio 2012 介绍 2

3 需求分析及可行性研究 3

3.1 全国物业管理现状分析 3

图 7－41 文档目录效果

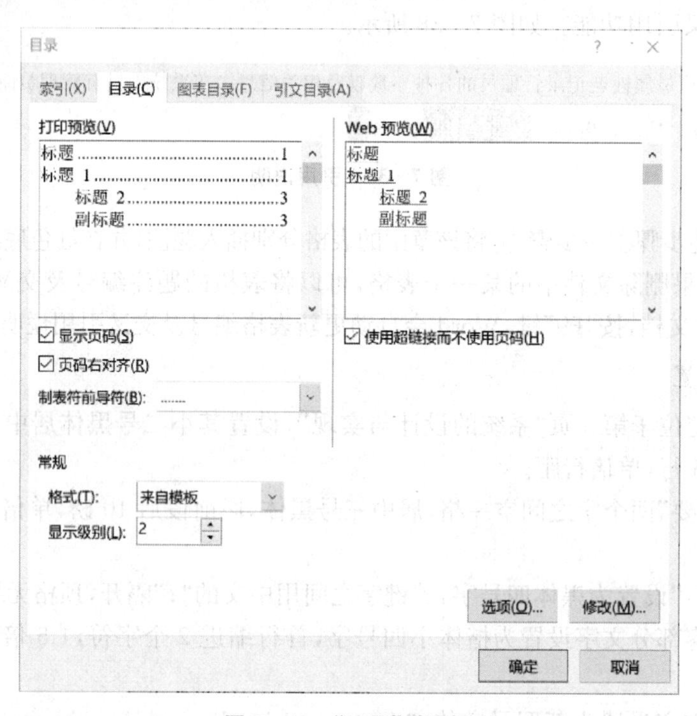

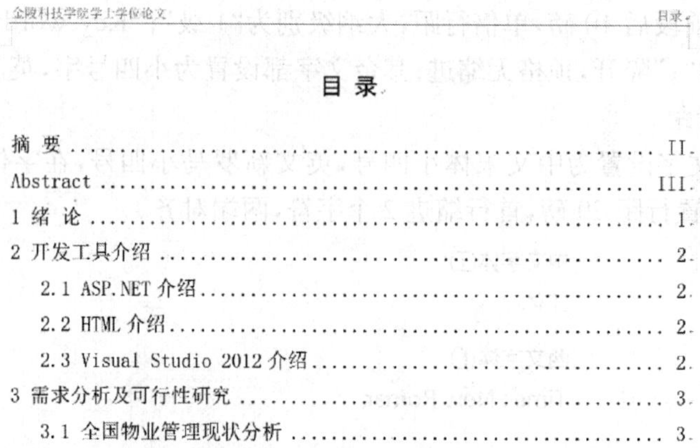

④ 设置"目录"两个字之间空一格,居中三号黑体,段前段后 10 磅,单倍行距。

⑤ 全选整个目录内容,设置其字体为宋体四号,行间距为固定值 24 磅。

注:

如果需要更改已经生成的目录,可以在生成的目录处右击,在弹出的快捷菜单中选择"更新域"命令,弹出"更新目录"对话框,选择"更新整个目录",如图 7-42 所示,即可对文档的目录进行更新。如果只是文档的页码有改动,选择"只更新页码"即可。

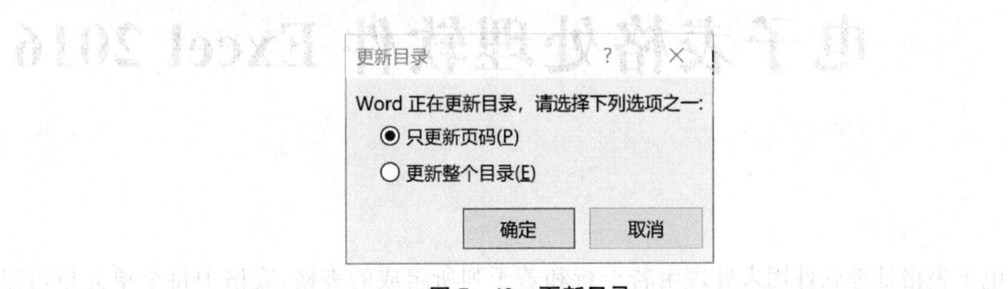

图 7-42 更新目录

第3章 电子表格处理软件 Excel 2016

电子表格处理软件用来处理由若干行和若干列所组成的表格，表格中每个单元格可以存放数值、文字、公式等，从而可以很方便地进行表格编辑、数值计算，甚至可以利用电子表格软件提供的公式及内部函数对数据进行分析、汇总等运算。

Microsoft Excel 2016 是一套功能完整、操作简易的电子表格处理软件，提供了丰富的函数及强大的图表、报表制作功能，能有助于有效率地建立与管理资料。用户可以使用 Excel 跟踪数据，生成数据分析模型，编写公式对数据进行计算，以多种方式透视数据，并以各种具有专业外观的图表来显示数据。Excel 的一般用途包括会计专用、预算、账单和销售、报表、计划跟踪、使用日历等。

Excel 2016 管理的文档称为工作簿（文件扩展名为 xlsx）。一个工作簿中可以有数张工作表，工作表由行和列组成，行和列交叉处即为单元格。单元格可以存放数值、文字、日期、批注及格式信息等。在工作表的上面有每一栏的“列号”A，B，C，…，左边则有各列的“行号”1，2，3，…，将列号和行号组合起来，就是单元格的“地址”。单元格的引用是通过单元格地址表示的。例如：B3 表示第 3 行第 B 列单元格的相对地址；$ B$ 3 表示第 3 行第 B 列单元格的绝对地址；B2：D4 表示 B2 单元格至 D4 单元格所组成的正方形区域内的所有单元格，称为单元格区域。

Excel 2016 的每一个新工作簿一般默认会有 1 张空白工作表，每一张工作表则会有标签（如默认为 sheet1），一般利用标签来区分不同的工作表。

Excel 2016 窗口上半部的面板称为功能区，放置了编辑工作表时需要使用的工具按钮。Excel 2016 中主要包含 8 个功能区，包括文件、开始、插入、布局、引用、邮件、审阅和视图。每个功能区根据功能的不同又分为若干个组，方便使用者切换、选用。例如“开始”功能区中包括剪贴板、字体、对齐方式、数字、样式、单元格和编辑七个组。该功能区主要用于帮助用户对 Excel 2016 表格进行文字编辑和单元格的格式设置，是用户最常用的功能区。开启 Excel 时默认显示的是“开始”功能区下的工具按钮，当按下其他的功能选项卡时，便会改变显示功能区所包含的群组按钮。

Excel 2016 为了避免整个画面太凌乱，有些功能区选项卡会在需要使用时才显示。例如当用户在工作表中插入了一个图表时，此时与图表有关的工具才会显示出来。

Excel 2016 具有如下主要功能：

（1）数据输入及编辑功能

Excel 2016 不仅可在当前单元格中输入编辑数据，而且还可以在编辑栏中进行较长数据、公式的输入修改。Excel 2016 提供了同一数据行或列上快速填写重复的文字信息录入项，自动填充序数、自定义序列，利用剪贴板进行单元格内容、格式、批注的复制移动操作，使用方便快捷。

（2）表格格式设置

Excel 2016 提供了丰富的数据格式设置功能，可实现对数值、日期、文字、表格边框、图案等格式的设置。Excel 2016 默认字体是“等线”，用户使用过程中需要注意。

（3）图表处理

Excel 2016 图表类型共有十多种，有二维图表和三维图表，每一类图表又有若干种子类型。建成的图表，可以在新出现的“图表工具”功能区进行图表数据区、图表选项等信息的修改，即可以方便地创建图表，还可以在图表上进行数据变化趋势分析，使得数据更加直观、清晰。

（4）公式函数

公式函数是 Excel 强大计算功能之所在。在公式中可以进行加、减、乘、除、乘方等数值运算，等于、大于、小于、不等于等逻辑运算及字符串运算，函数较之 Excel 2010 多。Excel 2016 提供了“墨迹公式”，可以进行手动输入复杂的数学公式，如果有触摸设备，则可以使用手指或者触摸笔手动写入数学公式，Excel 2016 会将它转换为文本，并且还可以在进行过程中擦除、选择以及更正所写入的内容。

（5）数据管理及分析

Excel 2016 可对数据列表进行排序、筛选、分类汇总操作，还可对数据列表进行数据透视操作，从不同角度分析统计数据，数据分析能力要比 Excel 2010 强。

（6）其他功能

Excel 2016 取消了帮助，输入函数不再出现帮助链接。可以通过“操作说明搜索”框，进行输入需要执行的功能或者函数，可以快速显示该功能或函数帮助，方便用户使用。

本章以中文版 Excel 2016 为工具，通过“Excel 表格的基本操作”“Excel 公式计算与图表建立”“Excel 数据处理与汇总”3 个实验介绍了 Excel 2016 的填充柄自动输入序数、函数公式的应用、图表的创建、自定义序列排序、筛选和分类汇总的操作方法、数据透视表的应用等。通过本单元的学习和练习，读者应当掌握 Excel 2016 常用功能的操作，加深对 Excel 数据处理功能的理解。

实验 8 Excel 表格的基本操作

一、实验要求

1. 掌握工作表的命名、复制、移动、删除。
2. 了解工作表窗口的拆分和冻结。
3. 掌握工作表中基本数据的输入编辑。
4. 掌握工作表的格式设置。
5. 了解保护和隐藏工作簿、工作表、单元格。

二、实验步骤

1. 工作表的基本操作

(1) 新建并保存工作簿

① 新建:启动 Excel 2016 程序,建立空白文件,默认文件名为“工作簿 1.xlsx”。

注:新建 Excel 文档的其他方法

在已打开的 Excel 文档的“文件”选项卡中选择“新建”,单击的“空白工作簿”。

② 保存:在“快速存取工具列”中,单击“保存”按钮,在弹出的“另存为”对话框中设置保存路径为“本地磁盘(F:)”,文件名为“销售发票”,保存类型为“Excel 工作簿(＊.xlsx)”,设置完成后,单击“保存”。

注:

文档编辑或考试过程中要实时存盘。或者直接按“Ctrl + s”键即可。

(2) 工作表的命名和删除

① 工作表重命名:双击“Sheet1”,将其更名为“销售发票”。

② 新建工作表:单击“销售发票”工作表右侧的加号,新建了一个自动命名为“Sheet2”的工作表。

③ 删除工作表:单击选中的工作表标签“Sheet2”,在任意标签上右击,在弹出的菜单中选择“删除”。

注:保存 Excel 文档的其他方法

1. 在“文件”选项卡中选择“保存”。

2. 在“文件”选项卡中选择“另存为”。

3. 若要多张工作表选择,则先选中一张工作表名,再按住 Ctrl 或 Shift 键单击其它工作表,就可以同时选中这几张工作表。

工作表的其他操作

工作表重命名:在标签上右击,在弹出的菜单中选择“重命名”。

工作表复制:选择要复制的工作表,按住“Ctrl”,在其标签上拖动选中的工作表到新的位置,松开鼠标,便复制了一张与原内容完全相同的工作表。

工作表移动:选择要移动的工作表,在其标签上拖动选中的工作表到新的位置,松开鼠标,工作表的位置就相应改变了。

工作表移动和复制同样可以通过在标签上右击鼠标,在弹出的菜单中选择“移动或复制”,弹出“移动或复制工作表”,选择移动后的位置,单击“确定”;或者,选择“建立副本”,则在移动的同时建立副本工作表。

工作表保护:在需要保护的工作表标签上右击鼠标,在弹出的菜单中选择“保护”;或者,在“审阅”选项卡中选择“更改”功能区中的“保护工作表”按钮。在弹出“保护工作表”对话框中输入取消保护的密码并再次输入,选择需要保护的内容,单击“确定”即可。保护操作过后,被保护的内容是无法进行修改。

工作表隐藏:在需要隐藏的工作表标签上右击鼠标,在弹出的菜单中选择“隐藏”。“取消隐藏”,可同样在工作表标签上右击鼠标,即可取消。

工作表窗口的冻结:查看规模比较大的工作表时,都比较难比较表中的不同部分的数据,这时可以利用“视图”功能区的“冻结窗口”功能来固定窗口,将某几行或某几列的数据冻结起来,这样如果滚动窗口时,这几行或这几列数据就会被固定住,而不会随着其它单元格的移动而移动。

工作表窗口的拆分:编辑列数或者行数特别多的表格时,可以在不隐藏行或列的情况下将相隔很远的行或列移动到相近的地方,以便更准确地输入数据。使用时可以将窗口分开两栏或更多,以便同时观察多个位置的数据。

2. 在“销售发票”工作表中编辑文本和数据

在输入过程中不考虑单元格格式,如字体大小、对齐方式。

单击单元格 A1,输入“销售发票”并回车。同样,参考图 8-1 输入表格中剩余数据。

	A	B	C	D	E	F	G	H	I	J	K	L	M
1	销售发票												
2	地址:										2020年10月19日填发		
3	品名规格		单价	数量	价值	金额							
4						十	万	千	百	十	元	角	分
5													
6													
7													
8													
9													
10													
11	合计金额（大写）												
12	填制人:		经办人:			业户名称（盖章）							

图 8-1 输入数据

3. 工作表的基本格式设置

(1) 合并单元格

① 选择 A1:M1 单元格区域,单击“开始”选项卡中的“合并并居中”按钮 ;或者,选择 A1:M1 单元格区域,右击鼠标,在弹出的菜单中选择“设置单元格格式”,打开单元格格式对话框如图 8-2,选择的“对齐”标签,设置复选框“合并单元格”。

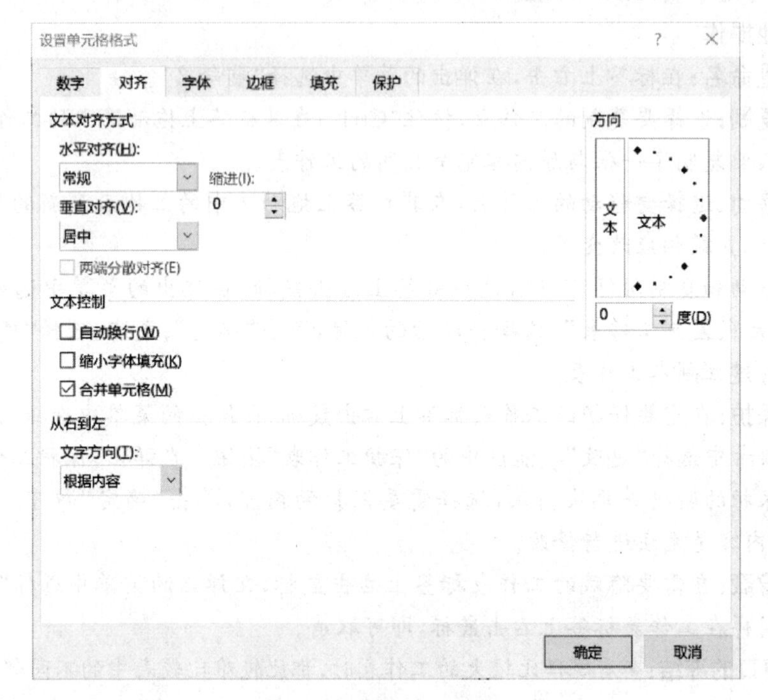

图 8-2 设置单元格格式

② 按照步骤①,将 A3:B4、C3:C4、D3:D4、E3:E4、B11:D11、F2:M2、F3:M3、A5:B5、A6:B6、A7:B7、A8:B8、A9:B9、A10:B10 单元格合并,得到如图 8-3 所示的效果。

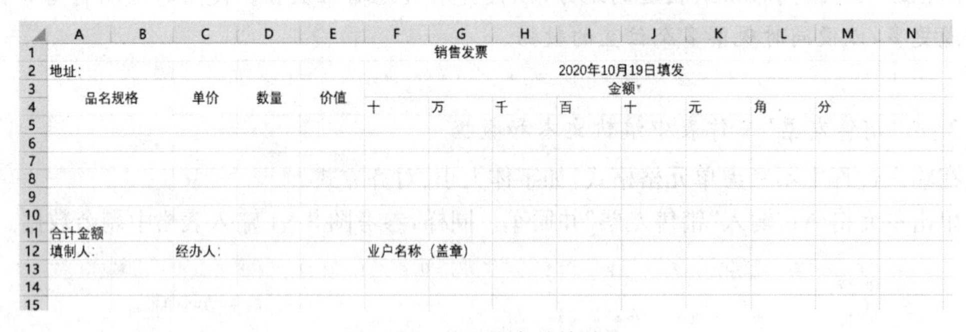

图 8-3 单元格合并的效果

(2) 设置表格列宽

① 精确设置列宽

将鼠标移至列号处,选中 F 至 M 列,在任意列号上右击,在弹出的菜单中选择“列宽”。在弹出“列宽”对话框中设置数值为 2,单击“确定”按钮,得到如图 8-4 所示的效果。

	A	B	C	D	E	F	G	H	I	J	K	L	M
1	销售发票												
2	地址:					2020年10月19日填发							
3	品名规格		单价	数量	价值	金额							
4						十	万	千	百	十	元	角	分
5													
6													
7													
8													
9													
10													
11	合计金额												
12	填制人:		经办人:			业户名称（盖章）							
13													
14													

图 8-4 精确设置列宽

② 粗略调整列宽：

将光标置于列号 B 和 C 之间，按住鼠标左键向右拖动，以增宽列 B。

(3) 设置表格行高

① 精确设置行高：单击行号和列表左上角的方块，选中整个工作表；或者，将鼠标移至行号处，选中 1 至 12 行。在任意行号位置，右击，在弹出的菜单中选择“行高”。在弹出的“行高”对话框中设置数值为 11.5，单击“确定”按钮。

② 粗略调整行高：将光标置于行号 1 和 2 之间，按住鼠标左键向下拖动，以增加行 1 的高度；同样方法，调整行 11 的高度，得到如图 8-5 所示的效果。

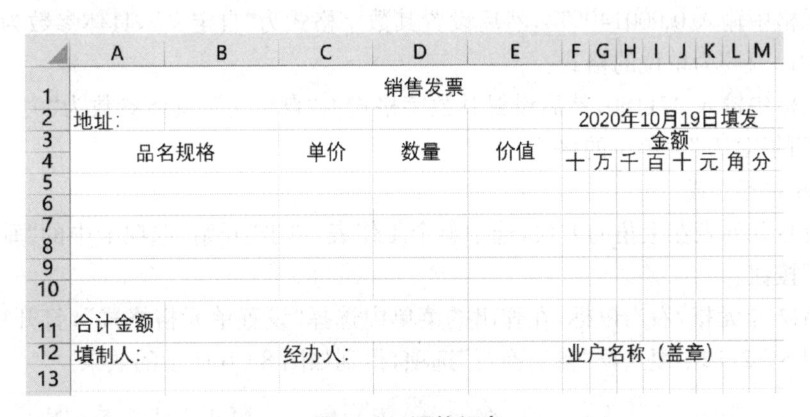

	A	B	C	D	E	F	G	H	I	J	K	L	M
1	销售发票												
2	地址:					2020年10月19日填发							
3	品名规格		单价	数量	价值	金额							
4						十	万	千	百	十	元	角	分
5													
6													
7													
8													
9													
10													
11	合计金额												
12	填制人:		经办人:			业户名称（盖章）							
13													

图 8-5 调整行高

注：隐藏行和列

在需要隐藏的行号或者列号右击鼠标，在弹出的菜单中选择“隐藏”命令即可；同样，可以取消隐藏。

---

(4) 设置单元格属性

① 数字格式的设置

1) 设置日期格式：在单元格中输入 39668，然后设置其数字格式为“日期”，得到 2008 年

8 月 8 日。

2）设置时间格式：在单元格中输入 0.505648148148148，然后设置其数字格式为“日期”，得到 12：08：08PM。

3）设置百分比格式：在单元格中输入 0.0459，然后设置其数字格式为“百分比”，得到 4.59%。

4）设置分数格式：在单元格中输入 0.6125，然后设置其数字格式为“分数”，得到 49/80。

5）设置数值格式：在单元格中输入 －17850，然后设置其数字格式为“数值”，得到 －17850.000。

6）设置货币格式：在单元格中输入 5431231.35，然后设置其数字格式为“货币”，得到 ￥5,431,231.35。

7）设置特殊格式：在单元格中输入 123456，然后设置其数字格式为“特殊”，得到“壹拾贰万叁仟肆佰伍拾陆”。

8）设置自定义格式：

在单元格中输入 4008123123，然后设置其数字格式为“自定义”，具体参数为“＃＃＃－＃＃＃＃＃＃＃”，得到 400－8123123 的电话号码格式。

在单元格中输入 2112345678，然后设置其数字格式为“自定义”，具体参数为“(0＃＃)＃＃＃＃＃＃＃＃”，得到(021)12345678 的电话号码格式。

在单元格中输入 183，然后设置其数字格式为“自定义”，具体参数为“＃”米“00”，得到“1 米 83”的身高格式。

在单元格中输入 0.000149074，然后设置其数字格式为“自定义”，具体参数为“s.00!”，得到 12.88”的以“秒”为单位的格式。

在单元格中输入 271180，然后设置其数字格式为“自定义”，具体参数为“0!.0,”“万”，得到“27.1 万”的以“万”为单位的格式。

② 设置对齐方式

单击行号和列表左上角的方块，选中整个工作表，单击“开始”选项卡中的“垂直居中”按钮和“居中”按钮。

单击 A11 单元格，右击鼠标，在弹出的菜单中选择“设置单元格格式”，打开单元格格式对话框如图 8－2，选中复选框“自动换行”选项，得到如图 8－6 所示的效果。

	A	B	C	D	E	F	G	H	I	J	K	L	M
1			销售发票										
2	地址:					2020年10月19日填发							
3	品名规格		单价	数量	价值	金额							
4						十	万	千	百	十	元	角	分
5													
6													
7													
8													
9													
10													
11	合计金额（大写）												
12	填制人:		经办人:		业户名称（盖章）								
13													

图 8－6　自动换行的效果

③ 设置字体属性

选中整个工作表，在“开始”选项卡“字体”功能区中设置字号为 9，字体为宋体。

选择 A1:M4 单元格区域，在“开始”选项卡“字体”功能区中单击“加粗”按钮。

选择 A1 单元格，在“开始”选项卡“字体”功能区中设置字号为 14，字体为“楷体”，得到如图 8－7 所示的效果。

	A	B	C	D	E	F	G	H	I	J	K	L	M
1			销售发票										
2	地址：					2020年10月19日填发							
3	品名规格		单价	数量	价值	金额							
4						十	万	千	百	十	元	角	分
5													
6													
7													
8													
9													
10													
11	合计金额（大写）												
12	填制人：		经办人：		业户名称（盖章）								
13													

图 8－7　设置字体的效果

④ 设置边框属性

选中整个工作表，在“开始”选项卡“字体”功能区中，单击“边框”按钮 右侧箭头。在展开的选项中选择“其他边框”，弹出“设置单元格格式”对话框，显示“边框”选项卡。设置“颜色”为“白色，背景 1”，然后单击“外边框”“内部”按钮，再单击“确定”。

选择 A3:M11 单元格区域，同样打开“设置单元格格式”对话框，显示“边框”选项卡。设置“颜色”为“自动”，在“线条”区域中选择右侧最粗的实线选项，单击“外边框”按钮。在当前对话框，同时设置“颜色”为“自动”，在“线条”区域中选择左侧的细实线，单击“内边框”按钮，如图 8－8 所示。最后单击“确定”按钮，得到如图 8－9 所示的效果。

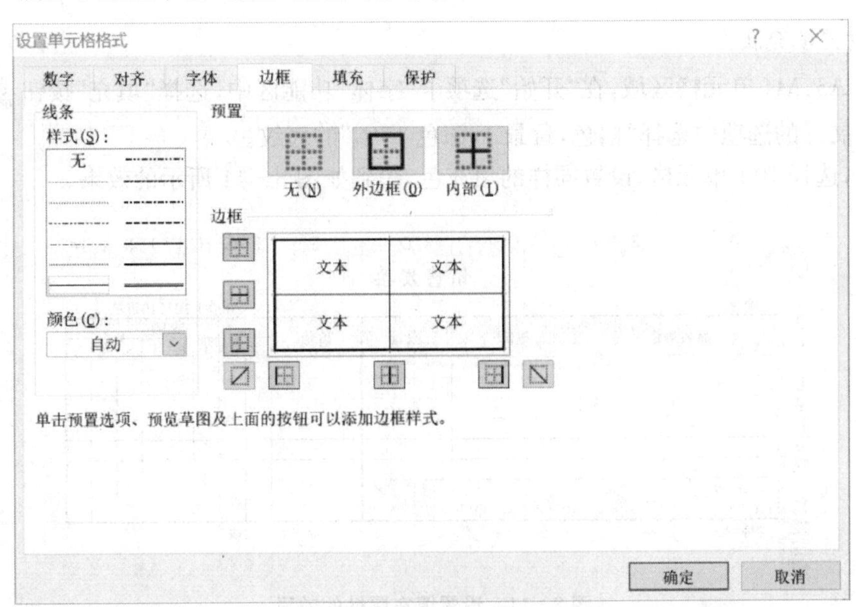

图 8－8　设置边框对话框

	A	B	C	D	E	F	G	H	I	J	K	L	M
1				销售发票									
2	地址:						2020年10月19日填发						
3	品名规格		单价	数量	价值	金额							
4						十	万	千	百	十	元	角	分
5													
6													
7													
8													
9													
10													
11	合计金额（大写）												
12	填制人:		经办人:		业户名称（盖章）								
13													

图 8-9　设置边框的效果

选择 A3:M4 单元格区域，同样打开“设置单元格格式”对话框，显示“边框”选项卡。在“线条”区域中选择双线的选项，单击预览区域“边框”处的下边框按钮 ，最后单击“确定”按钮，得到如图 8-10 所示的效果。

	A	B	C	D	E	F	G	H	I	J	K	L	M
1				销售发票									
2	地址:						2019年3月29日填发						
3	品名规格		单价	数量	价值	金额							
4						十	万	千	百	十	元	角	分
5													
6													
7													
8													
9													
10													
11	合计金额（大写）												
12	填制人:		经办人:		业户名称（盖章）								
13													

图 8-10　设置部分边框的效果

⑤ 设置填充属性

选择 A3:M4 单元格区域，在“开始”选项卡“字体”功能区中，选择“填充”按钮 右侧箭头。在展开的选项中选择“白色，背景 1，深色 15%”的底纹。

同样，选择 B11 单元格，设置同样的填充色，得到如图 8-11 所示的效果。

	A	B	C	D	E	F	G	H	I	J	K	L	M
1				销售发票									
2	地址:						2020年10月19日填发						
3	品名规格		单价	数量	价值	金额							
4						十	万	千	百	十	元	角	分
5													
6													
7													
8													
9													
10													
11	合计金额（大写）												
12	填制人:		经办人:		业户名称（盖章）								
13													
14													

图 8-11　设置填充属性的效果

注:设置单元格格式

右击鼠标,在弹出的菜单中选择“设置单元格格式”命令,在弹出的“设置单元格格式”对话框中,均可设置单元格格式的数字格式、对齐方式、字体属性、边框与填充属性等。

同样,在“设置单元格格式”对话框中,可以根据需要进行设置“保护”和“隐藏”单元格。

4. 工作表审阅、保护

① 添加批注

选择 B11 单元格,右击鼠标,从快捷菜单中选择“插入批注”命令,弹出批注文本框。在批注文本框中输入“金额需大写”,得到如图 8-12 所示的效果。

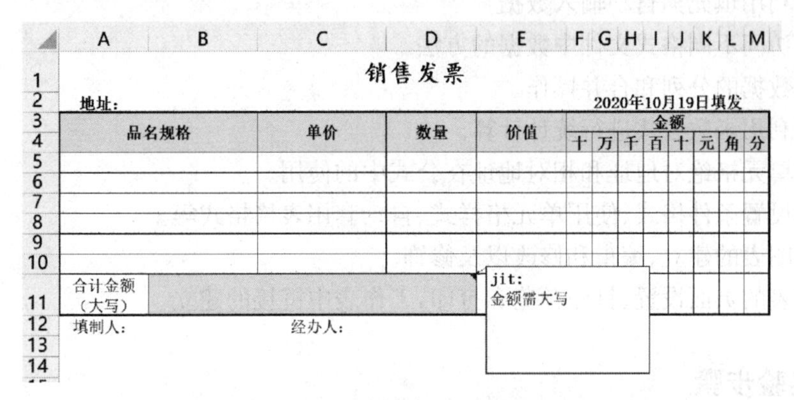

图 8-12　设置批注的效果

② 保护工作表

在“审阅”选项卡“更改”功能区中,选择“保护工作表”,弹出“保护工作表”对话框,如图 8-13 所示,输入密码和确认密码后,该工作表就无法进行修改、删除了。

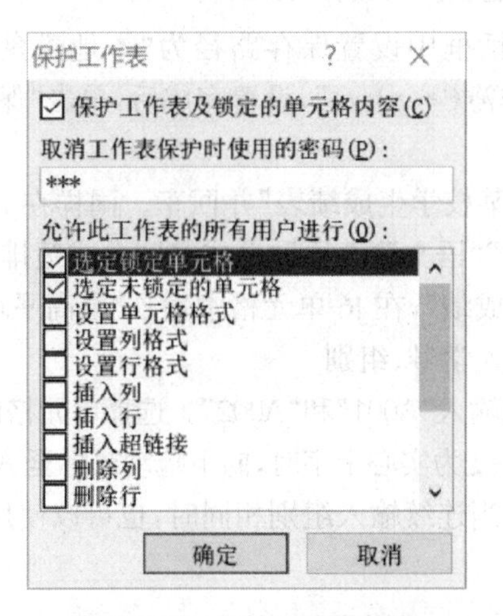

图 8-13　保护工作表效果

实验 9　Excel 公式计算与图表建立

一、实验要求

1. 掌握利用填充柄自动输入数据。
2. 掌握访问不同格式文件中数据的方法。
3. 掌握数据的分列和合并操作。
4. 掌握利用函数公式进行统计计算。
5. 掌握单元格绝对地址和相对地址在公式中的使用。
6. 掌握设置条件格式、使用单元格样式、自动套用表格格式等。
7. 掌握图表的建立、编辑和修改以及修饰。
8. 工作表的页面设置、打印预览和打印，工作表中链接的建立。

二、实验步骤

1. 实验工作表的准备

(1) 新建并保存工作簿

启动 Excel 2016 程序，建立空白文件，默认文件名为“工作簿 1.xlsx”。单击“保存”按钮，在弹出的“另存为”对话框中设置保存路径为“本地磁盘(F:)”，文件名为“学生成绩表”，保存类型为“Excel 工作簿(* .xlsx)”，设置完成后，单击“保存”。

(2) 表中标题的输入

单击单元格 A1 ，输入“某校学生成绩表”并回车。同样在 A2:J2 单元格区域内输入“学号”“组别”“出生日期”“数学”“语文”“英语”“总成绩”“总成绩排名”“平均成绩”“二组人数”，在 J4 单元格中输入“二组总成绩”，在 J6 单元格中输入“最高平均成绩”。

(3) 利用填充柄自动输入学号、组别

在单元格 A3、A4 中分别输入“A001”和“A002”。选择单元格区域 A3:A4，鼠标移至区域右下角，待鼠标形状由空心十字变为实心十字时，向下拖动鼠标至 A12 单元格时放开鼠标。

同样，在“组别”标题下，当连续输入组别相同时，也可以使用填充柄输入，输入内容如图 9 - 1。

(4) 剩余数据导入

打开素材“学生成绩.txt”，工作表中学生的成绩需要从文本文件从导入。有以下两种方法。

	A	B	C	D	E	F	G	H	I	J	K
1	某校学生成绩表										
2	学号	组别	出生日期	数学	语文	英语	总成绩	总成绩排	平均成绩	二组人数	
3	A001	一组									
4	A002	一组								二组总成绩	
5	A003	一组									
6	A004	二组								最高平均成绩	
7	A005	一组									
8	A006	二组									
9	A007	一组									
10	A008	二组									
11	A009	一组									
12	A010	二组									
13											

图 9-1 利用填充柄输入第一第二列内容

方法一：

① 选中 C3 单元格，在“数据”选项卡“获取外部数据”功能区中，选择“自文本”按钮 自文本，弹出“导入文本文件”对话框。选择素材“学生信息.txt”文件，单击“导入”按钮。

② 弹出“文本导入向导”，在第一步中的“导入起始行”改为 2，单击“下一步”。对话框第二步在“分隔符号”处选择“空格”项，单击“下一步”，在对话框第三步中单击“完成”，在弹出的对话框中单击“确定”得到如图 9-2 所示的结果。

	A	B	C	D	E	F	G	H	I	J	K
1	某校学生成绩表										
2	学号	组别	出生日期	数	语	英	总成绩	总成绩排	平均成绩	二组人数	
3	A001	一组	2000.8.4	87	95	91					
4	A002	一组	2002.9.20	98	93	89				二组总成绩	
5	A003	一组	2001.11.12	83	97	83					
6	A004	二组	2000.2.15	85	87	85				最高平均成绩	
7	A005	一组	2000.12.6	78	77	76					
8	A006	二组	2001.8.31	76	81	82					
9	A007	一组	2001.4.13	93	84	87					
10	A008	二组	2002.6.26	95	83	86					
11	A009	一组	2002.10.10	74	83	85					
12	A010	二组	2001.3.7	89	84	92					

图 9-2 导入文本文件的效果

方法二：

① 打开素材“学生信息.txt”文件，复制除标题行的所有数据，在当前工作表中的 C3 单元格粘贴，得到如图 9-3 所示的结果。可以看出，复制进来的数据都粘贴在 C 列，需要分离数据。

	A	B	C	D	E	F	G	H	I	J	K
1	某校学生成绩表										
2	学号	组别	出生日期	数学	语文	英语	总成绩	总成绩排	平均成绩	二组人数	
3	A001	一组	2000.8.4 87 95 91								
4	A002	一组	2002.9.20 98 93 89							二组总成绩	
5	A003	一组	2001.11.12 83 97 83								
6	A004	二组	2000.2.15 85 87 85							最高平均成绩	
7	A005	一组	2000.12.6 78 77 76								
8	A006	二组	2001.8.31 76 81 82								
9	A007	一组	2001.4.13 93 84 87								
10	A008	二组	2002.6.26 95 83 86								
11	A009	一组	2002.10.10 74 83 85								
12	A010	二组	2001.3.7 89 84 92								
13											

图 9-3 复制数据粘贴效果

② 选择 C3:C12 单元格区域,在“数据”选项卡“数据工具”功能区中,单击“分列”按钮 ,弹出“文本分列”对话框,单击“下一步”。对话框第二步在“分隔符号”处选择“空格”项,单击“下一步”,在对话框第三步中单击“完成”,也可以得到如图 9-2 所示的结果。

注:合并数据

有分列就有合并,如果需要将 Excel 表格中的多列数据显示到一列中,可以用合并函数来实现。例如,将 B 列数据和 C 列数据组合型显示到 D 列中(数据之间添加一个“-”符号)。选择 D1 单元格,输入公式“=B1&”-“&C1”;用“填充柄”将其复制到 D 列下面的单元格中即可。

如果把上述公式修改为:=CONCATENATE(B1,“-”,C1),同样可以达到合并的目的。

注:不同文件类型中的数据导入

1. Word 文档和网页文档中的表格数据,可直接复制粘贴至 Excel 文档中。

2. 数据库文件(如文件类型为“.dbf”)中的数据是无法直接复制粘贴的。需要“新建”一个 Excel 文档,在“文件”选项卡中选择“打开”命令,文件类型改为“.dbf”,选择该数据库文件,按“打开”按钮,即可在 Excel 文档中打开数据库文件。

(5) 单元格格式设置

选中整张表格,设置为宋体。选择 A1 单元格,设置其“字号”为 19。选择 A1:I1 单元格区域,调出“设置单元格格式”对话框。选择“对齐”选项卡,在“水平对齐”处选择“跨列居中”,单击“确定”,得到如图 9-4 所示的结果。

	A	B	C	D	E	F	G	H	I	J	K
1					某校学生成绩表						
2	学号	组别	出生日期	数学	语文	英语	总成绩	总成绩排名	平均成绩	二组人数	
3	A001	一组	2000.8.4	87	95	91					
4	A002	一组	2002.9.20	98	93	89				二组总成绩	
5	A003	一组	2001.11.12	83	97	83					
6	A004	二组	2000.2.15	85	87	85				最高平均成绩	
7	A005	一组	2000.12.6	78	77	76					
8	A006	二组	2001.8.31	76	81	82					
9	A007	一组	2001.4.13	93	84	87					
10	A008	二组	2002.6.26	95	83	86					
11	A009	一组	2002.10.10	74	83	85					
12	A010	二组	2001.3.7	89	84	92					
13											

图 9-4 单元格的设置

注:

注意区分“跨列居中”与“合并单元格”后水平居中的效果。

2. Excel 的公式和函数使用

(1) 计算所有学生的“总成绩”,保留小数点后 0 位。

① 方法一:选择 G3 单元格,输入公式“=D3+E3+F3”,并回车;或者单击公式编辑栏

左侧的“输入”按钮 。得到图 9－5 所示的结果。

方法二：选择 G3 单元格，在“公式”选项卡中选择“函数库”功能区，单击“插入函数”按钮 ，选择常用函数中的“SUM” 函数，单击“确定”。弹出“函数参数”对话框如图 9－6，单击“Number1”框右边的按钮 ，折叠对话框，选择求和区域“D3：F3”后，单击被缩小的“函数参数”对话框右边按钮 ，展开对话框，再选择“确定”，得到如图 9－7 所示的结果。

G3　=D3+E3+F3

	A	B	C	D	E	F	G	H	I	J	K
1	某校学生成绩表										
2	学号	组别	出生日期	数学	语文	英语	总成绩	总成绩排名	平均成绩	二组人数	
3	A001	一组	2000.8.4	87	95	91	273				
4	A002	一组	2002.9.20	98	93	89				二组总成绩	
5	A003	一组	2001.11.12	83	97	83					
6	A004	二组	2000.2.15	85	87	85				最高平均成绩	
7	A005	一组	2000.12.6	78	77	76					
8	A006	二组	2001.8.31	76	81	82					
9	A007	一组	2001.4.13	93	84	87					
10	A008	二组	2002.6.26	95	83	86					
11	A009	一组	2002.10.10	74	83	85					
12	A010	二组	2001.3.7	89	84	92					
13											

图 9－5　输入公式的结果

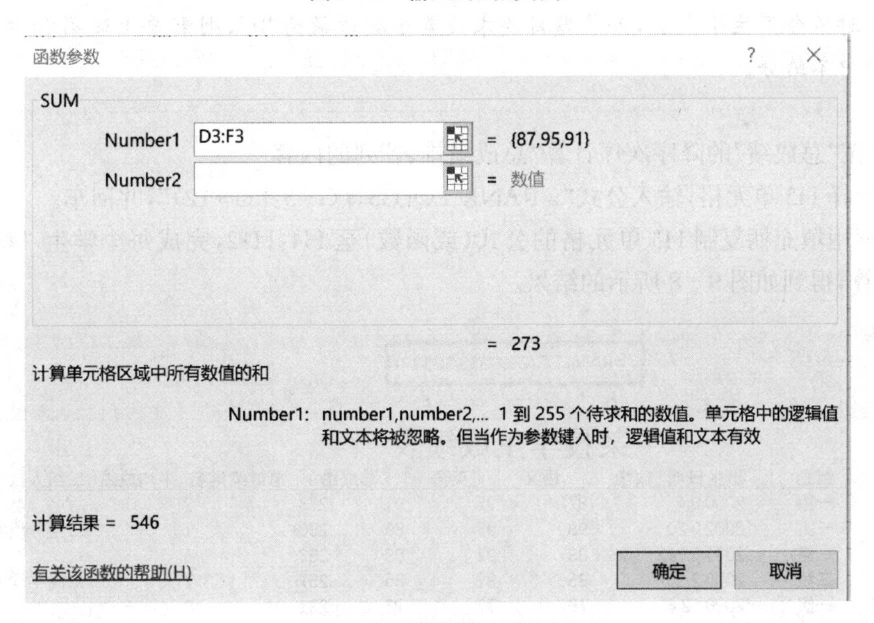

图 9－6　函数参数对话框

② 利用填充柄复制 G3 单元格的公式（或函数）至 G4：G12，完成每个学生“总成绩”的计算。

③ 选择 G3：G12 单元格区域，调出“设置单元格格式对话框”，在“数字”选项卡中单击“数值”，设置小数位数为“0”。

G3 fx =SUM(D3:F3)

	A	B	C	D	E	F	G	H	I	J	K
1	某校学生成绩表										
2	学号	组别	出生日期	数学	语文	英语	总成绩	总成绩排名	平均成绩	二组人数	
3	A001	一组	2000.8.4	87	95	91	273				
4	A002	一组	2002.9.20	98	93	89				二组总成绩	
5	A003	一组	2001.11.12	83	97	83					
6	A004	二组	2000.2.15	85	87	85				最高平均成绩	
7	A005	一组	2000.12.6	78	77	76					
8	A006	二组	2001.8.31	76	81	82					
9	A007	一组	2001.4.13	93	84	87					
10	A008	二组	2002.6.26	95	83	86					
11	A009	一组	2002.10.10	74	83	85					
12	A010	二组	2001.3.7	89	84	92					
13											

图 9-7 函数使用的结果

注：

Excel 中输入公式的所有符号必须是英文符号。

注意区分图 9-5 与图 9-7 中的公式编辑栏中的区别，以及 G3 单元格内容。

注：

求和时不会产生小数点，如果题目要求设置小数位数为“0”，则需要上述第③步骤，否则考试系统中不给分。

(2) 按“总成绩”的降序次序计算“总成绩排名”列的内容

① 选择 H3 单元格，输入公式“=RANK.EQ(G3,$G$3:$G$12)”，并回车。

② 利用填充柄复制 H3 单元格的公式（或函数）至 H4:H12，完成每个学生“总成绩排名”的计算，得到如图 9-8 所示的结果。

H3 fx =RANK.EQ(G3,$G$3:$G$12)

	A	B	C	D	E	F	G	H	I	J	K
1	某校学生成绩表										
2	学号	组别	出生日期	数学	语文	英语	总成绩	总成绩排名	平均成绩	二组人数	
3	A001	一组	2000.8.4	87	95	91	273	2			
4	A002	一组	2002.9.20	98	93	89	280	1		二组总成绩	
5	A003	一组	2001.11.12	83	97	83	263	6			
6	A004	二组	2000.2.15	85	87	85	257	7		最高平均成绩	
7	A005	一组	2000.12.6	78	77	76	231	10			
8	A006	二组	2001.8.31	76	81	82	239	9			
9	A007	一组	2001.4.13	93	84	87	264	4			
10	A008	二组	2002.6.26	95	83	86	264	4			
11	A009	一组	2002.10.10	74	83	85	242	8			
12	A010	二组	2001.3.7	89	84	92	265	3			
13											

图 9-8 排名计算的结果

注：

返回一列数字的数字排位。其大小与列表中其他值相关；如果多个值具有相同的排位，则返回该组值的最高排位。如果要对列表进行排序，则数字排位可作为其位置。该函数的语法结构为 RANK.EQ(number,ref,[order])，number 为需要找到排位的数字；ref 为数字列表数组或对数字列表的引用(ref 中的非数值型参数将被忽略)；order 为一数字，指明排位的方式，如果 order 为 0(零)或省略，对数字的排位是基于参数 ref 按照降序排列的列表，如果 order 不为零，对数字的排位是基于参数 ref 按照升序排列的列表。

注：

注意绝对地址和相对地址在使用过程中的区别，尤其在利用填充柄复制公式时不同的作用。

(3) 计算每个学生的"平均成绩"，并保留 2 位小数点

① 选择 I3 单元格，输入公式"＝G3/3"，并回车；或者，单击"插入函数"按钮 fx，在对话框中选择"常用函数""AVERAGE"，并"确定"。同样在"函数参数"对话框中选择 Number1 中求平均值区域"D3:F3"即可。

② 利用填充柄复制 I3 单元格的公式(或函数)至 I4:I12，完成每个学生"平均成绩"的计算。

③ 选择 I3:I12 单元格区域，利用"开始"选项卡中选择"数字"功能区的"增加小数位数"按钮 ←.0 .00 和"减少小数位数"按钮 .00 →.0，设置平均成绩保留 2 位小数；或者，调出"设置单元格格式"对话框，选择"数字"选项卡，单击"数值"，设置小数位数为"2"。得到如图 9－9 所示的结果。

	A	B	C	D	E	F	G	H	I	J	K
1	某校学生成绩表										
2	学号	组别	出生日期	数学	语文	英语	总成绩	总成绩排名	平均成绩	二组人数	
3	A001	一组	2000.8.4	87	95	91	273	2	91.00		
4	A002	一组	2002.9.20	98	93	89	280	1	93.33	二组总成绩	
5	A003	一组	2001.11.12	83	97	83	263	6	87.67		
6	A004	二组	2000.2.15	85	87	85	257	7	85.67	最高平均成绩	
7	A005	一组	2000.12.6	78	77	76	231	10	77.00		
8	A006	二组	2001.8.31	76	81	82	239	9	79.67		
9	A007	一组	2001.4.13	93	84	87	264	4	88.00		
10	A008	二组	2002.6.26	95	83	86	264	4	88.00		
11	A009	一组	2002.10.10	74	83	85	242	8	80.67		
12	A010	二组	2001.3.7	89	84	92	265	3	88.33		
13											

图 9－9 计算"平均成绩"

(4) 利用函数计算"二组学生人数""二组学生总成绩"和"最高平均成绩"

① 计算"二组学生人数"：选择 J3 单元格，输入函数"＝COUNTIF(B3:B12,"二组")"后回车即可。

② 计算"二组学生总成绩"：选择 J5 单元格，输入函数"＝SUMIF(B3:B12,"二组",G3:G12)"后回车即可。

③ 计算“最高平均成绩”：选择 J7 单元格，输入函数“= MAX(I3：I12)”后回车即可。

得到如图 9 - 10 所示的结果。

	A	B	C	D	E	F	G	H	I	J	K
1	某校学生成绩表										
2	学号	组别	出生日期	数学	语文	英语	总成绩	总成绩排名	平均成绩	二组人数	
3	A001	一组	2000.8.4	87	95	91	273	2	91.00	4	
4	A002	一组	2002.9.20	98	93	89	280	1	93.33	二组总成绩	
5	A003	一组	2001.11.12	83	97	83	263	6	87.67	1025	
6	A004	二组	2000.2.15	85	87	85	257	7	85.67	最高平均成绩	
7	A005	一组	2000.12.6	78	77	76	231	10	77.00	93.33	
8	A006	二组	2001.8.31	76	81	82	239	9	79.67		
9	A007	一组	2001.4.13	93	84	87	264	4	88.00		
10	A008	二组	2002.6.26	95	83	86	264	4	88.00		
11	A009	一组	2002.10.10	74	83	85	242	8	80.67		
12	A010	二组	2001.3.7	89	84	92	265	3	88.33		
13											

图 9 - 10　计算“二组人数”“二组总成绩”和“最高平均成绩”

(5) 在第三列数据后插入两列，D2 和 E2 单元格分别输入文字“年份”和“月份”；利用“出生日期”列的数值和 TEXT 函数，计算出“年份”列的内容(将年显示为四位数字)和“月份”列的内容(将月显示为带前导零的数字)；

① 数字转化成日期：选择“C3：C12”单元格区域，在“数据”选项卡“数据工具”功能区选择“分列”，打开“文本分列向导”，第一步和第二步直接单击“下一步”，在第三步的页面选择“日期”后单击“完成”。

② 计算出“年份”列的内容：D3 单元格，输入函数“= TEXT(C3,"yyyy")”后回车即可，利用填充柄复制 D3 单元格的公式(或函数)至 D4：D12。

③ 计算“月份”列的内容：E3 单元格，输入函数“= TEXT(C3,"mm")”后回车即可，利用填充柄复制 E3 单元格的公式(或函数)至 E4：E12。

得到如图 9 - 11 所示的结果。

	A	B	C	D	E	F	G	H	I	J	K	L	M
1	某校学生成绩表												
2	学号	组别	出生日期	年份	月份	数学	语文	英语	总成绩	总成绩排名	平均成绩	二组人数	
3	A001	一组	2000/8/4	2000	08	87	95	91	273	2	91.00	4	
4	A002	一组	2002/9/20	2002	09	98	93	89	280	1	93.33	二组总成绩	
5	A003	一组	2001/11/12	2001	11	83	97	83	263	6	87.67	1025	
6	A004	二组	2000/2/15	2000	02	85	87	85	257	7	85.67	最高平均成绩	
7	A005	一组	2000/12/6	2000	12	78	77	76	231	10	77.00	93.33	
8	A006	二组	2001/8/31	2001	08	76	81	82	239	9	79.67		
9	A007	一组	2001/4/13	2001	04	93	84	87	264	4	88.00		
10	A008	二组	2002/6/26	2002	06	95	83	86	264	4	88.00		
11	A009	一组	2002/10/10	2002	10	74	83	85	242	8	80.67		
12	A010	二组	2001/3/7	2001	03	89	84	92	265	3	88.33		

图 9 - 11　计算“年份”和“月份”

(6) 在 I 列后插入一列，J2 中输入“等级”；利用 IF 函数，给出“等级”列(J3：J12)内容：若总成绩大于或者等于 270，输入“优秀”，若总成绩小于 270 且大于等于 250，输入“良好”，若总成绩小于 250 且大于等于 230，输入“中等”，若总成绩小于 230，输入“一般”。

① 选择 J3 单元格，输入函数“= IF(I3 > = 270,"优秀",IF(I3 > = 250,"良好",IF(I3 > =

230,"中等","一般")))”后回车即可。

② 利用填充柄复制 J3 单元格的公式(或函数)至 J4:J12。

得到如图 9－12 所示的结果。

	A	B	C	D	E	F	G	H	I	J	K	L	M	N
1	某校学生成绩表													
2	学号	组别	出生日期	年份	月份	数学	语文	英语	总成绩	等级	总成绩排名	平均成绩	二组人数	
3	A001	一组	2000/8/4	2000	08	87	95	91	273	优秀	2	91.00	4	
4	A002	一组	2002/9/20	2002	09	98	93	89	280	优秀	1	93.33	二组总成绩	
5	A003	一组	2001/11/12	2001	11	83	97	83	263	良好	6	87.67	1025	
6	A004	二组	2000/2/15	2000	02	85	87	85	257	良好	7	85.67	最高平均成绩	
7	A005	一组	2000/12/6	2000	12	78	77	76	231	中等	10	77.00	93.33	
8	A006	二组	2001/8/31	2001	08	76	81	82	239	中等	9	79.67		
9	A007	一组	2001/4/13	2001	04	93	84	87	264	良好	4	88.00		
10	A008	二组	2002/6/26	2002	06	95	83	86	264	良好	4	88.00		
11	A009	一组	2002/10/10	2002	10	74	83	85	242	中等	8	80.67		
12	A010	二组	2001/3/7	2001	03	89	84	92	265	良好	3	88.33		
13														

图 9－12　计算“等级”

注:

COUNTIF、SUMIF、TEXT 等函数可以通过在公式编辑栏输入“=函数名”后,单击函数名下方的链接,打开该函数的帮助,学习如何使用。

在 Excel 中,涉及计算的所有符合都应该是英文符号。

3. 设置单元格、表格样式

(1) 利用条件格式设置单元格格式

利用条件格式将所有等级优秀的单元格设置为“浅红色填充色深红色文本”,所有等级中等的单元格设置为“浅绿色文本”填充图案样式为“12.5 灰色”图案颜色为“橙色”;利用条件格式对 L3:L12 单元格区域设置“渐变填充/绿色数据条”;利用条件格式的“图标集”“四向箭头(彩色)”修饰 I3:I12 单元格区域。执行如下操作。

① 选择 J3:J12 单元格区域,在“开始”选项卡中选择“样式”功能区,单击“条件格式”按钮下方箭头,在展开的选项中选择“突出显示单元格规则”中的“等于(E)”,弹出“等于”对话框,在“为等于以下值的单元格设置格式:”中输入“优秀”,设置为中默认,单击“确定”即可,如图 9－13。

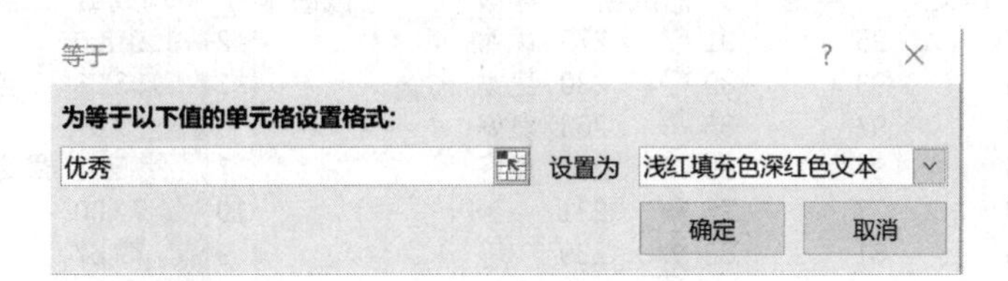

图 9－13　条件格式设置单元格

② 选择 J3:J12 单元格区域,单击“条件格式”按钮下方箭头,在展开的选项中选择“突出显示单元格规则”中的“等于(E)”,弹出“等于”对话框,在“为等于以下值的单元格设置格式:”中输入“中等”,设置为选择“自定义格式”,弹出“设置单元格格式”对话框,在字体选项

卡字体颜色选择“浅绿色”，填充选项卡图案样式选择“12.5 灰色”，图案颜色为“橙色”，如图 9－14，单击确定后返回。

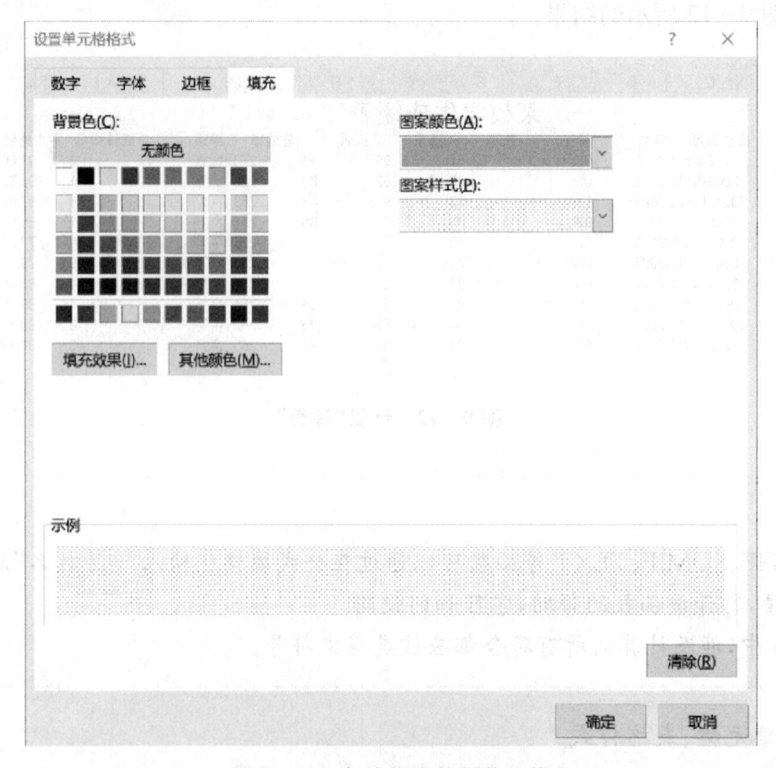

图 9－14　条件格式设置单元格

③ 选择 L3:L12 单元格区域，单击“条件格式”按钮下方箭头，在展开的选项中选择“数据条”中的“渐变填充”里的“绿色数据条”，单击“确定”。

④ 选择 I3:I12 单元格区域，单击“条件格式”按钮下方箭头，在展开的选项中选择“图标集”中的“方向”里的“四向箭头(彩色)”，单击“确定”。

得到如图 9－15 所示的效果。

F	G	H	I	J	K	L	M	N
某校学生成绩表								
数学	语文	英语	总成绩	等级	总成绩排名	平均成绩	二组人数	
87	95	91	273	优秀	2	91.00	4	
98	93	89	280	优秀	1	93.33	二组总成绩	
83	97	83	263	良好	6	87.67	1025	
85	87	85	257	良好	7	85.67	最高平均成绩	
78	77	76	231	中等	10	77.00	93.33	
76	81	82	239	中等	9	79.67		
93	84	87	264	良好	4	88.00		
95	83	86	264	良好	4	88.00		
74	83	85	242	中等	8	80.67		
89	84	92	265	良好	3	88.33		

图 9－15　条件格式设置单元格结果

(2) 设置单元格样式

设置"总成绩排名"列单元格样式为"数据和模型"中的"计算",执行如下操作。

选择 G2:G12 单元格区域,在"开始"选项卡中选择"样式"功能区,单击"样式"的下拉箭头,在展开的选项中选择"数据和模型"中的"计算",如图 9－16,得到如图 9－17 所示的效果。

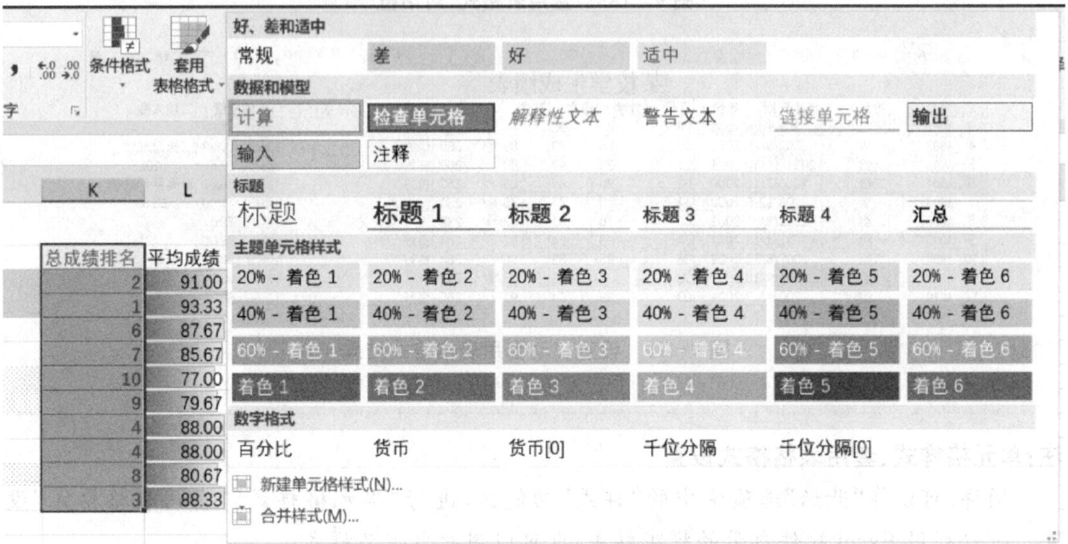

好、差和适中
常规 差 好 适中
数据和模型
计算 检查单元格 解释性文本 警告文本 链接单元格 输出
输入 注释
标题
标题 标题 1 标题 2 标题 3 标题 4 汇总
主题单元格样式
20% - 着色 1 20% - 着色 2 20% - 着色 3 20% - 着色 4 20% - 着色 5 20% - 着色 6
40% - 着色 1 40% - 着色 2 40% - 着色 3 40% - 着色 4 40% - 着色 5 40% - 着色 6
60% - 着色 1 60% - 着色 2 60% - 着色 3 60% - 着色 4 60% - 着色 5 60% - 着色 6
着色 1 着色 2 着色 3 着色 4 着色 5 着色 6
数字格式
百分比 货币 货币[0] 千位分隔 千位分隔[0]
新建单元格样式(N)...
合并样式(M)...

总成绩排名	平均成绩
2	91.00
1	93.33
6	87.67
7	85.67
10	77.00
9	79.67
4	88.00
4	88.00
8	80.67
3	88.33

图 9－16 设置单元格样式

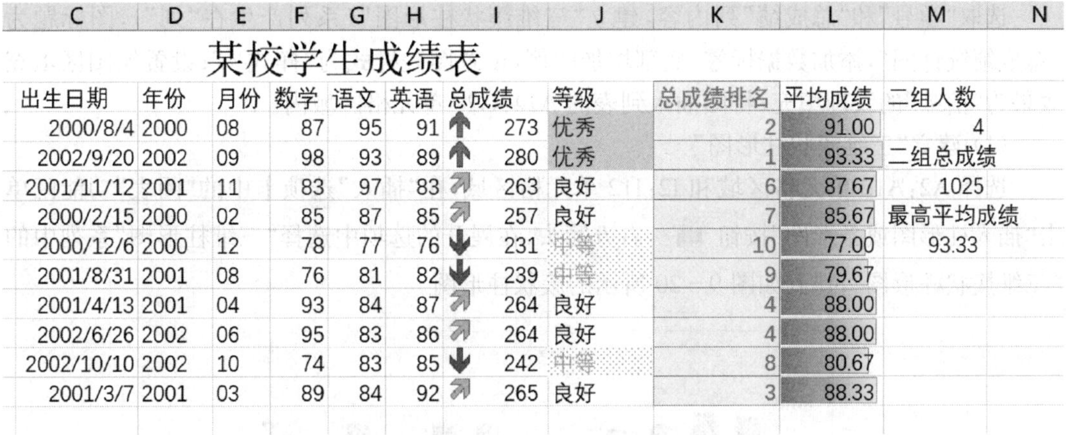

某校学生成绩表

出生日期	年份	月份	数学	语文	英语	总成绩	等级	总成绩排名	平均成绩	二组人数
2000/8/4	2000	08	87	95	91	273	优秀	2	91.00	4
2002/9/20	2002	09	98	93	89	280	优秀	1	93.33	二组总成绩
2001/11/12	2001	11	83	97	83	263	良好	6	87.67	1025
2000/2/15	2000	02	85	87	85	257	良好	7	85.67	最高平均成绩
2000/12/6	2000	12	78	77	76	231	中等	10	77.00	93.33
2001/8/31	2001	08	76	81	82	239	中等	9	79.67	
2001/4/13	2001	04	93	84	87	264	良好	4	88.00	
2002/6/26	2002	06	95	83	86	264	良好	4	88.00	
2002/10/10	2002	10	74	83	85	242	中等	8	80.67	
2001/3/7	2001	03	89	84	92	265	良好	3	88.33	

图 9－17 设置单元格样式结果

(3) 设置自动套用表格格式

利用套用表格格式的"表样式浅色 20"修饰 A2:L12 单元格区域,执行如下操作。

选择 A2:L12 单元格区域,在"开始"选项卡中选择"样式"功能区,单击"套用表格格式"下方箭头,在展开的选项中选择"表样式浅色 20",弹出"套用表格式"对话框,如图 9－18 所示,单击"确定"后得到如图 9－19 所示的效果。

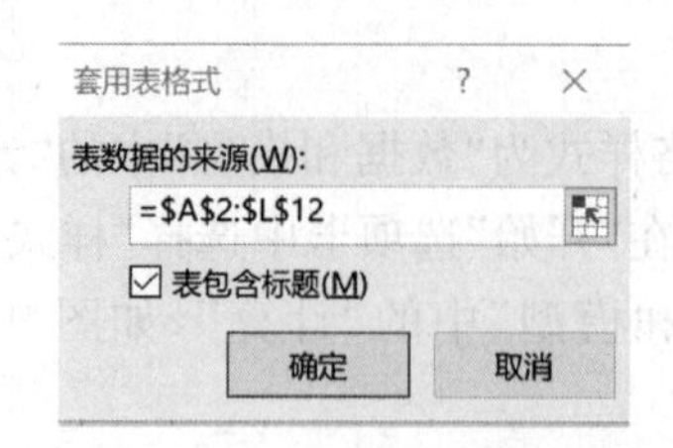

图 9-18 “套用表格式”对话框

某校学生成绩表

	A	B	C	D	E	F	G	H	I	J	K	L	M	N
1	某校学生成绩表													
2	学号	组别	出生日期	年份	月份	数学	语文	英语	总成绩	等级	总成绩排名	平均成绩	二组人数	
3	A001	一组	2000/8/4	2000	08	87	95	91	273	优秀	2	91.00	4	
4	A002	一组	2002/9/20	2002	09	98	93	89	280	优秀	1	93.33	二组总成绩	
5	A003	一组	2001/11/12	2001	11	83	97	83	263	良好	6	87.67	1025	
6	A004	二组	2000/2/15	2000	02	85	87	85	257	良好	7	85.67	最高平均成绩	
7	A005	一组	2000/12/6	2000	12	78	77	76	231	中等	10	77.00	93.33	
8	A006	二组	2001/8/31	2001	08	76	81	82	239	中等	9	79.67		
9	A007	一组	2001/4/13	2001	04	93	84	87	264	良好	4	88.00		
10	A008	二组	2002/6/26	2002	06	95	83	86	264	良好	4	88.00		
11	A009	一组	2002/10/10	2002	10	74	83	85	242	中等	8	80.67		
12	A010	二组	2001/3/7	2001	03	89	84	92	265	良好	3	88.33		

图 9-19 设置自动套用表格格式结果

注:单元格样式、套用表格格式设置

同样,可以在“开始”选项卡中的“样式”功能区,进行“单元格样式”“套用表格格式”设置。可以利用 Excel 软件自带的模版样式,也可以用户自定义样式。

4. 图表的建立、编辑和修改以及修饰

选取“学号”和“总成绩”列内容,建立“三维簇状柱形图”(系列产生在“列”),图标题为“总成绩统计图”,添加数据标签,底部增加图例,设置图表样式为“样式 4”;设置绘图区填充效果为“信纸”的纹理填充;将图插入到表的 A14:G28 单元格区域内。

(1) 建立“三维簇状柱形图”

选择 A2:A12 单元格区域和 I2:I12 单元格区域,在“插入”选项卡中的“图表”功能区单击“插入柱形图或条形图”按钮 右方箭头,在展开的选项中选择“三维柱形图”系列中的“三维簇状柱形图”,得到如图 9-20 所示的簇状柱形图。

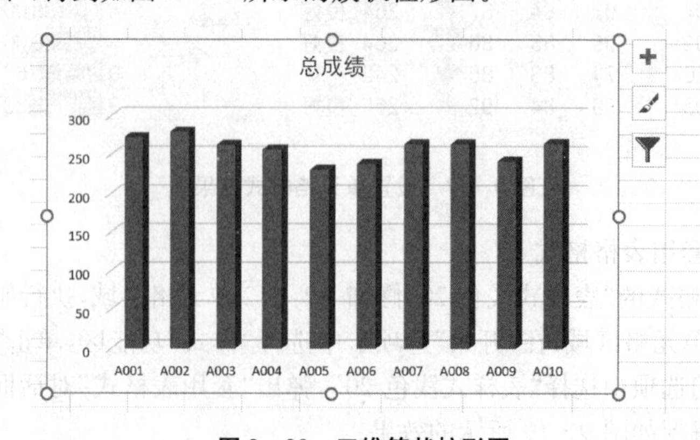

图 9-20 三维簇状柱形图

(2) 图表编辑、修改及修饰

① 系列产生在“列”:本实验不需要设置,生成的图 9 - 20 即默认是系列产生在“列”。

注:系列产生在“列”和“行”的设置

Excel 图表一般包括 X 轴和 Y 轴,Y 轴是数值轴,X 轴是分类轴,也可以认为 X 轴是“系列”轴,系列的意思,就是要描述数据(行或列)的序列。如果用 X 轴描述表格的行,称为系列产生在行;同样,如果用 X 轴描述表格的列,称为系列产生在列。

选择“图标工具”栏中的“设计”选项卡,在“数据”功能区中,单击“切换行/列”按钮,可进行系列产生在“列”和“行”的设置。

② 图表标题设置:在生成的图表中,选中图表标题“总成绩”,改为“总成绩统计图”。

注:

同样可以设置横坐标轴和纵坐标轴的标题。

③ 添加数据标签:在“设计”选项卡中的“添加图表元素”功能区,选择“数据标签”中的“其他数据标签选项”,得到如图 9 - 21 所示的效果;单击图 9 - 20 右上角“ + ”号,也可以增加数据标签。

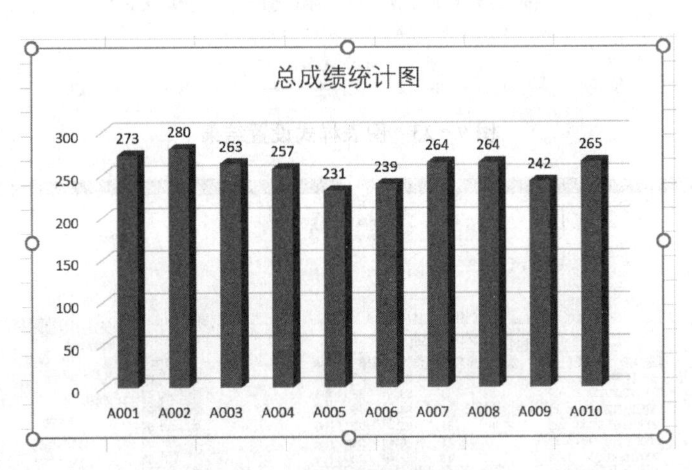

图 9 - 21　图表添加数据标签

④ 增加图例:在“设计”选项卡中的“添加图表元素”功能区,选择“图例”中的“底部”;或者,单击图 9 - 20 右上角“ + ”号,也可以增加图例,如图 9 - 22 所示。

⑤ 设置图表样式为“样式 4”:在“设计”选项卡中的“图表样式”功能区中,选择“样式 4”,得到如图 9 - 23 所示的效果;单击图 9 - 20 右上角 ,也可以修改表的样式。

⑥ 设置绘图区填充效果:选中图表,在“图表工具”“格式”选项卡“当前所选内容”功能区选择“绘图区”,单击“设置所选内容格式”;在右侧出现“设置绘图区格式”窗格,单击“填充”将其展开,选择“图片或纹理填充”,在“纹理”右侧下拉列表中选择“信纸”,单击窗格右上角关闭按钮关闭窗格,如图 9 - 24 所示。

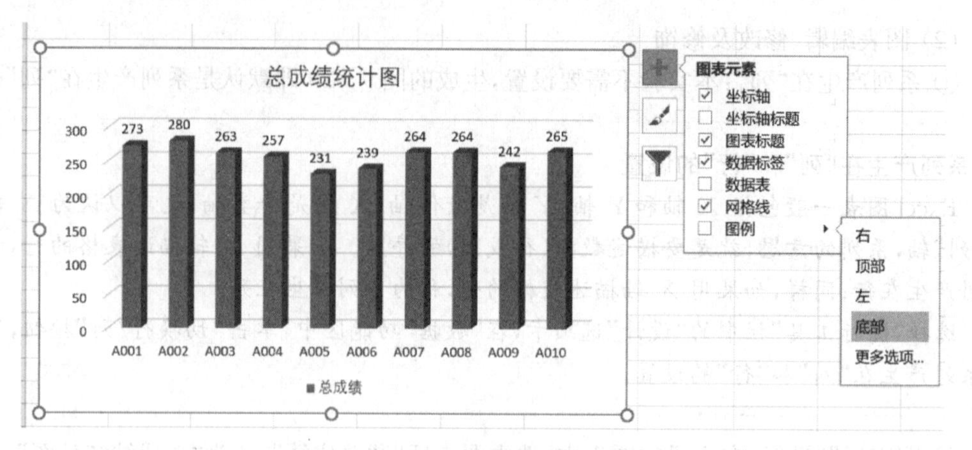

图 9－22　图表增加图例结果

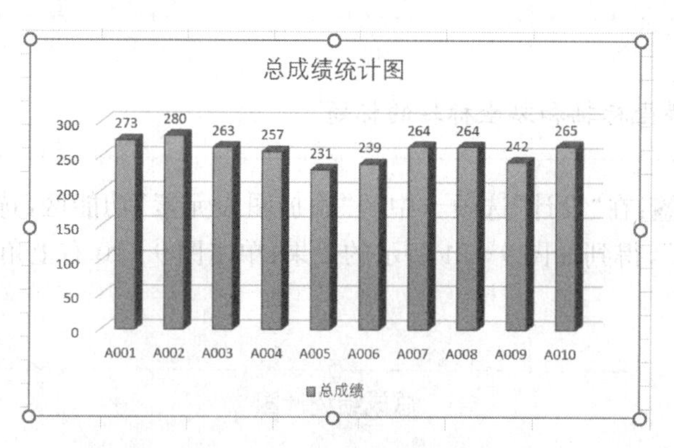

图 9－23　图表样式设置结果

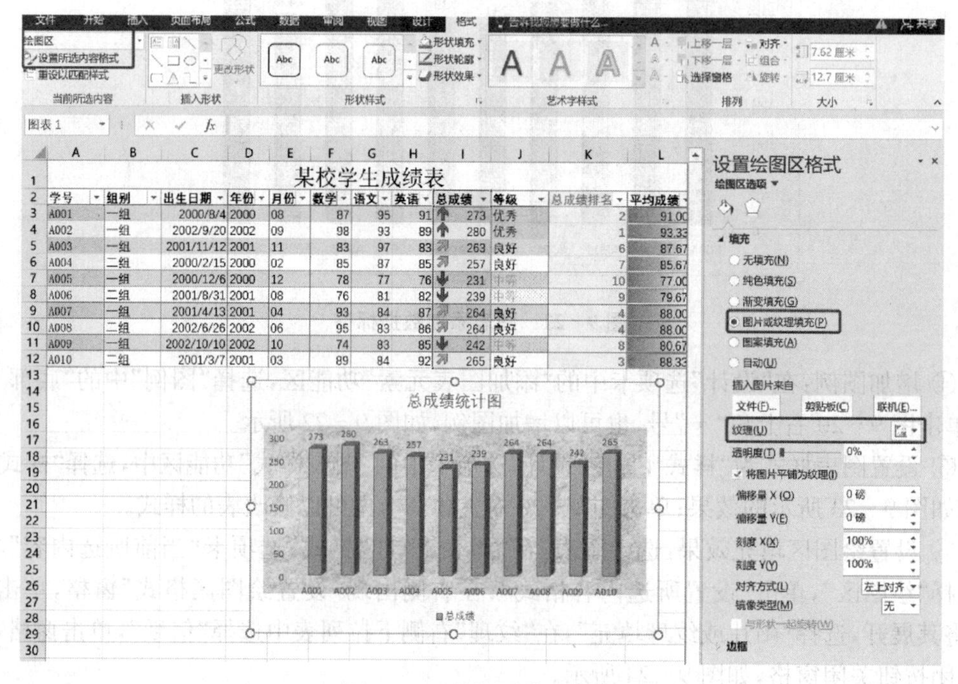

图 9－24　绘图区纹理设置

注:Excel 中图表一些常用操作

1. 数据系列重叠显示:选择图表中的任意数据系列,右击鼠标,在弹出的菜单中选择"设置数据系列格式"。在弹出的"设置数据系列格式"对话框中,向右拖动"系列重叠"栏中的滑块,使其为正值(值的大小与系列间的重叠幅度有关)。

2. 调整图例位置:默认情况下,在创建图表后图例位于图表区域的右侧。若想要修改图例的位置,则可选中图表中的图例,右击鼠标,在弹出的菜单中选择"设置图例格式"。在弹出的"设置图例格式"对话框中,选择"图例位置"中的"靠上"选项。

3. 更改图例项名称:选择图例项,右击鼠标,在弹出的菜单中选择"选择数据",打开"选择数据源"对话框。在对话框中选择"图例项(系列)"列表框中的需要修改的系列名称,单击"编辑"按钮,在打开的"编辑数据系列"对话框中单击"系列名称"文本框右侧的折叠按钮,在工作表数据区域中选择图例名称所在的单元格,在此单击折叠按钮。单击"确定",返回"选择数据源"对话框,即可看到"图例项(系列)"列表框中的系列名称已经修改。

4. 隐藏图标网格线:创建图表后,一般在图表中自动添加主要横线网格线。若需要隐藏网格线,则需要选中图表,单击"布局"选项卡中的"坐标轴"功能区中的"网格线"下拉按钮,选中列表中的"无",即可隐藏图表中的网格线。

(3) 将图插入到表的 A14:G28 单元格区域内

调整图的大小并移动到指定位置。选中图表,按住鼠标左键单击图表不放并拖动,将其拖动到 A14:G28 单元格区域内,调整图表大小,得到如图 9-25 所示的效果。

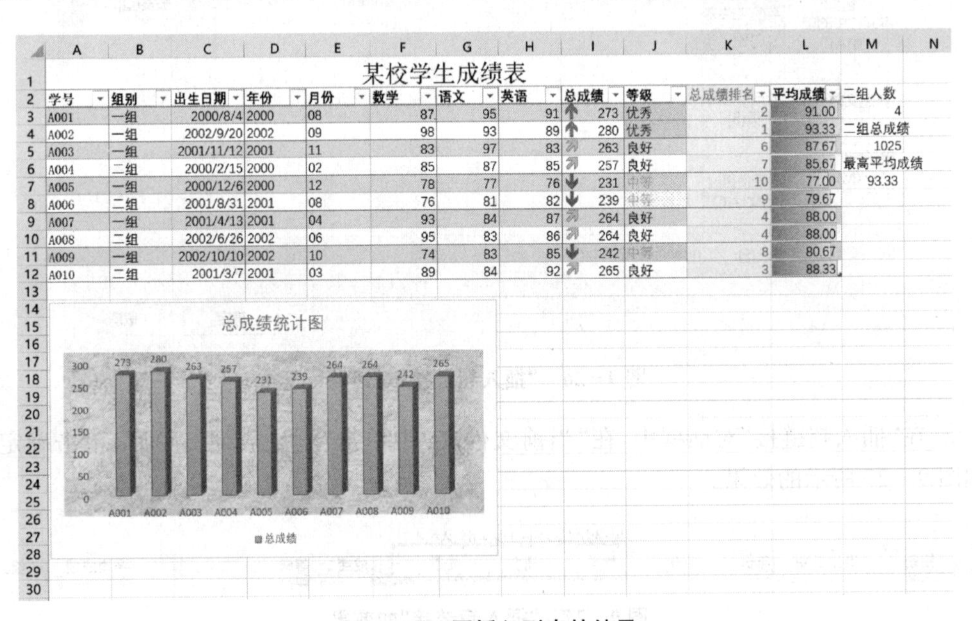

某校学生成绩表

学号	组别	出生日期	年份	月份	数学	语文	英语	总成绩	等级	总成绩排名	平均成绩	
A001	一组	2000/8/4	2000	08	87	95	91	273	优秀	2	91.00	二组人数
A002	一组	2002/9/20	2002	09	98	93	89	280	优秀	1	93.33	4
A003	一组	2001/11/12	2001	11	83	97	83	263	良好	6	87.67	二组总成绩
A004	二组	2000/2/15	2000	02	85	87	85	257	良好	7	85.67	1025
A005	一组	2000/12/6	2000	12	78	77	76	231	中等	10	77.00	最高平均成绩
A006	二组	2001/8/31	2001	08	76	81	82	239	中等	9	79.67	93.33
A007	一组	2001/4/13	2001	04	93	84	87	264	良好	4	88.00	
A008	二组	2002/6/26	2002	06	95	83	86	264	良好	4	88.00	
A009	一组	2002/10/10	2002	10	74	83	85	242	中等	8	80.67	
A010	二组	2001/3/7	2001	03	89	84	92	265	良好	3	88.33	

图 9-25 图插入列表的结果

注:

不要超过这个区域。如果图表过大,无法放下,可以将鼠标放在图表的右下角,当鼠标指针变为“↕”时，按住左键拖动可以将图表缩小到指定区域内。

插入图表到指定区域，只能通过移动，不能通过“剪切”或“复制”等来操作。同时，在指定区域内，图表不能过分缩小。

5. 工作表的页面设置、打印预览和打印，工作表中链接的建立

(1) 工作表重命名

双击“Sheet1”，将其更名为“学生成绩统计表”。

(2) 工作表页面设置、打印预览和打印

① 在“页面布局”选项卡中的“页面设置”功能区中设置“页边距”“纸张方向”“纸张大小”等。

② 在“文件”选项卡中选择“打印”，在其右侧可进行打印设置，右侧窗口能够根据打印设置显示相应的“打印预览”。

(3) 工作表中链接的建立

① 选择 F2:H2 单元格区域，右击鼠标，在快捷菜单中选择“超链接”，弹出“插入超链接”对话框，如图 9 - 26。

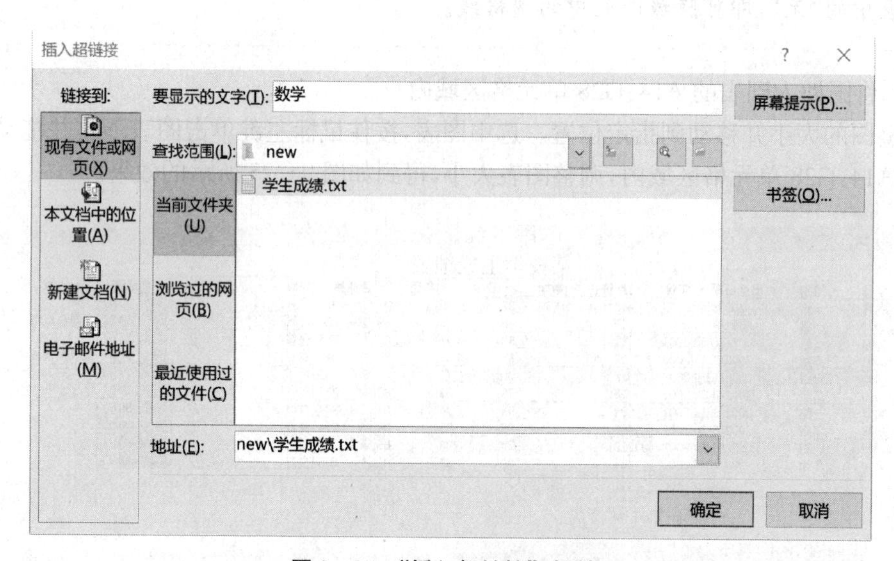

图 9 - 26 “插入超链接”对话框

② 在“插入超链接”对话框中，在“当前文件夹”中单击“学生成绩.txt”后，单击确定，得到如图 9 - 27 所示的效果。

图 9 - 27 “插入超链接”的效果

③ 鼠标移至“数学”或“语文”或“英语”上时，鼠标变成“手”的形状，单击就可打开“学生成绩.txt”文档。

④ 保存文档。

实验 10 Excel 数据处理与汇总

一、实验要求

1. 掌握对数据进行常规排序及按自定义序列排序的方法。
2. 掌握分类汇总的操作方法。
3. 掌握数据的自定义筛选及高级筛选。
4. 掌握数据透视表的应用。

二、实验步骤

对实验文件“EXCEL(素材).xlsx”工作簿进行操作，该工作簿包含“人员情况统计表”“基础工资对照表”“图书销售统计表”两个表进行操作。

1. 数据排序

(1) 对数据表进行常规排序

对工作簿“EXCEL(素材).xlsx”中的工作表“图书销售统计表”内数据清单的内容以“图书销售分部门排序表”备份，在“图书销售分部门排序表”中按主要关键字“经销部门”的降序次序和次要关键字“季度”的升序次序进行排序，并将排序结果保存在“图书销售分部门排序表”中。

① 在工作表标签中单击工作表“图书销售统计表”以选择此工作表，按住 Ctrl 键，并拖动此选中的工作表到达新的位置，松开鼠标，便复制了一张与原内容完全相同的工作表“图书销售统计表(2)”，并将该工作表更名为“图书销售分部门排序表”。

② “图书销售分部门排序表”中选择 A1:G97 单元格区域，在“数据”选项卡中的“排序和筛选”功能区选择“排序”按钮 ，弹出“排序”对话框。

③ 在“排序”对话框中，设置“主要关键字”为“经销部门”“次序”为“降序”。

④ 单击“添加条件”按钮，设置“次要关键字”为“季度”“次序”为“升序”，如图 10 - 1 所示。单击“确定”按钮即可。

⑤ 保存该工作表。

(2) 对数据表进行自定义序列排序

对工作表“图书销售统计表”内数据清单的内容以“图书销售按类别排序表”备份，在“图书销售按类别排序表”中按“生物科学”“工业技术”“农业科学”“交通科学”排序，类别相同时按“季度”的升序次序进行排序，并将排序结果保存在“图书销售按类别排序表”中。

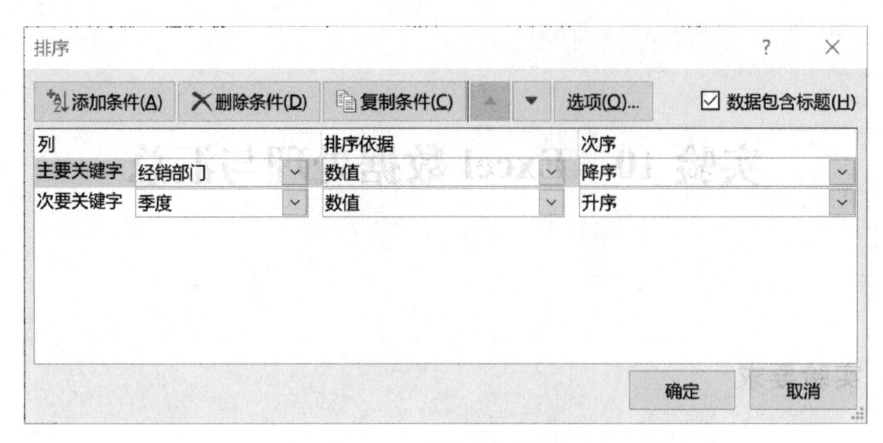

图 10－1 “排序”对话框

① 在工作表标签中单击工作表“图书销售统计表”以选择此工作表，按住 Ctrl 键，并拖动此选中的工作表到达新的位置，松开鼠标，便复制了一张与原内容完全相同的工作表“图书销售统计表(2)”，并将该工作表更名为“图书销售按类别排序表”。

② “图书销售按类别排序表”中选择 A1:G97 单元格区域，在“数据”选项卡中的“排序和筛选”功能区选择“排序”按钮，弹出“排序”对话框。

③ 在“排序”对话框中，设置“主要关键字”为“图书类别”，单击“次序”为“自定义序列…”，弹出“自定义序列”对话框。

④ 在“自定义序列”对话框中的“输入序列”中输入三行文字“生物科学”“工业技术”“农业科学”“交通科学”，如图 10－2 所示。单击“添加”按钮后，按“确定”按钮。

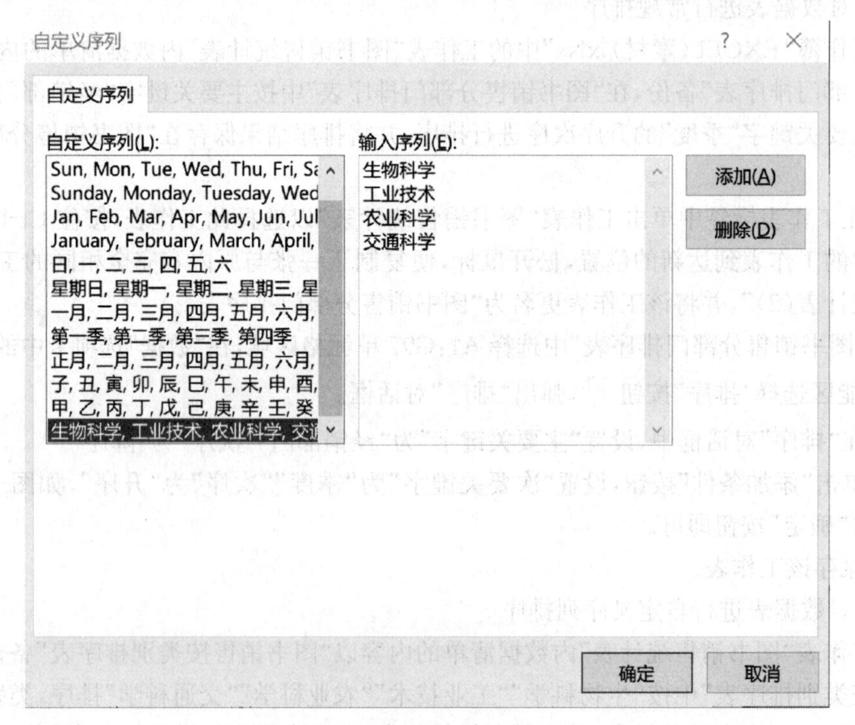

图 10－2 “自定义序列”对话框

⑤ 单击“添加条件”按钮，设置“次要关键字”为“季度”“次序”为“升序”，单击“确定”按钮。

⑥ 保存该工作表。

2. 数据分类汇总

对“图书销售按类别排序表”内数据清单的内容进行分类汇总，分类字段为“图书类别”，汇总方式为“平均值”（货币型，保留 1 位小数点），汇总项为“销售额（元）”，汇总结果显示在数据下方，并且只显示到 2 级工作表名不变。根据“图书类别”“销售额（元）”的 2 级数据画出簇状柱形图，网格线分类（X）轴和数值（Y）轴显示主要网格线，设置横坐标对齐方式为“竖排文本，所有文字旋转 270°”，设置 Y 轴刻度最小值为 20000，最大值为 27000，主要刻度单位为 1000。

① “图书销售按类别排序表”中选择 A2:F44 单元格区域，在“数据”选项卡中的“分级显示”功能区选择“分类汇总”按钮，弹出“分类汇总”对话框如图 10－3。

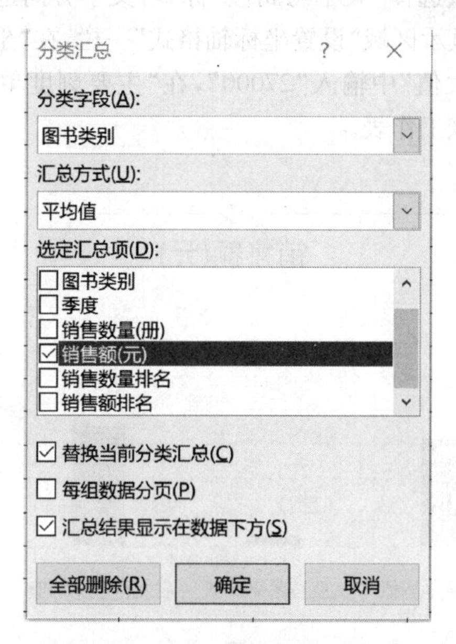

图 10－3 “分类汇总”对话框

② 在“分类汇总”对话框中，选择“分类字段”为“图书类别”“汇总方式”为“求和”，在“选定汇总项”中选择“销售数量（册）”“销售额（元）”，选择“汇总结果显示在数据下方”的复选框，单击“确定”。选择 E2:E102 单元格区域，设置单元格格式为“货币型”“1 位小数点”。在窗口左侧出现的分级显示区域中单击“2”按钮，使分类汇总只显示到 2 级，如图 10－4 所示。

	A	B	C	D	E	F	G	H
1	经销部门	图书类别	季度	销售数量（册）	销售额（元）	销售数量排名	销售额排名	
26		生物科学	平均值		¥23,156.8			
51		工业技术	平均值		¥20,361.3			
76		农业科学	平均值		¥23,512.9			
101		交通科学	平均值		¥25,354.5			
102		总计平均值			¥23,096.4			
103								

图 10－4 分类汇总 2 级显示

注：

做“分类汇总 ”时，首先观察数据表是否已经按“分类字段”进行排序，如果未进行排序，数据表先要按“分类字段”排序，才能进行“分类汇总”；如果已经排序，则可以直接进行“分类汇总”。

③ 选择“图书类别”“销售额(元)”两列的2级数据，在“插入”选项卡“图表”功能区选择“簇状柱形图”，单击确定。在“图表工具”“设计”选项卡中的“图表布局”功能区，单击“添加图表元素”展开的下拉按钮中，选择“网格线”中的“主轴主要垂直网格线”。(主轴主要水平网格线生成图表的时候已存在，无需设置。)在图表的横坐标处右击鼠标，选择“设置坐标轴格式”，在窗口右侧显示区域选择“大小与属性”标签，文字方向选择“竖排”，关闭即可；双击图表的 Y 轴，在窗口右侧显示区域“设置坐标轴格式”一栏，在“坐标轴选项”选项卡的“最小值”中输入“20000”，在“最大值”中输入“27000”，在“主要刻度单位”中输入“1000”，关闭即可；如图10-5所示，保存该工作表。

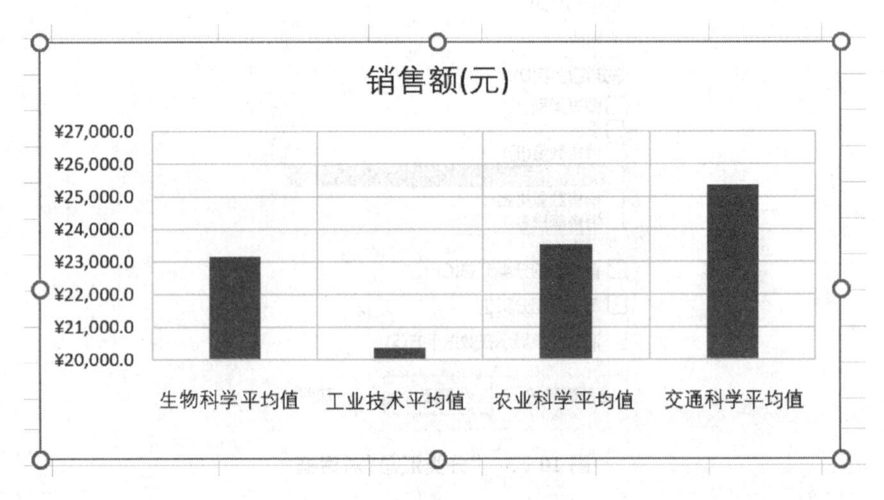

图10-5　分类汇总图表制作

3. 数据筛选

(1) 自动筛选

对工作簿“EXCEL(素材).xlsx”中的工作表“图书销售统计表”内数据清单的内容以“图书销售自动筛选表”备份。对“图书销售自动筛选表”数据进行“自动筛选”，条件为“第四季度生物科学和农业科学图书”，并将排序结果保存在“图书销售自动筛选表”中。

① 在工作表标签中单击工作表“图书销售情况表”以选择此工作表，按住 Ctrl 键，并拖动此选中的工作表到达新的位置，松开鼠标，便复制了一张与原内容完全相同的工作表“图书销售统计表(2)”，并将该工作表更名为“图书销售自动筛选表”。

② “图书销售自动筛选表”中，在“数据”选项卡中的“排序和筛选”功能区选择“筛选”按钮，在第二行单元格的列标题中将出现按钮，如图10-6所示。

	A	B	C	D	E	F	G
1	经销部	图书类	季度	销售数量(‌	销售额(	销售数量排	销售额排
2	第3分部	生物科学	3	124	8680	91	92
3	第3分部	工业技术	2	321	9630	53	86

图 10-6 “筛选”效果

③ 单击“季度”下拉按钮，选择“数字筛选”中的“自定义筛选”选项，弹出“自定义自动筛选方式”对话框，如图 10-7 所示。

④ 在“自定义自动筛选方式”对话框中，设置第一个下拉框为“等于”，设置第二个下拉框为“4”，单击“确定”按钮。

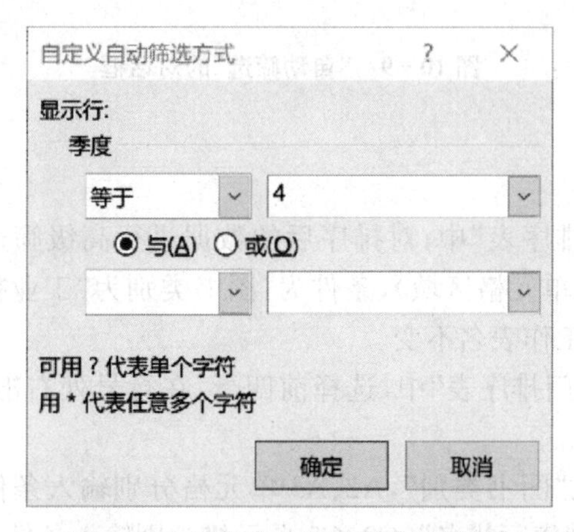

图 10-7 “自定义自动筛选”的设置

⑤ 单击“图书类别”下拉按钮，选择“文本筛选”中的“自定义筛选”选项，弹出“自定义自动筛选方式”对话框，设置第一个下拉框为“等于”，设置第二个下拉框为“农业科学”。单击“或”单选按钮，设置第三个下拉框为“等于”，设置第四个下拉框为“生物科学”，如图 10-8 所示。单击“确定”按钮，得到图 10-9 所示的结果。

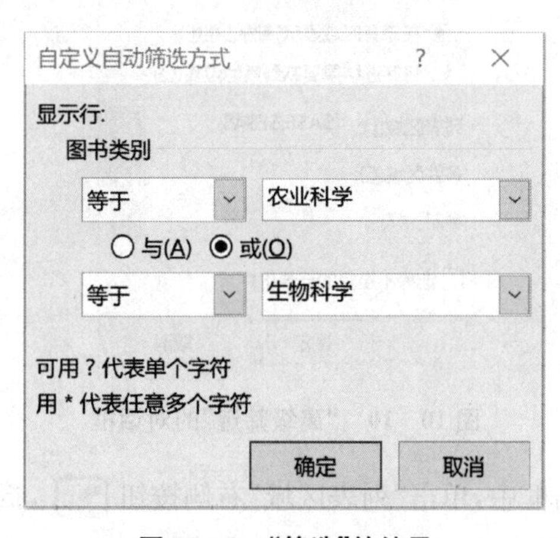

图 10-8 “筛选”的结果

	A	B	C	D	E	F	G
1	经销部	图书类	季度	销售数量(	销售额(元	销售数量排	销售额排
7	第3分部	生物科学	4	157	10990	87	75
8	第1分部	生物科学	4	187	13090	84	69
10	第2分部	生物科学	4	196	13720	81	67
17	第3分部	农业科学	4	434	32960	27	15
20	第1分部	农业科学	4	331	10260	45	82
31	第2分部	农业科学	4	421	12630	32	72
39	第4分部	生物科学	4	398	27860	35	31
48	第4分部	农业科学	4	431	32534	29	16
74	第5分部	生物科学	4	550	26150	15	36
92	第5分部	农业科学	4	430	42167	30	10
94	第6分部	农业科学	4	280	28096	61	30
97	第6分部	生物科学	4	509	48655	20	6
98							

图 10－9 “自动筛选”的对话框

⑥ 保存该工作表。

（2）高级筛选

在“图书销售分部门排序表”中，对排序后的数据进行高级筛选（在数据表格前插入四行，条件区域设在 A1:G3 单元格区域），条件为：图书类别为“工业技术”或者“交通科学”且销售额排名在前二十名，工作表名不变。

① 在“图书销售分部门排序表”中，选择前四行，在行号处右击鼠标，选择“插入”，在工作表首行插入四行。

② 在 A1 单元格输入“图书类别”，A2、A3 单元格分别输入条件“工业技术”和“交通科学”；在 G1 单元格输入“销售额排名”，G2、G3 单元格分别输入条件“<=20”。

③ 在“数据”选项卡中的“排序和筛选”功能区选择“筛选”右侧的“高级”按钮 高级，弹出“高级筛选”对话框，如图 10－10 所示。

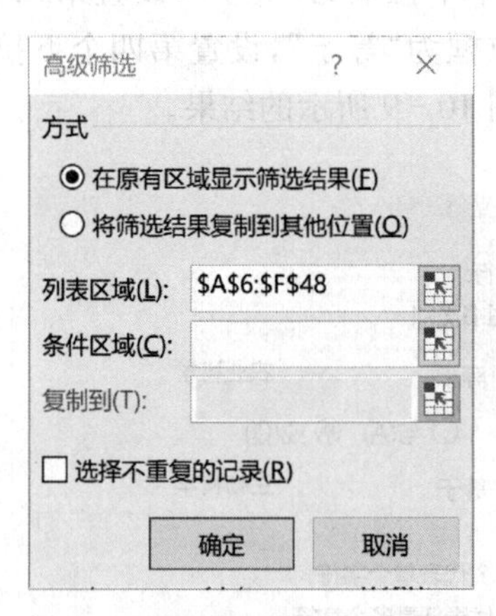

图 10－10 “高级筛选”的对话框

④ 在“高级筛选”对话框中，单击“列表区域”右侧按钮，折叠对话框，选择筛选的数据区域 A5:G101，单击，展开对话框；在展开的对话框中，单击“条件区域”右边按钮，折叠对话框，选择条件区域 A1:G3，单击，展开对话框。

⑤ 单击“确定”按钮，得到如图 10－11 所示的结果。

	A	B	C	D	E	F	G	H
1	图书类别						销售额排名	
2	工业技术						<=20	
3	交通科学						<=20	
4								
5	经销部门	图书类别	季度	销售数量(册)	销售额(元)	销售数量排名	销售额排名	
6	第6分部	工业技术	1	653	50950	10	3	
19	第6分部	工业技术	4	832	45087	2	9	
25	第5分部	交通科学	1	512	36865	19	13	
29	第5分部	交通科学	2	330	31256	46	19	
33	第5分部	交通科学	3	650	78436	11	1	
35	第5分部	工业技术	4	467	64565	22	2	
37	第5分部	交通科学	4	215	30975	74	20	
45	第4分部	工业技术	2	432	32256	28	17	
81	第2分部	交通科学	3	542	41234	17	11	
89	第1分部	交通科学	1	436	35648	25	14	
93	第1分部	交通科学	2	655	45321	8	8	
102								

图 10－11　“高级筛选”的结果

⑥ 保存该工作表。

4. 数据透视表

对工作表“图书销售统计表”内数据清单的内容建立数据透视表，按行为“经销部门”，列为“图书类别”，数据为“销售数量(册)”求平均值(保留 2 位小数)布局，并置于现工作表的 I2:N10 单元格区域，工作表名不变。利用条件格式图标集修饰“销售额排名”列(G2:G97 单元格区域)，将排名值小于 30 的用黄色小旗修饰，排名值大于或等于 70 的用绿色正三角形修饰，其余用红色菱形修饰。

① “图书销售统计表”中，在“插入”选项卡中的“表格”功能区单击“数据透视表”，弹出“创建数据透视表”对话框，如图 10－12 所示。

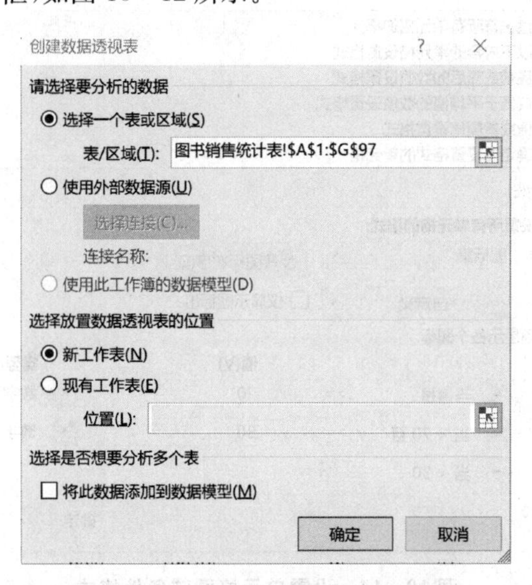

图 10－12　“创建数据透视表”对话框

② 在“创建数据透视表”对话框中，在“请选择要分析的数据”的“选择一个表或区域”右侧单击按钮，折叠对话框，选择 A1:G97 单元格区域作为“表/区域”，单击，展开对话框；在“选择放置数据透视表的位置”中选中“现有工作表”，在“位置”右侧单击按钮，折叠对话框，选择 I2:N10 单元格区域，单击，展开对话框。

③ 单击“确定”，工作表右侧弹出“数据透视表字段列表”任务窗格。在“选择要添加到报表的字段”中，拖动“经销部门”到任务窗格下方的“行标签”，拖动“图书类别”到“列标签”，拖动“销售数量(册)”到“数值”。在“值字段”点击下拉按钮选择“值字段设置”，在弹出的对话框“计算类型”中选择“平均值”，单击“数字格式”按钮，设置单元格格式为“数值”“2 位小数点”。最后，关闭“数据透视表字段列表”任务窗格即可，在 I2:N10 单元格区域内得到如图 10－13 所示的结果。

平均值项:销售数量(册)	列标签				
行标签	生物科学	工业技术	农业科学	交通科学	总计
第1分部	316.75	403.75	528.75	422.00	417.81
第2分部	223.25	203.75	374.25	337.00	284.56
第3分部	211.00	256.00	277.00	251.50	248.88
第4分部	357.25	228.25	290.00	231.75	276.81
第5分部	409.25	560.25	365.00	426.75	440.31
第6分部	385.75	612.00	285.00	667.25	487.50
总计	**317.21**	**377.33**	**353.33**	**389.38**	**359.31**

图 10－13 “数据透视表”的结果

④ 选择 G2:G97 单元格区域，“开始”选项卡“样式”功能区选择“条件格式”“图标集”中的“其他规则”，在打开“新建格式规则”对话框中，按如图 10－14 所示设置即可。

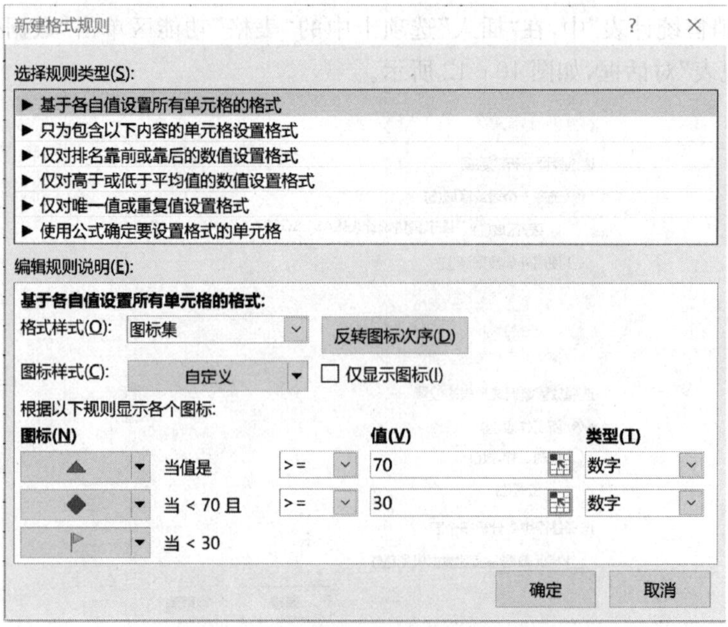

图 10－14 设置单元格区域条件格式

5."人员情况统计表"操作

对工作簿"EXCEL(素材).xlsx"中的工作表"人员情况统计表",执行如下操作。

(1) A1:G1 单元格合并为一个单元格,内容水平居中;

选择 A1:G1 单元格区域,在"开始"选项卡中的"对齐方式"功能区单击"合并后居中"按钮,合并单元格并使内容居中。

(2) 填写"人员情况统计表"中"基础工资(元)"列的内容(要求利用 VLOOKUP 函数);在 E3 单元格中输入函数"= VLOOKUP(人员情况统计表! C3,基础工资对照表! $A$3:$B$5,2)",并按回车键,利用填充柄复制函数至剩余单元格区域。

(3) 计算"工资合计(元)"列内容(要求利用 SUM 函数,单位转换为万元,数值型,保留小数点后 2 位),并修改 G2 单元格内容为"工资合计(万元)";

修改 G2 单元格内容为"工资合计(万元)",在 G3 单元格中输入函数"= SUM(E3:F3)/10000",并按回车键,利用填充柄复制公式至剩余单元格区域,并设置该区域单元格格式为"数值型""2 位小数"。

(4) 计算工资合计范围和职称同时满足条件要求的员工人数置于 K7:K9 单元格区域"人数"列(条件要求详见"人员情况统计表"中的统计表 1,要求利用 COUNTIFS 函数);

在 K7 单元格中输入函数"=COUNTIFS(B3:B51,"助工",G3:G51,">=0.8")",并按回车键;同样,在 K8、K9 单元格中分别输入函数"= COUNTIFS(B3:B51,"工程师",G3:G51,">=1")"和"= COUNTIFS(B3:B51,"高工",G3:G51,">=1.5")"。

(5) 计算各部门员工岗位工资的平均值和工资合计的平均值分别置于 J14:J17 单元格区域"平均岗位工资(元)"列和 K14:K17 单元格区域"平均工资(元)"列(见"人员情况统计表"中的统计表 2。要求利用 AVERAGEIF 函数,数值型,保留小数点后 2 位);

在 J14 单元格中输入函数"=AVERAGEIF($D$3:$D$51,"销售部",F$3:F$51)",并按回车键;同样,J15:J17、K14:K17 单元格区域类似输入,注意计算数值区域和计算条件;设置 J14:J17、K14:K17 单元格区域格式为"数值型""2 位小数"。

结果如图 10-15 所示。

	A	B	C	D	E	F	G
1	某企业人员情况统计表						
2	职工号	职称	学位	部门	基础工资（元）	岗位工资（元）	工资合计（万元）
3	HR001	高工	硕士	销售部	8600	6000	1.46
4	HR002	高工	硕士	开发部	8600	8200	1.68
5	HR003	工程师	学士	销售部	5200	3500	0.87
6	HR004	高工	硕士	技术部	8600	7200	1.58
7	HR005	工程师	学士	开发部	5200	4800	1.00
8	HR006	助工	学士	开发部	5200	2900	0.81
9	HR007	工程师	学士	销售部	5200	3100	0.83
10	HR008	高工	博士	技术部	12800	8090	2.09
11	HR009	助工	学士	销售部	5200	1800	0.70
12	HR010	高工	学士	工程部	5200	6000	1.12
13	HR011	工程师	学士	开发部	5200	4600	0.98
14	HR012	高工	硕士	技术部	8600	7300	1.59
15	HR013	工程师	学士	开发部	5200	4300	0.95
16	HR014	工程师	硕士	开发部	8600	4800	1.34
17	HR015	高工	博士	技术部	12800	9090	2.19
18	HR016	高工	硕士	技术部	8600	7500	1.61
19	HR017	工程师	学士	开发部	5200	4600	0.98
20	HR018	工程师	学士	销售部	5200	2890	0.81
21	HR019	助工	学士	工程部	5200	3100	0.83
22	HR020	工程师	硕士	工程部	8600	4100	1.27
23	HR021	助工	学士	开发部	5200	2890	0.81
24	HR022	工程师	硕士	技术部	8600	4800	1.34
25	HR023	高工	硕士	技术部	8600	6600	1.52
26	HR024	工程师	硕士	技术部	8600	4600	1.32
27	HR025	工程师	学士	技术部	5200	3900	0.91
28	HR026	高工	硕士	技术部	8600	6980	1.56
29	HR027	工程师	硕士	开发部	8600	5980	1.46
30	HR028	工程师	学士	工程部	5200	3800	0.90
31	HR029	助工	学士	销售部	5200	2100	0.73
32	HR030	高工	博士	开发部	12800	7860	2.07
33	HR031	工程师	学士	开发部	5200	3990	0.92
34	HR032	工程师	硕士	技术部	8600	4680	1.33

统计表1

工资合计	职称	人数
>=0.8	助工	4
>=1	工程师	12
>=1.5	高工	11

统计表2

部门	平均岗位工资（元）	平均工资（万元）
销售部	3097.00	0.93
开发部	4991.33	1.26
技术部	6253.50	1.53
工程部	4139.00	1.00

图 10－15　人员情况统计表

第 4 章

文稿演示软件 PowerPoint 2016

PowerPoint 是 Microsoft Office 产品套件的一部分。利用 Microsoft Office PowerPoint 不仅可以创建演示文稿，还可以在互联网上召开面对面会议、远程会议或在网上给观众展示演示文稿。Microsoft Office PowerPoint 做出来的文件叫演示文稿，其格式后缀名为：ppt、pptx；或者也可以保存为：pdf、jpg 等。2016 版本中可保存为视频格式。演示文稿中的每一页就叫幻灯片。用户可以在投影仪或者计算机上进行演示，也可以将演示文稿打印出来，制作成胶片，以便应用到更广泛的领域中。

PowerPoint 2016 新增了屏幕录制功能、Tell-Me 功能，以及墨迹功能。更丰富的幻灯片主题、主题色、切换效果和动画、更多的 SmartArt 版式、广播及共享 PPT 功能等等。新增的墨迹功能是 PowerPoint 2016 的新亮点之一。使用墨迹公式可在“数学插入控件”对话框中用触摸屏或鼠标指针手动书写公式；使用墨迹书写可以用于手动绘制一些规则或不规则的图形及文字。

本章以步骤化、图例化的方式向您介绍 PowerPoint 2016 的各项功能。通过本章的理论学习和实训，读者应掌握如下内容：

- PowerPoint 2016 的基本功能、运行环境、启动和退出。
- 打开、关闭、创建和保存演示文稿
- 演示文稿视图的使用，幻灯片的基本操作（编辑版式、插入、移动、复制和删除）
- 幻灯片的基本制作方法（文本、图片、艺术字、形状、表格等插入及格式化）。
- 演示文稿主题选用与幻灯片背景设置。
- 演示文稿放映设计（动画设计、放映方式设计、切换效果设计）。
- 演示文稿的打包和打印。

实验 11　制作简单演示文稿

一、实验要求

1. 掌握打开、关闭、创建和保存演示文稿方法。
2. 掌握幻灯片制作的基础知识(幻灯片的插入、移动、复制、删除;基本的文本编辑技术)。
3. 掌握插入并编辑图片、表格、GIF 动画等对象的方法。
4. 掌握插入日期时间和页码的方法。

二、实验步骤

1. 新建并保存演示文稿

(1) 新建:启动 PowerPoint 2016 程序,建立空白演示文稿,默认文件名为“演示文稿 1.pptx”。

注:新建 PowerPoint 文档的其他方法

1. 在“快速存取工具列”图 中,单击“新建” 按钮。
2. 在已打开的 PowerPoint 文档的“文件”选项卡中选择“新建”,在窗口的右侧区域单击“空白演示文稿”。

(2) 保存:在“快速存取工具列” 中,单击“保存” 按钮,在弹出的“另存为”对话框中设置保存路径为“本地磁盘(F:)”,文件名为“垃圾分类”,保存类型为“PowerPoint 演示文稿(*.pptx)”,设置完成后,单击“保存”。

注:保存 PowerPoint 文档的其他方法

1. 在“文件”选项卡中选择“保存。
2. 在“文件”选项卡中选择“另存为”。

文档编辑或考试过程中要实时存盘,或者直接按 Ctrl + S 键即可。

2. 幻灯片的基本操作

(1) 制作标题幻灯片

在“垃圾分类.pptx”中,单击“开始”选项卡,在“幻灯片”组中单击“版式”按钮,选择“标题幻灯片”,如图 11 - 1 所示。

图 11－1 制作“标题幻灯片”

① 单击标题栏，输入“垃圾分类 举手之劳”，单击副标题栏，输入“变废为宝 美化家园”。

② 定义标题、副标题的字体、字号。

选中标题文字，单击菜单栏中的“格式”菜单，选中“字体”，系统弹出“字体”对话框，设置字体为“华文隶书”、67 号字，如图 11－2 所示。完成后，单击“确定”，按同样的方法设置副标题中的字体为“华文细黑”、35 号字。

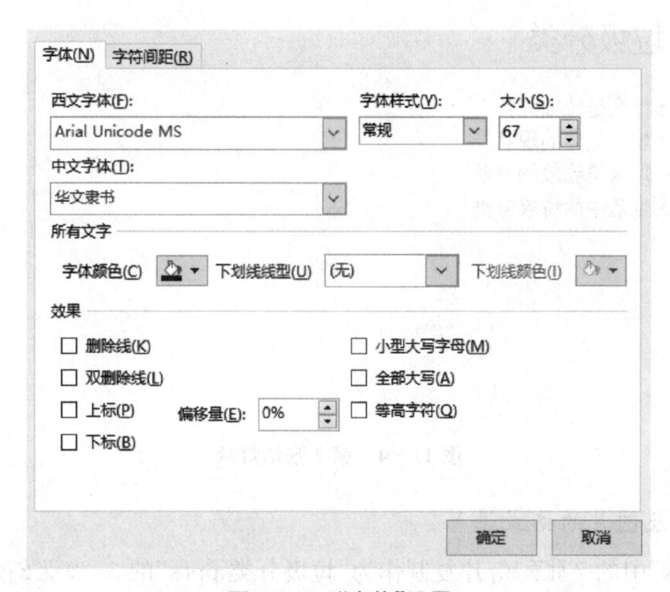

图 11－2 “字体”设置

（2）制作第2张幻灯片

单击“开始”选项卡，在“幻灯片”组中单击“新建幻灯片”按钮，选择“标题和内容”，如图11－3所示。

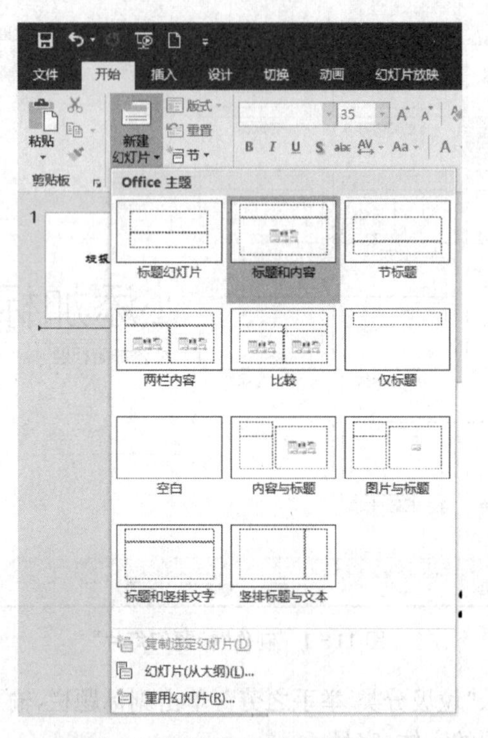

图11－3　新建“标题和内容”幻灯片

按图11－4的样式输入文字并修饰。

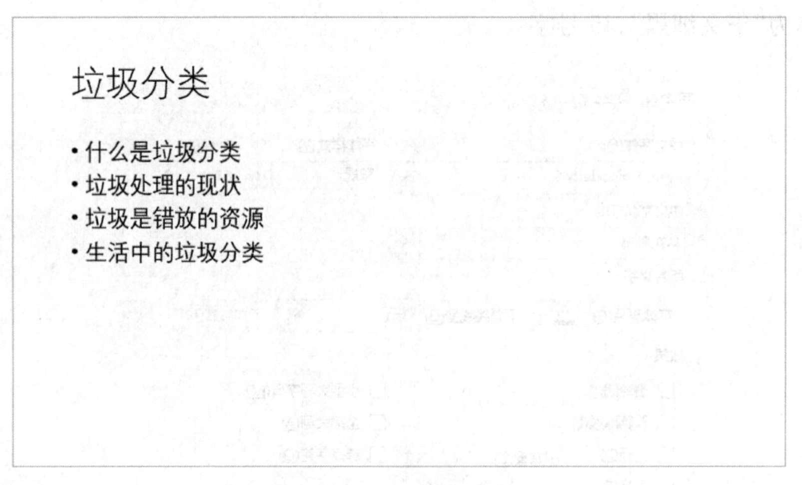

图11－4　第2张幻灯片

3. 插入图片及图片的格式设置

将“素材.pptx”中的7张幻灯片复制作为“垃圾分类.pptx”的3—9张幻灯片。

(1) 编辑第 3、4 张幻灯片

① 在第 3 张幻灯片之后插入“两栏内容”幻灯片，方法同上。

② 编辑第 4 张幻灯片内容

“单击此处添加标题”中输入“什么是垃圾分类”，将第 3 张幻灯片的最后一段“垃圾分类，……力争物尽其用。”移动至第 4 张幻灯片右侧位置。具体操作为：选中该段文字右击选择剪切，在第四张幻灯片右侧“单击此处添加文本”右击选择粘贴选项“使用目标主题(H)”。如图 11－5 所示。

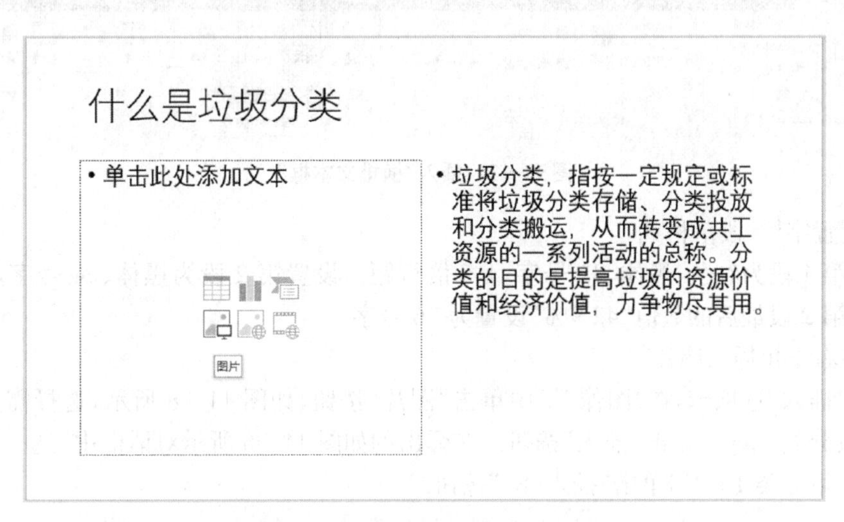

图 11－5　第 4 张幻灯片插入图片

(2) 插入图片

在左侧“单击此处添加文本”单击“图片”按钮，在弹出的如图 11－6 所示对话框中，选中需要插入的图片“垃圾分类 2.gif”，单击“插入(S)”按钮。

图 11－6　“插入图片”对话框

(3) 调整第 3 张幻灯片内容

① 调整第 3 张幻灯片中的第 2 段至左下角。选中“这是联合国环境……总量的 42.9%。”右击“剪切(T)”,缩小第 1 段所在的文本框至中间。单击“插入”选项卡,在“文本”组中单击“文本框”按钮,选择“横排文本框(H)”,如图 11－7 所示,在左下角绘制横排文本框,并粘贴第 2 段内容。

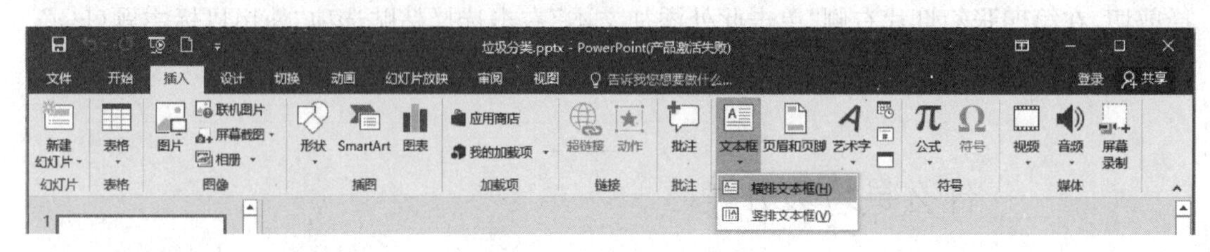

图 11－7　插入“横排文本框”

② 设置字体、段落格式

设置第 1 段为红色、黑体、32 号字,1.5 倍行距。设置第 2 段为黑体、24 号字,1.5 倍行距。另将第 2 段最后的数值“42.9%”设置为 36 号字。

③ 在右下角插入图片

单击“插入”选项卡,在“图像”组中单击“图片”按钮,如图 11－8 所示,选择需要插入的图片“垃圾分类1.jpg”,单击“插入”按钮。在弹出的如图 11－6 所示对话框中,选中需要插入的图片“垃圾分类 1.gif”,单击“插入(S)”按钮。

图 11－8　插入“图片”

(4) 调整图片大小、位置与样式

① 调整图片大小

在 PPT 中选中“垃圾分类 1.jpg”,单击“图片工具”中的“格式”选项卡“大小”右下方的按钮,如图 11－9 所示,右侧出现如图 11－10 所示功能区。单击第三个“大小与属性”标签,先取消选定“锁定纵横比(A)”与“相对于图片原尺寸(R)”复选框,再修改大小参数,高度(E):7 厘米,宽度(D):12 厘米。

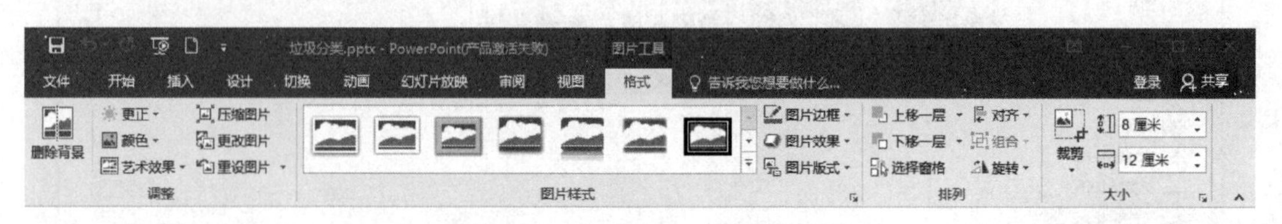

图 11－9　设置“图片格式”

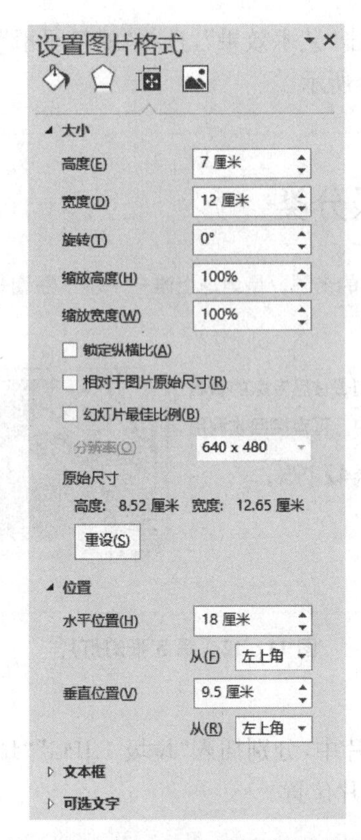

图 11－10　“设置图片格式”功能区

② 调整图片位置

在右侧“设置图片格式”功能区展开“位置”菜单，修改位置参数，水平位置(H)：18 厘米，从(F)：左上角，垂直位置(V)：9.5 厘米，从(R)：左上角。

③ 设置图片样式

选中图片，单击“图片工具”中的“格式”选项卡“图片样式”功能组右下角的下拉箭头，选择“金属圆角矩形”，如图 11－11 所示。

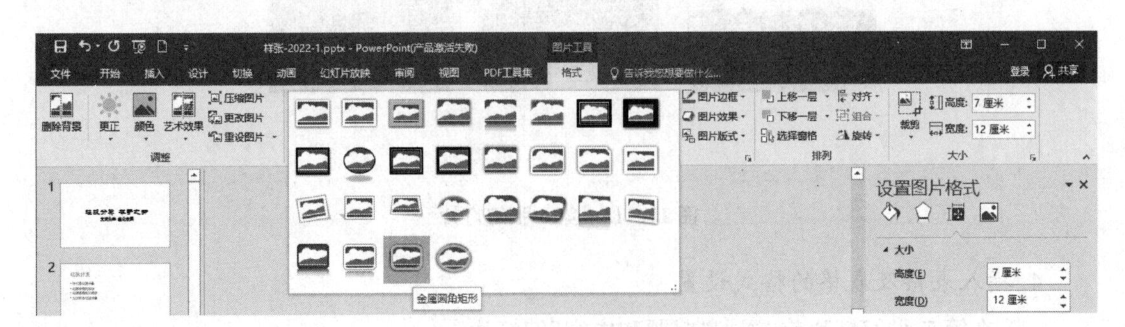

图 11－11　图片框架设置

单击“图片效果”按钮，在下拉菜单中选择“棱台”中的“艺术装饰”。

同样的方法，单击“图片效果”按钮，在下拉菜单中选择“发光”中的“发光变体—绿色，11pt 发光，个性色 6”。

最后在“调整”功能组中单击“艺术效果”，选择“蜡笔平滑”。

第3张幻灯片如图11－12所示。

什么是垃圾分类

• “垃圾是放错了的资源，是地球上唯一一种不断增长、永不枯竭的资源！”

这是联合国环境规划署首席专家的著名论断。在垃圾成分中，可直接回收利用的资源占垃圾总量的42.9%。

图11－12　第3张幻灯片

③ 手动调整图片位置

按上述方法在第6张幻灯片中，分别插入“垃圾1.JPG”“垃圾2.JPG”“垃圾3.JPG”，参考样张（如图11－13）手动调整图片位置。

垃圾的去向

• 它们通常是先被送到堆放场，然后再送去填埋。垃圾填埋的费用是非常高昂的，处理一吨垃圾的费用约为200元至300元人民币。人们大量地消耗资源，大规模生产，大量地消费，又大量地产生着废弃物。

图11－13　第6张幻灯片

4. 插入表格及表格的格式设置

（1）在第7张幻灯片前，添加“标题和内容”幻灯片。

在“单击此处添加标题”中填写“垃圾污染的危害”。

（2）插入表格

在“单击此处添加文本”中单击表格按钮，在弹出的“插入表格”对话框中，填入5列，3行，如图11－14所示。

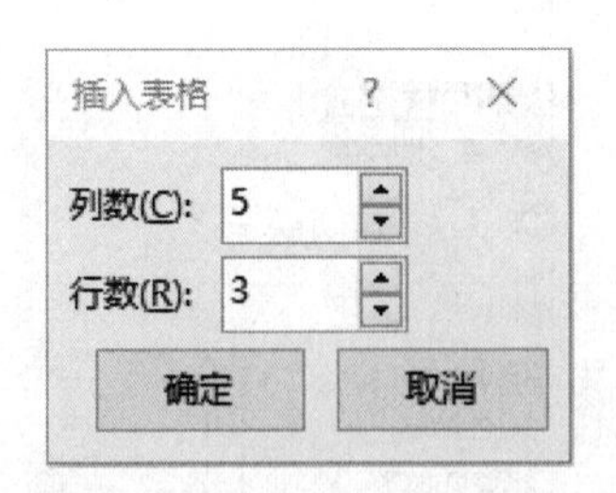

图 11-14 “插入表格”对话框

(3) 编辑表格文字

将第 8 张幻灯片中的标题分别复制到表格第 1 行各列，并设置字体为黑体，字号 20，居中对齐。将标题下的内容分别复制到第 2 行第 2 列、第 3 行第 3 列、第 2 行第 4 列、第 3 行第 5 列的表格中，设置字体为宋体，字号 17，如图 11-15 所示。

删除第 8 张幻灯片。

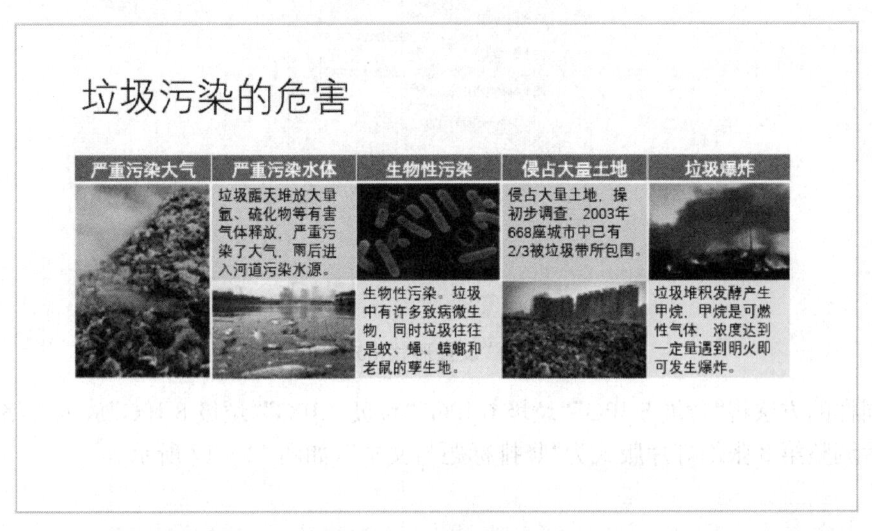

图 11-15 第 7 张幻灯片

(4) 设置表格

① 修改表格样式

选中表格，在“表格工具”下方的“设计”选项卡中的“表格样式”组中单击右下角下拉箭头，选择“中度样式 2 - 强调 6”。

② 调整表格

将鼠标置于第一列任意单元格内，在“表格工具”下方的“布局”选项卡中的“单元格大小”组中，修改宽度为 5.5 厘米。

③ 修饰表格

合并表格第 1 列的 2、3 行，在其中右击，在快捷菜单中选择“设置形状格式”，在右侧“设置形状格式”功能区中，单击“形状选项”下第一个“填充与线条”标签，选择“图片或纹理填充(P)”单选按钮，如图 11-16 所示，在下方单击“文件(F)...”按钮，在弹出的“插入图片”对话框中，选择“垃圾 4.JPG”。

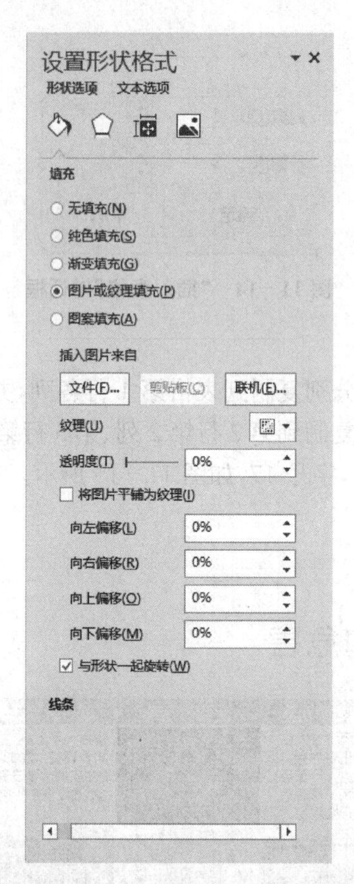

图 11－16 “设置形状格式”功能区

用同样的方法将“垃圾 5.JPG”“垃圾 6.JPG”“垃圾 7.JPG”“垃圾 8.JPG”放入表格中。最后调整第 8 张幻灯片版式为“竖排标题与文本”，如图 11－17 所示。

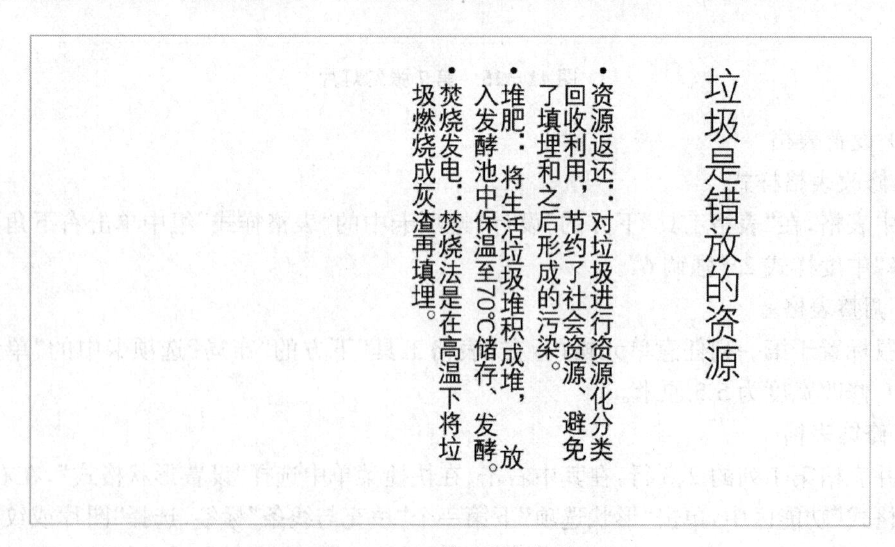

图 11－17 第 8 张幻灯片

5. 插入日期时间和页码

(1) 插入页码、日期

① 单击“插入”选项卡,在“文本”组中单击“页眉和页脚”按钮,如图 11-18 所示。

图 11-18 设置“页眉和页脚”

② 在弹出的“页眉和页脚”对话框中选择“幻灯片”选项卡,在“幻灯片包含内容”区域勾选“日期和时间(D)”“幻灯片编号(N)”与“页脚(F)”复选框,在“日期和时间(D)”复选框范围内,选择“自动更新(U)”单选按钮,在“页脚(F)”复选框下方文本框内填入“垃圾分类”。最后勾选“标题幻灯片中不显示(S)”复选框,如图 11-19 所示。

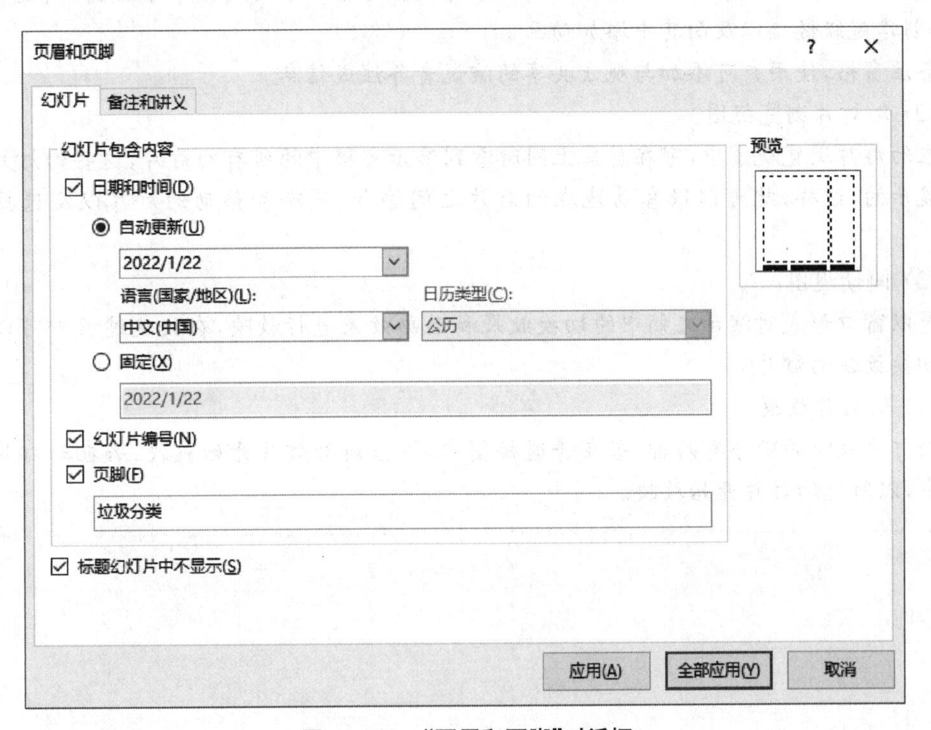

图 11-19 “页眉和页脚”对话框

(2) 设置应用范围

在设置完毕后,可以进行两种选择:

① 点击“应用”按钮,那么所进行的设置只应用于当前的标题幻灯片上;

② 点击“全部应用”按钮,那么所设置将应用于所有幻灯片上。

这里单击“全部应用”。

6. 存盘,保留结果

按原路径保存文件。

制作完毕后，按 F5 键(或单击屏幕左下方的“幻灯片放映”按钮)，便可放映幻灯片，观看放映效果。

演示文稿视图

演示文稿窗口的右下方有 4 个按钮，称为视图方式切换按钮，用于快速切换到不同的视图。从左至右依次为“普通视图”“幻灯片浏览视图”“阅读视图”“幻灯片放映”。这 4 个按钮的功能分别为：

(1) 普通视图

选择该视图，屏幕显示方式包含三个窗格：大纲窗格、幻灯片窗格和备注窗格。这些窗格使用户可在同一位置使用演示文稿的各种特征。拖动窗格边框，可调整其大小。其中：

大纲窗格，可组织和开发演示文稿中的文字内容。可键入演示文稿中的所有文本，然后重新排列项目符号、段落和幻灯片。

幻灯片窗格，可查看每张幻灯片中的文本外观。可在单张幻灯片中添加图形、视频和声音，并创建超级链接以及向其中添加动画。

备注窗格，使用户可添加与观众共享的演说者备注或信息。

(2) 幻灯片浏览视图

在幻灯片浏览视图中，可在屏幕上同时看到演示文稿中的所有幻灯片，这些幻灯片是以缩图显示的，这样，就可以很容易地在幻灯片之间添加、删除和移动幻灯片以及选择动画切换。

(3) 阅读视图

是以窗口形式对演示文稿中的切换效果和动画效果进行放映，在放映过程中可以单击鼠标切换放映幻灯片。

(4) 幻灯片放映

幻灯片放映的顺序有两种：若在普通视图中，以当前幻灯片开始放映；若在幻灯片浏览视图中，以所选幻灯片开始放映。

实验 12　演示文稿的个性化

一、实验要求

1. 掌握幻灯片版式、主题、设计模板的设置及应用。
2. 掌握幻灯片配色方案、背景的设置、母版的设置。
3. 掌握插入 SmartArt 图形、声音等多媒体对象的方法。
4. 掌握动画效果的设置、文本的超链接。
5. 掌握幻灯片切换效果设置和幻灯片放映的高级技巧。

二、实验步骤

1. 设置幻灯片主题及标题幻灯片背景

为了增加版面的美感，可利用 PowerPoint 所提供的“主题”功能，也可根据幻灯片内容个性化设置背景格式：

(1) 设置幻灯片主题

单击“设计”选项卡，在“主题”组中单击“环保”主题，在“变体”组中单击第三个变体方案；单击右下角下拉箭头选择“背景样式”菜单中的“样式 10”；“颜色(C)”选择“气流”，如图 12－1 所示。

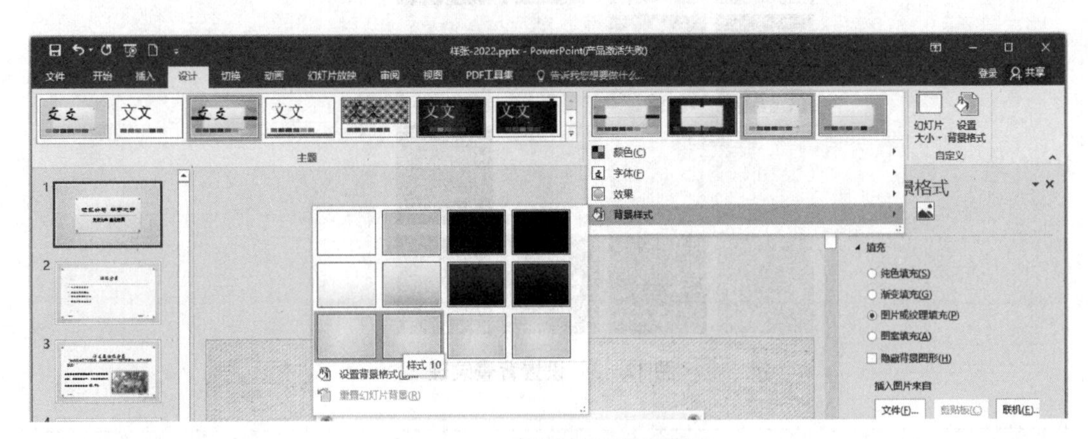

图 12－1　设置主题及背景样式

(2) 设置幻灯片大小及编号起始值

在自定义组中单击“幻灯片大小”按钮，单击“自定义幻灯片大小(C)...”选项，弹出如图

12－2 的“幻灯片大小”对话框。在“幻灯片大小(S)：”提示下选择“全屏显示(16：9)”，“宽度(W)：”参数自动调整为 25.4 厘米，“高度(H)：”参数自动调整为 14.288 厘米。修改“幻灯片编号起始值(S)：”为 101，如图 12－2 所示。

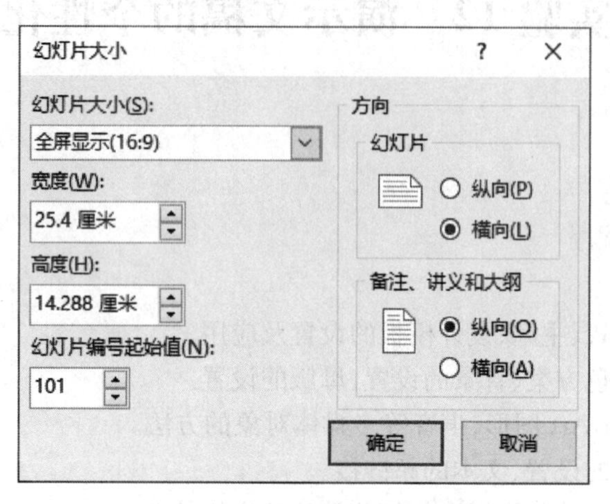

图 12－2 “幻灯片大小”对话框

（2）设置标题幻灯片背景

单击“设计”选项卡，在“自定义”组中单击“设置格式背景”按钮，在右侧“设置背景格式”功能区中，单击“填充”标签，选择“图片或纹理填充(P)”单选按钮，在下方单击“纹理(U)”按钮，弹出如图 12－3 所示纹理中选择“再生纸”。

图 12－3 设置背景纹理

隐藏背景图形：

此处若勾选“隐藏背景图形”选项则可忽略主题模板上的图案。

2. 设置母版字体

(1) 打开“幻灯片母版”

单击“视图”选项卡，在“母版视图”组中单击“幻灯片母版”按钮，如图 12－4 所示。

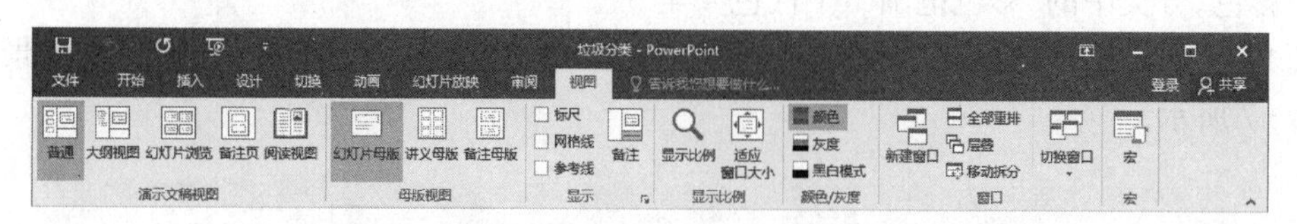

图 12－4　设置“幻灯片母版”

(2) 设置字体

选中左侧顶部的“环保 幻灯片母版：由幻灯片 101－110 使用”。设置标题为黑体，45 号字；内容为黑体，23 号字。

(3) 关闭“幻灯片母版”

当完成所有的设置后，切换到“幻灯片母版”选项卡，单击“关闭母版视图”按钮，返回到普通视图，这时会发现设置的格式已经在幻灯片上显示出来了。

3. SmartArt 图形与自选形状

(1) 修饰第 8 张幻灯片

① 单击“插入”选项卡，在“插图”组中单击“SmartArt”，如图 12－5 所示。

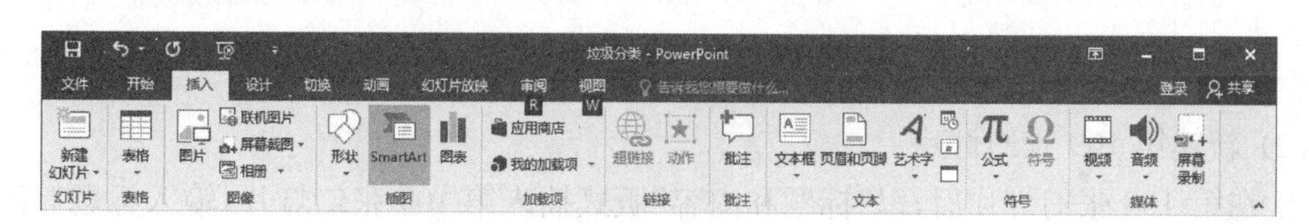

图 12－5　打开“SmartArt”对话框

② 弹出如图 12－6 所示对话框，在左侧选择“流程”，在中间区域选取“圆箭头流程”，单击“确定”按钮。

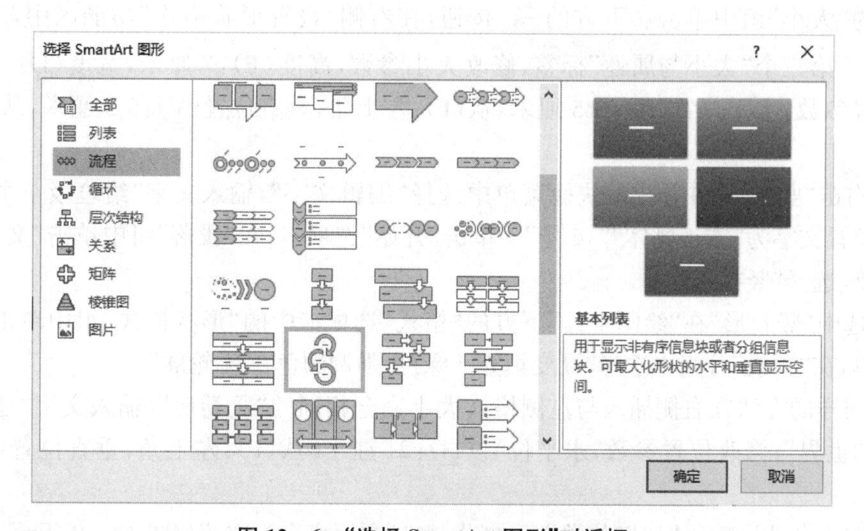

图 12－6　“选择 SmartArt 图形”对话框

③ 将“圆箭头流程”拖动至左侧位置，在上部输入“资源返还”，中间输入“堆肥”，下部输入“焚烧发电”；字体均设为仿宋，16 号字。

④ 单击“SmartArt 工具”中的“设计”选项卡，在“SmartArt 样式”组中单击“更改颜色”，选择“彩色”分类中的“彩色范围 - 个性色 4 至 5”。

⑤ 在“SmartArt 样式”组中单击右下角下拉菜单，在“三维”分组中单击“砖块场景”，如图 12 - 7 所示。

图 12 - 7　第 108 张幻灯片

(2) 新建第 109 张幻灯片

① 在第 108 张幻灯片后，以“标题和内容”版式插入第 109 张幻灯片，输入标题“垃圾的生命”，在下方单击“图片”按钮，插入“垃圾分类 3.jpg”。

② 单击“插入”选项卡，在“插图”组中单击“形状”下拉菜单，选择“星与旗帜”分类中的“竖卷形”，在幻灯片适当位置拖动绘制。选中“竖卷形”，在“绘图工具”下方的“格式”选项卡中的“大小”组中单击右下方的 ◲ 按钮，在右侧“设置形状格式”功能区中，单击“形状选项”下第三个“大小与属性”标签，修改大小参数，高度(E)：7 厘米，宽度(D)：2 厘米；修改位置参数，水平位置(H)：2.5 厘米，从(F)：左上角，垂直位置(V)：5.5 厘米，从(R)：左上角。

③ 右击“竖卷形”在弹出的快捷菜单中选择“编辑文字”，输入文字“给垃圾一个分类的归宿”，设置文字为“方正姚体”“16 号”。单击“开始”选项卡，在“段落”组中单击“文字方向”下拉菜单，选择“竖排(V)”。

④ 选中“竖卷形”在“绘图工具”下方的“格式”选项卡中的“形状样式”组中单击右下角下拉菜单，在“预设”分组中选择“渐变填充 - 绿色，强调颜色 3，无轮廓”。

⑤ 同样的方法在右侧插入与左侧格式大小完全相同的“竖卷形”，输入文字“还我们一个清洁的世界”；修改位置参数，水平位置(H)：21 厘米，从(F)：左上角，垂直位置(V)：5.5 厘米。

⑥ 单击备注区输入“垃圾分类举手之劳，循环利用变废为宝。”如图 12 - 8 所示。

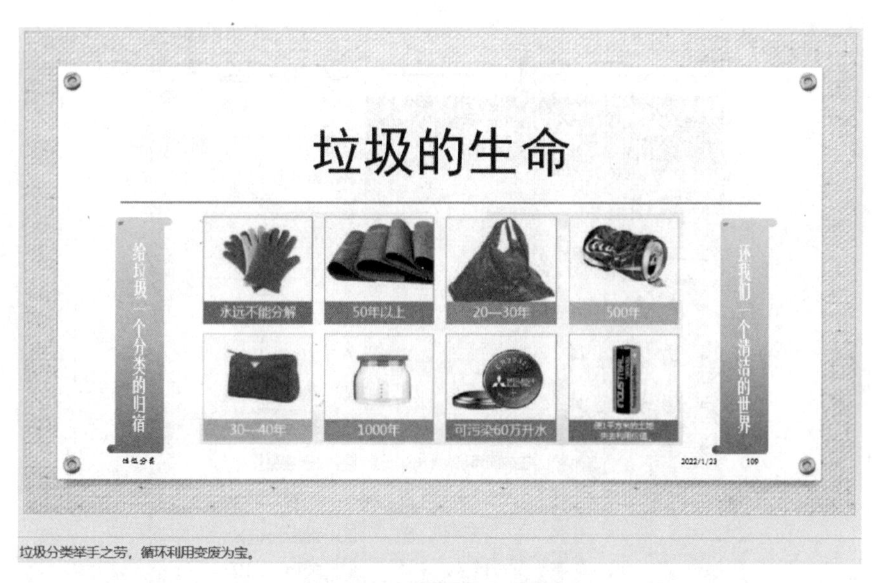

图 12-8 第 109 张幻灯片

(3) 修改第 110 张幻灯片

① 选中第 110 张幻灯片“生活中的垃圾分类”内容区域文字，单击“开始”选项卡，在“段落”组中，单击“转换为 SmartArt”按钮，选择下拉菜单中的“其他 SmartArt 图形(M)...”。

② 弹出如图 12-9 所示对话框，在左侧选择“列表”，在中间区域选取“水平项目符号列表”，单击“确定”按钮。手动调整 SmartArt 图形大小与位置。

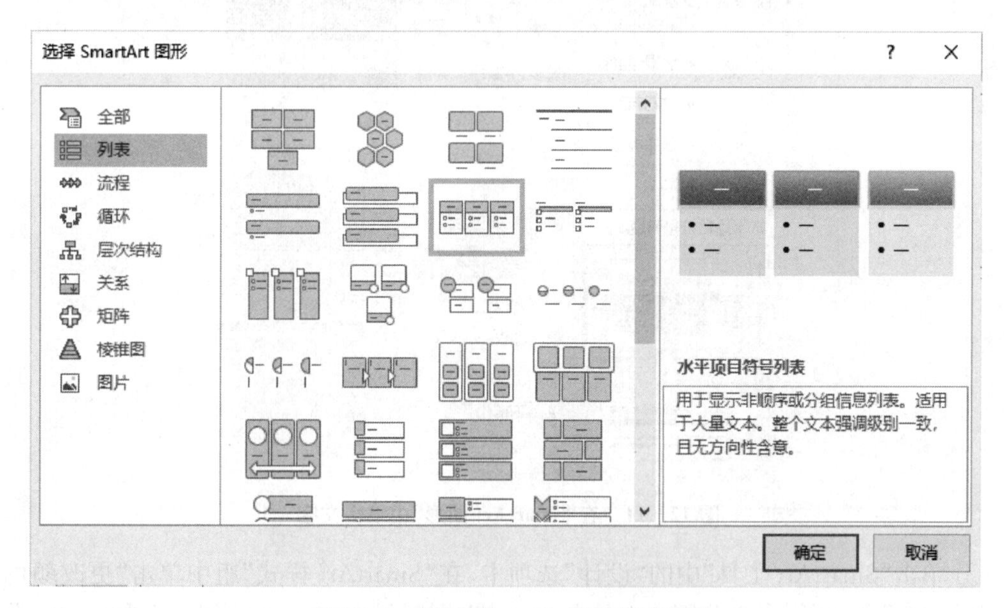

图 12-9 “选择 SmartArt 图形”对话框

③ 在最后一项标题处右击，在弹出的快捷菜单中单击“添加形状”中的“在后面添加形状(A)”，如图 12-10 所示。在标题位置输入“有害垃圾”，在内容位置依次输入：“废电池”“废荧光灯管”“水银温度计”“过期药品”“杀虫剂罐”“……”。

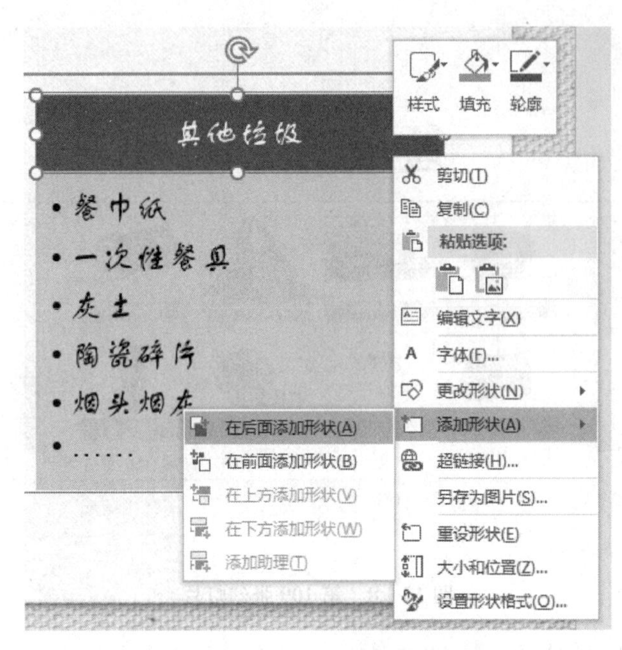

图 12－10　“SmartArt 图形”添加形状

④ 在图 12－11 中，选中所有文本（Ctrl＋A），将字体设为楷体，18 号字。输入过程中可通过右击选择“升级”“降级”“上移”“下移”来调整文字间的结构与顺序，如图 12－11 所示。

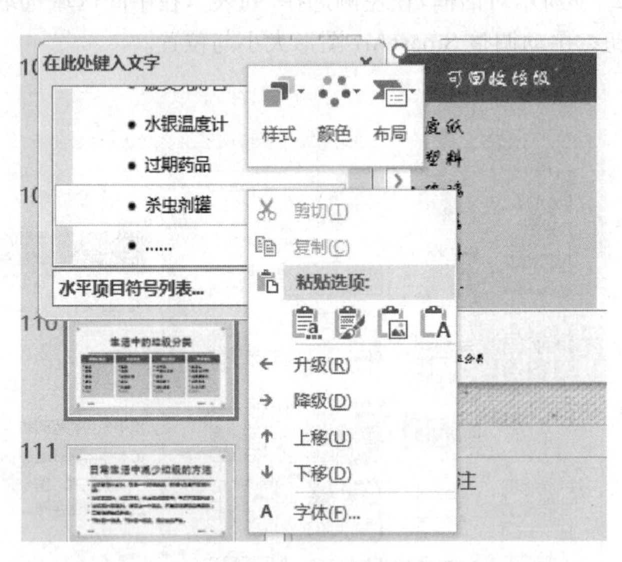

图 12－11　在“SmartArt 图形”中编辑文字

④ 单击“SmartArt 工具”中的“设计”选项卡，在“SmartArt 样式”组中单击“更改颜色”，选择“彩色”分类中的“彩色范围－个性色 4 至 5”；同时设置“SmartArt 样式”为“三维”类别下的“金属场景”。效果如图 12－12 所示。

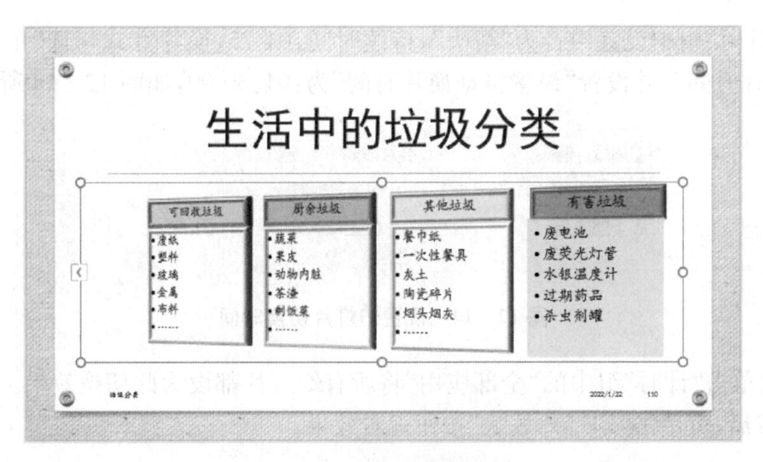

图 12-12　第 110 张幻灯片

4. 设置幻灯片切换方式

所谓切换方式，就是幻灯片放映时一个幻灯片进入和离开屏幕时的方式，既可以为一组幻灯片设置一种切换方式，同时还能够设置每一张幻灯片都有不同的切换方式，但需要一张张地对它进行设置。操作步骤如下：

（1）切换到普通视图或者幻灯片浏览视图中，将要设置切换方式的幻灯片选中。

（2）单击"切换"选项卡，在"切换到此幻灯片"组中选取"华丽型"中的"棋盘"，如图 12-13 所示。在"效果选项"中选择"自顶部"。

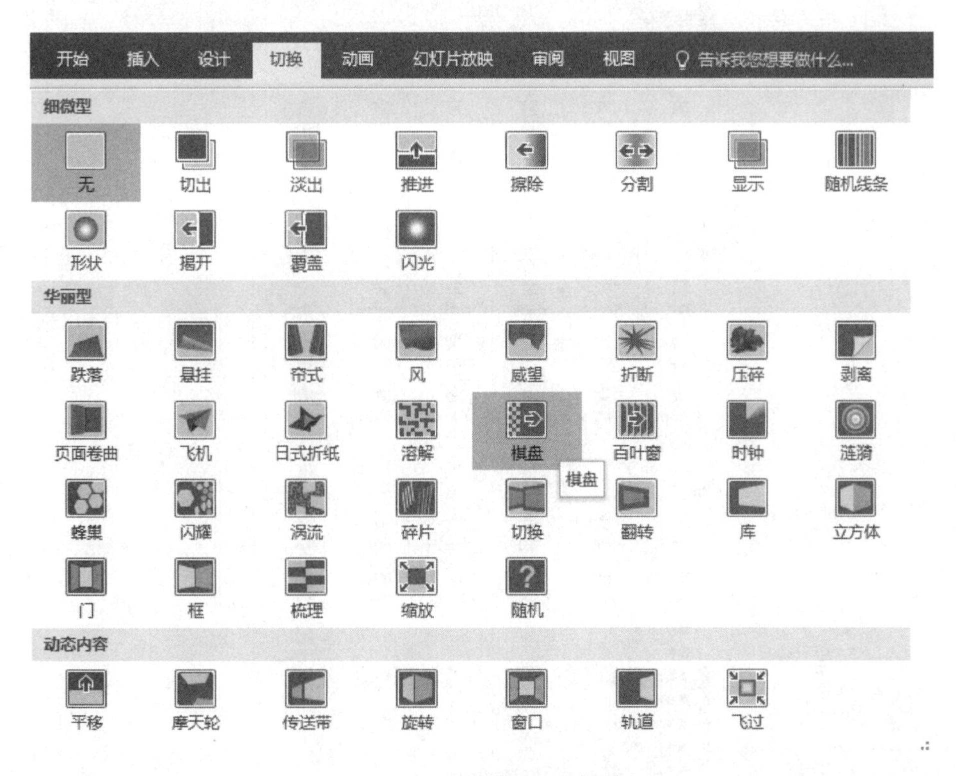

图 12-13　设置幻灯片切换

(3) 在“计时”组中设置声音为“箭头”，持续时间：01.75，换片方式勾选“单击鼠标时”与“设置自动换片时间”，并设置“设置自动换片时间”为：01：30.00，如图 12－14 所示。

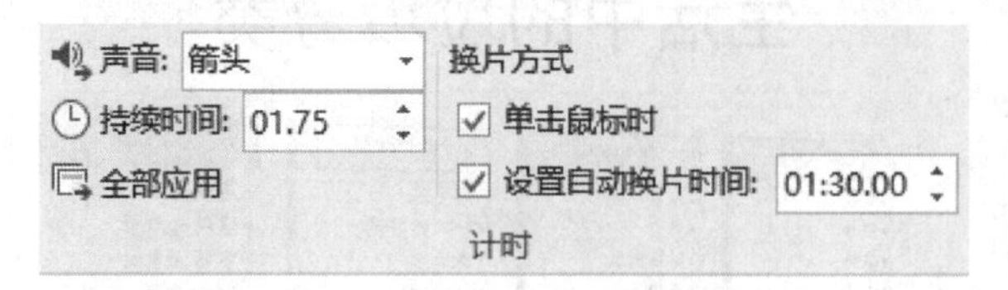

图 12－14　设置幻灯片切换时间

(4) 这里单击“计时”组中的“全部应用”将所有幻灯片都设为此切换效果。

设置完成后，可单击“幻灯片放映”按钮观看效果。

5. 设置文本、图片动画

“动画”功能可使幻灯片上的文本、形状、图像、图表和其他对象具有动画效果，这样可以突出重点，控制信息的流程，并提高演示文稿的趣味性。操作步骤如下：

(1) 为第 103 张幻灯片中的图片设置动画

① 单击“动画”选项卡，在“动画”组中单击其他下拉箭头，选取“更多进入效果(E)...”，如图 12－15 所示，在弹出的“更改进入效果”对话框中“基本型”下方选择“十字型扩展”。如图 12－16 所示。

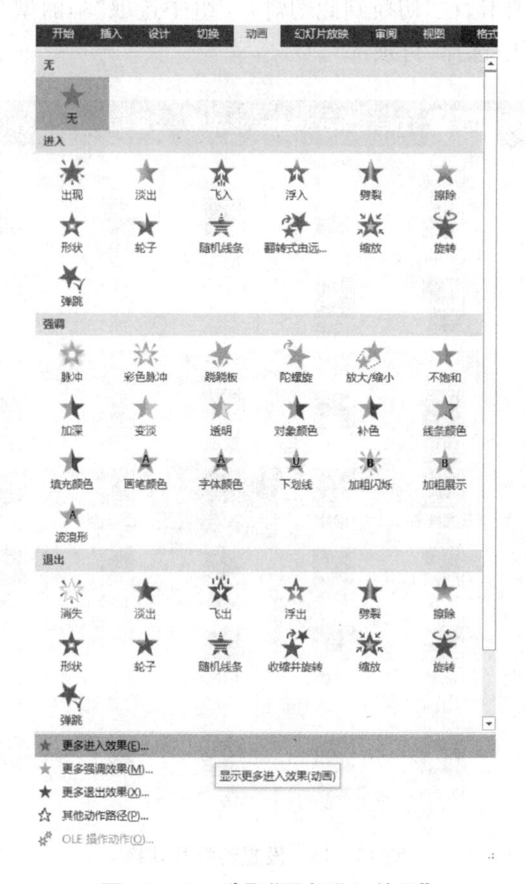

图 12－15　选取“更多进入效果”

图 12-16 “更改进入效果”对话框

② 在“动画”组中单击“效果选项”下面的箭头，设置形状为“菱形(D)”，方向为“切出(U)”。

(2) 为第 3 张幻灯片中的文字设置动画

① 为第一段文字“垃圾……资源!”，设置动画效果：单击“动画”选项卡，在“动画”组中单击其他下拉箭头，选取“更多强调效果(M)...”，在弹出的“更改强调效果”对话框中“华丽型”下方选择“加粗展示”。

② 在“动画”组中单击“效果选项”下面的箭头，设置序列为“作为一个对象(N)”。

③ 在“计时”组中设置开始为“与上一动画同时”，持续时间为“01.50”秒，延迟为“01.00”秒。

④ 为第二段文字“这是……42.9%。”，设置动画效果：“进入”“飞入”，效果选项为“自左下部(E)”。

(3) 调整动画顺序

选择第二段文字，在“动画”选项卡中的“计时”组中单击“向前移动”，将其设置为最先进入的动画，完成效果如图 12-17 所示。

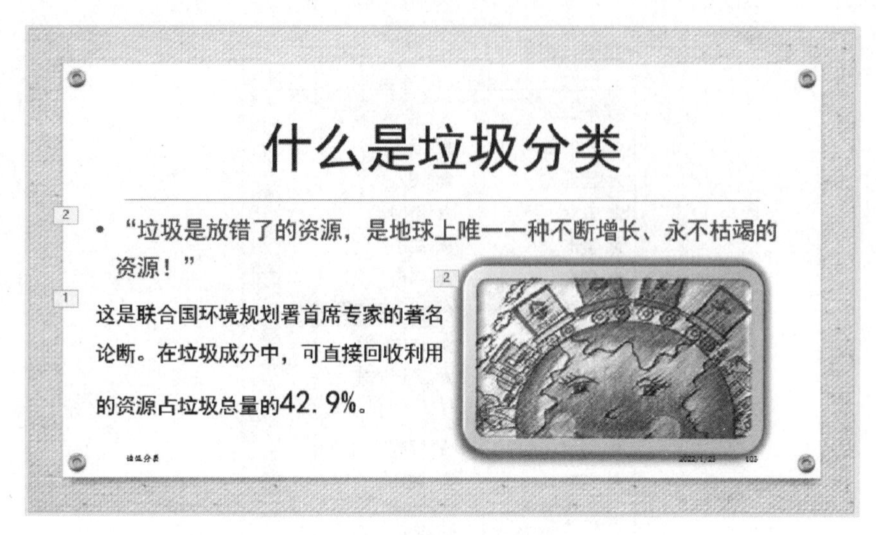

图 12－17　第 103 张幻灯片

6. 设置艺术字

(1) 修改第 102 张幻灯片的版式为“内容与标题”。

(2) 修改标题文字“垃圾分类”为仿宋、45 号字。

(3) 选中标题文本框，在“绘图工具”下方的“格式”选项卡中的“艺术字样式”组中单击“艺术字”，选择“渐变填充—橙色，着色 1，反射”，如图 12－18 所示。

图 12－18　插入艺术字

(4) 在“绘图工具”下的“格式”选项卡“艺术字样式”组中单击“文本效果”，选择“转换”中的“山形”，如图 12－19 所示。

(5) 在“绘图工具”下的“格式”选项卡“形状样式”组中单击“形状填充”，在下拉菜单中选择“渐变(G)”下的二级菜单“其他渐变(M)…”，在右侧“设置形状格式”功能区中，单击“形状选项”下第一个“填充与线条”标签，修改填充参数，首先选择“渐变填充(G)”单选按钮，在“预设渐变(R)”右侧的下拉菜单中选择“顶部聚光灯－个性色 3”，如图 12－20 所示。

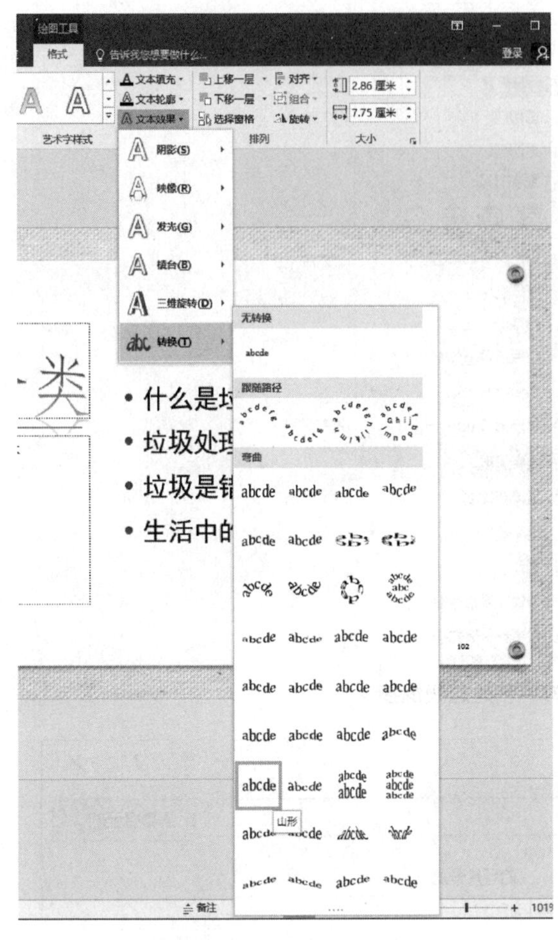

图 12 - 19　设置艺术字效果

图 12 - 20　设置渐变填充

(6) 选中艺术字文本框,在“绘图工具”下方的“格式”选项卡中的“大小”组中单击右下方的 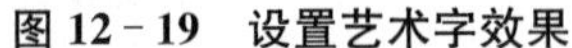 按钮,在右侧“设置形状格式”功能区中,单击“形状选项”下第三个“大小与属性”标签,修改大小参数,高度(E):3 厘米,宽度(D):8.5 厘米;修改位置参数,水平位置(H):2.5 厘米,从(F):左上角,垂直位置(V):3 厘米,从(R):左上角。

7. 建立超级链接

(1) 选中第 102 张幻灯片中的“什么是垃圾分类”单击右键,在弹出的菜单中选择“超链接”,如图 12 - 21 所示。

(2) 在“插入超链接”对话框中,单击“本文档中的位置”,选择“103.什么是垃圾分类”,参见图 12 - 22 所示。

(3) 以同样的方法为另外三个标题建立超级链接,分别链接到“105.垃圾处理的现状”“108.垃圾是错放的资源”“110.生活中的垃圾分类”。

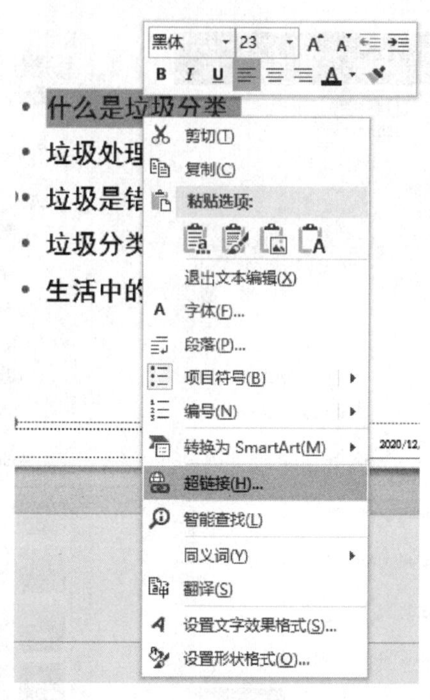

图 12－21 创建超级链接

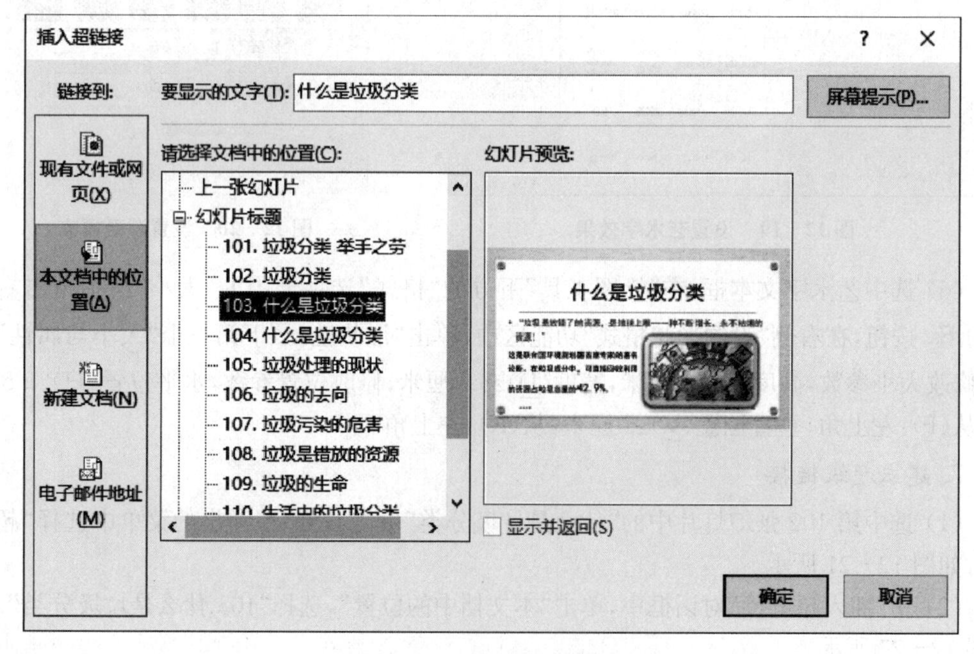

图 12－22 选择链接到的位置

8. 设置背景音乐

为最后一张幻灯片插入背景音乐。

单击“插入”选项卡，在“媒体”组中单击“音频”按钮，选择“PC 上的音频”，在弹出的如图 12－23 所示对话框中，找到“垃圾分类歌.mp3”，单击“插入(S)”按钮。

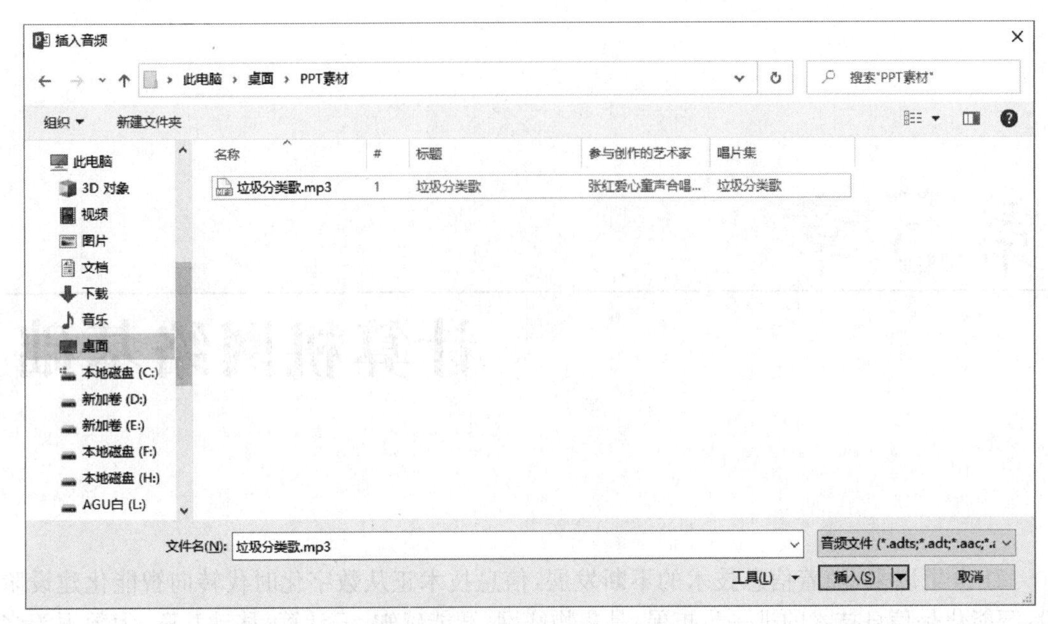

图 12-23 “插入音频”对话框

9. 幻灯片放映

单击“幻灯片放映”选项卡，在“设置”组中单击“设置幻灯片放映”按钮，在如图 12-24 所示对话框内“放映类型”中选择“观众自行浏览(窗口)(B)”。

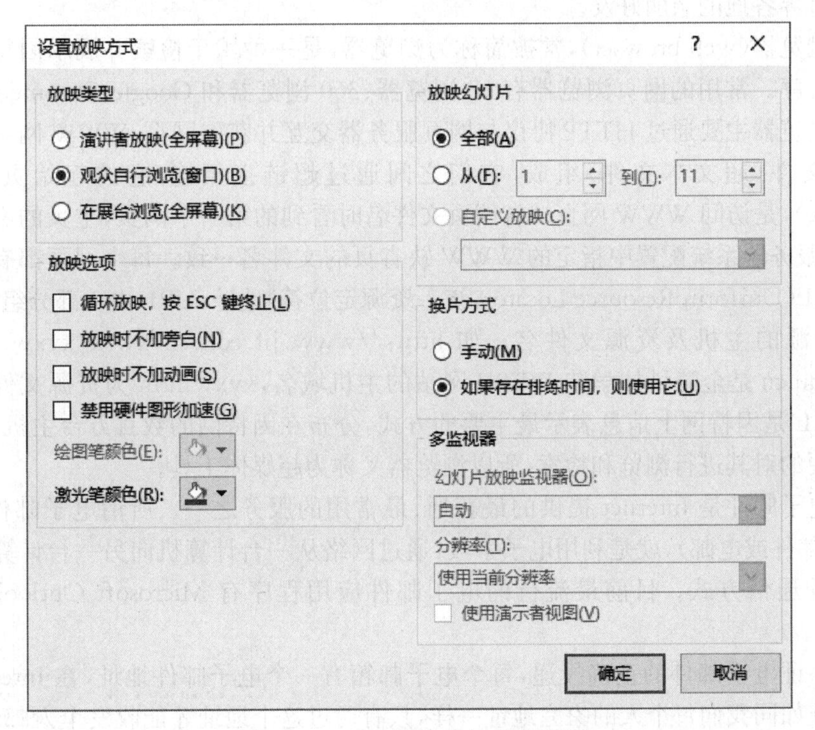

图 12-24 “设置放映方式”对话框

第5章

计算机网络基础

21世纪以来，随着信息技术的不断发展，信息技术正从数字化时代转向智能化建设阶段，智能化是信息技术的进一步扩展，是集物联网、智能感知、云计算、移动互联、大数据等多领域信息技术为一体的综合技术。

随着信息技术、计算机网络技术以及多媒体技术的快速发展，特别是移动互联网络的出现，为人们随时随地进行网上信息交流、移动支付和发布资讯提供了方便快捷的平台，人们足不出户就可以了解世界各地发生的最新新闻，可以收发电子邮件、网上视频聊天、网上音频电话给世界各地的亲朋好友。

网页浏览器(web browser)，常被简称为浏览器，是一种用于检索并展示因特网信息资源的应用程序。常用的网页浏览器有IE浏览器、360浏览器和Google Chrome浏览器等。其中网页浏览器主要通过HTTP协议与网页服务器交互并获取网页，WWW网站由一个或多个网页文件(超文本文件)组成，它们之间通过超链接相连，它的起始页称为主页(HomePage)，是访问WWW网页缺省网页文件名时看到的第一个网页，主页的文件名应与该WWW服务器系统配置中指定的WWW缺省页的文件名一致。每个网页都有一个全球唯一的URL(Uniform Resource Locator，统一资源定位符)地址，URL由3部分组成：资源类型、存放资源的主机及资源文件名。如http://www.jit.edu.cn/xwzx/xyxw.htm，其中www.jit.edu.cn是金陵科技学院WWW网站的主机域名，xyxw.htm为资源文件名。这些独立的URL是因特网上信息表示最主要的方式，分布在因特网的数百万台主机上，利用浏览器可方便的对其进行浏览和检索，所以浏览器又称为超媒体工具。

收发电子邮件是Internet提供的最普通、最常用的服务之一。所谓电子邮件(又称E-mail，简称邮件或电邮)，就是利用电子手段，通过网络从一台计算机向另一台计算机欧诺该信息的一种通信方式。目前最流行的电子邮件应用程序有Microsoft Outlook Express、Foxmail等。

为了保证电子邮件的正确投递，每个电子邮箱有一个电子邮件地址，在Internet中，电子邮件地址如同我们每个人的家庭地址一样，只有通过这个地址才能收发个人邮件，才能确保邮件能正确的从一地传送到另一地。

一个电子邮件的地址遵循以下格式：Username@Hosts，即用户名和主机名两部分。用户名一般以用户自己名字或名字的部分、缩写或昵称等表示。主机名就是提供电子邮件服务的服务器名字或域名，中间用一个“@”来链接这两部分。所有的邮件地址都是唯一的，不可能出现两个相同的邮件地址，否则会出现邮件的发送和接收错误。

很多站点提供免费的电子信箱服务，不管从哪个ISP(Internet Service Provider，网络业务供应商)上网，只要能访问这些站点的免费电子信箱服务网页，用户就可以免费建立并使用自己的电子信箱。这些站点大多是基于Web页式的电子邮件，即用户要使用建立在这些站点上的电子信箱时，必须首先使用浏览器进入主页，登录后，在Web页上收发电子邮件，也即所谓的在线电子邮件收发。

本章安排了“信息检索”“电子邮件(E-mail)的收发”和“计算机网络基础”三个实验。通过上机练习，要求掌握浏览器的使用和基本设置、掌握网站的访问和页面的保存、掌握网络资源信息检索和下载、掌握电子邮件的收发、掌握简单局域网的基本构成、掌握网络地址(IP)的基本配置、了解网络设备交换机的一般配置等内容。

实验 13　信息检索

一、实验要求

1. 掌握浏览器的使用和基本设置。
2. 掌握网站的访问和页面的保存。
3. 掌握网络资源信息检索和下载。

二、实验步骤

1. 浏览器的使用和基本设置

(1) 浏览器的类型和使用

网页浏览器(web browser),常被简称为浏览器,是一种用于检索并展示万维网信息资源的应用程序。常用的网页浏览器有 IE 浏览器、360 浏览器和 Google Chrome 浏览器等,其中网页浏览器主要通过 HTTP 协议与网页服务器交互并获取网页,这些网页由 URL 指定,比如访问金陵科技学院官网地址为 http://www.jit.edu.cn,使用 360 浏览器打开网站主页如图 13-1 所示:

图 13-1　网站主页

(2) 浏览器的基本设置

用户可以将喜欢或经常浏览的网站收录到浏览器收藏夹中,以方便以后快速地打开它们。要将网站加入收藏夹,以金陵科技学院网页在 360 浏览器中的应用为例,其操作如下:

① 打开 360 浏览器,在地址栏输入金陵科技学院首页(http://www.jit.edu.cn)网址。

② 按Ctrl+D组合键或点击浏览器菜单栏“收藏”选项，在下拉菜单中选择“添加到收藏夹”命令。

③ 在弹出的“添加收藏”页面“名称”栏中输入收藏页面的名字，便于以后查找。

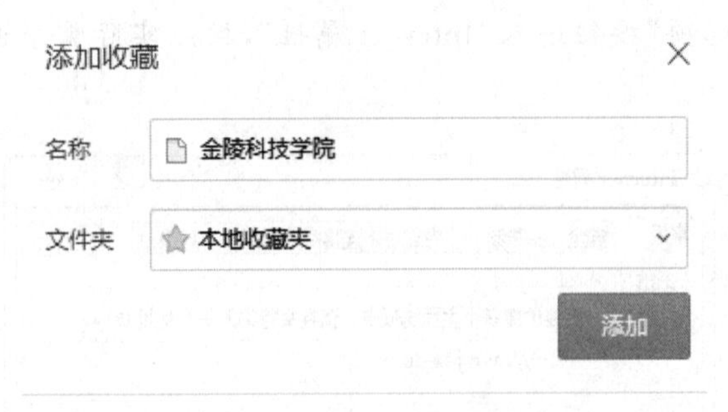

图 13-2 “添加收藏”对话框

④ 在弹出如图13-3所示的对话框中，在“文件夹”选项中单击“新建文件夹”按钮，可以创建一个收藏文件夹，用于分类收藏不同类型的网站。

⑤ 单击“添加”按钮。

⑥ 按上述方法，分别把新浪（https://www.sina.com.cn）、百度（http://www.baidu.com）、腾讯（https://www.qq.com）等网站添加至收藏夹中。

注：

要将网址添加到收藏夹，也可以单击地址栏右侧的“收藏”菜单栏，在弹出的菜单中单击“添加到收藏夹”按钮。

---

⑦ 单击地址栏右侧的“工具”菜单栏，在弹出的菜单中单击“选项”按钮，按照实际需求对浏览器的基本设置进行配置，也可以对界面、标签和安全等其他设置进行配置。如设置浏览器启动时打开主页为金陵科技学院首页（http://www.jit.edu.cn），如图13-3所示：

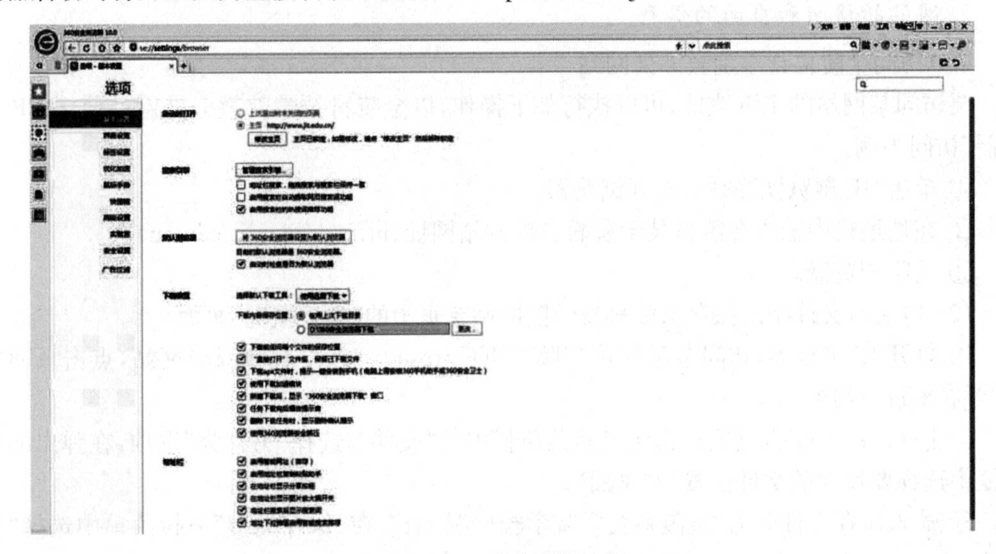

图 13-3 浏览器的设置

注：

浏览器的安全、隐私等其他高级配置，可以单击地址栏右侧的“工具”菜单栏，在弹出的菜单中单击“Internet 选项”按钮进入“Internet 属性”，按照实际需求进行配置，如图 13－4 所示。

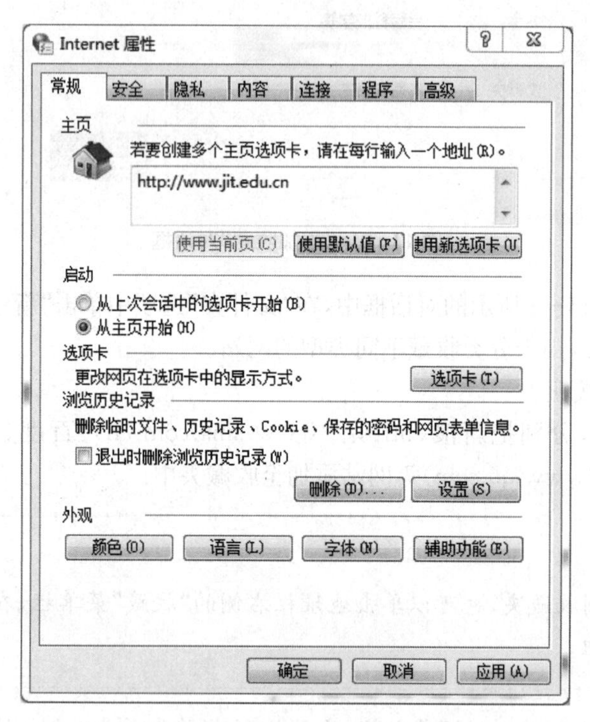

图 13－4 “Internet 属性”设置

2. 网站的访问和页面的保存

（1）访问金陵科技学院教务处网站

要访问某网站的主页地址，可以执行如下操作，以金陵科技学院教务处网站使用“IE 浏览器”访问为例。

① 单击“IE 浏览器”图标，打开浏览器。

② 在地址栏中输入金陵科技学院教务处网站网址（http://jwc.jit.edu.cn）。

③ 关闭浏览器。

（2）以文本文件格式保存金陵科技学院网站首页中的“学校概况”页面

① 打开 IE 浏览器，访问金陵科技学院首页（http://www.jit.edu.cn）网站，点击页面中的“学校概况”链接。

② 按 Ctrl + S 组合键或点击浏览器菜单栏中的“文件”，选择“另存为”选项，在弹出的对话框中选择要保存的文件位置为“桌面”。

③ 输入保存文件名为“金陵科技学院学校概况.txt”，在“保存类型”下拉菜单中选择“文本文件（*.txt）”，如图 13－5 所示。

图 13-5 保存网页

注:保存类型

1. 网页,全部:选择此类型时,会将当前网页保存为一个.htm 或.html 文件,并生成一个同名的文件夹,用于保存网页中的脚本、图片等内容。但无法将 Flash 或视频等特殊文件保存下来。

2. Web 文档,单个文件:选择此类型时,会将网页保存成为一个单独的.mht 文件,以便于管理。

3. 网页,仅 HTML:选择此类型时,将只保存网页中的文本。

4. 文本文件:选择此类型时,会将网页保存为一个文本文件。

提示:有些网页由于受到脚本或其他方式的保护而无法保存。另外,建议等到网页完全载入完毕后再保存,否则可能会出现保存过程中卡住不动的问题。

④ 单击"保存"按钮,即开始下载网页并保存到本地电脑,如图 13-6 所示。

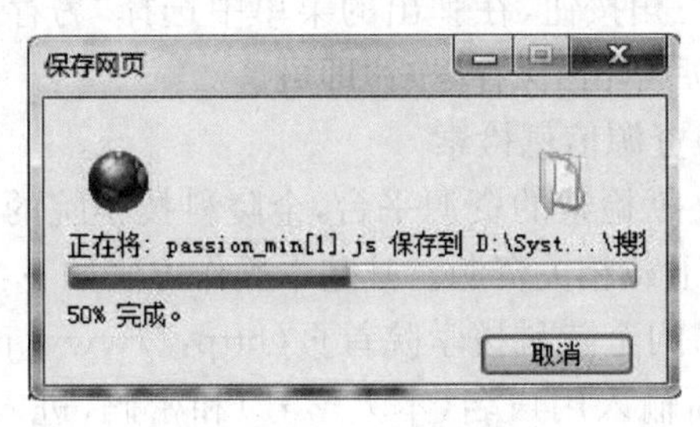

图 13-6 下载网页

3. 网络资源信息检索和下载

(1) 下载图片

对于网页中需要的图片,可以下载下来。其操作方法如下。

① 打开相关的网页，待网页中的图片加载完毕后，在图片上右击。

② 在弹出的菜单中选择 “图片另存为”命令。

③ 在弹出的“保存图片”对话框设置保存的路径、名称等，单击“保存”按钮。

注：

在图片上右击，在弹出的菜单中选择“设置为背景”命令，可以直接将该图片设置为桌面背景。

(2) 下载文件

以下载“搜狗输入法”软件为例，讲解使用 360 浏览器下载文件的步骤。

① 访问百度首页(https://www.baidu.com)。

② 在搜索栏中输入“搜狗输入法”，单击“百度一下”按钮。

③ 在返回的搜索结果中，单击“搜狗输入法—首页(官网)”链接，在浏览器中打开搜狗输入法—网站首页，在页面中点击“立即下载”，如图 13－7 所示。

图 13－7　下载软件

④ 单击“保存”右侧的三角按钮，在弹出的菜单中选择“另存为”命令，在弹出的对话框中选择文件保存的位置，然后单击“保存”按钮即可。

(3) 中国知网(期刊网)资源信息检索

中国知网是一个提供文献检索的资源平台，金陵科技学院的所有在校学生均可以使用和访问此平台，进行浏览和下载相关资源。其基本操作方法如下：

① 打开 360 浏览器，访问金陵科技学院首页(http://www.jit.edu.cn)，点击“我的金科院”进行登录，在弹出的页面输入用户名(本人学号)和密码，进入“金陵科技学院网上服务大厅”。

② 在页面中点击 “可用应用”选项，点击“图书服务”中的“期刊网”服务流程，如图 13－8 所示。

图 13-8　访问资源平台

③ 进入期刊网（中国知网 http://www.cnki.net）主页，在文献搜索栏可以搜索相关资源，根据需要可以下载相关资源。如搜索主题为“计算机网络安全技术”，其查询结果如图 13-9 所示，其查询结果均可浏览或下载。

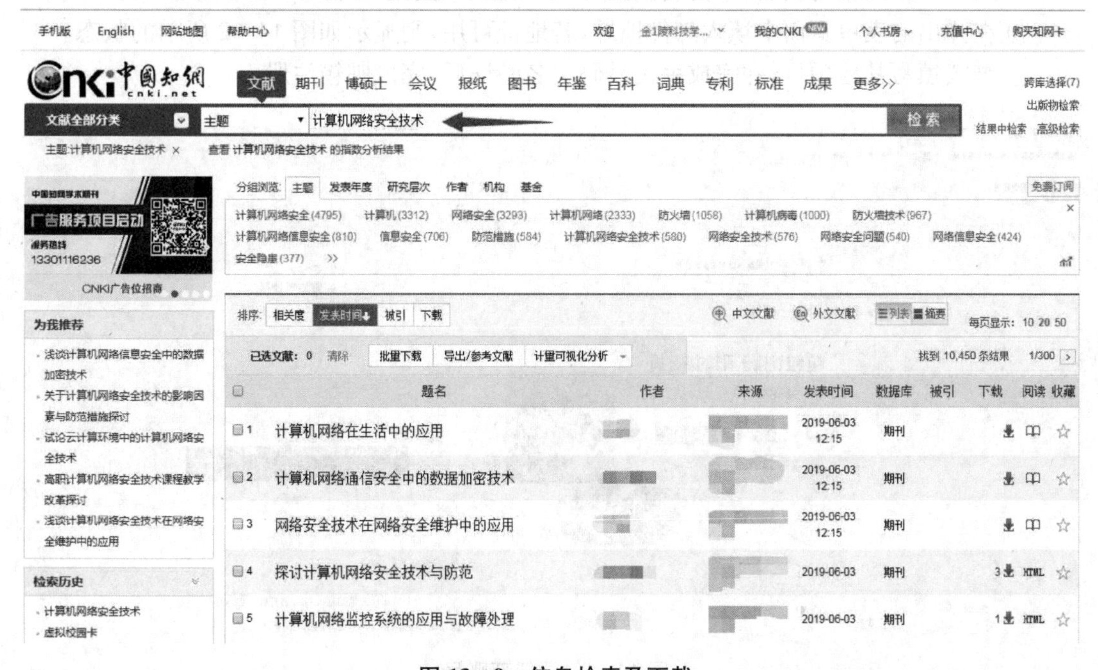

图 13-9　信息检索及下载

实验 14　电子邮件(E-mail)的收发

一、实验要求

1. 掌握电子邮箱的申请与登录。
2. 掌握电子邮件的编辑与发送。
3. 掌握电子邮件的接收与阅读。

二、实验步骤

1. 电子邮箱的申请与登录

(1) 电子邮箱的申请

以申请 126 免费邮箱为例,其操作方法如下。

① 启动 360 浏览器,在地址栏中输入 https://www.126.com,并按回车键。

② 进入 126 邮箱首页后,单击右侧的"注册新账号"按钮,如图 14－1 所示。

③ 在弹出的表单页面中填入邮件地址,若地址可用,则显示如图 14－2 所示的状态。

④ 继续填写其他项目,并完成手机号码实名验证后,完成邮箱注册。

图 14－1　注册新账号

图 14－2 填写账号申请信息

提示:前面带有“＊”号的项目必须填写。

⑤ 完成注册后,即进入个人邮箱首页,如图 14－3 所示。

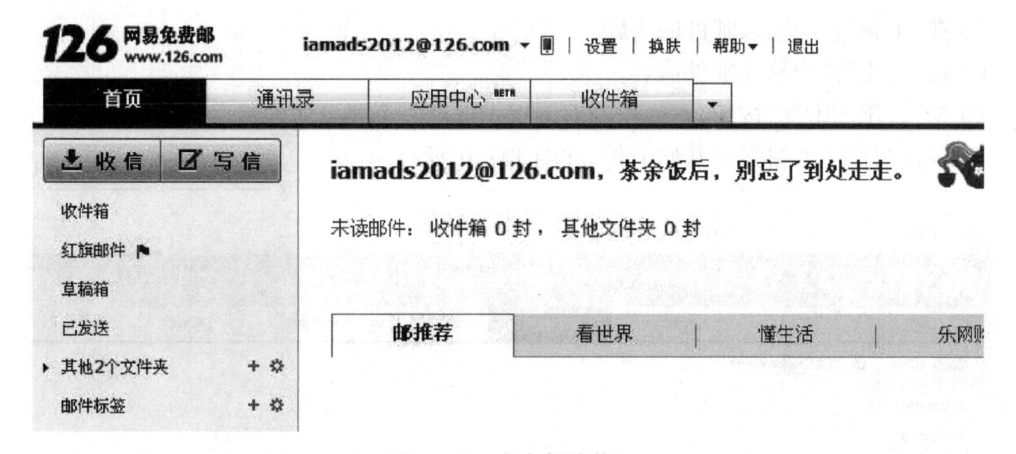

图 14－3 个人邮箱首页

(2) 电子邮箱的登录

以登录“126 邮箱”为例,介绍如何登录免费邮箱。

① 启动 360 浏览器,在地址栏中输入 https://www.126.com,并按“Enter”键。

② 在登录页面中输入之前注册好的用户名和密码。

③ 若希望之后十天内自动登录,可以选中其中的“十天内免登录”选项,如图 14－4 所示。

④ 单击“登录”按钮,即可进入邮箱。

图 14 - 4　登录邮箱

2. 电子邮件的编辑与发送

成功登录邮箱后即可编辑并发送邮件，以网易免费邮箱为例，其操作方法如下。

① 单击“写信”按钮，进入邮件编辑页面，如图 14 - 5 所示。

② 在“收件人”栏中输入接收邮件者的邮箱地址。

③ 在“主题”栏中输入邮件的主题。

④ 在“正文”栏中输入邮件内容。

⑤ 单击“添加附件”按钮，在弹出的对话框中选择一个要发送的附件。

⑥ 单击“打开”按钮即可开始上传，如图 14 - 6 所示。

图 14 - 5　邮件编辑页面

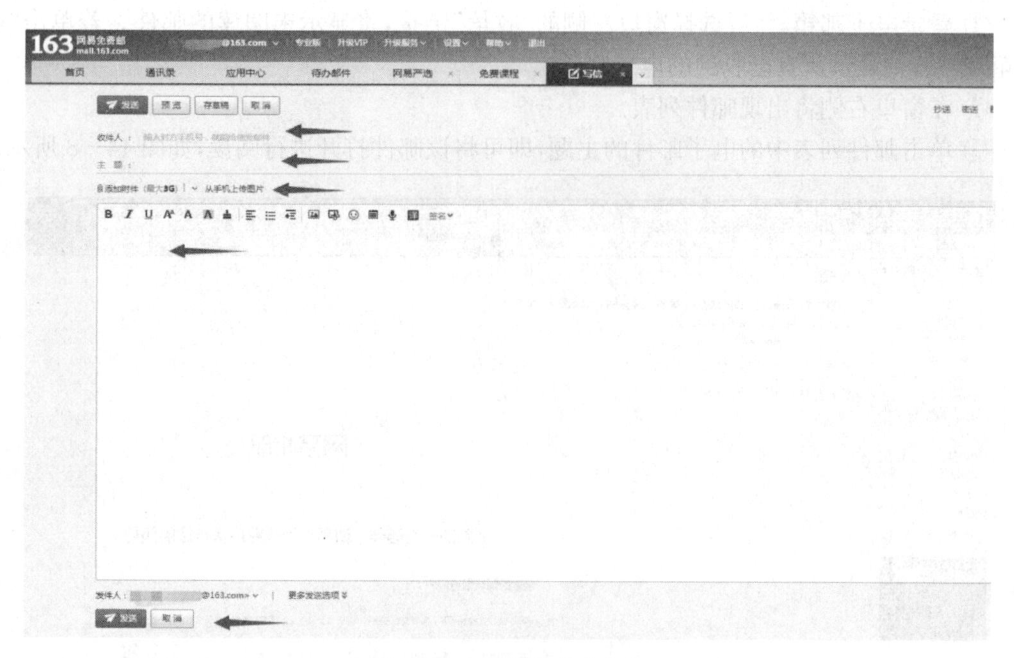

图 14－6　编辑并发送邮件

⑦ 等待附件上传完毕后，将显示成功上传的提示。

⑧ 输入完成后，单击“发送”按钮。

⑨ 邮件发送到对方邮箱中后，显示邮件发送成功页面，如图 14－7 所示。

图 14－7　邮件发送成功页面

注：

在等待的过程中不用担心误操作关闭窗口或关机等，不会导致之前的邮件白写，126 和网易等大多数邮箱每隔一定时间就会自动保存一次，并存入“草稿箱”中，以便下次继续编辑。

3. 电子邮件的接收与阅读

(1) 电子邮件的接收与阅读

当收到电子邮件后，可以按照以下方法接收和阅读。

① 登录电子邮箱，然后选择窗口左侧的“收信”链接，将显示未阅读的邮件。若单击“收件箱”链接，则显示所有已收到的电子邮件。

② 在窗口右侧将出现邮件列表。

③ 单击邮件列表中的电子邮件的主题，即可将该邮件打开进行阅读，如图 14－8 所示。

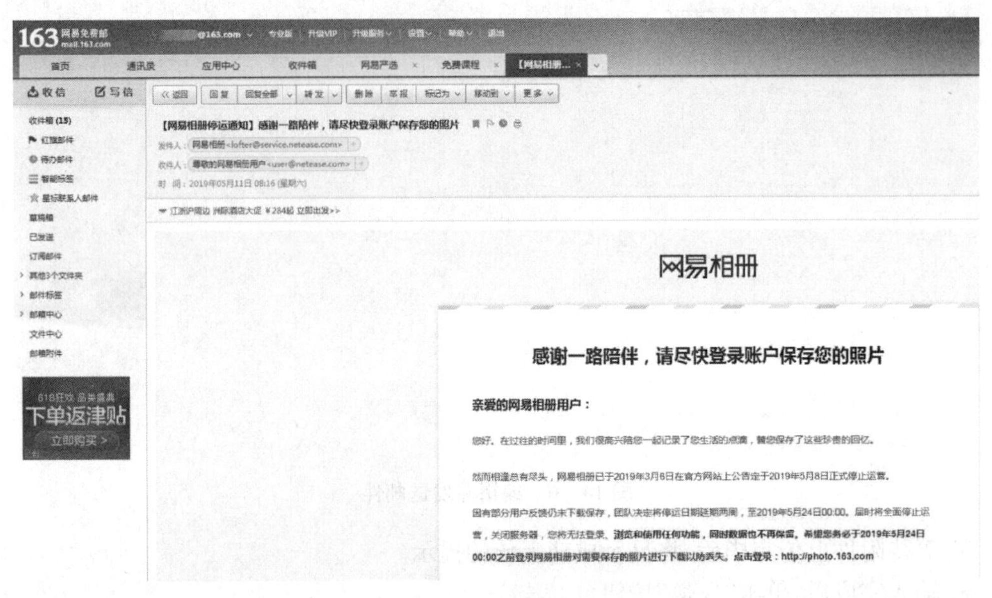

图 14－8　阅读邮件

(2) 电子邮件附件的下载

若收到的邮件带有附件时，打开邮件，鼠标移至附件处，在显示的附件上方单击“下载”，在弹出的“文件下载”对话框中单击“保存”按钮。在弹出的菜单中选择“另存为”命令，在弹出的对话框中选择文件保存的位置，然后单击“保存”按钮即可。

注：

当收到陌生人的邮件时，不要急于打开并访问其中提供的链接，除了一些是广告链接外，还可能是病毒链接，一定要确认清楚，以免误操作而使电脑中毒。另外，如果邮箱中带有附件，则更要加倍小心，目前，通过电子邮件传播的病毒已经成为病毒传播的主要途径。它们一般藏在邮件的“附件”中进行扩散，当打开了附件，运行了附件中的病毒程序，就会使你的电脑中毒。因此千万不要轻易打开陌生人来信中的附件文件，尤其是一些可执行程序文件以及 Word 和 Excel 文档。

实验15　计算机网络基础

一、实验要求

1. 掌握简单局域网的基本构成，通过拓扑实现。
2. 掌握网络地址(IP)的基本配置。
3. 了解网络设备交换机的一般配置。

二、实验步骤

1. 安装实验环境

Cisco Packet Tracer 网络仿真软件(简称 PT)，可以借助软件的图形化用户界面用直接拖拽的方式建立网络拓扑，是学习计算机网络相关课程的常用软件。本教程针对软件版本 6.2.0.0052 for Windows Student Version (no tutorials)，完成以及基础的网络拓扑的搭建，并实现 IP 配置。软件安装过程可参见图 15－1，安装成功后启动提示及软件界面见图 15－2。

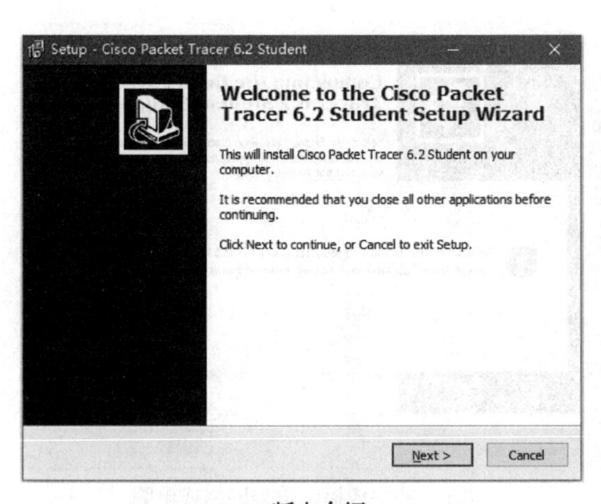

(a) 版本介绍

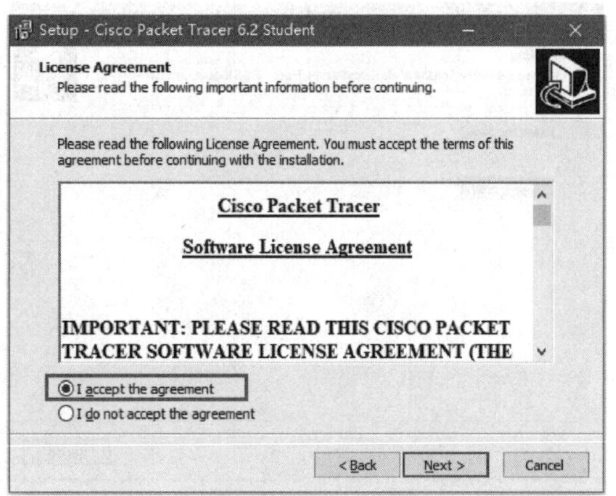

(b) 接受使用协议

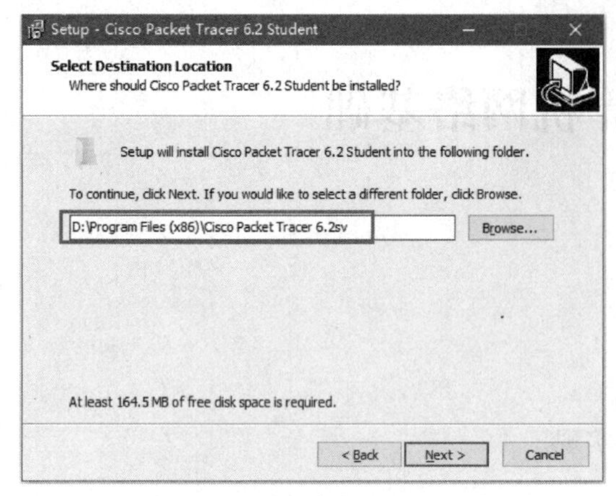

(c) 自定义安装路径

(d) 自定义开始菜单栏中文件夹

(e) 选择创建桌面图标及快速工具列图标

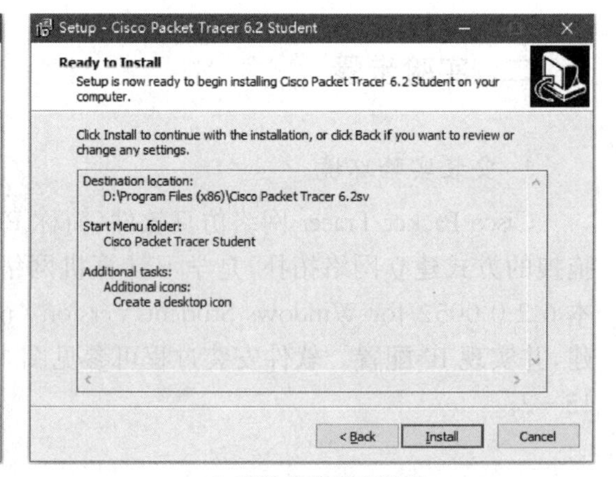

(f) 确认安装前序设置

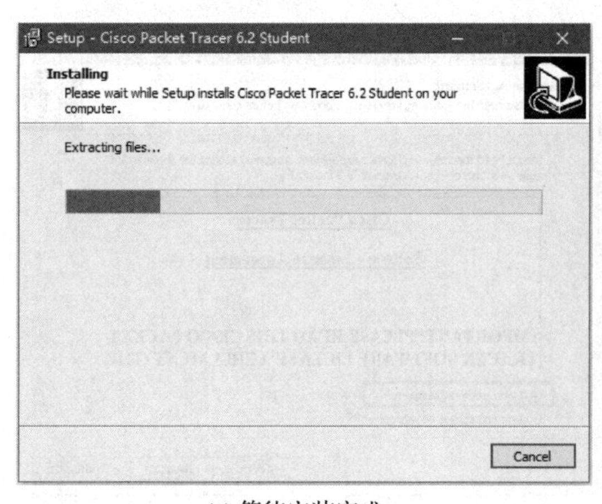

(g) 等待安装完成

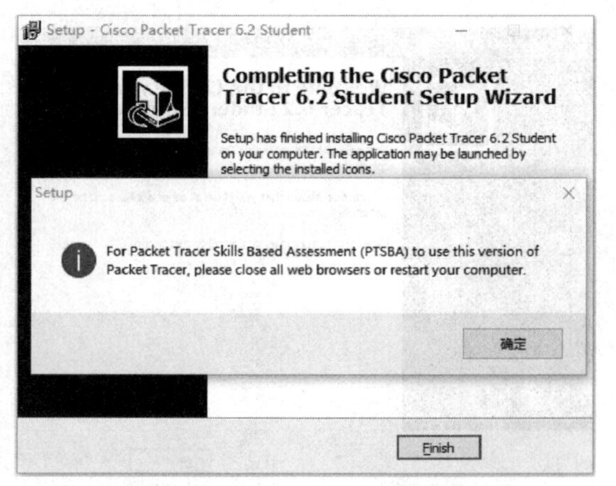

(h) 安装完成提示重启网络或电脑

图 15－1　软件安装过程组图

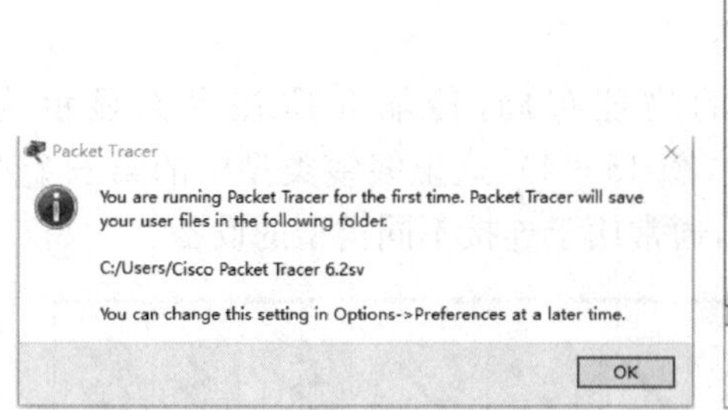

(a) 默认保存路径可修改提示

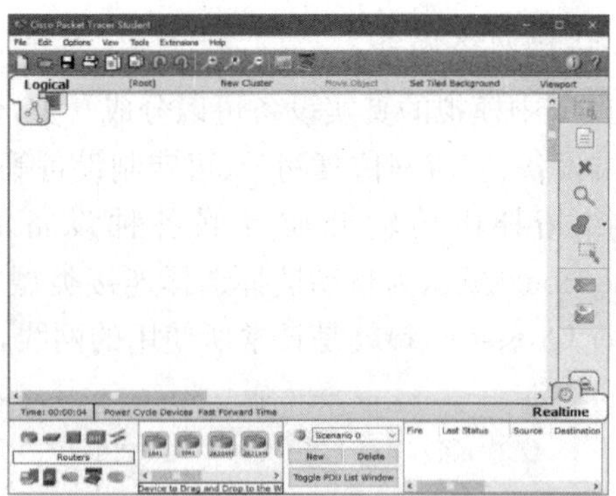

(b) 软件界面

图 15－2　安装后初启动组图

软件界面默认是英文语言包，可以加载中文语言包实现部分常用功能汉化。（Change Language 需要重启软件才能生效，操作步骤见图 15－3）

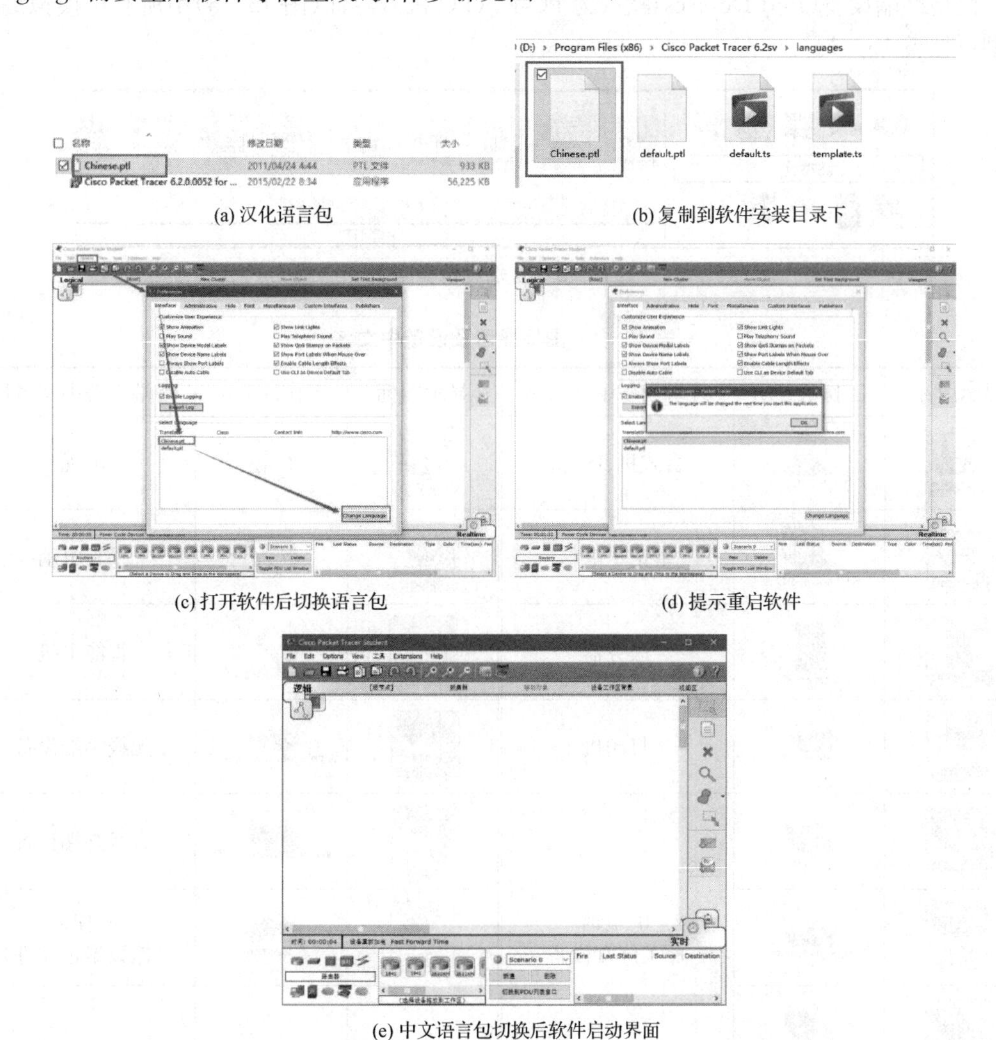

(a) 汉化语言包

(b) 复制到软件安装目录下

(c) 打开软件后切换语言包

(d) 提示重启软件

(e) 中文语言包切换后软件启动界面

图 15－3　切换语言包组图

2. 认识网络设备

在PT中模拟的真实设备可以分成9类，包括路由器、交换机、集线器、无线设备、连接线缆、终端设备、广域网仿真网云、可定制设备等。

网络拓扑由传输介质互联各种设备的物理布局，传输介质在界面显示为线缆(Connections)默认为自动选择选择连接类型(图15－4)，这里线缆类型中的第三个直通线(Copper Cross-Over)就是日常所使用的网线，通常用于连接不同类型的设备。

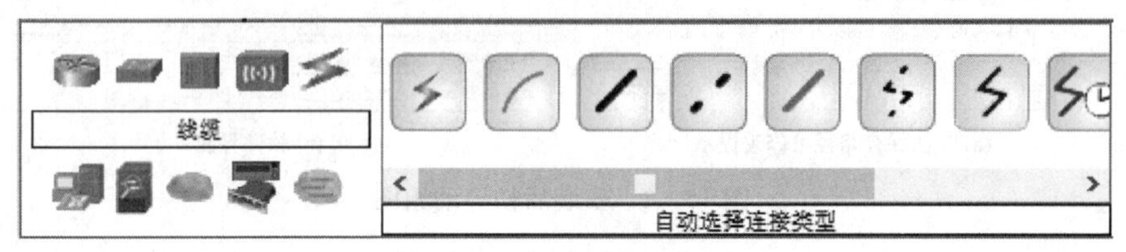

图15－4　连接线缆类型图

网络终端设备(End Devices)默认为PC-PT(PC机)，界面(图15－5)中所有可模拟终端类型可见表15－1：

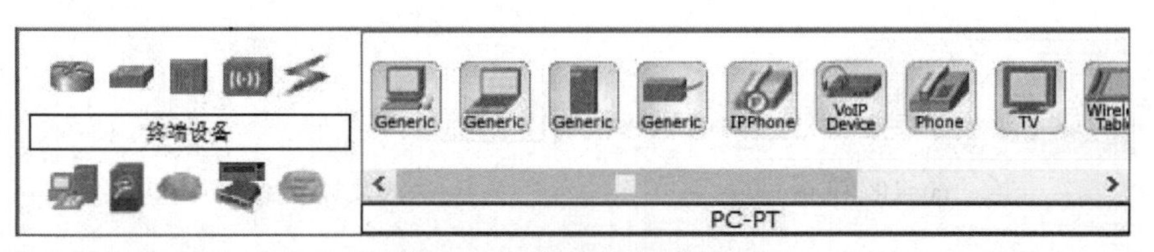

图15－5　终端设备类型图

表15－1　图标显示及设备中文名

显示图标	工作区显示	终端设备中文名称	显示图标	工作区显示	终端设备中文名称
Generic	PC-PT	台式机、PC机	TV	TV-PT	电视
Generic	Laptop-PT	笔记本电脑	Wireless Tablet	TabletPC-PT	平板电脑
Generic	Server-PT	服务器	Smart Device	SMARTPHONE-PT	智能手机
Generic	Printer-PT	打印机	Generic Wireless	WirelessEndDevice-PT	无线终端设备
IPPhone	7960	IP电话 相关终端设备	Generic Wired	WiredEndDevice-PT	有线终端设备
VoIP Device	Home-VoIP-PT		Sniffer	Sniffer	嗅探器 (抓数据包软件)
Phone	Analog-Phone-PT				

（1）路由器

PT 中提供多种真实型号、2 种虚拟型号的路由器（Router）的模拟，如图 15－6 所示。具体为：

真实型号：Cisco 1841、2620XM、2621XM、2811 等

虚拟型号：Router-PT、Router-PT-Empty

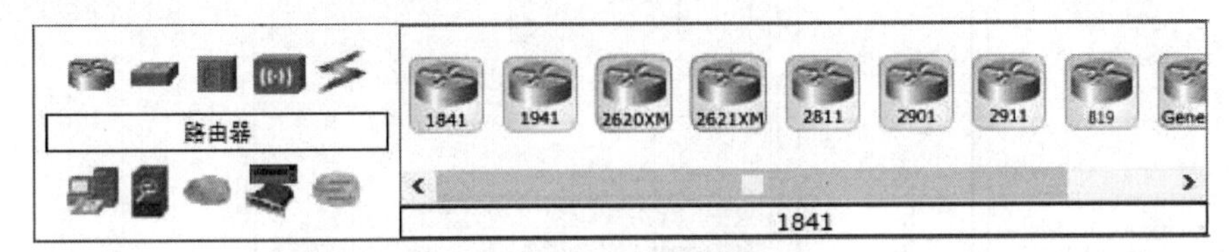

图 15－6 路由器型号

（2）交换机

PT 中提供 4 种真实型号、3 种虚拟型号的交换机（Switch）的模拟，如图 15－7 所示，具体为：

真实型号：Cisco Catalyst 2950-24、2950T-24、2960-24TT、3560-24PS

虚拟型号：Switch-PT、Switch-Empty、Bridge-PT

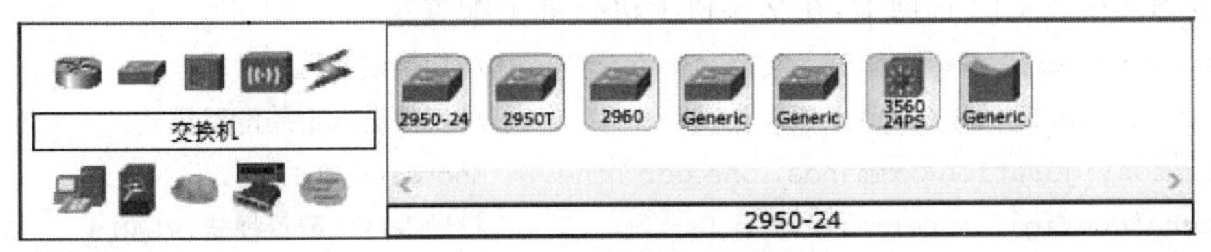

图 15－7 交换机型号

3. 搭建网络拓扑

由于交换机即插即用的特性，当我们连接在同一台交换机上的终端不进行任何操作时，他们之间时均可以连通的，此时所有的设备均处于一个广播域，通过一个简单的实验认识一下交换机如何分割冲突域。

搭建如图 15－8 的网络拓扑，点击交换机 Switch0 后可以看到其操作界面如图 15－9：

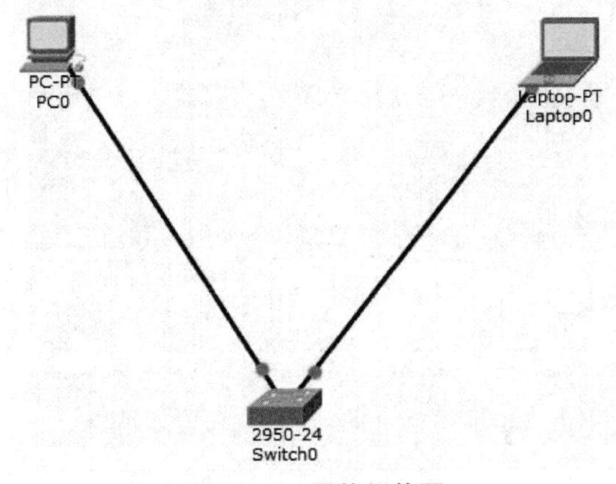

图 15－8 网络拓扑图

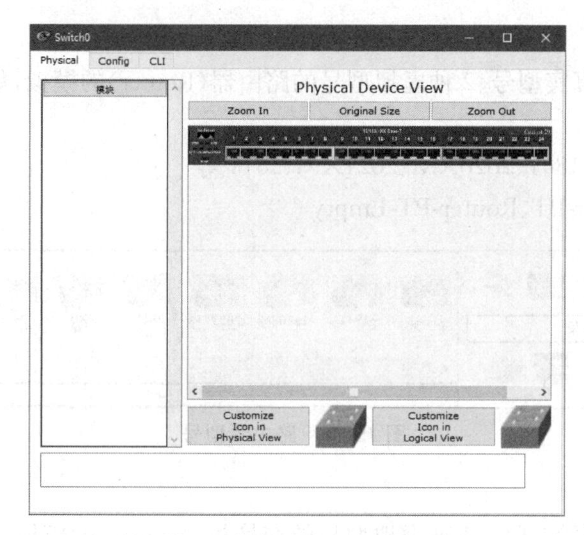

图 15-9　交换机 Switch0 操作界面

通过子网掩码(255.255.255.0)将 192.168.0.0～192.168.0.255 范围内的 IP 地址划分到 VLAN 1 中,当出现不在 VLAN 1 范围内的 IP 地址无法连通。

点击图 7 中的 CLI 选项卡,在交换机上进行如下配置:

```
SwitchA> enable                                          //切换进入特权模式
SwitchA# configure terminal                              //切换进入全局配置模式
Enter configuration commands, one per line.   End with CNTL/Z.
SwitchA(config)# interface vlan 1                        //进入接口配置模式,VLAN 1
SwitchA(config-if)# ip address 192.168.0.100 255.255.255.0
                                                         //对 VLAN 1 设置 IP 地址和子网掩码(/24)
SwitchA(config-if)# no shutdown                          //激活 VLAN 1
```

配置好交换机后,对两台终端进行 IP 地址的配置(图 15-10),首先配置两个都属于 VLAN 1 范围内的 IP 地址,通过任意一台终端上的 ping 命令,测试两者之间的连通性(图 15-11)。

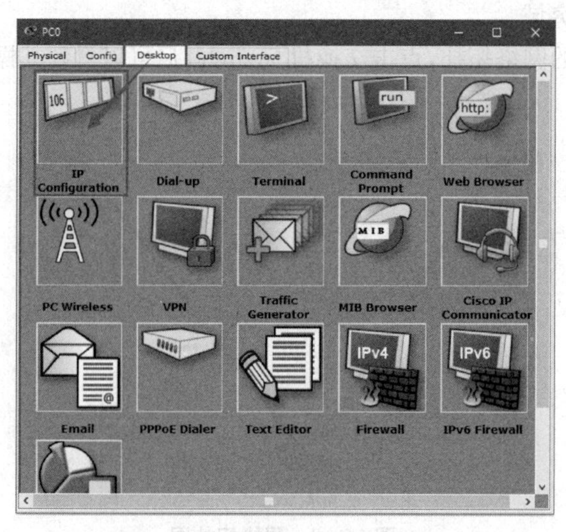

图 15-10　电脑端 PC0 操作界面

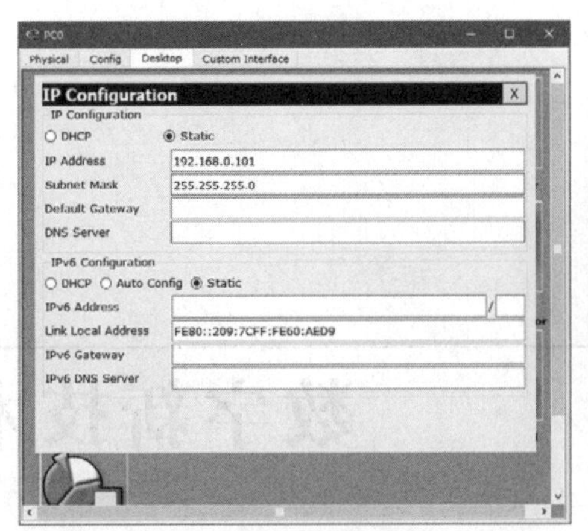

(a) PC0 上IP 配置操作

(b) Laptop0 上IP 配置操作

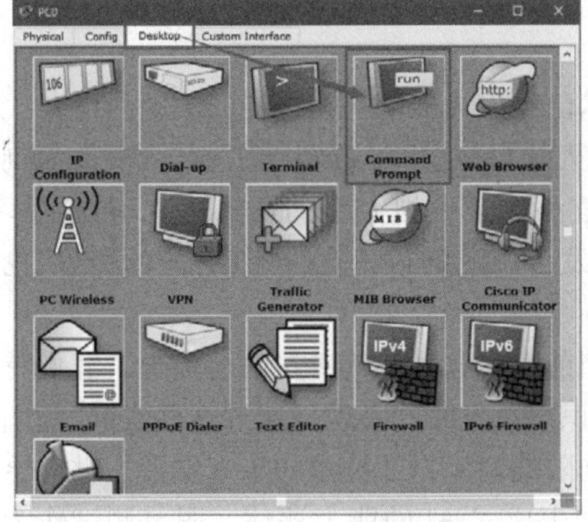

(c) PC0 上进入命令行窗口

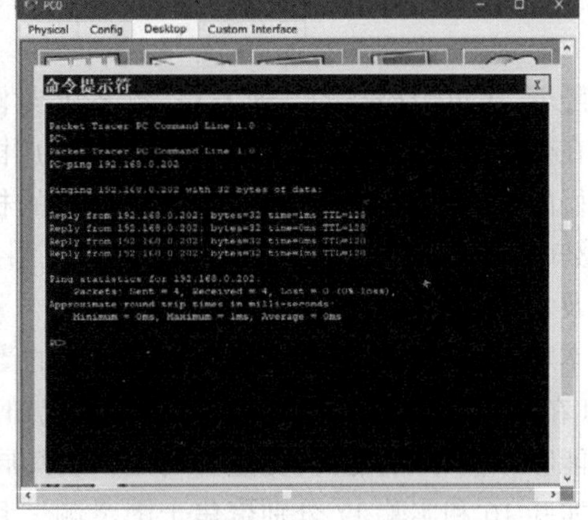

(d) 在PC0上测试和Laptop0的连通性

图 15－11　终端配置及测试 1

将其中一台终端的 IP 地址修改为不在 VLAN 1 范围内的 IP 地址，再测试两台终端的连通性（图 15－12）。

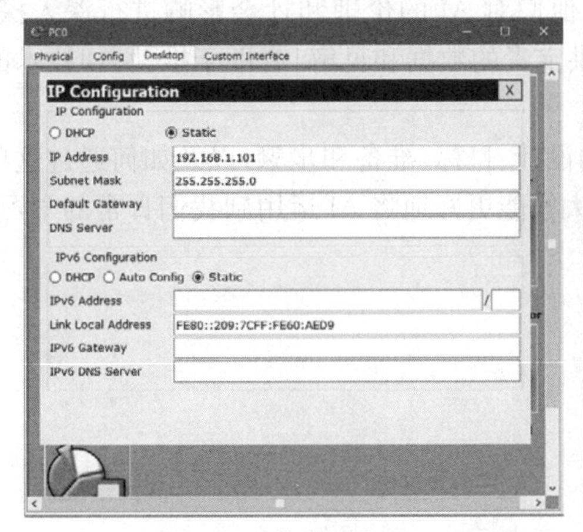

(a) PC0 上修改IP 配置

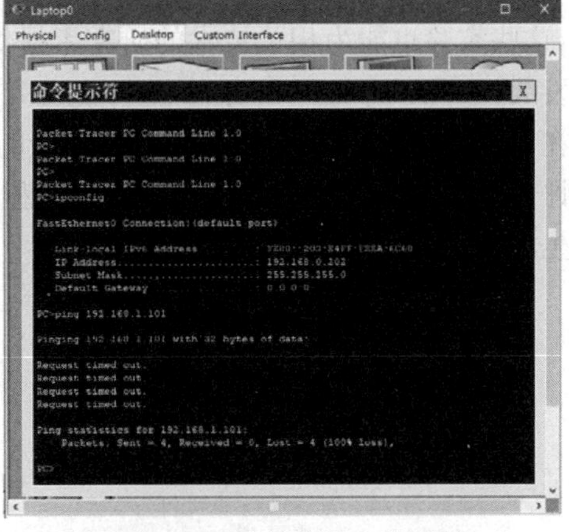

(b) 在Laptop0 上测试和PC0 的连通性

图 15－12　终端配置及测试 2

第6章

数字新技术

随着21世纪科技的飞速发展，数字新技术已经成为推动社会进步的关键力量。

在众多技术革新中，人工智能(AI)尤为引人注目，它不仅重塑了工业生产，也深刻影响了我们的日常生活、学习和工作。AI技术的核心在于模拟人类的认知过程，包括学习、推理、感知和创造等能力。然而，AI的发展也引发了广泛的讨论，关于其智能的边界、伦理问题以及与人类的关系等问题。

本章通过一系列实验，探讨了AI技术的当前发展水平及其潜在的可能性。我们特别关注AI在语言理解、创造力、逻辑推理和领域知识掌握方面的表现。通过这些实验，我们希望不仅能够评估AI的能力，更重要的是识别其局限性，并为AI技术的未来发展提供指导。

实验16和实验17分别聚焦于图灵测试和生成式AI的能力评估。图灵测试作为衡量机器智能的传统方法，至今仍具有重要的参考价值。通过这一测试，我们可以评估AI在语言理解和生成上的人类相似度。而生成式AI的能力评估则更进一步，它不仅测试AI的语言理解能力，还涵盖了创造力、逻辑推理和特定领域的知识掌握。

这些实验对于教育具有一定的意义。它们不仅能够激发学生对AI技术的兴趣，还能培养他们独立性思考、批判性思考的能力，鼓励他们对AI的伦理和社会影响进行深入探讨。同时，这些实验也能为相关技术的研究者提供宝贵的数据和见解，有助于推动AI技术的进一步发展。

在下面的内容中，我们将详细介绍实验的设计、目标、准备和步骤，以及如何通过这些实验来评估和理解AI的能力和局限性，并希望大家能更好地将AI运用到我们日常的学习、工作和生活中。

实验 16　基于现代 AI 大模型的图灵测试

一、实验目标

1. 评估 AI 大模型的人类相似度

通过图灵测试的形式，评估当前 AI 大模型与人类在语言理解和生成上的相似度。

2. 教育目的

向学生介绍 AI 技术的发展水平，以及图灵测试作为衡量 AI 智能程度的一种方法。

3. 批判性思考

鼓励学生思考 AI 与人类智能的本质区别，以及 AI 在未来社会中的角色。

二、实验准备

1. 选择多个国内外可用的 AI 大模型(开源、闭源的都可以)进行实验和对比。
2. 准备一系列问题或话题，涵盖不同领域，如科学、文化、哲学、日常生活等。
3. 确定一组志愿者作为“评委”，他们将参与对话而不事先知道对方是 AI 还是人类。

三、实验步骤

1. 分组

将学生分为若干小组，每组负责与一个 AI 大模型或一名真实的人类参与者进行对话。

2. 对话环节

每组轮流与指定的对话对象进行自由对话，时长为 5－10 分钟。对话内容应尽可能自然，避免明显的提示或问题。

3. 评分与记录

对话结束后，每位学生需要根据对话中的表现对对方是否为人类进行判断，并给出理由。同时，记录下对话的主要内容和感受。

4. 分析与讨论

收集所有学生的评分和反馈，进行汇总分析。讨论哪些因素使得学生能够区分 AI 与人类，哪些情况下难以区分。

5. 结果展示

每个小组准备一份报告，总结他们的发现，包括对话的亮点、挑战以及对 AI 未来发展的思考。

四、实验要求

1. 学生需保持开放和批判性的思维，认真对待每一次对话，尽量模仿自然交流的情境。

2. 在实验过程中，不得故意提出只有特定人类（同学之间互相了解的事情等）才能回答的问题，以确保公平性。

3. 实验报告需详细记录对话过程、个人感受及对 AI 智能水平的评价，鼓励提出建设性的批评和建议。

通过这个实验，学生不仅能够深入了解 AI 技术的现状，还能培养对 AI 伦理和社会影响的敏感性和责任感。

实验 17　评估生成式 AI 的能力与局限性

一、实验目标

1. 语言理解能力

测试模型对于复杂语句的理解与响应能力。

2. 创造力评估

评估模型生成新颖内容的能力，包括多媒体内容生成（文字创作、图形、音频、视频等）以及代码生成等。

3. 逻辑推理

考察模型能否基于给定信息进行合理的推断和逻辑分析。

4. 领域知识掌握

评估模型在特定领域（如科学、历史、艺术，或者结合学生自己的专业等）的知识深度与准确性。

二、实验准备

1. 选择多个国内外可用的 AI 模型（开源、闭源的都可以）进行实验和对比。

2. 准备一系列问题，涵盖不同领域，如语言文学、艺术创意、数理逻辑、专业知识等。

3. 确定一定的评测标准（可以借鉴网上公开的标准），用来评估 AI 在各项任务上的得分。

三、实验步骤

步骤一：语言理解测试

任务 1：阅读理解：提供一段复杂的文本，让模型回答关于文本内容的问题。

任务 2：对话模拟：创建一个虚拟的对话场景，让模型参与并回应，评估其对话连贯性和语境理解能力。

步骤二：创造力评估

任务 3：故事创作：要求模型根据给定的主题或关键词创作一个短故事。

任务 4：诗歌写作：提供一些主题词，让模型生成一首诗。

步骤三:逻辑推理

任务5:逻辑问题解答:提出需要逻辑推理才能解决的问题,如“如果所有的A都是B,所有的B都是C,那么A是否也是C?”

任务6:数学问题求解:提出简单的数学问题,测试模型的计算与逻辑分析能力。

步骤四:领域知识掌握

任务7:科学问答:提出科学领域的基础问题,如物理学原理、生物学概念等。

任务8:历史事件解释:询问具体的历史事件及其影响,评估模型对历史背景的理解。

任务9:艺术鉴赏:要求模型描述一幅画作或评价一部文学作品。

四、实验要求

1. 数据记录:确保记录每个任务的输入与输出,以便后续分析。
2. 对比分析:使用多个不同的大模型进行同样的测试,对比它们的表现。
3. 主观评分:邀请不同的人对模型生成的内容进行评分。
4. 技术评估:分析模型生成内容的语法正确性、逻辑合理性、创新性及知识准确性。

通过这个实验,我们不仅能评估现有AI模型的综合能力,还能识别它们在哪些方面存在局限,为进一步的研究和发展提供方向。

数字素养文库·高等学校系列教材

数字素养基础 3

学习指导篇

主　编　苏　敏
副主编　陈月霞　郭海凤
　　　　胡　宁　张　颖

南京大学出版社

图书在版编目(CIP)数据

数字素养基础. 3，学习指导篇 / 苏敏主编.
南京 : 南京大学出版社，2024. 9. -- ISBN 978-7-305-28455-7

Ⅰ. TP3

中国国家版本馆 CIP 数据核字第 2024BB5192 号

出版发行 南京大学出版社
社　　址 南京市汉口路 22 号　　邮　　编 210093

书　　名 数字素养基础(3):学习指导篇
SHUZI SUYANG JICHU(3): XUEXI ZHIDAOPIAN
主　　编 苏　敏
责任编辑 苗庆松　　编辑热线 025-83592655

照　　排 南京开卷文化传媒有限公司
印　　刷 南京新世纪联盟印务有限公司
开　　本 787 mm×1092 mm　1/16　印张 39　字数 970 千
版　　次 2024 年 9 月第 1 版　2024 年 9 月第 1 次印刷
ISBN 978-7-305-28455-7
定　　价 99.80 元(全 3 册)

网　　址: http://www.njupco.com
官方微博: http://weibo.com/njupco
微信服务号: njuyuexue
销售咨询热线: (025)83594756

目录 MU LU

第1章 计算机基础知识

1.1 计算机的发展

应掌握计算机的发展简史、特点、分类及其应用领域。

一、计算机的发展简史

第一台计算机 ENIAC(电子数字积分计算机)诞生于1946年,冯·诺依曼提出的其原理和思想为:① 采用二进制;② 存储程序控制,程序和数据存储在存储器中;③ 计算机的5个基本组成部件为运算器、存储器、控制器、输入设备、输出设备。

计算机发展经历了4个阶段,如表1-1所示。

表1-1 计算机发展的4个阶段

	第一阶段	第二阶段	第三阶段	第四阶段
主要电子器件	电子管	晶体管	中小规模集成电路	大规模超大规模集成电路
内存	汞延迟线	磁芯存储器	半导体存储器	半导体存储器
外存	穿孔卡片、纸带	磁带	磁带、磁盘	磁盘、磁带光盘等
处理速度	五千条至几万条	几万条至几十万条	几十至几百万条	上千万条至亿万条

未来计算机的发展趋势:巨型化,微型化,网络化,智能化。

二、计算机的特点、用途和分类

1. 计算机的特点

(1) 高速、精确的运算能力；

(2) 准确的逻辑判断能力；

(3) 强大的存储能力；

(4) 自动功能；

(5) 网络与通信功能。

2. 计算机的用途

(1) 科学计算；

(2) 数据处理(信息处理)；

(3) 实时控制；

(4) 计算机辅助：计算机辅助设计(CAD)、计算机辅助制造(CAM)、计算机辅助教育(CAI)、计算机辅助技术(CAT)；

(5) 网络与通信功能；

(6) 人工智能；

(7) 数字娱乐；

(8) 嵌入式系统。

3. 计算机的分类

(1) 按处理数据的形态分类：数字计算机、模拟计算机、混合计算机。

(2) 按使用范围分类：通用计算机、专用计算机。

(3) 按其性能分类：超级计算机、大型计算机、小型计算机、微型计算机、工作站和服务器。

1.2　信息的表示与存储

应掌握计算机中数据、字符和汉字的编码。

1. 数据

(1) 数值数据：表示量的大小和正负。

(2) 字符数据：用以表示一些符号、标记，如英文字母、数字专用符号、标点符号等，汉字、图形、声音等数据。

2. 数制

(1) 数制概念：数的表示规则。通常按进位原则进行计数。称为进位计数制，简称数制。

(2) 基数：某进位制中用到的基本符号(数码)的个数。如：R 进制表示有 R 个基本符号，其基数就为 R。

(3) 位权：在某一进位制的数中，每一位的大小都对应着该位上的数码乘上一个固定的数，这个固定的数就是这一位的权数。权数是一个幂。

例如：

进位制	基数	基本符号(数码)	权	表示
二进制	2	0、1	2	B
八进制	8	0、1、2、3、4、5、6、7	8	O
十进制	10	0、1、2、3、4、5、6、7、8、9	10	D或省略
十六进制	16	0、1、2、3、4、5、6、7、8、9、A、B、C、D、E、F	16	H

3. 各种进制间的转换

(1) 十进制数转换为二进制数

方法：基数连除、连乘法。

原理：将整数部分和小数部分分别进行转换。

整数部分采用基数连除法，小数部分采用基数连乘法，转换后再合并。

整数部分采用基数连除法，除基取余，先得到的余数为低位，后得到的余数为高位。小数部分采用基数连乘法，乘基取整，先得到的整数为高位，后得到的整数为低位。

(2) 二进制数与八进制数的相互转换

二进制数转换为八进制数：将二进制数由小数点开始，整数部分向左，小数部分向右，每 3 位分成一组，不够 3 位补零，则每组二进制数便是一位八进制数。例如：

$$001 \mid 101 \mid 010.010=(152.2)_8$$

八进制数转换为二进制数：将每位八进制数用3位二进制数表示。例如：

$$(374.26)_8 = 011\ 111\ 100.\ 010\ 110$$

(3) 二进制数与十六进制数的相互转换

三进制数与十六进制数的相互转换，按照每4位二进制数对应于一位十六进制数进行转换。例如：

$$0001 \mid 1110 \mid 1000.0110 = (1E8.6)_{16}$$

$$(AF4.76)_{16} = 1010\ 1111\ 0100.\ 0111\ 0110$$

4. 计算机中的信息单位

位(bit)：表示数据的每个1或者0都被称作一个位，它是度量数据的最小单位，用b表示。

字节(Byte)：是计算机中组织和存储数据的基本单位，1 B=8 b。

常用存储单位：

1 KB=1 024 B

1 MB=1 024 KB

1 GB=1 024 MB

1 TB=1 024 GB

5. 字符

字符分类：西文字符与中文字符。

编码：用一定位数的二进制数来表示十进制数、字母、符号等信息称为编码。

(1) 西文字符编码：ASCII码(美国信息交换标准交换代码)。

(2) Unicode编码：最初由APPLE公司发起制定的通用多文字集，后被Unicode协会开发为表示几乎世界上所有书写语言的字符编码标准。

(3) 中文字符。

目前我国现行的国家汉字编码标准是GB/T 2312-1980，全称是《信息交换用汉字编码字符集 基本集》，简称国标码。该标准把6763个常用汉字分成两级，一级汉字3755个，二级汉字3008个。用两个字节表示一个汉字，每个字节只有7位，与ASCII码相似。

国标码：由4位十六进制数组成。

区位码：将GB 2312-80的全部字符集组成一个94×94的方阵，每一行称为一个“区”，编号为01～94；每一列称为一个“位”编号为01～94，这样得到GB 2312-80的区位图，用区位图的位置来表示的汉字编码，称为区位码。

GBK编码——扩充汉字编码共收录21003个汉字，也包含BIG5(港澳台)编码中的所有汉字。

(4) 汉字的处理过程：汉字输入→国标码→机内码→地址码→字形码→汉字输出。

1.3　多媒体技术简介

应掌握多媒体技术的基本知识。

1. 有关概念

媒体：指文字、声音、图像、动画和视频等内容。

多媒体：指能够同时对两种或两种以上媒体进行采集、操作、编辑、存储的综合处理技术。多媒体特性：交互性、集成性。

2. 媒体数字化

(1) 声音数字化—WAV 文件、MIDI 文件、VOC 文件、AU 文件、AIF 文件。

(2) 图像数字化—BMP 文件、GIF 文件等。

3. 多媒体数据压缩

无损压缩和有损压缩。

1.4　计算机病毒及其防治

应掌握计算机病毒的概念和防治。

1. 概念

计算机病毒是一种特殊的具有破坏性的计算机程序。

2. 特点

寄生性、破坏性、传染性、潜伏性、隐蔽性。

3. 计算机病毒防治

以预防为主，主要方法有：① 专机专用，② 利用写保护，③ 慎用网上下载的软件，④ 分类管理数据，⑤ 建立备份，⑥ 采用防毒软件或防毒卡，⑦ 定期检查，⑧ 准备系统盘。

章节测试

选择题

1. 一个字长为6位的无符号二进制数能表示的十进制数值范围是(　　)。

A. 1—63　　B. 0—63

C. 0—64　　D. 1—64

2. 以“.avi”为扩展名的文件通常是(　　)。

A. 图像文件　　B. 文本文件

C. 音频信号文件　　D. 视频信号文件

3. 以“.wav”为扩展名的文件通常是(　　)。

A. 图像文件　　B. 视频信号文件

C. 文本文件　　D. 音频信号文件

4. 1946年首台电子数字计算机问世后,冯·诺依曼(Von. Neumann)在研制EDVAC计算机时,提出两个重要的改进,它们是(　　)。

A. 引入CPU和内存储器的概念

B. 采用机器语言和十六进制

C. 采用ASCII编码系统

D. 采用二进制和存储程序控制的概念

5. 在计算机中,对汉字进行传输、处理和存储时使用汉字的(　　)。

A. 输入码　　B. 国标码

C. 字形码　　D. 机内码

6. 一个字长为8位的无符号二进制整数能表示的十进制数值范围是(　　)。

A. 0—255　　B. 1—255

C. 1—256　　D. 0—256

7. 十进制数100转换成无符号二进制整数是(　　)。

A. 1100110　　B. 110101

C. 1100100　　D. 1101000

8. 在下列字符中,其ASCII码值最大的一个是(　　)。

A. 9　　B. d

C. Q　　D. F

9. “32位微机”中的32位指的是(　　)。

A. 微机型号　　B. 内存容量

C. 机器字长　　D. 存储单位

10. 下列4个4位十进制数中,属于正确的汉字区位码的是(　　)。

A. 5601　　B. 8799

C. 9596　　D. 9678

11. 在标准ASCII码表中,已知英文字母K的十六进制码值是4B,则二进制ASCII码1001000对应的字符是(　　)。

A. G　　B. I

C. H　　D. J

12. 在下列计算机应用项目中，属于科学计算应用领域的是（　　）。

A. 人机对弈　　B. 数控机床

C. 气象预报　　D. 民航联网订票系统

13. 计算机之所以能按人们的意图自动进行工作，最直接的原因是因为采用了（　　）。

A. 高速电子元件　　B. 存储程序控制

C. 程序设计语言　　D. 二进制

14. 目前的许多消费电子产品（数码相机、数字电视机等）中都使用了不同功能的微处理器来完成特定的处理任务，计算机的这种应用属于（　　）。

A. 科学计算　　B. 实时控制

C. 嵌入式系统　　D. 辅助设计

15. 字长是CPU的主要性能指标之一，它表示（　　）。

A. CPU一次能处理二进制数据的位数

B. CPU最长的十进制整数的位数

C. CPU最大的有效数字位数

D. CPU计算结果的有效数字长度

16. 下列关于计算机病毒的说法中，正确的是（　　）。

A. 计算机病毒发作后，将造成计算机硬件永久性的物理损坏

B. 计算机病毒是一种有逻辑错误的程序

C. 计算机病毒是一种通过自我复制进行传染的，破坏计算机程序和数据的小程序

D. 计算机病毒是一种有损计算机操作人员身体健康的生物病毒

17. 汉字国标码（GB 2312-80）把汉字分成（　　）。

A. 常用字，次常用字，罕见字三个等级

B. 一级汉字，二级汉字和三级汉字三个等级

C. 一级常用汉字，二级次常用汉字两个等级

D. 简化字和繁体字两个等级

18. 办公室自动化（OA）是计算机的一项应用，按计算机应用的分类，它属于（　　）。

A. 科学计算　　B. 辅助设计

C. 信息处理　　D. 实时控制

19. 标准的ASCII码用7位二进制位表示，可表示不同的编码个数是（　　）。

A. 128　　B. 255

C. 127　　D. 256

20. 在下列字符中，其ASCII码值最小的一个是（　　）。

A. a　　B. Z

C. p　　D. 9

21. 为防止计算机病毒传染，应该做到（　　）。

A. 不要复制来历不明U盘中的程序

B. 长时间不用的U盘要经常格式化

C. 无病毒的 U 盘不要与来历不明的 U 盘放在一起
D. U 盘中不要存放可执行程序
22. 十进制数 29 转换成无符号二进制数等于(　　)。
A. 11111　　B. 11101
C. 11011　　D. 11001
23. 为了防止信息被别人窃取,可以设置开机密码,下列密码设置最安全的是(　　)。
A. Yingzhong　　B. 12345678
C. NDYZ　　D. nd@vzZ@g1
24. 1 GB 的准确值是(　　)。
A. 1 024 KB　　B. 1 024 MB
C. 1 000×1 000 KB　　D. 1 024×1 024 Bytes
25. 现代微型计算机中所采用的电子器件是(　　)。
A. 大规模和超大规模集成电路　　B. 小规模集成电路
C. 晶体管　　D. 电子管
26. 一个字长为 5 位的无符号二进制数能表示的十进制数值范围是(　　)。
A. 1—32　　B. 0—32
C. 1—31　　D. 0—31
27. 某 800 万像素的数码相机,拍摄照片的最高分辨率大约是(　　)。
A. 1 600×1 200　　B. 3 200×2 400
C. 1 024×768　　D. 2 048×1 600
28. "计算机集成制造系统"英文简写是(　　)。
A. CIMS　　B. CAM
C. CAD　　D. ERP
29. 计算机病毒是指"能够侵入计算机系统并在计算机系统中潜伏、传播,破坏系统正常工作的一种具有繁殖能力的(　　)。
A. 特殊小程序　　B. 特殊微生物
C. 流行性感冒病毒　　D. 源程序
30. 1 KB 的准确数值是(　　)。
A. 1 000 bits　　B. 1 024 bits
C. 1 000 Bytes　　D. 1 024 Bytes
31. 下列不是度量存储器容量的单位是(　　)。
A. KB　　B. MB
C. GHz　　D. GB
32. 下列叙述中,正确的是(　　)。
A. 计算机病毒主要通过读写移动存储器或 Internet 网络进行传播
B. 只要把带病毒的优盘设置成只读状态,那么此盘上的病毒就不会因读盘而传染给另一台计算机
C. 计算机病毒是由于光盘表面不清洁而造成的
D. 计算机病毒发作后,将造成计算机硬件永久性的物理损坏

33. 十进制整数 64 转化为二进制整数等于( )。

A. 1000000　　B. 1000010

C. 1100000　　D. 1000100

34. 声音与视频信息在计算机内的表现形式是( )。

A. 调制　　B. 二进制数字

C. 模拟　　D. 模拟或数字

35. 已知三个字符为:a、Z 和 8,按它们的 ASCII 码值升序排序,结果是:( )。

A. 8,Z,a　　B. a,Z,8

C. 8,a,Z　　D. a,8,Z

36. 电子计算机最早的应用领域是( )。

A. 工业控制　　B. 数据处理

C. 科学计算　　D. 文字处理

37. 按电子计算机传统的分代方法,第一代至第四代计算机依次是( )。

A. 电子管计算机,晶体管计算机,小、中规模集成电路计算机,大规模和超大规模集成电路计算机

B. 晶体管计算机,集成电路计算机,大规模集成电路计算机,光器件计算机

C. 机械计算机,电子管计算机,晶体管计算机,集成电路计算机

D. 手摇机械计算机,电动机械计算机,电子管计算机,晶体管计算机

38. 当计算机病毒发作时,主要造成的破坏是( )。

A. 对磁盘片的物理损坏

B. 对磁盘驱动器的损坏

C. 对存储在硬盘上的程序、数据甚至系统的破坏

D. 对 CPU 的损坏

39. 存储 1 024 个 24×24 点阵的汉字字形码需要的字节数是( )。

A. 72 KB　　B. 7 200 B

C. 720 B　　D. 7 000 B

40. 数码相机里的照片可以利用计算机软件进行处理,计算机的这种应用属于( )。

A. 图像处理　　B. 辅助设计

C. 嵌入式系统　　D. 实时控制

41. 英文缩写 CAI 的中文意思是( )。

A. 计算机辅助设计　　B. 计算机辅助教学

C. 计算机辅助管理　　D. 计算机辅助制造

42. 字长为 7 位的无符号二进制整数能表示的十进制整数的数值范围是( )。

A. 0—255　　B. 1—127

C. 0—128　　D. 0—127

43. 计算机技术中,下列度量存储器容量的单位中,最大的单位是( )。

A. GB　　B. Byte

C. KB　　D. MB

44. 一个字符的标准 ASCII 码的长度是(　　)。

A. 6 bits　　B. 7 bits

C. 16 bits　　D. 8 bits

45. 十进制数 32 转换成无符号二进制整数是(　　)。

A. 101000　　B. 100010

C. 100000　　D. 100100

46. 在标准 ASCII 码表中,已知英文字母 D 的 ASCII 码是 68,英文字母 A 的 ASCII 码是(　　)。

A. 97　　B. 96

C. 65　　D. 64

47. 随着 Internet 的发展,越来越多的计算机感染病毒的可能途径之一是(　　)。

A. 所使用的光盘表面不清洁

B. 从键盘上输入数据

C. 通过电源线

D. 通过 Internet 的 E-mail,附着在电子邮件的信息中

48. 下列的英文缩写和中文名字的对照中,错误的是(　　)。

A. CAD—计算机辅助设计　　B. CAM—计算机辅助制造

C. CIMS—计算机集成管理系统　　D. CAI—计算机辅助教育

49. 如果在一个非零无符号二进制整数之后添加一个 0,则此数的值为原数的(　　)。

A. 1/10　　B. 2 倍

C. 1/2　　D. 10 倍

50. 十进制数 18 转换成二进制数是(　　)。

A. 101000　　B. 10101

C. 10010　　D. 1010

51. 下列不属于计算机特点的是(　　)。

A. 不可靠、故障率高　　B. 具有逻辑推理和判断能力

C. 处理速度快、存储量大　　D. 存储程序控制,工作自动化

52. 10GB 的硬盘表示其存储容量为(　　)。

A. 一万个字节　　B. 一亿个字节

C. 一千万个字节　　D. 一百亿个字节

53. 组成计算机指令的两部分是(　　)。

A. 运算符和运算结果　　B. 数据和字符

C. 操作码和地址码　　D. 运算符和运算数

54. 度量计算机运算速度常用的单位是(　　)。

A. MHz　　B. MIPS

C. MB/s　　D. Mbps

55. KB(千字节)是度量存储器容量大小的常用单位之一,1 KB 等于(　　)。

A. 1 000 个字节　　B. 1 024 个字

C. 1 024 个字节　　D. 1 000 个二进位

56. 在 ASCII 表中，根据码值由小到大的排列顺序是(　　)。

A. 空格字符、数字符、小写英文字母、大写英文字母

B. 数字符、空格字符、大写英文字母、小写英文字母

C. 空格字符、数字符、大写英文字母、小写英文字母

D. 数字符、大写英文字母、小写英文字母、空格字符

57. 在下列关于字符大小关系的说法中，正确的是(　　)。

A. a＞A＞空格　　B. 空格＞a＞A

C. A＞a＞空格　　D. 空格＞A＞a

58. 按照数的进位制概念，下列各个数中正确的八进制数是(　　)。

A. 7081　　B. 1101

C. 1109　　D. B03A

59. 在标准 ASCII 码表中，英文字母 a 和 A 的码值之差的十进制值是(　　)。

A. 32　　B. －32

C. 20　　D. －20

60. 设任意一个十进制整数为 D，转换成二进制数为 B。根据数制的概念，下列叙述中确的是(　　)。

A. 数字 B 的位数＞数字 D 的位数　　B. 数字 B 的位数＜数字 D 的位数

C. 数字 B 的位数≥数字 D 的位数　　D. 数字 B 的位数≤数字 D 的位数

61. 对声音波形采样时，采样频率越高，声音文件的数据量(　　)。

A. 无法确定　　B. 越小

C. 越大　　D. 不变

62. 根据汉字国标 GB/T 2312-1980 的规定，一个汉字的内码码长为(　　)。

A. 8 bits　　B. 16 bits

C. 24 bits　　D. 12 bits

63. 一个汉字的国标码需用 2 字节存储，其每个字节的最高二进制位的值分别为(　　)。

A. 0，1　　B. 1，1

C. 1，0　　D. 0，0

64. 假设某台式计算机的内存储器容量为 256MB，硬盘容量为 40GB。硬盘的容量是内存容量的(　　)。

A. 100 倍　　B. 200 倍

C. 120 倍　　D. 160 倍

65. 十进制数 121 转换成无符号二进制整数是(　　)。

A. 111001　　B. 1111001

C. 1001111　　D. 100111

66. 下列叙述中，正确的是(　　)。

A. 只要删除所有感染了病毒的文件就可以彻底消除病毒

B. 计算机杀病毒软件可以查出和清除任意已知的和未知的计算机病毒

C. 计算机病毒只在可执行文件中传染，不执行的文件不会传染

D. 计算机病毒主要通过读/写移动存储器或 Internet 网络进行传播

67. 下列关于计算机病毒的叙述中,正确的是( )。
A. 感染过计算机病毒的计算机具有对该病毒的免疫性
B. 反病毒软件可以查、杀任何种类的病毒
C. 计算机病毒发作后,将对计算机硬件造成永久性的物理损坏
D. 反病毒软件必须随着新病毒的出现而升级,增强查、杀病毒的功能
68. 下列叙述中,正确的是( )。
A. 同一个英文字母的 ASCII 码和它在汉字系统下的全角内码是相同的
B. 大写英文字母的 ASCII 码值大于小写英文字母的 ASCII 码值
C. 一个字符的标准 ASCII 码占一个字节的存储量,其存储时最高位二进制总为 0
D. 标准 ASCII 码表的每一个 ASCII 码都能在屏幕上显示成一个相应的字符
69. 存储一个 48×48 点阵的汉字字形码需要的字节数是( )。
A. 144　　B. 256
C. 288　　D. 384
70. 微机的字长是 4 个字节,这意味着( )。
A. 能处理的最大数值为 4 位十进制数 9999
B. 在 CPU 中作为一个整体加以传送处理的为 32 位二进制代码
C. 在 CPU 中运算的最大结果为 2 的 32 次方
D. 能处理的字符串最多由 4 个字符组成
71. 计算机的技术性能指标主要是指( )。
A. 显示器的分辨率、打印机的性能等配置
B. 计算机所配备的程序设计语言、操作系统、外部设备
C. 字长、主频、运算速度、内/外存容量
D. 计算机的可靠性、可维性和可用性
72. 计算机病毒的危害表现为( )。
A. 使磁盘霉变
B. 切断计算机系统电源
C. 影响程序运行,破坏计算机系统的数据与程序
D. 能造成计算机芯片的永久性失效
73. 以".jpg"为扩展名的文件通常是( )。
A. 视频信号文件　　B. 音频信号文件
C. 文本文件　　D. 图像文件
74. 以".txt"为扩展名的文件通常是( )。
A. 音频信号文件　　B. 视频信号文件
C. 图像文件　　D. 文本文件
75. 一般说来,数字化声音的质量越高,则要求( )。
A. 量化位数越多、采样率越低　　B. 量化位数越多、采样率越高
C. 量化位数越少、采样率越高　　D. 量化位数越少、采样率越低
76. 在标准 ASCII 码表中,已知英文字母 A 的十进制码值是 65,英文字母 a 的十进制码值是( )。

A. 91　　B. 97
C. 95　　D. 96

77. 传播计算机病毒的一大可能途径是(　　)。
A. 通过键盘输入数据时传入　　B. 通过电源线传播
C. 通过 Internet 网络传播　　D. 通过使用表面不清洁的光盘

78. 计算机病毒(　　)。
A. 不会对计算机操作人员造成身体损害
B. 会导致部分计算机操作人员感染致病
C. 会导致部分计算机操作人员感染病毒,但不会致病
D. 会导致所有计算机操作人员感染致病

79. 通常所说的"宏病毒"感染的文件类型是(　　)。
A. EXE　　B. COM
C. TXT　　D. DOC

80. 1946 年诞生的世界上公认的第一台电子计算机是(　　)。
A. EDVAC　　B. UNIVAC-1
C. ENIAC　　D. IBM650

81. 下列关于世界上第一台电子计算机 ENIAC 的叙述中,错误的是(　　)。
A. 它主要采用电子管和继电器
B. 它主要用于弹道计算
C. 它是 1946 年在美国诞生的
D. 它是首次采用存储程序控制使计算机自动工作

82. 下列不属于第二代计算机特点的一项是(　　)。
A. 外存储器主要采用磁盘和磁带
B. 采用电子管作为逻辑元件
C. 运算速度为每秒几万到几十万条指令
D. 内存主要采用磁芯

83. 个人计算机属于(　　)。
A. 大型主机　　B. 小型计算机
C. 微型计算机　　D. 巨型机算机

84. 核爆炸和地震灾害之类的仿真模拟,其应用领域是(　　)。
A. 数据处理　　B. 科学计算
C. 计算机辅助　　D. 实时控制

85. 计算机的发展趋势是(　　)、微型化、网络化和智能化。
A. 巨型化　　B. 精巧化
C. 小型化　　D. 大型化

86. 下列有关信息和数据的说法中,错误的是(　　)。
A. 数据是信息的载体
B. 数据处理之后产生的结果为信息,信息有意义,数据没有
C. 数值、文字、语言、图形、图像等都是不同形式的数据

D. 数据具有针对性、时效性

87. 在计算机术语中，bit 的中文含义是(　　)。

A. 字长　　B. 位

C. 字　　D. 字节

88. 目前有许多不同的音频文件格式,下列哪一种不是数字音频的文件格式(　　)。

A. GIF　　B. MID

C. MP3　　D. WAV

89. 已知三个用不同数制表示的整数 A = 00111101B,B = 3CH,C = 64D,则能成立的比较关系是(　　)。

A. B<C<A　　B. C<B<A

C. B<A<C　　D. A<B<C

90. 一个汉字的内码与它的国标码之间的差是(　　)。

A. 4040H　　B. 2020H

C. A0A0H　　D. 8080H

第2章 计算机系统

2.1 计算机的硬件系统

冯·诺依曼是美籍匈牙利数学家,他于1946年提出了关于计算机组成和工作方式的基本设想,到现在为止,尽管计算机制造技术已经发生了极大的变化,但大部分计算机体系结构仍然是根据他的设计思想制造的,这样的计算机称为冯·诺依曼结构计算机。冯·诺依曼提出计算机应包括运算器、存储器、控制器、输入和输出设备五大基本部件。

一、控制器

控制器(Control Unit)是计算机中指令的解释和执行结构,其主要功能是控制运算器、存储器、输入输出设备等部件协调动作。控制器工作时,从存储器取出一条指令,并指出下一条指令所在的存放地址,然后对所取指令进行分析,同时产生相应的控制信号,并由控制信号启动有关部件,使这些部件完成指令所规定的操作。这样逐一执行一系列指令组成的程序,就能使计算机按照程序的要求,自动完成预定的任务。

二、运算器

1. 运算器

运算器(Arithmetical Unit)的主要功能是完成对数据的算术运算、逻辑运算和逻辑判断等操作。由算术逻辑单元(Arithmetic and Logic Unit, ALU)、累加寄存器、数据缓冲寄存器和状态条件寄存器组成，它是数据加工处理部件，完成计算机的各种算术和逻辑运算。

运算器有两个主要功能：

执行所有的算术运算，如加、减、乘、除等基本运算及附加运算；

执行所有的逻辑运算，并进行逻辑测试，如与、或、非、零值测试或两个值的比较等。

2. 指令与指令系统

计算机的指令是指使计算机执行各种操作的命令，它是计算机的控制信息。一条指令对应着一种基本操作，一台计算机能执行多少种操作，就要有多少条指令。一台计算机所能执行的全部指令(约100—300条)的集合称为这台计算机的指令系统。指令系统的功能强弱在很大程度上决定了这类计算机智能的高低，它集中地反映了微处理器的硬件功能和属性。

计算机能直接识别和执行的指令是用二进制编码表示的机器指令。机器指令的一般格式为：操作码+操作数

其中：

操作码是用来规定指令要执行的操作，例如，加、减法运算或数据传送操作等，是指令中不可缺少部分。

操作数是用来指明参加操作的数的来源和去向。不同CPU指令中操作数的个数不同，可以有0至3个不等。

不同种类的微处理器，由于其内部结构各不相同，因此，它们也就具有不同的指令系统。大致可以分为以下几种类型：

(1) 数据传送指令：包括传送数到寄存器、寄存器到寄存器、寄存器到存储器，存储器到寄存器的数据传送操作；

(2) 算术运算：包括加、减、乘运算；

(3) 逻辑运算：包括与、或、异或、测试、移位等操作；

(4) 转移指令：包括条件转移、无条件转移、中断返回、子程序调用等操作；

(5) 控制指令：如开中断、关中断等操作。

指令的执行过程可以归纳如下：

(1) CPU的控制器从存储器读取一条指令放入指令寄存器中。

(2) 指令寄存器中的指令经过译码，决定该指令应进行何种操作、操作数在哪里。

(3) 根据操作数的位置取出操作数。

(4) 运算器按照操作码的要求，对操作数完成规定的运算，并根据运算结果修改或设置处理器的一些状态标志。

(5) 把运算结果保存到指定的寄存器中，需要时也需将结果从寄存器保存到内存单元中。

(6) 修改指令计数器，决定下一条指令的地址。

三、存储器

计算机的存储器可分为主(内)存储器和外存储器。

1. 内存

内存储直接与 CPU 相连,用于存储正在运行的程序和需要立即处理的数据,外存储器是计算机的辅助性存储设备。CPU 在工作时,如果要读取外存储器上的某些数据,需要把外存储器中的数据先传送到内存中,然后再调入 CPU 进行操作,因此内存储较外存储器存取速度快。

内存速度指计算机进行一次读或写操作所花费的“访问时间”。从工作速度上看,内存储器总是比 CPU 要慢得多,从计算机问世之初直到现在,始终是计算机信息流动的一个“瓶颈”。目前一次存储器“访问时间”大约为几纳秒,这个速度与 CPU 的速度相比仍有较大差距。自然,存取速度越快的存储器成本越高,反之成本越低。为了使存储器的性能比得到优化,计算机中各种存储器往往组成一个层状图,它们互相取长补短,协调工作。如图 2-1 所示,它们由上至下存取时间依次增加(寄存器为 1 ns,磁带为 10 s),存储的容量也大幅度提高(寄存器一般小于 1 k,而磁带可以存储到 50—100TB)。

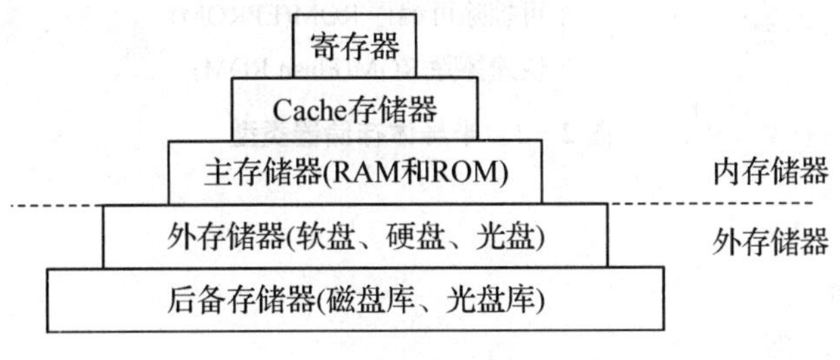

图 2-1 存储器的层次结构

存储器的容量都是以字节作为基本计数单位的,表示存储器容量的单位有:B(字节)、K(千字节)、M(兆字节)、G(千兆字节)、T(太字节)。

各单位的关系如下:

1 KB = 1 024 B
1 MB = 1 024 KB
1 GB = 1 024 MB
1 TB = 1 024 GB

微型计算机的内存储器是由半导体器件构成的半导体存储芯片。从使用功能上可以分为:随机存储器(Random Access Memory,简称 RAM,又称读写存储器),只读存储器(Read Only Memory,简称为 ROM)。

RAM 有以下特点:可以读出,也可以写入。读出时并不损坏原来存储的内容,只有写入时才修改原来所存储的内容。断电后,存储内容立即消失, 即具有易失性。RAM 可分为动态(Dynamic RAM,DRAM)和静态(Static RAM,SRAM)两大类。DRAM 的特点是集成度高, 成本低,功耗小,主要用于大容量内存储器;SRAM 的特点是存取速度快,集成度低,功耗较大,成本高,主要用于高速缓冲存储器。

ROM 是只读存储器。顾名思义,它的特点是只能读出原有的内容,不能由用户再写入新内容。原来存储的内容是采用掩膜技术由厂家一次性写入的,并永久保存下来。它一般用来存放专用的固定的程序和数据,不会因断电而丢失。可以分为:掩膜式 ROM、可编程的 PROM(可用紫外线擦除)、可编程的 EPROM(可用电擦除)快速擦除 ROM(Flash ROM)等。

其中掩膜式 ROM、可编程的 PROM 不能在线改写内容，可编程的 EPROM 可以通过专门的设备改写。Flash ROM 简称闪存，是一种新型的非易失性存储器，但又像 RAM 一样可以方便改写，它的工作原理是：在低电压下，存储信息可读但不可改写，类似 ROM，在较高电压下，存储的信息可以更改，类似于 RAM。因此 Flash ROM 在 PC 机中可以在线改写，信息一旦写入即相对固定，由于芯片的存储容量大，易修改，因此在 PC 机中用于存储 BIOS 程序，也可使用在数码相机和优盘中。

半导体存储器类型的主要分类如图 2-2 所示。

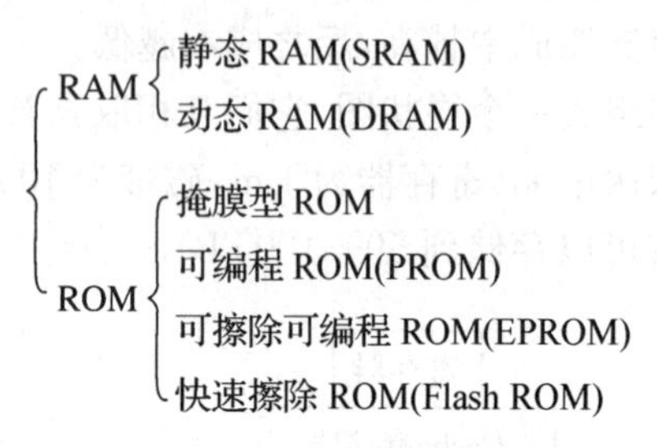

图 2-2　半导体存储器类型

2. 外存

(1) 硬盘存储器

① 硬盘的组成原理

硬盘存储器是由若干片硬盘片组成的盘片组，一般被固定在计算机机箱内。与软盘相比，硬盘的容量要大得多，存取信息的速度也快得多。目前生产的硬盘容量一般在 40 GB 以上，甚至达到几百 GB。硬盘的盘片、磁头及其驱动机构全部封装在一起构成一个密封的组合件，又称为温彻斯特硬盘，是由 IBM 公司开发而成的。

硬盘结构示意图如图 2-3(a)所示，硬盘实物图如图 2-3(b)所示：

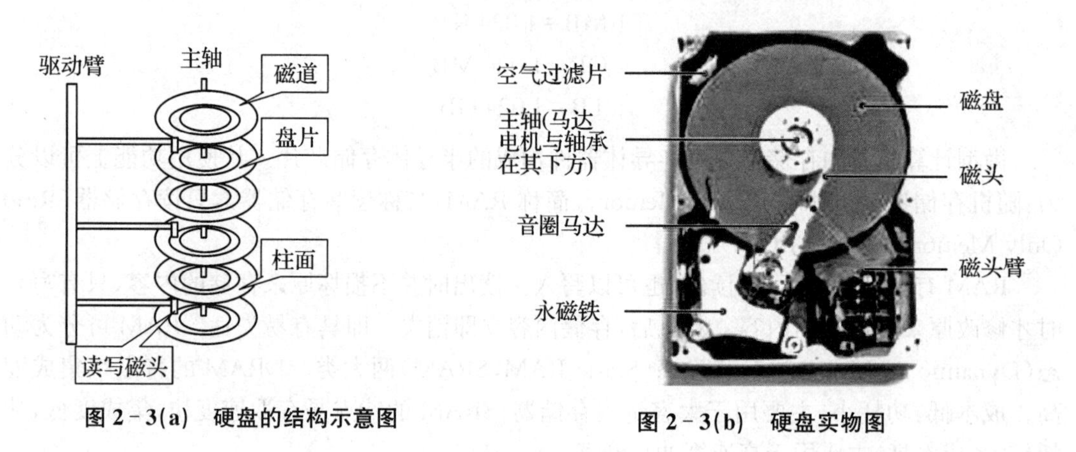

图 2-3(a)　硬盘的结构示意图　　**图 2-3(b)　硬盘实物图**

硬盘存储器由磁盘盘片、主轴与主轴电机、移动臂、磁头和控制电路等组成，它们全部密封在一个盒状装置内。硬盘的盘片由铝合金(有用玻璃)制成，盘片的上下两面都涂有一层很薄的磁性材料，通过被化分成若干同心圆的磁道来记录数据。硬盘片表面由外向里分成许多同心圆，每个圆称为一个磁道，每个盘片(又称单碟)一般都有 1 000 个以上的磁道。每个磁道还要分成若干个扇区,一般有上千个扇区,每个扇区的容量通常为512个字节。一般一块硬盘由1至5张盘片组成,它们都固定在主轴上。主轴底部有一个电机,当硬盘工作时,电机带动主轴,主轴带动磁盘高速旋转,其速度为几千转甚至上万转每分钟。盘片高速旋转时带动的气流将盘片上的磁头托起,磁头是一个质量很轻的薄膜组件,它负责盘片上数据的写入与读出。每一个磁面都会有一个磁头,从最上面开始,从O开始编号。不工作时,与磁盘是接触的,停在不存放任何数据的区域(是盘片的起始位置),工作时呈飞行状态,离盘面数据区0.2~0.5微米。移动臂用来固定磁头,使磁头可以沿着盘片的径向高速移动,以便定位到指定的磁道。这就是硬盘的工作原理。

硬盘上的数据读写速度与机械有关,因此完成一次读写操作很慢,大约需要10 ms左右。为了提高它与主机的交换数据的速度,可以将数据暂存在硬盘的高速缓存,高速缓存由DRAM芯片构成,DRAM的速度比磁介质快很多。在读硬盘中的数据时,磁盘控制器先检查所需数据是否在缓存中,如果在的话就由缓存送出所需的数据,这样可以避免直接访问硬盘了,只有当缓存中没有该数据时,才向硬盘查找并读出数据。

硬盘与主机的接口用于为主机与硬盘驱动器之间提供一个通道,以实现主机与硬盘之间的高速数据传输。PC机使用的硬盘接口主要是IDE接口(称为ATA标准)。曾经流行了多年的IDE硬盘大多采用Ultra ATA100或Ultra ATA133接口(并行ATA接口),传输速率分别为100 MB/s和133 MB/s。近年来推出了一种串行ATA(简称SATA)硬盘接口,它以高速串行的方式传输数据,其传输速率达150—300 MB/s,可用来连接大容量高速硬盘,目前已被广泛应用。

② 硬盘主要技术指标

容量:硬盘的存储容量现在以千兆字节(GB)为单位,目前PC机硬盘单碟容量约为320 GB—3 TB,硬盘存储容量为所有单碟容量之和。作为PC机的外存储器,硬盘容量自然是越大越好,但限于成本和体积,碟片数目宜少不宜多,因此提高单碟容量是提高硬盘容量的关键。

缓冲区容量:也称之为缓存(Cache)容量,单位为MB。为了减少主机的等待时间,硬盘会将读取的资料先存入缓冲区,等全部读完或缓冲区填满后再以接口速率快速向主机发送。通常情况下在写入操作时,也是先将数据写入缓冲区再发送到磁头,等磁头写入完毕后再报告主机写入完毕。理论上讲缓冲容量越大越好。目前,硬盘的缓存容量一般为2 MB或4 MB,有的可以达到8 MB以上。

数据传输率:单位为MB/s,根据数据交接方式的不同又分外部与内部数据传输率,外部传输率是指缓冲区与主机(即内存)之间的数据传输率,上限速率取决于硬盘的接口类型(一般为100—300 MB/s)。内部传输率是指磁头与缓冲区之间的数据传输率,它的速率要小于外部传输率,它是评价一个硬盘整体性能的决定性因素。在硬盘尺寸相同的情况下,若硬盘转速相同,单碟容量越大,则硬盘的内部传输速率越高;在单碟容量相同时,转速越高,则硬盘内部传输率也越高。

平均存取时间:由硬盘的旋转速度、磁头的寻道时间和数据的传输速率所决定。硬盘旋转速度越高,磁头移动到数据所在磁道越快。

③ 使用硬盘时要注意的问题

防止灰尘

防止高温

防止病毒

定期整理硬盘碎片

(2) 移动存储器

闪存也称为“U盘”,它采用FLASH存储器(闪存)技术,体积很小,重量很轻,容量可以按需要而定(如上8 MB—2 GB),具有写保护功能,数据保存安全可靠,使用寿命可长达数年。利用USB接口,可以与几乎所有计算机连接。有此产品还可以模拟软驱和硬盘启动操作系统,当Windows操作系统受到病毒感染时,优盘可以同软盘一样起到引导操作系统启动的作用。

移动硬盘,主要指采用USB或IEEE1394接口的,可以随时插上或拔下的、小型而便于携带的硬盘存储器,通常它是采用微型硬盘加上特制的配套硬盘盒构成的一个大容量存储系统。一些超薄型的移动硬盘,厚度仅1个多厘米,比手掌还小一些,重量只有200—300克,而存储容量可以是10 GB,20 GB,30 GB,40 GB,60 GB或更高。硬盘盒中的微型硬盘,转速为4 200—5 400转每分钟,噪声小,工作环境安静。

(3) 光盘存储器

光盘可分为只读光盘,可记录光盘,可擦写光盘,数字通用光盘和蓝光光盘五种类型。

① 只读型光盘(CD-ROM)

CD-ROM是Compact Disk-Read Only Memory(只读压缩光盘存储器)的缩写,又称为光盘只读存储器,由光盘驱动器和光盘组成。对于只读式光盘,用户只能读取光盘上已经记录的各种信息,但不能修改或写入新的信息。最大容量大约是700 MB。

② 可记录光盘(CD-R)

CD-R是英文CD Recordable的简称,中文简称刻录机。就是只允许写一次,写完以后,记录在CD-R盘上的信息无法被改写,但可以像CD-ROM盘片一样,在CD-ROM驱动器和CD-R驱动器上被反复地读取多次。

③ 可擦写光盘(CD- RW)

CD-RW(CD- Rewritable)是一种新型的可重复擦写型光盘存储器,它不仅可以完成CD-ROM无法胜任的工作,而且还具有CD-R(CD-Recordable)刻录机所不具备的可重复擦写的特点。

④ 数字通用光盘DVD

DVD是数字通用光盘(Digital Versatile Disc)的缩写。它集计算机技术、光学记录技术和影视技术等为一体,其目的是满足人们对大存储容量、高性能的存储媒体的需求,主要用于存储多媒体软件和影视节目。单面单层容量为4.7 GB、双面为8.5 GB。

⑤ 蓝光光盘

蓝光光盘是采用波长为405 nm的蓝色激光光束来进行读写操作,用以存储高品质的影音以及高容量的数据。单面单层容量为25 GB、双面为50 GB。

四、输入设备

输入设备是计算机系统必不可少的组成部分,用于向计算机输入命令,数值、文本、图像、声音和视频等信息。

1. 键盘

键盘(Keyboard)是最常用也是最主要的输入设备,通过键盘,可以将英文字母、中文汉字、数字、标点符号等输入到计算机中,从而向计算机发出命令、输入数据等。

键盘的按键有机械式和电容式两种。

键盘的接口有PS/2接口、USB接口等。

2. 鼠标

鼠标是一种移动光标和实现选择操作的计算机输入设备。它的基本工作原理是:当用户移动鼠标器时,借助于机械的或光学的方法,把鼠标运动的距离和方向(或X方向及Y方向的距离)分别变换成2个脉冲信号输入计算机,计算机中运行的鼠标驱动程序将脉冲个数再转换成为鼠标器在水平方向和垂直方向的位移量,从而控制屏幕上鼠标箭头的运动。

按结构上分,鼠标可以分为机械式、光机式、光电式和无线式四大类。

3. 扫描仪

扫描仪作为计算机的一种输入设备,它的作用就是将图片、照片、胶片以及文稿资料等书面材料或实物的外观扫描后输入到计算机中,并形成文件保存起来。

4. 数码照相机

数码相机(Digital Camera,简称DC)又叫数字相机,是一种介于传统相机和扫描仪之间的产品。与传统的照相机相比,数码相机不需要胶卷和暗房,能直接将数字形式的照片输入计算机进行处理,或通过网络传送至其他地方,也可以通过打印机打印出来或通过电视机进行观看。与扫描仪相比,扫描仪只能将二维图片进行数字化,精度较高,而数码相机可将三维景物进行数字化。

5. 笔输入设备

笔输入设备作为一种新颖的输入设备近几年发展迅速,它操作简单,兼有键盘、鼠标和写字笔的功能。此外,它在手机、手持式计算机(一种能不依靠外接电源工作的微型计算机,可以拿在手里进行操作)、PDA(个人数字助理;今种集计算、电话/传真和网络功能于一身的手持设备)中也普遍存在。

五、输出设备

和输入设备作用相反,输出设备作用是将计算机中的信息通过不同的设备输出。

1. 显示器

(1) 概述

显示器是计算机必不可少的一种图文输出设备,其作用是将数字信号转换为光信号,使文字与图形在屏幕上显示出来,从而使用户及时了解计算机的处理结果和工作状态,便于进行操作。显示器主要有两类:CRT显示器和LCD液晶显示器。

(2) 显示器的一些主要性能参数

显示屏尺寸:即计算机显示器屏幕的大小,是以显示屏对角线的长度来度量,与电视机的尺寸注明方法一样，有15英寸、17英寸、19英寸、21英寸等。

分辨率：分辨率是指显示器所能显示的点数的多少，显示器可显示的点数越多，画面就越精细，同样的屏幕区域内能显示的信息也越多，所以分辨率是个非常重要的性能指标。一般用水平分辨率×垂直分辨率来表示，如1024×768、1280×1024等。

刷新率：刷新率是屏幕显示图像每秒钟显示的次数，刷新率越高，图像的稳定性越好。从理论上来讲，只要刷新率达到85 Hz，也就是每秒刷新85次，人眼就感觉不到屏幕的闪烁了。

可显示的颜色数量：一个像素可以显示多少种颜色，由表示这个像素的二进制位数决定，二进制位数越多，所能表示的颜色越丰富。

(3) 显示卡

显示卡(又称显示适配器或显示控制器)，作用是控制显示器的显示方式。在显示器里也有控制电路，但起主要作用的是显示卡。

显示卡主要由显示控制电路、绘图处理器、显示内存和接口电路4个部分组成。显示控制电路负责对显示卡的操作进行控制和协调，包括对CRT或LCD显示器进行控制。接口电路负责显示卡与CPU和内存的数据传输。由于经常需要将内存中的图像数据成块地传送到显存中，因此相互间的连接速度十分重要。显示卡接口起到了将计算机主存和显存直接连的作用。显卡的类型有ISA、VESA、PCI、VGA、AGP和PCI-Express等，目前大多使用PCI-Express接口类型。

2. 打印机

打印机将输出信息以字符、图形、表格等形式印刷在纸上，是重要的输出设备。打印机的种类很多，根据打印的原理可分为：针式打印机、喷墨打印机、激光打印机。

(1) 针式打印机

针式打印机是最早出现的打印机，它是通过安装在打印头上的数根“打印针”打击色带产生打印效果的，因此也称为针式打印机。常见的有9针单排排列的(称为9针打印机)和24针双排错落排列的(24针打印机)两种。

针式打印机价格便宜、耗材也便宜，使用非常普遍，但是和喷墨、激光打印机比起来，打印速度比较慢，打印质量低，噪声非常大，慢慢退出了打印机的行列，只有在特定单位如银行或财务部门需要打印多层票据才使用针式打印机。

(2) 喷墨打印机

喷墨打印机在打印字方式上与针式打印机相似，但印在纸上的墨点是通过打印头上的许多(数十到数百个)小喷孔喷出的墨水形成的。与针式打印机的打印针相比，这些喷孔直径很小，数量更多。微小墨滴的喷射由压力、热力或者静电方式驱动。由于没有击打，故在工作过程中几乎没有声音，而且打印纸也不受机械压力，打印效果较好，在打印图形、图像时(与针式打印机相比)效果更为明显。

(3) 激光打印机

激光打印机是用电子照相方式记录图像，通过静电吸附墨粉后在纸张上印字的。它的基本原理与静电复印机类似。它用接收到的信号来调制激光束，使其照射到一个具有正电位的感光鼓(硒鼓)上，被激光照射的部位转变为负电位，能吸附墨粉，激光束扫描使硒鼓上形成了所需要的结果影像，在硒鼓吸附到墨粉后，再通过压力和加热把影像转移到输出在一页打印纸上。由此可见，激光打印机的输出是按页进行的。由于激光束极细，能够在硒鼓上产生非常精细的效果，所以激光打印机的输出质量很高。可以超过以前铅字印刷的水平。

由于激光打印机输出速度快、打印质量高，而且可以使用普通纸，因而是理想的输出设备。激光打印机的主要缺点是耗电量大，墨粉价格较贵，因此运行费用较高。

2.2 计算机的软件系统

一、软件概念

1. 程序

软件:设计比较成熟、功能比较完善、具有某种使用价值、且有一定规模的程序,包含程序、与程序相关的数据和文档。

程序:按照一定顺序执行的、能够完成某一任务的指令集合。

2. 程序设计语言

程序设计语言按照其级别可以分成:机器语言、汇编语言和高级语言。

(1) 机器语言:由二进制代码构成的机器指令的集合,是机器唯一能直接识别的语言。

(2) 汇编语言:用助记符号来表示机器指令中的操作符与操作数。

汇编指令与机器指令是一一对应的。用汇编指令编写出来的程序为"汇编语言源程序",该程序不能在 CPU 中直接执行,必须用汇编程序将源程序中的每条汇编指令转换为对应的机器指令后,才能在 CPU 中执行。汇编语言与硬件的关系等同于机器语言与硬件的关系,不同型号 CPU 所支持的汇编语言也不同,因此汇编语言也是一种面向机器的编程语言。

(3) 高级程序设计语言:一种比较接近自然语言和数学语言而与计算机硬件无关的符号表示,可用于描述运算、操作和过程。

高级程序设计语言接近人们日常使用的自然语言(主要是英语)容易理解、记忆和使用,可在不同计算机上通用。用任何高级语言所编写的程序称为"高级语言源程序",该程序不能被 CPU 理解和直接执行,必须经高级语言翻译程序将源程序中每条语句转换成一个功能相等的指令序列后,才能在 CPU 中执行。按所支持的程序设计方法的不同,高级程序设计语言可分为:面向过程程序设计语言和面向对象程序设计语言。

二、软件系统及其组成

1. 系统软件

它是指接近计算机核心的、为方便使用计算机和管理计算机资源而设计的软件。系统软件具有通用性和支持性。系统软件主要包含有操作系统、语言处理系统,数据库管理系统和系统辅助处理系统等。

2. 应用软件

用户为解决各种实际问题而编制的程序总称为应用软件。根据服务的对象,应用软件一般可分为通用应用软件和专用应用软件两大类。

① 通用应用软件

它是为解决某一类问题而设计的多用途软件，如文字处理软件（Word）、电子表格软件（Excel）、图像处理软件（Photoshop）等。

② 专用应用软件

它们是为解决某一具体问题而设计的软件，如某单位的工资管理软件、人事管理软件等。常用的应用软件有：办公软件套件、多媒体处理软件、Internet 工具软件等。

2.3 操作系统

一、操作系统的概念

操作系统(Operation System,简称 OS):是计算机中最重要的一种系统软件,它是一些程序模块的集合。能以尽量有效、合理的方式组织和管理计算机的软硬件资源,合理安排计算机的工作流程,控制和支持应用程序的运行,并向用户提供各种服务,使用户能灵活、方便、有效地使用计算机,也使整个计算机系统高效率地运行。

进程:是指进行中的程序,即:进程 = 程序 + 执行。

线程:是进程的一个实体,是 CPU 调度和分派的基本单位,它是比进程更小的能独立运行的基本单位。是为了更好地实现并发处理和共享资源,提高 CPU 的利用率,目前许多操作系统把进程再“细分”成线程。

内核态:即特权态,拥有计算机中所有的软硬件资源的程序。

用户态;即普通态,其访问资源的数量和权限均受到限制。

二、操作系统的功能

操作系统主要功能:管理和控制计算机系统的所有资源(包括硬件和软件),即五大管理——进程管理、存储管理、设备管理、文件管理和作业管理。

进程管理:对处理机资源进行管理,把 CPU 让给更重要、更迫切的程序。

存储管理:管理内存资源的高效、合理使用。主要内容包括内存的分配和回收、内存的共享和保护、内存自动扩充等。

设备管理:对计算机系统中除了 CPU 和内存以外的所有 I/O 设备的管理。

文件管理:有效地支持文件的存储、检索和修改等操作解决文件的共享、保密和保护问题,使用户程序能方便、安全地访问它所需要的文件。

作业管理:一个作业就是用户的一个计算问题,按照用户的命令控制作用运行。当出现资源限制时,能挑出急用的作业装入内存,进行作用调度。

三、操作系统的发展

第一阶段:人工操作方式

第二阶段:单道批处理操作系统

第三阶段:多道批处理操作系统

第四阶段:分时操作系统
第五阶段:实时操作系统
第六阶段:现代操作系统

四、操作系统的种类

操作系统是计算机软件的核心,根据操作系统的用户界面和功能不同有多种分类方法,一般按照操作系统的结构和功能,可分为:批处理操作系统、分时操作系统,实时操作系统、网络操作系统和分布式操作系统。

1. 批处理操作系统

在批处理环境中,用户以提交作业的方式把任务交给计算机去完成。所谓“作业”是指用户提交给计算机系统的一个独立的处理单位,它由用户程序、数据和作业命令组成。批处理操作系统能不断地接受用户提交作业,同时将作业保存到输入队列中,由系统自动地高速执行这些作业。

2. 分时操作系统

分时操作系统将 CPU 的运行时间分成很短的时间片,按时间片顺序轮流地把 CPU 分配给各个作业使用。若某个作业在分配给它的时间片内不能完成其计算,则该作业暂时中断,把处理机让给另一个作业使用。由于计算机运行速度快,作业轮转得也很快,仿佛每个作业任务在“独占”一台计算机系统,并可用交互式方式直接控制自己的作业任务。

3. 实时操作系统

实时操作系统是指使计算机能及时响应外部事件的请求在规定的严格时间内完成对该事件的处理,并控制所有实时设备和实时任务协调一致地工作的操作系统。实时操作系统要追求的目标是:对外部请求在严格时间范围内做出反应,有高可靠性和完整性,常用于过程控制。

4. 网络操作系统

网络操作系统通常用于计算机网络中的服务器上。它是基于计算机网络,在计算机操作系统基础上安装网络体系结构和协议标准开发的系统软件,可以在网络环境下管理更大范围内的资源。网络操作系统功能主要是提供高效而可靠的网络通信能力,提供多种网络服务,实现互相通信和资源共享。

5. 分布式操作系统

大量的计算机通过网络被联结在一起,可以获得极高的运算能力及广泛的数据共享。这种系统被称作分布式系统。分布式操作系统是为分布式计算机系统配置的系统软件,它在资源管理、通信控制和操作系统的结构等方面与其他操作系统有较大的区别。

五、典型操作系统

服务器操作系统:是安装在大型计算机上的操作系统,主要有 Windows, Unix、Linux,

Netware。

PC操作系统：是安装在个人计算机上的操作系统，如DOS，Windows，MacOS。

实时操作系统：是保证在一定时间限制内完成特定任务的操作系统，如VxWorks。

嵌入式操作系统：是以应用为中心，以计算机技术为基础，软件硬件可裁剪，适应应用系统对功能、可靠性，成本、体积、功耗严格要求的专用计算机系统，如Palm OS。

章节测试

一、选择题

1. 一个完整的计算机系统应该包括(　　)。

A. 主机、键盘和显示器　　B. 主机和它的外部设备

C. 硬件系统和软件系统　　D. 系统软件和应用软件

2. 计算机操作系统通常具有的五大功能是(　　)。

A. 处理器(CPU)管理、存储管理、文件管理、设备管理和作业管理

B. 硬盘管理、U盘管理、CPU的管理、显示器管理和键盘管理

C. CPU管理、显示器管理、键盘管理、打印机管理和鼠标器管理

D. 启动、打印、显示、文件存取和关机

3. 计算机操作系统的主要功能是(　　)。

A. 为用户提供方便地操作和使用计算机

B. 对各类计算机文件进行有效的管理，并提交计算机硬件高效处理

C. 管理计算机系统的软硬件资源，以充分发挥计算机资源的效率，并为其他软件提供良好的运行环境

D. 把高级程序设计语言和汇编语言编写的程序翻译到计算机硬件可以直接执行的目标程序，为用户提供良好的软件开发环境

4. 下列各组软件中，全部属于应用软件的是(　　)。

A. 视频播放系统、操作系统

B. 军事指挥程序、数据库管理系统

C. 航天信息系统、语言处理程序

D. 导弹飞行控制系统、军事信息系统

5. 用来控制、指挥和协调计算机各部件工作的是(　　)。

A. 鼠标器　　B. 控制器

C. 运算器　　D. 存储器

6. 软件按功能可以分为：应用软件、系统软件和支撑软件(或工具软件)。下面属于系统软件的是(　　)。

A. 操作系统　　B. 编辑软件

C. 浏览器　　D. 教务管理系统

7. 数码相机里的照片可以利用计算机软件进行处理，计算机的这种应用属于(　　)。

A. 辅助设计　　B. 嵌入式系统

C. 图像处理　　D. 实时控制

8. 下列选项中,既可作为输入设备又可作为输出设备的是(   )。
A. 扫描仪　　B. 绘图仪
C. 鼠标器　　D. 磁盘驱动器
9. 下列软件中,属于系统软件的是(   )。
A. 学籍管理系统　　B. 财务管理系统
C. C++编译程序　　D. Excel 2003
10. 下列度量单位中,用来度量 CPU 时钟主频的是(   )。
A. MIPS　　B. MB
C. GHz　　D. MB/s
11. 下面关于随机存取存储器(RAM)的叙述中,正确的是(   )。
A. 存储在 SRAM 或 DRAM 中的数据在断电后将全部丢失且无法恢复
B. SRAM 的集成度比 DRAM 高
C. DRAM 常用来做 Cache 用
D. DRAM 的存取速度比 SRAM 快
12. 下列叙述中,正确的是(   )。
A. CPU 能直接读取硬盘上的数据
B. CPU 主要用来存储程序和数据
C. CPU 能直接存取内存储器上的数据
D. CPU 由存储器、运算器和控制器组成
13. 在微机中,I/O 设备是指(   )。
A. 输入输出设备　　B. 控制设备
C. 输入设备　　D. 输出设备
14. 下面关于操作系统的叙述中,正确的是(   )。
A. 操作系统是计算机软件系统中的核心软件
B. 操作系统属于应用软件
C. Windows 是 PC 机唯一的操作系统
D. 操作系统的五大功能是:启动、打印、显示、文件存取和关机
15. 把硬盘上的数据传送到计算机内存中去的操作称为(   )。
A. 写盘　　B. 存盘
C. 输出　　D. 读盘
16. 高级程序设计语言的特点是(   )。
A. 高级语言与具体的机器结构密切相关
B. 高级语言接近算法语言不易掌握
C. 用高级语言编写的程序计算机可立即执行
D. 高级语言数据结构丰富
17. 下列叙述中,正确的是(   )。
A. 内存中存放的既有程序代码又有数据
B. 内存中存放的只有程序代码
C. 内存中存放的只有数据

D. 外存中存放的是当前正在执行的程序代码和所需的数据

18. 下列选项中，完整描述计算机操作系统作用的是(　　)。

A. 它执行用户键入的各类命令

B. 它是用户与计算机的界面

C. 它管理计算机系统的全部软、硬件资源，合理组织计算机的工作流程，以达到充分发挥计算机资源的效率，为用户提供使用计算机的友好界面

D. 它对用户存储的文件进行管理，方便用户

19. 操作系统中的文件管理系统为用户提供的功能是(　　)。

A. 按文件创建日期存取文件　　B. 按文件名管理文件

C. 按文件作者存取文件　　D. 按文件大小存取文件

20. 下列各存储器中，存取速度最快的一种是(　　)。

A. 硬盘　　B. RAM

C. U 盘　　D. 光盘

21. 随机存取存储器(RAM)的最大特点是(　　)。

A. 计算机中，只是用来存储数据的

B. 一旦断电，存储在其上的信息将全部消失，且无法恢复

C. 存储在其中的信息可以永久保存

D. 存储量极大，属于海量存储器

22. 造成计算机中存储数据丢失的原因主要是(　　)。

A. 计算机存储器硬件损坏　　B. 病毒侵蚀、人为窃取

C. 计算机电磁辐射　　D. 以上全部

23. 下列关于指令系统的描述，正确的是(　　)。

A. 指令由操作码和控制码两部分组成

B. 指令的操作码部分描述了完成指令所需要的操作数类型

C. 指令的地址码部分是不可缺少的

D. 指令的地址码部分可能是操作数，也可能是操作数的内存单元地址

24. CPU 中，除了内部总线和必要的寄存器外，主要的两大部件分别是运算器和(　　)。

A. 存储器　　B. 控制器

C. 编辑器　　D. Cache

25. 在微机的硬件设备中，有一种设备在程序设计中既可以当作输出设备，又可以当作输入设备，这种设备是(　　)。

A. 磁盘驱动器　　B. 手写笔

C. 绘图仪　　D. 网络摄像头

26. 移动硬盘与 U 盘相比，最大的优势是(　　)。

A. 容量大　　B. 速度快

C. 兼容性好　　D. 安全性高

27. 液晶显示器(LCD)的主要技术指标不包括(　　)。

A. 存储容量　　B. 显示速度

C. 显示分辨率　　D. 亮度和对比度

28. CPU的主要性能指标是(　　)。

A. 发热量和冷却效率　　B. 耗电量和效率

C. 可靠性　　D. 字长和时钟主频

29. 计算机主要技术指标通常是指(　　)。

A. CPU的时钟频率、运算速度、字长和存储容量

B. 显示器的分辨率、打印机的配置

C. 所配备的系统软件的版本

D. 硬盘容量的大小

30. 下列描述中,正确的是(　　)。

A. 摄像头属于输入设备,而投影仪属于输出设备

B. 光盘驱动器属于主机,而光盘属于外设

C. 硬盘是辅助存储器,不属于外设

D. U盘即可以用作外存,也可以用作内存

31. CPU的中文名称是(　　)。

A. 中央处理器　　B. 不间断电源

C. 控制器　　D. 算术逻辑部件

32. 计算机软件的确切含义是(　　)。

A. 计算机程序、数据与相应文档的总称

B. 系统软件与应用软件的总和

C. 操作系统、数据库管理软件与应用软件的总和

D. 各类应用软件的总称

33. CPU的指令系统又称为(　　)。

A. 机器语言　　B. 程序设计语言

C. 符号语言　　D. 汇编语言

34. 下列选项中,不属于显示器主要技术指标的是(　　)。

A. 重量　　B. 显示器的尺寸

C. 分辨率　　D. 像素的点距

35. 计算机的硬件主要包括:中央处理器(CPU)、存储器、输出设备和(　　)。

A. 输入设备　　B. 鼠标

C. 显示器　　D. 键盘

36. 用来存储当前正在运行的应用程序和其相应数据的存储器是(　　)。

A. ROM　　B. 硬盘

C. CD-ROM　　D. RAM

37. 面向对象的程序设计语言是(　　)。

A. 机器语言　　B. 形式语言

C. 高级程序语言　　D. 汇编语言

38. 下列各项中两个软件均属于系统软件的是(　　)。

A. WPS和UNIX　　B. DOS和UNIX

C. MIS和WPS　　D. MIS和UNIX

39. 下列描述中正确的是。(　　)。

A. 程序就是软件　　B. 软件是程序、数据与相关文档的集合

C. 软件既是逻辑实体,又是物理实体　　D. 软件开发不受计算机系统的限制

40. 下列软件中,属于应用软件的是(　　)。

A. 程序设计语言处理系统　　B. 操作系统

C. 管理信息系统　　D. 数据库管理系统

41. 目前使用的硬磁盘,在其读/写寻址过程中(　　)。

A. 盘片旋转,磁头沿盘片径向运动　　B. 盘片静止,磁头沿圆周方向旋转

C. 盘片旋转,磁头静止　　D. 盘片与磁头都静止不动

42. 显示器的主要技术指标之一是(　　)。

A. 亮度　　B. 分辨率

C. 对比度　　D. 彩色

43. 计算机的主频指的是(　　)。

A. 时钟频率,用 MHz 表示　　B. 显示器输出速度,用 MHz 表示

C. 软盘读写速度,用 Hz 表示　　D. 硬盘读写速度

44. 在外部设备中,扫描仪属于(　　)。

A. 存储设备　　B. 输出设备

C. 输入设备　　D. 特殊设备

45. ROM 是指(　　)。

A. 外存储器　　B. 随机存储器

C. 辅助存储器　　D. 只读存储器

46. 微机上广泛使用的 Windows 是(　　)。

A. 批处理操作系统　　B. 单任务操作系统

C. 多任务操作系统　　D. 实时操作系统

47. 计算机指令主要存放在(　　)。

A. 内存　　B. 键盘

C. CPU　　D. 硬盘

48. 摄像头属于(　)。

A. 输出设备　　B. 控制设备

C. 输入设备　　D. 存储设备

49. 移动硬盘或优盘连接计算机所使用的接口通常是(　　)。

A. 并行接口　　B. USB

C. RS-232C 接口　　D. UBS

50. 操作系统是计算机的软件系统中(　　)。

A. 最通用的专用软件　　B. 最常用的应用软件

C. 最核心的系统软件　　D. 最流行的通用软件

51. 以下程序设计语言是低级语言的是(　　)。

A. 80×86 汇编语言　　B. JAVA 语言

C. Visual Basic 语言　　D. FORTRAN 语言

52. 在设计程序时，应采纳的原则之一是(　　)。
A. 程序越短越好　　B. 程序结构应有助于读者理解
C. 不限制 go to 语句的使用　　D. 减少或取消注解行
53.下列说法错误的是(　　)。
A. 高级语言通常都具有执行效率高的特点
B. 计算机可以直接执行机器语言程序
C. 汇编语言是一种依赖于计算机的低级程序设计语言
D. 为提高开发效率，开发软件时应尽量采用高级语言
54. 用助记符代替操作码、地址符号代替操作数的面向机器的语言是(　　)。
A. 机器语言　　B. 汇编语言
C. FORTRAN 语言　　D. 高级语言
55. 汇编语言是一种(　　)。
A. 执行效率较低的程序设计语言
B. 计算机能直接执行的程序设计语言
C. 独立于计算机的高级程序设计语言
D. 依赖于计算机的低级程序设计语言
56. 字长是 CPU 的主要性能指标之一，它表示(　　)。
A. CPU 一次能处理二进制数据的位数
B. CPU 最长的十进制整数的位数
C. CPU 最大的有效数字位数
D. CPU 计算结果的有效数字长度
57. 下列叙述中，正确的是(　　)。
A. 计算机能直接识别、执行用汇编语言编写的程序
B. 机器语言编写的程序执行效率最低
C. 用高级语言编写的程序称为源程序
D. 不同型号的 CPU 具有相同的机器语言
58. 把用高级程序设计语言编写的源程序翻译成目标程序(.OBJ)的程序称为(　　)。
A. 编辑程序　　B. 编译程序
C. 解释程序　　D. 汇编程序
59. 下列叙述中，正确的是(　　)。
A. 字长为 16 位表示这台计算机最大能计算一个 16 位的十进制数
B. SRAM 的集成度高于 DRAM
C. 二进制数运算器只能进行算术运算
D. 字长为 16 位表示这台计算机的 CPU 一次能处理 16 位二进制数字
60. 构成 CPU 的主要部件是(　　)。
A. 内存和控制器　　B. 控制器和运算器
C. 内存和运算器　　D. 内存、控制器和运算器
61. 下列设备组中，完全属于输入设备的一组是(　　)。
A. CD-ROM 驱动器，键盘，显示器

B. 键盘,鼠标器,扫描仪
C. 打印机,硬盘,条码阅读器
D. 绘图仪,键盘,鼠标器

62. 下列叙述中,错误的是(　　)。
A. 硬磁盘的技术指标之一是每分钟的转速
B. 硬磁盘可以与CPU之间直接交换数据
C. 硬磁盘是外存储器之一
D. 硬磁盘在主机箱内,可以存放大量文件

63. 计算机系统软件中最核心的是(　　)。
A. 诊断程序　　B. 操作系统
C. 数据库管理系统　　D. 程序语言处理系统

64. 下列设备组中,完全属于计算机输出设备的一组是(　　)。
A. 喷墨打印机,显示器,键盘
B. 打印机,绘图仪,显示器
C. 键盘,鼠标器,扫描仪
D. 激光打印机,键盘,鼠标器

65. 下列软件中,属于系统软件的是(　　)。
A. Windows XP　　B. 管理信息系统
C. 办公自动化软件　　D. 指挥信息系统

66. 下列软件中,属于系统软件的是(　　)。
A. Office 2003　　B. 航天信息系统
C. Windows Vista　　D. 决策支持系统

67. 下列各软件中,不是系统软件的是(　　)。
A. 操作系统　　B. 语言处理系统
C. 指挥信息系统　　D. 数据库管理系统

68. 计算机操作系统的最基本特征是(　　)。
A. 共享和虚拟　　B. 并发和共享
C. 虚拟和异步　　D. 异步和并发

69. 微机上广泛使用的Windows Xp是(　　)。
A. 多用户多任务操作系统　　B. 实时操作系统
C. 单用户多任务操作系统　　D. 多用户分时操作系统

70. 控制器的功能是(　　)。
A. 控制数据的输入和输出
B. 指挥、协调计算机各相关硬件工作
C. 指挥、协调计算机各相关硬件和软件工作
D. 指挥、协调计算机各相关软件工作

71. 下面关于优盘的描述中,错误的是(　　)。
A. 优盘的特点是重量轻、体积小
B. 断电后,优盘还能保持存储的数据不丢失

C. 优盘多固定在机箱内，不便携带

D. 优盘有基本型、增强型和加密型三种

72. 操作系统是(　　)。

A. 用户与计算机的接口　　B. 系统软件与应用软件的接口

C. 高级语言与汇编语言的接口　　D. 主机与外设的接口

73. 当电源关闭后，下列关于存储器的说法中，正确的是(　　)。

A. 存储在 ROM 中的数据不会丢失　　B. 存储在 RAM 中的数据不会丢失

C. 存储在 U 盘中的数据会全部丢失　　D. 存储在硬盘中的数据会丢失

74. 下列说法正确的是(　　)。

A. 线程是多个进程的执行过程　　B. 线程是一段子程序

C. 进程是一段程序　　D. 进程是一段程序的执行过程

75. 微机硬件系统中最核心的部件是(　　)。

A. 硬盘　　B. CPU

C. 输入输出设备　　D. 内存储器

76. 与高级语言相比，汇编语言编写的程序通常(　　)。

A. 可读性更好　　B. 执行效率更高

C. 更短　　D. 移植性更好

77. 面向对象的程序设计语言是一种(　　)。

A. 可移植性较好的高级程序设计语言

B. 计算机能直接执行的程序设计语言

C. 执行效率较高的程序设计语言

D. 依赖于计算机的低级程序设计语言

78. 把用高级程序设计语言编写的程序转换成等价的可执行程序，必须经过(　　)。

A. 汇编和解释　　B. 解释和编译

C. 编译和链接　　D. 编辑和链接

79. 下列说法正确的是(　　)。

A. 一段程序会伴随着其进程结束而消亡

B. 一个进程会伴随着其程序执行的结束而消亡

C. 任何进程在执行未结束时都可以被强行终止

D. 任何进程在执行未结束时不允许被强行终止

80. 在计算机中，每个存储单元都有一个连续的编号，此编号称为(　　)。

A. 地址　　B. 门牌号

C. 房号　　D. 位置号

81. 编译程序属于(　　)。

A. 应用软件　　B. 数据库管理软件

C. 系统软件　　D. 操作系统

82. 下面关于 USB 的叙述中，错误的是(　　)。

A. USB 具有热插拔与即插即用的功能

B. USB 接口的外表尺寸比并行接口大得多

C. 在 Windows XP 下，使用 USB 接口连接的外部设备(如移动硬盘、U 盘等)不需要驱动程序

D. USB 2.0 的数据传输率大大高于 USB 1.1

83. 除硬盘容量大小外，下列也属于硬盘技术指标的是(　　)。

A. 传输速率　　B. 平均访问时间

C. 转速　　D. 以上全部

84. 以下关于编译程序的说法正确的是(　　)。

A. 编译程序完成高级语言程序到低级语言程序的等价翻译

B. 编译程序构造比较复杂，一般不进行出错处理

C. 编译程序不会生成目标程序，而是直接执行源程序

D. 编译程序属于计算机应用软件，所有用户都需要编译程序

85. 在所列出的：1. 字处理软件，2. Linux，3. Unix，4. 学籍管理系统，5. WindowsXp，6. Office 2003，六个软件中，属于系统软件的有(　　)。

A. 1,2,3,5　　B. 1,2,3

C. 2,3,5　　D. 全部都不是

86. 组成计算机硬件系统的基本部分是(　　)。

A. 主机和输入/出设备　　B. CPU 和输入/出设备

C. CPU、硬盘、键盘和显示器　　D. CPU、键盘和显示器

87. 下列设备中，可以作为微机输入设备的是(　　)。

A. 绘图仪　　B. 鼠标器

C. 打印机　　D. 显示器

88. 在各类程序设计语言中，相比较而言，执行效率最高的是(　　)。

A. 面向对象的语言编写的程序

B. 机器语言编写的程序

C. 高级语言编写的程序

D. 汇编语言编写的程序

89. 下列软件中，不是操作系统的是(　　)。

A. MS Office　　B. UNIX

C. MS DOS　　D. Linux

90. 编译程序将高级语言程序翻译成与之等价的机器语言程序，该机器语言程序称为(　　)。

A. 目标程序　　B. 临时程序

C. 工作程序　　D. 机器程序

91. 现代微型计算机中所采用的电子器件是(　　)。

A. 电子管　　B. 小规模集成电路

C. 晶体管　　D. 大规模和超大规模集成电路

92. 下列各组软件中，全部属于应用软件的是(　　)。

A. Word 2010、Photoshop、Windows7

B. 导弹飞行系统、军事信息系统、航天信息系统

C. 文字处理程序、军事指挥程序、Unix
D. 音频播放系统、语言编译系统、数据库管理系统
93. Cache 的中文译名是(　　)。
A. 可编程只读存储器　　B. 只读存储器
C. 高速缓冲存储器　　D. 缓冲器
94. 下列叙述中,错误的是(　　)。
A. CPU 主要由运算器和控制器组成
B. 计算机系统由硬件系统和软件系统组成
C. 计算机软件由各类应用软件组成
D. 计算机主机由 CPU 和内存储器组成
95. 操作系统的作用是(　　)。
A. 管理计算机硬件系统　　B. 用户操作规范
C. 管理计算机系统的所有资源　　D. 管理计算机软件系统
96. Windows 是计算机系统中的(　　)。
A. 工具软件　　B. 主要硬件
C. 应用软件　　D. 系统软件
97. 计算机的系统总线是计算机各部件间传递信息的公共通道,它分(　　)。
A. 地址总线和控制总线　　B. 数据总线、控制总线和地址总线
C. 地址总线和数据总线　　D. 数据总线和控制总线
98. 下列各组软件中,属于应用软件的一组是(　　)。
A. Office 2003 和军事指挥程序
B. Unix 和文字处理程序
C. Linux 和视频播放系统
D. Windows XP 和管理信息系统
99. 操作系统将 CPU 的时间资源划分成极短的时间片,轮流分配给各终端用户,使终端用户单独分享 CPU 的时间片,有独占计算机的感觉,这种操作系统称为(　　)。
A. 实时操作系统　　B. 批处理操作系统
C. 分布式操作系统　　D. 分时操作系统
100. 下列软件中,属于应用软件的是(　　)。
A. Linux　　B. PowerPoint 2003
C. Windows XP　　D. UNIX

第3章

因特网基础与简单应用

3.1　计算机网络基本概念

一、计算机网络

计算机网络是指分布在不同地理位置上的具有独立功能的多个计算机系统，通过通信设备和通信线路相互连接起来，在网络软件的管理下实现数据传输和资源共享的系统。

计算机网络系统具有丰富的功能，其中最重要的是资源共享和快速通信。

1. 快速通信（数据传输）

这是计算机网络最基本的功能之一。

2. 共享资源

这是计算机网络的重要功能。计算机资源包括硬件、软件和数据等。所谓共享资源就是指网络中各计算机的资源可以互相通用。

3. 提高可靠性

在一个较大的系统中，个别部件或计算机出现故障是不可避免的。计算机网络中各台计算机可以通过网络互相设置为后备机，这样，一旦某台计算机出现故障时，网络中的后备机即可代替继续执行，保证任务正常完成，避免系统瘫痪，从而提高了计算机的可靠性。

4. 分担负荷

当网上某台计算机的任务过重时，可将部分任务转交到其他较空闲的计算机上去处理，从而均衡计算机的负担,减少用户的等待时间。

5. 实现分布式处理

将一个复杂的大任务分解成若干个子任务,由网上的计算机分别承担其中的一个子任务,共同运作、完成,以提高整个系统的效率,这就是分布式处理模式。计算机网络使分布式处理成为可能。

二、数据通信

通信是指在两个计算机或终端之间经信道(如电话线、同轴电缆、光缆等)传输数据或信息的过程,有时也叫数据通信、远程通信、网络通信等。

有关通信的几个常用术语。

1. 信道

信道是传输信息的必经之路。计算机网络中,信道有物理信道和逻辑信道之分,物理信道是指用来传输数据和信号的物理通路,它由传输介质和相关的通信设备组成。计算机网络中常用的传输介质有:双绞线、同轴电缆和无线电波等。

根据传输介质的不同,物理信道可分为:有线信道、无线信道和卫星信道。如根据信道中传输的信号类型来分,则物理信道又可划分为模拟信道和数字信道。模拟信道传输模拟信号,如调幅或调频波。数字信道直接传输二进制脉冲信号。

逻辑信道也是网络的一种通路,它是在发送点和接收点之间的众多物理信道的基础上,再通过结点内部的连接来实现的,称为"连接"。

2. 数字信号和模拟信号

通信的上报是传输数据,信号则是数据的表现形式。信号分为数字信号和模拟信号两类。数字信号是一种离散的脉冲序列,通常用一个脉冲表示一位二进制数。

模拟信号是一种连续变化的信号,可以用连续的电波表示,声音就是一种典型的模拟信号。

3. 调制与解调

普通电话线是针对话音受话而设计的模拟信号的传输。如果要在模拟信道上传输数字信号,就必须在信道两端分别安装调制解调器(Modem),用数字脉冲信号对模拟信号进行调制和解调。在发送端将数字脉冲信号转换成能在模拟信道上传输的模拟信号,此过程称为调制;在接收端再将模拟信号转换还原成数字脉冲信号,这个反过程称为解调。把这两种功能结合在一起的设备称为调制解调器。

4. 带宽与数据传输速率

在模拟信道中,以带宽表示信道传输信息的能力。带宽用传送信息信号的高频率与低频率之差表示,以 Hz、MHz,GHz 为单位。

在数字信道中,用数据传输速率表示信道的传输能力,即每秒传输的二进制位数(bps),单位为 bps,Mbps 或 Gbps。

5. 误码率

它是指在信息传输过程中的出错率，是通信系统的可靠性指标。在计算机网络系统中，一般要求误码率低于一百万分之一。

三、计算机网络的组成

从系统功能的角度看，计算机网络主要由资源子网和通信子网两部分组成。

资源子网主要包括：联网的计算机、终端、外部设备，网络协议及网络软件等，其主要任务是收集，存储和处理信息，为用户提供网络服务和资源共享功能等。通信子网即把各站点互相连接起来的数据通信系统，主要包括：通信线路（即传输介质）、网络连接设备（如通信控制处理器）网络协议和通信控制软件等，其主要任务是连接网上的各种计算机，完成数据的传输、交换和通信处理。

四、计算机网络的分类

按网络覆盖的地理范围进行分类是普遍的分类方法，它能较好地反映出网络的本质特征。按这种方法，可把计算机网络分为三类：局域网、广域网和城域网。

1. 局域网

局域网（LAN）是一种在小区域内使用的网络，其传送距离一般在几公里之内，最大距离不超过10公里。适合于一个部门或一个单位组建网络。

特点：传输速率高，误码率低，成本低，容易组网，易维护，易管理，使用灵活方便。

2. 广域网

广域网（WAN）也叫远程网络，覆盖地理范围比局域网要大得多，可从几十公里到几千公里。广域网覆盖一个地区、国家或横跨几个洲，可使用电话线、微波、卫星等它们的组合信道进行通信。广域网络的传输速率较低，一般在96 Kbps—45 Mbps。

3. 城域网

城域网（MAN）是一种介于局域网和广域网之间的高速网络，覆盖地理范围介于局域网和广域网之间，般为几公里到几十公里，传输速率一般在50 Mbps左右。

五、网络的拓扑结构

网络的拓扑结构主要有星形、环形和总线型等。

1. 星形结构

星形结构是最早的通用网络拓扑结构形式，其中每个站点都通过连线与主控机相连，相邻站点之间的通信都通过主控机进行，所以，要求主控机有很高的可靠性。

优点：结构简单，控制处理也较为简便，增加工作站点容易；缺点：一旦主控机出现故障，会引起整个系统的瘫痪，可靠性较差。

2. 环形结构

网络中各工作站通过中继器连接到一个闭合的环路上，信息沿环形线路单向（或双向）传输，由目的站点接收。

优点：结构简单、成本低；缺点：环中任意一点的故障都会引起网络瘫痪，可靠性低。

3. 总线型结构

网络中各个工作站均经一根总线相连，信息可沿两个不同的方向由一个站点传向另一站点。

优点：工作站连入或从网络中卸下都非常方便；系统中某工作站出现故障也不会影响其他站点之间的通信；系统可靠性较高；结构简单，成本低。

六、组网和联网的硬件设备

计算机网络系统由网络软件和硬件设备两部分组成。网络操作系统对网络进行控制与管理。目前，在局域网上流行的网络操作系统有 Windows NT Server，NetWare，Unix 和 Linux 等。下面主要介绍常见的网络硬件设备。

1. 局域网的组网设备

(1) 传输介质

局域网中常用的传输介质有同轴电缆、双绞线和光缆等。

(2) 网络接口卡

网络接口卡（简称网卡）是构成网络必需的基本设备，它用于将计算机和通信电缆连接起来，以便经电缆在计算机之间进行高速数据传输。

(3) 集线器

集线器（Hub）是局域网的基本连接设备。在传统的局域网中，联网的结点通过双绞线与集线器连接，构成物理上的星形结构。

2. 网络互联设备

(1) 路由器

处于不同地理位置的局域网通过广域网进行互联是当前网络互联的一种常见的方式。路由器是实现局域网与广域网互联的主要设备。

路由器用于检测数据的目的地址，对路径进行动态分配，根据不同的地址将数据分流到不同的路径中。如果存在多条路径，则根据路径的工作状态和忙闲情况，选择一条合适的路径，动态平衡通信负载。

(2) 调制解调器

调制解调器是 PC 通过电话线接入因特网的必备设备，它具有调制和解调两种功能。调制解调器分外置和内置两种，外置调制解调器是在计算机机箱之外使用的，一端用电缆连接在计算机上，另一端与电话插口连接，其优点是便于从一台设备移到另一台设备上去。内置调制解调器是一块电路板，插在计算机或终端内部，价格比外置调制解调器便宜，但是一旦插入机器就不易移动了。

3.2 因特网基础

一、因特网概述

1. 何谓因特网

因特网是通过路由器将世界不同地区、规模大小不一,类型不同的网络互相连接起来的网络,是一个全球性的计算机互联网络,音译为“因特网”,也称“国际互联网”。它是一个信息资源极丰富的,世界上最大的计算机网络。

2. 因特网提供的服务

因特网提供丰富的服务,主要包括:

① 电子邮件(E-mail):电子邮件是因特网的一个基本服务。通过因特网和电子邮件地址,通信双方可以快速、方便和经济地收发电子邮件。而且电子邮件不受用户所在的地理位置限制,只要能连接上因特网,就能使用电子信箱。正因为它具有省时、省钱、方便和不受地理位置限制的优点,所以,它是因特网上应用最广的一种服务。

② 文件传输(FTP):文件传输为因特网用户提供在网上传输各种类型的文件的功能,是因特网的基本服务之一。FTP 服务分普通 FTP 服务和匿名 FTP 服务两种。普通 FTP 服务向注册用户提供文件传输服务,而匿名 FTP 服务能向任何因特网用户提供核定的文件传输服务。

③ 远程登录:远程登录是一台主机的因特网用户,使用另一台主机的登录账号和口令与该主机实现连接,作为它的一个远程终端使用该主机的资源的服务。

④ 万维网(world wide web, WWW)交互式信息浏览:WWW 是因特网的多媒体信息查询工具,是因特网上发展最快和使用最广的服务。它使用超文本和链接技术,使用户能以任意的次序自由地从一个文件跳转到另一个文件,浏览或查阅各自所需的信息。

此外,因特网还提供如电子公告板(BBS)、新闻(Usenet)、文件查询(Archie)、关键字检索(WAIS),菜单检索(Gopher)、图书查询系统(Librarise),网络论坛(NetNews)、聊天室(IRC)、网络电话、电子商务、网上购物和网上服务等多种服务功能。

二、TCP/IP 协议

TCP/IP 是用于计算机通信的一组协议,而 TCP 和 IP 是这些众多协议中最重要的两个核心协议。TCP/IP 由网络接口层、网间网层、传输层和应用层等 4 个层次组成。其中,网络接口层是最底层,包括各种硬件协议,面向硬件;应用层面向用户,提供一组常用的应用程序,如电子邮件、文件传送等。

1. IP 协议

它位于网间网层,主要将不同格式的物理地址转换为统一的 IP 地址,将不同格式的帧转换为"IP 数据报"向 TCP 协议所在的传输层提供 IP 数据报,实现无连接数据报传送;IP 的另一个功能是数据报的路由选择,简单说,路由选择就是在网上一端点到另一端点的传输路径的选择,将数据从一地传输到另一地。

2. TCP 协议

它位于传输层。TCP 协议向应用层提供面向连接的服务,确保网上所发送的数据包可以完整地接收,旦数据报丢失或破坏,则由 TCP 负责将被丢失或破坏的数据包重新传输一次,实现数据的可靠传输。

三、IP 地址和域名

1. IP 地址

为了信息能准确传送到网络的指定站点,各站点的主机都必须有一个唯一的可以识别的地址,称作 IP 地址。

一台主机的 IP 地址由网络号和主机号两部分组成。IP 地址的结构为:网络号 + 主机号。

IP 地址用 32 个比特(4 个字节)表示。为便于管理,将每个 IP 地址分为 4 段(一个字节一段),用 3 个圆点隔开,每段用一个十进制整数表示。每个十进制整数的范围是 0—255。例如 202.112.128.50。

由于网络中 IP 地址很多,所以又将它们按照第一段的取值范围划分为 5 类:0 到 127 为 A 类;128 到 191 为 B 类;192 到 223 为 C 类;D 类和 E 类留于特殊用途。

IP 地址是由各级因特网管理组织分配给网上计算机的。

2. 域名

用数字表示各主机的 IP 地址对计算机来说是合适的,但对于用户来说,记忆一组毫无意义的数字就相当困难了。为此,TCP/IP 协议引进了一种字符型的主机命名制,这就是域名。域名的实质就是用一组具有助记功能的英文简写名代替 IP 地址。为了避免重名,主机的域名采用层次结构,各层次的子域名之间用圆点"."隔开,从右至左分别为第一级域名(也称最高级域名),第二级域名,直到主机名(最低级域名)。其结构如下:

主机名.…….第二级域名.第一级域名

关于域名应该注意以下几点:

① 只能以字母字符开头,以字母字符或数字结尾,其他位置可用字符、数字、边字符或下划线。

② 域名中大、小写字母视为相同。

③ 各子域名之间以圆点分开。

④ 域名中最左边的子域名通常代表机器所在单位名;中间各子域名代表相应层次的区

域，第一级子域名是标准化了的代码（常用的第一级域名标准代码见表3-1）。

表3-1 常用一级子域名的标准代码

域名代码	意义
COM	商业组织
EDU	教育机构
GOV	政府机关
MIL	军事部门
NET	主要网络支持中心
ORG	其他组织
INT	国际组织

⑤ 整个域名的长度不得超过255个字符。

域名和IP地址都是表示主机的地址，实际上是同一件事物的不同表示。用户可以使用主机的IP地址，也可以使用它的域名。从域名到IP地址或都从IP地址到域名的转换由域名服务器完成。

国际上，第一级域名采用通用的标准代码，它分组织机构和地理模式两类。

四、因特网的接入

1. 因特网的接入方式

因特网的接入方式通常有专线连接、局域网连接、无线连接和电话拨号连接4种。

2. 连接因特网的步骤

采用电括拨号连接的具体步骤如下：

① 配置微机和调制解调器；

② 选择ISP关申请账号。

ISP是指因特网服务提供商，用户必须通过它接入因特网。

③ 调制解调器硬件连接和驱动程序的安装；

④ 安装拨号网络组件；

⑤ 安装和配置TCP/IP协议；

⑥ 创建新的连接。

3.3　因特网的简单应用

一、拨号上网

1. 连接

经过上述的安装和设置后，就可以拨号上网了。拨号上网的操作步骤比较简单，具体如下：

① 在“我的电脑”窗口中，双击“拨号网络”图标，打开“拨号网络”窗口；

② 双击“拨号网络”窗口中选定的连接图标，打开“连接到”对话框，分别输入用户名和口令，并单击“连接”按钮。在连接过程中出现一信息框显示连接的进程；

③ 连接登录完成后，显示标题为“已创建连接”的对话框，表示已连接到因特网上了。此后，可单击“关闭”按钮关闭此对话框，并单击“快速工具栏”中的IE图标，启动IE，浏览网页。

2. 断开连接

网络使用结束后，应及时断开连接，以免造成电话费和上网费的浪费。断开连接的操作如下：

① 双击任务栏右端的“连接”标志，打开标题为“连接到 * * * ”的对话框，在此对话框中提供有关本次连接的一些信息，如连接时间、收到和发送的字节数等。

② 单击“断开连接”按钮，稍候一会，就会完成断开连接。

二、网上漫游

浏览的相关概念

(1) 万维网

万维网是一种建立在因特网上的全球性的、交互的、动态的、多平台的、分布式的超文本超媒体信息查询系统。

(2) 超文本和超链接

超文本中不仅含有文本信息，而且还包含图形、声音、图像和视频等多媒体信息，最主要的是超文本中还包含着指向其他网页的链接，这种链接称为超链接。

(3) 统一资源定位器

万维网用统一资源定位器URL来描述Web页的地址和访问它时所用的协议。URL的格式如下：

协议://IP地址或域名/路径/文件名，其中协议是服务方式或获取数据的方法。如

Http,Ftp 等。IP 地址或域名是指存放该资源的主机的 IP 地址或域名。路径和文件名是用路径的形式表示 Web 页在主机中的具体位置(如文件夹、文件名等)。

(4) 浏览器

浏览器是用于浏览网页的工具,安装在用户端的机器上,是一种客户软件。它能够把用超文本标记语言描述的信息转换成便于理解的形式。此外,它还是用户与万维网之间的桥梁。

三、电子邮件

1. 电子邮件概要

电子邮件是因特网上使用最广泛的一种服务。类似普通邮件传递方式,电子邮件采用存储转发方式传递,根据电子邮件地址由网上多个主机合作实现存储转发,从发信源节点出发,经过路径上若干个网络节点的存储和转发,最终使电子邮件传送到目的信箱。

(1) 电子邮件地址的格式

与通过邮局寄发邮件,在邮件上应写明收件人的地址类似,使用因特网上的电子邮件系统的用户首先要有一个电子信箱,每个电子信箱应当有一个唯一可识别的电子邮件地址。电子邮件地址的格式是:＜用户标识＞@＜主机域名＞。它由收件人用户标识(如姓名或缩写),字符"@"和电子信箱所在计算机的域名 3 部分组成。地址中间不能有空格或逗号。例如, xqxue@sohu.com 就是一个电子邮件地址。

(2) 电子邮件的格式

电子邮件都有两个基本部分:信头和信体。信头相当于信封,信体相当于信件内容。

① 信头

信头中通常包括如下几项:

收件人:收件人的 E-mail 地址。多个收件人地址之间一般用分号";"或逗号","隔开。

抄送:表示同时可接到此信的其他人的 E-mail 地址。

主题:类似一本书的章节标题,它概括描述信件内容的主题,可以是一句话,或一个词。

② 信体

信体就是希望收件人看到的内容,有时还可以包含附件。

2. Outlook Express 的使用

收发电子邮件应用相应的软件支持,目前这类软件很多,如新浪网、搜狐网均有各自的电子邮件客户软件,如 Outlook Express 等。下面介绍电子邮件的撰写、收发、阅读、回复和转发等操作。

章节测试

一、选择题

1. 计算机网络最突出的优点是(　　)。

A. 运算速度快　　　　B. 实现资源共享和快速通信

C. 提高可靠性　　D. 提高计算机的存储容量

2. 下列关于域名的说法正确的是(　　)。

A. 域名就是 IP 地址

B. 域名完全由用户自行定义

C. 域名系统按地理域或机构域分层、采用层次结构

D. 域名的使用对象仅限于服务器

3. 拥有计算机并以拨号方式接入 Internet 网的用户需要使用(　　)。

A. Modem　　B. CD-ROM

C. 鼠标　　D. U 盘

4. 以下上网方式中采用无线网络传输技术的是(　　)。

A. WiFi　　B. 以上都是

C. 拨号接入　　D. ADSL

5. 无线移动网络最突出的优点是(　　)。

A. 资源共享和快速传输信息

B. 共享文件和收发邮件

C. 文献检索和网上聊天

D. 提供随时随地的网络服务

6. Internet 提供的最常用、便捷的通信服务是(　　)。

A. 远程登录(Telnet)

B. 电子邮件(E-mail)

C. 文件传输(FTP)

D. 万维网(WWW)

7. 接入因特网的每台主机都有一个唯一可识别的地址,称为(　　)。

A. IP 地址　　B. TCP 地址

C. TCP/IP 地址　　D. URL

8. IPv4 地址和 IPv6 地址的位数分别为(　　)。

A. 32,128　　B. 8,16

C. 16,24　　D. 4,6

9. 在因特网上,一台计算机可以作为另一台主机的远程终端,使用该主机的资源,该项服务称为(　　)。

A. BBS　　B. Telnet

C. FTP　　D. www

10. 有一域名为 bit.edu.cn,它的类型是(　　)。

A. 教育机构　　B. 政府机关

C. 商业组织　　D. 军事部门

11. 调制解调器(Modem)的主要技术指标是数据传输速率,它的度量单位是(　　)。

A. Mbps　　B. MIPS

C. dpi　　D. KB

12. 防火墙用于将 Internet 和内部网络隔离,因此它是(　　)。

A. 网络安全和信息安全的软件和硬件设施
B. 抗电磁干扰的硬件设施
C. 防止 Internet 火灾的硬件设施
D. 保护网线不受破坏的软件和硬件设施
13. 下列关于电子邮件的说法,正确的是(　　)。
A. 发件人和收件人都必须有 E-mail 地址
B. 收件人必须有 E-mail 地址,发件人可以没有 E-mail 地址
C. 发件人必须知道收件人住址的邮政编码
D. 发件人必须有 E-mail 地址,收件人可以没有 E-mail 地址
14. 从网上下载软件时,使用的网络服务类型是(　　)。
A. 电子邮件　　B. 远程登录
C. 文件传输　　D. 信息浏览
15. 能保存网页地址的文件夹是(　　)。
A. 公文包　　B. 收藏夹
C. 我的文档　　D. 收件箱
16. 用"综合业务数字网"(又称"一线通")接入因特网的优点是上网通话两不误,它的英文缩写是(　　)。
A. ISDN　　B. TCP
C. ISP　　D. ADSL
17. 计算机网络中常用的有线传输介质有(　　)。
A. 双绞线,红外线,同轴电缆　　B. 激光,光纤,同轴电缆
C. 双绞线,光纤,同轴电缆　　D. 光纤,同轴电缆,微波
18. 计算机网络的主要目标是实现(　　)。
A. 文献检索和网上聊天　　B. 数据处理和网络游戏
C. 快速通信和资源共享　　D. 共享文件和收发邮件
19. 在下列网络的传输介质中,抗干扰能力最好的是(　　)。
A. 光缆　　B. 电话线
C. 同轴电缆　　D. 双绞线
20. 在 Internet 上浏览时,浏览器和 WWW 服务器之间传输网页使用的协议是(　　)。
A. HTTP　　B. SMTP
C. IP　　D. FTP
21. Internet 实现了分布在世界各地的各类网络的互联,其最基础和核心的协议是(　　)。
A. TCP/IP　　B. FTP
C. HTML　　D. HTTP
22. 通常网络用户使用的电子邮箱建在(　　)。
A. 用户的计算机上　　B. 发件人的计算机上
C. 收件人的计算机上　　D. ISP 的邮件服务器上
23. 域名 ABC.XYZ.COM.CN 中主机名是(　　)。
A. CN　　B. XYZ

C. ABC　　D. COM

24. 一般而言，Internet 环境中的防火墙建立在(　　)。

A. 内部子网之间　　B. 内部网络与外部网络的交叉点

C. 每个子网的内部　　D. 以上 3 个都不对

25. “千兆以太网”通常是一种高速局域网，其网络数据传输速度大约为(　　)。

A. 1000000 字节/秒　　B. 1000000000 位/秒

C. 1000 字节/秒　　D. 1000 位/秒

26. 能够利用无线移动网络上网的是(　　)。

A. 部分具有上网功能的平板电脑

B. 内置无线网卡的笔记本电脑

C. 部分具有上网功能的手机

D. 以上全部

27. 按照网络的拓扑结构划分以太网(Ethernet)属于(　　)。

A. 树形网络结构　　B. 环形网络结构

C. 星形网络结构　　D. 总线型网络结构

28. 若网络的各个节点均连接到同一条通信线路上，且线路两端有防止信号反射的装置，这种拓扑结构称为(　　)。

A. 总线型拓扑　　B. 树形拓扑

C. 环形拓扑　　D. 星形拓扑

29. 计算机网络中，若所有的计算机都连接到一个中心节点上，当一个网络节点需要传输数据时，首先传输到中心节点上，然后由中心节点转发到目的节点，这种连接结构称为(　　)。

A. 环形结构　　B. 网状结构

C. 星形结构　　D. 总线结构

30. FTP 是因特网中(　　)。

A. 一种聊天工具　　B. 发送电子邮件的软件

C. 用于传送文件的一种服务　　D. 浏览网页的工具

31. 计算机网络是一个(　　)。

A. 编译系统　　B. 在协议控制下的多机互联系统

C. 网上购物系统　　D. 管理信息系统

32. Internet 最初创建时的应用领域是(　　)。

A. 外交　　B. 军事

C. 经济　　D. 教育

33. 上网需要在计算机上安装(　　)。

A. 浏览器软件　　B. 网络游戏软件

C. 视频播放软件　　D. 数据库管理软件

34. 为了防止信息被别人窃取，可以设置开机密码，下列密码设置最安全的是(　　)。

A. 12345678　　B. Yingzhong

C. nd@YZ@g1　　D. NDYZ

35. Internet 中，用于实现域名和 IP 地址转换的是(　　)。
A. DNS　　B. Http
C. Ftp　　D. SMTP
36. 下列关于电子邮件的叙述中，正确的是(　　)。
A. 如果收件人的计算机没有打开时，发件人发来的电子邮件将丢失
B. 如果收件人的计算机没有打开时，发件人发来的电子邮件将退回
C. 发件人发来的电子邮件保存在收件人的电子邮箱中，收件人可随时接收
D. 如果收件人的计算机没有打开时，当收件人的计算机打开时再重发
37. 正确的 IP 地址是(　　)。
A. 202.257.14.13　　B. 202.202.1
C. 202.2.2.2.2　　D. 202.112.111.1
38. 主要用于实现两个不同网络互联的设备是(　　)。
A. 转发　　B. 路由器
C. 调制解调器　　D. 集线器
39. 要在 Web 浏览器中查看某一电子商务公司的主页，应知道(　　)。
A. 该公司法人的 QQ 号　　B. 该公司的电子邮件地址
C. 该公司的 WWW 地址　　D. 该公司法人的电子邮箱
40. 假设邮件服务器的地址是 email.bj163.com，则用户的正确的电子邮箱地址的格式是(　　)。
A. 用户名 $ email.bj163.com　　B. 用户名 &email.bj163.com
C. 用户名@email.bj163.com　　D. 用户名 # email.bj163.com
41. Internet 是目前世界上第一大互联网，它起源于美国，其雏形是(　　)。
A. NCPC 网　　B. ARPANET 网
C. CERNET 网　　D. GBNKT
42. 下列度量单位中，用来度量计算机外部设备传输率的是(　　)。
A. MIPS　　B. MB
C. MB/s　　D. GHz
43. 实现音频信号数字化最核心的硬件电路是(　　)。
A. 数字编码器　　B. D/A 转换器
C. A/D 转换器　　D. 数字解码器
44. 因特网中 IP 地址用四组十进制数表示，每组数字的取值范围是(　　)。
A. 0—127　　B. 0—255
C. 0—128　　D. 0—256
45. 计算机网络是计算机技术和(　　)。
A. 通信技术的结合　　B. 自动化技术的结合
C. 电缆等传输技术的结合　　D. 信息技术的结合
46. 根据域名代码规定，表示政府部门网站的域名代码是(　　)。
A. .gov　　B. .org
C. .net　　D. .com

第4章

数据结构与算法

4.1 算法

算法:是解题方案的准确而完整的描述。通俗地说,算法就是计算机解题的过程。算法不等于程序,也不等于计算方法,程序的编制不可能优于算法的设计。

算法的基本特征:是一组严谨地定义运算顺序的规则,每一个规则都是有效的,是明确的,此顺序将在有限的次数下终止。

特征包括:

(1) 确定性,算法中每一步骤都必须有明确定义,不允许有模棱两可的解释,不允许有多义性;

(2) 有穷性,算法必须能在有限的时间内做完,即能在执行有限个步骤后终止;

(3) 可行性,算法原则上能够精确地执行;

(4) 输入和输出(至少有一个输出)。

算法的基本要素:

(1) 对数据对象的运算和操作:算术运算、逻辑运算、关系运算、数据传输;

(2) 算法的控制结构:算法中各操作之间的执行顺序。一个算法一般可以用顺序、选择、循环三种基本结构组合而成。

算法基本设计方法:列举法、归纳法、递推、递归、减半递推技术、回溯法。

算法效率的度量包括,

算法复杂度:算法时间复杂度和算法空间复杂度(两者无直接关系)。

算法时间复杂度:指执行算法所需要的计算工作量。即算法执行过程中所需要的基本运算次数(独立于机器)。

算法空间复杂度:指执行这个算法所需要的内存空间。

4.2 数据结构的基本概念

数据结构研究的三个方面：

（1）数据集合中各数据元素之间所固有的逻辑关系，即数据的逻辑结构；

（2）在对数据进行处理时，各数据元素在计算机中的存储关系，即数据的存储结构；

（3）对各种数据结构进行的运算。

数据结构：指相互有关联的数据元素的集合。数据元素是数据的基本单位，即数据集合中的个体。有时一个数据元素可由若干数据项（Data ltem）组成。数据项是数据的最小单位。

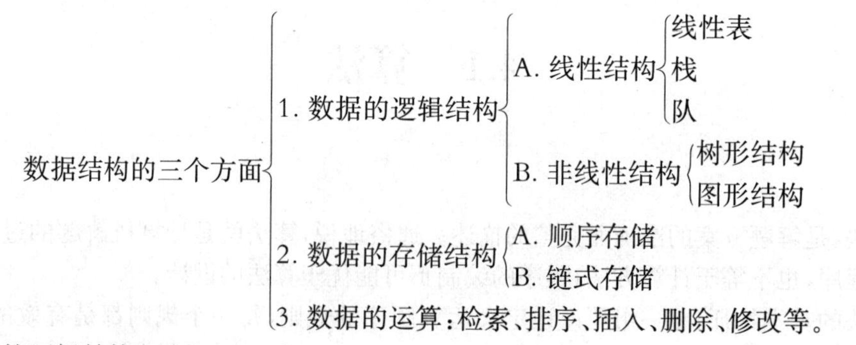

数据的逻辑结构包含：

（1）表示数据元素的信息；

（2）表示各数据元素之间的前后件关系。数据的存储结构有顺序、链接、索引等。

线性结构的条件（一个非空数据结构）：

（1）有且只有一个根结点；

（2）每一个结点最多有一个前件，也最多有一个后件。

非线性结构：不满足线性结构条件的数据结构。

4.3　线性表及其顺序存储结构

线性表是由一组数据元素构成，数据元素的位置只取决于自己的序号，元素之间的相对位置是线性的。

在复杂线性表中，由若干项数据元素组成的数据元素称为记录，而由多个记录构成的线性表又称为文件。

非空线性表的结构特征：

(1) 且只有一个根结点 a_1，它无前件；

(2) 有且只有、个终端结点 a_n，它无后件；

(3) 除根结点与终端结点外，其他所有结点有且只有一个前件，也有且只有一个后件。结点个数 n 称为线性表的长度，当 $n=0$ 时，称为空表。

线性表的顺序存储结构具有以下两个基本特点：

(1) 线性表中所有元素所占的存储空间是连续的；

(2) 线性表中各数据元素在存储空间中是按逻辑顺序依次存放的。

顺序表的运算：查找、插入.删除。顺序存储结构表示的线性表，在做插入或删除操作时，平均需要移动大约一半的数据元素。（长度为 n 的顺序存储线性表中，当在任何位置上插入一个元素概率都相等时，插入一个元素所需移动元素的平均个数为$\frac{n}{2}$）

4.4 线性链表

数据结构中的每一个结点对应于一个存储单元;这种存储单元称为存储结点,简称结点。结点由两部分组成:

(1) 用于存储数据元素值,称为数据域;

(2) 用于存放指针,称为指针域,用于指向前一个或后一个结点。

在链式存储结构中,存储数据结构的存储空间可以不连续,各数据结点的存储顺序与数据元素之间的逻辑关系可以不一致,而数据元素之间的逻辑关系是由指针域来确定的。

链式存储方式即可用于表示线性结构,也可用于表示非线性结构。

线性链表,HEAD称为头指针,HEAD = NULL(或0)称为空表,如果是两指针:左指针(Llink)指向前件结点,右指针(Rlink)指向后件结点。

线性链表的基本运算:查找、插入、删除。

顺序存储结构,将逻辑上相邻的数据元素存储在物理上相邻的存储单元里,具有以下特点:

(1) 随机存取;

(2) 插入或删除操作时,需移动大量元素;

(3) 长度变化较大时,需按最大空间分配;

(4) 表的容量难以扩充。

线性链表的特点:

(1) 比顺序存储结构多用空间;其存储密度小,每个节点都由数据域和指针域组成;

(2) 逻辑上相邻的节点物理上不必相邻;

(3) 插入、删除灵活(不必移动节点,只要改变节点中的指针);

(4) 非随机存取。

因链式存储结构中为了表示出每个元素与其直接后继元素之间的关系,除了存储元素本身的信息外,还需存储一个指示其直接后继的存储位置信息,所以线性表的链式存储结构所需的存储空间一般要多于顺序存储结构。

4.5 栈和队列

栈:限定在一端进行插入与删除的线性表。允许插入与删除的一端称为栈顶,用指针 top 表示栈顶位置。不允许插入与删除的另一端称为栈底,用指针 bottom 表示栈底。如图 4-1 所示。

栈按照"先进后出(FILO)"或"后进先出(LIFO)"组织数据,栈具有记忆作用。栈的存储方式有顺序存储和链式存储。

栈的基本运算:

(1) 入栈运算,在栈顶位置插入元素;

(2) 退栈运算,删除元素(取出栈顶元素并赋给个指定的变量);

(3) 读栈顶元素,将栈顶元素赋给一个指定的变量,此时指针无变化。

入栈　退栈
栈顶 top → a_n
⋮
a_2
栈底 bottom → a_1

图 4-1　栈的结构

栈的元素个数计算方法为:

栈底 － 栈顶 ＋ 1

队列:指允许在一端(队尾)进入插入,而在另一端(队头)进行删除的线性表。如图 4-2 所示。

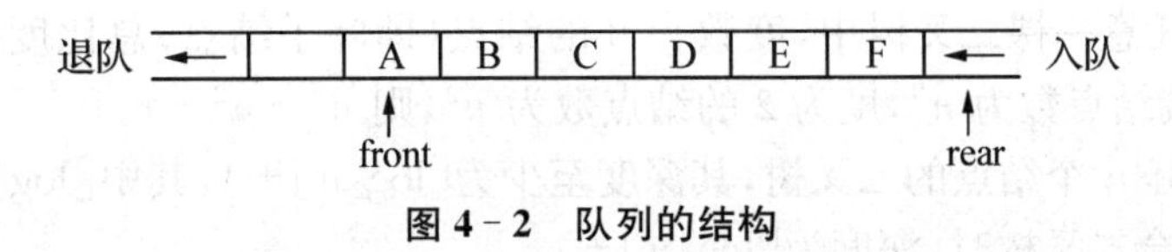

图 4-2　队列的结构

用 rear 指针指向队尾,用 front 指针指向队头元素的前一个位置。

队列是"先进先出(FIFO)"或"后进后出(LILO)"的线性表。

队列运算:

(1) 入队运算:从队尾插入一个元素;

(2) 退队运算:从队头删除一个元素。

循环队列;s=0 表示队列空,s=1 且 front=rear 表示队列满。循环队列的元素个数计算方法为:

|rear － front ＋ M|%M 即尾指针减头指针,若为负数,再加其容量即可。

4.6 树与二叉树

1. 树的基本概念

树是一种简单的非线性结构，其所有元素之间具有明显的层次特性。

在树结构中，每一个结点只有一个前件，称为父结点。没有前件的结点只有一个，称为树的根结点，简称树的根。每一个结点可以有多个后件，称为该结点的子结点。没有后件的结点称为叶子结点。

在树结构中，一个结点所拥有的后件的个数称为该结点的度。所有结点中最大的度称为树的度。结点的层次：从根结点开始算起，根为第一层。树的最大层次称为树的深度。

2. 二叉树及其基本性质

满足下列两个特点的树，即为二叉树。

(1) 非空二叉树只有一个根结点；

(2) 每一个结点最多有两棵子树（即二叉树中不存在度大于 2 的结点），且子树有左右之分，次序不能颠倒，分别称为该结点的左子树与右子树。如图 4-3 所示。

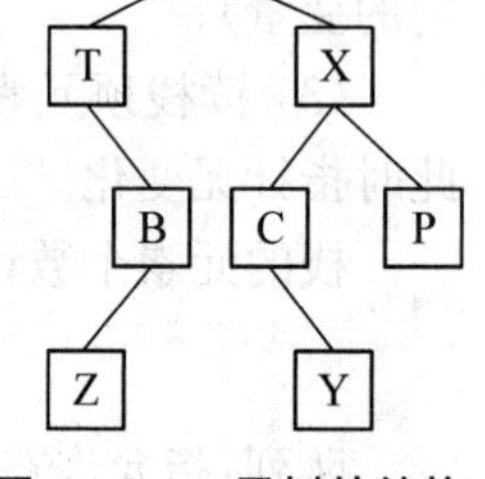

图 4-3 二叉树的结构

二叉树基本性质：

[性质 1]在二叉树的第 k 层上，最多有 2^{k-1}($k \geqslant 1$)个结点。

[性质 2]深度为 m 的二叉树最多有个 2^m-1 个结点。

[性质 3]在任意一棵二叉树中，度数为 0 的结点（即叶子结点）总比度为 2 的结点多一个。（如果其终端结点数为 n^0，度为 2 的结点数为 n^2，则 $n^0 - n^2+1$。）

[性质 4]具有 n 个结点的二叉树，其深度至少为$[\log_2 n]+1$，其中$[\log_2 n]$表示取 $\log_2 n$ 的整数部分。完全二叉树时，深度为$[\log_2 n]+1$。

某二叉树中有 n 个度为 2 的结点，则该二叉树中的叶子结点数为 $n+1$（叶子结点度为 0）（性质 3）。若已知度为 1 的结点数为 m，则此二叉树的总结点数为 $2n+1+m$。

3. 满二叉树与完全二叉树

满二叉树：除最后一层外，每一层上的所有结点都有两个子结点。深度为 k 的满二叉树中，叶子节点数目为 $2^{(k-1)}$。

完全二叉树：除最后一层外，每一层上的结点数均达到最大值；在最后一层上只缺少右边的若干结点。（若一棵二叉树至多只有最下面的两层上的结点的度数可以小于 2，并且最下层上的结点都集中在该层最左边的若干位置上，则此二叉树成为完全二叉树。）

二叉树存储结构采用链式存储结构，对于满之叉树与完全二叉树可以按层序进行顺序存储。

图 4-4(a)表示的是满二叉树，图 4-4(b)表示的是完全二叉树：

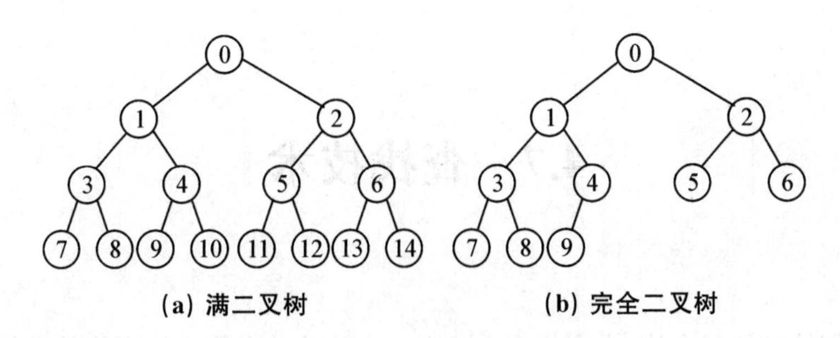

(a) 满二叉树　(b) 完全二叉树

图 4-4　满二叉树和完全二叉树

4. 二叉树的遍历

二叉树的遍历是指不重复地访问二叉树中的所有结点。二叉树的遍历可以分为以下3种：

(1) 前序遍历(DlR)：若二叉树为空，则结束返回。否则，首先访问根结点，然后遍历左子树，最后遍历右子树；并且，在遍历左右子树时，仍然先访问根结点，然后遍历左子树，最后遍历右子树。

(2) 中序遍历(LDR)：若二叉树为空，则结束返回。否则，首先遍历左子树，然后访问根结点，最后遍历右子树；并且，在遍历左、右子树时，仍然先遍历左子树，然后访问根结点，最后遍历右子树。

(3) 后序遍历(LRD)：若二叉树为空，则结束返回。否则，首先遍历左子树，然后遍历右子树，最后访问根结点，并且，在遍历左、右子树时，仍然先遍历左子树，然后遍历右子树，最后访问根结点。

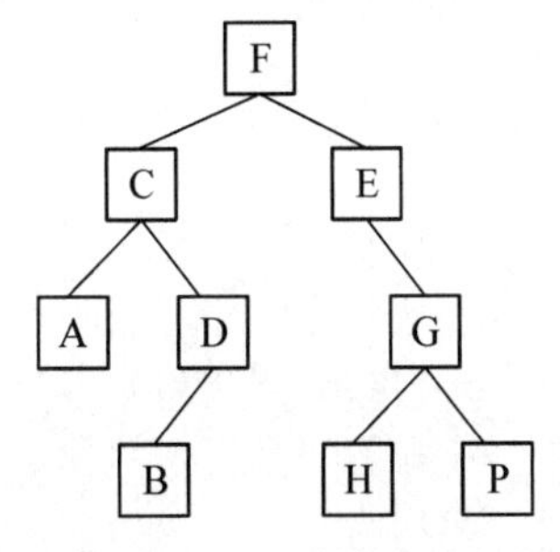

图 4-5　二叉树的遍历顺序

针对如图 4-5 的二叉树，三种二叉树的遍历：

该二叉树前序遍历为：FCADBEGHP

该二叉树中序遍历为：ACBDFEHGP

该二叉树后序遍历为：ABDCHPGEF

4.7　查找技术

查找:根据给定的某个值,在查找表中确定一个其关键字等于给定值的数据元素。不同的数据结构采用不同的查找方法。查找的效率直接影响数据处理的效率。

查找结果:查找成功——找到;查找不成功——没找到。

平均查找长度:查找过程中关键字和给定值比较的平均次数。

查找方式:顺序查找、二分法查找。对于长度为 n 的有序线性表,最坏情况二分查找法只需比较 $\log_2 n$ 次,而顺序查找最坏情况需要比较 n 次。二分法查找只适用于顺序存储的有序表。

4.8 排序技术

排序是指将一个数据元素(或记录)的任意序列,重新排成一个按关键字有序的序列。

排序过程的组成步骤:

(1) 首先比较两个关键字的大小;

(2) 然后将记录从一个位置移动到另一个位置。

交换类排序法[冒泡排序(适用于数据较少),快速排序]

插入类排序法[简单插入排序(适用于数据较少算法),希尔排序]

选择类排序法[简单选择排序,堆排序]

冒泡排序法,快速排序法,简单插入排序法,简单选择排序法,最多需要比较的次数为 $n(n-1)/2$。希尔排序,最多需要比较的次数为 $O(n^{1.5})$,堆排序最多需要比较的次数为 $O(n\log_2 n)$。其中 O 表示算法的复杂度。

查找的主要方法及特点如下表 4-1 所示。

表 4-1 查找的方法及特点

方法	比较次数	使用条件
顺序法	最少:1 最多:n	任何表
折半法	$\log_2 n$	顺序存储结构的有序表

排序的类别及特点如表 4-2 所示。

表 4-2 排序的类别及特点

类别	排序方法	最多比较次数	基本思想	使用建议
插入	简单插入	$n(n-1)/2$	待排序的元素看成为一个有序表和一个无序表,将无序表中元素插入到有序表中	正序的表、n 小的表
	希尔排序	$O(n^{1.5})$	分隔成若干个子序列分别进行直接插入排序	
选择	简单选择	$n(n-1)/2$	扫描整个线性表,从中选出最小的元素,将它交换到表的最前面	与表的初始数据无关,n 小的表
	堆排序	$O(n\log_2 n)$	选建堆,然后将堆顶元素与堆中最后一个元素交换,再调整为堆	n 大的表
交换	起泡排序	$n(n-1)/2$	相邻元素比较,不满足条件时交换	正序的表,n 小的表
	快速排序	$n(n-1)/2$	选择基准元素,通过交换,划分成两个子序列	n 大的表,但逆序的表会蜕变为起泡排序
	归并排序			借助辅助空间最多的方法

章节测试

一、选择题

1. 下列叙述中正确的是(　　)。

A. 算法就是程序

B. 设计算法时只需要考虑数据结构的设计

C. 设计算法时只需要考虑结果的可靠性

D. 以上 3 种说法都不对

2. 在计算机中,算法是指(　　)。

A. 查询方法　　B. 加工方法

C. 解题方案的准确而完整的描述　　D. 排序方法

3. 算法的有穷性是指(　　)。

A. 算法程序的运行时间是有限的

B. 算法程序所处理的数据量是有限的

C. 算法程序的长度是有限的

D. 算法只能被有限的用户使用

4. 在下列选项中,________不是一个算法一般应该具有的基本特征(　　)。

A. 确定性　　B. 可行性

C. 无穷性　　D. 拥有足够的情报

5. 算法的时间复杂度是指(　　)。

A. 算法的执行时间

B. 算法所处理的数据量

C. 算法程序中的语句或指令条数

D. 算法在执行过程中所需要的基本运算次数

6. 算法的空间复杂度是指(　　)。

A. 算法程序的长度　　B. 算法程序中的指令条数

C. 算法程序所占的存储空间　　D. 算法执行过程中所需要的存储空间

7. 下列叙述中正确的是(　　)。

A. 一个算法的空间复杂度大,则其时间复杂度也必定大

B. 一个算法的空间复杂度大,则其时间复杂度必定小

C. 一个算法的时间复杂度大,则其空间复杂度必定小

D. 上述 3 种说法都不对

8. 下列叙述中正确的是(　　)。

A. 算法的效率只与问题的规模有关,而与数据的存储结构无关

B. 算法的时间复杂度是指执行算法所需要的计算工作量

C. 数据的逻辑结构与存储结构是一一对应的

D. 算法的时间复杂度与空间复杂度一定相关

9. 下面叙述正确的是(　　)。
A. 算法的执行效率与数据的存储结构无关
B. 算法的空间复杂度是指算法程序中指令(或语句)的条数
C. 算法的有穷性是指算法必须能在执行有限个步骤之后终止
D. 以上 3 种描述都不对
10. 算法分析的目的是(　　)。
A. 找出数据结构的合理性　　B. 找出算法中输入和输出之间的关系
C. 分析算法的易懂性和可靠性　　D. 分析算法的效率以求改进
11. 数据处理的最小单位是(　　)。
A. 数据　　B. 数据元素
C 数据项　　D. 数据结构
12. 下列叙述中正确的是(　　)。
A. 线性表是线性结构　　B. 栈与队列是非线性结构
C. 线性链表是非线性结构　　D. 二叉树是线性结构
13. 下列数据结构中,属于非线性结构的是(　　)。
A. 循环队列　　B. 带链队列
C. 二叉树　　D. 带链栈
14. 以下数据结构中不属于线性数据结构的是(　　)。
A. 队列　　B. 线性表
C. 二叉树　　D. 栈
15. 下列叙述中正确的是(　　)。
A. 有一个以上根结点的数据结构不一定是非线性结构
B. 只有一个根结点的数据结构不一定是线性结构
C. 循环链表是非线性结构
D. 双向链表是非线性结构
16. 下列叙述中正确的是(　　)。
A. 数据的逻辑结构与存储结构必定是一一对应的
B. 由于计算机存储空间是向量式的存储结构,因此,数据的存储结构一定是线性结构
C. 程序设计语言中的数组一般是顺序存储结构,因此,利用数组只能处理线性结构
D. 以上 3 种说法都不对
17. 下列叙述中正确的是(　　)。
A. 一个逻辑数据结构只能有一种存储结构
B. 数据的逻辑结构属于线性结构,存储结构属于非线性结构
C. 一个逻辑数据结构可以有多种存储结构,且各种存储结构不影响数据处理的效率
D. 一个逻辑数据结构可以有多种存储结构,且各种存储结构影响数据处理的效率
18. 数据结构中,与所使用的计算机无关的是数据的(　　)。
A. 存储结构　　B. 物理结构
C. 逻辑结构　　D. 物理和存储结构

19. 数据的存储结构是指（　　）。

A. 存储在外存中的数据

B. 数据所占的存储空间量

C. 数据在计算机中的顺序存储方式

D. 数据的逻辑结构在计算机中的表示

20. 下列对于线性链表的描述中正确的是（　　）。

A. 存储空间不一定是连续，且各元素的存储顺序是任意的

B. 存储空间不一定是连续，且前件元素一定存储在后件元素的前面

C. 存储空间必须连续，且前件元素一定存储在后件元素的前面

D. 存储空间必须连续，且各元素的存储顺序是任意的

21. 下列关于队列的叙述中正确的是（　　）。

A. 在队列中只能插入数据　　B. 在队列中只能删除数据

C. 队列是先进先出的线性表　　D. 队列是先进后出的线性表

22. 设循环队列的存储空间为Q(1∶35)，初始状态为front＝rear＝35。现经过一系列入队与退队运算后，front＝15，rear＝15，则循环队列中的元素个数为（　　）。

A. 0或35　　B. 20

C. 16　　D. 15

23. 下列叙述中正确的是（　　）。

A. 循环队列是队列的一种链式存储结构

B. 循环队列是一种逻辑结构

C. 循环队列是非线性结构

D. 循环队列是队列的一种顺序存储结构

24. 下列叙述中正确的是（　　）。

A. 循环队列有队头和队尾两个指针，因此，循环队列是非线性结构

B. 在循环队列中，只需要队头指针就能反映队列中元素的动态变化情况

C. 在循环队列中，只需要队尾指针就能反映队列中元素的动态变化情况

D. 循环队列中元素的个数是由队头指针和队尾指针共同决定

25. 对于循环队列，下列叙述中正确的是（　　）。

A. 队头指针是固定不变的

B. 队头指针一定大于队尾指针

C. 队头指针一定小于队尾指针

D. 队头指针可以大于队尾指针，也可以小于队尾指针

26. 下列数据结构中，能够按照“先进后出”原则存取数据的是（　　）。

A. 循环队列　　B. 栈

C. 队列　　D. 二叉树

27. 下列关于栈的叙述中，正确的是（　　）。

A. 栈操作遵循先进后出的原则。　　B. 栈顶元素一定是最先入栈的元素

C. 栈底元素一定是最后入栈的元素。　　D. 以上3种说法都不对

28. 下列关于栈的描述中错误的是(　　)。
A. 栈是先进后出的线性表
B. 栈只能顺序存储
C. 栈具有记忆作用
D. 对栈的插入与删除操作中,不需要改变栈底指针
29. 下列关于栈的描述正确的是(　　)。
A. 在栈中只能插入元素而不能删除元素
B. 在栈中只能删除元素而不能插入元素
C. 栈是特殊的线性表,只能在一端插入或删除元素
D. 栈是特殊的线性表,只能在一端插入元素,而在另一端删除元素
30. 下列关于栈叙述正确的是(　　)。
A. 栈顶元素最先能被删除
B. 栈顶元素最后才能被删除
C. 栈底元素永远不能被删除
D. 以上 3 种说法都不对
31. 下列叙述中正确的是(　　)。
A. 栈是一种先进先出的线性表
B. 队列是一种后进先出的线性表
C. 栈与队列都是非线性结构
D. 以上 3 种说法都不对
32. 下列叙述中正确的是(　　)。
A. 在栈中,栈中元素随栈底指针与栈顶指针的变化而动态变化
B. 在栈中,栈顶指针不变,栈中元素随栈底指针的变化而动态变化
C. 在栈中,栈底指针不变,栈中元素随栈顶指针的变化而动态变化
D. 上述 3 种说法都不对
33. 支持子程序调用的数据结构是(　　)。
A. 栈　　B. 树
C. 队列　　D. 二叉树
34. 一个栈的初始状态为空。现将元素 1、2、3、4、5、A、B、C、D、E 依次入栈,然后再依次出栈,则元素出栈的顺序是(　　)。
A. 12345ABCDE　　B. EDCBA54321
C. ABCDE12345　　D. 54321EDCBA
35. 按照“后进先出”原则组织数据的数据结构是(　　)。
A. 队列　　B. 栈
C. 双向链表　　D. 二叉树
36. 下列关于线性链表的叙述中,正确的是(　　)。
A. 各数据结点的存储空间可以不连续,但它们的存储顺序与逻辑顺序必须一致
B. 各数据结点的存储顺序与逻辑顺序可以不一致,但它们的存储空间必须连续
C. 进行插入与删除时,不需要移动表中的元素

D. 以上 3 种说法都不对

37. 下列链表中，其逻辑结构属于非线性结构的是（　　）。

A. 循环链表　　B. 二叉链表

C. 双向链表　　D. 带链的栈

38. 在单链表中，增加头结点的目的是（　　）。

A. 方便运算的实现　　B. 使单链表至少有一个结点

C. 标志表结点中首结点的位置　　D. 说明单链表是线性表的链式存储实现

39. 下列叙述中正确的是（　　）。

A. 线性表的链式存储结构与顺序存储结构所需要的存储空间是相同的

B. 线性表的链式存储结构所需要的存储空间一般要多于顺序存储结构

C. 线性表的链式存储结构所需要的存储空间一般要少于顺序存储结构

D. 上述 3 种说法都不对

40. 下列叙述中正确的是（　　）。

A. 栈是"先进先出"的线性表

B. 队列是"先进后出"的线性表

C. 循环队列是非线性结构

D. 有序线性表既可以采用顺序存储结构，也可以采用链式存储结构

41. 栈和队列的共同点是（　　）。

A. 都是先进后出

B. 都是先进先出

C. 只允许在端点处插入和删除元素

D. 没有共同点

42. 线性表的顺序存储结构和线性表的链式存储结构分别是（　　）。

A. 顺序存取的存储结构、顺序存取的存储结构

B. 随机存取的存储结构、顺序存取的存储结构

C. 随机存取的存储结构、随机存取的存储结构

D. 任意存取的存储结构、任意存取的存储结构

43. 下列叙述中正确的是（　　）。

A. 顺序存储结构的存储一定是连续的，链式存储结构的存储空间不一定是连续的

B. 顺序存储结构只针对线性结构，链式存储结构只针对非线性结构

C. 顺序存储结构能存储有序表，链式存储结构不能存储有序表

D. 链式存储结构比顺序存储结构节省存储空间

44. 用链表表示线性表的优点是（　　）。

A. 便于插入和删除操作

B. 数据元素的物理顺序与逻辑顺序相同

C. 花费的存储空间较顺序存储少

D. 便于随机存取

45. 下列叙述中正确的是（　　）。

A. 线性链表是线性表的链式存储结构

B. 栈与队列是非线性结构
C. 双向链表是非线性结构
D. 只有根结点的二叉树是线性结构
46. 一棵二叉树共有25个结点,其中5个是叶子结点,则度为1的结点数为(　　)。
A. 43　　B. 10　　C. 6　　D. 16
47. 下列关于二叉树的叙述中,正确的是(　　)。
A. 叶子结点总是比度为2的结点少一个
B. 叶子结点总是比度为2的结点多一个
C. 叶子结点数是度为2的结点数的两倍
D. 度为2的结点数是度为1的结点数的两倍
48. 某二叉树共有7个结点,其中叶子结点只有1个,则该二叉树的深度为(假设根结点在第1层)(　　)。
A. 3　　B. 4
C. 6　　D. 7
49. 某二叉树有5个度为2的结点,则该二叉树中的叶子结点数是(　　)。
A. 10　　B. 8
C. 6　　D. 4
50. 某二叉树中有 n 个度为2的结点,则该三叉树中的叶子结点为(　　)。
A. $n+1$　　B. $n-1$
C. $2n$　　D. $n/2$
51. 一棵二叉树中共有70个叶子结点与80个度为1的结点,则该二叉树中的总结点数为(　　)。
A. 219　　B. 221
C. 229　　D. 231
52. 在深度为7的满二叉树中,叶子结点的个数为(　　)。
A. 32　　B. 31
C. 64　　D. 63
53. 在一棵二叉树上第5层的结点数最多是(　　)。
A. 8　　B. 16
C. 32　　D. 15
54. 在深度为5的满二叉树中,叶子结点的个数为(　　)。
A. 32　　B. 31
C. 16　　D. 15
55. 设一棵完全二叉树共有699个结点,则在该二叉树中的叶子结点数为(　　)。
A. 349　　B. 350
C. 255　　D. 351
56. 对如图所示的二叉树进行前序遍历的结果为(　　)。
A. DYBEAFCZX　　B. YDEBFZXCA
C. ABDYECFXZ　　D. ABCDEFXYZ

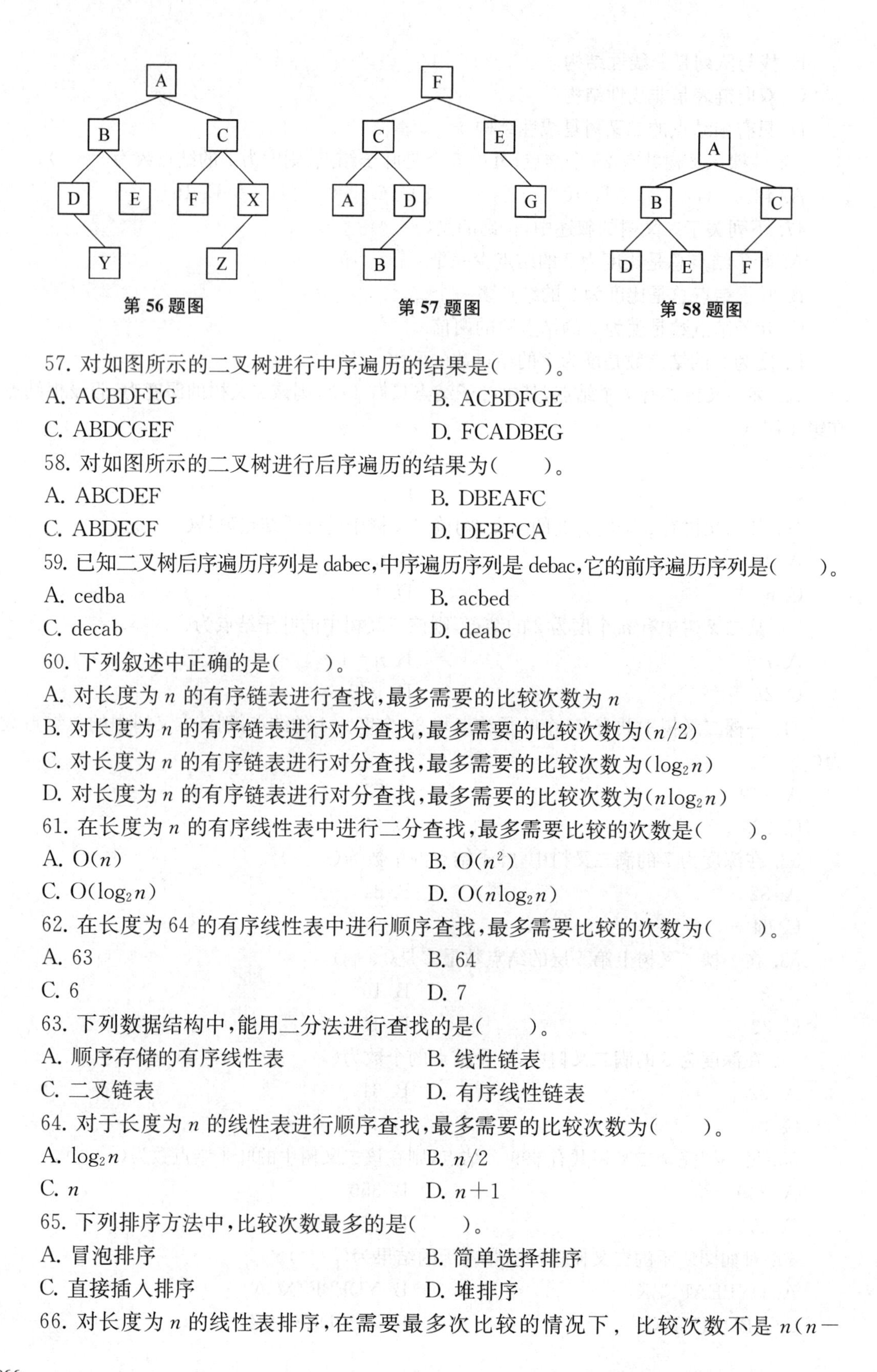

第 56 题图　　第 57 题图　　第 58 题图

57. 对如图所示的二叉树进行中序遍历的结果是(　　)。

A. ACBDFEG　　B. ACBDFGE

C. ABDCGEF　　D. FCADBEG

58. 对如图所示的二叉树进行后序遍历的结果为(　　)。

A. ABCDEF　　B. DBEAFC

C. ABDECF　　D. DEBFCA

59. 已知二叉树后序遍历序列是 dabec,中序遍历序列是 debac,它的前序遍历序列是(　　)。

A. cedba　　B. acbed

C. decab　　D. deabc

60. 下列叙述中正确的是(　　)。

A. 对长度为 n 的有序链表进行查找,最多需要的比较次数为 n

B. 对长度为 n 的有序链表进行对分查找,最多需要的比较次数为($n/2$)

C. 对长度为 n 的有序链表进行对分查找,最多需要的比较次数为($\log_2 n$)

D. 对长度为 n 的有序链表进行对分查找,最多需要的比较次数为($n\log_2 n$)

61. 在长度为 n 的有序线性表中进行二分查找,最多需要比较的次数是(　　)。

A. $O(n)$　　B. $O(n^2)$

C. $O(\log_2 n)$　　D. $O(n\log_2 n)$

62. 在长度为 64 的有序线性表中进行顺序查找,最多需要比较的次数为(　　)。

A. 63　　B. 64

C. 6　　D. 7

63. 下列数据结构中,能用二分法进行查找的是(　　)。

A. 顺序存储的有序线性表　　B. 线性链表

C. 二叉链表　　D. 有序线性链表

64. 对于长度为 n 的线性表进行顺序查找,最多需要的比较次数为(　　)。

A. $\log_2 n$　　B. $n/2$

C. n　　D. $n+1$

65. 下列排序方法中,比较次数最多的是(　　)。

A. 冒泡排序　　B. 简单选择排序

C. 直接插入排序　　D. 堆排序

66. 对长度为 n 的线性表排序,在需要最多次比较的情况下,比较次数不是 $n(n-$

1)/2 的排序方法是(　　)。

A. 快速排序　　B. 冒泡排序

C. 直接插入排序　　D. 堆排序

67. 冒泡排序在最多需要的比较次数是(　　)。

A. $n(n+1)/2$　　B. $n\log_2 n$

C. $n(n-1)/2$　　D. n

68. 对于长度为 n 的线性表,下列各排序法所对应的最多比较次数中正确的是(　　)。

A. 冒泡排序为 $n/2$　　B. 冒泡排序为 n

C. 快速排序为 n　　D. 快速排序为 $n(n-1)/2$

69. 希尔排序法属于哪一种类型的排序法(　　)。

A. 交换类排序法　　B. 插入类排序法

C. 选择类排序法　　D. 建堆排序法

70. 在下列几种排序方法中,要求内存量最大的是(　　)。

A. 插入排序　　B. 选择排序

C. 快速排序　　D. 归并排序

71. 已知数据表 A 中每个元素距其最终位置不远,为节省时间,应采用的算法是(　　)。

A. 堆排序　　B. 直接插入排序

C. 快速排序　　D. 直接选择排序

二、填空题

1. 算法的基本特征是可行性、确定性、________和拥有足够的情报。

2. 算法复杂度主要包括时间复杂度和________复杂度。

3. 实现算法所需的存储单元多少和算法的工作量大小分别称为算法的________。

4. 数据结构包括数据的________结构和数据的存储结构。

5. 数据结构包括数据的逻辑结构、数据的________以及对数据的操作运算。

6. 数据的逻辑结构在计算机存储空间中的存放形式称为数据的________。

7. 数据结构分为线性结构与非线性结构,带链的栈属于________。

8. 顺序存储方法是把逻辑上相邻的结点存储在物理位置________的存储单元中。

9. 在长度为 n 的顺序存储的线性表中删除一个元素,最坏情况下需要移动表中的元素个数为________

10. 在长度为 n 的顺序存储的线性表中插入一个元素,最坏情况下需要移动表中________个元素。

11. 线性表的存储结构主要分为顺序存储结构和链式存储结构。队列是一种特殊的线性表,循环队列是队列的________存储结构。

12. 数据结构分为线性结构和非线性结构,带链的队列属于________。

13. 一个队列的初始状态为空。现将元素 A,B,C,D,E,F,5,4,3,2,1 依次入队,然后再依次退队,则元素退队的顺序为________。

14. 设某循环队列的容量为 50,如果头指针 front=45(指向队头元素的前一位置),尾指针 rear=10(指向队尾元素),则该循环队列中共有________个元素。

15. 设某循环队列的容量为 50,头指针 front=5(指向队头元素的前一位置),尾指针

rear＝29(指向队尾元素),则该循环队列中共有________个元素。

16.设循环队列的存储空间为 Q(1∶30),初始状态为 front＝rear＝30。现经过一系列入队与退队运算后, front＝16,rear＝15,则循环队列中有________个元素。

17. 按“先进后出”原则组织数据的数据结构是________。

18. 栈的基本运算有 3 种:入栈、退栈和________。

19. 设栈的存储空间为 s(1∶40),初始状态为 bottom＝0, top＝0。现经过一系列入栈与出栈运算后, top＝20,则当前栈中有________个元素。

20. 假设用一个长度为 50 的数组(数组元素的下标从 0 到 49)作为栈的存储空间,栈底指针 bottom 指向栈底元素,栈顶指针 top 指向栈顶元素,如果 bottom＝49,top＝30(数组下标),则栈中具有________个元素。

21. 一个栈的初始状态为空。首先将元素 5,4,3,2,1 依次入栈,然后退栈一次,再将元素 A,B,C,D 依次入栈,之后将所有元素全部退栈,则所有元素退栈(包括中间退栈的元素)的顺序为________。

22. 一棵二叉树共有 47 个结点,其中有 23 个度为 2 的结点。假设根结点在第 1 层,则该二叉树的深度为________。

23. 一棵二叉树有 10 个度为 1 的结点,7 个度为 2 的结点,则该二叉树共有________个结点。

24. 某二叉树有 5 个度为 2 的结点以及 3 个度为 1 的结点,则该二叉树中共有________个结点。

25. 某二叉树中度为 2 的结点有 18 个,则该二叉树中有________个叶子结点。

26. 深度为 5 的满二叉树有________个叶子结点。

27. 在深度为 7 的满二叉树中,度为 2 的结点个数为________。

28. 设一棵完全二叉树共有 500 个结点,则在该二叉树中有________个叶子结点。

29. 在先左后右的原则下, 根据访问根结点的次序,二叉树的遍历可以分为 3 种:前序遍历、________遍历和后序遍历。

30.一棵二叉树的中序遍历结果为 DBEAFC,前序遍历结果为 ABDECF,则后序遍历结果为________。

31. 设二叉树如下:对如图的二叉树进行后序遍历的结果为________。

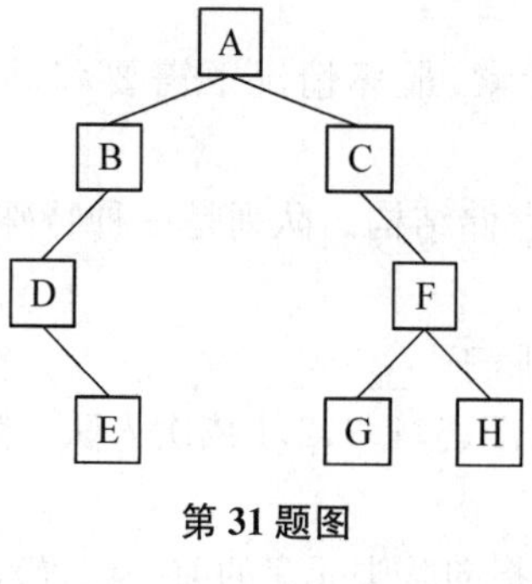

第 31 题图

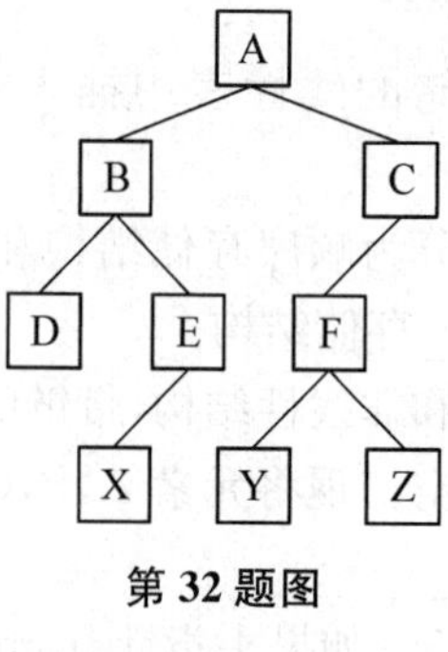

第 32 题图

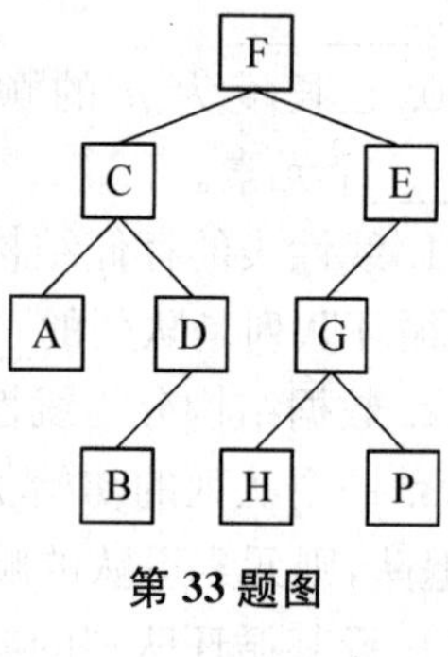

第 33 题图

32. 对如图的二叉树进行中序遍历的结果________。

33. 对如图的二叉树进行中序遍历的结果为________。

34. 在长度为 n 的线性表中，寻找最大项至少需要比较________次。
35. 有序线性表能进行二分查找的前提是该线性表必须是________存储的。
36. 对长度为 10 的线性表进行冒泡排序，需要比较的最多次数为________。
37. 冒泡排序的时间复杂度最多为________。
38. 堆排序需要比较的次数最多为________。

第5章

软件工程基础

5.1 软件工程基本概念

1. 软件的相关概念

计算机软件是包括程序、数据及相关文档的完整集合。

软件的特点包括：

(1) 软件是一种逻辑实体，而不是物理实体，具有抽象性；

(2) 软件的生产与硬件不同，它没有明显的制作过程；

(3) 软件在运行、使用期间不存在磨损、老化问题；

(4) 软件的开发、运行对计算机系统具有依赖性，受计算机系统的限制，这导致了软件移植的问题；

(5) 软件复杂性高，成本昂贵；

(6) 软件开发涉及诸多的社会因素。

2. 软件危机与软件工程

早期的软件主要指程序，采用个体工作方式，缺少相关文档，质量低，维护困难，这些问题称为"软件危机"，软件工程源自软件危机。所谓软件危机是泛指在计算机软件的开发和维护过程中所遇到的一系列严重问题。

软件工程的主要思想是将工程化原则运用到软件开发过程，它包括3个要素：方法、工具和过程。方法是完成软件工程项目的技术手段；工具是支持软件的开发、管理、文档生成；过程支持软件开发的各个环节的控制、管理；将方法和工具综合起来，以达到合理、及时地进行计算机软件开发的目的。

软件工程过程是把输入转化为输出的一组彼此相关的资源和活动。

3. 软件生命周期

软件生命周期：软件产品从提出、实现、使用维护到停止使用退役的过程。

软件生命周期分为软件定义、软件开发及软件运行维护3个阶段：

(1) 软件定义阶段：包括可行性研究与制订计划和需求分析。

制订计划：确定总目标，可行性研究，探讨解决方案，制订开发计划。

需求分析：对待开发软件提出的需求进行分析并给出详细的定义（确定软件系统必须做什么和必须具备哪些功能）。确定系统的逻辑模型。参加人员有用户、项目负责人和系统分析员（产生需求规格说明书）。

(2) 软件开发阶段：

软件设计：分为概要设计和详细设计两个部分。

软件实现：把软件设计转换成计算机可以接受的程序代码（高级程序员和程序员产生源程序清单）。

软件测试：在设计测试用例的基础上检验软件的各个组成部分（产生软件测试计划和软件测试报告）。

(3) 软件运行维护阶段：软件投入运行，并在使用中不断地维护，进行必要的扩充和删改。

4. 软件工程的目标和与原则

(1) 软件工程目标：在给定成本、进度的前提下，开发出具有有效性、可靠性，可理解性、可维护性、可重用性、可适应性、可移植性、可追踪性和可互操作性且满足用户需求的产品。

(2) 软件工程需要达到的基本目标应是：付出较低的开发成本；达到要求的软件功能；取得较好的软件性能；开发的软件易于移植；需要较低的维护费用；能按时完成开发，及时交付使用。

(3) 软件工程的理论和技术性研究的内容主要包括：软件开发技术和软件工程管理。

(4) 软件工程原则：抽象、信息隐蔽、模块化、局部化、确定性、一致性、完备性和可验证性。

5.2 结构化分析方法

1. 需求分析

需求分析方法有：① 结构化需求分析方法（面向数据流的结构化方法（Structured Analysis，SA）、面向数据结构 Jackson 方法（Jackson System Development，JSD）、面向数据结构的结构化数据系统开发方法（Data stuetured System Dlevelopment，DSSD））；② 面向对象的分析方法（Object Oriented Analysis，OOA）。

2. 结构化分析方法

结构化分析方法是结构化程序设计理论在软件需求分析阶段的应用。

结构化分析方法的实质：着眼于数据流，自顶向下，逐层分解，建立系统的处理流程，以数据流图和数据字典为主要工具，建立系统的逻辑模型。

结构化分析的常用工具：① 数据流图（Data Flow Diagram，DFD）；② 数据字典（Data Dictionary，DD）；③ 判定树；④ 判定表。

数据流图：描述数据处理过程的工具，是需求理解的逻辑模型的图形表示，它直接支持系统功能建模。数据流的类型有变换型和事务型。

数据字典：对所有与系统相关的数据元素的一个有组织的列表，以及精确的、严格的定义，使得用户和系统分析员对于输入、输出、存储成分和中间计算结果有共同的理解。数据字典是各类数据描述的集合，它通常包括 5 个部分，即数据项、数据结构、数据流、数据存储和处理过程。数据字典是结构化分析的核心。

在结构化分析使用的数据流图（DFD）中，利用数据字典对其中的图形元素进行确切解释。

数据流图的基本图形元素如图 5－1 所示：

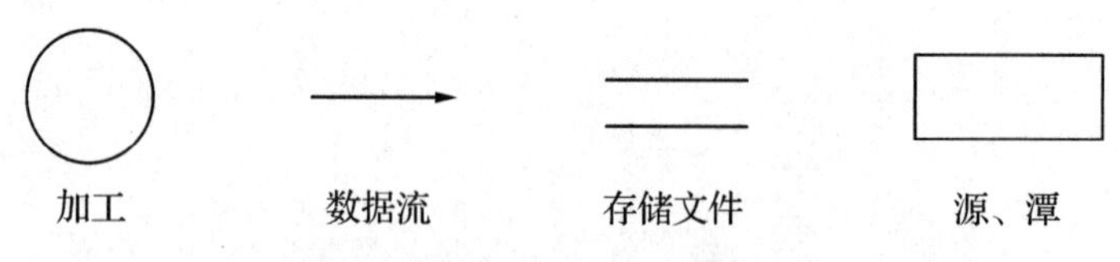

图 5－1 数据流图的基本图形元素

加工（转换）：输入数据经加工变换产生输出。

数据流：沿箭头方向传送数据的通道，一般在旁边标注数据流名。

存储文件（数据源）：表示处理过程中存放各种数据的文件。

源、潭：表示系统和环境的接口，属系统之外的实体。

软件需求分析阶段的工作，可以分为 4 个方面：需求获取、需求分析、编写需求规格说明书以及需求评审。

软件需求规格说明书(Software Reguirement Specification, SRS)是需求分析阶段的最后成果,通过建立完整的信息描述、详细的功能和行为描述、性能需求和设计约束的说明、合适的验收标准,给出对目标软件的各种需求。

软件需求规格说明书应具有完整性、无歧义性、正确性、可验证性、可修改性等特性,其中最重要的是无歧义性。

5.3 结构化设计方法

1. 软件设计的基础

从技术观点来看，软件设计包括软件结构设计、数据设计、接口设计、过程设计。

结构设计：定义软件系统各主要部件之间的关系。

数据设计：将分析时创建的模型转化为数据结构的定义。

接口设计：描述软件内部、软件和协作系统之间以及软件与人之间如何通信。

过程设计：把系统结构部件转换成软件的过程描述。

从工程角度来看，软件设计分两步完成，即概要设计（总体设计）和详细设计。

概要设计：又称结构设计，将软件需求转化为软件体系结构，确定系统级接口、全局数据结构或数据库模式。

详细设计：确定每个模块的实现算法和局部数据结构，用适当方法表示算法和数据结构的细节。

软件设计的基本原理包括：抽象、模块化、信息隐蔽和模块独立性。

抽象：抽象是一种思维工具，就是把事物本质的共同特性提取出来而不考虑其他细节。

模块化：解决一个复杂问题时自顶向下逐步把软件系统划分成一个个较小的、相对独立但又不相互关联的模块的过程。

信息隐蔽（靠封装实现）：每个模块的实施细节对于其他模块来说是隐蔽的。

模块独立性：软件系统中每个模块只涉及软件要求的具体的子功能，而和软件系统中其他的模块的接口是简单的。模块分解的主要指导思想是信息隐蔽和模块独立性。模块的耦合性和内聚性是衡量软件的模块独立性的两个定性指标。

内聚性：是一个模块内部各个元素间彼此结合的紧密程度的度量。

按内聚性由弱到强排列，内聚可以分为以下几种：偶然内聚、逻辑内聚、时间内聚、过程内聚、通信内聚、顺序内聚及功能内聚。

耦合性：是模块间互相连接的紧密程度的度量。

按耦合性由高到低排列，耦合可以分为以下几种：内容耦合、公共耦合、外部耦合、控制耦合、标记耦合、数据耦合（系统中至少必须存在）以及非直接耦合。

一个设计良好的软件系统应具有高内聚、低耦合的特征。

在结构化程序设计中，模块划分的原则是：模块内具有高内聚度，模块间具有低耦合度。

深度、宽度、扇出、扇入应适当。深度表示软件结构中控制的层数，它往往能粗略地表示一个系统的大小和复杂的程度。宽度是软件结构内同一个层次上的模块总数的最大值。一般说来，宽度越大系统越复杂。对宽度影响最大的因素是模块的扇出。扇出是一个模块直接控制（调用）的模块数目，扇出过大意味着模块过分复杂，需要控制和协调过多的下级模块;扇出过小也不好。经验表明,一个设计得好的典型的系统的平均扇出是3—4。一个模块的扇入表明有多少个上级模块直接调用它,扇入越大则共享该模块的上级模块数目越多,这是有好处的,但是,不能违背模块独立原理单纯追求高扇入。

2. 总体设计(概要设计)和详细设计

(1) 总体设计(概要设计)

软件概要设计的基本任务是:① 设计软件系统结构;② 数据结构及数据库设计;③ 编写概要设计文档;④ 概要设计文档评审。

常用的软件结构设计工具是结构图,也称程序结构图。程序结构图的基本图符有:模块用一个矩形表示,箭头表示模块间的调用关系。在结构图中还可以用带注释的箭头表示模块调用过程中来回传递的信息。还可用带实心圆的箭头表示传递的是控制信息,空心圆箭心表示传递的是数据信息。

(2) 详细设计

详细设计是为软件结构图中的每一个模块确定实现算法和局部数据结构,用某种选定的表达工具表示算法和数据结构的细节。

常用的过程设计(即详细设计)工具有以下几种:

图形工具:程序流程图,N-S(方盒图)、PAD(问题分析图)和HIPO(层次图+输入/处理/输出图)。

表格工具:判定表。

语言工具:PDL(伪码)。

5.4 软件测试

1. 软件测试定义

软件测试是指使用人工或自动手段来运行或测定某个系统的过程。软件测试的目的是尽可能地多发现程序中的错误,不能也不可能证明程序没有错误。软件测试的关键是设计测试用例,一个好的测试用例能找到迄今为止尚未发现的错误。

2. 软件测试方法

软件测试的方法主要为静态测试和动态测试。静态测试包括代码检查、静态结构分析,不实际运行软件,主要通过人工进行。动态测试是基于计算机的测试,主要包括白盒测试方法和黑盒测试方法。

(1) 白盒测试

白盒测试方法也被称为结构测试或逻辑驱动测试。它是根据软件产品的内部工作过程,检查内部成分,以确认每种内部操作符合设计规格要求。

白盒测试的是保证所测模块中每一独立路径至少执行一次;保证所测模块所有判断的每一分支至少执行一次;保证所测模块每一循环都在边界条件和一般条件下至少各执行一次;验证所有内部数据结构的有效性。

白盒测试法的测试用例是根据程序的内部逻辑来设计的,主要方法有逻辑覆盖、基本路径测试等。

逻辑覆盖泛指一系列以程序内部的逻辑结构为基础的测试用例设计技术。根据覆盖目标的不同和覆盖源程序的详尽程度,逻辑覆盖又可分为语句覆盖、路径覆盖、判字覆盖、判定覆盖、条件覆盖、判断—条件覆盖等。

语句覆盖:选择足够的测试用例,使得程序中每一个语至少都能被执行一次。

路径覆盖:执行足够的测试用例,使程序中所有的可能的路径都至少经历一次。

判定覆盖:使设计的测试用例保证程序中每个判断的每个取值分支(T或F)至少经历一次。

条件覆盖:设计的测试用例保证程序中每个判断的每个条件的可能取值至少执行一次。

判断—条件覆盖:设计足够的测试用例,使判断中每个条件的所有可能取值至少执行一次,同时每个判断的所有可能取值分支至少执行一次。

基本路径测试的原则和步骤是,根据软件过程性描述中的控制流程确定程序的环路复杂性度量,用此度量定义基本路径集合,并由此导出一组测试用例,对每一条独立执行路径进行测试。

(2) 黑盒测试

黑盒测试方法也被称为功能测试或数据驱动测试。黑盒测试是对软件已经实现的功能是否满足需求进行测试和验证。

黑盒测试主要诊断功能不对或遗漏，接口错误，数据结构或外部数据库访问错误，性能错误，初始化和终止条件错误等。

黑盒测试不关心程序内部的逻辑，只是根据程序的功能说明来设计测试用例，主要方法有等价类划分法、边界值分析法、错误推测法等。

3. 软件的测试过程

软件测试过程一般按 4 个步骤进行：单元测试（模块的测试）、集成测试、确认测试（验收测试）和系统测试。

单元测试是对模块进行正确性检验的测试；是软件测试的最小单位。主要采用静态和动态测试法，动态测试以白盒测试法为主，辅助于黑盒测试。

集成测试是测试和组装软件的过程，主要目的是发现与接口有关的错误。

确认测试验证软件的功能和性能及其他特性是否满足了需求规格说明中确定的各种要求。

系统测试将通过确认测试的软件，与计算机硬件、外设等其他元素组合在一起，在实际环境下对计算机系统进行一系列的集成测试和确认测试。

5.5　程序的调试

程序调试的任务是诊断和改正程序中的错误，主要在开发阶段进行，调试程序应该由编制源程序的程序员来完成。根据测试时发现的错误，找出原因和具体位置，进行改正排除错误。

程序调试的基本步骤为：(1) 错误定位；(2) 纠正错误；(3) 回归测试，防止新的错误。

软件调试可分为静态调试和动态调试。静态调试主要是指通过人的思维来分析源程序代码和排错，它是主要的调试手段，而动态调试主要用以辅助静态调试。

对软件主要的调试方法可以采用：

(1) 强行排错法。

(2) 回溯法。

(3) 原因排除法。

5.6　软件维护

在软件产品被开发出来并交付用户使用之后，就进入了软件的运行维护阶段。这个阶段是软件生命周期的最后一个阶段，其基本任务是保证软件在一个相当长的时期能够正常运行。软件在交付给用户使用后，由于应用需求、环境变化以及自身问题，对它进行维护不可避免，并且软件维护是一个长期过程，耗费较大。

所谓软件维护就是在软件已经交付使用之后，为了改正错误或满足新的需要而修改软件的过程。

软件维护内容有四种：正确性维护、适应性维护、完善性维护和预防性维护。

章节测试

一、选择题

1. 下面不属于软件工程的3个要素的是(　　)。

A. 工具　　B. 过程

C. 方法　　D. 环境

2. 软件开发的结构化生命周期方法将软件生命周期划分成(　　)。

A. 定义、开发、运行维护

B. 设计阶段、编程阶段,测试阶段

C. 总体设计、详细设计、编程调试

D. 需求分析、功能定义、系统设计

3. 软件生命周期可分为定义阶段、开发阶段和维护阶段。详细设计属于(　　)。

A. 定义阶段　　B. 开发阶段

C. 维护阶段　　D. 上述3个阶段

4. 软件生命周期是指(　　)。

A. 软件的开发过程

B. 软件的运行维护过程

C. 软件产品从提出、实现、使用维护到停止使用退役的过程

D. 软件从需求分析、设计、实现到测试完成的过程

5. 软件生命周期中的活动不包括(　　)。

A. 软件维护　　B. 市场调研

C. 软件测试　　D. 需求分析

6. 软件工程的出现是由于(　　)。

A. 程序设计方法学的影响

B. 软件产业化的需要

C. 软件危机的出现

D. 计算机的发展

7. 下列描述中正确的是(　　)。

A. 程序就是软件

B. 软件开发不受计算机系统的限制

C. 软件既是逻辑实体,又是物理实体

D. 软件是程序、数据与相关文档的集合

8. 下列描述中正确的是(　　)。

A. 软件工程只是解决软件项目的管理问题

B. 软件工程主要解决软件产品的生产率问题

C. 软件工程的主要思想是强调在软件开发过程中需要应用工程化原则

D. 软件工程只是解决软件开发中的技术问题

9. 下列叙述中，正确的是(　　)。

A. 软件就是程序清单

B. 软件就是存放在计算机中的文件

C. 软件应包括程序清单及运行结果

D. 软件包括程序和文档

10. 开发大型软件时，产生困难的根本原因是(　　)。

A. 大系统的复杂性　　B. 人员知识不足

C. 客观世界千变万化　　D. 时间紧、任务重

11. 下面描述中，不属于软件危机表现的是(　　)。

A. 软件质量难以控制　　B. 软件成本不断提高

C. 软件过程不规范　　D. 软件开发生产率低

12. 开发软件所需高成本和产品的低质量之间有着尖锐的矛盾，这种现象称作(　　)。

A. 软件投机　　B. 软件危机

C. 软件工程　　D. 软件产生

13. 软件工程的理论和技术性研究的内容主要包括软件开发技术和(　　)。

A. 消除软件危机　　B. 软件工程管理

C. 程序设计自动化　　D. 实现软件可重用

14. 软件按功能可以分为：应用软件、系统软件和支撑软件(或工具软件)。下面属于应用软件的是(　　)。

A. 编译程序　　B. 操作系统

C. 教务管理系统　　D. 汇编程序

15. 软件按功能可以分为应用软件、系统软件和支撑软件(或工具软件)。下面属于应用软件的是(　　)。

A. 学生成绩管理系统　　B. C 语言编译程序

C. UNIX 操作系统　　D. 数据库管理系统

16. 软件按功能可以分为：应用软件、系统软件和支撑软件(或工具软件)。下面属于系统软件的是(　　)。

A. 编辑软件　　B. 操作系统

C. 教务管理系统　　D. 浏览器

17. 下面对软件特点描述不正确的是(　　)。

A. 软件是一种逻辑实体，具有抽象性

B. 软件开发、运行对计算机系统具有依赖性

C. 软件开发涉及软件知识产权，法律及心理等社会因素

D. 需求软件运行存在磨损和老化问题

18. 开发软件时对提高开发人员工作效率至关重要的是(　　)。

A. 操作系统的资源管理功能

B. 先进的软件开发工具和环境

C. 程序人员的数量

D. 计算机的并行处理能力

19. 软件复杂性度量的参数包括(　　)。

A. 效率　　B. 规模

C. 完整性　　D. 容错性

20. 下列软件全都属于应用软件的是(　　)。

A. WPS、Excel、AutoCAD

B. Windows XP、SPSS、Word

C. Photoshop、DOS、Word

D. UNIX、WPS、PowerPoint

21. ① Windows ME　② Windows XP　③ Windows NT　④ Frontpage　⑤ Access 97　⑥ UnixLinux,对于以上列出的 7 个软件,(　　)为操作系统软件。

A. ①②③④　　B. ①②③⑤⑦

C. ①③⑤⑥　　D. ①②③⑥⑦

22. 下列不属于软件危机表现的是(　　)。

A. 对软件开发成本估计不准确

B. 软件质量不可靠

C. 供过于求

D. 软件成本比重上升

23. 下列不属于软件工程基本原则的是(　　)。

A. 可选取任何开发范型

B. 采用合适的设计方法

C. 提供高质量的工程支持

D. 重视开发过程的管理

24. 软件生命周期中最先发生的阶段是(　　)。

A. 需求分析　　B. 总体设计

C. 详细设计　　D. 编码

25. 在软件生命周期过程中持续时间最长的阶段是(　　)。

A. 需求分析阶段　　B. 软件测试阶段

C. 编码阶段　　D. 软件维护阶段

26. 在软件生命周期中,能准确地确定软件系统必须做什么和必须具备哪些功能的阶段是(　　)。

A. 概要设计　　B. 详细设计

C. 可行性分析　　D. 需求分析

27. 需求分析阶段的任务是确定(　　)。

A. 软件开发方法　　B. 软件开发工具

C. 软件开发费用　　D. 软件系统功能

28. 下面不属于需求分析阶段任务的是(　　)。

A. 确定软件系统的功能需求　　B. 确定软件系统的性能需求

C. 制定软件集成测试计划　　D. 需求规格说明书审评

29. 需求分析中开发人员要从用户那里了解（　　）。

A. 软件做什么　　B. 用户使用界面

C. 输入的信息　　D. 软件的规模

30. 在软件生产过程中，需求信息的给出是（　　）。

A. 程序员　　B. 项目管理者

C. 软件分析设计人员　　D. 软件用户

31. 在结构化方法中，用数据流程图(DFD)作为描述工具的软件开发阶段是（　　）。

A. 可行性分析　　B. 需求分析

C. 详细设计　　D. 程序编码

32. 数据流程图(PFD图)是（　　）。

A. 软件概要设计的工具　　B. 软件详细设计的工具

C. 结构化方法的需求分析工具　　D. 面向对象方法的需求分析工具

33. 数据流图用于抽象描述一个软件的逻辑模型，数据流图由一些特定的图符构成。下列图符名标志的图符不属于数据流图合法图符的是（　　）。

A. 控制流　　B. 加工

C. 数据存储　　D. 源和潭

34. 程序流程图(PFD)中的箭头代表的是（　　）。

A. 数据流　　B. 控制流

C. 调用关系　　D. 组成关系

35. 程序流程图中带有箭头的线段表示的是（　　）。

A. 控制流　　B. 调用关系

C. 图元关系　　D. 数据流

36. 在数据流图(DFD)中，带有名字的箭头表示（　　）。

A. 控制程序的执行顺序

B. 模块之间的调用关系

C. 数据的流向

D. 程序的组成成分

37. 数据流图中带有箭头的线段表示的是（　　）。

A. 控制流　　B. 事件驱动

C. 模块调用　　D. 数据流

38. 数据字典(DD)所定义的对象都包含于（　　）。

A. 程序流程图　　B. 数据流图(DFD图)

C. 方框图　　D. 软件结构图

39. 数据流图中的（　　）用来表示数据流。

A. 箭头　　B. 圆圈

C. 双直线段　　D. 方框

40. 数据流图中的（　　）用来表示加工。

A. 箭头　　B. 圆圈

C. 双直线段　　D. 方框

41. 数据流图中的(　　)用来表示文件。

A. 箭头　　B. 圆圈

C. 双直线段　　D. 方框

42. 数据流图中的(　　)用来表示数据源及数据终点。

A. 箭头　　B. 圆圈

C. 双直线段　　D. 方框

43. 为了避免流程图在描述程序逻辑时的灵活性,提出了用方框图来代替传统的程序流程图,通常也把这种图称为(　　)。

A. PAD 图　　B. N-S 图

C. 结构图　　D. 数据流图

44. 下列不属于结构化分析的常用工具的是(　　)。

A. 数据流图　　B. 数据字典

C. 判定树　　D. PAD 图

45. 下列工具中属于需求分析常用工具的是(　　)。

A. PAD　　B. PFD

C. N－S　　D. DFD

46. 在软件开发中,需求分析阶段可以使用的工具是(　　)。

A. N-S 图　　B. DFD 图

C. PAD 图　　D. 程序流程图

47. 下列叙述中,不属于软件需求规格说明书的作用的是(　　)。

A. 便于用户、开发人员进行理解和交流

B. 反映出用户问题的结构,可以作为软件开发工作的基础和依据

C. 作为确认测试和验收的依据

D. 便于开发人员进行需求分析

48. 软件需求规格说明书的作用不包括(　　)。

A. 软件可行性研究的依据

B. 用户与开发人员对软件要做什么的共同理解

C. 软件验收的依据

D. 软件设计的依据

49. 下列属于软件需求说明的作用是(　　)。

A. 作为软件人员与用户之间事实上的技术合同书

B. 作为软件人员下一步进行设计和编码的基础

C. 作为测试和验收的依据

D. 以上都对

50. 软件开发中,需求分析阶段产生的主要文档是(　　)。

A. 可行性分析报告　　B. 软件需求规格说明书

C. 概要设计说明书　　D. 集成设计计划

51. 需求分析最终结果是产生(　　)。

A. 项目开发计划　　B. 需求规格说明书

C. 设计说明书　　　　　　　　　　D. 可行性分析报告

52. 软件需求分析阶段的工作,可以分为 4 个方面:需求获取、需求分析、编写需求规格说明书以及(　　)。

A. 阶段性报告　　　　　　　　　　B. 需求评审

C. 总结　　　　　　　　　　　　　D. 以上都不正确

53. 下列叙述中,不属于结构化分析方法的是(　　)。

A. 面向数据流的结构化分析方法

B. 面向数据结构的 Jackson 方法

C. 面向数据结构的结构化数据系统开发方法

D. 面向对象的分析方法

54. 从工程管理角度,软件设计一般分为两步完成,它们是(　　)。

A. 概要设计与详细设计

B. 数据设计与接口设计

C. 软件结构设计与数据设计

D. 过程设计与数据设计

55. 在结构化方法中,软件功能分解属于下列软件开发中的阶段是(　　)。

A. 详细设计　　　　　　　　　　　B. 需求分析

C. 总体设计　　　　　　　　　　　D. 编程调试

56. 面向对象的设计方法与传统的面向过程的方法有本质不同,它的基本原理是(　　)。

A. 模拟现实世界中不同事物之间的联系

B. 强调模拟现实世界中的算法而不强调概念

C. 使用现实世界的概念抽象地思考问题从而自然地解决问题

D. 鼓励开发者在软件开发的绝大部分中都用实际领域的概念去思考

57. 下面概念中,不属于面向对象方法的是(　　)。

A. 对象　　　　　　　　　　　　　B. 继承

C. 类　　　　　　　　　　　　　　D. 过程调用

58. 软件详细设计的主要任务是确定每个模块的(　　)。

A. 算法和使用的数据结构

B. 外部接口

C. 功能

D. 编程

59. 在结构化设计方法中,生成的结构图(SC)中,带有箭头的连线表示(　　)。

A. 模块之间的调用关系

B. 程序的组成成分

C. 控制程序的执行顺序

D. 数据的流向

60. 在软件开发中,下面任务不属于设计阶段的是(　　)。

A. 数据结构设计　　　　　　　　　B. 给出系统模块结构

C. 定义模块算法　　　　　　　　　D. 定义需求并建立系统模型

61. 下面不属于软件设计阶段任务的是（　　）。
A. 软件的功能确定
B. 软件的总体结构设计
C. 软件的数据设计
D. 软件的过程设计
62. 下面不属于软件设计阶段任务的是（　　）。
A. 数据库设计　　B. 算法设计
C. 软件总体设计　　D. 制定软件确认测试计划
63. 下列选项中不属于结构化程序设计方法的是（　　）。
A. 自顶向下　　B. 逐步求精
C. 模块化　　D. 可复用
64. 软件设计包括软件的结构、数据接口和过程设计，其中软件的过程设计是指（　　）。
A. 模块间的关系
B. 系统结构部件转换成软件的过程描述
C. 软件层次结构
D. 软件开发过程
65. 下面描述中错误的是（　　）。
A. 系统总体结构图支持软件系统的详细设计
B. 软件设计是将软件需求转换为软件表示的过程
C. 数据结构与数据库设计是软件设计的任务之一
D. PAD 图是软件详细设计的表示工具
66. 下面不属于软件设计原则的是（　　）。
A. 抽象　　B. 模块化
C. 自底向上　　D. 信息隐蔽
67. 模块独立性是软件模块化所提出的要求，衡量模块独立性的度量标准则是模块的（　　）。
A. 抽象和信息隐蔽　　B. 局部化和封装化
C. 内聚性和耦合性　　D. 激活机制和控制方法
68. 为了使模块尽可能独立，要求（　　）。
A. 模块的内聚程度要尽量高，且各模块间的耦合程度要尽量强
B. 模块的内聚程度要尽量高，且各模块间的耦合程度要尽量弱
C. 模块的内聚程度要尽量低，且各模块间的耦合程度要尽量弱
D. 模块的内聚程度要尽量低，且各模块间的耦合程度要尽量强
69. 软件设计中模块划分应遵循的准则是（　　）。
A. 低内聚低耦合　　B. 高内聚低耦合
C. 低内聚高耦合　　D. 高内聚高耦合
70. 软件设计中，有利于提高模块独立性的一个准则是（　　）。
A. 低内聚低耦合　　B. 低内聚高耦合
C. 高内聚低耦合　　D. 高内聚高耦合

71. 在结构化程序设计中，模块划分的原则是(　　)。
A. 各模块应包括尽量多的功能
B. 各模块的规模应尽量大
C. 各模块直接的联系应尽量紧密
D. 模块内具有高内聚度、模块间具有低耦合度
72. 耦合性和内聚性是对模块独立性度量的两个标准。下列叙述中正确的是(　　)。
A. 提高耦合性降低内聚性有利于提高模块的独立性
B. 降低耦合性提高内聚性有利于提高模块的独立性
C. 耦合性是指一个模块内部各个元素间彼此结合的紧密程度
D. 内聚性是指模块间互相连接的紧密程度
73. 下列选项中，不属于模块间耦合的是(　　)。
A. 数据耦合　　B. 同构耦合
C. 异构耦合　　D. 公用耦合
74. 两个或两个以上模块之间关联的紧密程度称为(　　)。
A. 耦合度　　B. 内聚度
C. 复杂度　　D. 数据传输特性
75. 软件设计的基本原理中，(　　)是评价设计好坏的重要度量标准。
A. 信息隐蔽性　　B. 模块独立性
C. 耦合性　　D. 内聚性
76. 模块耦合性最低的是(　　)。
A. 内容耦合　　B. 公共耦合
C. 控制耦合　　D. 数据耦合
77. 系统中至少必须存在(　　)耦合。
A. 内容耦合　　B. 公共耦合
C. 控制耦合　　D. 数据耦合
78. 下面属于模块高内聚的是(　　)。
A. 功能性内聚　　B. 过程性内聚
C. 时间性内聚　　D. 偶然性内聚
79. 下列设计方法中，属于面向数据的设计方法的是(　　)。
A. 数据流分析　　B. 事务分析
C. Jackson 方法　　D. 以上都不对
80. 在软件设计中，不属于过程设计工具的是(　　)。
A. PDL(过程设计语言)　　B. PAD 图
C. N-S 图　　D. DFD 图
81. 在软件设计中不使用的工具是(　　)。
A. 系统结构图
B. 程序流程图
C. PAD 图
D. 数据流图(DFD 图)

82. 软件详细设计产生的图如右所示，该图是(　　)。

A. N-S 图　　B. PAD 图

C. 程序流程图　　D. E-R 图

begin

$x=0$

$b=a$　　$c=a$

end

第 82 题图

83. 详细设计的结果基本决定了最终程序的(　　)。

A. 代码的规模　　B. 运行速度

C. 质量　　D. 可维护性

84. 在结构化设计方法中，生成的结构图(SC)中，带有箭头的连线表示(　　)。

A. 模块之间的调用关系　　B. 程序的组成成分

C. 控制程序的执行顺序　　D. 数据的流向

85. 某系统总结构图如下所示：

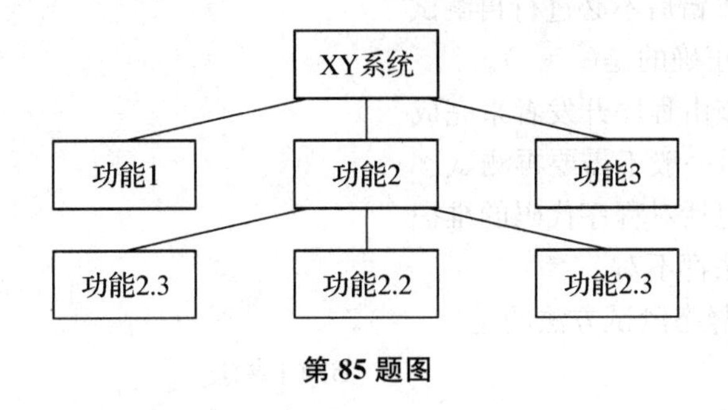

第 85 题图

该系统总体结构图的深度是(　　)。

A. 7　　B. 6

C. 3　　D. 2

86. 检查软件产品是否符合需求定义的过程称为(　　)。

A. 确认测试　　B. 集成测试

C. 验证测试　　D. 验收测试

87. 在软件工程中，白盒测试法可用于测试程序的内部结构。此方法将程序看作是(　　)。

A. 循环的集合　　B. 地址的集合

C. 路径的集合　　D. 目标的集合

88. 为了提高测试的效率，应该(　　)。

A. 随机选取测试数据

B. 取一切可能的输入数据作为测试数据

C. 在完成编码以后制定软件的测试计划

D. 集中对付那些错误群集的程序

89.下列对于软件测试的描述中正确的是(　　)。

A. 软件测试的目的是证明程序是否正确

B. 软件测试的目的是使程序运行结果正确

C. 软件测试的目的是尽可能多地发现程序中的错误

D. 软件测试的目的是使程序符合结构化原则

90. 完全不考虑程序的内部结构和内部特征,而只是根据程序功能导出测试用例的测试方法是(　　)。

A. 黑盒测试法　　B. 白盒测试法
C. 错误推测法　　D. 安装测试法

91. 不列叙述中,不属于测试的特征的是(　　)。

A. 测试的挑剔性　　B. 完全测试的不可能性
C. 测试的可靠性　　D. 测试的经济性

92. 下列叙述中正确的是(　　)。

A. 程序设计就是编制程序
B. 程序的测试必须由程序员自己去完成
C. 程序经调试改错后还应进行再测试
D. 程序经调试改错后不必进行再测试

93. 下列叙述中正确的是(　　)。

A. 软件测试应该由程序开发者来完成
B. 程序经调试后一般不需要再测试
C. 软件维护只包括对程序代码的维护
D. 以上 3 种说法都不对

94. 下面不属于静态测试方法的是(　　)。

A. 代码检查　　B. 白盒法
C. 静态结构分析　　D. 代码质量度量

95. 下面叙述中错误的是(　　)。

A. 软件测试的目的是发现错误并改正错误
B. 对被调试的程序进行"错误定位"是程序调试的必要步骤
C. 程序调试通常也称为 Debug
D. 软件测试应严格执行测试计划,排除测试的随意性

96. 下列叙述中正确的是(　　)。

A. 软件测试的主要目的是发现程序中的错误
B. 软件测试的主要目的是确定程序中错误的位置
C. 为了提高软件测试的效率,最好由程序编制者自己来完成软件测试的工作
D. 软件测试是证明软件没有错误

97. 软件测试的目的是(　　)。

A. 改正程序中的错误　　B. 发现程序中的错误
C. 评估软件可靠性　　D. 发现并改正程序中的错误

98. 在黑盒测试方式中,设计测试用例的主要根据是(　　)。

A. 程序外部功能　　B. 程序内部逻辑
C. 程序数据结构　　D. 程序流程图

99. 下面属于黑盒测试方法的是(　　)。

A. 基本路径测试　　B. 等价类划分
C. 判定覆盖测试　　D. 语句覆盖测试

100. 下面属于黑盒测试方法的是(　　)。
A. 逻辑覆盖　　B. 语句覆盖
C. 路径覆盖　　D. 边界值分析
101. 黑盒技术测试用例的方法之一为(　　)。
A. 因果图　　B. 逻辑覆盖
C. 循环覆盖　　D. 基本路径测试
102. 在软件测试设计中,软件测试的主要目的是(　　)。
A. 实验性运行软件　　B. 证明软件正确
C. 找出软件中全部错误　　D. 发现软件错误而执行程序
103. 软件开发离不开系统环境资源的支持,其中必要的测试数据属于(　　)。
A. 硬件资源　　B. 通信资源
C. 支持软件　　D. 辅助资源
104. 在进行单元测试时,常用的方法是(　　)。
A. 采用白盒测试,辅之以黑盒测试
B. 采用黑盒测试,辅之以白盒测试
C. 只使用白盒测试
D. 只使用黑盒测试
105. 下列动态测试技术中,不属于黑盒测试方法的是(　　)。
A. 基本路径测试法　　B. 因果图
C. 边界值分析　　D. 等价类划分
106. 软件调试的目的是(　　)。
A. 发现错误　　B. 改正错误
C. 改善软件的性能　　D. 挖掘软件的潜能
107. 下列不属于软件调试技术的是(　　)。
A. 强行排错法　　B. 集成测试法
C. 回溯法　　D. 原因排除法
108. 软件(程序)调试的任务是(　　)。
A. 诊断和改正程序中的错误
B. 尽可能多地发现程序中的错误
C. 发现并改正程序中的所有错误
D. 确定程序中错误的性质
109. 程序调试的任务是(　　)。
A. 设计测试用例
B. 验证程序的正确性
C. 发现程序中的错误
D. 诊断和改正程序中的错误
110. 软件生命周期中所花费用最多的阶段是(　　)。
A. 详细设计　　B. 软件编码
C. 软件测试　　D. 软件维护

111. 下列叙述中正确的是(　　)。

A. 软件交付使用后还需要进行维护

B. 软件一旦交付使用就不需要再进行维护

C. 软件交付使用后其生命周期就结束

D. 软件维护是修复程序中被破坏的指令

112. 下列选项中不属于软件生命周期开发阶段任务的是(　　)。

A. 软件测试　　B. 概要设计

C. 软件维护　　D. 详细设计

113. 因计算机硬件和软件环境的变化而做出的修改软件的过程称为(　　)。

A. 纠正性维护　　B. 适应性维护

C 完善性维护　　D. 预防性维护

二、填空题

1. 软件工程研究的内容主要包括__________,技术和软件工程管理。

2. 通常,将软件产品从提出、实现,使用维护到停止使用退役的过程称为__________。

3. 软件是程序、数据和__________的集合。

4. 软件是__________、数据和文档的集合。

5. 软件按功能可以分为:应用软件、系统软件和支撑软件(或工具软件)。UNIX 操作系统属于__________软件。

6. 软件开发环境是全面支持软件开发全过程的__________集合。

7. 软件工程 3 要素包括方法、工具和过程,其中,__________支持软件开发的各个环节的控制和管理。

8. 软件工程 3 要素包括方法、工具和过程,其中,__________是完成软件工程项目的技术手段。

9. 软件工程 3 要素包括方法、工具和过程,其中,__________支持软件的开发、管理文档生成。

10. 软件生命周期可分为 3 个阶段,一般分为定义阶段、开发阶段和维护阶段。编码和测试属于__________阶段。

11. 软件危机出现于 60 年代末,为了解决软件危机,人们提出了__________的原理来设计软件,这就是软件工程诞生的基础。

12. 软件工程的出现是由于__________。

13. 软件按功能可以分为:应用软件、__________和支撑软件(或工具软件)。

14. 软件危机的解决主要通过两个途径,分别是__________和技术措施。

15. 软件工程的目标是提高软件的__________与生产率。

16. 软件生命周期一般包括可行性研究与需求分析、设计、实现、__________、交付使用以及维护等活动。

17. 数据字典是各类数据描述的集合,它通常包括 5 个部分,即数据项、数据结构、数据流、__________和处理过程。

18. 数据流的类型有__________和事务型。

19. 在结构化分析使用的数据流图(DFD)中,利用______________对其中的图形元素进行确切解释。

20. 软件的需求分析阶段的工作,可以概括为4个方面:______________、需求分析、编写需求规格说明书和需求评审。

21. 软件需求规格说明书应具有完整性、无歧义性、正确性、可验证性、可修改性等特性,其中最重要的是______________。

22. 软件开发过程主要分为需求分析、设计、编码与测试4个阶段,其中______________阶段产生"软件需求规格说明书"。

23. 常见的软件工程方法有结构化方法和面向对象方法,类、继承以及多态性等概念属于______________。

24. 常见的软件工程方法有结构化方法和面向对象方法。对某应用系统经过需求分析建立数据流图(DFD),则应采用______________方法。

25. 程序流程图中的菱形框表示的是______________。

26. 数据流图中的箭头表示______________。

27. 数据流图中用标有名字的圆圈表示______________。

28. 数据流图中以标有名字的双直线段表示______________。

29. 与结构化需求分析方法相对应的是______________方法。

30. 软件的______________设计又称为总体结构设计,其主要任务是建立软件系统的总体结构。

31. Jackson结构化程序设计方法是英国的M. Jackson提出的,它是一种面向______________的设计方法。

32. Jackson方法是一种面向______________的结构化方法。

33. 在面向对象方法中,信息隐蔽是通过对象的______________性来实现的。

34. 软件结构是以______________为基础而组成的一种控制层次结构。

35. 对模块独立性度量的两个定性标准是耦合度与内聚度。描述模块间互相连接的紧密程度的是______________。

36. 在程序设计阶段应该采取______________和逐步求精的方法,把一个模块的功能逐步分解,细化为一系列具体的步骤,进而用某种程序设计语言写成程序。

37. 耦合和内聚是评价模块独立性的两个主要标准,其中______________反映了模块内各成分之间的联系。

38. 下面软件系统结构图的宽度为______________。

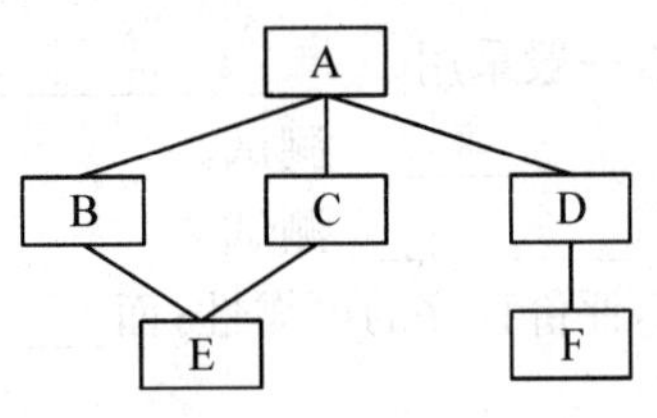

第38题图

39. “软件系统”的系统结构图如下所示：该系统的最大扇出数是________。

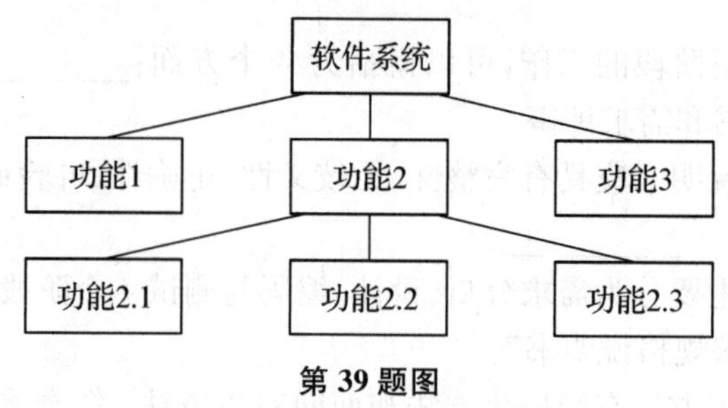

第39题图

40. 若按功能划分，软件测试的方法通常分为白盒测试方法和________测试方法。

41. 为了便于对照检查，测试用例应由输入数据和预期的________两部分组成。

42. 对软件是否能达到用户所期望的要求的测试称为________。

43. 测试用例包括输入值集和________值集。

44. 在进行模块测试时，要为每个被测试的模块另外设计两类模块：驱动模块和承接模块（桩模块）。其中________的作用是将测试数据传送给被测试的模块，并显示被测试模块所产生的结果。

45. 程序测试分为静态测试和动态测试。其中________是指不执行程序，而只是对程序文本进行检查，通过阅读和讨论，分析和发现程序中的错误。

46. 白盒测试与黑盒测试都属于软件的动态测试，其中________是对软件已经实现的功能是否满足需求进行测试和验证。

47. 在两种基本测试方法中，________测试的原则之一是保证所测模块中每一个独立路径至少要执行一次。

48. 常用的黑盒测试有等价分类法、________，因果图法和错误推测法 4 种。

49. 按照软件测试的一般步骤，集成测试应在________测试之后进行。

50. 软件测试可分为白盒测试和黑盒测试。基本路径测试属于________测试。

51. 软件测试分为白箱（盒）测试和黑箱（盒）测试。等价类划分法属于________测试。

52. 对软件设计的最小单位（模块或程序单元）进行的测试通常称为________测试。

53. 单元测试又称模块测试，一般采用________测试。

54. 黑盒测试也称为________测试。

55. 白盒测试又称为________测试。

56. 测试的目的是暴露错误，评价程序的可靠性；而________的目的是发现错误的位置并改正错误。

57. 软件的调试方法主要有：强行排错法、________和原因排除法。

58. 诊断和改正程序中错误的工作通常称为________。

59. 软件________________阶段的任务是诊断和改正程序中的错误。

60. 诊断和改正程序中错误的工作通常称为软件________________。

61. 软件维护活动包括以下几类:改正性维护、适应性维护、________________维护和预防性维护。

第6章

数据库设计基础

6.1 数据库系统的基本概念

1. 数据、数据库、数据管理系统

(1) 数据：实际上就是描述事物的符号记录。

(2) 数据库(Data Base, DB)：长期存储在计算机内的、有组织的、可共享的数据集合。

数据库中的数据按一定的数学模型组织、描述和存储，具有较小的冗余度，较高的数据独立性和易扩展性，并可为各种用户共享。

(3) 数据库管理系统(Data Base Management System, DBMS)：是指位于用户和操作系统之间的数据库管理软件。是一种系统软件，负责数据库中的数据组织、数据操纵、数据维护、控制及保护和数据服务等，是数据库系统的核心。解决如何科学地组织和存储数据，如何高效地获取和维护数据的系统软件(为数据库建立、使用和维护而配置的软件)。

数据库管理系统功能：

(1) 数据模式定义；

(2) 数据存取的物理构建；

(3) 数据操纵；

(4) 数据的完整性、安全性定义与检查；

(5) 数据库的并发控制与故障恢复；

(6) 数据的服务。

数据库技术是指在已有数据管理系统的基础上建立数据库。数据库技术的根本目标是解决数据的共享问题。

在数据库管理系统中提供了数据定义语言、数据操纵语言和数据控制语言。数据定义语言负责数据的模式定义和数据的物理存取构建;数据操纵语言负责数据的操纵,包括查询、增、删、改等操作;数据控制语言负责管理数据库用户,控制数据库的访问权限。

2. 数据库系统的发展

数据库系统:由数据库、数据库管理系统、数据库管理员、硬件平台和软件平台构成。

数据库管理发展至今已经历了三个阶段:人工管理阶段、文件系统阶段和数据库系统阶段,其中数据库系统阶段数据独立性最高。

人工管理阶段:计算机出现的初期,数据库系统主要用于科学计算,没有大容量的存储设备。处理方式只能是批处理,数据不共享,不同程序不能交换数据。文件系统阶段:把有关的数据组织成一种文件,这种数据文件可以脱离程序而独立存在,有一个专门的文件管理系统实施统一管理。但数据文件仍高度依赖于其对应的程序,不能被多个程序通用。数据库系统阶段:对所有的数据实行统一规划管理,形成一个数据中心,构成一个数据仓库,数据库中的数据能够满足所有用户的不同要求,供不同用户共享,数据共享性显著增强。

3. 数据库系统的基本特点

(1) 数据的高集成性(采用统一的数据结构方式);

(2) 数据的高共享性与低冗余性;

(3) 数据独立性;

(4) 数据统一管理与控制(数据的完整性检测、数据的安全性检测、并发控制)。

数据独立性一般分为物理独立性与逻辑独立性两级。

物理独立性:物理独立性是数据的物理结构(包括存储结构,存取方式等)的改变,如存储设备的更换、物理存储的更换、存取方式改变等都不影响数据库的逻辑结构,从而不致引起应用程序的变化。

逻辑独立性:数据库总体逻辑结构的改变,如修改数据模式,增加新的数据类型、改变数据间联系等,不需要相应修改应用程序,这就是数据的逻辑独立性。

4. 数据库系统的内部结构体系

数据库系统的内部结构体系如图 6-1 所示。

(1) 数据库系统的三级模式:

概念模式:处于中层,它反映了设计者的数据全局逻辑要求。数据库系统中全局数据逻辑结构的描述,是全体用户(应用)公共数据视图。

外模式:也称子模式或用户模式,处于最外层,它反映了用户对数据的要求。它是用户的数据视图,也就是用户所见到的数据模式,它由概念模式推导而出。

内模式:又称物理模式,处于最底层,它反映了数据在计算机物理结构中的实际存储形式。内模式的物理性主要体现在操作系统及文件级上,它还未深入到设备级上(如磁盘及磁盘操作)。内模式对一般用户是透明的,但它的设计直接影响数据库的性能。

(2) 数据库系统的两级映射:

概念模式—内模式的映射:实现了概念模式到内模式之间的相互转换。当数据库的存储结构发生变化时,通过修改相应的概念模式—内模式的映射,使得数据库的逻辑模式不变,其外模式不变,应用程序不用修改,从而保证数据具有很高的物理独立性。

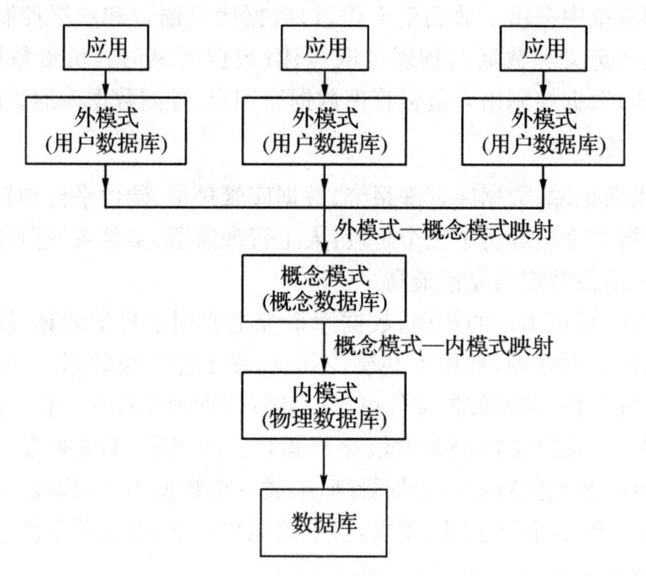

图 6-1 三级模式、两种映射关系图

外模式—概念模式的映射：实现了外模式到概念模式之间的相互转换。当逻辑模式发生变化时，通过修改相应的外模式—逻辑模式映射，使得用户所使用的那部分外模式不变，从而应用程序不必修改，保证数据具有较高的逻辑独立性。

6.2 数据模型

1. 概念模型

它是按用户的观点来对数据和信息建模，主要用于数据库设计。

数据模型：是现实世界数据特征的抽象。在数据库中用数据模型这个工具来抽象、表示和处理现实世界中的数据和信息。通俗地讲数据模型就是现实世界的模拟。根据数据建立联系方式，主要包括网状模型、层次模型、关系模型，它是按计算机系统对数据建模，主要用于 DBMS 的实现。层次模型主要用树形结构来表示。

2. 实体联系模型及 E-R 图

E-R 模型的图示法如图 6－2 所示。

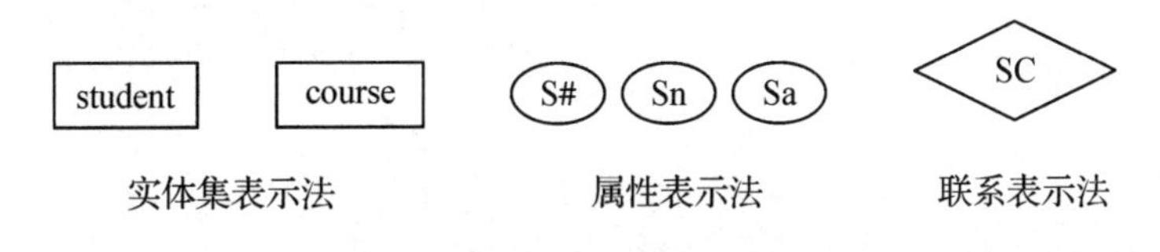

图 6－2　实体联系模型及 E-R 图

(1) 实体集：用矩形表示。

(2) 属性：用椭圆形表示。

(3) 联系：用菱形表示。

一对一(1∶1)

一对多(1∶M 或 M∶1)

多对多(M∶N)

(4) 实体集与属性间的连接关系：用无向线段表示。

(5) 实体集与联系间的连接关系：用无向线段表示。

关键字，也称主键或码，是在关系中用于唯一标志记录的字段或字段集合。

3. 数据模型的分类

数据库管理系统常见的数据模型有层次模型、网状模型和关系模型 3 种。

关系模型：用来表示实体之间联系，采用二维表来表示，简称表。在关系数据库中，把数据表示成二维表，每个二维表称为关系。关系表里列就是属性、字段，行就是元组、记录，一个元组又由许多个分量组成，每个元组分量是表框架中每个属性的投影值。(分量不可再分割)。

二维表的性质：① 元素个数有限性；② 元组的唯一性；③ 元组的次序无关性；④ 元组分量的原子性；⑤ 属性名唯一性；⑥ 属性的次序无关性；⑦ 分量值域的同一性。

关系中的数据约束：

(1) 实体完整性约束:针对现实世界的一个实体集,而现实世界中的实体是可区分的。该规则的目的是利用关系模式中的主键来区分现实世界中的实体集中的实体,不能取空,并且在表中不能出现主码值完全相同的两个记录。

(2) 参照完整性约束:约定两个关系之间的联系,理论上规定:若 M 是关系 S 中的一属性组,且 M 是另一关系 Z 的主关键字,则称 M 为关系 S 对应关系 Z 的外关键字。若 M 是关系 S 的外关键字,则 S 中每一个元组在 M 上的值必须是空值或者是对应关系 Z 中某个元组的主关键字值。

(3) 用户定义的完整性约束:不同的关系数据库系统根据其应用环境的不同,往往还需要一些特殊的约束条件。用户自定义的完整性就是针对某一具体关系数据库的约束条件。它反映某一具体应用所涉及的数据必须满足的语义要求。

6.3 关系代数

1. 关系的数据结构

关系是由若干个不同的元组所组成，因此关系可视为元组的集合。n 元关系是一个 n 元有序组的集合。

2. 关系操纵

关系模型的数据操作即是建立在关系上的数据操作，一般有查询、增加、删除和修改 4 种操作。

3. 集合运算及选择、投影、连接运算

(1) 并(∪)：关系 R 和 S 具有相同的关系模式，R 和 S 的并是由属于 R 或属于 S 的元组构成的集合。

(2) 差(—)：关系 R 和 S 具有相同的关系模式，R 和 S 的差是由属于 R 但不属于 S 的元组构成的集合。

(3) 交(∩)：关系 R 和 S 具有相同的关系模式，R 和 S 的交是由属于 R 且属于 S 的元组构成的集合。

(4) 广义笛卡尔积(×)：设关系 R 和 S 的属性个数分别为 n，m，则 R 和 S 的广义笛卡尔积是一个有$(n+m)$列的元组的集合。每个元组的前 n 列来自 R 的一个元组，后 m 列来自 S 的一个元组，记为 R×S。

(5) 除运算(/)：笛卡尔积的逆运算。设被除关系 R 为 m 元关系，除关系 S 为 n 元关系，那么商为 $m-n$ 元关系，记为 R/S。其运算原则为：将被除关系 R 中的 $m-n$ 列，按其值分成若干组，检查每一组的 n 列值的集合是否包含除关系 S，若包含则取 $m-n$ 列值作为商的一个元组，否则不取。

(6) 在关系型数据库管理系统中，基本的关系运算有选择、投影与连接 3 种操作。

选择：选择指的是从二维关系表的全部记录中，把那些符合指定条件的记录挑出来，是一种横向操作。

投影：投影是从所有字段中选取一部分字段及其值进行操作，它是一种纵向操作。

连接：将两个关系模式拼接成一个更宽的关系模式，生成的新关系中包含满足连接条件的元组。

自然连接：是一种特殊的等值连接，它要求两个关系中进行比较的分量是相同的属性组，并且在结果中把重复的属性列去掉。

6.4　数据库设计方法和步骤

数据库设计阶段包括需求设计、概念分析、逻辑设计、物理设计。数据库设计的每个阶段都有各自的任务。

(1) 需求分析阶段:这是数据库设计的第一个阶段,任务主要是收集和分析数据,这一阶段收集到的基础数据和数据流图是下一步设计概念结构的基础(建立数据字典)。

(2) 概念设计阶段:分析数据间内在语义关联,在此基础上建立一个数据的抽象模型,即形成 E-R 图。

(3) 逻辑设计阶段:概念数据模型必须转换为逻辑数据模型才能在数据库中实现。E-R 图用来描述概念模型,层次、网状、关系模型都是逻辑模型。将 E-R 图转换成指定 RDBMS 中的关系模式。转换规则为:实体和联系都可以表示为关系,属性转换成关系的属性,实体集也可以转换成关系。

(4) 物理设计阶段:对数据库内部物理结构作调整并选择合理的存取路径,以提高数据库访问速度及有效利用存储空间。

章节测试

一、选择题

1. 在数据管理技术的发展过程中,经历了人工管理阶段、文件系统阶段和数据库系统阶段。在这几个阶段中,数据独立性最高的是(　　)阶段。

A. 数据库系统　　B. 文件系统

C. 人工管理　　D. 数据项管理

2. 数据库系统与文件系统的主要区别是(　　)。

A. 数据库系统复杂,而文件系统简单

B. 文件系统不能解决数据冗余和数据独立性问题,而数据库系统可以解决

C. 文件系统只能管理程序文件,而数据库系统能够管理各种类型的文件

D. 文件系统管理的数据量较少,而数据库系统可以管理庞大的数据量

3. 数据库的概念模型独立于(　　)。

A. 具体的机器和 DBMS　　B. E-R 图

C. 信息世界　　D. 现实世界

4. 数据库是在计算机系统中按照一定的数据模型组织、存储和应用的(　　),支持数据库各种操作的软件系统叫(　　),由计算机、操作系统、DBMS、数据库、应用程序及用户等组成的一个整体叫做(　　)。

A. 文件的集合　命令系统　文件系统
B. 数据的集合　数据库管理系统　数据库系统
C. 命令的集合　数据库系统　软件系统
D. 程序的集合　操作系统　数据库管理系

5. 数据库的基本特点是(　　)。
A. 数据可以共享、数据独立性、数据冗余大,易移植、统一管理和控制
B. 数据可以共享、数据独立性、数据冗余小,易扩充、统一管理和控制
C. 数据可以共享、数据互换性、数据冗余小,易扩充、统一管理和控制
D. 数据非结构化、数据独立性、数据冗余小,易扩充、统一管理和控制

6. 数据库具有(　　)、最小的(　　)和较高的(　　)。
A. 程序结构化　冗余度　程序与数据可靠性
B. 数据结构化　存储量　程序与数据完整性
C. 程序标准化　完整性　程序与数据独立性
D. 数据模块化　有效性　程序与数据一致性

7. 在数据库中,下列哪个说法是不正确的(　　)。
A. 数据库避免了一切数据的重复
B. 若系统是完全可以控制的,则系统可确保更新时的一致性
C. 数据库中的数据可以共享
D. 数据库减少了数据冗余

8. (　　)是存储在计算机内有结构的数据的集合。
A. 数据库系统　　B. 数据库
C. 数据库管理系统　　D. 数据结构

9. 在数据库中存储的是(　　)。
A. 数据　　B. 数据模型
C. 数据以及数据之间的联系　　D. 信息

10. 数据库中,数据的物理独立性是指(　　)。
A. 数据库与数据库管理系统的相互独立
B. 用户程序与 DBMS 的相互独立
C. 用户的应用程序与存储在磁盘上数据库中的数据是相互独立的
D. 应用程序与数据库中的数据的逻辑结构相互独立

11. 数据库的特点之一是数据的共享,严格地讲,这里的数据共享是指(　　)。
A. 同一个应用中的多个程序共享一个数据集合
B. 多个用户、同一种语言共享数据
C. 多个用户共享一个数据文件
D. 多种应用、多种语言、多个用户相互覆盖地使用数据集合

12. 数据库系统的核心是(　　)。
A. 数据库　　B. 数据库管理系统
C. 数据模型　　D. 软件工具

13. 下述关于数据库系统的正确叙述是(　　)。

A. 数据库系统减少了数据冗余

B. 数据库系统避免了一切冗余

C. 数据库系统中数据的一致性是指数据类型一致

D. 数据库系统比文件系统能管理更多的数据

14. 下述关于数据库系统的正确叙述是(　　)。

A. 数据库中只存在数据项之间的联系

B. 数据库的数据项之间和记录之间都存在联系

C. 数据库的数据项之间无联系,记录之间存在联系

D. 数据库的数据项之间和记录之间都不存在联系

15. 相对于其他数据管理技术,数据库系统有(　　)、减少数据冗余、保持数据的一致性、(　　)和(　　)的特点。

A. 数据独立性　　数据结构化　　使用专用文件

B. 数据模块化　　数据无独立性　　不使用专用文件

C. 数据结构化　　数据统一管理　　数据没有安全与完整性保障

D. 数据共享　　数据有独立性　　数据有安全与完整性保障

16. 数据库技术中采用分级方法将数据库的结构划分成多个层次,是为了提高数据库的(　　)和(　　)。

A. 数据独立性　　数据独立性

B. 逻辑独立性　　物理独立性

C. 管理规范性　　逻辑独立性

D. 数据的共享　　管理规范性

17. 在数据库技术中,为提高数据库的逻辑独立性和物理独立性,数据库的结构被划分成用户级、(　　)和存储级 3 个层次。

A. 管理员级　　B. 外部级

C. 概念级　　D. 内部级

18. 数据库是在计算机系统中按照一定的数据模型组织、存储和应用的(　　),支持数据库各种操作的软件系统叫做(　　),由计算机、操作系统、DBMS、数据库、应用程序及用户组成的一个整体叫做(　　)。

A. 文件的集合　　命令系统　　数据库系统

B. 数据的集合　　数据库管理系统　　数据库系统

C. 命令的集合　　操作系统　　文件系统

D. 程序的集合　　数据库管理系统　　软件系统

19. 数据库(DB)、数据库系统(DBS)和数据库管理系统(DBMS)三者之间的关系是(　　)。

A. DBS 包括 DB 和 DBMS

B. DBMS 包括 DB 和 DBS

C. DB 包括 DBS 和 DBMS

D. DBS 就是 DB,也就是 DBMS

20.(　　)可以减少相同数据重复存储的现象。

A. 记录　　B. 字段

C. 文件　　D. 数据库

21. 在数据库中,产生数据不一致的根本原因是(　　)。

A. 数据存储量大　　B. 没有严格保护数据

C. 未对数据进行完整性控制　　D. 数据冗余

22. 数据库管理系统(DBMS)是(　　)。

A. 一个完整的数据库应用系统　　B. 应用软件

C. 一组软件　　D. 既有硬件也有软件

23. 数据库管理系统(DBMS)是(　　)。

A. 数学软件　　B. 应用软件

C. 计算机辅助设计　　D. 系统软件

24. 数据库管理系统(DBMS)的主要功能是(　　)。

A. 个性数据库　　B. 定义数据库

C. 应用数据库　　D. 保护数据库

25. 数据库管理系统的工作不包括(　　)。

A. 定义数据库　　B. 对已定义的数据库进行管理

C. 为定义的数据库提供操作系统　　D. 数据通信

26. 数据库管理系统中用于定义和描述数据库逻辑结构的语言称为(　　)。

A. 数据库模式描述语言　　B. 数据库子语言

C 数据操纵语言　　D. 数据结构语言

27.(　　)是存储在计算机内的有结构的数据集合。

A. 网络系统　　B. 数据库系统

C. 操作系统　　D. 数据库

28. 数据库系统的核心是(　　)。

A. 编译系统　　B. 数据库

C. 操作系统　　D. 数据库管理系统

29. 数据库系统的特点是(　　)、数据独立、减少数据冗余、避免数据不一致和加强了数据保护。

A. 数据共享　　B. 数据存储

C. 数据应用　　D. 数据保密

30. 数据库系统的最大特点是(　　)。

A. 数据的三级抽象和二级独立性　　B. 数据共享性

C. 数据的结构化　　D. 数据独立性

31. 数据库系统是由(　　)组成；而数据库应用系统是由(　　)组成。

A. 数据库管理系统、应用程序系统、数据库

B. 数据库管理系统、数据库管理员、数据库

C. 数据库系统、应用程序系统、用户

D. 数据库管理系统、数据库、用户

32. 数据的管理方法主要有(　　)。

A. 批处理和文件系统　　B. 文件系统和分布式系统

C. 分布式系统和批处理　　D. 数据库系统和文件系统

33. 数据库管理系统能实现对数据库中数据的查询、插入、修改和删除等操作,这种功能称为(　　)。

A. 数据定义功能　　B. 数据管理功能

C. 数据操纵功能　　D. 数据控制功能

34. 数据库管理系统是(　　)。

A. 操作系统的一部分　　B. 在操作系统支持下的系统软件

C. 一种编译程序　　D. 一种操作系统

35. 在数据库的三级模式结构中,描述数据库中全体数据的全局逻辑结构和特征的是(　　)。

A. 外模式　　B. 内模式

C. 存储模式　　D. 模式

36. 数据库系统的数据独立性是指(　　)。

A. 不会因为数据的变化而影响应用程序

B. 不会因为系统数据存储结构与数据逻辑结构的变化而影响应用程序

C. 不会因为存储策略的变化而影响存储结构

D. 不会因为某些存储结构的变化而影响其他的存储结构

37. 为使程序员编程时既可使用数据库语言又可使用常规的程序设计语言,数据库系统需要把数据库语言嵌入(　　)。

A. 编译程序　　B. 操作系统

C. 中间语言　　D. 宿主语言

38. 在数据库系统中,通常用三级模式来描述数据库,其中(　　)是用户与数据库的接口,是应用程序可见到的数据描述。

A. 外模式　　B. 概念模式

C. 内模式　　D. 逻辑结构

39. 应用数据库的主要目的是(　　)。

A. 解决保密问题　　B. 解决数据完整性问题

C. 共享数据问题　　D. 解决数据量大的问题

40. 实体是信息世界中的术语,与之对应的数据库术语为(　　)。

A. 文件　　B. 数据库

C. 字段　　D. 记录

41. 层次型、网状型和关系型数据库划分原则是(　　)。

A. 记录长度　　B. 文件的大小

C. 联系的复杂程度　　D. 数据之间的联系

42. 按照传统的数据模型分类,数据库系统可以分为哪三种类型(　　)。

A. 大型、中型和小型　　B. 西文、中文和兼容

C. 层次、网状和关系　　D. 数据、图形和多媒体

43. 数据库的网状模型应满足的条件是(　　)。

A. 允许一个以上的无双亲,也允许一个结点有多个双亲

B. 必须有两个以上的结点

C. 有且仅有一个结点无双亲,其余结点都只有一个双亲

D. 每个结点有且仅有一个双亲

44. 在数据库的非关系模型中,基本层次联系是(　　)。

A. 两个记录型以及它们之间的多对多联系

B. 两个记录型以及它们之间的一对多联系

C. 两个记录型之间的多对多的联系

D. 两个记录之间的一对多的联系

45. 数据模型用来表示实体间的联系,但不同的数据为管理系统支持不同的数据模型。在常用的模型中,不包括(　　)。

A. 网状模型　　B. 链状模型

C. 层次模型　　D. 关系模型

46. 数据库可按照数据分成下面三种。

(1) 对于上层的一个记录,有多个下层记录与之对应,对于下层的一个记录,只有一个上层记录与之对应,这是(　　)数据库。

(2) 对于上层的一个记录,有多个下层记录与之对应,对于下层的一个记录,也有多个上层记录与之对应,这是(　　)数据库。

(3) 不预先定义固定的数据结构,而是以"表"结构来表达数据之间的相互关系,这是(　　)数据库。

A. 关系型　　关系型　　关系型

B. 集中型　　集中型　　集中型

C. 网状型　　网状型　　网状型

D. 层次型　　网状型　　关系型

47. 一个数据库系统必须能够表示实体和关系,关系可与(　　)实体有关。实体与实体之间的关系有一对一、一对多、多对多三种,其中(　　)不能描述多对多的联系。

A. 0个　　关系模型

B. 1个或1个以上　　层次模型

C. 2个或2个以上　　网状模型

D. 1个　　网状模型和层次模型

48. 按所使用的数据模型来分,数据库可分为(　　)三种模型。

A. 层次、关系和网状　　B. 网状、环状和链状

C. 大型、中型和小型　　D. 独享、共享和分时

49. 通过指针链接来表示和实现实体之间联系的模型是(　　)。

A. 关系模型　　B. 层次模型

C. 网状模型　　D. 层次和网状模型

50. 层次模型不能直接表示(　　)。

A. 1∶1关系户　　B. 1∶M 关系

C. $M:N$ 关系　　D. 1∶1 和 1∶M 关系

51. 关系数据模型(　　)。

A. 只能表示实体间的 1∶1 联系　　B. 只能表示实体间的 1∶N 联系

C. 只能表示实体间的 $M:N$ 联系　　D. 可以表示实体间的上述三种联系

52. 在数据库设计中用关系模型来表示实体和实体之间的联系。关系模型的结构是(　　)。

A. 层次结构　　B. 二维表结构

C. 网状结构　　D. 封装结构

53. 子模式是(　　)。

A. 模式的副本　　B. 模式的逻辑子集

C. 多个模式的集合　　D. 以上三者都对

54. 数据库三级模式体系结构的划分，有利于保持数据库的(　　)。

A. 数据独立性　　B. 数据安全性

C. 结构规范化　　D. 操作可行性

55. 数据库技术的奠基人之一 E. F. Codd 从 1970 年起发表过多篇论文，主要论述的是(　　)。

A. 层次数据模型　　B. 网状数据模型

C. 关系数据模型　　D. 面向对象数据模型

56. 在 E-R 图中，用来表示实体联系的图形是(　　)。

A. 椭圆形　　B. 矩形

C. 菱形　　D. 三角形

57. 数据库应用系统中的核心问题是(　　)。

A. 数据库设计　　B. 数据库系统设计

C. 数据库维护　　D. 数据库管理员培训

58. 在数据库设计中，将 E-R 图转换成关系数据模型的过程属于(　　)。

A. 需求分析阶段　　B. 概念设计阶段

C. 逻辑设计阶段　　D. 物理设计阶段

59. 下列叙述中正确的是(　　)。

A. 为了建立一个关系，首先要构造数据的逻辑关系

B. 表示关系的二维表中各元组的每一个分量还可以分成若干数据项

C. 一个关系的属性名表称为关系模式

D. 一个关系可以包括多个二维表

60. 下列叙述中错误的是(　　)。

A. 在数据库系统中指的物理结构必须与逻辑结构一致

B. 数据库技术的根本目标是解决数据共享问题

C. 数据库技术是指已有数据管理系统的基础上建立数据库

D. 数据库系统需要操作系统的支持

61. 下列模式中，能够给出数据库物理存储结构与物理存取方法的是(　　)。

A. 内模式　　B. 外模式

C. 概念模式　　D. 逻辑模式

62. 数据流图用于抽象描述一个软件的逻辑模型，数据流图由一些特定的图符构成。下列图符名标志的图符不属于数据流图合法图符的是(　　)。

A. 控制流　　　　B. 加工

C. 数据存储　　　　D. 源和潭

63. 关系表中的每一横行称为一个(　　)。

A. 元组　　　　B. 字段

C. 属性　　　　D. 码

64. 数据库设计包括两个方面的设计内容，它们是(　　)。

A. 概念设计和逻辑设计　　　　B. 模式设计和内模式设计

C. 内模式设计和物理设计　　　　D. 结构特性设计和行为特性设计

65. 程序流程图(PFD)中的箭头代表的是(　　)。

A. 数据流　　　　B. 控制流

C. 调用关系　　　　D. 组成关系

66. 用树形结构来表示实体之间联系的模型称为(　　)。

A. 关系模型　　　　B. 层次模型

C. 网状模型　　　　D. 数据模型

67. 关系数据库管理系统能实现的专门关系运算包括(　　)。

A. 排序、索引、统计　　　　B. 选择、投影、连接

C. 关联、更新、排序　　　　D. 显示、打印、制表

68. 索引属于(　　)。

A. 模式　　　　B. 内模式

C. 外模式　　　　D. 概念模式

69. 在关系数据库中，用来表示实体之间联系的是(　　)。

A. 树结构　　　　B. 网结构

C. 线性表　　　　D. 二维表

70. 将 E-R 图转换到关系模式时，实体与联系都可以表示成(　　)。

A. 属性　　　　B. 关系

C. 键　　　　D. 域

71. 按条件 f 对关系 R 进行选择，其关系代数表达式为(　　)。

A. R|X|R　　　　B. R|X|R

C. of(R)　　　　D. Ⅱf(R)

72. 数据库概念设计的过程中，视图设计一般有三种设计次序，以下各项中不对的是(　　)。

A. 自顶向下　　　　B. 由底向上

C. 由内向外　　　　D. 由整体到局部

73. 在数据流图(DFD)中，带有名字的箭头表示(　　)。

A. 控制程序的执行顺序　　　　B. 模块之间的调用关系

C. 数据的流向　　　　D. 程序的组成成分

74. SQI 语言又称为(　　)。

A. 结构化定义语言　　B. 结构化控制语言

C 结构化查询语言　　D. 结构化操纵语言

75. 视图设计一般有三种设计次序，下列不属于视图设计的是(　　)。

A. 自顶向下　　B. 由外向内

C. 由内向外　　D. 自底向上

76. 下列有关数据库的描述，正确的是(　　)。

A. 数据库是一个 DBF 文件　　B. 数据库是一个关系

C. 数据库是一个结构化的数据集合　　D. 数据库是一组文件

77. 单个用户使用的数据视图的描述称为(　　)。

A. 外模式　　B. 概念模式

C. 内模式　　D. 存储模式

78. 分布式数据库系统不具有的特点是(　　)。

A. 分布式　　B. 数据冗余

C. 数据分布性和逻辑整体性　　D. 位置透明性和复制透明性

79. 下列说法中，不属于数据模型所描述的内容的是(　　)。

A. 数据结构　　B. 数据操作

C. 数据查询　　D. 数据约束

80. 数据库设计的根本目标是要解决(　　)。

A. 数据共享问题　　B. 数据安全问题

C. 大量数据存储问题　　D. 简化数据维护

81. 设有如下关系表：

R

A	B	C
1	1	2
2	2	3

S

A	B	C
3	1	3

T

A	B	C
1	1	2
2	2	3
3	1	3

第 81 题图

则下列操作中正确的是(　　)。

A. T = R⋂S　　B. T = R⋃S

C. T = R×S　　D. T = R/S

82. 数据库设计的四个阶段是：需求分析、概念设计、逻辑设计和(　　)。

A. 编码设计　　B. 测试阶段

C. 运行阶段　　D. 物理设计

83. 设有如下三个关系表，下列操作中正确的是(　　)。

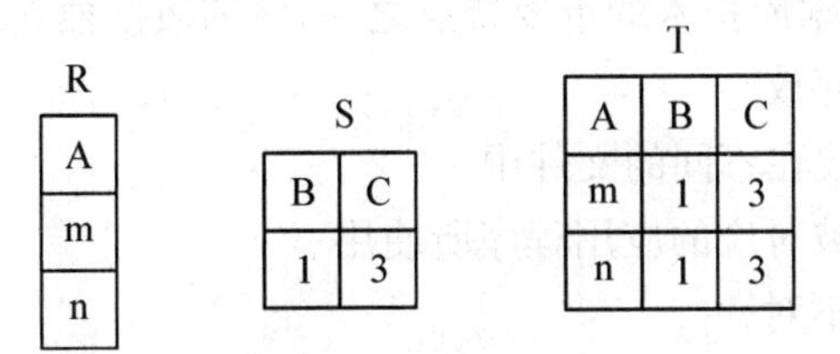

第 83 题图

A. T=R∩S　　B. T=R∪S

C. T=R×S　　D. T=R/S

84. 下列叙述中正确的是(　　)。

A. 数据库系统是一个独立的系统,不需要操作系统的支持

B. 数据库技术的根本目标是要解决数据的共享问题

C. 数据库管理系统就是数据库系统

D. 以上 3 种说法都不对

85. 有三个关系 R,S 和 T 如下:

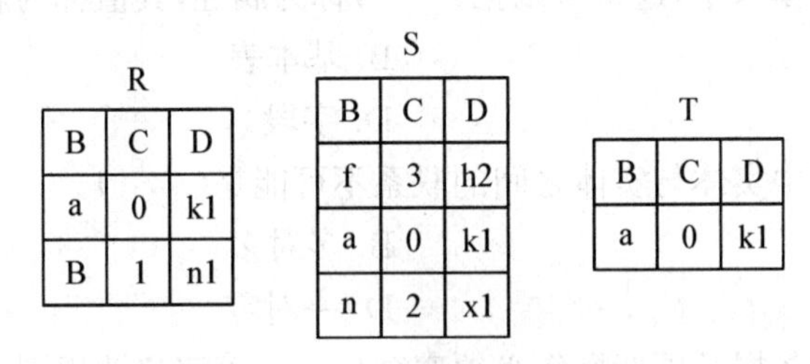

第 85 题图

由关系 R 和 S 通过运算得到关系 T,则所使用的运算为(　　)。

A. 并　　B. 自然连接

C. 笛卡尔积　　D. 交

86. 设有表示学生选课的 3 张表,学生 S(学号,姓名,性别,年龄,身份证号),课程(课号,课名),选课 SC(学号,课号,成绩),则表 SC 的关键字(键或码)为(　　)。

A. 课号,成绩　　B. 学号,成绩

C. 学号,课号　　D. 学号,姓名,成绩

87. 一间宿舍可住多个学生,则实体宿舍和学生之间的联系是(　　)。

A. 一对一　　B. 一对多

C. 多对一　　D. 多对多

88. 数据管理技术发展的三个阶段中,数据共享效果最好的是(　　)。

A. 人工管理阶段　　B. 文件系统阶段

C. 数据库系统阶段　　D. 三个阶段相同

89. 数据处理的最小单位是(　　)。

A. 数据　　B. 数据元素

C. 数据项　　D. 数据结构

90. 数据独立性是数据库技术的重要特点之一，所谓数据独立性是指（　　）。

A. 数据与程序独立存放

B. 不同的数据被存放在不同的文件中

C. 不同的数据只能被对应的应用程序所使用

D. 以上三种说法都不对

91. 数据库的故障恢复一般是由（　　）。

A. 数据流图完成的　　B. 数据字典完成的

C. DBA 完成的　　D. PAD 图完成的

92. 实体是信息世界中广泛使用的一个术语，它用于表示（　　）。

A. 有生命的事物　　B. 无生命的事物

C 实际存在的事物　　D. 一切事物

93. “商品”与“顾客”两个实体集之间的联系一般是（　　）。

A. 一对一　　B. 一对多

C. 多对一　　D. 多对多

94. 在关系数据库模型中，通常可以把（　　）称为属性，其值称为属性值。

A. 记录　　B. 基本表

C. 模式　　D. 字段

95. 实体联系模型中实体与实体之间的联系不可能是（　　）。

A. 一对一　　B. 多对多

C. 一对多　　D. 一对零

96. 关系数据库的数据及更新操作必须遵循（　　）等完整性规则。

A. 实体完整性和参照完整性

B. 参照完整性和用户定义的完整性

C. 实体完整性和用户定义的完整性

D. 实体完整性、参照完整性和用户定义的完整性

97. 在数据库管理系统提供的数据语言中，负责数据的查询及增、删、改等操作的是（　　）。

A. 数据定义语言　　B. 数据转换语言

C. 数据操纵语言　　D. 数据控制语言

98. 在下列关系运算中，不改变关系表中的属性个数但能减少元组个数的是（　　）。

A. 并　　B. 交

C 投影　　D. 笛卡儿乘积

99. 数据流图中带有箭头的线段表示的是（　　）。

A. 控制流　　B. 事件驱动

C. 模块调用　　D. 数据流

100. 数据库管理系统中负责数据模式定义的语言是（　　）。

A. 数据定义语言　　B. 数据管理语言

C. 数据操纵语言　　D. 数据控制语言

101. 在学生管理的关系数据库中，存取一个学生信息的数据单位是(　　)。

A. 文件　　B. 数据库

C. 字段　　D. 记录

102. 数据库设计中，用 E-R 图来描述信息结构但不涉及信息在计算机中的表示，它属于数据库设计的(　　)。

A. 需求分析阶段　　B. 逻辑设计阶段

C. 概念设计阶段　　D. 物理设计阶段

103. 一个工作人员可以使用多台计算机，而一台计算机可被多个人使用，则实体工作人员与实体计算机之间的联系是(　　)。

A. 一对一　　B. 一对多

C. 多对多　　D. 多对一

104. 数据库设计中反映用户对数据要求的模式是(　　)。

A. 内模式　　B. 概念模式

C. 外模式　　D. 设计模式

105. 负责数据库中查询操作的数据库语言是(　　)。

A. 数据定义语言　　B. 数据管理语言

C. 数据操纵语言　　D. 数据控制语言

106. 一个教师可讲授多门课程，一门课程可由多个教师讲授，则实体教师和课程间的联系是(　　)。

A. 1∶1 联系　　B. 1∶m 联系

C. m∶1 联系　　D. m∶n 联系

107. 数据库系统的三级模式不包括(　　)。

A. 概念模式　　B. 内模式

C. 外模式　　D. 数据模式

108. 公司中有多个部门和多名职员，每个职员只能属于一个部门，一个部门可以有多名职员。则实体部门和职员间的联系是(　　)。

A. m∶1 联系　　B. 1∶m 联系

C. 1∶1 联系　　D. m∶n 联系

二、填空题

1. 关系操作的特点是__________操作。

2. 一个关系模式的定义格式为__________。

3. 一个关系模式的定义主要包括__________。

4. 关系数据库中可命名的最小数据单位是__________。

5. 关系模式是关系的__________，相当于__________。

6. 在一个实体表示的信息中，称__________为关键字。

7. 关系代数运算中，传统的集合运算有__________、__________、__________和__________。

8. 关系代数运算中，基本的运算是__________、__________、__________、__________和__________。

9. 关系代数运算中，专门的关系运算有＿＿＿＿＿＿。

10. 关系数据库中基于数学上两类运算是＿＿＿＿＿＿和＿＿＿＿＿＿。

11. 传统的集合“并、交、差”运算施加于两个关系时，这两个关系的＿＿＿＿＿＿必须相等，＿＿＿＿＿＿必须取自同一个域。

12. 关系代数中，从两个关系中找出相同元组的运算称为＿＿＿＿＿＿运算。

13. 已知系（系编号，系名称，系主任，电话，地点）和学生（学号，姓名，性别，入学日期，专业，系编号）两个关系，系关系的主关键字是＿＿＿＿＿＿。系关系的外关键字是＿＿＿＿＿＿，学生关系的主关键字是＿＿＿＿＿＿，外关键字是＿＿＿＿＿＿。

14. 如果一个工人可管理多个设施，而一个设施只被一个工人管理，则实体“工人”与实体“设备”之间存在＿＿＿＿＿＿联系。

15. 关系数据库管理系统能实现的专门关系运算包括选择、连接和＿＿＿＿＿＿。

16. 数据库系统的三级模式分别为＿＿＿＿＿＿模式，内部级模式与外部级模式。

17. ＿＿＿＿＿＿是数据库应用的核心。

18. 关系模型的完整性规则是对关系的某种约束条件，包括实体完整性、＿＿＿＿＿＿和自定义完整性。

19. 数据模型按不同的应用层次分为三种类型，它们是＿＿＿＿＿＿数据模型、逻辑数据模型和物理数据模型。

20. 在面向对象的方法中，信息隐蔽是通过对象的＿＿＿＿＿＿来实现的。

21. 数据流的类型有＿＿＿＿＿＿和事务型。

22. 数据库系统中实现各种数据管理功能的核心软件称为＿＿＿＿＿＿。

23. 关系模型的数据操纵即是建立在关系上的数据操纵，一般有＿＿＿＿＿＿、增加、删除和修改四种操作。

24. 数据库设计分为以下六个设计阶段：需求分析阶段、＿＿＿＿＿＿、逻辑设计阶段、物理设计阶段、实施阶段、运行和维护阶段。

25. 数据库保护分为安全性控制、＿＿＿＿＿＿、并发性控制和数据的恢复。

26. 数据库管理系统常见的数据模型有层次模型、网状模型和＿＿＿＿＿＿三种。

27. 数据模型所描述的内容有三个部分，它们是＿＿＿＿＿＿、＿＿＿＿＿＿与＿＿＿＿＿＿。

28. 在关系数据库中，把数据表示成二维表，每一个二维表称为＿＿＿＿＿＿。

29. 数据管理技术发展过程经过人工管理、文件系统和数据库系统三个阶段，其中数据独立性最高的阶段是＿＿＿＿＿＿。

30. 一个关系表的行称为＿＿＿＿＿＿。

31. 在 E-R 图中，矩形表示＿＿＿＿＿＿。

32. 数据独立性分为逻辑独立性与物理独立性。当数据的存储结构改变时，其逻辑结构可以不变，因此，基于逻辑结构的应用程序不必修改，称为＿＿＿＿＿＿。

33. 实体之间的联系可以归结为一对一联系、一对多(或多对多)的联系与多对多联系。如果一个学校有许多教师,而一个教师只归属于一个学校,则实体集学校与实体集教师之间的联系属于________的联系。

34. 关键字 ASC 和 DESC 分别表示________。

35. 关系数据库的关系演算语言是以________为基础的 DML 语言。

36. ________是数据库设计的核心。

37. 在关系模型中,把数据看成一个二维表,每一个二维表称为一个________。

38. 关系操作的特点是________操作。

39. 数据库恢复是将数据库从________状态恢复到某一已知的正确状态。

40. 数据的基本单位是________。

41. 在数据库理论中,数据物理结构的改变,如存储设备的更换、物理存储的更换、存取方式等都不影响数据库的逻辑结构,从而不引起应用程序的变化,称为________。

42. 数据的逻辑结构在计算机存储空间中的存放形式称为数据的________。

43. 数据模型按不同的应用层次分为三种类型,它们是________、数据模型、逻辑数据模型和物理数据模型。

44. 数据库管理系统是位于用户与________之间的软件系统。

45. 数据库设计包括概念设计、________和物理设计。

46. 在二维表中,元组的________不能再分成更小的数据项。

47. 在关系数据库中,用来表示实体之间联系的是________。

48. 在数据库管理系统提供的数据定义语言数据操纵语言和数据控制语言中,________负责数据的模式定义与数据的物理存取构建。

49. 在数据库技术中,实体集之间的联系可以是一对一或一对多或多对多的,那么“学生”和“可选课程”的联系是________。

50. 人员基本信息一般包括:身份证号,姓名,性别,年龄等。其中可以作为主关键字的是________。

51. 实体完整性约束要求关系数据库中元组的________属性值不能为空。

52. 在关系 A(S,SN,D)和关系 B(D,CN,NM)中,A 的主关键字是 S,B 的主关键字是 D,则称________是关系 A 的外码。

53. 在进行关系数据的逻辑设计时,E-R 图中的属性常被转换为关系中的属性,联系通常被转换为________。

参考答案

第1章　章节测试

选择题

1. B　2. D　3. D　4. D　5. D　6. A　7. C　8. B　9. C　10. A　11. C　12. C　13. B　14. C　15. A　16. C　17. C　18. C　19. A　20. D　21. A　22. B　23. D　24. B　25. A　26. D　27. B　28. A　29. A　30. D　31. C　32. A　33. A　34. B　35. A　36. C　37. A　38. C　39. A　40. A　41. B　42. D　43. A　44. B　45. C　46. C　47. D　48. C　49. B　50. C　51. A　52. D　53. C　54. B　55. C　56. C　57. A　58. B　59. A　60. C　61. C　62. B　63. D　64. D　65. B　66. D　67. D　68. C　69. C　70. B　71. C　72. C　73. D　74. D　75. B　76. B　77. C　78. A　79. D　80. C　81. D　82. B　83. C　84. C　85. A　86. D　87. B　88. A　89. C　90. D

第2章　章节测试

选择题

1. C　2. A　3. C　4. D　5. B　6. A　7. C　8. D　9. C　10. C　11. A　12. C　13. A　14. A　15. D　16. D　17. A　18. C　19. B　20. B　21. B　22. D　23. D　24. B　25. A　26. A　27. A　28. D　29. A　30. A　31. A　32. A　33. A　34. A　35. A　36. D　37. C　38. B　39. B　40. C　41. A　42. B　43. A　44. C　45. D　46. C　47. A　48. C　49. B　50. C　51. A　52. B　53. A　54. B　55. D　56. A　57. C　58. B　59. D　60. B　61. B　62. B　63. B　64. B　65. A　66. C　67. C　68. B　69. A　70. B　71. C　72. A　73. A　74. D　75. B　76. B　77. A　78. C　79. B　80. A　81. C　82. B　83. D　84. A　85. C　86. A　87. B　88. B　89. A　90. A　91. D　92. B　93. C　94. C　95. C　96. D　97. B　98. A　99. D　100. B

第3章　章节测试

选择题

1. B　2. C　3. A　4. A　5. D　6. B　7. A　8. A　9. B　10. A　11. A　12. A　13. A　14. C　15. B　16. A　17. C　18. C　19. A　20. A　21. A　22. D　23. C　24. B　25. B　26. D　27. D　28. A　29. C　30. C　31. B　32. B　33. A　34. C　35. A　36. C　37. D

38. B 39. C 40. C 41. B 42. C 43. C 44. B 45. A 46. A

第4章 章节测试

一、选择题

1. D 2. C 3. A 4. C 5. D 6. D 7. D 8. B 9. C 10. D 11. C 12. A 13. C 14. C 15. B 16. D 17. D 18. C 19. D 20. A 21. C 22. A 23. D 24. D 25. D 26. B 27. A 28. B 29. C 30. A 31. D 32. C 33. A 34. B 35. B 36. C 37. B 38. A 39. B 40. D 41. C 42. B 43. A 44. A 45. A 46. D 47. B 48. D 49. C 50. A 51. A 52. C 53. B 54. C 55. B 56. C 57. A 58. D 59. A 60. A 61. C 62. B 63. A 64. C 65. D 66. D 67. C 68. D 69. B 70. D 71. B

二、填空题

1. 有穷性 2. 空间 3. 空间复杂度和时间复杂度 4. 逻辑 5. 存储结构 6. 模式或逻辑模式或概念模式 7. 线性结构 8. 相邻 9. $n-1$ 10. n 11. 顺序 12. 线性 13. ABCDEF4321 14. 15 15. 24 16. 29 17. 栈 18. 读出栈顶元素 19. 20 20. 20 21. 1DCBA2345 22. 6 23. 25 24. 14 25. 19 26. 16 27. 63 28. 25 29. 中序 30. DEBFCA 31. EDBGHFCA 32. DBXEAYFZC 33. ACBDFHGPE 34. $n-1$ 35. 顺序 36. 45 37. $n(n-1)/2$ 或 $O(n(n-1)/2)$ 38. $O(n\log2n)$

第5章 章节测试

一、选择题

1. D 2. A 3. B 4. C 5. B 6. C 7. D 8. C 9. D 10. A 11. C 12. B 13. B 14. C 15. A 16. B 17. D 18. B 19. B 20. A 21. D 22. C 23. A 24. A 25. D 26. D 27. D 28. C 29. A 30. D 31. B 32. C 33. A 34. B 35. A 36. C 37. D 38. B 39. A 40. B 41. C 42. D 43. B 44. D 45. D 46. B 47. D 48. A 49. D 50. B 51. B 52. B 53. D 54. A 55. C 56. C 57. D 58. A 59. A 60. D 61. A 62. D 63. D 64. B 65. A 66. C 67. C 68. B 69. B 70. C 71. D 72. B 73. C 74. A 75. B 76. D 77. D 78. A 79. C 80. D 81. D 82. C 83. C 84. A 85. C 86. A 87. C 88. D 89. C 90. A 91. C 92. C 93. D 94. B 95. A 96. A 97. B 98. A 99. C 100. D 101. A 102. D 103. D 104. A 105. A 106. B 107. B 108. A 109. D 110. D 111. A 112. C 113. C

二、填空题

1. 软件开发 2. 软件生命周期 3. 文档 4. 程序 5. 系统 6. 软件工具 7. 过程 8. 方法 9. 工具 10. 开发 11. 软件工程 12. 软件危机 13. 系统软件 14. 组织管理 15. 质量 16. 测试 17. 数据存储 18. 变换型 19. 数据字典 20. 需求获取 21. 无歧义性 22. 需求分析 23. 面向对象方法 24. 结构化 25. 判断框 26. 数据流 27. 加工 28. 文件 29. 结构化设计 30. 概要 31. 数据结构 32. 数据结构 33. 封装 34. 模块 35. 低耦合高内聚 36. 自顶而下 37. 内聚 38. 3 39. 3 40. 黑盒 41. 输出结果

42. 有效性测试　43.（预期）输出　44. 驱动模块　45. 静态分析（静态测试）　46. 黑盒测试　47. 白盒　48. 边值分析法　49. 单元　50. 白盒　51. 黑盒　52. 单元（模块）　53. 白盒法　54. 功能（或数据驱动）　55. 结构（或逻辑驱动）之　56. 调试　57. 回溯法　58. 程序调试　59. 调试　60. 调试或程序调试或软件调式　61. 完善性

第6章　章节测试

一、选择题

1. A　2. B　3. A　4. B　B　C　5. B　6. BAC　7. A　8. B　9. C　10. C　11. D　12. B　13. A　14. B　15. D　16. B　17. C　18. B　19. A　20. D　21. D　22. C　23. D　24. B　25. C　26. A　27. D　28. D　29. A　30. A　31. BC　32. D　33. C　34. B　35. D　36. B　37. D　38. A　39. C　40. D　41. D　42. C　43. A　44. B　45. B　46. D　47. B　48. A　49. D　50. C　51. D　52. B　53. B　54. A　55. C　56. C　57. A　58. A　59. A　60. A　61. A　62. A　63. A　64. A　65. B　66. B　67. B　68. B　69. D　70. B　71. C　72. D　73. C　74. C　75. B　76. C　77. A　78. B　79. C　80. B　81. B　82. D　83. C　84. B　85. D　86. C　87. C　88. D　89. C　90. D　91. C　92. C　93. D　94. D　95. D　96. D　97. C　98. B　99. D　100. A　101. D　102. C　103. C　104. C　105. C　106. D　107. D　108. B

二、填空题

1. 集合　2. 关系名（属性名1，属性名2，…，属性名n）　3. 关系名、属性名、属性类型属性长度、关键字　4. 属性名　5. 框架记录格式　6. 能唯一标志实体的属性或属性组　7. 笛卡儿积　并　交　差　8. 并　差　笛卡儿积　投影　选择　9. 选择　投影　连接　10. 关系代数　关系演算　11. 属性个数　相对应的属性值　12. 交　13. 系编号　无　学号　系编号　14. 一对多或1∶N或1∶n　15. 投影　16. 概念或概念级　17. 数据库设计　18. 参照完整性　19. 概念　20. 封装性　21. 变换型　22. 数据库管理系统或DBMS　23. 查询　24. 概念设计阶段/数据库概念设计阶段　25. 完整性控制　26. 关系模型　27. 数据结构　数据操作　数据约束　28. 关系或关系表　29. 数据库管理技术阶段　30. 记录/元组　31. 实体集　32. 物理独立性　33. 一对多　34. 升序排列和降序排列　35. 谓词演算　36. 数据模型　37. 关系　38. 集合操作　39. 错误　40. 数据元素　41. 物理独立性　42. 模式/逻辑模式/概念模式　43. 概念　44. 操作系统　45. 逻辑设计　46. 分量　47. 关系　48. 数据定义语言　49. 多对多　50. 身份证号　51. 主码　52. D　53. 关系